中 国 国 家 标 准 汇 编

2009 年修订-25

中国标准出版社　编

中 国 标 准 出 版 社

北　京

图书在版编目（CIP）数据

中国国家标准汇编：2009年修订. 25/中国标准出版社编. —北京：中国标准出版社，2010

ISBN 978-7-5066-6035-8

Ⅰ.①中… Ⅱ.①中… Ⅲ.①国家标准-汇编-中国-2009 Ⅳ.①T-652.1

中国版本图书馆CIP数据核字（2010）第169162号

中国标准出版社出版发行
北京复兴门外三里河北街16号
邮政编码:100045

网址 www.spc.net.cn
电话:68523946 68517548
中国标准出版社秦皇岛印刷厂印刷
各地新华书店经销

*

开本 880×1230 1/16 印张 38.75 字数 1 137 千字
2010年9月第一版 2010年9月第一次印刷

*

定价 220.00 元

ISBN 978-7-5066-6035-8

出 版 说 明

1.《中国国家标准汇编》是一部大型综合性国家标准全集。自1983年起，按国家标准顺序号以精装本、平装本两种装帧形式陆续分册汇编出版。它在一定程度上反映了我国建国以来标准化事业发展的基本情况和主要成就，是各级标准化管理机构，工矿企事业单位，农林牧副渔系统，科研、设计、教学等部门必不可少的工具书。

2.《中国国家标准汇编》收入我国每年正式发布的全部国家标准，分为"制定"卷和"修订"卷两种编辑版本。

"制定"卷收入上一年度我国发布的、新制定的国家标准，顺延前年度标准编号分成若干分册，封面和书脊上注明"20××年制定"字样及分册号，分册号一直连续。各分册中的标准是按照标准编号顺序连续排列的，如有标准顺序号缺号的，除特殊情况注明外，暂为空号。

"修订"卷收入上一年度我国发布的、修订的国家标准，视篇幅分设若干分册，但与"制定"卷分册号无关联，仅在封面和书脊上注明"20××年修订-1，-2，-3，……"字样。"修订"卷各分册中的标准，仍按标准编号顺序排列（但不连续）；如有遗漏的，均在当年最后一分册中补齐。需提请读者注意的是，个别非顺延前年度标准编号的新制定的国家标准没有收入在"制定"卷中，而是收入在"修订"卷中。

读者配套购买《中国国家标准汇编》"制定"卷和"修订"卷则可收齐上一年度我国制定和修订的全部国家标准。

3. 由于读者需求的变化，自1996年起，《中国国家标准汇编》仅出版精装本。

4. 2009年我国制修订国家标准共3 158项。本分册为"2009年修订-25"，收入新制修订的国家标准57项。

中国标准出版社

2010年8月

目　　录

ICS 47.020.50
U 27

中华人民共和国国家标准

GB/T 16303—2009
代替 GB/T 16303—1996

船舶与海上技术
自由降落式救生艇降放装置

Ships and marine technology—
Launching appliances for free-fall lifeboats

(ISO 22673:2008,MOD)

2009-03-09 发布 2009-11-01 实施

中华人民共和国国家质量监督检验检疫总局
中国国家标准化管理委员会 发布

前言

本标准修改采用ISO 22673:2008《船舶与海上技术　自由降落式救生艇降放装置》(英文版)。

本标准根据ISO 22673:2008重新起草。在附录A中列出了本标准章条编号与ISO 22673:2008章条编号的对照一览表。

有关技术性差异已编入正文中,并在它们所涉及的条款的页边空白处用垂直单线标识。附录B列出了这些技术性差异及其原因的一览表以供参考。

本标准代替GB/T 16303—1996《自由降落救生艇降放装置技术条件》。

本标准与GB/T 16303—1996相比,主要有下列变化:

——将标准名称改为《船舶与海上技术　自由降落式救生艇降放装置》;

——引用标准中取消了GB/T 4445—1994《救生艇绞车》与GB 13406—1992《吊艇架装置技术条件》;

——修改了原标准中的术语与定义;

——修改了标准中有关设备性能的技术要求;

——修改了结构部分的要求;

——修改了部分检验方法;

——按照IMO新要求增加了自由降放装置的检查与维护要求。

本标准的附录A和附录B为资料性附录。

本标准由中国船舶工业集团公司提出。

本标准由全国船舶舾装标准化技术委员会救生设备分技术委员会(SAC/TC 129/SC 1)归口。

本标准起草单位:南京中船绿洲机器有限公司镇江船舶辅机厂。

本标准主要起草人:陈铁、蒋余良、李一飞、谢志龙、陈培基、刘霞。

本标准所代替标准的历次版本发布情况为:

——GB/T 16303—1996。

船舶与海上技术
自由降落式救生艇降放装置

1 范围

本标准规定了自由降落式救生艇降放装置(以下简称自由降放装置)的有关术语、性能、设计、结构、操纵、验收、检查与维护等要求。

本标准适用于安装在船舶、海洋平台上使用斜面滑道降放自由降落式救生艇(以下简称救生艇)的降放装置。

2 规范性引用文件

下列文件中的条款通过本标准的引用而成为本标准的条款。凡是注日期的引用文件,其随后所有的修改单(不包括勘误的内容)或修订版均不适用于本标准,然而,鼓励根据本标准达成协议的各方研究是否可使用这些文件的最新版本。凡是不注日期的引用文件,其最新版本适用于本标准。

GB/T 2346 流体传动系统及元件 公称压力系列(GB/T 2346—2003,ISO 2944:2000, MOD)

GB/T 3893 造船及海上结构物 甲板机械 术语和符号(GB/T 3893—2008,ISO/DIS 3828:2007,IDT)

GB/T 3766 液压系统通用技术条件(GB/T 3766—2001,eqv ISO 4413:1998)

GB 4208—2008 外壳防护等级(IP 代码)(IEC 60529:2001,IDT)

GB/T 7932 气动系统通用技术条件(GB/T 7932—2003,ISO 4414:1998,IDT)

ISO 15516 船舶与海上技术 吊放式救生艇降放装置

IEC 60092 (所有部分) 船舶电气设备

IMO MSC.48(66)决议 国际救生设备(LSA)规则及其修正案

MARPOL 73/78 国际防止船舶造成污染公约

MSC.1/Circ 1205 拟定救生艇系统操作与维修手册的指南

MSC.1/Circ 1206 防止救生艇事故的措施

3 术语和定义

GB/T 3893、ISO 15516、IMO MSC.48(66)决议确立的以及下列术语和定义适用于本标准。

3.1

最大工作负载 maximum working load

自由降放装置降放所适用的最大满载救生艇时,作用于其滑道或吊具上的负载。

3.2

最大回收负载 maximum recovering load

自由降放装置回收所适用的载有不少于三名操作人员的最重空载救生艇时,作用于其吊具上的负载。

3.3

最轻降放负载 lightest launching load

自由降放装置降放所适用的最轻空载救生艇时,作用于其滑道或吊具上的负载。

3.4

绞车最大工作负载 maximum working load of winch

自由降放装置处于各种工况下,其绞车卷筒最外层钢丝绳出绳端上所能承受的负载。

3.5

绞车起升负载 hoisting load of winch

自由降放装置用吊臂与吊艇索起升最大回收负载时,其绞车卷筒最外层钢丝绳出绳端上所承受的负载。

3.6

绞车降放负载 launching load of winch

自由降放装置用吊臂与吊艇索降放最大工作负载时,绞车卷筒最外层钢丝绳出绳端上所承受的负载。

3.7

绞车最轻降放负载 lightest launching load of winch

自由降放装置用吊臂与吊艇索降放最轻降放负载时,绞车卷筒最外层钢丝绳出绳端上所承受的负载。

4 性能

4.1 救生艇自由降落下水

4.1.1 自由降放装置应能通过它的降落滑道,在母船处于纵倾达 10°和向任何一舷横倾达 20°的状态下,仅依靠重力或不依赖船舶动力的储存机械能,将所配用的满载救生艇(相当于最大工作负载)或空载救生艇(相当于最轻降放负载),从存放处安全地自由降落到水中,并成功地脱离母船。

4.1.2 无论 4.1.1 如何规定,安装在按照 MARPOL 73/78 以最终破损水线为依据计算得来的最后横倾角超过 20°的油船、化学品液货船和气体运输船上的自由降放装置,应能在该船处于最后横倾角情况下,在船舶较低舷操作,将所配用的满载救生艇或空载救生艇自由降落到水中,并成功地脱离母船。

4.1.3 自由降放装置应具有在滑道上进行救生艇不入水的模拟自由降落下水(以下简称自由降放)能力。

4.2 救生艇的回收

自由降放装置应具有回收救生艇的能力,在母船处于近似正浮状态下,能利用动力将载有操作人员的救生艇(相当于最大回收负载)收回到它的存放处。

4.3 救生艇有控制降放

自由降放装置还应具有辅助的有控制降放救生艇的能力,例如利用吊臂、吊艇索,在母船处于纵倾达 2°和向任何一舷横倾达 5°的状态下,从存放处将所配用的满载救生艇或空载救生艇有控制地降放到水中。使用此方法时应连接船舶主电源和应急电源。

4.4 救生艇存放

4.4.1 自由降放装置的布置,应使存放在滑道上的救生艇的最低点至静水表面的距离不超过所配用救生艇的自由降落核准高度。

4.4.2 存放在滑道上的救生艇,不仅应被可靠地系留在存放处,还应使其始终处于准备降放状态,并可使 2 名船员在 5 min 内完成登乘和降落准备工作。

4.5 救生艇自由漂浮下水

自由降放装置若设计有自由漂浮下水性能,救生艇应能自动地脱离其存放处,漂浮出水。

5 设计与结构

5.1 一般要求

5.1.1 制造自由降放装置的制作材料应能在−30 ℃～65 ℃的空气温度范围内存放，不会损坏。

5.1.2 自由降放装置暴露在露天的材料，应具有良好的耐腐蚀及防老化性能，或者采用镀锌等方法加以保护。

5.1.3 自由降放装置的静水压力释放器或易断环的材料应能在−1 ℃～30 ℃海水温度中使用。

5.1.4 自由降放装置的主要结构件，如滑道、吊臂、滑轮座等，应由适合于船用环境和焊接性能良好的钢板、钢管或型钢制成，其最小壁厚应不小于6 mm。设计计算中，对应于主要结构件所承受的最大工作负载和所选用材料的极限强度的安全系数应不小于4.5。

5.1.5 吊重零部件，如起吊梁、滑轮、吊艇链、链环、卸扣、吊钩、眼板等，均应由耐冲击的钢材制成，不应使用铸件，在设计计算中，对应于这些零部件所承受的最大工作负载和所选用材料的极限强度的安全系数不应小于6。

5.1.6 在结冰的情况下，自由降放装置应仍能保持救生功能。

5.1.7 设计自由降放装置应考虑使其结构仅需要最少的日常维护工作量，所有需要进行定期维护的部件，应使之易于接近与维护。

5.2 结构

一台完整的自由降放装置应当具备4.1～4.4四种性能，故此种装置由降落滑道与收放艇装置两大部分构成，通常被设计成整体式，有时也可由2台具有各自性能的独立设备组成。但是，不论其如何设计，上述四种性能应具备，且其各方面的要求都不应低于本标准的相应规定。

5.3 降落滑道

5.3.1 为确保救生艇内乘员在自由降落过程中免受有害加速度的伤害，以及降落入水后的救生艇能成功地脱离母船，降落滑道的布置必须按照救生艇制造厂提供的，且经验船部门批准过的参数进行设计。

5.3.1.1 船舶处于正浮时，降落滑道与水平面的角度应等于救生艇被批准的降落滑道角度，此角度不应小于30°。

5.3.1.2 船舶处于正浮时，降落滑道上待降放救生艇艉部至滑道最低端的距离，应满足救生艇被批准的降落滑道长度要求。

5.3.2 降落滑道与待降落的救生艇只能设计布置为一个释放钩相连，且还应另有设施能进行救生艇的模拟自由降放。

5.3.3 降落滑道上应配置有在救生艇下滑时可防止发生摩擦火花或碰击火花的材料制成的滚子或滑板。

5.3.4 滑道应有足够的强度与刚度，在母船纵倾达10°并向任何一舷横倾达20°的不利条件下，能将相当于1.1倍最大工作负载的艇置于其上，并安全降落，且还应在其上经受2.2倍最大工作负载的静载试验。

5.3.5 降落滑道也可设计成可调节型的，此时应保证当其上负载为1.2倍最大满载救生艇重时仍能有效调节。

5.4 吊臂

5.4.1 吊臂应有足够的强度与刚度，在母船纵倾达2°并向任何一舷横倾达5°的不利条件下，能将相当于1.1倍最大工作负载的救生艇安全降落，并能经受当吊臂在满舷外位置时的2.2倍最大工作负载的静负载试验。

5.4.2 用吊臂回收救生艇时，转出舷外的吊臂应有足够的外伸距，以防撞坏救生艇。

5.4.3 使用吊艇索和吊臂回收救生艇时，应确保吊臂在无载状态下仍能顺利地从舷内转出舷外，并使吊钩落下。

5.4.4　吊臂被动力回收到原始位置前，应有限位装置保护，能自动切断动力，以防止吊臂与吊艇索过载，除非绞车系统设有可以防止上述过载与冲击的装置。

5.5　绞车

5.5.1　自由降放装置的绞车制动器应能将有控制降放中的救生艇随时刹住，并系留在该处，绞车制动器应具有足够的强度，在满舷外状态下能承受不小于1.1倍绞车最大工作负载的动负载试验和1.5倍的绞车最大工作负载的静负载试验。

控制救生艇下降用的制动器应设计成常闭式的，有人操作时方能松闸。若适用，制动垫应能防水和防油。

5.5.2　除非设有相应的排绳措施，卷筒标称直径应不小于钢丝绳直径的16倍，卷筒上所绕钢丝绳最多不超过3层，卷筒两侧的凸缘高度至少应高出最外层钢丝绳表面1.5倍的钢丝绳直径。

若将绞车的卷筒设计成多个卷筒，除非设有有效的补偿装置，则应保证它们所卷绕的吊艇索平稳地同步下降与起升。

5.5.3　绞车的传动装置应采用需较少日常维护工作量的全封闭减速箱，并在船舶处于不利倾斜时，仍能保证其齿轮与轴承的良好润滑。

5.5.4　绞车的动力驱动可为电力驱动、液压驱动或气力驱动。

5.5.4.1　电力驱动及控制设备应符合IEC 60092的规定，甲板上的电动机与控制箱的外壳防护等级应符合GB 4208—2008的IP56。

5.5.4.2　液压驱动及控制设备应符合GB/T 3766的规定，系统额定压力应从GB/T 2346中选取，而驱动装置应能在比选定的系统额定压力低10%以下运转良好。

5.5.4.3　气力驱动及控制设备应符合GB/T 7932的规定，系统额定压力应从GB/T 2346中选取，而驱动装置应能在比选定的系统额定压力低10%以下运转良好。

5.6　吊重零部件

5.6.1　自由降放装置用吊艇索回收或降放救生艇时，可选用起吊梁、吊艇链、卸扣和其他吊重零部件与救生艇相连。

5.6.2　吊艇索应选用防旋转和耐腐蚀的钢丝绳，其长度应能满足母船处于最轻载航行时和不利纵倾2°和横倾5°的情况下，能将救生艇从存放位置降落达水面，并在绞车卷筒上至少保留不动的三整圈钢丝绳。

5.6.3　滑轮的槽底直径不应小于12倍钢丝绳直径，槽深不少于1.5倍钢丝绳直径，并配有较小间隙的保护罩，以防止钢丝绳跳出绳槽。

5.7　系艇装置

5.7.1　自由降放装置应配备有可靠的系艇装置，以防止存放在滑道上的救生艇在风浪的颠簸下移位或意外滑落，同时此系艇装置还应保证在救生艇操作人员进入艇前快速脱开，或将系艇装置设计成不会妨碍救生艇的自由降放。

5.7.2　自由降放装置应能脱开承载中的释放钩，以便对其进行维修与试验。

5.8　登艇平台

自由降放装置应设有登乘平台与斜梯，用于乘员登离救生艇，且可通过此平台，将躺有病人的担架抬进救生艇。

5.9　操纵

5.9.1　通过滑道进行救生艇的自由降放时，释放机构应能在救生艇艇内启动，并至少完成两个独立且连续的动作。

5.9.2　用吊臂与吊艇索回收与降放救生艇时，一名操作人员在平台或甲板上某一位置操纵，此时的操作人员应始终能观察到整个救生艇。

5.9.3　每一自由降放装置侧应配备一操作指示牌，以简明的图形与文字说明降放装置工作的全过程。

6 试验方法

6.1 绞车

绞车试验项目、试验负载、试验方法与检验要求，见表1。

6.2 吊重零部件

吊重零部件试验项目、试验负载、试验方法与检验要求，见表2。

6.3 自由降放装置

6.3.1 自由降放装置试验项目、试验负载、试验方法与检验要求，见表3和表4。

6.3.2 自由降放装置试验可在试验水池和能模拟实船状态的试验平台上进行，试验负荷可用实艇或一艘滑道尺寸和重心与所配实艇相同的模拟艇。制造厂若无此试验条件，表3的各个试验项目可在征得验船当局的同意后，用缩小比例的模型来进行试验。

6.3.3 降放滑道若为可调节型的，则此滑道除应按通常的降放滑道完成各项试验外，还应在滑道上艇的存放位置处，加一个等于1.2倍最大工作负载的试验负载，进行滑道调节试验。

6.3.4 自由降放装置若为液压驱动的，则其液压系统应做1.5倍额定压力试验。

6.3.5 救生艇自由降放用的释放钩若被设置在降放滑道上，则在进行自由降放装置的型式检验前，应先完成释放钩的持续5 min，6倍释放钩工作负载的拉力试验与2倍释放钩工作负载的操作试验。

6.3.6 自由降放装置上若装有限位装置，应进行限位装置试验，以确保其吊臂到达停止位置前，能自动地切断动力。

表1 绞车试验

序号	试验项目	试验负载	试验方法	检验要求
1	运转试验	无负载	正反转各5 min	起动与停止平稳，易于操纵，温升、噪声、压力、油封、制动器无异常
		绞车最轻降放负载	重复起升与下降2次	
2	起升试验	绞车起升负载	将试验负载起升至10 m左右高度，然后制动，至少重复2次	工作平稳，制动器动作正确，起升速度与输入功率等符合设计规定
3	降落试验	绞车降放负载	将试验负载起升至10 m左右高度，然后打开制动器，使其降落，然后制动，至少重复2次	工作平稳，停车时制动器动作正确，绞车无异常，降落速度符合设计规定
4	制动器动载试验	1.1倍绞车最大工作负载	将试验负载降落，待其达到最大降落速度并至少通过3 m距离，突然制动，试验重复2次	制动器情况正常，制动后负载滑落不应超过1 m
			若为外露制动器，应将制动面打湿，重复上述试验	试验负载滑落距离可稍大于1 m
5	制动器静载试验	1.5倍绞车最大工作负载	在卷筒的最外层钢丝绳上挂上试验负载，并使其降落至少为卷筒一整转，然后刹车	能刹住负载，无任何损坏迹象
6	拆检	—	根据试验中情况，决定拆检部位	被拆检绞车的零部件无重要的损坏与过度的磨损
注：型式试验时各项试验累计降落距离至少达到150 m。				

表 2　吊重零部件试验

试验项目	试验负载	试验方法	检验要求
静载试验	2.2 倍最大工作负载	持续 5 min	不允许有任何永久变形与损坏

表 3　自由降放试验

序号	试验项目	试验负载	模拟母船状态	试验方法	检验要求
1	自由降放轻载艇试验	最轻降放负载	纵倾 10° 横倾 20°	打开释放钩，使艇沿滑道滑下，自由降落水中	降放顺利，无故障
2	自由降放满载艇试验	最大工作负载	纵倾 10° 横倾 20°	打开释放钩，使艇沿滑道滑下，自由降落水中	动作灵活，零部件无损伤
3	自由降放艇动载试验	1.1 倍最大工作负载	纵倾 10° 横倾 20°	打开释放钩，使艇沿滑道滑下，自由降落水中	动作灵活，滑道不允许有任何影响使用性能的变形与损伤
4	自由降放艇静载试验	2.2 倍最大工作负载	纵倾 10° 横倾 20°	试验负载或模拟艇置于滑道的存放位置，持续 5 min	滑道不允许有任何影响使用性能的变形与损伤
5	模拟自由降放试验	最大回收负载	正浮	打开释放钩，使艇沿滑道滑下一段距离（由艇制造厂规定），艇不入水	降放顺利，无零部件损坏

表 4　有控制降放试验

序号	试验项目	试验负载	模拟母船状态	试验方法	检验要求
1	回收艇试验	最大回收负载	正浮	将无载吊臂从满舷内转至满舷外，放下吊钩，从水中吊起试验负载，并将其回收到存放处	工作可靠，无故障，无引起任何损坏迹象
2	有控制降放轻载艇试验	最轻降放负载	纵倾 2° 横倾 5°	用吊臂将试验负载从满舷内转至满舷外，然后有控制地降落水中	降放顺利，无故障
3	有控制降放满载艇试验	最大工作负载	纵倾 2° 横倾 5°	用吊臂将试验负载从满舷内转至满舷外，然后有控制地降落水中	动作灵活，零部件无损伤
4	有控制降放艇动载试验	1.1 倍最大工作负载	纵倾 2° 横倾 5°	用吊臂将试验负载从满舷内转至满舷外，然后有控制地降落水中，中途可突然停放 2 次	吊臂与滑道不允许有任何影响使用性能的变形与损伤
5	有控制降放艇静载试验	2.2 倍最大工作负载	纵倾 2° 横倾 5°	吊臂在满舷外位置，挂上试验负载，持续 5 min	吊臂与滑道不允许有任何影响使用性能的变形与损伤

7 检验规则

7.1 型式检验

7.1.1 自由降放装置在下列情况之一时，应进行型式检验：

a) 新产品首制或老产品转厂生产时；

b) 结构、材料与工艺有较大改变，可能影响产品性能时；

c) 出厂检验结果与上次型式检验结果有较大差异时；

d) 检验当局提出进行型式检验要求时。

7.1.2 自由降放装置按表3和表4进行型式检验前，应先按表1完成绞车的型式检验与按表2完成吊重零部件的检验。

7.2 出厂检验

7.2.1 每一自由降放装置制造完毕后，应进行出厂检验。

7.2.2 自由降放装置进行出厂检验前，应先按表2完成吊重零部件检验与按表1的检验项目第1项、第4项、第5项完成绞车的出厂检验。

7.2.3 自由降放装置按表4的检验项目第1项、第4项和第5项进行出厂检验。

8 检查与维护

8.1 每台装船的自由降放装置都应备有一份通俗易懂且有图解说明的维护保养手册，其内容包括：检查用清单、维修须知、定期保养计划、设备润滑要求、可换件备件条目等。

8.2 维修手册至少应包括8.2.1～8.2.5要求。

8.2.1 每周应对自由降放装置至少进行一次目视检查，以确保其始终处于立即可用状态。

8.2.2 每月应对自由降放装置进行一次月度检查，保证其处于完整与良好状态。每三个月至少进行一次载有操作人员的救生艇降落下水或用吊艇索和吊臂将载有操作人员或无操作人员的救生艇降落下水试验。但每6个月至少有一次为乘载操作人员的自由降落下水试验，或救生艇不入水的模拟降放试验。试验中发现的问题应立即加以解决，各受损零部件应修理或更换。

8.2.3 每年应按照制造厂所提供的维修保养手册，对装船后的自由降放装置进行一次年度检查与维修保养。包括对绞车进行一次空载艇条件下动载降落和当艇下降达到它的最大降落速度时的突然制动试验。

8.2.4 自由降放装置应在5年间隔期内进行一次彻底检查。例如，检查结构是否有过度腐蚀与变形，是否出现过大间隙，吊重零部件是否变形与磨损，运动部件的润滑情况，限位开关是否失灵，液压系统工作状态等，且对绞车进行一次1.1倍满载艇的动载试验，以检查制动器的各零部件情况。

所发现的任何受损零部件应按装置的维护保养手册所推荐的要求进行修理与更换。

8.2.5 定期检查用于降放的吊艇索，特别是其通过滑轮区段，不超过5年更换一次或破损后更换，二者取其早者。

8.3 若检验当局有要求，则应满足MSC.1/Circ 1205和MSC.1/Circ 1206的各种检验与维修要求。

9 标记

9.1 标记应明显、清晰及防腐蚀，且安装牢固。

9.2 每台自由降放装置应有下列标记：

a) 自由降放装置名称；

b) 自由降放装置型号及编号；

c） 制造商名称和地址；

d） 绞车额定负载和满载艇额定重量；

e） 制造日期；

f） 验收标记。

9.3 每台自由降放装置上还应有验船部门的合格标志。

附　录　A
（资料性附录）
本标准的章条编号与 ISO 22673:2008 的章条编号的对照

表 A.1 给出了本标准的章条编号与 ISO 22673:2008 的章条编号的对照一览表。

表 A.1　本标准的章条编号与 ISO 22673:2008 的章条编号的对照

本标准的章条编号	对应 ISO 22673 的章条编号
1～2	1～2
3(3.1～3.7)	3(3.1～3.7)
4(4.1～4.5)、4.1 中自由降放装置移至 4.1.3	4(4.1～4.5)
5(5.1～5.4)	5(5.1～5.4)
5.5(5.5.1～5.5.3)	5.5(5.5.1～5.5.3)
5.5.4(5.5.4.1～5.5.4.3)	5.5.4
5.6～5.9	5.6～5.9
6(6.1～6.2)	6(6.1～6.2)
6.3(6.3.1～6.3.6)	6.3(6.3.1～6.3.5)
第 7 章～第 9 章(删除 9.4)	第 7 章～第 9 章
附录 A	—
附录 B	—

附 录 B
（资料性附录）
本标准与 ISO 22673:2008 的技术性差异与原因

表 B.1 给出了本标准与 ISO 22673:2008 的技术性差异与原因一览表。

表 B.1 本标准与 ISO 22673:2008 的技术性差异与原因

本标准的章条编号	技术性差异	原因
2	在引用文件国际救生设备(LSA)规则后，增加“及其 2008 年 7 月 1 日生效的修正案”	因其修正案 MSC.218(82)决议已于 2008 年 7 月 1 日生效，本标准发布前理应核对其内容，经核对本标准完全符合上述修正案
2	MSC.1/Circ 1205 的文件名称改译为“拟定救生艇系统操作与维修手册的指南”	原 ISO 22673:2008 第一版有印刷错误
2	MSC.1/Circ 1206 的文件名称改译为“防止救生艇事故的措施”	原 ISO 22673:2008 第一版有印刷错误
3	取消 3.2 定义中的加注“每人重量 75 kg”	根据即将实施的 IMO 新要求，规定的每人重量将有所增加，故目前不宜再按原规定“重量 75 kg”
9	删除 9.4 降放装置上标上标准编号的要求	在目前实际操作中，我国主管当局并无在降放装置上应标有所符合标准编号的要求

ICS 47.020.20
U 48

中华人民共和国国家标准

GB/T 16305—2009
代替 GB/T 16305—1996

扭转振动减振器

Torsional vibration absorbers

2009-03-09 发布　　　　2009-11-01 实施

中华人民共和国国家质量监督检验检疫总局
中国国家标准化管理委员会　发布

前　言

本标准代替 GB/T 16305—1996《扭转振动减振器》。

本标准与 GB/T 16305—1996 的主要技术差异如下：

——删减了挂摆式和簧片硅油型扭转振动减振器；

——将簧片机油型减振器变更为簧片滑油型减振器；

——减振器外形尺寸单位由厘米改为毫米；

——在要求中加入平衡性和密封性要求；

——对减振器中的橡胶件补充了具体要求；

——静扭转试验中推荐使用的最大扭矩由“三倍标定扭矩”更改为“最大设计扭转角对应的扭矩”；

——对减振器试验装置的分类进行了调整，同时加入电控式试验装置；

——对“定期检验”进行了修改。

本标准的附录 B 为规范性附录，附录 A 为资料性附录。

本标准由中国船舶重工集团公司提出。

本标准由全国船用机械标准化技术委员会柴油机分技术委员会归口。

本标准起草单位：中国船舶重工集团公司第七一一研究所。

本标准主要起草人：周文建、石菲、周炎、刘伟、胡宾、姜小荧、王慰慈、马炳杰。

本标准所代替标准的历次版本发布情况为：

——GB/T 16305—1996。

扭转振动减振器

1 范围

本标准规定了扭转振动减振器(以下简称减振器)的分类、要求、试验方法、检验规则及标志、贮存和包装等。

本标准适用于往复式内燃机轴系(以下简称轴系)中常用结构型式的减振器。

2 规范性引用文件

下列文件中的条款通过本标准的引用而成为本标准的条款。凡是注日期的引用文件,其随后所有的修改单(不包括勘误的内容)或修订版均不适用于本标准,然而,鼓励根据本标准达成协议的各方研究是否可使用这些文件的最新版本。凡是不注日期的引用文件,其最新版本适用于本标准。

GB/T 191 包装储运图示标志(GB/T 191—2008,ISO 780:1997,MOD)

GB/T 699 优质碳素结构钢

GB/T 1176 铸造铜合金技术条件(GB/T 1176—1987,neq ISO 1338:1977)

GB/T 1222—2007 弹簧钢

GB/T 1303.1 环氧玻璃布层压板(GB/T 1303.1—1998,neq IEC 60893-3-2:1993)

GB/T 1348 球墨铸铁件

GB/T 2828.1 计数抽样检验程序 第1部分:按接收质量限(AQL)检索的逐批检验抽样计划(GB/T 2828.1—2003,ISO 2859-1:1999,IDT)

GB/T 2829 周期检验计数抽样程序及表(适用于对过程稳定性的检验)

GB/T 3077—1999 合金结构钢

GB/T 3098.1—2000 紧固件机械性能 螺栓、螺钉和螺柱(idt ISO 898-1:1999)

GB/T 3098.2—2000 紧固件机械性能 螺母 粗牙螺纹(idt ISO 898-2:1992)

GB/T 6388 运输包装收发货标志

GB/T 9239.1 机械振动 恒态(刚性)转子平衡品质要求 第1部分:规范与平衡允差的检验(GB/T 9239.1—2006,ISO 1940-1:2003,IDT)

GB/T 9439 灰铸铁件

GB/T 13437 扭转振动减振器特性描述

CB/T 772 碳钢和碳锰钢铸件技术条件

CB/T 773 结构钢锻件技术条件

CB/T 778 船用柴油机锻钢件技术条件

QB/T 3625 聚四氟乙烯板材

QB/T 3626 聚四氟乙烯棒材

3 产品分类

3.1 产品型式

减振器的常用结构型式见表1。

表1 减振器的常用结构型式

序号	减振器型式	代号	序号	减振器型式	代号
1	硅油型	GY	3	橡胶硅油型	JG
2	弹簧型	TH	4	卷簧型	JH

表 1（续）

序号	减振器型式	代号	序号	减振器型式	代号
5	簧片滑油型	HH	7	硫化橡胶型	LJ
6	压入式橡胶型	YJ	—	—	—

3.2 产品结构和主要尺寸

各型减振器的结构和主要尺寸的标准见图 1～图 7。

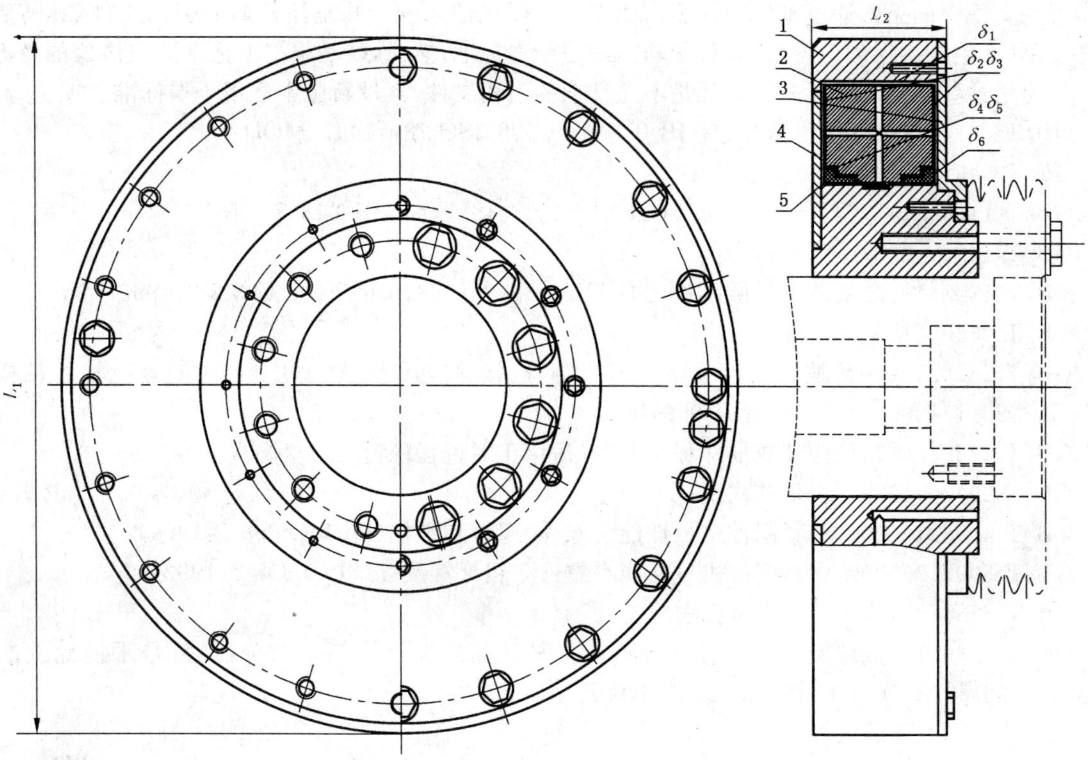

1——壳体；

2——惯性块；

3——盖板；

4——硅油；

5——摩擦环。

注：

L_1——减振器的外径；

L_2——减振器的厚度；

δ_1——惯性块与壳体(或主动盘)的径向间隙；

δ_2、δ_3——惯性块与壳体(或主动盘)的轴向间隙；

δ_4、δ_5——摩擦环与壳体，或主动盘与惯性块侧板的轴向间隙；

δ_6——摩擦环与壳体(或主动盘)的径向间隙。

图 1　硅油减振器

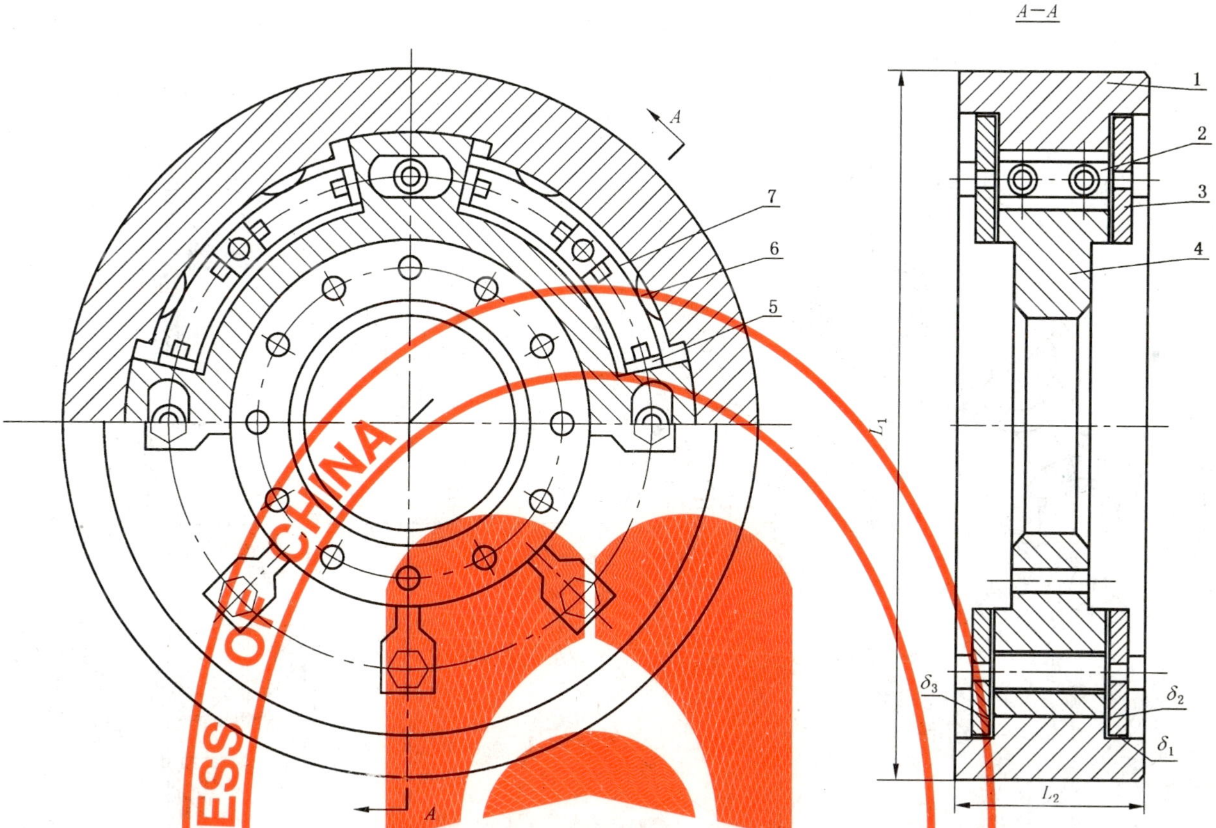

1——惯性块；
2——定距块；
3——挡板；
4——主动盘；
5——弹簧座；
6——滑瓦；
7——弹簧。

注：见图1注。

图2　弹簧减振器

1——惯性块(Ⅰ)；
2——惯性块(Ⅱ)；
3——硅油；
4——橡胶环；
5——摩擦环；
6——主动盘。

注:见图1注。

图3　橡胶硅油减振器

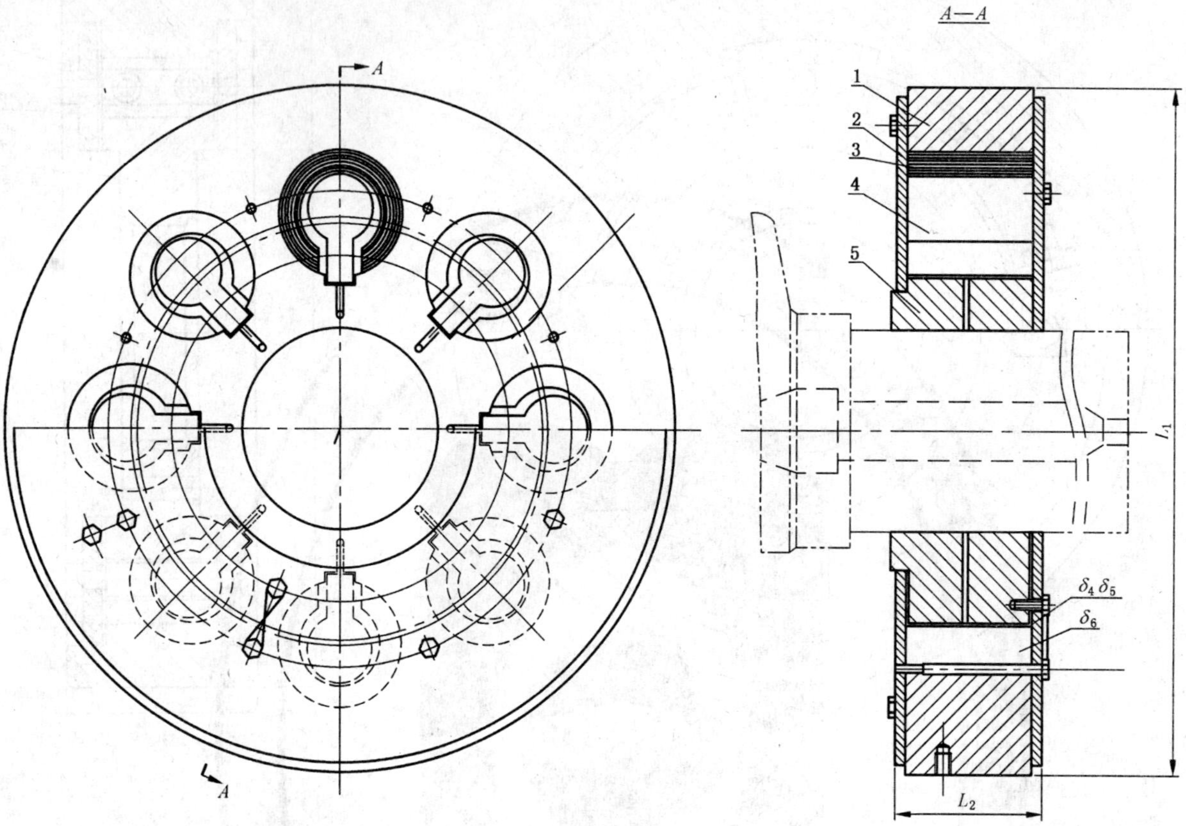

1——惯性块；

2——侧板；

3——卷簧组；

4——限制块；

5——主动盘(减振器座)。

注：见图1注。

图4　卷簧减振器

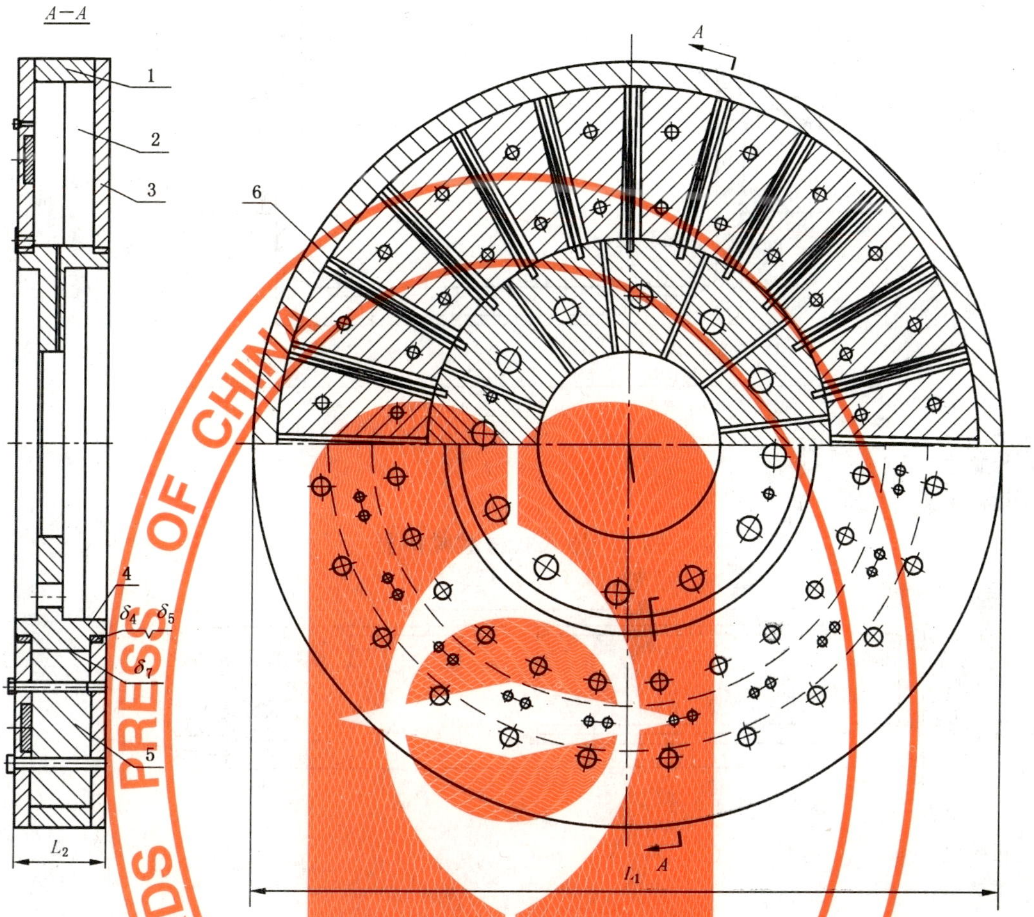

1——紧固圈；

2——簧片组；

3——侧板；

4——主动盘；

5——中间块；

6——滑油。

注 1：见图 1 注。

注 2：δ_7——中间块与主动盘的径向间隙。

图 5 簧片滑油减振器

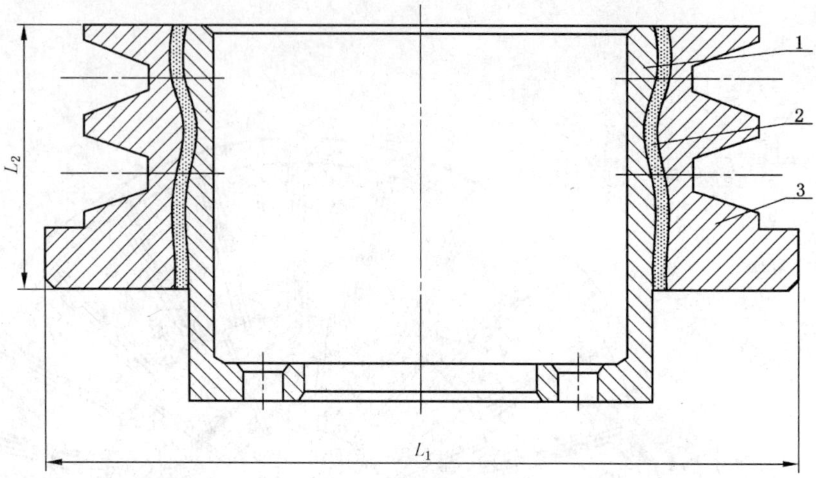

1——主动盘；
2——橡胶件；
3——惯性块。

图 6　压入式橡胶减振器

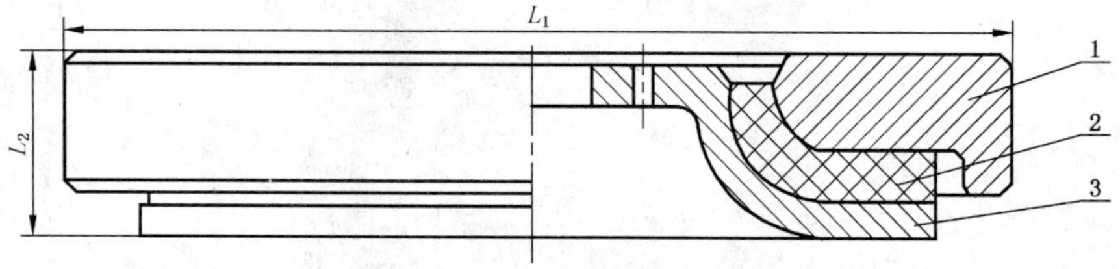

1——惯性块；
2——橡胶件；
3——主动盘。

图 7　硫化橡胶减振器

3.3　型号组成

减振器的型号组成形式为：

NJ·□　$L_1 \times L_2$

- L_2——减振器厚度，单位为毫米(mm)
- L_1——减振器外径，单位为毫米(mm)
- □——减振器型式代号
- NJ——减振器代号

注：减振器厚度是指本体总厚度，不包括紧固件或附属件的局部凸出尺寸。

3.4　标记示例

外径为 480 mm，厚度为 90 mm 的硅油型减振器：

减振器　GB/T 16305　NJ·GY 480×90

4　要求

4.1　外观

减振器外观应符合以下要求：

a)　减振器外表不应存在严重的碰伤、锈蚀等缺陷；

b)　减振器上的紧固件应符合产品技术文件上的要求；

c) 应有防松或防漏措施。

4.2 材料

4.2.1 主动件和从动件

4.2.1.1 碳钢件应符合 GB/T 699 的规定。

4.2.1.2 铸钢件应符合 CB/T 772 的规定。

4.2.1.3 锻钢件应符合 CB/T 773 和 CB/T 778 的规定。

4.2.1.4 球墨铸铁件应符合 GB/T 1348 的规定。

4.2.1.5 灰铸铁件应符合 GB/T 9439 的规定。

4.2.2 摩擦环

4.2.2.1 铜材件应符合 GB/T 1176 的规定。

4.2.2.2 酚醛层压件应符合 GB/T 1303.1 的规定。

4.2.2.3 聚四氟乙烯填料板应符合 QB/T 3625 的规定，棒材件应符合 QB/T 3626 的规定。

4.2.3 橡胶件

橡胶件一般采用耐油橡胶，当采用非耐油橡胶材料制作时，其表面应采取防油保护措施；此外，其许用温度范围应满足－10 ℃～70 ℃。

4.2.4 阻尼液

4.2.4.1 甲基或乙基硅油应给出其名义运动黏度或牌号。

4.2.4.2 滑油除标明规格外，还应说明供油压力。

4.2.5 弹簧件

弹簧件应符合表 2 的要求。

表 2 弹簧件材料要求

减振器型号	零件或组件名称	材料标准号
NJ・TH $L_1 \times L_2$	弹簧	GB/T 1222—2007
NJ・HH $L_1 \times L_2$	簧片组	GB/T 1222—2007 或 GB/T 3077—1999
NJ・JH $L_1 \times L_2$	卷簧组	GB/T 1222—2007

4.2.6 紧固件

螺栓和螺钉的机械性能按照 GB/T 3098.1—2000 中 8.8 级及以上的要求。螺母的机械性能按照 GB/T 3098.2—2000 中 8 级及以上的要求。

4.3 组装和装配

4.3.1 减振器应按产品技术文件的要求进行组装，主动件与从动件之间的各向间隙应符合产品技术文件的规定。必要时，应做好详细记录。

4.3.2 减振器的装拆应符合 GB/T 13437 的规定。

4.4 平衡性

减振器的平衡性应符合 GB/T 9239.1 的要求，其平衡品质等级按减振器的工作转速和要求来确定。

4.5 密封性

4.5.1 阻尼液为甲基（或乙基）硅油的减振器，各密封面、螺栓孔口及注油孔口等，不得有渗漏硅油现象。

4.5.2 阻尼液为润滑油时，各密封面上不应有渗漏阻尼液现象（轴承处除外）。

4.6 特性参数

4.6.1 制造厂应提供表 3 中给出的减振器特性参数。

表 3 减振器特性参数

减振器型号	转动惯量/kg·m²		扭转刚度/(N·m/rad)		阻尼(或损耗)系数			标定扭矩	许用弹性振动力矩
	从动件 I_d	主动件 I_1	静态 K_S	动态 K_d	C_d/(N·m·s/rad)	Ψ_d	X_d	T_1/N·m	T_e/N·m
NJ·TH $L_1\times L_2$	√	√	△	√	—	—	—	△	△
NJ·GY $L_1\times L_2$	√	√	—	—	√	△	△	—	—
NJ·JG $L_1\times L_2$	√	√	△	√	√	△	△	△	△
NJ·JH $L_1\times L_2$	√	√	△	√	√	△	△	△	△
NJ·HH $L_1\times L_2$	√	√	△	√	√	△	△	△	△
NJ·YJ $L_1\times L_2$	√	√	△	√	√	△	△	△	△
NJ·LJ $L_1\times L_2$	√	√	△	√	√	△	△	△	△

注：√——制造厂应提供的参数项；△——按需要提供的参数项。

4.6.2 刚度应符合 GB/T 13437 中的规定，但动态扭转刚度的偏差限值应符合下列要求：

a) 弹性元件为橡胶件的减振器按公式(1)计算：

$$K_{de}/K_d = 0.875 \sim 1.125 \quad \cdots\cdots(1)$$

式中：

K_{de}——动态扭转刚度实际值，单位为牛米每弧度(N·m/rad)；

K_d——动态扭转刚度设计值，单位为牛米每弧度(N·m/rad)。

b) 其他结构形式的弹性减振器按公式(2)计算：

$$K_{de}/K_d = 0.875 \sim 1.125 \quad \cdots\cdots(2)$$

4.6.3 阻尼系数应符合 GB/T 13437 中的规定。阻尼液为甲基(或乙基)硅油时，允许其黏度偏差范围按公式(3)计算：

$$V_{oe}/V_{ot} = 0.8 \sim 1.7 \quad \cdots\cdots(3)$$

式中：

V_{oe}——硅油的实际黏度，单位为平方米每秒(m^2/s)；

V_{ot}——硅油的名义黏度，单位为平方米每秒(m^2/s)。

4.7 使用中的定期检查与更换

减振器在使用中的定期检查与更换参见附录 A。

5 试验方法

5.1 外观检查

目测检查减振器外观。结果应符合 4.1 的要求。

5.2 材料检查

查看减振器各零部件的材料和材质证明。结果应符合 4.2 的要求。

5.3 平衡性试验

减振器应按 GB/T 9239.1 中的要求进行单面(静)平衡。NJ·GY $L_1\times L_2$ 型减振器的惯性块(包括摩擦环)和壳体(包括盖板紧固件)可分别进行单面平衡。结果应符合 4.4 的要求。

5.4 密封性试验

5.4.1 试验在试验台架上进行，试验装置见图 B.3 和图 B.4，也可用其他满足要求的试验装置。

5.4.2 阻尼液为甲基(或乙基)硅油的减振器，环境温度应不低于 10 ℃，试验转速为 105%n_e(n_e 为内燃机的标定转速)，试验时间为 10 min。结果应符合 4.5.1 的要求。

注：当盖板与壳体的连接是采用焊接或铆接结构时，NJ·GY $L_1 \times L_2$ 型减振器的该项试验可不做。

5.4.3 阻尼液为润滑油时，制造厂应按产品技术文件的要求进行密封性检查。结果应符合 4.5.2 的要求。

5.5 静扭转试验

5.5.1 按照规定的加载条件和加载方法在试验装置上进行，试验装置见图 B.1，也可用其他满足要求的试验装置。

注：静扭转试验适用于除 NJ·GY $L_1 \times L_2$ 型式以外的其他减振器。

5.5.2 确定静态扭转刚度

5.5.2.1 试验扭矩

试验扭矩 T_s，按公式(4)选定。

$$T_s / T_1 = 0.875 \sim 1.125 \qquad (4)$$

式中：

T_1——标定扭矩，单位为牛米(N·m)。

5.5.2.2 重复次数

重复加载与卸载各 N_1 次，总次数 $2N_1$ 应不少于 8 次。

5.5.2.3 加载方法

静态扭转刚度与扭矩变化的速率有关。加载(卸载)时，扭矩应缓慢地逐渐增加(减少)至 T_s，并保持稳定。通常，加载(卸载)过程约需 3 min。

5.5.2.4 静态扭转刚度

静态扭转刚度的平均值 K_{sm} 按公式(5)计算。

$$K_{sm} = \left[\sum_{i=1}^{2N_1} (T_{si} / \Phi_i) \right] / 2N_1 \qquad (5)$$

式中：

T_{si}——第 i 次试验的试验扭矩，单位为牛米(N·m)；

Φ_i——在 T_{si} 下的扭转角，单位为弧度(rad)；

K_{sm}——作为该试样在静态条件下的扭转刚度 K_s。

结果应符合 4.6.1 的要求。

5.5.3 确定静态扭矩特性

新研制或改型的弹性减振器应进行本项试验。

5.5.3.1 最大试验扭矩

试验时的最大扭矩 T_{smax} 推荐为最大设计扭转角对应的扭矩。

5.5.3.2 反方向加载

以与 5.5.2.2 相反的方向，重复加(卸)载 N_1 次。

5.5.3.3 加载方法

试验时，应给试样施加预扭矩。预扭矩推荐为 $0.1T_1$，并按下述两方法之一进行试验：

a) 逐级加(卸)载法

在 T_{smax} 之内，按分成不少于 5 级的等扭矩对试样进行加载或卸载，并记录每级扭矩和相应的扭角。

b) 图解法

试验时，采用自动记录方法，记录扭矩-扭角特性。

5.5.3.4 扭矩特性

通常，静态扭矩特性是一组滞后曲线束，取其中间值之曲线表示。结果应符合产品设计技术文件的要求。

5.6 动态试验

试验装置见图B.2～图B.5,也可用其他满足要求的试验装置。

5.6.1 测量振动频率和振幅

利用扭振仪测量减振器在共振条件下的振动频率及其壳体部位(连接法兰处)的振幅。

5.6.2 测定动态扭转刚度

试验装置的扭振参数已知后,利用5.6.1所得结果,可获得试样的动态扭转刚度。结果应符合4.6.2的要求。

5.6.3 确定阻尼系数

根据试验所得的阻尼椭圆,可获得试样的阻尼系数;根据装置所耗的功(即激励力矩被阻尼力矩平衡),也可换算出试样的阻尼系数。结果应符合4.6.3的要求。

5.6.4 确定许用弹性振动力矩

许用弹性振动力矩是指减振器中的弹性元件组承受交变力矩的许用值,记为 T_e。在振动条件下,采用逐级加载法对试样进行加载(力矩)试验,确定其许用弹性振动力矩。重复次数 N_2 应不少于3次。

注:此试验暂按建议性试验处理。

6 检验规则

6.1 检验分类

减振器的检验分为型式检验和出厂检验。

6.2 检验时机

具有下列情况之一时,减振器应进行型式检验:

a) 正式生产后,设计、结构、材料和工艺有重大修改并可能会影响到重要性能时;
b) 正常生产时,定期或积累一定产量后,应周期性进行一次检验;
c) 产品停产两年后,恢复生产时;
d) 国家质量监督机构提出进行型式检验要求时。

6.3 型式检验

6.3.1 减振器的型式检验项目和顺序按表4。

表4 检验项目表

试验项目	型式试验	出厂检验	抽检试验	要求章条号	试验方法章条号
外观	●	●	—	4.1	5.1
材料	●	●	—	4.2	5.2
平衡性	●	●	—	4.4	5.3
密封性	●	●	—	4.5	5.4
静扭转试验	●	—	●	4.6.1	5.5
动态试验	●	—	—	4.6.2、4.6.3	5.6
注:●为必检项目;—为不检验项目。					

6.3.2 减振器的的型式检验的样品数量为1台。

6.3.3 减振器的型式检验全部项目符合要求,判定减振器的型式检验合格。若有不符合要求项目,允许加倍取样复验一次,所有项目需重新试验。若复验符合要求,仍判定减振器的型式检验合格;若复验仍有不符合要求的项目,则判定减振器的型式检验不合格。

6.4 **出厂检验**

6.4.1 减振器的出厂检验项目和顺序按表4。

6.4.2 减振器应逐台进行出厂检验。

6.4.3 减振器的出厂检验全部项目符合要求，判定减振器的出厂检验合格，由减振器制造厂出具检验合格证。若有不符合要求项目，允许修复后重新试验。若复验符合要求，仍判定减振器的出厂检验合格；若复验仍有不符合要求的项目，则判定减振器的出厂检验不合格。

6.4.4 减振器须经制造厂质检部门检验合格，并附有产品合格证方能出厂。

6.5 **抽检试验**

6.5.1 减振器的抽检试验项目和顺序按表4。

6.5.2 产品每年应进行一次例行的性能抽试。

a) 在同一批产品中抽取3%做静扭转试验，同批产品数目大于300个时，抽试的样本大小为8；

b) 最小的样本大小为2。

6.5.3 被抽试样的静态刚度 K_s 超出设计值允许偏差时，按如下方法处理：

a) 有一个试样的 K_s 超出允许偏差时，应加倍抽试；

b) 有两个及两个以上试样的 K_s 均超出允许偏差时，应重复5.5.2的试验，并修改其参数（橡胶件，允许调整胶料硬度以符合设计值）。

6.5.4 减振器专业制造厂，产品性能抽试宜按以下要求进行：

出厂抽试的抽样方案及抽检项目的判定方法按GB/T 2828.1的要求进行；型式抽试的抽样方案及抽检项目的判定方法按GB/T 2829的要求进行。

7 标志、贮存和包装

7.1 减振器上应有产品标牌，并有下列内容：

a) 产品名称；

b) 产品型号；

c) 制造厂的名称或商标；

d) 出厂编号及制造年月。

7.2 对薄壁结构的减振器，在其外壳表面的醒目位置还应牢固地贴有“警告牌”。

7.3 包装箱应有标签，其外部标志应符合GB/T 191和GB/T 6388的规定。

7.4 减振器需经油封（橡胶减振器除外），包装箱应坚固，箱内应衬有防潮材料，并用支撑件将减振器固定，以避免在运输中因碰撞而损伤。供货时，应明确贮存期限。

附 录 A
（资料性附录）
减振器在使用中的定期检验与更换

A.1 定期检查

使用中的减振器，定期检查通常按减振器制造商提供的时间进行。

A.2 更换

检修时，经目力观察，外表已明显损伤的零件、组件或减振器，均应更换。

A.2.1 主要零件和主要材料

A.2.1.1 橡胶件本体有裂纹、橡胶件老化龟裂或橡胶寿命已到时，应予更换。

A.2.1.2 阻尼液为甲基（或乙基）硅油时，有下列情形之一，阻尼液应更换：

a) 油液变黑，且混杂有金属末；

b) 油液已显酸（碱）性。

A.2.1.3 摩擦环与壳体（或主动盘）的配合间隙超过产品技术文件上规定的最大容许间隙时，摩擦环应更换。

A.2.2 减振器

A.2.2.1 NJ·LJ $L_1 \times L_2$ 型减振器，当橡胶件和金属构件间存在"脱胶"现象时，减振器应更换。

A.2.2.2 NJ·YJ $L_1 \times L_2$ 型减振器，当主动盘与惯性块之间产生相对滑动时，减振器应更换。

A.2.2.3 NJ·GY $L_1 \times L_2$ 型减振器，且壳体为薄壁结构的，当受碰撞而造成壳体明显变形时，减振器应更换。

A.2.2.4 对不易（或不能）拆检的减振器，应按 GB/T 13437 中的规定对轴系进行扭振测量。根据实测结果来判别要否更换。

附 录 B
（规范性附录）
减振器试验装置

B.1 各型试验装置的概述见表 B.1 和图 B.1～图 B.5。

表 B.1 各型试验装置

序号	装置型式	基本原理	用途	典型装置
1	简易式	力-位移式装置，依据力（力矩）与（角）位移的关系并利用配套仪器进行数据测量	适用于各种弹性减振器的静态刚度试验，可确定试样的静态扭转刚度	力-位移型试验装置见图 B.1
2	激振式	采用激振器或锤击进行激励，利用配套仪器进行数据处理	适用于各种弹性减振器的动态刚度试验，可确定试样的振动频率、动态扭转刚度和准动态阻尼系数等	液压型试验装置见图 B.2
3	机械式	采用机械结构产生动态激励源进行扭振激励	适用于减振器的动态试验，可确定试样的振动频率、动态扭转刚度和阻尼	激振箱型试验装置图 B.3；万向轴型试验装置见图 B.4
4	电控式	使用高性能电机产生扭振激励，模拟柴油机激励力矩	可确定扭振减振器的固有频率、振幅和阻尼系数等	伺服电机型试验装置见图 B.5

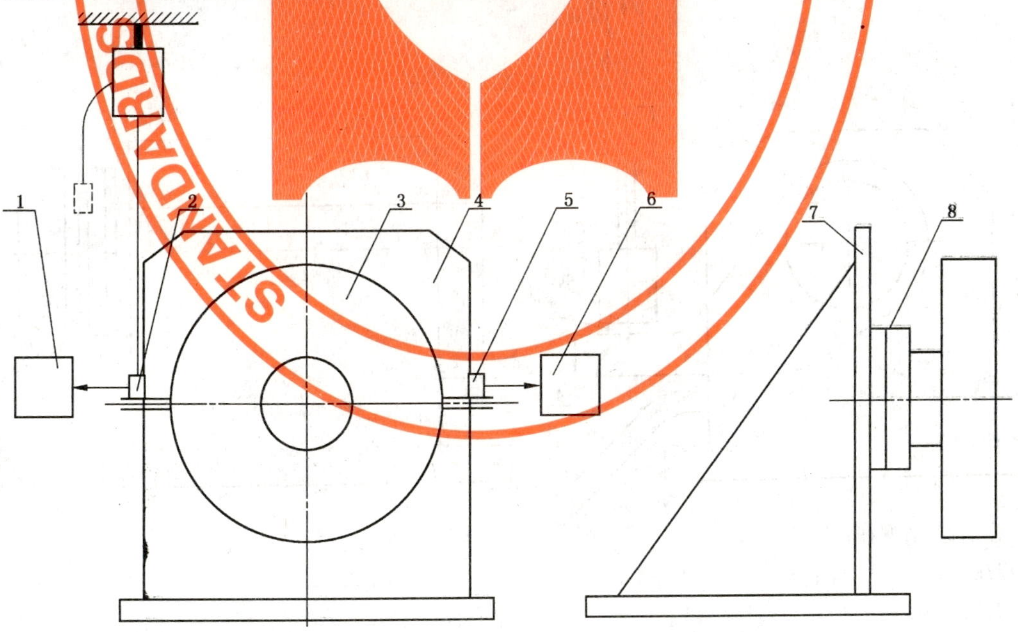

1——微电脑扭矩（功率）仪；
2——力传感器；
3——减振器；
4——试验台架；
5——位移传感器；
6——数字式千分表；
7——固定架；
8——连接件。

图 B.1 力-位移型试验装置

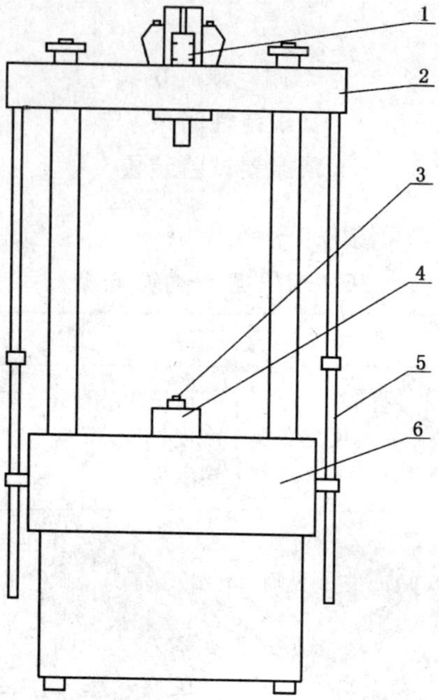

1——液压作动器(包括位移传感器)；
2——横梁；
3——动荷传感器；
4——静荷传感器；
5——横梁升降调节器；
6——工作平台。

a) 液压动态试验机

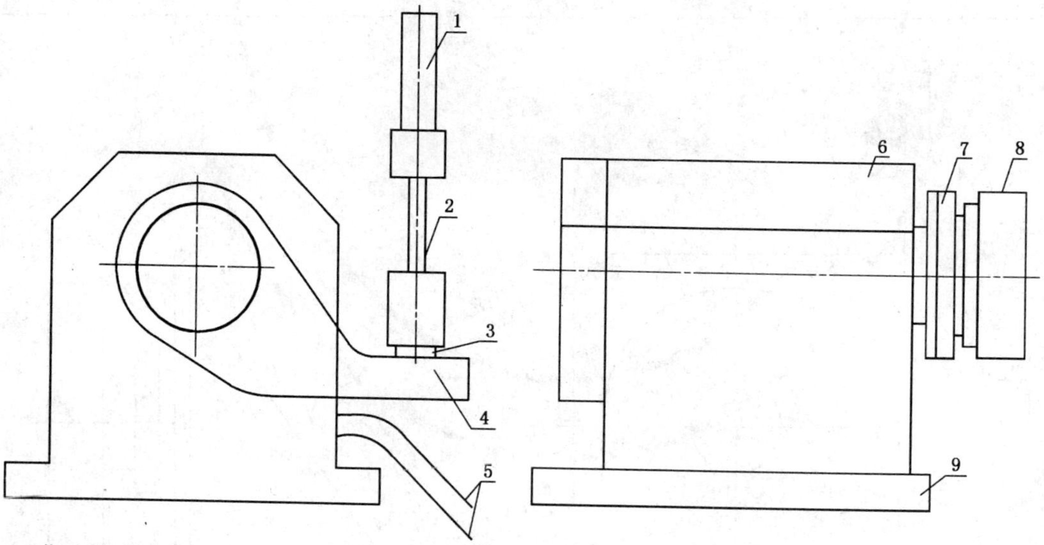

1——(作动器)活塞杆；
2——连接件；
3——动荷传感器；
4——旋转臂；
5——油管；
6——静压轴承；
7——固定盘；
8——减振器；
9——底座。

b) 测量仪

图 B.2 液压型试验装置

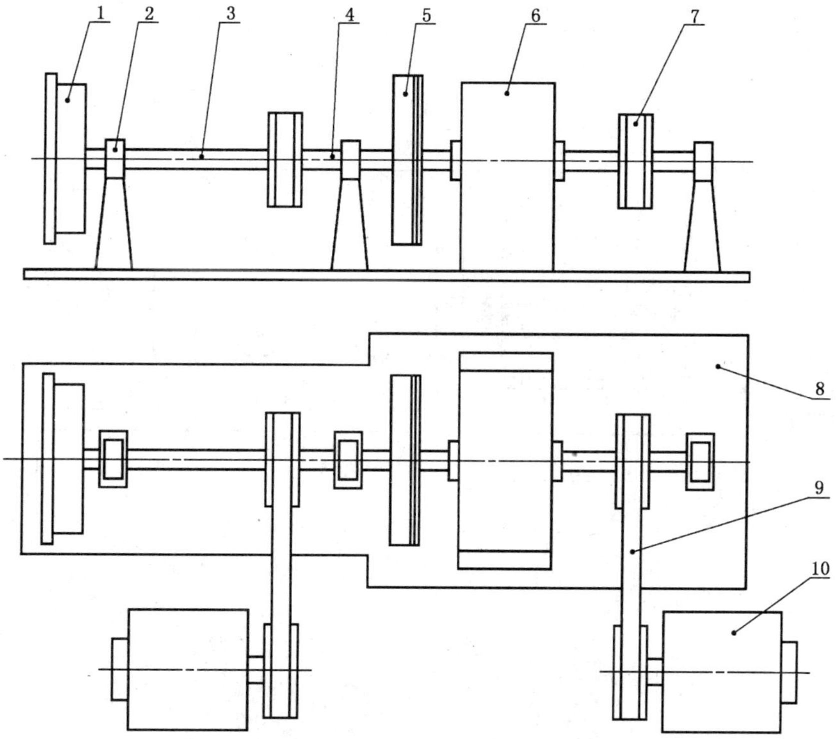

1——减振器；
2——轴承座；
3——连接轴；
4——中间轴；
5——调幅飞轮；
6——激振箱；
7——皮带轮；
8——底座；
9——三角皮带；
10——电动机。

图 B.3 激振箱型试验装置

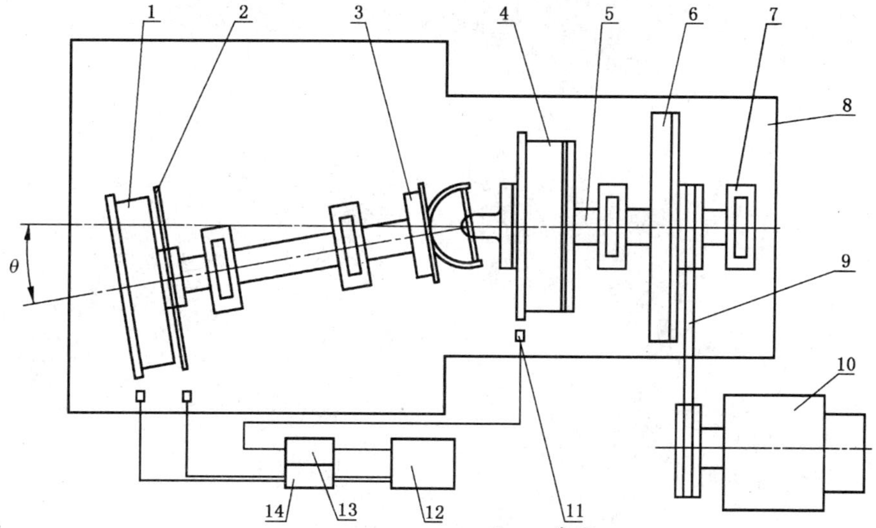

1——减振器；
2——齿盘；
3——万向轴；
4——飞轮；
5——中间轴；
6——飞轮；
7——轴承座；
8——底座；
9——三角皮带；
10——电动机；
11——传感器；
12——示波器；
13——三角波发生器；
14——正弦波发生器。

图 B.4 万向轴型试验装置

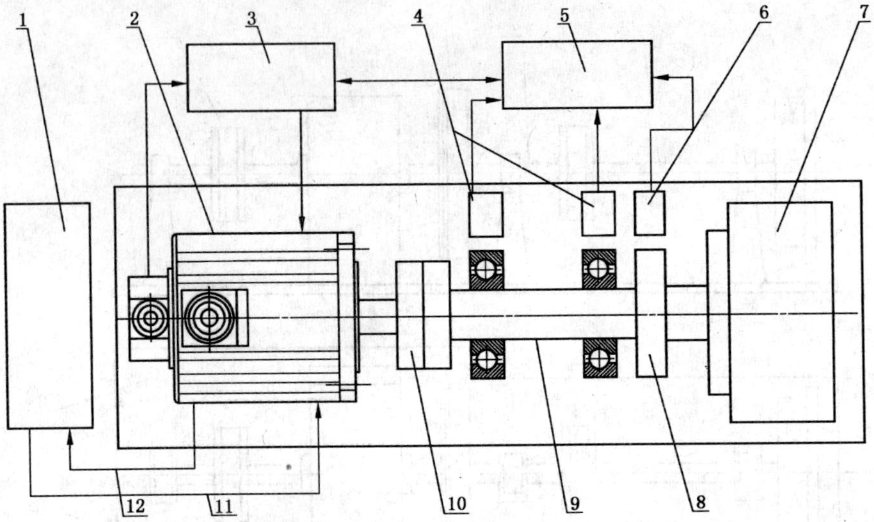

1——冷却装置；
2——高性能电机；
3——电机控制器；
4——振动传感器；
5——上位机；
6——扭振传感器；
7——被测试减振器；
8——惯性轮；
9——连接支撑轴；
10——联轴器；
11——冷却介质进；
12——冷却介质出。

图 B.5　伺服电机型试验装置

ICS 03.220.20;93.080.30
P 51

中华人民共和国国家标准

GB/T 16311—2009
代替 GB/T 16311—2005

道路交通标线质量要求和检测方法

Specification and test method for road traffic markings

2009-11-30 发布　　2010-04-01 实施

中华人民共和国国家质量监督检验检疫总局
中国国家标准化管理委员会 发布

前言

本标准代替 GB/T 16311—2005《道路交通标线质量要求和检测方法》，与 GB/T 16311—2005 相比，主要差异如下：

——增加“逆反射色”的术语和定义及其质量要求和测试方法(见第 3 章和 5.5.3)；

——增加标线种类(见第 4 章)；

——调整标线尺寸的允许误差(见 5.3)；

——标线颜色新增红色、橙色和蓝色，白色和黄色色品坐标有所调整(见 5.5)；

——将标线光度性能的表述由“逆反射系数”改为“逆反射亮度系数”(见 5.6)；

——区分反光标线在初始状态和正常使用期间的逆反射亮度系数值(见 5.6.1 和 5.6.2)；

——增加雨夜标线在湿状态下的逆反射性能要求(见 5.6.3)。

本标准的附录 A 为规范性附录。

本标准由全国交通工程设施(公路)标准化技术委员会(SAC/TC 223)提出并归口。

本标准负责起草单位：交通部公路科学研究院、国家交通安全设施质量监督检验中心。

本标准参加起草单位：海虹老人牌(中国)有限公司、浙江兄弟路标涂料有限公司、北京中交华安科技有限公司。

本标准主要起草人：苏文英、杜玲玲、郭东华、匡金和、刘恒权、邝丽君、包敏、马骏、朱桂根。

本标准所代替标准的历次版本发布情况为：

——GB/T 16311—1996、GB/T 16311—2005。

道路交通标线质量要求和检测方法

1 范围

本标准规定了道路交通标线的分类、质量要求及检测方法。

本标准适用于我国各级道路上的交通标线。机场、港口、厂矿、住宅区等道路上的交通标线可参照执行。

2 规范性引用文件

下列文件中的条款通过本标准的引用而成为本标准的条款。凡是注日期的引用文件,其随后所有的修改单(不包括勘误的内容)或修订版均不适用于本标准,然而,鼓励根据本标准达成协议的各方研究是否可使用这些文件的最新版本。凡是不注日期的引用文件,其最新版本适用于本标准。

GB 5768.3 道路交通标志和标线 第3部分:道路交通标线

GB/T 21383 新划路面标线初始逆反射亮度系数及测试方法(GB/T 21383—2008,ASTM D 6359—1999,NEQ)

GB/T 24717 道路预成形标线带

GB/T 24722 路面标线用玻璃珠

JT/T 280 路面标线涂料

JT/T 612[1)] 逆反射测量仪

JT/T 675 道路交通标线涂层湿膜厚度梳规

JT/T 688 逆反射术语

JT/T 690 逆反射体光度性能测试方法

JT/T 691 水平涂层逆反射亮度系数测试方法

JT/T 692 夜间条件下逆反射体色度性能测试方法

JT/T 712 路面防滑涂料

3 术语和定义

JT/T 688确立的以及下列术语和定义适用于本标准。

3.1

逆反射色 retroreflective color

逆反射材料或逆反射体在夜间条件下,即采用标准A光源照射时,从接近入射光方向所观测到的逆反射光的颜色。

3.2

抗滑值 skid resistance

用摆式摩擦系数仪测定的表面抗滑能力,单位是英式抗滑摆值 British Pendulum (tester) Number,简称 BPN。

4 标线分类

4.1 按标线材料可分为:

1)《逆反射测量仪》国家标准发布后代替此行标。

a） 溶剂型涂料标线；

b） 热熔型涂料标线；

c） 水性涂料标线；

d） 双组份涂料标线；

e） 预成型标线带标线。

4.2 按标线用途可分为：

a） 非反光标线；

b） 反光标线；

c） 突起振动标线；

d） 防滑标线；

e） 雨夜标线；

f） 其他标线。

4.3 按标线设置方式可分为：

a） 纵向标线；

b） 横向标线；

c） 其他标线。

5 质量要求

5.1 基本要求

5.1.1 标线设计应符合 GB 5768.3 的规定。

5.1.2 使用的标线材料应符合 GB/T 24717、JT/T 280、JT/T 712 等相关标准的要求。

5.2 外观质量

5.2.1 标线应具有良好的视认性，颜色均匀、边缘整齐、线型规则、线条流畅。

5.2.2 标线涂层厚度应均匀，无明显起泡、皱纹、斑点、开裂、发粘、脱落、泛花等缺陷。

5.2.3 反光标线的面撒玻璃珠应均匀，其性能和粒径分布符合 GB/T 24722 的要求。

5.3 外形尺寸

5.3.1 标线实际位置与设计位置的横向允许误差为±30 mm。

5.3.2 标线的宽度允许误差为(0～5)mm。

5.3.3 标线长度以及间断线纵向间距的允许误差见表 1。

5.3.4 其他标线尺寸的允许误差不超过±5%。

5.3.5 标线设置角度的允许误差为±3°。

表 1 标线尺寸允许误差

单位为毫米

项目	尺寸	允许误差
长度	6 000	±30
	5 000	±25
	4 000	±20
	3 000	±15
	2 000	±10
	1 000	±10

表 1（续）

单位为毫米

项目	尺寸	允许误差
间断线的纵向间距	9 000	±45
	6 000	±30
	4 000	±20
	3 000	±15
	2 000	±10
	1 000	±10

5.4 标线厚度

5.4.1 一般标线的厚度范围见表 2。

表 2 标线的厚度范围

单位为毫米

序号	标线种类	标线厚度范围	备注
1	溶剂型涂料标线	0.3～0.8	湿膜
2	热熔型涂料标线	0.7～2.5	干膜
3	水性涂料标线	0.3～0.8	湿膜
4	双组份涂料标线	0.4～2.5	干膜
5	预成型标线带标线	0.3～2.5	干膜

5.4.2 突起振动标线的突起部分高度为 3 mm～7 mm，若有基线，基线的厚度为 1 mm～2 mm。

5.5 色度性能

5.5.1 标线的颜色包括白色、黄色、橙色、红色和蓝色。在规定的使用期限内，标线不应出现明显的变色。

5.5.2 标线各种颜色的表面色，其色品坐标和亮度因数宜在表 3 和图 1 规定的范围内。

表 3 标线表面色

颜色	色品坐标（标准照明体 D_{65}，照明观测条件 45/0，视场角 2°）								亮度因数
	x	y	x	y	x	y	x	y	
白	0.355	0.355	0.305	0.305	0.285	0.325	0.335	0.375	≥0.35
黄	0.560	0.440	0.490	0.510	0.420	0.440	0.460	0.400	≥0.27
橙	0.610	0.390	0.535	0.375	0.506	0.404	0.570	0.429	≥0.14
红	0.480	0.300	0.690	0.315	0.620	0.380	0.480	0.360	≥0.07
蓝	0.105	0.100	0.220	0.180	0.200	0.260	0.060	0.220	≥0.05

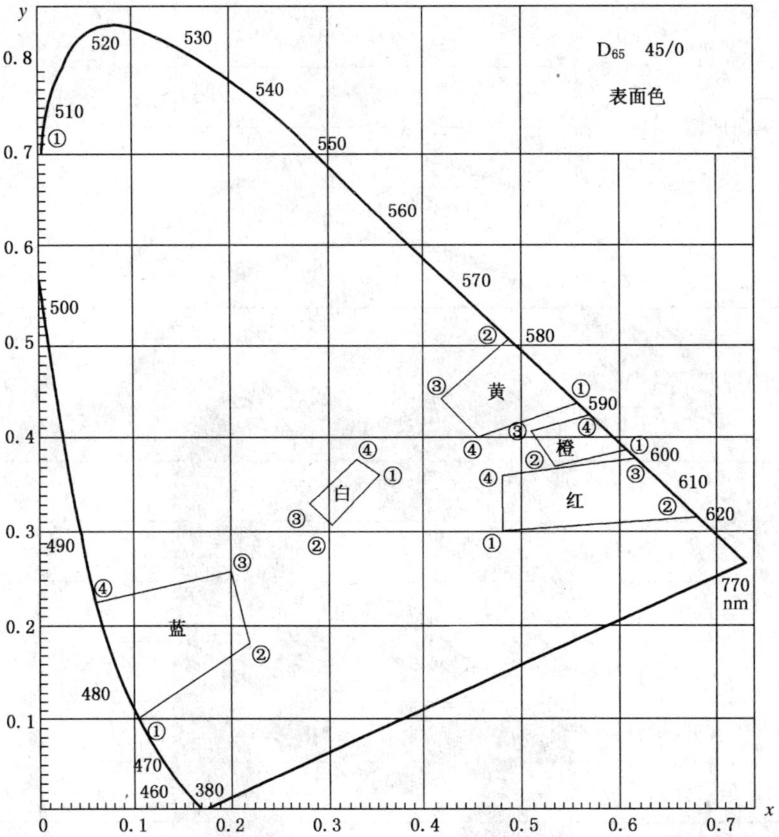

图 1 标线表面色色品图

5.5.3 反光标线各种颜色的逆反射色，其色品坐标宜在表 4 和图 2 规定的范围内。

表 4 反光标线逆反射色

颜色		色品坐标（标准 A 光源）							
		x	y	x	y	x	y	x	y
反光标线	白	0.480	0.410	0.430	0.380	0.405	0.405	0.455	0.435
	黄	0.575	0.425	0.508	0.415	0.473	0.453	0.510	0.490

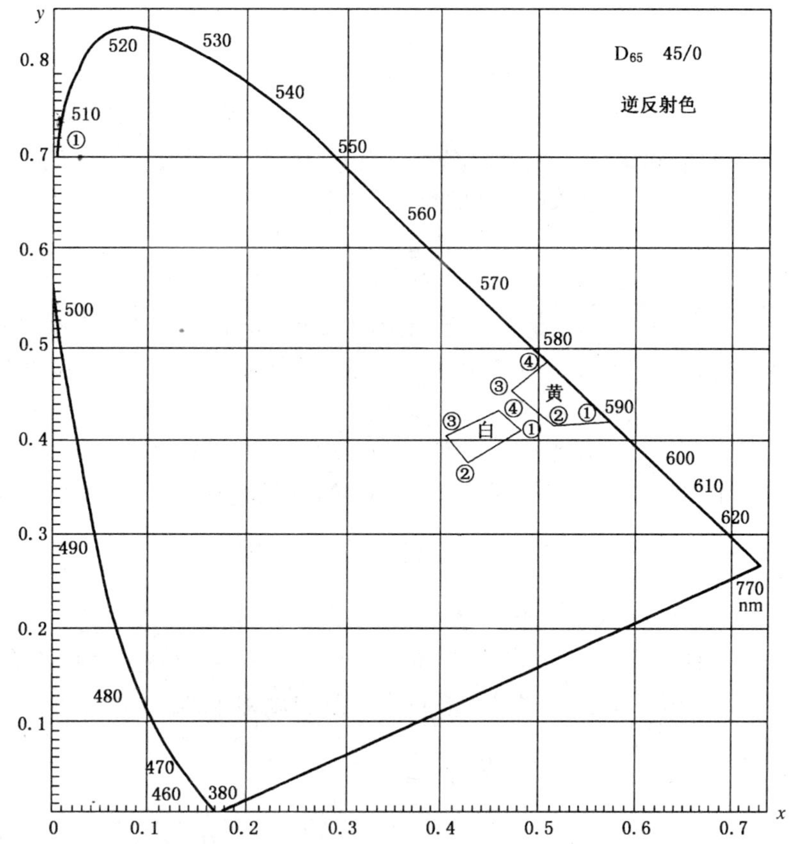

图 2 反光标线逆反射色色品图

5.6 光度性能

5.6.1 正常使用期间，反光标线的逆反射亮度系数应满足夜间视认要求。一般情况下，白色反光标线的逆反射亮度系数不应低于 80 mcd·m^{-2}·lx^{-1}，黄色反光标线的逆反射亮度系数不应低于 50 mcd·m^{-2}·lx^{-1}。

5.6.2 新划标线的初始逆反射亮度系数应符合 GB/T 21383 的规定，白色反光标线的逆反射亮度系数不应低于 150 mcd·m^{-2}·lx^{-1}，黄色反光标线的逆反射亮度系数不应低于 100 mcd·m^{-2}·lx^{-1}。

5.6.3 雨夜标线应具备湿状态下的逆反射性能，在雨夜具有良好的视认效果。

5.7 抗滑性能

防滑标线的抗滑值应不小于 45 BPN。

6 检测方法

6.1 取样

6.1.1 纵向实线或间段线

测量范围小于或等于 10 km 时，以整个测量范围为一个检测单位，在标线的起点、终点及中间位置，选取 3 个 100 m 为核查区域，再从每个核查区域中随机连续选取 10 个测试点；测量范围大于 10 km 时，取每 10 km 为一个检测单位，分别选取核查区域和测试点。

6.1.2 图形、字符或人行横道线

以每 1 500 m^2 标线面积为一个检测单位，从每个检测单位中选取 3 个有代表性的图形、字符或人行横道线为核查区域，再从每个核查区域中随机选取 5 个测试点。

6.1.3 新划路面标线初始逆反射亮度系数的取样，应执行 GB/T 21383。

6.2 外观质量

目测标线的外观，应符合 5.2.1～5.2.3 的要求。

6.3 外形尺寸

用分度值不大于 0.5 mm 的钢卷尺测量抽样检测点上的标线所在位置、标线宽度及间断线的实线段长度、纵向间距以及其他标线的尺寸，取其算术平均值，其误差应符合 5.3.1～5.3.4 的规定。

用测量精度为±0.5°的量角器测量标线的角度，取其算术平均值，其误差应符合 5.3.5 的规定。

6.4 标线厚度

6.4.1 湿膜厚度

在标线施工时，把一块厚度 0.3 mm 以上、面积为 300 mm×500 mm 光亮平整的金属片或厚度 2 mm 以上、面积为 300 mm×500 mm 玻璃片放置在路面将要划制标线的始端或终端处，待划线机划过后，立即将符合 JT/T 675 规定的湿膜厚度梳规垂直插入涂在金属片或玻璃片上的标线湿膜中，稳定地保持 3s，然后垂直提出，观察涂料覆盖湿膜厚度梳规齿格的位置，读出相应数值。在每片涂层的四角距涂层边缘 20 mm 处读出四个数，见图 3，取其算术平均值，结果应符合 5.4.1 的要求。

6.4.2 干膜厚度

标线施工时，先准备好厚度 0.3 mm 以上，面积为 300 mm×500 mm 且光亮平整的金属片，预先测量其厚度，然后将金属片放置在将要划制标线的始端或终端处，待划线机划过后，把已覆盖有标线涂料的金属片取出，过 5 min～10 min 后，用分度值不大于 0.01 mm 的游标卡尺测量金属片上四角距涂层边缘 20 mm 处四点的厚度，见图 3，减去已测量的金属片厚度即为图层厚度，取其算术平均值，结果应符合 5.4.1 的要求。

单位为毫米

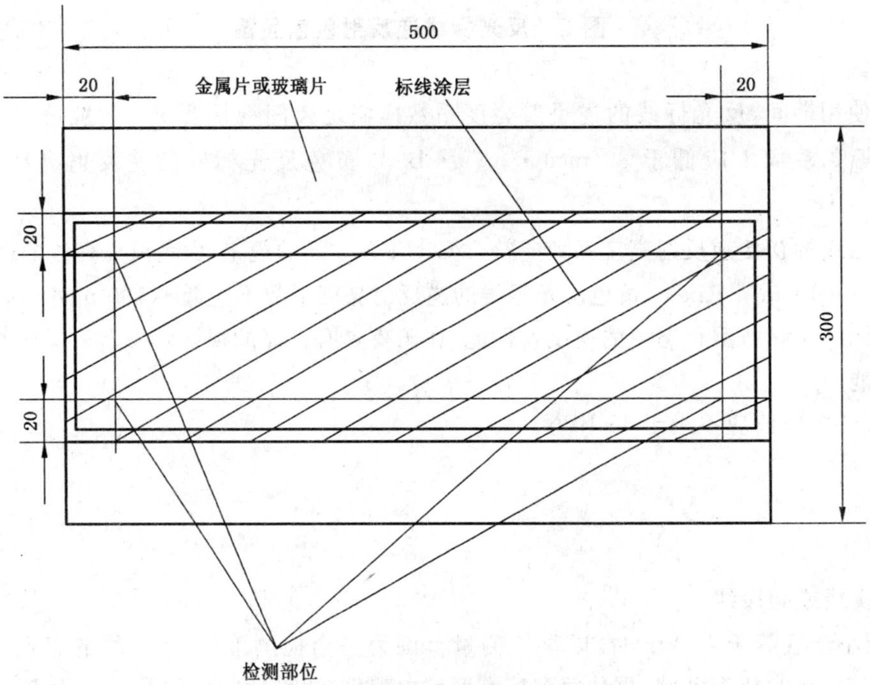

图 3 标线厚度检测部位

6.4.3 已成形标线的厚度

已成形标线的厚度可按附录 A 的方法进行测量，也可使用符合要求的数显卡尺或涂层测厚仪进行测量。结果应符合 5.4.1 和 5.4.2 的要求。

6.5 色度性能

6.5.1 标线的表面色，采用标准照明体 D_{65}、45/0 照明观测条件的测色仪，测取每个抽样检测点的色品坐标和亮度因数，求算术平均值。结果应符合 5.5.1 和 5.5.2 的规定。

6.5.2 反光标线的逆反射色，采用观测角 1.05°、入射角 88.76°的照明观测条件，按 JT/T 692 规定的方法进行测试。结果应符合 5.5.1 和 5.5.3 的规定。

6.6 光度性能

6.6.1 正常使用期间，标线逆反射亮度系数的测试应在干燥状态下进行。按照 JT/T 690 或 JT/T 691 规定的方法，在观测角为 1.05°、入射角为 88.76°的条件下，将符合 JT/T 612 要求的测试仪器，沿行车方向平放在按 6.1.1 和 6.1.2 选取的测试点进行测试，并取其算术平均值为测试结果。结果应符合 5.6.1 的规定。

6.6.2 新划标线初始逆反射亮度系数的测试应执行 GB/T 21383，结果应符合 5.6.2 的规定。

6.6.3 在雨夜或路面标线浸于水中的夜间，用汽车前照灯远光照射雨夜标线，目测其逆反射效果。结果应符合 5.6.3 的规定。

6.7 抗滑值 BPN

按 GB/T 24717 规定的方法进行测试，结果应符合 5.7 的规定。

附　录　A
（规范性附录）
已成形标线的厚度测量方法

标线厚度测量块如图 A.1 所示。

将标线厚度测量块紧靠在标线侧边，用塞尺测量标线厚度测量块槽口与标线之间的间隙 B，则标线的厚度 $T=(3-B)$mm。

测量突起振动标线的突起高度时，按图中括号内的数据。测量块的厚度为 15 mm，测量块的槽口深度为 9 mm，标线突起高度 $H=(9-B)$mm。

单位为毫米

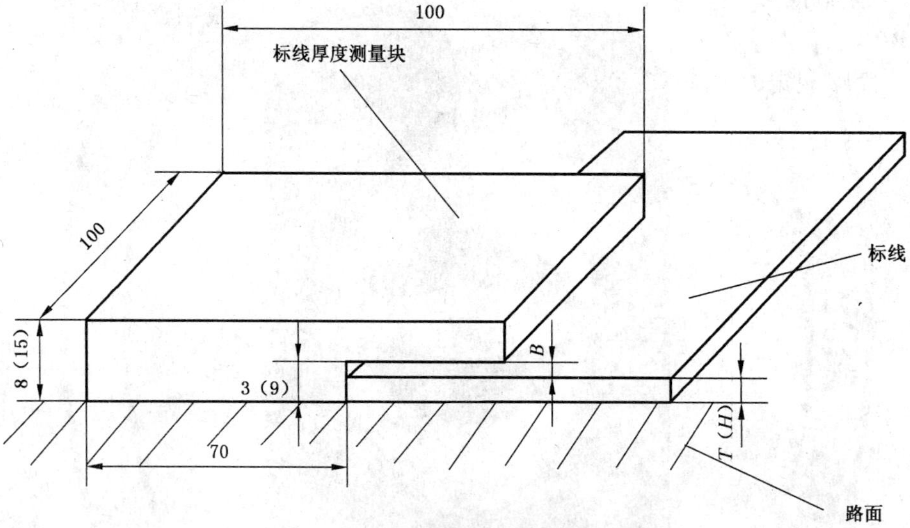

图 A.1　已成形标线厚度测量示意图

ICS 53.040.20
G 42

中华人民共和国国家标准

GB/T 16412—2009
代替 GB/T 16412—1996

输送带　丙烷单燃烧器可燃性试验方法

Conveyor belts—Propane single burner flammability test method

2009-04-24 发布　　2009-12-01 实施

中华人民共和国国家质量监督检验检疫总局
中国国家标准化管理委员会　发布

前　言

本标准与英国标准 BS EN 12881-1:2005《输送带　燃烧模拟法可燃性试验　第 1 部分:丙烷燃烧器试验(方法 A)》(英文版)的一致性程度为非等效。

本标准代替 GB/T 16412—1996《输送带丙烷燃烧器燃烧试验方法》。

本标准与 GB/T 16412—1996 相比主要变化如下:

——增加了规范性引用文件,对所使用的燃料丙烷进行了规定;

——巷道尺寸发生变化(1996 年版的 2.1.1;本版的 4.1);

——增加了风速计的安装位置(见 4.4);

——减少了热电偶的数量(1996 年版的 4.1.1;本版的 4.5);

——试样数量及尺寸发生了变化(1996 年版的 2.2;本版的第 5 章);

——燃烧时间发生变化(1996 年版的 2.3;本版的 6.3.6);

——删除了丙烷燃烧温度测量(1996 年版的 4.1.2.1);

——删除了试样烧毁长度的测量(1996 年版的 4.2);

——删除了试验结果的评定标准(1996 年版的 4.3);

——删除了附录 A(补充件)。

本标准由中国石油和化学工业协会提出。

本标准由全国带轮与带标准化技术委员会输送带分技术委员会(SAC/TC 428/SC 1)归口。

本标准负责起草单位:浙江三维橡胶制品有限公司、青岛科技大学、青岛中化新材料实验室。

本标准主要起草人:张国方、辛永录、刘山根、刘莉、李健。

本标准所代替标准的历次版本发布情况为:

——GB/T 16412—1996。

输送带　丙烷单燃烧器可燃性试验方法

警告：本标准所述试验会产生大量的烟和热量。因此做试验时要注意安全，考虑健康和安全因素。在任何情况下若有必要应立即停止试验。最好不要仅有一个人在试验现场。

1　范围

本标准规定了丙烷单燃烧器两米试样燃烧法测定输送带可燃性试验方法。

本标准适用于输送带一般丙烷燃烧试验。

2　规范性引用文件

下列文件中的条款通过本标准的引用而成为本标准的条款。凡是注日期的引用文件，其随后所有的修改单(不包括勘误的内容)或修订版均不适用于本标准，然而，鼓励根据本标准达成协议的各方研究是否可使用这些文件的最新版本。凡是不注日期的引用文件，其最新版本适用于本标准。

ISO 9162:1989　石油产品　燃料(F类)液化石油气　规范

3　丙烷气

本试验使用的瓶装丙烷气按 ISO 9162 规定，丙烷气通过一段内径至少为 6.3 mm 的高压软管进入燃烧器，按下列两者之一：

a)　通过一个减压阀，一个止回阀和一个 1.7 mm 厚、孔直径为 2.5 mm 的标准孔板；

b)　通过一个减压阀，一个装有高精度流量计的止回阀，以确保准确计量消耗的气体。

在试验前和试验过程中，丙烷瓶须浸入到温度为(25±3)℃的水里，浸入的深度大约为丙烷瓶体高度的三分之二。保证到试验结束时，丙烷瓶中剩余气体不少于瓶容量的 10%。

4　装置

4.1　巷道

巷道(见图 1)横截面面积不大于 6 m^2，高度 1.9 m～2.25 m，宽度 1.9 m～2.75 m。装有可调抽风机使空气流通。地面为混凝土地面，巷道长度不少于 15.0 m。

4.2　试验台架

台架如图 2 所示，呈矩形框架结构，应由外径 20 mm～25 mm 的耐酸不锈钢管(18/8)制成。台架长 2.20 m、宽 1.25 m，最高点到地面距离为 350 mm。台架两侧的上部有两根角钢，角钢上开有若干槽口，这些槽口用来放置 15 根不锈钢棒。钢棒直径为 10 mm，长为 1.4 m，钢棒在槽口内可以自由转动。台架用来放置试样。两个台架纵向连接总长度为 4.4 mm。

4.3　燃烧器

如图 3 所示，系外径为 20 mm～25 mm 的耐酸不锈钢管(18/8)焊接成的边长为(450±9)mm 方形框架，燃烧器距地面高(220±5)mm。钢管上开有 52 个直径为(1.5±0.1)mm 的小孔，孔距为 50 mm。

4.4　风速计

风速计安装在巷道中心线距地面 350 mm 的高度上，至少距巷道入口 7.25 m，距离台架靠近巷道入口端(以下称台架前端)750 mm 处。

注：巷道中的气流为层流这一点很重要，很可能会用到产生层流气流的设备。

4.5　热电偶

热电偶用来测量进入的空气温度，安装位置见图 1。

单位为毫米

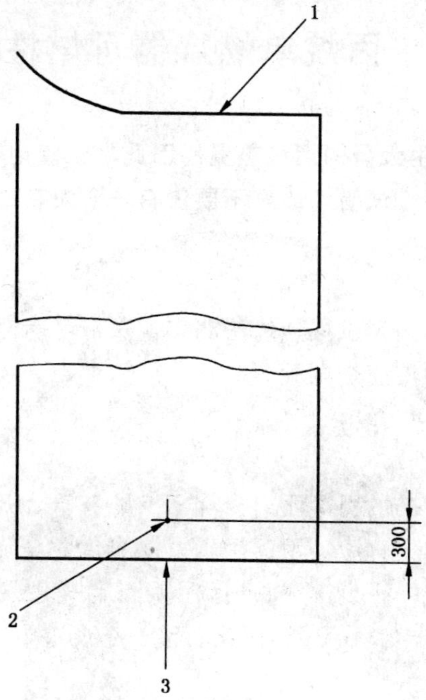

a) 巷道平面图

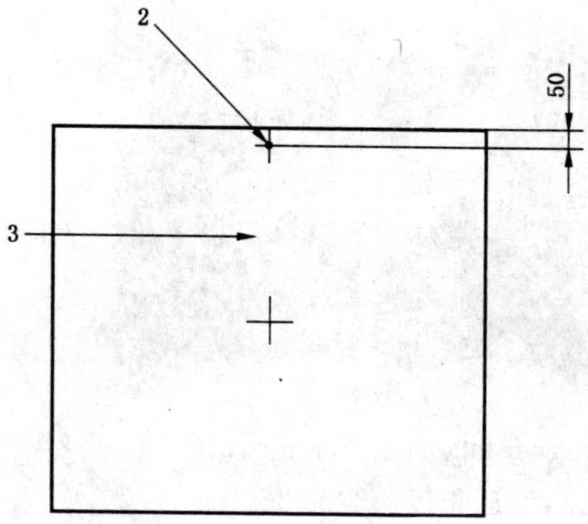

b) 巷道截面图

1——巷道末端；

2——热电偶在中心线上的位置；

3——巷道前端。

图 1 测量进入空气温度的热电偶位置

单位为毫米

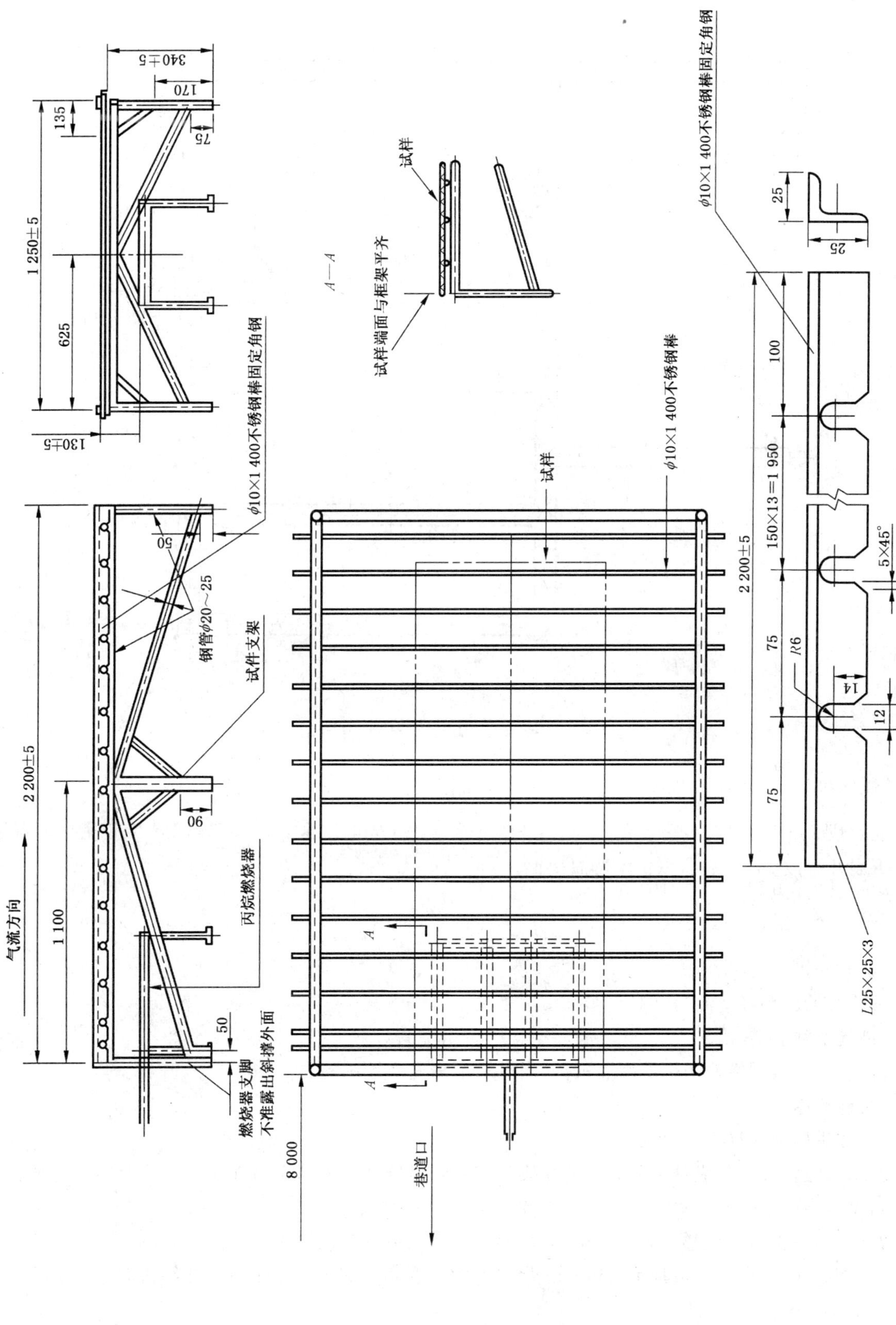

图 2 丙烷燃烧装置

单位为毫米

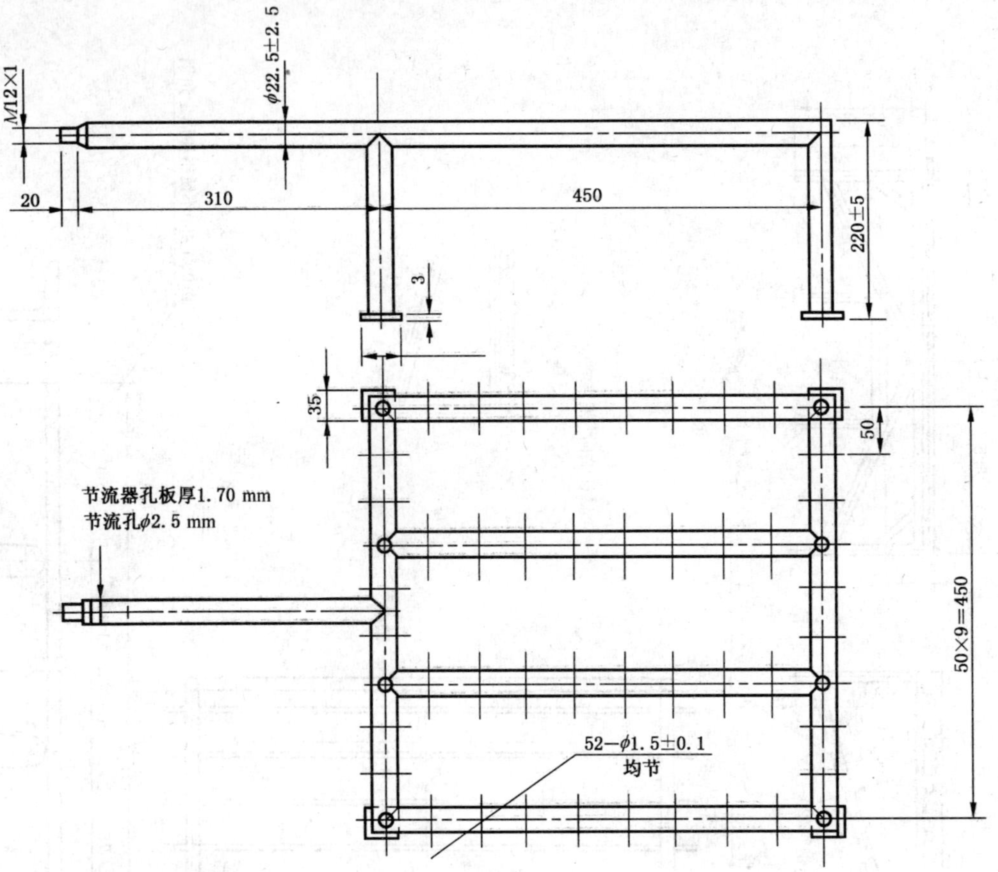

图 3 丙烷燃烧器

5 试样准备

取两块 2 m 长、1 200 mm 宽的试样，若带宽小于 1 200 mm，取全宽。将试样于 0 ℃以上的室温干燥条件下展开平放 24 h 以上，以消除弯曲变形。

6 试验

6.1 试验开始温度

试验开始的环境室温为 5 ℃～30 ℃。

6.2 试验次数

两次试验，分别在输送带的两面进行，确保两个表面都被试验。

6.3 试验程序

6.3.1 在试验前先称量好丙烷瓶的质量。

6.3.2 在巷道(4.1)的纵轴中心处安装台架(4.2)，让燃烧器的尾部面向排气扇进风端。台架前端距巷道入口至少 8 m。

6.3.3 按顺序把每个试样放到台架中央，台架前端横向边缘与试样横向边缘持平。

6.3.4 调整送风量，使在离地面 350 mm 巷道内的风速为(1.5±0.1)m/s。在距离台架前端 750 mm 处的入口测量风速(见图 1)。

6.3.5 将带有四条平行燃烧管的燃烧器放置在台架下方，使其中心线和试样中心线重合，从燃烧器顶部到试验台架顶部距离为(130±5)mm。燃烧器末端横向喷气孔在试样前端横边内 50 mm。点燃燃烧器，调整气体消耗速度使其立刻达到(1.30±0.05)kg/10 min。

注：气体消耗速度通过控制气体压力来控制，标准孔板高压边的气压约 0.16 MPa 时气体消耗速度为 0.13 kg/min。减压阀、止回阀和标准孔板的位置应该尽量靠近。使用高灵敏和准确度的压力计来监控标准孔板高压边的压力。

6.3.6 燃烧 10 min 后关闭气阀，当所有明焰和无焰燃烧消失后，将试样取出(见第 7 章)。若火焰对人或器械产生危害则应提前停止试验。

6.3.7 试验结束时再次称量丙烷瓶的质量。

6.3.8 按照第 8 章描述的方法测量试样的损坏。

7 试验终止

7.1 正常终止

试样残骸的明焰和无焰燃烧停止后至少 10 min，试验才可被认为正常终止。

7.2 提前终止

因安全原因终止都应被认为提前终止，并在试验报告记录‘提前终止’(见第 9 章)。

8 试样损坏测量

8.1 损坏评定准则

试验结束后，试样发脆或硬化、开裂、气泡及其他原来没有的缺陷都称为损坏。

8.2 未损坏部分的长度

测量试样上下覆盖层所剩全宽未烧坏的长度，如图 4 所示。从上下两个表面未损坏长度的测量值中选取较小值作为未烧坏长度值并记录下来。

每次都要沿试样纵轴方向测量。如果由于收缩不均造成试样不平行，可以用肉眼来确定纵轴方向。若试样变弯曲，则沿试样表面测量。

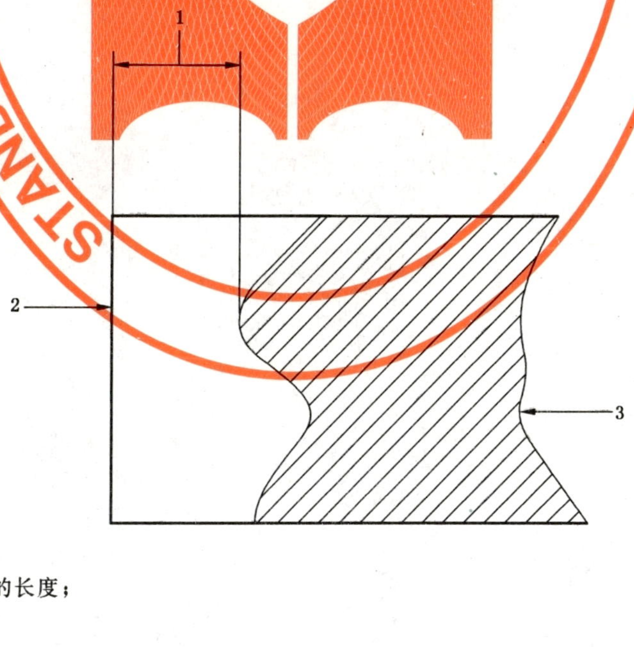

1——试样未损坏部分的长度；

2——试样末端；

3——损坏部分。

图 4 未烧坏部分的测量

9 试验报告

试验报告应包含以下内容：

a) 按本标准进行试验；

b) 进行试验的机构名称；

c) 带制造商；

d) 试验日期；

e) 被试验带的标识；

f) 每个试样未损坏部分的最小长度(8.2)；

g) 气体消耗量；

h) 试验人员的签名；

i) 试验过程中产生的偏差，包括试验是否提前结束；

j) 声明如下："本试验结果仅是试样在特殊的试验条件下的反应特征。不是评价产品使用过程中火灾隐患的唯一标准"。

ICS 83.080.01;73.100.99
G 31

中华人民共和国国家标准

GB 16413—2009
代替 GB 16413—1996

煤矿井下用玻璃钢制品安全性能检验规范

Inspecting specification of glass fiber reinforced plastic product safety property for coal mining

2009-10-30 发布　　2010-09-01 实施

中华人民共和国国家质量监督检验检疫总局
中国国家标准化管理委员会　发布

前 言

本标准的第3章为强制性的，其余为推荐性的。

本标准代替 GB 16413—1996《煤矿井下用玻璃钢制品安全性能检验规范》。

本标准与 GB 16413—1996 比较，主要变化如下：

——取消了术语和定义(见 1996 版的第 2 章)；

——增加了抽样基数和抽样数量(本版的 5.1.2.3)；

——增加了检验项目表(本版的 5.1.1.1)；

——阻燃性的指标由总和变为算术平均值(1996 版的 3.1；本版的 3.1)；

——调整了阻燃性试验方法试件制备中的试件外观(1996 年版的 4.1.1b 及 5.2.2；本版的 4.1.1.3 及 4.2.1.2)；

——调整了秒表精度(1996 年版的 4.1.2.3；本版的 4.1.2.4)。

本标准由中国煤炭工业协会提出并归口。

本标准起草单位：煤炭科学研究总院上海分院。

本标准主要起草人：袁开良、邹晔、吴正妙、王巍、王峰。

本标准所代替标准的历次版本发布情况为：

——GB 16413—1996。

煤矿井下用玻璃钢制品
安全性能检验规范

1 范围

本标准规定了煤矿井下用玻璃钢制品(以下简称“玻璃钢制品”)的阻燃抗静电安全性能要求、试验方法及检验规则。

本标准适用于煤矿井下用玻璃钢制品安全性能的检验。

2 规范性引用文件

下列文件中的条款通过本标准的引用而成为本标准的条款。凡是注日期的引用文件,其随后所有的修改单(不包括勘误的内容)或修订版均不适用于本标准,然而,鼓励根据本标准达成协议的各方研究是否可使用这些文件的最新版本。凡是不注日期的引用文件,其最新版本适用于本标准。

GB 338 工业用甲醇

GB/T 394.1 工业酒精

MT 182 酒精喷灯燃烧器的结构与技术要求

3 要求

3.1 阻燃性

按4.1试验时,试件的有焰燃烧续燃时间算术平均值应不大于5 s,试件的有焰燃烧续燃时间最大单值应不大于15 s;试件的无焰燃烧续燃时间算术平均值应不大于20 s,试件的无焰燃烧续燃时间最大单值应不大于60 s。

3.2 抗静电性

按4.2试验时,试件上、下两个表面电阻算术平均值均应不大于3×10^{8} Ω。

4 试验方法

4.1 阻燃性试验

4.1.1 试件制备

4.1.1.1 试件切割应至少距样品边缘50 mm处进行。

4.1.1.2 试件数量为6条,长300 mm、宽50 mm、厚3 mm~5 mm。

4.1.1.3 试件表面应平整、光滑,无机械损伤、气孔、龟裂及杂质等缺陷。

4.1.2 试验装置、燃料与仪表

4.1.2.1 试验装置由试验箱、酒精喷灯、燃料容器和塑料透明管组成,见图1、图2所示。

4.1.2.2 酒精喷灯的技术要求应符合MT 182的规定。

4.1.2.3 燃料应为符合GB/T 394.1、GB 338要求的工业酒精和工业用甲醇的混合物,体积比为95∶5。

4.1.2.4 秒表精度应不低于0.01 s。

4.1.3 试验步骤

4.1.3.1 试验应在弱光下进行,酒精喷灯与试件的位置应符合图2要求,容器内燃料液面与酒精喷灯口的垂直距离为(600±20)mm,试件应垂直吊挂。

4.1.3.2 酒精喷灯的火焰长度应为150 mm～180 mm，火焰稳定后，火焰温度应为(960±60)℃。火焰温度可通过一根直径为0.7 mm、长约100 mm的裸铜丝(纯铜)来测定，测定温度时将裸铜丝(纯铜)保持在离酒精喷灯口距离为50 mm的火焰中心处，若裸铜丝(纯铜)在6 s内还不熔化，则火焰温度应重新调高。

4.1.3.3 试验时不应有影响试验结果的空气流动。

4.1.3.4 燃烧试件的时间为10 s，如果未燃着则继续加热，以燃着为准，但最长不应超过90 s。

4.1.3.5 按规定时间将喷灯移开，测定并记录试件有焰燃烧和无焰燃烧续燃时间。在试验过程中应随时观察每一试件的变化过程，直至试件上任何有焰和无焰燃烧熄灭为止。

单位为毫米

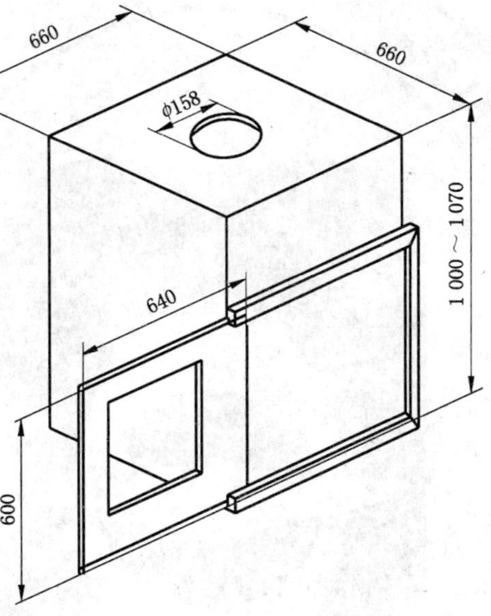

图1 试验箱示意图

单位为毫米

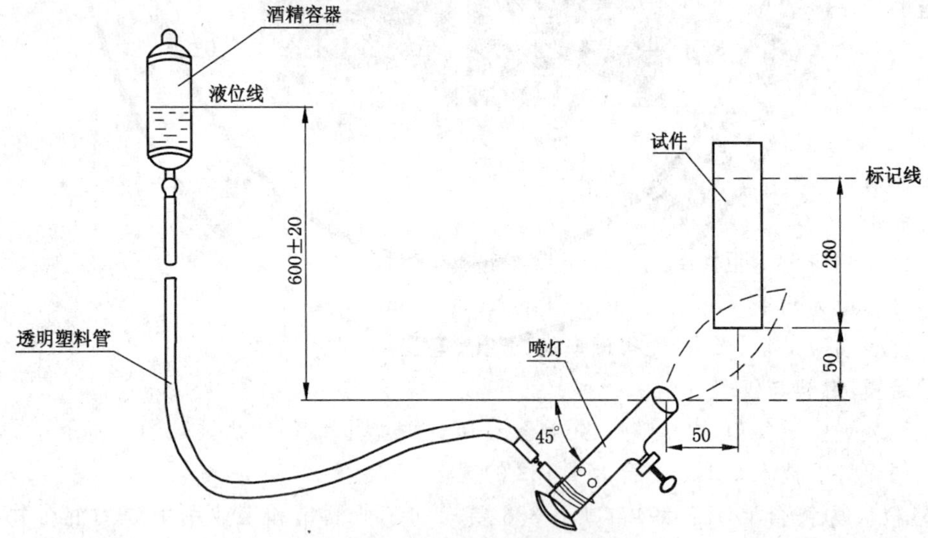

图2 试件燃烧位置示意图

4.1.4 结果表述

4.1.4.1 记录每次测得的有焰燃烧续燃时间单值，分别计算试件的有焰燃烧续燃时间最大单值及算术平均值，结果保留小数点后两位。

4.1.4.2 记录每次测得的无焰燃烧续燃时间单值，分别计算试件的无焰燃烧续燃时间最大单值及算术平均值，结果保留小数点后两位。

4.2 抗静电性试验

4.2.1 试件制备

4.2.1.1 试件尺寸和数量

试件尺寸为 300 mm×300 mm，厚 3 mm～5 mm，数量为 3 件。

4.2.1.2 试件的外观质量

试件表面应平整、光滑，无机械损伤、气孔、龟裂及杂质等缺陷。

4.2.1.3 试件的清洁处理

用蘸有蒸馏水的干净绸布或消毒纱布清洗试件以后，再用洁净的干布将试样擦干，放置在干燥处 24 h 以上。

4.2.2 试验仪器

4.2.2.1 电极材料尺寸

用黄铜圆柱及圆环各一个作电极，尺寸如图 3 所示，其中内电极的基面为圆形，最小质量为 115 g，外电极的基面为环形，最小质量为 900 g，两电极的基面应抛光处理。

4.2.2.2 测试仪器

测量电阻的仪器读数在 1×10^{3} Ω～1×10^{10} Ω 之间，准确度 1.5 级，测试电压 50 V～500 V，在试验中的电能消耗不应大于 1 W。

单位为毫米

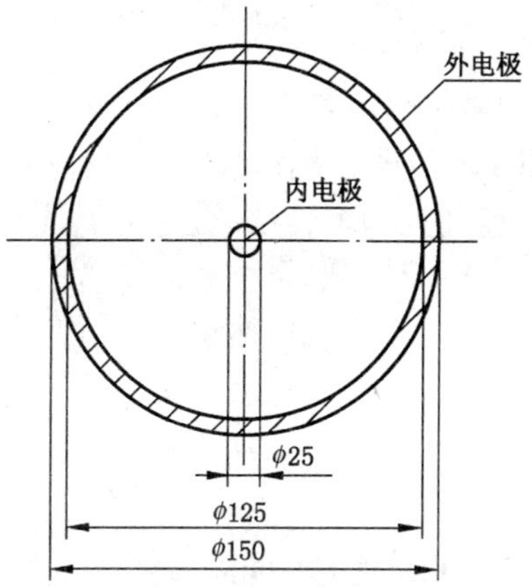

图 3 电极尺寸

4.2.3 试验条件

4.2.3.1 测试电压

(500±20)V，(100±10)V，(50±10)V。

4.2.3.2 测试环境

温度为(25±5)℃，相对湿度为(65±5)%。

4.2.4 测试步骤

4.2.4.1 试验前，应将试件放置在温度为(25±5)℃和相对湿度为(65±5)%的环境中至少 2 h。

4.2.4.2 在干净试件的表面上，用导电胶(液)涂出如图 3 所示的电极基面尺寸大小的面积。

4.2.4.3 将试件放在一块略大于试件的绝缘平板上，带导电胶(液)的一面上，擦净电极基面，将其放在试件的涂胶(液)面上，外电极接地联接到测试仪器的低压端上，内电极接在测试仪器的高压端上，加上电压 1 min 后，测量电阻，然后在试件的另一面上作一次类似测试。

4.2.5 结果表述

记录每次测得的表面电阻数据值，分别计算出上、下表面电阻的算术平均值，结果保留小数点后一位。

5 检验规则

5.1 检验分类

5.1.1 出厂检验

5.1.1.1 出厂检验项目

出厂检验项目为阻燃性试验和抗静电性试验,见表1。

表1 出厂检验和型式检验项目

序号	检验项目	安全性能要求	试验方法	出厂检验	型式检验
1	阻燃性试验	3.1	4.1	√	√
2	抗静电性试验	3.2	4.2	√	√

5.1.1.2 组批

同一配方和工艺连续生产的同一产品以5 000 kg为一批,不足5 000 kg视为一批;生产周期超过一周的,则以每周产量为一批。

5.1.2 型式检验

5.1.2.1 凡属下列情况之一者,应进行型式检验:

a) 新产品或老产品转厂生产试制定型鉴定;

b) 正式生产后,如结构、材料、工艺有较大改变,可能影响产品性能时;

c) 批量生产后,应每2年进行1次检验;

d) 产品停产2年后,恢复生产时;

e) 出厂检验结果与上次型式检验结果不符合时;

f) 国家安全生产监察机构、国家质量监督机构等提出进行型式检验要求时。

5.1.2.2 型式检验项目为阻燃性试验和抗静电性试验,见表1。

5.1.2.3 型式检验的抽样基数为500 kg,抽样数量为5 kg。

5.2 判定规则

5.2.1 合格判定条件

符合以下任一条件的判定为合格:

a) 检验项目全部合格;

b) 检验项目一项不合格,取双倍试样对该项目进行复验后合格。

5.2.2 不合格判定条件

符合以下任一条件的判定为不合格:

a) 检验项目一项不合格,取双倍试样对该项目进行复验后仍不合格;

b) 检验项目两项不合格。

ICS 11.020
C 05

中华人民共和国国家标准

GB/T 16433—2009
代替 GB/T 16433—1996

残疾人田径运动员医学和功能分级

Medical and functional classification of athletics for disabled athletes

2009-09-30 发布　　2009-12-01 实施

中华人民共和国国家质量监督检验检疫总局
中国国家标准化管理委员会　发布

前　言

本标准代替GB/T 16433—1996《残疾人田径运动员医学和功能分级标准》。

本标准与原GB/T 16433—1996相比有以下变化：

——根据轮椅竞速、跑、跳项目和投掷项目分别确定了最低残疾标准；

——在分级标准中，脑瘫和视力残疾重新进行了编码；

——在分级标准中，脊髓损伤和截肢及其他肢体残疾重新进行了合并编码，增加了肢体矮小者参赛级别。

本标准由中华人民共和国民政部提出。

本标准由全国残疾人康复和专用设备标准化技术委员会（SAC/TC 148）归口。

本标准起草单位：中国康复研究中心、国家康复器械质量监督检验中心、中国残疾人奥林匹克运动管理中心。

本标准主要起草人：丁伯坦、贾亚玲、王兰、黄莹、文安。

本标准所代替标准的历次版本发布情况为：

——GB/T 16433—1996。

残疾人田径运动员医学和功能分级

1 范围

本标准规定了残疾人田径运动员医学和功能分级标准。

本标准适用于盲人、脊髓损伤、脑瘫、截肢和其他肢体残疾的运动员。

2 规范性引用文件

下列文件中的条款通过本标准的引用而成为本标准的条款。凡是注日期的引用文件,其随后所有的修改单(不包括勘误的内容)或修订版均不适用于本标准,然而,鼓励根据本标准达成协议的各方研究是否可使用这些文件的最新版本。凡是不注日期的引用文件,其最新版本适用于本标准。

GB/T 14726 残疾运动员的医学和功能分级

3 分级标准

3.1 盲人运动员分级标准

参加田赛(F)或径赛(T)均分为三级,标准相同。

——11级:双眼无光感;或有光感,但在任何距离、任何方向均不能辨认手的形状;

——12级:视力为从识别手的形状到0.03和/或视野小于5°;

——13级:视力0.03以上到0.1和/或视野大于5°、小于20°。

注:检查时,测较好一侧眼睛的最佳校正视力。

3.2 脊髓损伤、脑瘫、截肢和其他肢体残疾的运动员分级标准

3.2.1 轮椅竞速、跑及跳的项目

3.2.1.1 最低残疾标准

3.2.1.1.1 具有明确的肌张力异常、手足徐动及共济失调体征(脑瘫)

3.2.1.1.2 肢体短缺

a) 下肢:前半足截肢或类似的先天性短缺;

b) 上肢:单侧肘关节及以上截肢及类似长度的先天性短缺;

双侧腕关节及以上截肢及类似长度的先天性短缺,其测量为肩峰到指尖的长度不长于身高乘0.646。

3.2.1.1.3 关节被动活动范围障碍

a) 下肢

具备下列5类情况之一或更多:

1) 髋关节屈曲至少减少60°;

2) 髋关节伸直至少减少40°;

3) 膝关节屈曲至少减少75°;

4) 膝关节伸直最少差35°;

5) 踝关节背伸、跖屈范围不大于10°(背伸10°和跖屈25°内)。

或具备下列5类情况中二种或更多:

1) 髋关节屈曲至少减少45°,但少于60°;

2) 髋关节伸直至少减少25°,但少于40°;

3) 膝关节屈曲至少减少55°,但少于75°;

4) 膝关节伸直最少差 25°,但少于 35°;

5) 踝关节背伸、跖屈范围不大于 20°(背伸 10°和跖屈 25°内)。

b) 上肢

具备下列 2 类情况之一或更多:

1) 肩关节屈伸范围不大于 15°(0°和伸展 50°之间);

2) 肘关节屈曲至少减少 130°或僵硬固定在屈曲位 0～30。

注:只有腕关节功能障碍不符合最低参赛标准,评定时不计腕关节和手的功能情况。

3.2.1.1.4 肌力障碍

a) 下肢

具备下列 7 类情况之一:

1) 髋关节屈曲肌力小于 3 级;

2) 髋关节伸展肌力小于 3 级;

3) 髋关节外展肌力小于 3 级;

4) 髋关节内收肌力为 1 级;

5) 膝关节屈曲肌力小于 3 级;

6) 踝关节跖曲肌力小于 3 级;

7) 踝关节背伸,踝关节内翻,踝关节外翻中至少有 2 项肌力小于 3 级或下列 5 类情况髋关节屈曲,髋关节伸展,髋关节外展,膝关节伸展,踝关节跖屈中肌力减少总计 6 分(必须有 2 项每项肌力减少 2 分)。

b) 上肢

具备下列 3 类情况之一:

1) 肩关节屈曲肌力小于 3 级;

2) 肩关节伸展肌力小于 3 级;

3) 肘关节屈曲肌力小于 3 级。

3.2.1.1.5 下肢不等长

两下肢长度至少相差 7 cm。

3.2.1.1.6 肢体矮小

a) 男性:站立身高不超过 145 cm 或上肢长度不超过 66 cm 或身高加上上肢长度总计不超过 200 cm;

b) 女性:站立身高不超过 137 cm 或上肢长度不超过 63 cm 或身高加上上肢长度总计不超过 190 cm。

3.2.1.2 分级标准

a) 轮椅竞速

——T31 脑瘫医学分级 2 级(下肢);

——T32 脑瘫医学分级 2 级;

——T33 脑瘫医学分级 3 级;

——T34 脑瘫医学分级 4 级。

以上为脑瘫残疾者。

——T51 肩关节肌力降低,特别是胸大肌。肘关节屈肘和腕关节背伸肌力可达 5 级,肘关节伸展肌力可达 0～3 级肌力,手无抓握功能。总的功能类似 C5-C6 完全性脊髓损伤;

——T52 肩部功能性肌力好,肘关节具有正常肌力,腕部肌力好,手内在肌肌力弱,手指屈伸肌力可从弱到正常范围,躯干无功能,总的功能类似 C7-C8 完全性脊髓损伤;

——T53 上肢肌力正常,腹肌及背下部肌力丧失,总的功能类似 T1-T7 完全性脊髓损伤;

——T54 上肢肌力正常，躯干肌力能从部分至完全控制躯干，下肢可有明显的肌力，总的功能类似 T8-S4 完全性脊髓损伤，功能障碍必须符合最低残疾标准(见 3.2.1.1.2～3.2.1.1.5)。

b) 跑及跳项目

——T35 脑瘫医学分级 5 级；

——T36 脑瘫医学分级 6 级；

——T37 脑瘫医学分级 7 级；

——T38 脑瘫医学分级 8 级；

——T40 运动员为年龄不小于 18 岁的肢体矮小者；

男性：身高不超过 130 cm 并且上肢长度不超过 59 cm 并且身高和长肢长度相加不超过 180 cm；

女性：身高不超过 125 cm 并且上肢长度不超过 57 cm 并且身高和长肢长度相加不超过 173 cm。

——T41 运动员为年龄不小于 18 岁的肢体矮小者；

男性：身高不超过 145 cm 并且上肢长度不超过 66 cm 并且身高和长肢长度相加不超过 200 cm；

女性：身高不超过 137 cm 并且上肢长度不超过 63 cm 并且身高和长肢长度相加不超过 190 cm。

——T42 一侧膝及膝上截肢，或类似功能障碍的下肢残疾，包括 F57 或 F58 级；

——T43 双侧膝及膝上截肢，或类似功能障碍的下肢残疾，包括 F57 或 F58 级；

——T44 符合下肢最低残疾标准(3.2.1.1.2a)，3.2.1.1.3a)，3.2.1.1.4a)，3.2.1.1.5)；

——T45 双上肢残疾，均符合上肢最低残疾标准(3.2.1.1.2b)，3.2.1.1.3b)，3.2.1.1.4b))包括截肢的 A5 和 A7 级；

——T46 单侧上肢残疾符合上肢最低残疾标准(3.2.1.1.2b)，3.2.1.1.3 b)，3.2.1.1.4 b))；

以上为截肢或其他肢体残疾者。

3.2.2 投掷项目

3.2.2.1 单侧上肢最低残疾标准

a) 肢体短缺

1) 一侧肘关节以上截肢(含肘关节)；

2) 一侧上肢先天性短缺，从肩峰至腕部的长度相当于或短于另一上肢上臂的长度。

b) 关节被动活动范围障碍

具备下列情况之一或以上者：

1) 肩关节外展不大于 20°；

2) 肘关节伸展丧失 130°(伸直差 130°)或在肘关节屈曲 120°～150°之间僵直固定。

c) 肌力障碍

具备下列情况之一或以上者：

1) 肩关节外展肌力不大于 2 级；

2) 肘关节屈曲和伸展肌力不大于 2 级。

3.2.2.2 双上肢最低残疾标准

最低残疾需达到下列情况之一：

——F45a 级：一侧上肢达到 3.2.2.1 中 a)、b)或 c)，另一侧上肢需达到下述 3.2.2.2 中 a)、b)或 c)；

——F45b 级：两上肢需达到 3.2.2.2 中 a)、b)或 c)，仅一侧上肢达到不合格。

a) 上肢缺失

至少 4 指完全截肢(含或不含拇指)，或拇指及部份手掌截除，或类似先天性手指缺失。

b） 关节被动活动范围障碍

双上肢功能障碍，其中至少一侧上肢有下列情况之一或更多：

1） 肩关节外展不大于60°；

2） 肩关节水平屈曲不大于40°；

3） 肩关节水平后伸不大于20°；

4） 肘关节伸直差45°以上(含)或在任何位置僵直固定(铁饼项目必须在屈曲80°～150°之间僵直固定)；

5） 腕关节僵直固定在掌屈或背伸的角度不小于50°，(掌屈正常80°、背伸正常70°)；

6） 任何4指屈伸活动范围不大于10°(掌指关节)。

c） 肌力障碍

双上肢功能障碍，符合1)中的一项或2)中的一项：

1） 上肢肌力丧失(1)

符合下列情况一项或更多：

——肩关节外展肌力不大于2级；

——肩关节水平屈曲肌力不大于2级；

——肩关节内旋肌力不大于2级；

——肩关节外旋肌力不大于2级；

——肘关节屈曲肌力不大于1级；

——肘关节伸展肌力不大于2级；

——下列情况任何二种肌力不大于3级；

腕关节屈曲；

腕关节伸展；

手指屈曲；

手指伸展。

2） 上肢肌力丧失(2)

下列肩、肘运动肌力总计丧失4分：

——肩关节外展；

——肩关节水平屈曲；

——肩关节内旋或外旋；

——肘关节屈曲。

注：上述四项中，至少一项肌力丧失2分(铁饼项目不评估肘关节屈曲)。

3.2.2.3 分级标准

a） 坐姿

——F31：脑瘫医学分级1级；

——F32 脑瘫医学分级2级；

——F33 脑瘫医学分级3级；

——F34 脑瘫医学分级4级。

以上为脑瘫残疾。

——F51 肩关节肌力降低。肘关节屈肘和腕关节背伸肌力可达5级，肘关节伸展肌力可达0-3级肌力，手无抓握功能。总的功能类似C5-C6完全性脊髓损伤；

——F52 肩、肘和腕部肌力正常，但手指屈伸肌力最多3级，总的功能类似C7完全性脊髓损伤；

——F53 肩、肘和腕部肌力正常，手指具有好或正常的屈伸肌力，但手内在肌无正常功能肌力，总的功能类似C8完全性脊髓损伤。投掷时，手有抓握动作，能正常完成投掷动作；

——F54 上肢肌力正常，但腹肌及下背部肌力丧失，投掷时可正常地控制动作，但躯干无主动运动功能，总的功能类似 T1-T7 完全性脊髓损伤；

——F55 上肢肌力正常，躯干可有部份或完全正常的肌力，可有不稳定的屈髋动作，总的功能类似 T8-L1 完全性脊髓损伤；

——F56 上肢和躯干肌力正常，有主动的髋关节屈曲、内收活动，膝关节能主动伸直，膝关节内侧屈曲肌力可达 3 级，总的功能类似 L2-L4 完全性脊髓损伤；

——F57 上肢和躯干肌力正常，有主动的髋关节屈曲、内收、外展活动，膝关节能主动伸、屈，踝关节有部份跖屈和背伸肌力，总的功能类似 L5 完全性脊髓损伤或仅一下肢髋关节离断。

F58 符合下列最低残疾：

下肢肌力最低减少 10 分；一侧踝关节截肢；关节活动范围降低所致功能缺失类似前述功能障碍。

b) 站姿

——F35 级：脑瘫医学分级 5 级；

——F36 级：脑瘫医学分级 6 级；

——F37 级：脑瘫医学分级 7 级；

——F38 级：脑瘫医学分级 8 级。

以上为脑瘫残疾。

——F40 级：运动员为年龄不小于 18 岁的肢体矮小者；

男性：身高不超过 130 cm 并且上肢长度不超过 59 cm 并且身高和长肢长相加不超过 180 cm；

女性：身高不超过 125 cm 并且上肢长度不超过 57 cm 并且身高和长肢长相加不超过 173 cm。

——F41 级：运动员为年龄不小于 18 岁的肢体矮小者；

男性：身高不超过 145 cm 并且上肢长度不超过 66 cm 并且身高和长肢长度相加不超过 200 cm；

女性：身高不超过 137 cm 并且上肢长度不超过 63 cm 并且身高和长肢长度相加不超过 190 cm。

——F42 单侧膝及膝上截肢，或类似功能障碍的下肢残疾，包括 F57 或 F58 级；

——F43 双侧膝及膝上截肢，或类似功能障碍的下肢残疾，包括 F57 或 F58 级；

——F44 符合下肢最低残疾标准（见 3.2.1.1.2 a)，3.2.1.1.3 a)，3.2.1.1.4 a)，3.2.1.1.5)；

——F45a 双侧肢体残疾，一侧符合单侧上肢 3.2.2.1 中和另一侧符合双侧上肢残疾 3.2.2.2 中相关最低残疾标准；

——F45b 双侧肢体残疾，双侧要符合双侧上肢残疾 3.2.2.2 中相关最低残疾标准；

——F46 符合下列标准之一。

单侧肢体残疾，符合单侧上肢最低残疾标准（见 3.2.2.1）；或双侧肢体残疾者，一侧肢体符合单侧上肢最低残疾标准（见 3.2.2.1）而另一侧不符合双侧上肢残疾最低残疾标准（见 3.2.2.2）。

ICS 29.160.30
K 24

中华人民共和国国家标准

GB/T 16439—2009
代替 GB/T 16439—1996

交流伺服系统通用技术条件

General specification for AC servo system

2009-09-30 发布　　　　2010-02-01 实施

中华人民共和国国家质量监督检验检疫总局
中国国家标准化管理委员会　发布

前　言

本标准代替 GB/T 16439—1996《交流伺服系统通用技术条件》。

本标准与 GB/T 16439—1996 相比主要变化如下：

——按照 GB/T 1.1—2000《标准化工作导则　第 1 部分：标准的结构和编写规则》的规定，对标准的编排格式进行了修改。增加了第 4 章“运行条件”，同时把原标准的第 4 章“技术要求”和第 5 章“试验方法”两章合并为第 5 章“技术要求和试验方法”。

——在第 1 章“范围”中，规定了本标准中交流伺服系统适用的供电电源，明确本系统属于低压电气的范畴；修改了交流伺服系统的组成，由原标准的“伺服系统由伺服驱动器和伺服电机两个主要部分组成”更改为“交流伺服系统一般由交流伺服驱动器，交流伺服电动机和传感三个部分组成”，并调至 3.1。

——在第 3 章“术语和定义”中对所有术语都增加了英文对应词。增加了“交流伺服驱动器”、“交流伺服电动机”、“位置控制”、“速度控制”、“转矩控制”、“工作区”、“转速调整率”、“稳态跟踪误差”、“动态跟踪误差”、“系统效率”、“电磁兼容性”等术语和定义；修改了“交流伺服系统”、“调速比”、“系统效率”的术语和定义；删除了“转速变化率”、“稳速误差”、“超调量”、“转矩变化的时间响应”、“阶跃输入的转速响应时间”、“建立时间”等术语和定义。

——第 4 章“运行条件”中分为“使用环境条件”、“储存运输环境条件”和“试验环境条件”三个部分。

——在第 5 章“技术要求和试验方法”中增加了“保护接地”、“位置跟踪误差”、“电磁兼容”、“稳态加速度”和“质量”的技术要求和试验方法；修改了“介电性能”、“振动”、“冲击”和“可靠性”的技术要求；删除了“防触电保护”、“外壳防护”、“泄漏电流”的技术要求和试验方法。

——对第 6 章“检验规则”中的内容进行了细化，对样机数量、不合格品的判定以及试验顺序等内容作出了详细的规定。

——第 7 章由原标准的“标志、包装、运输和贮运”更改为“交付准备”，在原有内容的基础上增加了“铭牌”和“保证期”的要求。

本标准由中国电器工业协会提出。

本标准由全国微电机标准化技术委员会(SAC/TC 2)归口。

本标准起草单位：西安微电机研究所、北京和利时电机技术有限公司、横店集团联宜电机有限公司、上海司壮电机有限公司、宁波中大力德传动设备有限公司。

本标准主要起草人：张朝晖、王健、许晓华、金韶东、岑国建、谭莹。

本标准所代替标准的历次版本发布情况为：

——GB/T 16439—1996。

交流伺服系统通用技术条件

1 范围

本标准规定了交流伺服系统的定义和术语、运行条件、技术要求和试验方法、检验规则以及交付准备等内容。

本标准适用于输入供电电源交流额定电压不超过1 000 V、频率不超过1 000 Hz，直流额定电压不超过1 500 V的交流伺服系统。

本标准适用于交流伺服系统（以下简称“伺服系统”）及构成伺服系统的交流伺服驱动器（以下简称“驱动器”），交流伺服电动机（以下简称“电动机”）。本标准的内容不涉及传感部分，但该部分内容应在产品专用技术条件中进行规定。

本标准未列入而又与伺服系统有关的技术要求，应按照有关的电动机标准和工业机械电气控制设备标准的规定执行。

2 规范性引用文件

下列文件中的条款通过本标准的引用而成为本标准的条款。凡是注日期的引用文件，其随后所有的修改单（不包括勘误的内容）或修订版均不适用于本标准，然而，鼓励根据本标准达成协议的各方研究是否可使用这些文件的最新版本。凡是不注日期的引用文件，其最新版本适用于本标准。

GB/T 2423.1—2001 电工电子产品环境试验 第2部分：试验方法 试验A：低温（IEC 60068-2-1：1990，IDT）

GB/T 2423.2—2001 电工电子产品环境试验 第2部分：试验方法 试验B：高温（IEC 60068-2-2：1974，IDT）

GB/T 2423.3 电工电子产品环境试验 第2部分：试验方法 试验Cab：恒定湿热试验（GB/T 2423.3—2006，IEC 60068-2-78：2001，IDT）

GB/T 2423.5 电工电子产品环境试验 第2部分：试验方法 试验Ea和导则：冲击（GB/T 2423.5—1995，IEC 60068-2-27：1987，IDT）

GB/T 2423.10 电工电子产品环境试验 第2部分：试验方法 试验Fc：振动（正弦）（GB/T 2423.10—2008，IEC 60068-2-6：1995，IDT）

GB/T 2423.15 电工电子产品环境试验 第2部分：试验方法 试验Ga和导则：稳态加速度（GB/T 2423.15—2008，IEC 60068-2-7：1986，IDT）

GB/T 2828.1—2003 计数抽样检验程序 第1部分：按接收质量限（AQL）检索的逐批检验抽样计划（ISO 2859-1：1999，IDT）

GB 4824—2004 工业、科学和医疗（ISM）射频设备 电磁骚扰特性 限值和测量方法（CISPR 11：2003，IDT）

GB/T 5080.1 设备可靠性试验 总要求（GB/T 5080.1—1986，idt IEC 60605-1：1978）

GB 7251.1—2005 低压成套开关设备和控制设备 第1部分：型式试验和部分型式试验成套设备（IEC 60439-1：1999，IDT）

GB/T 7345 控制电机基本技术要求

GB/T 10069.1 旋转电机噪声测定方法及限值 第1部分：旋转电机噪声测定方法

(GB/T 10069.1—2006,ISO 1680:1999,MOD)

GB/T 17626.2　电磁兼容　试验和测量技术　静电放电抗扰度试验(GB/T 17626.2—2006,IEC 61000-4-2:2001,IDT)

GB/T 17626.3　电磁兼容　试验和测量技术　射频电磁场辐射抗扰度试验(GB/T 17626.3—2006,IEC 61000-4-3:2002,IDT)

GB/T 17626.4　电磁兼容　试验和测量技术　电快速瞬变脉冲群抗扰度试验(GB/T 17626.4—2008,IEC 61000-4-4:2004,IDT)

GB/T 17626.5　电磁兼容　试验和测量技术　浪涌(冲击)抗扰度试验(GB/T 17626.5—2008,IEC 61000-4-5:2005,IDT)

GB/T 17626.6　电磁兼容　试验和测量技术　射频场感应的传导骚扰抗扰度(GB/T 17626.6—2008,IEC 61000-4-6:2006,IDT)

GB/T 17626.11　电磁兼容　试验和测量技术　电压暂降、短时中断和电压变化的抗扰度试验(GB/T 17626.11—2008,IEC 61000-4-11:2004,IDT)

GB/T 17626.29　电磁兼容　试验和测量技术　直流电源输入端口电压暂降、短时中断和电压变化的抗扰度试验(GB/T 17626.29—2006,IEC 61000-4-29:2000,IDT)

GJB/Z 299C—2006　电子设备可靠性预计手册

JB/T 3085　电力传动控制装置的产品包装与运输规程

JB/T 8162　控制微电机　包装技术条件

3　术语和定义

下列术语和定义适用于本标准。

3.1

交流伺服系统　AC servo system

以交流伺服电动机作为执行元件,使物体的位置/角度、速度、加速度或转矩等状态变量能够跟随输入控制信号目标值(或给定值)任意变化的自动控制系统。

伺服系统由交流伺服驱动器(以下简称"驱动器"),交流伺服电动机(以下简称"电动机")和传感三个部分组成。

驱动器按其控制电路和软件的实现方式可分为模拟量控制、数字模拟混合控制和全数字化控制。

伺服系统按其所用的电动机可分为:异步电动机伺服系统和永磁同步电动机伺服系统。

伺服系统按照控制方式可分为位置控制伺服系统、速度控制伺服系统和转矩控制伺服系统。

3.2

交流伺服驱动器　AC servo driver

接受控制指令,根据传感提供的反馈信息,对转矩、速度、位置等进行闭环控制,并向电动机输送功率的电气装置。

3.3

交流伺服电动机　AC servo motor

用于交流伺服系统的交流电动机。

3.4

工作区　duty zone

伺服系统的工作区由连续工作区和短时工作区组成。

连续工作区是指在图1中处于"最大连续转矩"、"最高允许工作转速"和"额定转速"以内的工作区域(图1中有阴影区域),它是由电动机的发热、受离心力影响的机械强度、换相或驱动器的极限工作条件限制的范围。在此区域内连续运行,电动机和驱动器都不会超过其最高允许温度。

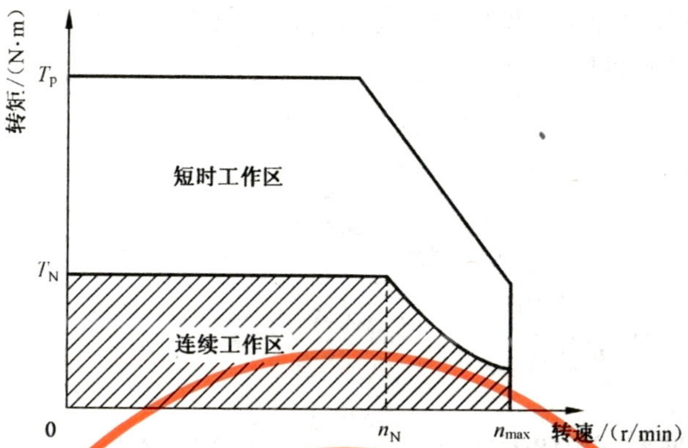

T_p——峰值转矩；

n_{max}——最高允许工作转速；

n_N——额定转速；

T_N——最大连续转矩。

图 1　工作区示意图

短时工作区是指在图 1 中，处于峰值转矩以下，最大连续转矩以上的区域(图 1 中无阴影区域)。在该区域短时工作，电动机电流虽大于最大连续电流，但电动机绕组在一定时间内不会被损坏，驱动器在一定时间内也能正常工作。

短时过流持续时间是由绕组的热时间常数决定的。

注 1：额定功率 P_N(W)、额定转速 n_N(r/min)与最大连续转矩 T_N(N·m)的关系为：$P_N = \frac{T_N \times n_N}{60/2\pi}$。

注 2：对于带油封、制动器等其他附件的电动机，应降额使用。

3.5

位置控制　position control

以位置为被控量的控制模式。

3.6

速度控制　speed control

以速度为被控量的控制模式。

3.7

转矩控制　torque control

以转矩为被控量的控制模式。

3.8

正反转速差率　difference ratio between CW and CCW speed

伺服系统在额定电压空载运行，不改变转速指令的量值，仅改变电动机的旋转方向，测量电动机的正、反两方向的转速平均值 n_{CCW} 和 n_{CW}，按式(1)计算正反转速差率 K_n。

$$K_n = \frac{|n_{CW} - n_{CCW}|}{n_{CW} + n_{CCW}} \times 100\% \qquad \cdots\cdots(1)$$

式中：

K_n——正反转速差率；

n_{CW}——电动机顺时针旋转时的转速平均值，r/min；

n_{CCW}——电动机逆时针旋转时的转速平均值，r/min。

3.9

转速调整率　speed regulation rate

伺服系统在额定转速条件下，仅电源电压变化，或仅环境温度变化，或仅负载变化，电动机的平均转速变化值与额定转速的百分比分别叫做电压变化的转速调整率、温度变化的转速调整率、负载变化的转速调整率。按式(2)计算转速调整率。

$$\Delta n = \frac{|n_i - n_N|}{n_N} \times 100\% \qquad i = 1,2 \quad \cdots\cdots(2)$$

式中：

Δn——转速调整率；

n_i——电动机的实际转速，r/min；

n_N——电动机的额定转速，r/min。

3.10

转矩波动系数　torque ripple coefficient

伺服系统稳态运行时，对电动机施加恒定负载，瞬时转矩的最大值为 T_{max}，最小值为 T_{min}，则转矩波动系数 K_{fT} 为：

$$K_{fT} = \frac{T_{max} - T_{min}}{T_{max} + T_{min}} \times 100\% \quad \cdots\cdots(3)$$

式中：

K_{fT}——转矩波动系数；

T_{max}——瞬态转矩的最大值，N·m；

T_{min}——瞬态转矩的最小值，N·m。

3.11

转速波动系数　speed ripple coefficient

伺服系统稳态运行时，瞬时转速的最大值为 n_{max}，最小值为 n_{min}，则转速波动系数 K_{fn} 为：

$$K_{fn} = \frac{n_{max} - n_{min}}{n_{max} + n_{min}} \times 100\% \quad \cdots\cdots(4)$$

式中：

K_{fn}——转速波动系数；

n_{max}——瞬时转速的最大值，r/min；

n_{min}——瞬时转速的最小值，r/min。

3.12

调速比　speed ratio

伺服系统满足规定的转速调整率和规定的转速波动时的最低空载转速 n_{min} 和额定转速 n_N 之比，用 D 表示。

$$D = \frac{n_{min}}{n_N} \quad \cdots\cdots(5)$$

式中：

D——调速比；

n_{min}——最低空载转速，r/min；

n_N——额定转速，r/min。

3.13

频带宽度　band width

伺服系统输入量为正弦波，随着正弦波信号的频率逐渐升高，对应的输出量的相位滞后逐渐增大同时幅值逐渐减小，相位滞后增大至 90°时或者幅值减小至低频段幅值 $1/\sqrt{2}$ 时的频率。

3.14

静态刚度　static stiffness

位置伺服系统处于空载零速工作状态，对电动机轴端正转方向或反转方向施加连续转矩 T_0，测量

出转角的偏移量 $\Delta\theta$，则静态刚度 K_S 为：

$$K_S = \frac{T_0}{\Delta\theta} \tag{6}$$

式中：

K_S——静态刚度，N·m/(′)；

T_0——连续转矩，N·m；

$\Delta\theta$——转角的偏移量，(′)。

3.15

惯量适应范围　load inertia range

伺服系统在不影响自身稳定性和调速比的前提下所能带的惯量负载的范围(一般以电动机转子惯量的倍数表示)。

3.16

动态位置跟踪误差　dynamic position tracking error

伺服系统对输入信号的瞬态响应过程中，位置指令值与位置反馈值之差。

3.17

稳态位置跟踪误差　steady-state position tracking error

伺服系统对输入信号的瞬态响应过程结束以后，稳态运行时位置指令值与位置反馈值之差。

3.18

系统效率　system efficiency

电动机的输出机械功率对驱动器的输入有功功率之比。

3.19

电磁兼容性　electromagnetic compatibility；EMC

伺服系统在规定的电磁环境中能正常工作且不对该环境中任何事物构成不能承受的电磁骚扰的能力。

4　运行条件

4.1　使用环境条件

除另有规定外，伺服系统的使用环境条件应符合下列规定：

——环境温度(分两级)：(1)商用级：0 ℃～+40 ℃；(2)工业级：−20 ℃～+55 ℃；

——相对湿度：5%～85%，无凝露；

——大气压强：86 kPa～106 kPa；

——污染等级：空气中不应有过量的尘埃、酸、盐、腐蚀性及爆炸性气体。如果没有其他规定，伺服系统应在污染等级2(一般情况下，只有非导电性污染。但是也要考虑到偶然由于凝露造成的暂时的导电性)中使用。

4.2　储存运输环境条件

伺服系统的储存运输环境条件应符合下列规定：

——环境温度：−25 ℃～+55 ℃，在短时间内(不超过24 h)可达70 ℃；

——相对湿度：5%～95%，无凝露。

4.3　试验环境条件

4.3.1　测量和试验用标准大气条件

所有测量和试验若无其他规定，均应在下列的测量和试验用标准大气条件下进行：

——温度：15 ℃～35 ℃；

——相对湿度:25%~75%;

——气压:86 kPa~106 kPa。

4.3.2 基准试验的标准大气条件

作为计算依据的基准试验标准大气条件为:

——温度:20 ℃;

——气压:101.3 kPa。

注:由于相对湿度不应通过计算来校正,因此不予规定。

4.3.3 仲裁试验的标准大气条件

如果需要严格控制试验气候条件,以获得重现结果时,规定在下列仲裁试验标准大气条件下进行:

——温度:25 ℃±1 ℃;

——相对湿度:48%~52%;

——气压:86 kPa~106 kPa。

4.3.4 试验电源

交流试验电源的电压幅值波动应不大于±5%,频率变化应不大于1%;直流试验电源的电压幅值波动应不大于±2%,纹波电压应不大于±1%。

4.3.5 安装方式

如无特殊规定,试验时电动机应轴向水平安装在GB/T 7345规定的标准试验支架上。

驱动器的安装方式按产品专用技术条件规定的正常工作方式安装,驱动器应尽可能模拟其实际使用位置进行安装与试验。

5 技术要求和试验方法

5.1 总则

伺服系统试验对象应包括驱动器、电动机和传感。试验中所使用的调压器、信号给定单元及配电电路等不作为检查内容。

5.2 外观

伺服系统表面及结构零部件不应有锈蚀、碰伤、划痕、变形和涂覆层剥落,颜色应正确,标志应清楚无误,紧固件连接牢固,引出线或接线端应完整无损。

可采用目测方法检查。

5.3 外形及安装尺寸

伺服系统的外形及安装尺寸应符合产品专用技术条件的规定。如果没有其他说明,外形及安装尺寸包括尺寸公差。

试验时,按伺服系统的外形及安装尺寸要求选用量具种类及精度等级,将伺服系统放置在常温条件下,达到稳定非工作温度后,逐项进行测量。

5.4 保护接地

电动机及驱动器外壳应设保护接地标志。伺服系统外壳和其他裸露导体部分应与保护接地端子构成回路,保证有良好的导电性,它们之间的电阻不应大于0.1 Ω。

伺服系统接地设计时,应将交流公共零电位和保护接地分开设置。

可采用目测检查保护接地标志以及端子连接是否接触良好,用毫欧表或其他方法测量接地电阻。

5.5 介电性能

5.5.1 驱动器的绝缘介电强度

驱动器的绝缘介电强度应符合表1和表2的规定,试验时驱动器应无电击穿或闪络现象。

对于驱动器试验，应断开电源后进行。驱动器应形成一个连续的电路，主电路的开关和控制电路应闭合或旁路。对于不能承受试验电压的元件（如浪涌抑制器、半导体元件、电容器等）应将其断开或旁路。对于安装在电路和裸露导电部件之间的抗干扰电容器不应断开，可以采用交流电压或等于规定的交流电压的峰值的直流电压进行试验。

试验电压的有效值不应超过规定值的±5%。开始施加时的试验电压不应超过规定值的50%。然后在几秒钟内将试验电压平稳增加到规定的最大值并保持5 s。交流电源应具有足够的功率以维持试验电压，可以不考虑漏电流。试验电压为正弦波，频率在45 Hz～62 Hz之间。

试验电压施加部位：(1) 保护接地端与裸露导电部件之间；(2) 每个极与裸露导电部件、其他极之间。

注：此项试验应将裸露导电部件与其他极相连接，试验后应拆除其连接。

对于用绝缘材料制造的外壳，还应进行一次补充的介电试验。在外壳的外面包覆一层能覆盖所有的开孔和接缝的金属箔。试验电压则施加于这层金属箔和外壳内靠近开孔和接缝的相互连接的带电部件以及裸露导电部件之间。对于这种补充试验，其试验电压应等于表1中规定值的1.5倍。

用绝缘材料制造或覆盖的手柄，介电试验是在带电部件和用金属箔裹缠手柄之间施加表1规定的1.5倍试验电压值。进行该试验时，框架不应当接地，也不应同其他电路相连接。

试验电压值如表1和表2。主电路及由主电路直接供电的辅助电路，按表1的规定。对于不由主电路直接供电的辅助电路，按表2的规定。

表1 试验电压值

额定电压 U_i（线—线） V	介电试验电压（交流均方根值） V
$U_i \leqslant 60$	1 000
$60 < U_i \leqslant 300$	2 000
$300 < U_i \leqslant 690$	2 500
$690 < U_i \leqslant 800$	3 000
$800 < U_i \leqslant 1\,000$	3 500
$1\,000 < U_i \leqslant 1\,500$[a]	3 500

[a] 仅指直流。

表2 不由主电路直接供电的辅助电路试验电压值

额定电压 U_i（线—线） V	介电试验电压（交流均方根值） V
$U_i \leqslant 12$	250
$12 < U_i \leqslant 60$	500
$U_i > 60$	$2U_i + 1\,000$ 其最小值为1 500

注1：不应重复进行本项试验。如用户提出要求，允许在安装之后开始运行之前再进行一次额外试验，其试验电压值应不超过上述规定的85%。

注2：驱动器与电动机一体安装的伺服系统，其绝缘介电强度试验条件由产品专用技术条件规定。

注3：对于电路接机壳的驱动器，无法进行绝缘介电强度试验时，不进行此项试验。

5.5.2 电动机的绝缘介电强度

电动机的绝缘介电强度的技术要求与试验方法应符合GB/T 7345中的相关规定。

5.6 绝缘电阻

5.6.1 驱动器的绝缘电阻

驱动器中除不能够承受试验电压的电路外，检查试验点对保护接地端之间的绝缘电阻应不小于50 MΩ；在极限高温条件下绝缘电阻应不小于10 MΩ；恒定湿热试验时绝缘电阻应不小于1 MΩ。

驱动器的绝缘电阻测试应在驱动器不通电的状态下进行。绝缘电阻检查选用兆欧表进行检测，兆欧表的电压等级按照表3的规定选取。对于不能承受兆欧表电压等级的元器件，测量前应将其短接或拆除。

表3 试验仪器的电压等级

额定电压 U_e V	兆欧表的电压值 V
$U_e<500$	500
$500\leqslant U_e<1\ 000$	1 000
$U_e\geqslant 1\ 000$	2 500

注1：驱动器与电动机一体安装的伺服系统，其绝缘电阻试验条件由产品专用技术条件规定。

注2：对于电路接机壳的驱动器，无法进行绝缘电阻试验时，不进行此项试验。

5.6.2 电动机的绝缘电阻

电动机的绝缘电阻技术要求与试验方法应符合GB/T 7345中的相关规定。

5.7 通电操作试验

5.7.1 系统功能试验

伺服系统的控制功能、保护和监控功能应符合产品专用技术条件的规定。

伺服系统应具备故障保护和状态监控功能，保护功能可以包括(但不限于)下列诸项：过电流保护、过载保护、过热保护、电源过/欠压保护、泵升电压保护、超速保护、电源缺相保护和传感故障保护等。

试验时伺服系统在额定电源电压下运行，通过外部模拟装置或其他方法检验伺服系统的各种功能(控制、保护等功能)是否符合要求。

5.7.2 高温连续运行试验

驱动器在规定的电源条件和最高环境温度下连续运行，并且伺服系统的各种动作、功能应正确无误。

试验时伺服系统在额定电源电压下。在规定的最高工作环境温度和规定的转速范围内空载连续运行，通过外部模拟装置或其他方法使伺服系统经历正反转、起停及$n_{min}\sim n_N$等各种动作。在整个试验过程中伺服系统工作应正常，连续运行的时间应符合产品专用技术条件的规定，但对连续工作制的伺服系统应不小于24 h。

5.8 工作区

伺服系统的工作区由连续工作区和短时工作区组成，在产品专用技术条件中应给出具体的工作区图。

5.8.1 连续工作区

伺服系统在速度控制方式下，转速选择$D\cdot n_N$、n_N、n_{max}三点，施加对应的负载转矩运行，结果应符合产品专用技术条件的要求。

5.8.2 短时工作区

伺服系统在速度控制方式下，按照产品专用技术条件规定的短时工作时间和短时允许的过载倍数，转速选择n_N、n_{max}两点，结果应符合产品专用技术条件的要求。

5.9 正反转速差率

伺服系统在额定电源电压，额定转速下空载运行，测量电动机正、反两方向的转速平均值，按式(1)计算伺服系统的正反转速差率，结果应符合产品专用技术条件的规定。

5.10 系统效率

伺服系统的效率应符合产品专用技术条件的规定。

伺服系统在额定转速、额定负载的条件下，运行至稳定工作温度，测量驱动器输入的有功电功率(交流输入电源侧如有匹配变压器，在变压器副边测量)和电动机输出的机械功率。

5.11 转速调整率

5.11.1 要求

伺服系统在规定的最低温度和最高温度下，测出电动机随温度变化的转速调整率；在规定的供电电源电压的下限值变化到上限值，测出随电压变化的转速调整率；在负载由空载变化到额定负载，测出随负载变化的转速调整率，应符合产品专用技术条件的规定。

5.11.2 温度变化的转速调整率

伺服系统在空载条件下放置于人工气候箱中，在 20 ℃温度下将电动机转速调至额定转速 n_N，然后将温度调至最低工作温度，热平衡后测出电动机转速 n_1；再将温度调至最高工作温度，达到热平衡后测量此时电动机的转速 n_2，按式(2)计算温度变化的转速调整率(取最大值)。

5.11.3 电压变化的转速调整率

伺服系统在空载条件下，调节伺服系统的输入电源电压，在额定输入电压时将电动机转速调至额定转速 n_N，将伺服系统的输入电源电压调到规定的上限值，记录此时的转速 n_1，然后将输入电压调到规定的下限值，再测出电动机转速 n_2。用式(2)计算电压变化的转速调整率(取最大值)。

5.11.4 负载变化的转速调整率

伺服系统在空载条件下，将电动机转速调至额定转速 n_N，然后再加载至额定负载，记录此时的转速 n_1。用式(2)计算负载变化的转速调整率。

5.12 位置跟踪误差

伺服系统的位置跟踪误差(包括稳态位置跟踪误差与动态位置跟踪误差)应在产品专用技术条件中做出规定。

试验时，驱动器在位置控制模式下工作，输入位置指令信号，测量驱动器的偏差计数器的值。

5.13 转矩波动

伺服系统转矩波动应符合产品专用技术条件的规定。

伺服系统在给定转速下，对电动机施加连续工作区中规定的最大转矩，测量并记录电动机在一圈中输出转矩，找出最大转矩 T_{max}和最小转矩 T_{min}，按式(3)计算伺服系统的转矩波动系数。

5.14 转速波动

伺服系统在空载条件下额定转速时的转速波动应符合产品专用技术条件的规定。

伺服系统工作在速度控制模式下，在额定转速、空载条件下测试并记录转速，找出最大转速 n_{max}与最小转速 n_{min}，按式(4)计算伺服系统的转速波动系数。

5.15 转速变化的时间响应

伺服系统空载条件下，对转速指令输入阶跃信号，转速变化的时间响应过程中响应时间、超调量和建立时间，均应符合产品专用技术条件的规定。

试验时使伺服系统处于空载零速状态下，输入对应额定转速 n_N 的阶跃信号，记录正阶跃输入的时间响应曲线，读出响应时间、建立时间和瞬态超调并计算出超调量。在稳态的 n_N 转速下，输入信号阶跃到零，记录负阶跃输入的时间响应曲线，读出响应时间、建立时间和瞬态超调并计算超调量。

5.16 频带宽度

伺服系统速度闭环的频带宽度应符合产品专用技术条件的规定，并应说明是幅度下降到-3 dB的频带宽度，还是90°相移的频带宽度。

试验时，驱动器工作在速度模式下，输入正弦波转速指令，其幅值为额定转速指令值的0.01倍，频率由1 Hz逐渐升高，记录电动机对应的转速曲线，随着指令正弦波频率的提高，电动机实际转速的波形曲线对指令正弦波曲线的相位滞后逐渐增大，而幅值逐渐减小。相位滞后增大至90°时的频率作为伺服系统90°相移的频带宽度；幅值减小至$1/\sqrt{2}$的频率作为伺服系统-3 dB频带宽度。

5.17 惯量适应范围

伺服系统的惯量适应范围应符合产品专用技术条件的规定。

电动机在最低转速，带最大允许的惯量负载条件下，测量其转速波动不应超过规定值，逐渐转速升高到额定值，伺服系统应工作正常。

5.18 静态刚度

位置伺服系统的静态刚度应符合产品专用技术条件的规定。

位置伺服系统处于空载零速锁定状态，用满足精度要求的轴角传感器检测电动机轴角位置，选定这时的电动机轴角为参考零位。用滑轮盘挂砝码、测力扳手或测力计的方法对电动机施加正反向转矩，转矩达到连续工作区规定的最大转矩后，测量电动机轴角位置对参考零位的偏移量$\Delta\theta$。按式(6)计算伺服系统的静态刚度。试验应在三个不同的轴角位置，正向和反向共测量六组数据，取最大值。

5.19 噪声

伺服系统在额定电源电压下空载运行时，其A计权声功率级的噪声限值应符合产品专用技术条件的规定。

噪声的测试按GB/T 10069.1规定的要求进行。

5.20 低温

5.20.1 低温工作

伺服系统应能承受规定的极限工作低温试验。达到稳定温度后，伺服系统应能正常工作。

试验时，伺服系统置于气候箱内，按GB/T 2423.1—2001中Ad的方法进行试验，温度降至极限工作低温，温度达到稳定后，伺服系统启动工作，在额定转速下空载运行不少于2 h。

5.20.2 低温贮存

伺服系统应能承受规定温度的低温贮存试验。试验时间为2 h，恢复到正常的试验大气条件后，伺服系统应能正常工作。

试验时，伺服系统不通电置于气候箱内，按GB/T 2423.1—2001中Ad的方法进行试验，温度降至规定的温度并保持2 h后，恢复到正常的试验大气条件，然后通电，伺服系统在额定转速下空载运行无误。

5.21 高温

5.21.1 高温工作

伺服系统应能承受极限工作高温试验。达到稳定温度后，驱动器应能驱动电动机在额定转速下空载运行不少于2 h。

试验时，伺服系统置于气候箱内，按GB/T 2423.2—2001中Bd的方法进行试验，温度升到规定的温度，达到热平衡后，电动机在额定转速下空载运行，并维持箱内温度不低于规定的温度，连续运行不少于2 h。

5.21.2 高温贮存

伺服系统应能承受规定的高温贮存试验。试验时间为2 h，恢复到正常的试验大气条件后，驱动器应能正常驱动电动机在额定转速下空载运行。

试验时，伺服系统不通电置于气候箱内，按 GB/T 2423.2—2001 中 Bd 的方法进行试验，温度升到规定的温度，达到热平衡并保持 2 h 后，恢复到正常的试验大气条件，然后通电，伺服系统在额定转速下空载运行无误。

5.22 振动

电动机的振动技术要求与试验方法应符合 GB/T 7345 中的相关规定。

驱动器在三个轴向上应能承受表 4 规定的振动试验，按 GB/T 2423.10 中的方法进行振动试验，试验后驱动器电气性能不受到影响，不应有机械上的损坏、变形和紧固部位的松动现象，通电后应能正常工作。

表 4 振动试验

频率范围	振 幅	加速度	振动持续时间	
			一次扫频时间	扫频次数(每方向次数×方向数)
10 Hz≤f≤57 Hz	0.035 mm	—	10 min	10×3
57 Hz≤f≤150 Hz	—	5 m/s^2		

5.23 冲击

电动机的冲击技术要求与试验方法应符合 GB/T 7345 中的相关规定。

驱动器试验时，按正常工作方式紧固在冲击台上，按 GB/T 2423.5 中相关试验方法进行试验。试验严酷度为：峰值加速度：15 m/s^2，脉冲持续时间：11 ms，冲击次数为 3 次。试验后，驱动器不应出现机械损伤或紧固件松动，且通电时驱动器应能正常驱动电动机在额定转速下空载运行。

5.24 稳态加速度

当有要求时，伺服系统应能承受规定的稳态加速度引起的结构变形。试验结束后，伺服系统零部件不应松动或损坏，且通电后应能正常工作。

稳态加速度值应从下列值中选取：30 m/s^2、50 m/s^2、100 m/s^2、200 m/s^2、500 m/s^2、1 000 m/s^2。

试验时，伺服系统安装在试验支架上，驱动器不通电，按 GB/T 2423.15 中相关试验方法进行试验。试验应在三个互相垂直轴的六个方向进行，每个方向试验时间为 10 s 或按产品专用技术条件规定。检查伺服系统外观不应出现机械损伤或紧固件松动。通电时驱动器应能正常驱动电动机在额定转速下空载运行。

5.25 恒定湿热

伺服系统应能承受温度 40 ℃±2 ℃，相对湿度(93^{+3}_{-2})%，历时 2 d 的恒定湿热试验。试验期满后立即测量驱动器和电动机的绝缘电阻，应不小于 1 MΩ，检查外观应无明显的外形质量变坏及影响正常工作的锈蚀现象。伺服系统在正常大气条件下恢复 12 h 后通电，伺服系统应能正常工作。

按 GB/T 2423.3 中相关的试验方法进行试验。

5.26 电磁兼容性

5.26.1 导则

本试验要充分考虑伺服系统的 EMC 环境，当有要求时，建议由用户和制造厂共同协商制定每项试验的试验等级，以免付出不必要的代价。

5.26.2 抗扰度

伺服系统的抗扰度技术要求和试验方法应符合表 5 的规定。

试验时伺服系统在额定转速下空载运行，工作特性未有明显的变化，在规定的允差内正常工作。

表5 抗扰度试验

项目	适用范围(端口)					试验方法
	交流电源	直流电源	外壳	信号	接地	
电压暂降和短时中断	适用	—	—	—	—	GB/T 17626.11
直流电源输入端口电压暂降、短时中断和电压波动	—	适用	—	—	—	GB/T 17626.29
浪涌	适用	—	—	—	—	GB/T 17626.5
电快速瞬变脉冲群	适用	适用	—	适用	适用	GB/T 17626.4
静电放电	—	—	适用	—	—	GB/T 17626.2
辐射电磁场	—	—	适用	—	—	GB/T 17626.3
射频场感应的传导骚扰	适用	适用	—	适用	适用	GB/T 17626.6
注:"—"表示不适用。						

5.26.3 发射

按照产品的使用环境,根据 GB 4824—2004 中1组A类或B类设备来确定端子骚扰电压限值和电磁辐射骚扰限值。

端子骚扰电压的测试频段为 150 kHz~30 MHz,电磁辐射骚扰的测试频段为 30 MHz~1.0 GHz。

试验时伺服系统在额定电压,额定转速下空载运行,试验方法按 GB 4824—2004 的规定进行。

5.27 可靠性

可靠性指标用平均无故障时间(MTBF)衡量,具体数值应在产品专用技术条件中规定。

根据 GJB/Z 299C—2006,使用元器件计数可靠性预计法预测平均无故障时间。

可靠性试验方法应按照 GB/T 5080.1 在产品专用技术条件中做出规定。

5.28 质量

伺服系统质量应符合产品专用技术条件的规定。

用相对精度不低于1%的衡器称取。

6 检验规则

6.1 检验分类

检验分类分为:

a) 鉴定检验;

b) 质量一致性检验。

6.2 鉴定检验

6.2.1 鉴定检验时机和条件

当有要求时,鉴定检验应在国家认可的实验室按产品专用技术条件规定进行。

有下列情况之一时,应进行C组检验,见6.3:

a) 新产品设计确认前;

b) 已鉴定产品设计或工艺变更时;

c) 已鉴定产品关键原材料、元器件变更时;

d) 产品制造场所改变时。

6.2.2 样机数量

从能代表相应生产阶段的产品批中抽取六台,其中四台作为试验样机,两台作为存放对比用。

注:特殊情况下可根据产品专用技术条件的规定减少样机数量。

6.2.3 检验程序

鉴定检验项目、基本顺序和样机编号由各类伺服系统产品专用技术条件参照表6规定进行。

表 6 检验项目及基本顺序

序 号	检 验 项 目		技术要求和试验方法条款	鉴定检验样机编号	质量一致性检验	
					A 组检验	C 组检验
1	外观		5.2	1,2,3,4	√	√
2	外形及安装尺寸		5.3	1,2,3,4	√	√
3	保护接地		5.4	1,2,3,4	√	√
4	介电性能		5.5	1,2,3,4	√	√
5	绝缘电阻		5.6	1,2,3,4	√	√
6	通电操作试验		5.7	1,2,3,4	√	√
7	工作区		5.8	1,2,3,4	√	√
8	正反转速差率		5.9	1,2,3,4	√	√
9	系统效率		5.10	1,2,3,4	—	√
10	转速调整率	温度变化	5.11.2	1,2,3,4	—	√
11		电压变化	5.11.3	1,2,3,4	—	√
12		负载变化	5.11.4	1,2,3,4	—	√
13	位置跟踪误差		5.12	1,2,3,4	—	√
14	转矩波动		5.13	1,2,3,4	—	√
15	转速波动		5.14	1,2,3,4	—	√
16	转速变化的时间响应		5.15	1,2,3,4	—	√
17	频带宽度		5.16	1,2,3,4	—	√
18	惯量适应范围		5.17	1,2,3,4	—	√
19	静态刚度		5.18	1,2,3,4	—	√
20	噪声		5.19	1,2,3,4	—	√
21	低温	低温工作	5.20.1	1,2	—	√
22		低温贮存	5.20.2	1,2	—	√
23	高温	高温工作	5.21.1	1,2	—	√
24		高温贮存	5.21.2	1,2	—	√
25	振动		5.22	3,4	—	√
26	冲击		5.23	3,4	—	√
27	稳态加速度[a]		5.24	3,4	—	√
28	恒定湿热		5.25	1,2	—	√
29	电磁兼容性	抗扰度	5.26.2	1,2,3,4	—	√
30		发射	5.26.3	1,2,3,4	—	√
31	可靠性		5.27	1,2,3,4	—	√
32	质量		5.28	1,2	—	√
注:"√"表示进行该项目检验,"—"表示不进行该项检验。						
[a] 根据伺服系统用途和环境条件,当有要求时才进行的检验项目。						

6.2.4 检验结果的评定

6.2.4.1 合格

鉴定检验用样机的全部项目检验符合要求，则鉴定检验合格。

6.2.4.2 不合格

只要有一台样机的任一项目不符合要求，则鉴定检验不合格。

6.2.4.3 偶然失效

当鉴定部门确定某台样机某一不合格项目属于孤立性质的偶然失效时，允许在每次提交的样机中取一台备用样机代替失效样机，并补做失效发生前(包括失效时)该台样机的所有项目。然后继续试验，若再有一台样机的任一个项目不符合要求，则鉴定检验不合格。

6.2.4.4 性能降低

样机经环境试验后，允许出现不影响其使用的性能降低，性能降低的允许值由产品专用技术条件规定。

6.2.4.5 环境试验期间和试验后的性能严重降低

样机在环境试验期间和试验后，出现影响其使用的性能严重降低时，鉴定部门可以采取两种方式：或者认为鉴定不合格，或者当一台样机出现失效时，允许用新的两台样机代替，并补做失效发生前(包括失效时)的所有试验，然后补足原样机数量继续试验，若再有一台样机的任一个项目不合格，则鉴定检验不合格。

6.2.5 同类型产品鉴定检验

当某一类同规格的两个及两个以上型号的伺服系统同时提交鉴定检验时，每种型号均应提交四台样机，所有样机应通过质量一致性中的A组检验，然后选取四台有代表性的不同型号的样机进行其余项目的试验，试验结果评定按6.2.4的规定。任一台样机的任一项目不合格，则其所代表的该型号的伺服系统鉴定检验不合格。本检验不允许样机替换。

若鉴定检验合格，则同时提交的所有型号的伺服系统均鉴定检验合格。

对此后制造的同类同规格的其他型号伺服系统或对原型号设计更改的伺服系统应进行差异性鉴定检验，差异性鉴定检验合格，则认为该型号伺服系统鉴定检验合格。

6.3 质量一致性检验

质量一致性检验分为A组和C组检验：

a) A组检验是为了证实产品是否满足常规质量要求所进行的出厂检验。

b) C组检验是周期性检验。

6.3.1 A组检验

A组检验项目及基本顺序按表6规定进行。

A组检验可以抽样或逐台进行。抽样按GB/T 2828.1—2003中检验水平Ⅱ，一次抽样方案进行，接收质量限(AQL值)，由用户和制造商协商选定。

逐台检验中，伺服系统若有一项或一项以上不合格，则该伺服系统为不合格品。

抽样检验中，A组检验合格，则除抽样中的不合格品之外，应视为整批合格；若A组检验不合格，则整批不合格，由制造商消除缺陷并剔除不合格品后，再次提交A组检验。

6.3.2 C组检验

C组检验项目及基本顺序按表6规定进行。

6.3.2.1 检验时机和周期

有下列情况之一时，一般应进行C组检验：

a) 相关项目检验；

b) A组检验结果与鉴定检验结果发生较大偏差时；

c) 周期检验；

d）政府或行业监管产品质量或用户要求时。

C组检验周期除另有规定，每两年应至少进行一次。

6.3.2.2 检验规则

C组检验项目及基本顺序按表6规定进行。

C组检验样机从已通过A组检验的产品中抽取，对未做过A组检验的样机应补作A组检验项目的试验，待合格后方能进行C组检验。

C组检验样机数量及检验结果评定按6.2.2和6.2.4的规定。

若C组检验不合格，由制造商消除不合格原因后，重新进行C组检验。

7 交付准备

7.1 总则

除非另有规定，交付的产品应是通过设计确认后制造的，且经A组检验合格的产品。

7.2 铭牌、标志

驱动器的铭牌、标志应符合GB 7251.1—2005中5.1和5.2的规定。

电动机的铭牌、标志应符合GB/T 7345的规定。

7.3 附带随机文件

附带随机文件应包括产品合格证、产品使用说明书。

7.4 包装

产品包装应符合JB/T 8162和JB/T 3085的规定，制造商应确保伺服系统通过包装能得到有效防护。

7.5 运输

包装的产品在运输过程中应小心轻放，避免碰撞和敲击，严禁与酸碱等腐蚀性物质放在一起。制造商应通过标识或协议方式将运输条件告知用户和承运商。

7.6 储存

产品应储存在清洁、通风良好的库房内，空气中不应含有腐蚀性气体。储存期分为一年、三年和五年，由制造商规定。制造商应将储存条件和储存期告知用户。

7.7 保证期

保证期系制造商就产品的正确储存和使用期限而向用户做出的承诺。

保证期是从产品出厂之日算起的存放期（包括运输期）与保用期之和。

保用期从产品包装启封开始计算，分为一年和两年半两种，并由产品专用技术条件规定。

在正确存放和使用产品的情况下，制造商应保证伺服系统在保用期内正常工作。如在保用期内产品因制造质量不良而发生损坏或不能正常工作时，制造商应负责维修或更换。

ICS 25.100.70
J 43

中华人民共和国国家标准

GB/T 16457.1—2009
代替 GB/T 16457—1996

超硬材料锯片基体尺寸　第1部分：用于建筑物和土木工程材料的机械切割

Blanks for superabrasive cutting-off wheels—Dimensions—Part 1: Manually guided cutting-off in building and civil engineering

2009-04-23 发布　　2009-12-01 实施

中华人民共和国国家质量监督检验检疫总局
中国国家标准化管理委员会　发布

前　言

GB/T 16457《超硬材料锯片基体尺寸》分为两个部分：

——第1部分：用于建筑物和土木工程材料的机械切割；

——第2部分：用于建筑物和土木工程材料的手持切割。

本部分为 GB/T 16457 的第1部分。

本部分代替 GB/T 16457—1996《超硬磨料制品　切割石材和建筑物用锯片　钢基体尺寸》。

本部分与 GB/T 16457—1996 相比主要变化如下：

——修改了基体尺寸列表分类方式，GB/T 16457—1996 是按切割材料（石材和建筑物）分类列表，本部分是按基体类型分类列表；

——增加了规格，GB/T 16457—1996 为 200 mm～3 000 mm，本部分为 200 mm～3 500 mm；

——修改了基体厚度、槽深、槽宽的尺寸极限偏差；

——增加了基体中心孔尺寸系列；

——以基体齿弧长代替基体齿弦长；

——增加了基体类型代号和标记的规定。

本部分由中国机械工业联合会提出。

本部分由全国磨料磨具标准化技术委员会（SAC/TC 139）归口。

本部分起草单位：博深工具股份有限公司。

本部分主要起草人：鄢晓红、孟凡爱。

本部分所代替标准的历次版本发布情况为：

——GB/T 16457—1996。

超硬材料锯片基体尺寸　第1部分：用于建筑物和土木工程材料的机械切割

1　范围

GB/T 16457 的本部分规定了用于固定式或移动式切割机上，机械操纵切割的超硬材料锯片钢基体的代号、尺寸和标记。

本部分适用于切割建筑物和土木工程材料（沥青，混凝土，天然或人造石材等）用锯片基体。

2　代号和尺寸

2.1　基体类型代号按如下规定。

A 型——齿长 40 mm、窄槽基体；

B 型——齿长 40 mm、宽槽基体；

C 型——齿长 50 mm、窄槽基体；

D 型——齿长 50 mm、宽槽基体；

E 型——齿长 20 mm、窄槽基体；

E1 型——齿长 20 mm 至 30 mm、宽槽基体。

2.2　基体尺寸代号见图 1 和图 2。

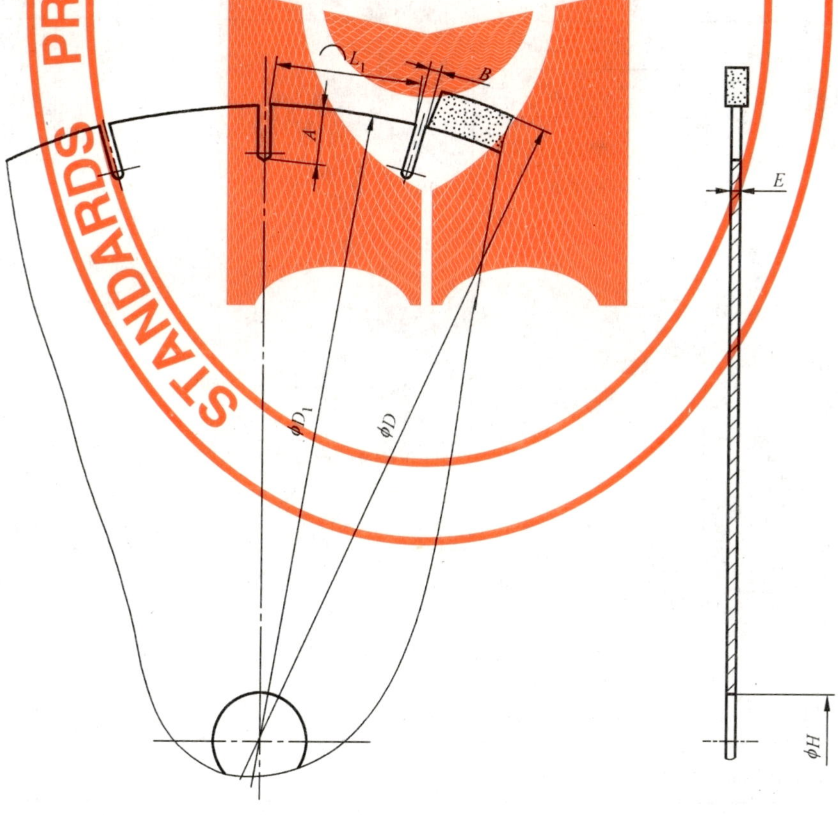

图 1　尺寸代号

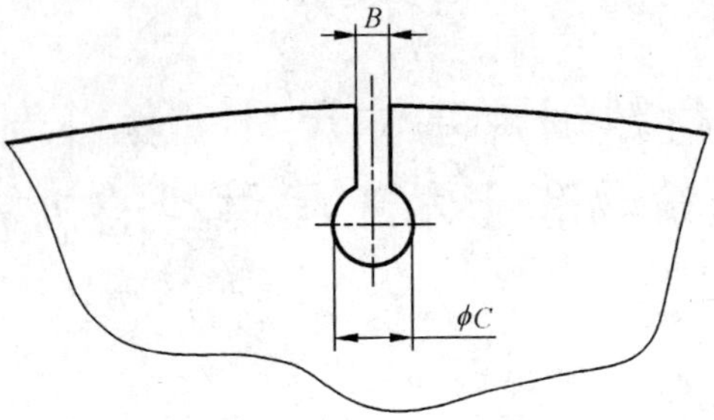

注：可替换使用匙孔槽，也允许其他不同槽形。

图 2　尺寸代号

2.3　基体尺寸分别见表 1～表 11 的规定。没有列入表中的参数应按需要选择。

2.3.1　A 型基体尺寸见表 1、表 2。

表 1　A 型基体(A 系列)　　单位为毫米

D	D_1		E	A	H	B[a]	齿数 Z	L_1
			$^{+0.1}_{0}$	±1.0	H7	±0.5		名义尺寸
250	240	±0.3	1.6	14	25.4/30/60	3	17	41.4
300	290		1.6/1.8/2.2		25.4/30/35/60		21	40.4
350	340		2.2/2.5		25.4/35/50/60		25	39.7
400	390				25.4/30/35/60		28	40.8
450	440	±0.5	2.5/2.8/3.5		25.4/35/50/60		32	40.2
500	490		2.5/2.8				36	39.8
550	540		2.8				38	41.6
600	590		2.8/3.5				42	41.1
625	615	±0.7	3.0/3.5/5.0				42	43.0
650	640						46	40.7
700	690						50	40.4
725	715						50	41.9
750	740						54	40.0
800	790						57	40.5
850	840						61	40.3
900	884			18		6	60	40.3
1 000	984		3.5/5.0				66	40.8
1 100	1 084	±1.0					74	40.0
1 200	1 184						80	40.5

a　匙孔槽基体，对于 3 mm 槽宽，匙孔直径 C 为 6 mm。

表 2 A 型基体(B 系列)

单位为毫米

<table>
<tr><td rowspan="2">D</td><td rowspan="2" colspan="2">D_1</td><td>E</td><td>A</td><td>H</td><td>B[a]</td><td rowspan="2">齿数
Z</td><td>L_1</td></tr>
<tr><td>$^{+0.1}_{0}$</td><td>±1.0</td><td>$H7$</td><td>±0.5</td><td>名义尺寸</td></tr>
<tr><td>200</td><td>190</td><td rowspan="8">±0.3</td><td rowspan="2">1.6/1.8</td><td rowspan="29">14</td><td>20/22.23/25.4/50/60</td><td rowspan="29">3</td><td>13</td><td>42.9</td></tr>
<tr><td>250</td><td>240</td><td>20/22.23/50</td><td>17</td><td>41.4</td></tr>
<tr><td>300</td><td>290</td><td>1.6/1.8/2.2</td><td>20/22.23/27/50</td><td>21</td><td>40.4</td></tr>
<tr><td rowspan="4">350</td><td rowspan="4">340</td><td rowspan="2">2.2</td><td rowspan="2">20/22.23/27</td><td>24</td><td>41.5</td></tr>
<tr><td>25</td><td>39.7</td></tr>
<tr><td rowspan="2">2.4</td><td rowspan="2">20/22.23/25.4/
27/50/60</td><td>24</td><td>41.5</td></tr>
<tr><td>25</td><td>39.7</td></tr>
<tr><td>400</td><td>390</td><td>2.4/2.6/2.8</td><td rowspan="2">20/22.23/25.4/50/60</td><td>28</td><td>40.8</td></tr>
<tr><td rowspan="2">450</td><td rowspan="2">440</td><td rowspan="8">±0.5</td><td>2.6</td><td rowspan="2">32</td><td rowspan="2">40.2</td></tr>
<tr><td rowspan="2">2.8</td><td rowspan="2">20/22.23</td></tr>
<tr><td rowspan="2">500</td><td rowspan="2">490</td><td rowspan="2">36</td><td rowspan="2">39.8</td></tr>
<tr><td>3.0/3.2/3.5</td><td>20/22.23/25.4/50/60</td></tr>
<tr><td rowspan="2">550</td><td rowspan="2">540</td><td>2.8</td><td>20/22.23</td><td rowspan="2">38</td><td rowspan="2">41.6</td></tr>
<tr><td>3.0/3.2/3.5</td><td>20/22.23/25.4/50/60</td></tr>
<tr><td rowspan="2">600</td><td rowspan="2">590</td><td>2.8/3.5</td><td>20/22.23</td><td rowspan="2">42</td><td rowspan="2">41.1</td></tr>
<tr><td>3.2</td><td>20/22.23/25.4/50/60</td></tr>
<tr><td rowspan="2">625</td><td rowspan="2">615</td><td rowspan="16">±0.7</td><td>3.5</td><td>20/22.23</td><td rowspan="2">42</td><td rowspan="2">43.0</td></tr>
<tr><td>4.0</td><td>20/22.23/25.4/50/60</td></tr>
<tr><td rowspan="2">650</td><td rowspan="2">640</td><td>3.5</td><td>20/22.23</td><td rowspan="2">46</td><td rowspan="2">40.7</td></tr>
<tr><td>4.0</td><td>20/22.23/25.4/50/60</td></tr>
<tr><td rowspan="2">700</td><td rowspan="2">690</td><td>3.5</td><td>80/100/120</td><td rowspan="2">50</td><td rowspan="2">40.4</td></tr>
<tr><td>4.0</td><td>50/60/80/100/120</td></tr>
<tr><td rowspan="2">725</td><td rowspan="2">715</td><td>3.5</td><td>80/100/120</td><td rowspan="2">50</td><td rowspan="2">41.9</td></tr>
<tr><td>4.5</td><td>50/60/80/100/120</td></tr>
<tr><td rowspan="2">750</td><td rowspan="2">740</td><td>3.5</td><td>80/100/120</td><td rowspan="2">54</td><td rowspan="2">40.0</td></tr>
<tr><td>4.5</td><td>50/60/80/100/120</td></tr>
<tr><td rowspan="2">800</td><td rowspan="2">790</td><td>3.5</td><td>80/100/120</td><td rowspan="2">57</td><td rowspan="2">40.5</td></tr>
<tr><td>4.5</td><td>50/60/80/100/120</td></tr>
<tr><td>850</td><td>840</td><td rowspan="3">3.5/5.0</td><td rowspan="2">80/100/120</td><td>61</td><td>40.3</td></tr>
<tr><td>900</td><td>884</td><td rowspan="6">18</td><td rowspan="6">6</td><td>60</td><td>40.3</td></tr>
<tr><td rowspan="2">1 000</td><td rowspan="2">984</td><td>80/100/120</td><td rowspan="2">66</td><td rowspan="2">40.8</td></tr>
<tr><td>5.5</td><td>50/60/80/100/120</td></tr>
<tr><td rowspan="2">1 100</td><td rowspan="2">1 084</td><td rowspan="3">±1.0</td><td>3.5/5.0</td><td>80/100/120</td><td rowspan="2">74</td><td rowspan="2">40.0</td></tr>
<tr><td>5.5</td><td rowspan="2">50/60/80/100/120</td></tr>
<tr><td>1 200</td><td>1 184</td><td>5.5/6.0</td><td>80</td><td>40.5</td></tr>
<tr><td colspan="10">[a] 匙孔槽基体,对于 3 mm 槽宽,匙孔直径 C 为 6 mm。</td></tr>
</table>

2.3.2 B型基体尺寸见表3、表4。

表3 B型基体(A系列)

单位为毫米

<table>
<tr><td rowspan="2">D</td><td rowspan="2" colspan="2">D_1</td><td>E</td><td>A</td><td>H</td><td>B</td><td rowspan="2">齿数
Z</td><td>L_1</td></tr>
<tr><td>$^{+0.1}_{0}$</td><td>±1.0</td><td>H7</td><td>±0.5</td><td>名义尺寸</td></tr>
<tr><td>250</td><td>240</td><td rowspan="4">±0.3</td><td>1.6</td><td rowspan="15">14</td><td>25.4/30/60</td><td rowspan="4">10</td><td>15</td><td>40.3</td></tr>
<tr><td>300</td><td>290</td><td>1.6/1.8/2.2</td><td>25.4/30/35/60</td><td>18</td><td>40.6</td></tr>
<tr><td>350</td><td>340</td><td rowspan="2">2.2/2.5</td><td>25.4/35/50/60</td><td>21</td><td>40.9</td></tr>
<tr><td>400</td><td>390</td><td>25.4/30/35/60</td><td>24</td><td>41.0</td></tr>
<tr><td>450</td><td>440</td><td rowspan="4">±0.5</td><td>2.5/2.8/3.5</td><td rowspan="21">25.4/35/50/60</td><td rowspan="14">12</td><td>26</td><td>41.2</td></tr>
<tr><td>500</td><td>490</td><td>2.5/2.8</td><td>30</td><td>39.3</td></tr>
<tr><td>550</td><td>540</td><td>2.8</td><td>32</td><td>41.0</td></tr>
<tr><td>600</td><td>590</td><td>2.8/3.5</td><td>36</td><td>39.5</td></tr>
<tr><td>625</td><td>615</td><td rowspan="10">±0.7</td><td rowspan="8">3.0/3.5/5.0</td><td>36</td><td>41.7</td></tr>
<tr><td>650</td><td>640</td><td>38</td><td>40.9</td></tr>
<tr><td>700</td><td>690</td><td>40</td><td>42.2</td></tr>
<tr><td>725</td><td>715</td><td>40</td><td>44.2</td></tr>
<tr><td>750</td><td>740</td><td>44</td><td>40.8</td></tr>
<tr><td>800</td><td>790</td><td>46</td><td>41.9</td></tr>
<tr><td>850</td><td>840</td><td>50</td><td>40.8</td></tr>
<tr><td>900</td><td>884</td><td rowspan="10">18</td><td>52</td><td>41.4</td></tr>
<tr><td>1 000</td><td>984</td><td rowspan="3">3.5/5.0</td><td>58</td><td>41.3</td></tr>
<tr><td>1 100</td><td>1 084</td><td>65</td><td>40.4</td></tr>
<tr><td>1 200</td><td>1 184</td><td rowspan="7">±1.0</td><td rowspan="4">18</td><td>64</td><td>40.1</td></tr>
<tr><td>1 300</td><td>1 282</td><td rowspan="6">3.5</td><td>69</td><td>40.4</td></tr>
<tr><td>1 400</td><td>1 382</td><td>74</td><td>40.7</td></tr>
<tr><td>1 500</td><td>1 482</td><td>80</td><td>40.2</td></tr>
<tr><td>1 600</td><td>1 582</td><td rowspan="3">24</td><td>76</td><td>41.4</td></tr>
<tr><td>1 800</td><td>1 782</td><td>86</td><td>41.1</td></tr>
<tr><td>2 000</td><td>1 982</td><td>96</td><td>40.9</td></tr>
</table>

表 4　B 型基体(B 系列)

单位为毫米

D	D_1		E	A	H	B	齿数 Z	L_1
			$^{+0.1}_{0}$	±1.0	H7	±0.5		名义尺寸
250	240	±0.3	1.6	14	20/22.23/50	10	15	40.3
			1.8		20/22.23/25.4/50/60			
300	290		1.6/1.8/2.2		20/22.23/27/50		18	40.6
350	340		2.2		20/22.23/27		21	40.9
			2.4		20/22.23/25.4/27/50/60			
400	390		2.4/2.6/2.8		20/22.23/25.4/50/60		24	41.0
450	440	±0.5	2.6			12	26	41.2
500	490		2.8		20/22.23		30	39.3
			3.0/3.2		20/22.23/25.4/50/60			
550	540		2.8		20/22.23		32	41.0
			3.0/3.2		20/22.23/25.4/50/60			
600	590		2.8/3.5		20/22.23		36	39.5
			3.2		20/22.23/25.4/50/60			
625	615	±0.7	3.5		20/22.23		36	41.7
			4.0		20/22.23/25.4/50/60			
650	640		3.5		20/22.23		38	40.9
			4.0		20/22.23/25.4/50/60			
700	690		3.5		80/100/120		40	42.2
			4.0		50/60/80/100/120			
725	715		3.5		80/100/120		40	44.2
			4.5		50/60/80/100/120			
750	740		3.5		80/100/120		44	40.8
			4.5		50/60/80/100/120			
800	790		3.5		80/100/120		46	41.9
			4.5		50/60/80/100/120			
850	840		3.5		80/100/120		50	40.8
			5.0		50/60/80/100/120			
900	884		3.5/5.0	18	80/100/120		52	41.4
1 000	984						58	41.3
			5.5		50/60/80/100/120			
1 100	1 084		3.5/5.0		80/100/120		65	40.4
			5.5		50/60/80/100/120			

表 4（续）　　　　单位为毫米

D	D_1		E	A	H	B	齿数 Z	L_1
			$^{+0.1}_{0}$	±1.0	H7	±0.5		名义尺寸
1 200	1 184	±1.0	5.5/6.0	18	50/60/80/100/120	18	64	40.1
1 300	1 282		6.0/6.5				69	40.4
1 400	1 382		6.5				74	40.7
1 500	1 482						80	40.2
1 600	1 582		6.5/7.2			24	76	41.4
1 800	1 782		7.2/8				86	41.1
2 000	1 982		8.0/9.0				96	40.9

2.3.3　C 型基体尺寸见表 5、表 6。

表 5　C 型基体(A 系列)　　　　单位为毫米

D	D_1		E	A	H	B[a]	齿数 Z	L_1
			$^{+0.1}_{0}$	±1.0	H7	±0.5		名义尺寸
250	240	±0.3	1.6	14	25.4/30/60	3	14	50.9
300	290		1.6/1.8/2.2		25.4/30/35/60		17	50.6
350	340		2.2/2.5		25.4/35/50/60		20	50.4
400	390				25.4/30/35/60		23	50.3
450	440	±0.5	2.5/2.8/3.5		25.4/35/50/60		26	50.2
500	490		2.5/2.8				29	50.0
550	540		2.8				32	50.0
600	590		2.8/3.5				35	50.0
625	615	±0.7	3.0/3.5/5.0				35	52.2
650	640						36	52.9
700	690						40	51.2
725	715						40	53.2
750	740						44	49.8
800	790						47	49.8
850	840						49	50.9
900	884						52	50.4
1 000	984		3.5/5.0			6	54	51.3
1 100	1 084	±1.0					60	50.8
1 200	1 184						64	52.1
1 300	1 282		3.5				70	51.5
1 400	1 382						76	51.1
1 500	1 482						82	50.8
1 600	1 582						86	51.8

[a] 匙孔槽基体，对于 3 mm 槽宽，匙孔直径 C 为 6 mm。

表 6　C 型基体(B 系列)

单位为毫米

D	D_1		E	A	H	B[a]	齿数	L_1
			+0.1 0	±1.0	H7	±0.5	Z	名义尺寸
250	240	±0.3	1.6	14	20/22.23/50	3	14	50.9
			1.8		20/22.23/25.4/50/60			
300	290		1.6/1.8/2.2		20/22.23/27/50		17	50.6
350	340		2.2		20/22.23/27		20	50.4
			2.4		20/22.23/25.4/27/50/60			
400	390		2.4/2.6/2.8		20/22.23/25.4/50/60		23	50.3
450	440	±0.5	2.6				26	50.2
			2.8		20/22.23			
500	490		2.8		20/22.23		29	50.0
			3.0/3.2		20/22.23/25.4/50/60			
550	540		2.8		20/22.23		32	50.0
			3.0/3.2		20/22.23/25.4/50/60			
600	590		2.8/3.5		20/22.23		35	50.0
			3.2		20/22.23/25.4/50/60			
625	615	±0.7	3.5		20/22.23		35	52.2
			4.0		20/22.23/25.4/50/60			
650	640		3.5		20/22.23		36	52.9
			4.0		20/22.23/25.4/50/60			
700	690		3.5		80/100/120		40	51.2
			4.0		50/60/80/100/120			
725	715		3.5		80/100/120		40	53.2
			4.5		50/60/80/100/120			
750	740		3.5		80/100/120		44	49.8
			4.5		50/60/80/100/120			
800	790		3.5		80/100/120		47	49.8
			4.5		50/60/80/100/120			
850	840		3.5/5.0		80/100/120		49	50.9
900	884			18			52	50.4
1 000	984					6	54	51.3
			5.5		50/60/80/100/120			
1 100	1 084	±1.0	3.5/5.0		80/100/120		60	50.8
			5.5		50/60/80/100/120			
1 200	1 184		5.5/6.0				64	52.1
1 300	1 282		6.0/6.5				70	51.5
1 400	1 382		6.5				76	51.1
1 500	1 482						82	50.8
1 600	1 582		6.5/7.2				86	51.8

[a] 匙孔槽基体，对于 3 mm 槽宽，匙孔直径 C 为 6 mm。

2.3.4 D型基体尺寸见表7、表8。

表7 D型基体(A系列)

单位为毫米

D	D_1		E	A	H	B	齿数	L_1
			+0.1 0	±1.0	$H7$	±0.5	Z	名义尺寸
250	240	±0.3	1.6	14	25.4/30/60	12	12	50.8
300	290		1.6/1.8/2.2		25.4/30/35/60		15	48.7
350	340		2.2/2.5		25.4/35/50/60		17	50.8
400	390				25.4/30/35/60		20	49.3
450	440	±0.5	2.5/2.8/3.5		25.4/35/50/60		22	50.8
500	490		2.5/2.8				24	52.1
550	540		2.8				27	50.8
600	590		2.8/3.5				30	49.8
625	615	±0.7	3.0/3.5/5.0				30	52.4
650	640						31	52.8
700	690						34	51.7
725	715						34	54.0
750	740						36	52.6
800	790						40	50.0
850	840						42	50.8
900	884			18			44	51.1
1 000	984		3.5/5.0				50	49.8
1 100	1 084	±1.0					54	51.0
1 200	1 184					18	54	50.9
1 300	1 282		3.5				58	51.5
1 400	1 382						62	52.0
1 500	1 482						68	50.5
1 600	1 582					24	66	51.3
1 800	1 782						74	51.7
2 000	1 982						82	52.0

表8 D型基体(B系列)

单位为毫米

D	D_1		E	A	H	B	齿数	L_1
			+0.1 0	±1.0	$H7$	±0.5	Z	名义尺寸
240	240	±0.3	1.6	14	20/22.23/50	12	12	50.8
			1.8		20/22.23/25.4/50/60			
300	290		1.6/1.8/2.2		20/22.23/27/50		15	48.7

表 8（续）　　单位为毫米

D	D_1		E	A	H	B	齿数 Z	L_1
			$^{+0.1}_{0}$	±1.0	H7	±0.5		名义尺寸
350	340	±0.3	2.2	14	20/22.23/27	12	17	50.8
			2.4		20/22.23/25.4/27/50/60			
400	390		2.4/2.6/2.8				20	49.3
450	440	±0.5	2.6		20/22.23/25.4/50/60		22	50.8
			2.8		20/22.23			
500	490						24	52.1
			3.0/3.2		20/22.23/25.4/50/60			
550	540		2.8		20/22.23		27	50.8
			3.0/3.2		20/22.23/25.4/50/60			
600	590		2.8/3.5		20/22.23		30	49.8
			3.2		20/22.23/25.4/50/60			
625	615	±0.7	3.5		20/22.23		30	52.4
			4.0		20/22.23/25.4/50/60			
650	640		3.5		20/22.23		31	52.8
			4.0		20/22.23/25.4/50/60			
700	690		3.5		20/22.23		34	51.7
			4.0		20/22.23/25.4/50/60			
725	715		3.5		80/100/120		34	54.0
			4.5		50/60/80/100/120			
750	740		3.5		80/100/120		36	52.6
			4.5		50/60/80/100/120			
800	790		3.5		80/100/120		40	50.0
			4.5		50/60/80/100/120			
850	840		3.5/5.0	18	80/100/120		42	50.8
900	884						44	51.1
1 000	984						50	49.8
			5.5		50/60/80/100/120			
1 100	1 084	±1.0	3.5/5.0		80/100/120		54	51.0
			5.5		50/60/80/100/120			
1 200	1 184		5.5/6.0			18	54	50.9
1 300	1 282		6.0/6.5				58	51.5
1 400	1 382		6.5				62	52.0
1 500	1 482						68	50.5
1 600	1 582		6.5/7.2			24	66	51.3
1 800	1 782		7.2/8				74	51.7
2 000	1 982		8.0/9.0				82	52.0

2.3.5 E型基体尺寸见表9、表10。

表9 E型基体(A系列)

单位为毫米

D	D_1		E	A	H	B	齿数	L_1
			$^{+0.1}_{0}$	±1.0	H7	±0.5	Z	名义尺寸
450	440	±0.15	2.8/3.5	14	25.4/35/50/60	8	48	20.8
500	490						54	20.5
600	590						66	20.1
625	615	±0.7					68	20.4
650	640		3.0/3.5				70	20.7
700	690						76	20.5
750	740						82	20.4
800	790						88	20.2
900	884		3.5	18			98	20.3
1 000	984						104	21.7
1 200	1 184						128	21.1
1 300	1 282						140	20.8
1 500	1 482						160	21.1
1 600	1 582						168	21.6
1 700	1 682						180	21.3
1 800	1 782						186	22.1
2 000	1 982						192	24.4

表10 E型基体(B系列)

单位为毫米

D	D_1		E	A	H	B	齿数	L_1
			$^{+0.1}_{0}$	±1.0	H7	±0.5	Z	名义尺寸
450	440	±0.5	2.8/3.5	14	20/22.23	8	48	20.8
500	490				22.23		54	20.5
600	590						66	20.1
625	615	±0.7			20/22.23		68	20.4
650	640		3.0/3.5		22.23		70	20.7
700	690						76	20.5
			4.0		22.23/25.4/50/60			
750	740		3.0/3.5		80/100/120		82	20.4
			4.5		50/60/80/100/120			
800	790		3.0/3.5		80/100/120		88	20.2
			4.5		50/60/80/100/120			
900	884		3.5	18	80/100/120		98	20.3
			5.0/5.5		50/60/80/100/120			
1 000	984		3.5		80/100/120		104	21.7
			5.0/5.5		50/60/80/100/120			
1 200	1 184		5.5/6.0				128	21.1
1 300	1 282		6.0/6.5				140	20.8
1 500	1 482		6.5				160	21.1
1 600	1 582		6.5/7.2				168	21.6
1 700	1 682		7.2/8.0				180	21.3
1 800	1 782						186	22.1
2 000	1 982		8.0/9.0				192	24.4

2.3.6 E1 型基体尺寸见表 11。

表 11 E1 型基体（B 系列）

单位为毫米

<table>
<tr><th rowspan="2">D</th><th colspan="2" rowspan="2">D_1</th><th colspan="2" rowspan="2">E</th><th>A</th><th>H</th><th>B</th><th rowspan="2">齿数
Z</th><th>L_1</th></tr>
<tr><th>±1.0</th><th>$H7$</th><th>±0.5</th><th>名义尺寸</th></tr>
<tr><td>900</td><td>884</td><td rowspan="2">±0.7</td><td rowspan="3">3.5/5.0/5.5</td><td rowspan="10">+0.1
0</td><td rowspan="10">18</td><td rowspan="11">50/60/80/100/120</td><td>18</td><td>64</td><td>25.4</td></tr>
<tr><td>1 000</td><td>984</td><td>20</td><td>70</td><td>24.2</td></tr>
<tr><td>1 100</td><td>1 084</td><td rowspan="8">±1.0</td><td rowspan="9">22</td><td>74</td><td>24.0</td></tr>
<tr><td>1 200</td><td>1 184</td><td>4.0/5.5/6.0</td><td>80</td><td>24.5</td></tr>
<tr><td>1 300</td><td>1 282</td><td>4.0/6.0/6.5</td><td>88</td><td>23.8</td></tr>
<tr><td>1 400</td><td>1 382</td><td rowspan="2">4.0/5.0/6.5</td><td>92</td><td>25.2</td></tr>
<tr><td>1 500</td><td>1 482</td><td>100</td><td>24.6</td></tr>
<tr><td>1 600</td><td>1 582</td><td>4.0/5.0/6.5/7.2</td><td>108</td><td>24.0</td></tr>
<tr><td>1 800</td><td>1 782</td><td>4.0/5.0/7.2/8.0</td><td>118</td><td>25.4</td></tr>
<tr><td>2 000</td><td>1 982</td><td>4.0/5.0/7.2/8.0/9.0</td><td>126</td><td>27.4</td></tr>
<tr><td>2 200</td><td>2 182</td><td rowspan="3">±1.5</td><td>4.0/5.0/7.2/8.5/9.0</td><td>±0.2</td><td rowspan="6">26</td><td rowspan="2">132</td><td>29.9</td></tr>
<tr><td>2 300</td><td>2 284</td><td rowspan="3">9.0</td><td rowspan="7">±0.25</td><td rowspan="7">100/120/150</td><td rowspan="2">25</td><td>29.4</td></tr>
<tr><td>2 500</td><td>2 484</td><td rowspan="3">140</td><td>30.7</td></tr>
<tr><td>2 600</td><td>2 584</td><td rowspan="5">±2.0</td><td rowspan="3">26</td><td>32.0</td></tr>
<tr><td>2 700</td><td>2 684</td><td>10</td><td>34.2</td></tr>
<tr><td>2 800</td><td>2 784</td><td>9.0/10</td><td>148</td><td>33.1</td></tr>
<tr><td>3 000</td><td>2 984</td><td>9.0/10/11</td><td rowspan="2">30</td><td rowspan="2">30</td><td>160</td><td>28.6</td></tr>
<tr><td>3 500</td><td>3 484</td><td>12</td><td>180</td><td>30.8</td></tr>
</table>

3 标记

示例：A 型，D_1＝540 mm，E＝2.8 mm，H＝50 mm，超硬材料锯片基体的标记如下：

基体 GB/T 16457.1 A 540×2.8×50

ICS 25.100.70
J 43

中华人民共和国国家标准

GB/T 16457.2—2009

超硬材料锯片基体尺寸 第2部分:用于建筑物和土木工程材料的手持切割

Blanks for superabrasive cutting-off wheels—Dimensions—Part 2:Hand-held cutting-off in building and civil engineering

2009-04-23 发布 2009-12-01 实施

中华人民共和国国家质量监督检验检疫总局
中国国家标准化管理委员会 发布

前　言

GB/T 16457《超硬材料锯片基体尺寸》分为两个部分：
——第 1 部分：用于建筑物和土木工程材料的机械切割；
——第 2 部分：用于建筑物和土木工程材料的手持切割。
本部分为 GB/T 16457 的第 2 部分。
本部分由中国机械工业联合会提出。
本部分由全国磨料磨具标准化技术委员会(SAC/TC 139)归口。
本部分起草单位：博深工具股份有限公司。
本部分主要起草人：鄢晓红、孟凡爱。

超硬材料锯片基体尺寸 第2部分:用于建筑物和土木工程材料的手持切割

1 范围

GB/T 16457的本部分规定了用于手持式切割机上的超硬材料锯片钢基体的代号、尺寸和标记。

本部分适用于切割建筑物和土木工程材料(沥青、混凝土、天然或人造石材等)用锯片基体。

2 代号和尺寸

2.1 基体类型代号按如下规定。

F型——齿长30 mm至40 mm、窄槽基体;

G型——齿长40 mm、宽槽基体;

H型——齿长50 mm、窄槽基体;

I型——齿长50 mm、宽槽基体。

2.2 基体尺寸代号见图1和图2。

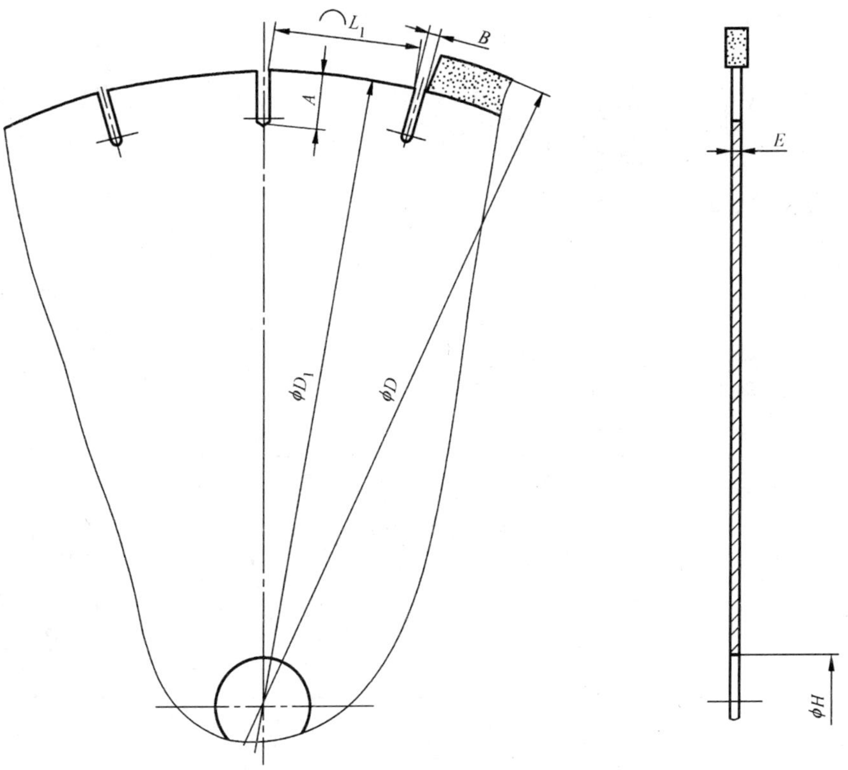

图1 尺寸代号

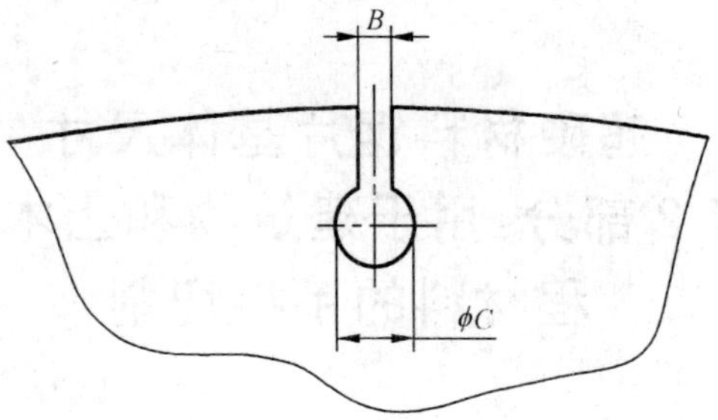

注：可替换使用匙孔槽，也允许其他不同槽形。

图 2　尺寸代号

2.3　基体尺寸分别见表 1～表 4 的规定，没有列入表中的参数应按需要选择。

2.3.1　F 型基体尺寸见表 1。

表 1　F 型基体

单位为毫米

D	D_1[a,b] ±0.05 系列 1	D_1[a,b] ±0.05 系列 2	E[b] $^{+0.1}_{0}$	A ±1.0	H[b]		B[a] ±0.5	齿数 Z	L_1 名义尺寸 系列 1	L_1 名义尺寸 系列 2
100	79	85	1.2/1.3/1.5	10	15/16/20	H9	3	8	28.1	30.4
115	94	100	1.4		22.23			9	29.8	31.9
125	104	110						10	29.7	31.6
150	129	135	1.5	12				12	30.8	32.3
180	159	165	1.8					14	32.7	34.0
200	179	185	1.5/1.8					16	32.1	33.3
230	209	215	1.8					16	38.0	39.2
250	234	240		14	20/25.4	H7		18	37.8	38.9
300	284	290	1.8/2.0/2.2/2.4					21	39.5	40.4
350	334	340						25	39.0	39.7
400	384	390	2.4					28	40.1	40.8

[a] 匙孔槽基体，对于 3 mm 槽宽，匙孔直径 C 为 6 mm。

[b] 同样适用于连续式锯片基体。

2.3.2　G 型基体尺寸见表 2。

表 2　G 型基体

单位为毫米

D	D_1[a] ±0.05 系列 1	D_1[a] ±0.05 系列 2	E[a] $^{+0.1}_{0}$	A ±1.0	H[a]		B ±0.5	齿数 Z	L_1 名义尺寸 系列 1	L_1 名义尺寸 系列 2
230	209	215	1.5/1.8	12	22.23	H9	10	13	40.5	41.9
250	234	240	1.8	14	20/25.4	H7		15	39.0	40.3
300	284	290	1.8/2.0/2.2/2.4					18	39.5	40.6
350	334	340						21	40.0	40.9
400	384	390	2.4	12				24	40.3	41.0

[a] 同样适用于连续式锯片基体。

2.3.3 H 型基体尺寸见表 3。

表 3 H 型基体

单位为毫米

D	D_1		E	A	H	B	齿数 Z	L_1	
	±0.05		$^{+0.1}_{0}$	±1	H7	±0.5		名义尺寸	
	系列 1	系列 2						系列 1	系列 2
250	234	240	1.8	14	20/25.4	3	14	49.5	50.8
300	284	290	1.8/2.0/2.2/2.4				17	49.5	50.6
350	334	340					20	49.4	50.4
400	384	390	2.2/2.4				23	49.4	50.2

2.3.4 I 型基体尺寸见表 4。

表 4 I 型基体

单位为毫米

D	D_1		E	A	H	B		齿数 Z	L_1	
	±0.05		$^{+0.1}_{0}$	±1	H7	±0.5			名义尺寸	
	系列 1	系列 2				系列 1	系列 2		系列 1	系列 2
250	234	240	1.8	14	20/25.4	10		12	51.2	52.8
300	284	290	1.8/2.0/2.2/2.4					15	49.5	50.7
350	334	340				10	12	17	51.7	50.8
400	384	390	2.2/2.4					20	50.3	49.2

3 标记

示例：F 型，D_1=290 mm，E=1.8 mm，H=25.4 mm 超硬材料锯片基体的标记如下：

基体 GB/T 16457.2 F 290×1.8×25.4

ICS 25.100.70
J 43

中华人民共和国国家标准

GB/T 16458—2009
代替 GB/T 16458.1—1996,GB/T 16458.2—1996

磨料磨具术语

Terminology for abrasives and abrasive products

2009-04-23 发布 2009-12-01 实施

中华人民共和国国家质量监督检验检疫总局
中国国家标准化管理委员会 发布

前 言

本标准整合并代替 GB/T 16458.1—1996《磨料磨具术语 第 1 部分：磨料术语》和 GB/T 16458.2—1996《磨料磨具术语 第 2 部分:磨具术语》。

本标准与 GB/T 16458.1—1996 和 GB/T 16458.2—1996 相比主要变化如下：

——对原术语内容进行了修改；

——增加了新的术语(参见附录 A)；

——删除了"不平衡"(见原 GB/T 16458.1 中的 3.11)、"金属衣金刚石"（见原 GB/T 16458.1 中的 4.1.3)、"页状砂布"（见原 GB/T 16458.2 中的 6.1.2)、"卷状砂布"（见原 GB/T 16458.2 中的 6.1.3)、"页状砂纸"（见原 GB/T 16458.2 中的 6.2.2)、"卷状砂纸"（见原 GB/T 16458.2 中的 6.2.3)、"金相砂纸"（见原 GB/T 16458.2 中的 6.2.4)、"耐水纸砂带"（见原 GB/T 16458.2 中的 6.3.4)等术语。

本标准的附录 A 为资料性附录。

本标准由中国机械工业联合会提出。

本标准由全国磨料磨具标准化技术委员会(SAC/TC 139)归口。

本标准起草单位:郑州磨料磨具磨削研究所、河南工业大学、天津大学。

本标准主要起草人:张长伍、钱惟圭、栗正新、李志宏。

本标准所代替标准的历次版本发布情况为：

——GB/T 16458.1—1996；

——GB/T 16458.2—1996。

磨料磨具术语

1 范围

本标准规定了磨料磨具领域的一般术语和各种磨料、磨具的名称，并表述了其定义(或说明)。

本标准适用于磨料、磨具、磨削加工和与其有关的行业。

2 磨料

2.1 一般术语

2.1.1

磨料 abrasive

在磨削、研磨和抛光中起切削作用的材料。

2.1.2

天然磨料 natural abrasive

直接用天然矿岩经过拣选、破碎、分级或其他加工处理后制成的磨料。

2.1.3

人造磨料 artificial abrasive

以人工方法炼制或合成的磨料。

2.1.4

磨粒 abrasive grain;abrasive grit

用人工方法制成特定粒度，用以制造切除材料余量的磨削、抛光和研磨工具的颗粒材料。

2.1.4.1

粗磨粒 macrogrit;macrograin

F4(P12)～F220(P220)粒度号的普通磨料磨粒或16/18～325/400的超硬磨料磨粒。

2.1.4.2

微粉 microgrit

F230(P240)～F1200(P2500)、＃240～＃8000粒度号的普通磨料磨粒或M36/54～M0/0.5的超硬磨料磨粒。

2.1.4.3

自由磨粒 loose grain

在自由状态下直接进行研磨或抛光的磨粒。

2.1.4.4

固定磨粒 fixed grain

以结(粘)合剂固定的磨粒，与自由磨粒相对应。

2.1.5

粒度 grain size;grit size

磨粒大小的量度。

2.1.5.1

粒度号 grit designation

按照执行标准对磨粒尺寸所做的分级标志。

2.1.5.2

粒度组成　grain size distribution

某一名义的粒度号磨粒中各不同尺寸颗粒的质量百分数。

2.1.5.3

混合粒度　combination grain size

有两种或两种以上粒度号的磨粒按设定比例混合而成的磨料粒度。

2.1.6

堆积密度　bulk density

磨粒在自然堆积的情况下，在空气中单位体积内磨粒的质量，单位 g/cm^3。

2.1.7

毛细现象　capillarity

磨粒装于一定直径的玻璃试管内，下端浸入水中，在给定的时间内，水上升的高度(mm)。

2.1.8

安息角　angle of repose

磨粒试样从一定高度通过漏斗落在水平金属板上，所形成圆锥体的锥面和底面的夹角。一般由圆锥体的直径和高度算出安息角。

2.1.9

比表面积　specific surface area

单位质量的磨料所具有的总表面积，单位 m^2/g。

2.1.10

韧性　toughness

磨粒在外力(如磨削力、冲击力等)的作用下，抵抗破碎的能力。

2.1.11

脆性　friability

磨粒在外力的作用下，容易产生破碎的性质，与韧性相反。

2.1.12

抗压强度　compressive strength

单颗磨粒在静压作用下，破碎时的负荷值，单位 N。

2.1.13

单晶体　single crystal

晶体原子按一定规则周期性重复排列，具有一定的外形、固定的熔点和各向异性的特点。

2.1.14

多晶体　polycrystal

由许多趋向不同的小晶粒组成的晶体。

2.1.15

物理刚玉　physical corundum

即 α-Al_2O_3，刚玉的主要矿物成分。

2.1.16

磁性物　magnetic materials

磨粒中感磁物质的统称。

2.1.17

磁性磨料　magnetic abrasive

将磁性材料和磨料通过物理或化学的方法结合在一起的复合材料。通过磁性磨料在磁场中被磁化后受到的较强的磁场力的作用产生磨削力从而对工件表面进行加工。

2.2 普通磨料

2.2.1

普通磨料 conventional abrasive

磨料中的非超硬磨料部分。

2.2.2

天然刚玉 natural corundum

一种天然磨料，主要组分 Al_2O_3 含量为 90%～95%，密度 3.9 g/cm³～4.1 g/cm³，旧莫氏硬度 9。

2.2.3

金刚砂 emery

一种天然磨料，是天然刚玉和赤铁矿或磁铁矿、石英等的混合体，密度 3.7 g/cm³～4.3 g/cm³，旧莫氏硬度 8。

2.2.4

石榴石 garnet

一种天然磨料，化学式为 A_3[1)] B_2[2)] [SiO_4]，密度 3.5 g/cm³～4.2 g/cm³，旧莫氏硬度 6.5～7.5。

2.2.5

电熔刚玉 fused alumina

用氧化铝含量高的原料在电弧炉熔炼生产的人造磨料，主体为 α-Al_2O_3 晶体。简称刚玉。

2.2.5.1

棕刚玉 brown fused alumina

一种人造刚玉磨料，用矾土经电弧炉熔炼制成的，Al_2O_3 含量 95%左右，并含少量的氧化钛等其他成分，呈棕褐色，密度不小于 3.90 g/cm³。

2.2.5.2

白刚玉 white fused alumina

一种人造刚玉磨料，用铝氧粉经电弧炉熔炼制成的，Al_2O_3 含量 98%左右，呈白色，密度不小于 3.90 g/cm³。

2.2.5.3

单晶刚玉 single crystalline fused alumina；monocrystalline fused alumina

一种人造刚玉磨料，以矾土、硫化物为主要原料，经电弧炉熔炼，颗粒由水解制成，Al_2O_3 含量不少于 98%，多为等积状的单晶体，呈浅灰色，密度不小于 3.95 g/cm³。

2.2.5.4

微晶刚玉 microcrystalline fused alumina

一种人造刚玉磨料，炼制的刚玉熔液经急速冷却而制成，晶体一般小于 300 μm，Al_2O_3 含量 95%左右，密度不小于 3.90 g/cm³。

2.2.5.5

铬刚玉 pink fused alumina

一种人造刚玉磨料，用铝氧粉加入少量氧化铬在电弧炉内熔炼制成的，Al_2O_3 含量不少于 98.5%，多呈粉红色，密度不小于 3.90 g/cm³。

2.2.5.6

锆刚玉 zirconia alumina

一种人造刚玉磨料，是氧化铝和氧化锆的共熔混合物，为微晶结构。

---

1) A：二价阳离子，Mg、Fe、Mn、Ca。

2) B：三价阳离子，Al、Fe、Cr。

2.2.5.7

黑刚玉　black fused alumina;artificial emery

一种人造刚玉磨料,又名人造金刚砂。由刚玉、铁尖晶石等组成,Al_2O_3 含量不少于77%,密度不小于3.61 g/cm^3。

2.2.6

陶瓷刚玉　ceramic alumina

利用化学法合成氧化铝超细粉体,然后通过烧结的方法而制成的具有微晶结构的刚玉磨料。

2.2.7

烧结刚玉　sintered alumina;sintered bauxite

一种人造刚玉磨料,以高品位矾土或氧化铝细粉,经挤压、辊压成型后高温烧结制成。

2.2.8

空心球磨料　hollow sphere abrasive

以铝氧粉,或以刚玉、碳化硅为材料,采用一定工艺制成的一种空心球状磨料。

2.2.9

碳化硅　silicon carbide

绿碳化硅、黑碳化硅与立方碳化硅等的总称。以高纯石英砂为硅源,以石油焦或无烟煤为碳源,经高温还原反应而制成。

2.2.9.1

绿碳化硅　green silicon carbide

一种人造磨料,呈绿色光泽的结晶,SiC 含量98.5%左右,密度不小于3.18 g/cm^3。

2.2.9.2

黑碳化硅　black silicon carbide

一种人造磨料,呈黑色光泽的结晶,SiC 含量98%左右,密度不小于3.12 g/cm^3。

2.2.9.3

立方碳化硅　cubic silicon carbide

一种人造磨料,碳化硅的低温相,主要物相为β-SiC,属立方晶系,色泽为黄绿色。

2.2.10

碳化硼　boron carbide

一种人造磨料,分子式为 B_4C,属六方晶系,呈黑色金属光泽,在电炉中用碳素材料还原硼酸制得。

2.3　超硬磨料

2.3.1

超硬磨料　superabrasive

指金刚石、立方氮化硼等以显著高硬度为特征的磨料。

2.3.2

金刚石　diamond

目前所知自然界中最硬的物质,化学成分C,是碳的同素异构体,旧莫氏硬度为10,密度3.52 g/cm^3。

2.3.3

天然金刚石　natural diamond

在自然条件下生成的金刚石。

2.3.4

人造金刚石　synthetic diamond

用人工方法制成的金刚石。

2.3.5

单晶金刚石 single crystalline diamond

具有单晶结构的金刚石磨料。

2.3.6

多晶(聚晶)金刚石 polycrystalline diamond

以细颗粒金刚石为原料,以一定量的金属或非金属材料为结合相,在高温高压条件下烧结制成的产品,或以碳素材料为原料,在超高温高压条件下制成的产品。

2.3.7

多晶(聚晶)金刚石复合片 polycrystalline diamond composite

以碳化物为衬底,经高温高压烧结制成的金刚石多晶(聚晶)复合体,用作刃具,切削和钻探工具等。

2.3.8

微晶金刚石 microcrystalline diamond

由微小晶粒构成的金刚石磨粒。

2.3.9

纳米金刚石 nanodiamond

尺寸不大于 100 nm 的金刚石颗粒。

2.3.10

化学气相沉积金刚石 chemical vapour deposition (CVD) diamond

由化学气相沉积方法(技术)生成的金刚石。

2.3.10.1

单晶化学气相沉积金刚石 single crystal CVD diamond

单晶结构的 CVD 金刚石。

2.3.10.2

多晶化学气相沉积金刚石 polycrystalline CVD diamond

多晶结构的 CVD 金刚石。

2.3.11

带涂层的金刚石磨料 diamond with coating;coated diamond

为改善金刚石磨料性能,在其表面进行金属涂层或非金属涂层处理而得到的一类金刚石磨料。

2.3.12

立方氮化硼 cubic boron nitride (CBN)

立方晶系结构的氮化硼,分子式为 BN,用人工方法制造。

2.3.13

单晶立方氮化硼 single crystalline CBN

具有单晶结构的立方氮化硼磨料。

2.3.14

多晶(聚晶)立方氮化硼 polycrystalline CBN

以细颗粒立方氮化硼为原料,以一定量的金属或非金属材料为结合相,在高温高压条件下烧结制成的产品。

2.3.15

多晶(聚晶)立方氮化硼复合片 polycrystalline CBN composite

以硬质合金为背垫的立方氮化硼多晶(聚晶)复合片,高温高压下烧结制成,用作刃具。

2.3.16

微晶立方氮化硼 microcrystalline CBN

由微小晶粒构成的立方氮化硼磨粒。

2.3.17

纳米立方氮化硼　nano CBN

尺寸不大于 100 nm 的立方氮化硼颗粒。

2.3.18

带涂层的立方氮化硼磨料　CBN with coating;coated CBN

为改善立方氮化硼磨料性能,在其表面进行金属涂层或非金属涂层处理而得到的一类立方氮化硼磨料。

3　磨具

3.1　一般术语

3.1.1

磨具　abrasive products

用于磨削、研磨和抛光的工具。

3.1.2

固结磨具　bonded abrasive products

由结合剂将磨粒固结成一定形状具有一定强度的磨具。

3.1.3

体积密度　volume density

磨具干燥试样的质量与总体积之比值,单位 g/cm^3。试样总体积是开口气孔、闭口气孔及固体材料三者的体积之和。

3.1.4

真密度　true density

磨具干燥试样的质量与其真体积之比值,单位 g/cm^3。试样真体积是除去所有气孔体积后的试样体积。

3.1.5

气孔　pore

磨具所具有的空隙。

3.1.5.1

开口气孔　open pore

与大气相通的气孔。

3.1.5.2

闭口气孔　closed pore

与大气不相通的气孔。

3.1.5.3

开口气孔率　open porosity

试样中开口气孔的体积与其总体积之比,以百分数表示。

3.1.5.4

闭口气孔率　closed porosity

试样中闭口气孔的体积与其总体积之比,以百分数表示。

3.1.5.5

总气孔率　total porosity

试样中全部气孔(包括开口与闭口气孔)的体积与其总体积之比,以百分数表示。

3.1.6

吸水率　water absorption

试样所吸收的水的质量与干燥试样的质量之比，以百分数表示。

3.1.7

结合剂　bond

把磨粒固结成磨具的材料。

3.1.7.1

无机结合剂　inorganic bond

以无机材料为主要原料的结合剂。

3.1.7.1.1

陶瓷结合剂　vitrified bond

以陶瓷材料为主要原材料的结合剂。

3.1.7.1.1.1

烧熔结合剂　fused bond

耐火度低于磨具烧成温度的陶瓷结合剂。

3.1.7.1.1.2

低温结合剂　low sintering temperature bond

烧成温度低于 1 000 ℃的陶瓷结合剂。

3.1.7.1.1.3

烧结结合剂　sintered bond

耐火度高于磨具烧成温度的陶瓷结合剂。

3.1.7.1.2

菱苦土结合剂　magnesia bond

以氧化镁和氯化镁为主要原料的结合剂。

3.1.7.2

有机结合剂　organic bond

以有机材料为主要原料的结合剂。

3.1.7.2.1

树脂结合剂　resinoid bond

以合成树脂为主要原料的结合剂。

3.1.7.2.2

橡胶结合剂　rubber bond

以人造或天然橡胶为主要原料的结合剂。

3.1.7.2.3

虫胶结合剂　shellac bond

以虫胶为主要原料的结合剂。

3.1.8

磨粒率　percentage of grain

磨粒在磨具中占有的体积百分数。

3.1.9

组织　structure

磨具中磨料、结合剂和气孔的体积比例。

3.1.10

硬度 grade

磨粒在外力作用下从磨具表面脱落的难易程度。

3.1.11

平衡试验 balance test

为确定砂轮是否符合规定的平衡要求而进行的试验。

3.1.12

静平衡试验 static balance test

按标准规定,在平衡器(或平衡试验机)上测定砂轮静态中不平衡量的试验。

3.1.13

动平衡试验 dynamic balance test

按标准规定,在动平衡机上测定砂轮旋转中不平衡量的试验。

3.1.14

不平衡量 unbalance

砂轮的偏心用 mm 表示,质量用 g 表示,不平衡量用 g·mm 表示。

3.1.15

不平衡值 unbalance value

不平衡的测量值,安放在砂轮上并使之平衡的质块(平衡物)的质量,用 g 表示。

3.1.16

回转试验 rotation test

砂轮旋转时在离心力作用下抵抗破裂能力的试验。

3.1.17

回转强度 revolving strength

砂轮旋转时在离心力作用下抵抗破裂的能力。

3.1.18

砂轮圆周速度 peripheral speed of grinding wheel

砂轮旋转时的圆周速度,单位 m/s。

3.1.19

(砂轮)最高工作速度 maximum operating speed (of grinding wheel)

砂轮工作时允许使用的最高圆周速度,单位 m/s。

3.1.20

自锐性 self-sharpening

磨具在磨加工中由于磨粒新的切削刃不断形成,或钝化的磨粒从结合剂中脱落,从而保持切削能力的性能。

3.1.21

钝化 dulling

磨具在磨加工中磨粒的锋锐性降低,造成切削能力的下降。

3.2 普通磨料固结磨具

3.2.1

砂轮 grinding wheel

用磨粒和结合剂等制成的中央有通孔的圆形固结磨具。

3.2.1.1

平形砂轮　straight grinding wheel

轴向截面如图 1。

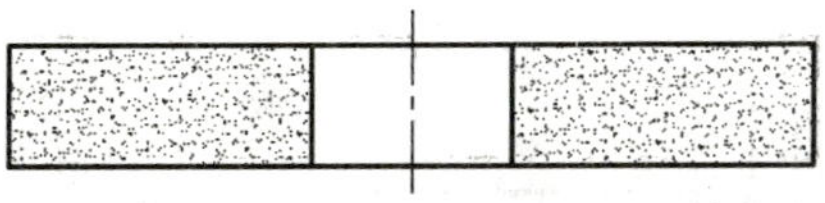

图 1　平形砂轮

3.2.1.2

筒形砂轮　cylinder wheel

轴向截面如图 2，$W \leqslant 0.17D$。

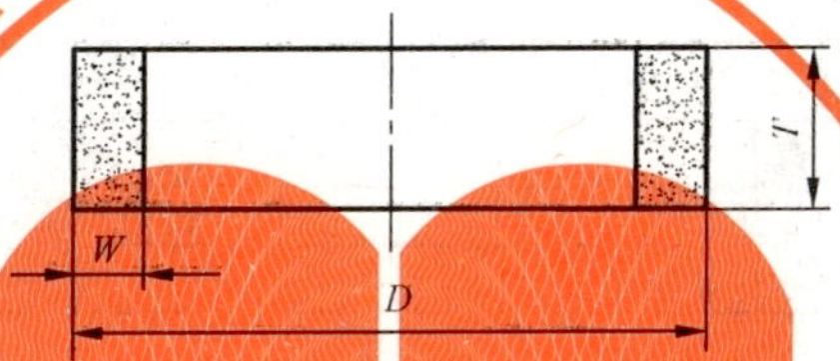

图 2　筒形砂轮

3.2.1.3

单斜边砂轮　tapered wheel

轴向截面如图 3。

图 3　单斜边砂轮

3.2.1.4

双斜边砂轮　wheel tapered on both sides

轴向截面如图 4。

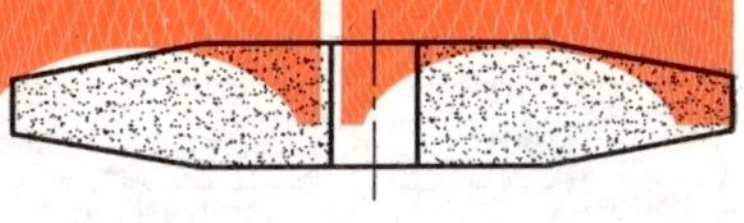

图 4　双斜边砂轮

3.2.1.5

单面凹砂轮　wheel, recessed one side

轴向截面如图 5。

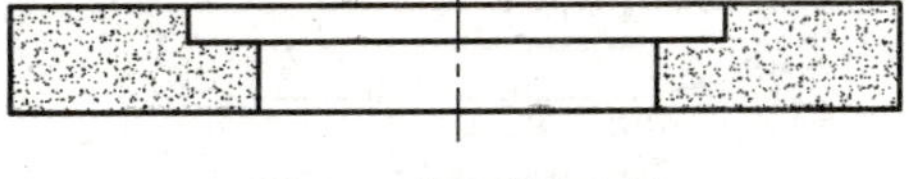

图 5　单面凹砂轮

3.2.1.6

双面凹砂轮　wheel, recessed two sides

轴向截面如图 6。

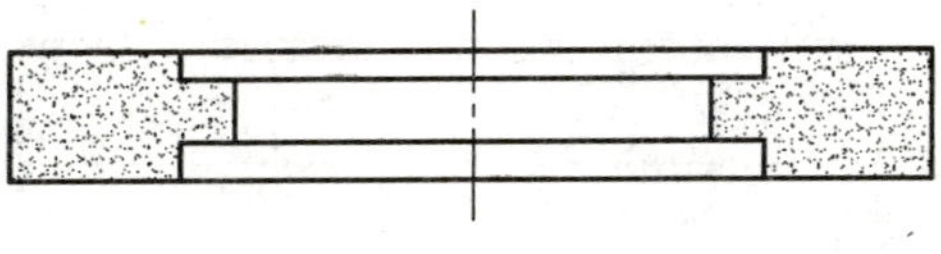

图 6　双面凹砂轮

3.2.1.7

杯形砂轮 straight cup wheel

轴向截面如图 7。

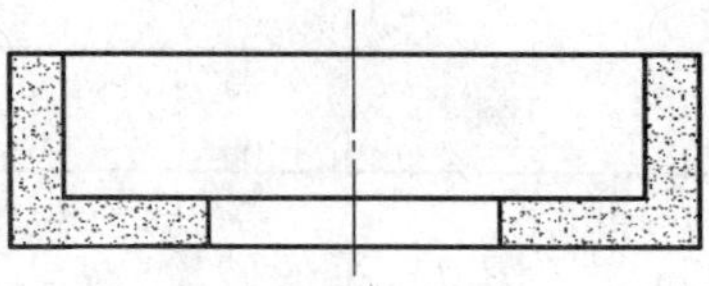

图 7 杯形砂轮

3.2.1.8

双杯形砂轮 double cup wheel

轴向截面如图 8。

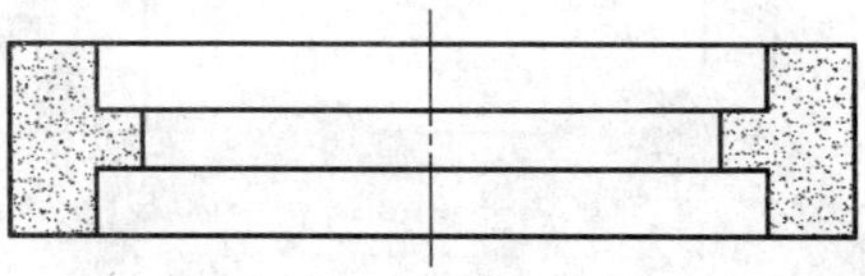

图 8 双杯形砂轮

3.2.1.9

碗形砂轮 taper cup wheel

轴向截面如图 9。

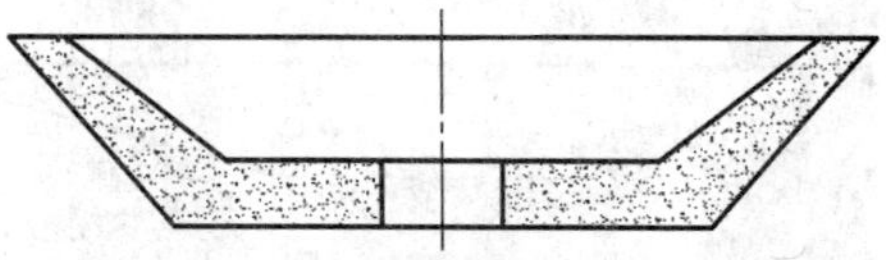

图 9 碗形砂轮

3.2.1.10

碟形砂轮 dish wheel

轴向截面如图 10。

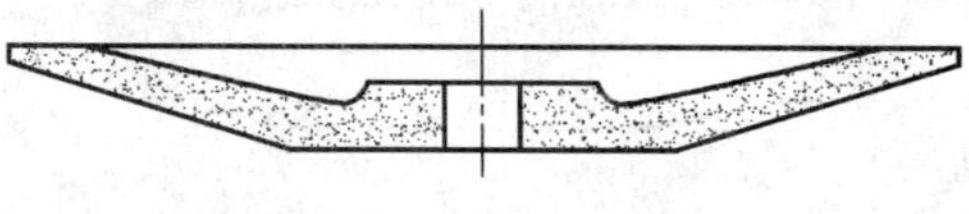

图 10 碟形砂轮

3.2.1.11

茶托形砂轮 saucer wheel

轴向截面如图 11。

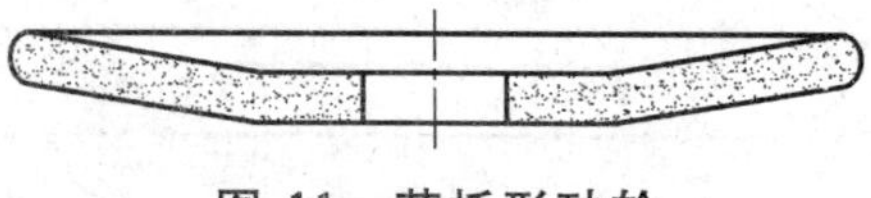

图 11 茶托形砂轮

3.2.1.12

单面锥砂轮 wheel, relieved one side

轴向截面如图 12。

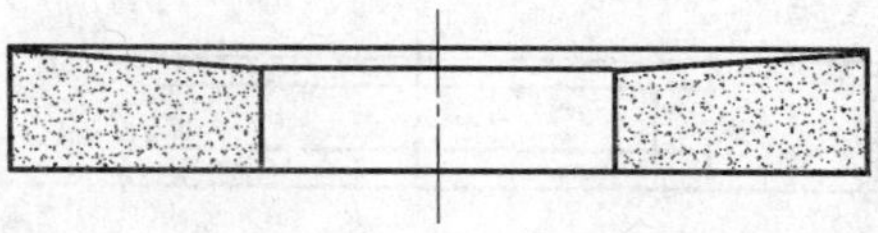

图 12 单面锥砂轮

3.2.1.13

双面锥砂轮　wheel,relieved two side

轴向截面如图 13。

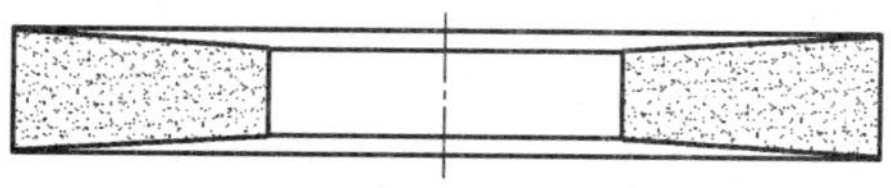

图 13　双面锥砂轮

3.2.1.14

单面凹单面锥砂轮　wheel,relieved one side,recessed other side

轴向截面如图 14。

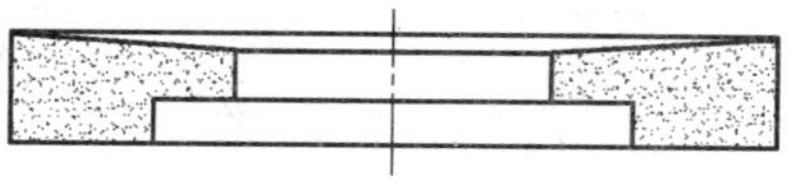

图 14　单面凹单面锥砂轮

3.2.1.15

单面凹锥砂轮　wheel,relieved and recessed same side

轴向截面如图 15。

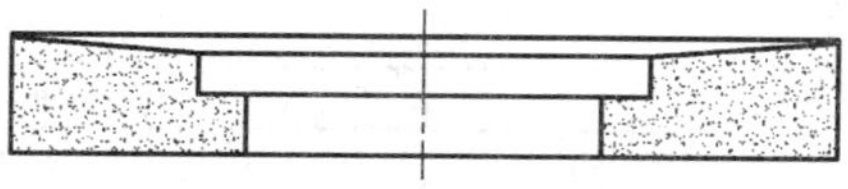

图 15　单面凹锥砂轮

3.2.1.16

双面凹单面锥砂轮　wheel,relieved and recessed one side,recessed other side

轴向截面如图 16。

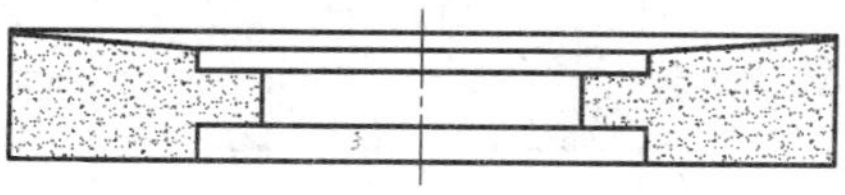

图 16　双面凹单面锥砂轮

3.2.1.17

单面凹双面锥砂轮　wheel,relieved and recessed one side,relieved other side

轴向截面如图 17。

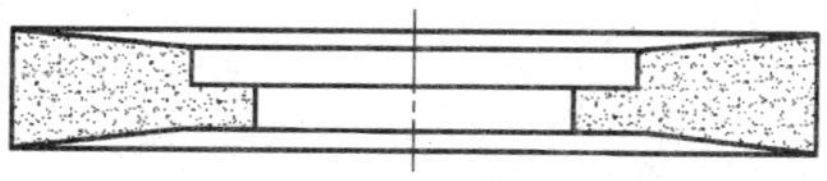

图 17　单面凹双面锥砂轮

3.2.1.18

双面凹锥砂轮　wheel,relieved and recessed both side

轴向截面如图 18。

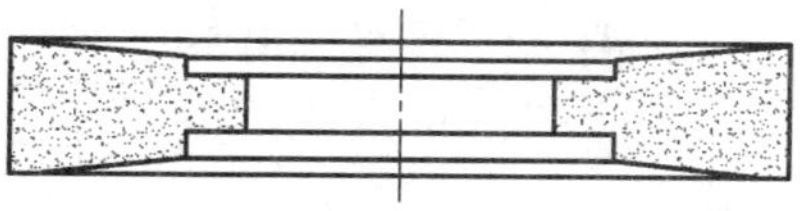

图 18　双面凹锥砂轮

3.2.1.19

钹形砂轮　depressed center grinding wheel

轴向截面如图 19。

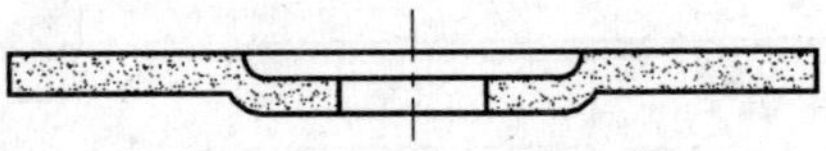

图 19　钹形砂轮

3.2.1.20

螺栓紧固砂轮　disc wheel with inserted nuts

轴向截面如图 20。

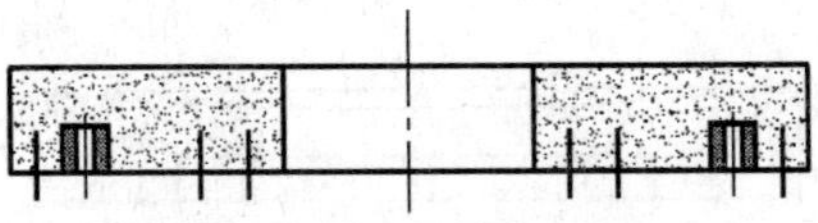

图 20　螺栓紧固砂轮

3.2.1.21

单面凸砂轮　hubbed wheel

轴向截面如图 21。

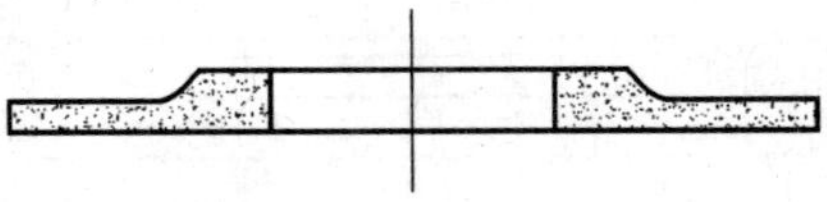

图 21　单面凸砂轮

3.2.1.22

双面凸砂轮　duplex hubbed wheel

轴向截面如图 22。

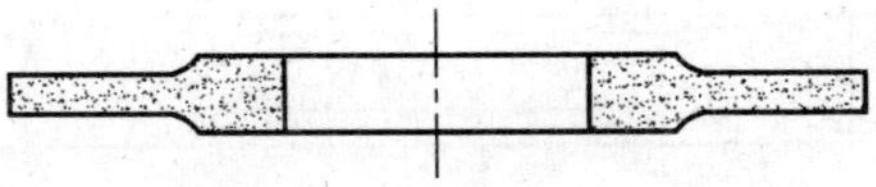

图 22　双面凸砂轮

3.2.2

磨头　mounted wheels and points

由磨料和结合剂制成的、带柄使用有盲孔或螺孔的小直径固结磨具。

3.2.2.1

圆柱形磨头　cones and plugs, cylindrical

轴向截面如图 23。

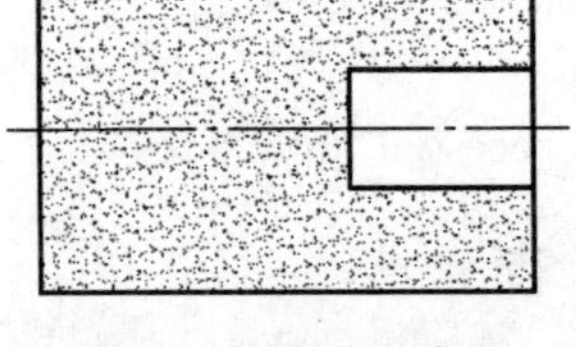

图 23　圆柱形磨头

3.2.2.2

半球形磨头　cones and plugs, roll shaped

轴向截面如图 24。

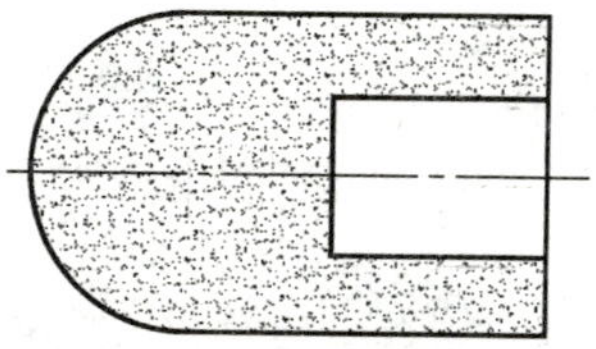

图 24 半球形磨头

3.2.2.3

圆弧锥形磨头　cones and plugs, tapered roll shaped

轴向截面如图 25。

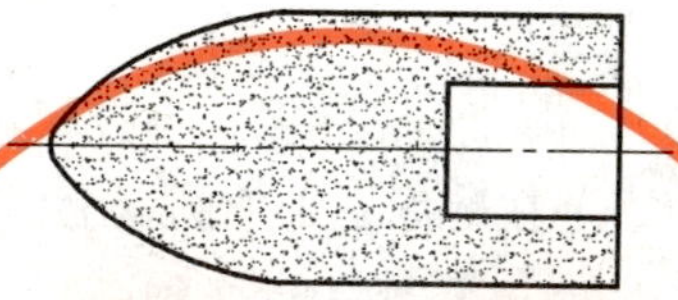

图 25 圆弧锥形磨头

3.2.2.4

球形磨头　cones and plugs, sphere

轴向截面如图 26。

图 26 球形磨头

3.2.2.5

圆锥磨头　cones and plugs, tapered

轴向截面如图 27。

图 27 圆锥磨头

3.2.3

磨石　grinding sticks; grinding stones

不绕自身轴心旋转进行加工的条状固结磨具。

3.2.3.1

天然磨石　natural grindstone

选用质地细腻又具有研磨和抛光能力的石英岩制作的磨石。

3.2.3.2

珩磨条　honing sticks; honing stone

珩磨加工用的磨石。

3.2.3.3

超精磨石　stones for superfinishing

超精加工用的磨石。

3.2.3.4

烧结刚玉磨石　sintered alumina sticks

用氧化铝微粉和适量的氧化铬混合成型，高温烧结制成的磨石。

3.2.3.5

双面磨石　combination stone

两面粒度不同或磨料不同，或两者皆不同的磨石。

3.2.3.6

菱苦土磨石　magnesia stone

用菱苦土结合剂制造的块状磨具，适用于加工石材。

3.2.4

砂瓦　grinding segment

块状固结磨具，以多块方式同心地组装在磨床主轴的圆盘上作端面磨削。

3.2.5

滚抛磨块　tumbling chip abrasives

小尺寸的固结磨具，有多种形状，用于光整加工。

3.2.6　专用砂轮

3.2.6.1

碾米砂轮　grinding wheel for rice husking

用于稻谷脱壳后碾臼糙米的砂轮，俗称砂辊。

3.2.6.2

高速砂轮　high-speed grinding wheel

用于高速磨削的砂轮。

3.2.6.3

超高速砂轮　superhigh-speed grinding wheel

用于超高速磨削的砂轮。

3.2.6.4

重负荷磨削砂轮　grinding wheel for high-pressure grinding

负荷大于 1 500 N 条件下修磨用的砂轮。

3.2.6.5

磨钢球砂轮　grinding wheel for steel bearing ball

用于磨削轴承钢球的砂轮。

3.2.6.6

蜗杆磨砂轮　worm grinding wheel

具有螺旋工作表面，以滚切法磨齿的砂轮。

3.2.6.7

深切缓进给磨砂轮　deep cut and creep feed grinding wheel

深切缓进给磨削用陶瓷结合剂砂轮。

3.2.6.8

成型磨砂轮　form grinding wheel；profile grinding wheel

砂轮周边外形相反于加工形状，用于切入磨削。

3.2.6.9

切割砂轮　cutting-off wheel

用于切割材料的砂轮。

3.2.6.10

无心磨砂轮　centreless grinding wheel

用于无心磨床的砂轮。

3.2.6.11

无心磨导轮　centreless regulating wheel

用于无心磨床，与托架共同支撑工件，起驱动工件旋转作用。

3.2.6.12

PVA砂轮　PVA (polyvinylalcohol) grinding wheel

结合剂以PVA(聚乙烯醇)等为原料，添加磨粒后，经与醛类缩合反应而制成的砂轮。有弹性，多气孔，精密抛光加工用。

3.2.6.13

纸浆磨石　pulp stone

采用陶瓷结合剂纸浆磨块组装而制成的磨具，用于制浆造纸磨木机，又称陶瓷磨石。

3.2.6.14

纸浆磨块　pulp segment

组装纸浆磨石的单元。

3.2.6.15

烧结刚玉砂轮　sintered alumina wheel

用氧化铝微粉和适量的氧化铬混合后成型，高温烧结制成的砂轮。

3.2.6.16

普通磨料修整工具　conventional abrasive dressing and truing tool

用于修整砂轮的普通磨料工具。

3.3　超硬磨料磨具

3.3.1　一般术语

3.3.1.1

超硬磨料磨具　superabrasive products; superabrasives

用超硬磨料制成的磨具。

3.3.1.2

基体　core

在超硬磨料磨具中起支撑超硬磨料层工作和便于装卡，由电木或金属或陶瓷或复合材料等构成。

3.3.1.3

超硬磨料层　superabrasive section

超硬磨料磨具中起磨削(包括锯片)作用的部分，主要由超硬磨料和结合剂组成。

3.3.1.4

金刚石层　diamond section

金刚石磨具中起磨削(包括锯切)作用的部分，主要由金刚石和结合剂组成。

3.3.1.5

立方氮化硼层　CBN section

立方氮化硼磨具中起磨削(包括锯切)作用的部分，主要由立方氮化硼和结合剂组成。

3.3.1.6

过渡层　intermediate section

超硬磨料磨具中连接基体和超硬磨料层的部分。

3.3.1.7

浓度　concentration

超硬磨料层单位体积内超硬磨料的含量。

3.3.1.8

金属结合剂　metal bond

以金属材料为原料所组成的结合剂。

3.3.1.8.1

烧结金属结合剂　sintered metal bond

以烧结工艺制造磨具用的金属结合剂。

3.3.1.8.2

电镀金属结合剂　electroplated metal bond

以电镀工艺制造磨具用的金属结合剂。

3.3.1.8.3

钎焊金属结合剂　brazed metal bond

以钎焊工艺制造磨具用的金属结合剂。

3.3.2

金刚石磨具　diamond abrasive products

以金刚石为磨料制成的磨具。

3.3.2.1

金刚石砂轮　diamond grinding wheel

以金刚石为磨料制成的砂轮。

3.3.2.1.1

陶瓷结合剂金刚石砂轮　vitrified bond diamond grinding wheel

以陶瓷结合剂为结合相而制成的金刚石砂轮。

3.3.2.1.2

树脂结合剂金刚石砂轮　resin bond diamond grinding wheel

以树脂结合剂为结合相而制成的金刚石砂轮。

3.3.2.1.3

金属结合剂金刚石砂轮　metal bond diamond grinding wheel

以金属结合剂为结合相而制成的金刚石砂轮。

3.3.2.1.3.1

金刚石磨边砂轮　diamond edging wheel

用于边缘加工的金刚石砂轮。

3.3.2.1.3.2

金刚石筒形砂轮　diamond cylindrical wheel

用于铣磨加工的金刚石砂轮。

3.3.2.2

金刚石锯切工具　diamond sawing and cutting tool

以金刚石为磨粒制成的锯切工具。

3.3.2.2.1

金刚石切割砂轮　diamond cut-off wheel

用于切割材料的金刚石砂轮。

3.3.2.2.2

金刚石圆锯片　diamond circular saw blades

将锯齿固结于圆片状的基体上制成的金刚石锯切工具。

3.3.2.2.2.1

锯齿　diamond segments

固结于金刚石圆锯片和金刚石框架锯条基体上的金刚石节块。

3.3.2.2.3

金刚石框架锯条　diamond frame saw blades

长条状的金刚石锯切工具,安装在框架锯床上使用。

3.3.2.2.4

金刚石绳锯　diamond wire saw

在钢丝绳上固定有金刚石串珠的锯切工具,用于开采矿山石材。

3.3.2.2.4.1

金刚石串珠　diamond beads

成品为空心圆柱体,金刚石在其外圆面上,装配于钢丝绳上构成金刚石绳锯。

3.3.2.2.5

金刚石线锯　fixed diamond wire saw

由金刚石颗粒固结于金属丝上构成的切割工具。

3.3.2.3

金刚石修整工具　diamond dressing and truing tool

用于修整或修锐砂轮的金刚石工具。

3.3.2.3.1

金刚石滚轮　diamond dressing roller

用于修整砂轮具有旋转体形状的金刚石修整工具。

3.3.2.3.2

金刚石修整笔　diamond truing pen

端头固定有金刚石的杆状金刚石修整工具。

3.3.2.3.3

金刚石精磨片　diamond finishing pellets

丸片状,光学玻璃、宝石等精磨用的金刚石磨具。

3.3.3

立方氮化硼磨具　cubic boron nitride abrasive products

以立方氮化硼为原料制成的磨具。

3.3.3.1

立方氮化硼砂轮　cubic boron nitride grinding wheel

以立方氮化硼为原料制成的砂轮。

3.3.3.1.1

陶瓷结合剂立方氮化硼砂轮　vitrified bond cubic boron nitride (CBN) grinding wheel

以陶瓷结合剂为结合相而制成的立方氮化硼砂轮。

3.3.3.1.2

树脂结合剂立方氮化硼砂轮　resin bond cubic boron nitride (CBN) grinding wheel

以树脂结合剂为结合相而制成的立方氮化硼砂轮。

3.3.3.1.3

金属结合剂立方氮化硼砂轮　metal bond cubic boron nitride (CBN) grinding wheel

以金属结合剂为结合相而制成的立方氮化硼砂轮。

3.3.4

电镀超硬磨料磨具　electroplated superabrasive products

采用电镀工艺制成的超硬磨料磨具。

3.3.4.1

电镀金刚石内圆切割锯片　electroplated diamond inner slicing disc

刃口在内圆周边上的电镀金刚石工具。

3.3.4.2

电镀金刚石什锦锉　electroplated diamond files

用电镀工艺将金刚石固结在多种形状的基体上制成的手用工具。

3.4　涂附磨具

3.4.1　一般术语

3.4.1.1

涂附磨具　coated abrasive

用粘结剂把磨粒粘附在可挠曲的基材上制成的磨具。

3.4.1.2

基材　backing

涂附磨具中磨料和粘结剂的承载体。

3.4.1.2.1

布基　cloth backing

以布作的基材。

3.4.1.2.2

纸基　paper backing

以纸作的基材。

3.4.1.2.3

钢纸基　fibre backing

以硫化纤维[3]（钢纸）作的基材。

3.4.1.2.4

复合基　combination backing

以布和纸复合而成的基材。

3.4.1.2.5

聚酯薄膜基材　polyester film backing

以聚酯薄膜作的基材。

3.4.1.2.6

无纺布基材　non-weaving web backing; non-woven fabric backing

以无纺布作的基材。

3.4.1.3

粘结剂　adhesive; bond

粘结磨粒和基材，使之成为涂附磨具的粘接材料。

3）　硫化纤维纸，由纤维素经浓硫酸盐或氧化锌处理改变了纤维的物理性能后制成的接近均质的材料。

3.4.1.4

动物胶粘结 glue bonding

底胶和复胶均采用动物胶的粘结方式。

3.4.1.5

半树脂粘结 resin over glue bonding

底胶为动物胶,复胶为树脂的粘结方式。

3.4.1.6

全树脂粘结 resin over resin bonding

底胶和复胶均采用树脂的粘结方式。

3.4.1.7

耐水粘结 waterproof bonding

底胶和复胶均采用树脂,并能在水中使用的性能的粘结方式。

3.4.1.8

底胶 maker coat

植砂前涂敷,粘结磨粒的粘结剂涂层。

3.4.1.9

复胶 sizer coat

植砂后涂敷,固定磨粒的粘结剂涂层。

3.4.1.10

植砂密度 density of coating grain

涂附磨具表面磨粒的疏密度,以磨粒对基材的覆盖率表示。

3.4.1.10.1

密植砂 closed coat

磨粒覆盖基材的全部表面。

3.4.1.10.2

疏植砂 open coat

磨粒覆盖基材的部分表面。

3.4.2

砂布 abrasive cloth

以布为基材的涂附磨具。

3.4.2.1

耐水砂布 waterproof abrasive cloth

能在水中使用的砂布。

3.4.3

砂纸 abrasive paper

以纸为基材的涂附磨具。

3.4.3.1

耐水砂纸 waterproof abrasive paper

能在水中使用的砂纸。

3.4.4

砂页 abrasive sheets

页状的涂附磨具。

3.4.5

砂卷　abrasive rolls

卷筒状的涂附磨具。

3.4.6

砂带　abrasive belts

环带状的涂附磨具。

3.4.6.1

布砂带　abrasive cloth belts

以布为基材的砂带。

3.4.6.1.1

耐水布砂带　waterproof abrasive cloth belts

能在水中使用的布基砂带。

3.4.6.2

纸砂带　abrasive paper belts

以纸为基材的砂带。

3.4.6.3

复合基砂带　combination backing abrasive belts

以复合基为基材的砂带。

3.4.6.4

无接头砂带　endless abrasive belts

使用环形布制作,而无须接头的砂带。

3.4.6.5

接头砂带　joint abrasive belts

采取接头形式制作的砂带。

3.4.6.5.1

搭接砂带　lap joint belts

以搭接方式制作的接头砂带。

3.4.6.5.2

对接砂带　butt joint belts

以对接方式制作的接头砂带。

3.4.7

砂盘　abrasive discs

圆盘状的涂附磨具。

3.4.7.1

普通砂盘　plain discs

用砂布或砂纸制成的圆盘形涂附磨具。

3.4.7.2

布砂盘　abrasive cloth discs

以布为基材的砂盘。

3.4.7.3

纸砂盘　abrasive paper discs

以纸为基材的砂盘。

3.4.7.4

复合基砂盘 combination backing abrasive discs

以复合基为基材的砂盘。

3.4.7.5

带除尘孔砂盘 plain discs with holes for dust extraction

为分离出在磨削中产生的粉屑,而在普通砂盘上做有一定数量孔的砂盘。

3.4.7.6

钢纸砂盘 vulcanized fibre discs

以钢纸基为基材的砂盘。

3.4.7.7

砂页盘 flap discs

在金属或非金属基材上,用粘结剂粘结被裁切成一定形状的砂页而制成的圆盘形涂附磨具。

3.4.7.8

背胶砂盘 pressure sensitive adhesive backing discs;self stick discs

在涂附磨具背面涂有一层不干胶而制成的砂盘。

3.4.7.9

背绒砂盘 velour backed discs;speed-grip discs

在磨具背面粘上一层绒布而制成的砂盘。使用时在手持式抛光机磨头的底盘上应有一层能与绒布咬合紧密的"搭扣"。

3.4.8

砂页轮 flap wheel

用一定数量的长方形砂布(纸)页片,按放射状排列,制成的一种轮状涂附磨具。

3.4.8.1

带轴砂页轮 flap wheel with shaft

固定有中心轴的砂页轮。

3.4.8.2

带卡盘砂页轮 flap wheel with flange

用卡盘固定页片,并以卡盘中心定位而制成的砂页轮。

3.4.9

砂套 abrasive sleeves

带有螺旋衬底的套在轮(轴)上使用的环状涂附磨具。

3.4.9.1

筒形砂套 cylindrical abrasive sleeves

筒形状的砂套。

3.4.9.2

截锥砂套 truncated cone abrasive sleeves

截锥形状的砂套。

3.5 研磨剂类磨具

3.5.1

研磨剂 lapping compound

用于研磨用途的,由磨粒、分散剂和辅助材料制成的混合剂。

3.5.1.1

分散剂 dispersing agent

使磨粒在研磨剂中能均匀分散的材料。

3.5.1.2

稀释剂　diluent

稀释研磨剂用的液体。

3.5.1.3

研磨液　liquid lapping compound

使用时呈液态的研磨剂。

3.5.1.4

固体研磨剂　solid lapping compound

常温时呈固态的研磨剂。

3.5.2

研磨膏　lapping paste

用磨粒和载体制成的成膏状的混合剂。

3.5.2.1

载体　support

在研磨膏膏体中承载磨粒的物质，使磨粒分散均匀后呈相对稳定状态。

3.5.2.2

油溶性研磨膏　oil soluble lapping paste

用油做稀释剂的研磨膏。

3.5.2.3

水溶性研磨膏　water soluble lapping paste

用水做稀释剂的研磨膏。

附 录 A
（资料性附录）
新 增 术 语

A.1 磨料

A.1.1 一般术语

A.1.1.1 固定磨粒 **fixed grain**

A.1.1.2 脆性 **friability**

A.1.1.3 磁性磨料 **magnetic abrasive**

A.1.2 普通磨料

A.1.2.1 陶瓷刚玉 **ceramic alumina**

A.1.2.2 空心球磨料 **hollow sphere abrasive**

A.1.3 超硬磨料

A.1.3.1 单晶金刚石 **single crystalline diamond**

A.1.3.2 多晶（聚晶）金刚石复合片 **polycrystalline diamond composite**

A.1.3.3 微晶金刚石 **microcrystalline diamond**

A.1.3.4 纳米金刚石 **nanodiamond**

A.1.3.5 化学气相沉积金刚石 **chemical vapour deposition（CVD）diamond**

A.1.3.6 单晶化学气相沉积金刚石 **single crystal CVD diamond**

A.1.3.7 多晶化学气相沉积金刚石 **polycrystalline CVD diamond**

A.1.3.8 带涂层的金刚石磨料 **diamond with coating,coated diamond**

A.1.3.9 单晶立方氮化硼 **single crystalline CBN**

A.1.3.10 多晶（聚晶）立方氮化硼复合片 **polycrystalline CBN composite**

A.1.3.11 微晶立方氮化硼 **microcrystalline CBN**

A.1.3.12 纳米立方氮化硼 **nano CBN**

A.1.3.13 带涂层的立方氮化硼磨料 **CBN with coating；coated CBN**

A.2 磨具

A.2.1 一般术语

A.2.1.1 低温结合剂 **low sintering temperature bond**

A.2.2 普通磨料固结磨具

A.2.2.1 双斜边砂轮 **wheel tapered on both sides**

A.2.2.2 双杯形砂轮 **double cup wheel**

A.2.2.3 单面锥砂轮 **wheel,relieved one side**

A.2.2.4 双面锥砂轮 **wheel,relieved two side**

A.2.2.5 双面凹单面锥砂轮 **wheel,relieved and recessed one side,recessed other side**

A.2.2.6 单面凹双面锥砂轮 **wheel,relieved and recessed one side,relieved other side**

A.2.2.7 螺栓紧固砂轮 **disc wheel with inserted nuts**

A.2.2.8 单面凸砂轮 **hubbed wheel**

A.2.2.9 双面凸砂轮 **duplex hubbed wheel**

A.2.2.10 球形磨头 **cones and plugs,sphere**

A.2.2.11　圆锥磨头　cones and plugs, tapered

A.2.2.12　超高速砂轮　superhigh-speed grinding wheel

A.2.2.13　普通磨料修整工具　conventional abrasive dressing and truing tool

A.2.3　超硬磨料磨具

A.2.3.1　一般术语

A.2.3.1.1　钎焊金属结合剂　brazed metal bond

A.2.3.2　金刚石磨具

A.2.3.2.1　陶瓷结合剂金刚石砂轮　vitrified bond diamond grinding wheel

A.2.3.2.2　树脂结合剂金刚石砂轮　resin bond diamond grinding wheel

A.2.3.2.3　金属结合剂金刚石砂轮　metal bond diamond grinding wheel

A.2.3.2.4　金刚石线锯　fixed diamond wire saw

A.2.3.2.5　金刚石修整工具　diamond dressing and truing tool

A.2.3.2.6　金刚石修整笔　diamond truing pen

A.2.3.3　立方氮化硼磨具

A.2.3.3.1　陶瓷结合剂立方氮化硼砂轮　vitrified bond cubic boron nitride（CBN）grinding wheel

A.2.3.3.2　树脂结合剂立方氮化硼砂轮　resin bond cubic boron nitride（CBN）grinding wheel

A.2.3.3.3　金属结合剂立方氮化硼砂轮　metal bond cubic boron nitride（CBN）grinding wheel

A.2.4　涂附磨具

A.2.4.1　底胶　maker coat

A.2.4.2　复胶　sizer coat

A.2.4.3　砂页　abrasive sheets

A.2.4.4　砂卷　abrasive rolls

A.2.4.5　普通砂盘　plain discs

A.2.4.6　布砂盘　abrasive cloth discs

A.2.4.7　纸砂盘　abrasive paper discs

A.2.4.8　复合基砂盘　combination backing abrasive discs

A.2.4.9　带除尘孔砂盘　plain discs with holes for dust extraction

A.2.4.10　钢纸砂盘　vulcanized fibre discs

A.2.4.11　砂页盘　flap discs

A.2.4.12　背胶砂盘　pressure sensitive adhesive backing discs; self stick discs

A.2.4.13　背绒砂盘　velour backed discs; speed-grip discs

中文索引

英 文 索 引

A

B

C

D

ICS 25.040.20
J 53

中华人民共和国国家标准

GB/T 16462.7—2009/ISO 13041-7:2004

数控车床和车削中心检验条件 第7部分:在坐标平面内轮廓特性的评定

Test conditions for numerically controlled turning machines and turning centres—Part 7:Evaluation of contouring performance in the coordinate planes

(ISO 13041-7:2004,IDT)

2009-04-13 发布　　2010-01-01 实施

中华人民共和国国家质量监督检验检疫总局
中国国家标准化管理委员会　发布

前　言

GB/T 16462《数控车床和车削中心检验条件》分为八个部分：

——第1部分：卧式机床几何精度检验；

——第2部分：立式机床几何精度检验；

——第3部分：倒置立式机床几何精度检验；

——第4部分：线性和回转轴线的定位精度及重复定位精度检验；

——第5部分：进给、速度和插补精度检验；

——第6部分：精加工试件精度检验；

——第7部分：在坐标平面内轮廓特性的评定；

——第8部分：热变形的评定。

本部分为GB/T 16462的第7部分。

本部分等同采用ISO 13041-7:2004《数控车床和车削中心检验条件　第7部分：在坐标平面内轮廓特性的评定》(英文版)。

本部分与ISO 13041-7:2004相比，主要差异为：

——将一些适用国际标准的表述改为适用于我国标准的表述；

——本部分除将国际标准中的错误进行了改正，将第1章条文注中的"通常指 X 轴和 Y 轴"改为"通常指 X 轴和 Z 轴"。

本部分由中国机械工业联合会提出。

本部分由全国金属切削机床标准化技术委员会(SAC/TC 22)归口。

本部分起草单位：沈阳机床(集团)有限责任公司。

本部分主要起草人：王兴海、张连娣、滕立波。

本部分为首次发布。

数控车床和车削中心检验条件 第7部分:在坐标平面内轮廓特性的评定

1 范围

GB/T 16462 的本部分根据 GB/T 17421.4 的圆轮廓检验及半径偏差 F 和圆偏差 G 的评定方法给出了车削中心和数控车床的轮廓特性检查方法。

注:圆形运动的测量可以通过 GB/T 17421.1—1998 中 6.6 描述的不同方法进行,这些方法包括:使用一个一维测头和一个检验棒测量、一个基准圆盘和一个二维测头测量或一个球杆仪测量。如果采用其他测量方法,所使用的检验工具至少与上述方法描述的检验工具精度相同或者更高。典型的机床偏差对圆轨迹的影响见 GB/T 17421.4—2003 中的附录 B。

本部分描述的圆检验概念是对圆形运动进行校验:

——只在机床每个坐标平面的一个位置上检验;

——只以一种进给率;并且

——在相反轮廓方向重复检验一次。

本部分不是用来分析所测得的圆偏差产生的原因,而是提供给用户一种对机床进行周期性检查的方法。建议在机床通过验收后再进行本部分的检验,并使用这些检验结果作为周期性检查期间比较的根据,因此最初的检验结果可接受的偏差必须由用户来决定。

如果该检验被用作机床验收,那么供应商/制造商和用户必须就具体的轨迹直径、进给率和公差达成协议。

注:在 ISO 13041-5 进给、速度和插补精度检验标准中,K4 检验也包括圆检验,其目的是检查在同一给定直径,两个给定进给率下两线性轴(通常指 X 轴和 Z 轴)相互运动产生的轨迹,这种检验与圆插补的诊断检验相似,而本部分圆检验给出了机床全部轮廓特性的信息。

2 规范性引用文件

下列文件中的条款通过 GB/T 16462 的本部分的引用而成为本部分的条款。凡是注日期的引用文件,其随后所有的修改单(不包括勘误的内容)或修订版均不适用于本部分,然而,鼓励根据本部分达成协议的各方研究是否可使用这些文件的最新版本。凡是不注日期的引用文件,其最新版本适用于本部分。

GB/T 16462.1 数控车床和车削中心检验条件 第1部分:卧式机床几何精度检验(GB/T 16462.1—2007,ISO 13041-1:2004,MOD)

GB/T 17421.1—1998 机床检验通则 第1部分:在无负荷或精加工条件下机床的几何精度(eqv ISO 230-1:1996)

GB/T 17421.4—2003 机床检验通则 第4部分:数控机床的圆检验(ISO 230-4:1996,IDT)

3 术语和定义

GB/T 16462.1 中给出的术语和定义适用于 GB/T 16462 的本部分。

4 简要说明

4.1 参照 GB/T 17421.1 和 GB/T 17421.4

使用 GB/T 16462 的本部分时应参照 GB/T 17421.1 和 GB/T 17421.4,尤其是机床检验前的安装、机床的温升、测量方法的描述、评估及推荐的检验工具精度和检验结果的表示。

4.2 检验顺序

圆检验应在 XZ 平面内进行，如果可能也应在其他坐标平面内（如 XY 平面、YZ 平面、X_2Z_2 平面和 Y_2Z_2 平面）进行。本部分中所列出的检验项目顺序，并不表示实际检验顺序，为了拆装检验工具和检验方便，可按任意顺序进行检验。

4.3 检验项目

检验机床时，根据结构特点并不是必须检验本部分中的所有项目。为了验收目的而要求检验时，经供货商（或制造商）的同意，用户可以选择一些感兴趣的项目进行检验。但这些检验项必须在机床订货时明确提出。如果没有规定检验项目和相关费用的协议，仅仅参照本部分进行验收，对缔约双方都没有约束力。

4.4 非检验线性轴的位置

轮廓特性检验期间，三个基本线性轴中的非检验轴线应尽量处于工作行程的中间位置或处于对测量影响最小的位置。滑动轴等，当其作为辅助轴时，应处于退回位置。

4.5 检验工具

按 GB/T 17421.1—1998 中 6.6.3 的规定，检验工具包括：回转一维测头、或基准圆盘和二维测头或球杆仪。

检查半径偏差时，应已知检验仪器的基本尺寸。

4.6 检验结果的表示

表 1 给出了一种检验结果的表示格式示例，还应按照 GB/T 17421.4 规定提供图形表示结果。

表 1 检验结果的表示

检验条件		记录的偏差
检验参数	名义轨迹的直径：	
	轮廓进给率：	
	轮廓方向：	
	受检轴线：	
检验工具的位置	圆心：	
	刀具基准偏置：	
	工件基准偏置：	
数据采集方法	起始点：	
	停止点：	
	测量点数（仅用于数字数据）：	
	数据的平滑处理：	
使用的补偿：		
非检验轴的位置：		
半径偏差 F：	F_{max}：	
	F_{min}：	
圆偏差 G：		

5 记录性的信息

5.1 总则

为符合 GB/T 16462 的本部分的要求，检验报告应包括 5.2～5.4 中规定的信息。

5.2 机床信息

a) 制造商名称；

b) 生产日期；

c) 型号及序列号。

5.3 检验信息

a) 检验时间和地点；

b) 检验人员的单位和姓名；

c) 检验工具清单(包括工具制造商、型号和部件的编号)。

5.4 供应商/制造商和用户之间达成协议的要点

a) 机床检验前温升过程；

b) 检验参数；

c) 圆偏差 G 和/或半径偏差 F 中的哪种检验数据需要获取并表示；

d) 半径偏差 F 的检验角度(如果检验角度与默认的 360°不同时)。

参 考 文 献

[1] GB/T 4020—1997 卧式车床 精度检验(eqv ISO 1708:1989).
[2] GB/T 8129—1997 工业自动化系统 机床数值控制 词汇(idt ISO 2806:1994).
[3] ISO 6155:1998 机床 卧式转塔车床和单轴自动车床检验条件 精度检验.
[4] ISO 13041-5:2006 数控车床和车削中心检验条件 第5部分:进给、速度和插补精度检验.

ICS 25.040.20
J 53

中华人民共和国国家标准

GB/T 16462.8—2009

数控车床和车削中心检验条件 第8部分:热变形的评定

Test conditions for numerically controlled turning machines and turning centres— Part 8: Evaluation of thermal distortions

(ISO 13041-8:2004,MOD)

2009-04-13 发布

2010-01-01 实施

中华人民共和国国家质量监督检验检疫总局
中国国家标准化管理委员会 发布

前　言

GB/T 16462《数控车床和车削中心检验条件》分为八个部分：

——第1部分：卧式机床几何精度检验；

——第2部分：立式机床几何精度检验；

——第3部分：倒置立式机床几何精度检验；

——第4部分：线性和回转轴线的定位精度及重复定位精度检验；

——第5部分：进给、速度和插补精度检验；

——第6部分：精加工试件精度检验；

——第7部分：在坐标平面内轮廓特性的评定；

——第8部分：热变形的评定。

本部分为GB/T 16462的第8部分。

本部分修改采用ISO 13041-8:2004《数控车床和车削中心检验条件　第8部分：热变形的评定》(英文版)。有关技术性差异已编入正文中并在它们所涉及的条款的页边空白处用垂直单线标识。

本部分与ISO 13041-8:2004相比，主要差异为：

——将一些适用国际标准的表述改为适用于我国标准的表述；

——第1章范围中增加了“线性轴行程大于2 000 mm的数控车床和车削中心也可参照使用”条款；

——将6.2注中“例如在70%主轴最高转速下运转3 min，然后主轴停止1 min”改为“建议主轴依次以30%n_{max}运转3 min，50%n_{max}运转4 min，70%n_{max}运转3 min，100%n_{max}运转1 min后，主轴停止1 min”；

——将表1、表2中的“弧秒、mm/mm”统一改为“″”。

本部分由中国机械工业联合会提出。

本部分由全国金属切削机床标准化技术委员会(SAC/TC 22)归口。

本部分起草单位：沈阳机床(集团)有限责任公司。

本部分主要起草人：王兴海、张连娣、滕立波。

本部分为首次发布。

数控车床和车削中心检验条件
第8部分:热变形的评定

1 范围

GB/T 16462的本部分规定了数控车床和车削中心的机床结构和定位系统热变形的评定。

本部分适用于线性轴行程至2 000 mm的数控车床和车削中心。线性轴行程大于2 000 mm的数控车床和车削中心也可参照使用。

本部分规定了三种检验方式,分别为:

——环境温度变化误差检验;

——由主轴旋转引起的热变形检验;

——由线性轴移动引起的热变形检验。

应当注意,对于本部分所描述的检验没有给出具体公差数值。

2 规范性引用文件

下列文件中的条款通过GB/T 16462的本部分的引用而成为本部分的条款。凡是注日期的引用文件,其随后所有的修改单(不包括勘误的内容)或修订版均不适用于本部分,然而,鼓励根据本部分达成协议的各方研究是否可使用这些文件的最新版本。凡是不注日期的引用文件,其最新版本适用于本部分。

GB/T 16462.1 数控车床和车削中心检验条件 第1部分:卧式机床几何精度检验(GB/T 16462.1—2007,ISO 13041-1:2004,MOD)

GB/T 17421.1—1998 机床的检验通则 第1部分:在无负荷或精加工条件下机床的几何精度(eqv ISO 230-1:1996)

GB/T 17421.3—2009 机床检验通则 第3部分:热效应的确定(ISO 230-3:2001,IDT)

3 术语和定义

GB/T 16462.1中的术语和定义适用于GB/T 16462的本部分。

4 简要说明

4.1 参照GB/T 17421.3—2009

使用GB/T 16462的本部分时应参照GB/T 17421.3,尤其是机床检验前的安装、测量方法的描述和检验结果的表示。

4.2 检验顺序

本部分中检验可以分别进行,也可以任意组合进行。

4.3 检验项目

检验机床时,根据结构特点并不是必须检验本部分中的所有项目。为了验收目的而要求检验时,经供货商(或制造商)的同意,用户可以选择一些感兴趣的项目进行检验。但这些检验项必须在机床订货时明确提出。如果没有规定检验项目和相关费用的协议,仅仅参照本部分进行验收,对缔约双方都没有约束力。

5 环境温度变化误差(ETVE)检验

5.1 总则

环境温度变化误差(ETVE)检验目的是揭示环境温度变化对机床的影响,而不应用作机床之间的比较。

建议机床供应商/制造商提供机床为完成规定加工精度所需的环境温度的指南。用户负责提供一个机床操作可以验收的温度环境,如果用户按照机床供应商/制造商指南的要求提供了相应的温度环境,而机床达不到规定性能要求,那么责任就由机床的供应商/制造商来承担。

5.2 检验方法

检验方法应符合 GB/T 17421.3—2009 中 5.2 的规定,ETVE 检验应至少持续 4 h;如果测量读数仍产生漂移,那么检验应继续进行,但不得超过 24 h。

注:立式和斜床身机床轴线在 NC 处于"保持"状态时,可能会出现温升。在这种情况下,建议在所有控制处于"断电"状态下进行 ETVE 检验。这点须在检验协议中说明。

5.3 检验工具

检验工具包括:线性位移传感器、温度传感器、检验棒和数据采集设备。

5.4 检验结果的表示

表 1 给出了一种检验结果的表示格式示例,此外还应按照 GB/T 17421.3—2009 中 5.3 的规定,提供图形表示结果。

表 1 ETVE 检验结果的表示格式

参　　数	结　　果		
	范围 1	范围 1	范围 1
时间/min			
$ETVE_X$/mm			
$ETVE_Y$/mm			
$ETVE_Z$/mm			
$ETVE_A$/″			
$ETVE_B$/″			

5.5 记录性的信息

a) 制造商名称;
b) 制造日期;
c) 型号及出厂编号;
d) 设置的测量位置;
e) 温度传感器的位置;
f) 传感器的类型;
g) 检验棒和夹具的简图和材料;
h) 使用的热补偿方法;
i) 任何特殊检验方法;
j) 检验的时间和日期;
k) 检验前机床的准备过程;
l) (断电)控制状态。

6 由主轴旋转引起的热变形

6.1 检验数量

每根主轴均应检验。

6.2 检验方法

检验方法应符合 GB/T 17421.3—2009 中 6.2 的规定，然而，从实际考虑，检验过程应按主轴转速变化图谱的转速范围进行。

注：一个可能的速度图谱循环示例可以这样确定，即主轴以与最高转速成一定百分比的一种转速下运转一段设定时间后，然后主轴停止一段时间（建议主轴依次以 30%n_{max}运转 3 min，50%n_{max}运转 4 min，70%n_{max}运转3 min，100%n_{max}运转 1 min 后，主轴停止 1 min）作为一个循环，然后重复这个循环到试验周期结束。有关速度图谱具体要求需由用户和供应商/制造商协商后确定。

检验应持续进行 4 h，并加上 1 h 的主轴停止时间。

6.3 检验工具

检验工具包括：线性位移传感器、温度传感器、检验棒和数据采集设备。

6.4 检验结果的表示

表 2 给出了另一种检验结果的表示格式示例，此外还应按照 GB/T 17421.3—2009 中 6.3 的规定，提供图形表示结果。

表 2 由主轴旋转引起的热效应的检验结果表示格式

参数	结　果								
	范围 1			范围 1			范围 1		
	在最初60 min 内	在主轴运转的整个周期(t)	距离(L)	在最初60 min 内	在主轴运转的整个周期(t)	距离(L)	在最初60 min 内	在主轴运转的整个周期(t)	距离(L)
X1/mm									
Y1/mm									
Z/mm									
A/″									
B/″									

6.5 记录性的信息

a) 制造商名称；

b) 制造日期；

c) 型号及出厂编号；

d) 设置的测量位置；

e) 温度传感器的位置；

f) 传感器的类型；

g) 检验棒和夹具的简图和材料；

h) 使用的热补偿方法；

i) 主轴速度范围；

j) 任何特殊检验方法；

k) 检验的时间和日期；

l) 检验前机床的准备过程。

7 由线性轴移动引起的热变形检验

7.1 检验方法

检验方法应符合 GB/T 17421.3—2009 中 7.2 的规定。

注：实际检测中，对于主要轴线和辅助轴线应使用不同的进给率。例如：对于主要轴线，进给率可以设定在最大进给率 50%；对于辅助轴线，进给率可以设定在最大进给率 20%。

检验应持续进行 4 h。

7.2 检验工具

检验工具包括：激光干涉仪或双向线性位移传感器和一个专用检验棒。当使用激光干涉仪时，应根据 GB/T 17421.1—1998 中 A.13 的规定采取适当的预防措施。

7.3 检验结果的表示

表 3 给出了一种检验结果的表示格式示例。此外还应按照 GB/T 17421.3—2009 中 7.4 的规定，提供图形表示结果。

表 3 由线性轴移动引起的热效应的检验结果表示格式

参数	结果								
	范围 1			范围 1			范围 1		
	X	Y	Z	X	Y	Z	X	Y	Z
$e1_+$/mm									
$e2_+$/mm									
$e1_-$/mm									
$e2_-$/mm									

7.4 记录性的信息

a) 制造商名称；

b) 制造日期；

c) 型号及出厂编号；

d) 位移速度；

e) 测量轴线的位置；

f) 起始点和结束点位置；

g) 补偿能力和设备；

h) 使用的仪器；

i) 温度传感器的位置；

j) 采用的热膨胀系数；

k) 停留时间；

l) 检验的时间和日期；

m) 升温过程；

n) 检验开始时被测物体的温度。

参 考 文 献

[1] GB/T 8129—1997 工业自动化系统 机床数值控制 词汇(idt ISO 2806:1994).

[2] ISO 1:2002 几何产品规范(GPS) 几何产品规范的标准基准温度和确认.

[3] ISO/TR 16015:2003 几何产品规范(GPS) 由于热影响造成的长度测量的系统误差和测量不确定度.

ICS 77.120.99
H 65

中华人民共和国国家标准

GB/T 16482—2009
代替 GB/T 16482—1996

荧光级氧化钇铕

Yttrium-europium oxide-Phosphor grade

2009-04-23 发布 2010-02-01 实施

中华人民共和国国家质量监督检验检疫总局
中国国家标准化管理委员会 发布

前言

本标准代替 GB/T 16482—1996《荧光级氧化钇铕》。

本标准与 GB/T 16482—1996 相比，主要变化如下：

——取消原牌号$(Y,Eu)_2O_3$，以粒度规格分成三个牌号；

——调整了氧化钇铕中铕含量范围；

——调整了中心粒径值(D[V,50])的范围。

本标准由全国稀土标准化技术委员会提出并归口。

本标准由江阴加华新材料资源有限公司、广东珠江稀土有限公司负责起草。

本标准由厦门通士达新材料有限公司、广东江门科恒实业有限股份公司参加起草。

本标准主要起草人：史卫东、谢建伟、肖睿、金燕华、魏岚、黄瑞甜。

本标准所代替标准的历次版本发布情况为：

——GB/T 16482—1996。

荧光级氧化钇铕

1 范围

本标准规定了荧光级氧化钇铕的要求、试验方法、检验规则与标志、包装、运输、贮存。

本标准适用于化学法制得的氧化钇铕，可供制作灯用稀土三基色荧光粉和彩色电视荧光粉等用。

2 规范性引用文件

下列文件中的条款通过本标准的引用而成为本标准的条款。凡是注日期的引用文件，其随后所有的修改单(不包括勘误的内容)或修订版均不适用于本标准，然而，鼓励根据本标准达成协议的各方研究是否可使用这些文件的最新版本。凡是不注日期的引用文件，其最新版本适用于本标准。

GB/T 8170 数值修约规则

GB/T 12690(所有部分) 稀土金属及其氧化物中非稀土杂质化学分析方法

GB/T 14635 稀土金属及其化合物化学分析方法 稀土总量的测定

GB/T 18116.1 氧化钇铕化学分析方法 电感耦合等离子体发射光谱法测定氧化钇铕中氧化镧、氧化铈、氧化镨、氧化钕、氧化钐、氧化钆、氧化铽、氧化镝、氧化钬、氧化铒、氧化铥、氧化镱和氧化镥量

GB/T 18116.2 氧化钇铕化学分析方法 氧化铕量的测定

GB/T 20170.1—2006 稀土金属及其化合物物理性能测试方法 稀土化合物粒度分布的测定

3 要求

3.1 化学成分

产品牌号及化学成分应符合表1规定。需方如有特殊要求，供需双方可另行协商。

表 1

产品牌号				171140A	171140B	171140C
化学成分(质量分数)/%	REO，不小于			99.0	99.0	99.0
	$(Y_2O_3+Eu_2O_3)$/REO，不小于			99.99	99.99	99.99
	Eu_2O_3/REO			4～10	4～10	4～10
	杂质含量，不大于	稀土杂质/REO	La_2O_3	0.000 2	0.000 2	0.000 2
			CeO_2	0.000 2	0.000 2	0.000 2
			Pr_6O_{11}	0.000 2	0.000 2	0.000 2
			Nd_2O_3	0.000 2	0.000 2	0.000 2
			Sm_2O_3	0.000 2	0.000 2	0.000 2
			Gd_2O_3	0.000 2	0.000 2	0.000 2
			Tb_4O_7	0.000 2	0.000 2	0.000 2
			Dy_2O_3	0.000 2	0.000 2	0.000 2
			Ho_2O_3	0.000 2	0.000 2	0.000 2
			Er_2O_3	0.000 2	0.000 2	0.000 2
			Tm_2O_3	0.000 1	0.000 1	0.000 1

表 1（续）

化学成分（质量分数）/%	杂质含量，不大于	稀土杂质/REO	Yb_2O_3	0.000 1	0.000 1	0.000 1
			Lu_2O_3	0.000 1	0.000 1	0.000 1
		非稀土杂质	Fe_2O_3	0.000 2	0.000 2	0.000 2
			SiO_2	0.004 0	0.003 0	0.003 0
			CaO	0.002 0	0.001 0	0.001 0
			CuO	0.000 2	0.000 2	0.000 2
			PbO	0.000 2	0.000 2	0.000 2
			NiO	0.000 2	0.000 2	0.000 2
			Cl^-	0.01	0.01	0.01
	灼减，不大于			1.0	1.0	1.0

3.2 物理性能

产品中 171140A、171140B、171140C 三个牌号的中心粒径值（D[V,50]）分别为＜3 μm、3 μm～6 μm、＞6 μm。

3.3 外观

3.3.1 产品为淡粉色粉末。

3.3.2 产品应洁净，无可见夹杂物。

4 试验方法

4.1 稀土总量（REO）的分析方法按 GB/T 14635 的规定进行。

4.2 产品中铕含量分析方法按 GB/T 18116.2 的规定进行，稀土杂质含量的分析方法按照 GB/T 18116.1的规定进行。

4.3 非稀土杂质含量及灼减含量的分析方法按 GB/T 12690 的规定进行。

4.4 中心粒径值（D[V,50]）的分析方法按 GB/T 20170.1—2006 的规定进行，仲裁分析方法采用其方法 1。

4.5 数值修约按 GB/T 8170 的规定进行。

4.6 产品外观用目视检查。

5 检验规则

5.1 检查与验收

5.1.1 产品由供方质量检验部门进行检验，保证产品质量符合本标准规定，并填写产品质量证明书。

5.1.2 需方应对收到的产品进行检验，如检验结果与本标准规定不符时，应在收到产品之日起两个月内向供方提出，由供需双方协商解决。如需仲裁，可委托双方认可的单位进行，并在需方共同取样。

5.2 组批

产品应成批提交检验，每批应由同一牌号的产品组成。

5.3 检验项目

每批产品应进行化学成分、物理性能和外观质量检验。

5.4 取样与制样

化学成分、物理性能仲裁取样数量按表 2 规定进行。每件（袋）取样量不少于 10 g，将试样充分混匀后，以四分法迅速缩分至试样所需量，装入试样袋密封。

表 2

件(袋)数	1～5	6～49	50～100	>100
取样件(袋)数	件(袋)数的 100%	5	件(袋)数的 10% 取整数	件(袋)数的平方根取正整数

5.5 检验结果的判定

化学成分、物理性能仲裁分析结果与本标准规定不符时，则从该批产品中取双倍试样对不合格项目进行复验，如仍有一项结果不合格，则判定该批产品不合格。

外观检验结果与本标准规定不符时，则直接判定该批产品不合格。

6 标志、包装、运输、贮存及质量证明书

6.1 标志、包装

6.1.1 桶(箱、袋)外注明：供方名称、产品名称、牌号、批号、净含量、毛重、出厂日期及“防潮”标志或字样。

6.1.2 产品分装于双层塑料袋或塑料瓶中，每袋(瓶)净重 5 kg、10 kg。再将袋(瓶)置于桶(箱)内，每桶(箱)净重 10 kg、25 kg。如需方有特殊要求，则供需双方另行协商。

6.2 运输、贮存

产品运输时严防淋雨吸潮，应存放于干燥处，不得露天堆放。

6.3 质量证明书

每批产品应附上质量证明书，注明：

a) 供方名称；

b) 产品名称和牌号；

c) 批号；

d) 净含量和件数；

e) 各项分析检验结果及检验部门印记；

f) 本标准编号；

g) 出厂日期。

ICS 77.120.99
H 14

中华人民共和国国家标准

GB/T 16484.1—2009
代替 GB/T 16484.1—1996

氯化稀土、碳酸轻稀土化学分析方法 第1部分:氧化铈量的测定 硫酸亚铁铵滴定法

Chemical analysis methods of rare earth chloride and light rare earth carbonate—Part 1: Determination of cerium oxide content—Ammonium ferrous sulfate titrimetry

2009-10-30 发布 2010-05-01 实施

中华人民共和国国家质量监督检验检疫总局
中国国家标准化管理委员会 发布

前 言

GB/T 16484—2009《氯化稀土、碳酸轻稀土化学分析方法》共分22个部分：

——第1部分：氧化铈量的测定　硫酸亚铁铵滴定法；
——第2部分：氧化铕量的测定　电感耦合等离子体质谱法；
——第3部分：15个稀土元素氧化物配分量的测定　电感耦合等离子体发射光谱法；
——第4部分：氧化钍量的测定　偶氮胂Ⅲ分光光度法；
——第5部分：氧化钡量的测定　电感耦合等离子体发射光谱法；
——第6部分：氧化钙量的测定　火焰原子吸收光谱法；
——第7部分：氧化镁量的测定　火焰原子吸收光谱法；
——第8部分：氧化钠量的测定　火焰原子吸收光谱法；
——第9部分：氧化镍量的测定　火焰原子吸收光谱法；
——第10部分：氧化锰量的测定　火焰原子吸收光谱法；
——第11部分：氧化铅量的测定　火焰原子吸收光谱法；
——第12部分：硫酸根量的测定；
——第13部分：氯化铵量的测定　蒸馏-滴定法；
——第14部分：磷酸根量的测定　锑磷钼蓝分光光度法；
——第15部分：碳酸轻稀土中氯量的测定　硝酸银比浊法；
——第16部分：氯化稀土中水不溶物量的测定　重量法；
——第17部分：碳酸稀土中水分量的测定；
——第18部分：碳酸轻稀土中灼减量的测定　重量法；
——第20部分：氧化镍、氧化锰、氧化铅、氧化铝、氧化锌、氧化钍量的测定　电感耦合等离子体质谱法；
——第21部分：氧化铁量的测定　1,10-二氮杂菲分光光度法；
——第22部分：氧化锌量的测定　火焰原子吸收光谱法；
——第23部分：碳酸轻稀土中酸不溶物量的测定　重量法。

本部分为GB/T 16484的第1部分。

本部分代替GB/T 16484.1—1996《氯化稀土、碳酸稀土化学分析方法　氧化铈量的测定》。

本部分与GB/T 16484.1—1996相比，主要有如下变动：

——增加了精密度条款；
——增加了质量保证和控制条款；
——对标准文本进行了编辑性修改。

本部分由全国稀土标准化技术委员会提出并归口。

本部分负责起草单位：北京有色金属研究总院、中国有色金属工业标准计量质量研究所。

本部分由包钢稀土高科技股份有限公司起草。

本部分参加起草单位：北京有色金属研究总院、淄博加华新材料有限公司。

本部分主要起草人：吴广伟、张桂梅、马永亮。

本部分参加起草人：刘兵、刘延谟、杨霞。

本部分所替代标准的历次版本发布情况为：

——GB/T 16484.1—1996。

氯化稀土、碳酸轻稀土化学分析方法 第1部分:氧化铈量的测定 硫酸亚铁铵滴定法

1 范围

GB/T 16484 的本部分规定了氯化稀土、碳酸轻稀土中氧化铈量的测定方法。

本部分适用于氯化稀土、碳酸轻稀土中氧化铈量的测定。测定范围:20.00%～40.00%。

2 方法原理

试样用盐酸溶解,在磷酸介质中,高氯酸冒烟将三价铈氧化为四价;于稀硫酸介质中,在尿素存在下,用亚砷酸钠-亚硝酸钠溶液还原高价锰,以苯代邻氨基苯甲酸为指示剂,用硫酸亚铁铵标准滴定溶液进行滴定。

3 试剂和材料

3.1 磷酸(ρ1.69 g/mL)。

3.2 高氯酸(ρ1.67 g/mL)。

3.3 盐酸(1+1)。

3.4 硫酸(2+98)。

3.5 硫酸-磷酸混合溶液:在不断搅拌下,分别将 15 mL 硫酸和 15 mL 磷酸,缓慢加入到 70 mL 水中。

3.6 尿素溶液 200 g/L。

3.7 亚砷酸钠-亚硝酸钠溶液:称取 2 g 亚砷酸钠和 1 g 亚硝酸钠于 250 mL 烧杯中,加 100 mL 水溶解,移入 1 000 mL 容量瓶中,以水稀释至刻度,混匀。

3.8 硫酸高铈溶液 $c[Ce(SO_4)_2]\approx 0.03$ mol/L:称取 4.98 g 无水硫酸高铈于 250 mL 烧杯中,加 300 mL 硫酸(3.4)溶解,移入 500 mL 容量瓶中,用硫酸(3.4)稀释至刻度,混匀。

3.9 重铬酸钾标准滴定溶液 $c(1/6K_2Cr_2O_7)=0.01$ mol/L:称取 0.490 3 g 基准重铬酸钾(经 140 ℃～150 ℃干燥 2 h)置于 250 mL 烧杯中,加 100 mL 水溶解,移入 1 000 mL 容量瓶中,用水稀释至刻度,混匀。

3.10 硫酸亚铁铵标准滴定溶液 $c[(NH_4)_2Fe(SO_4)_2]\approx 0.01$ mol/L:

3.10.1 配制:称取 5.5 g 硫酸亚铁铵$[(NH_4)_2 \cdot Fe(SO_4)_2 \cdot 6H_2O]$于 500 mL 烧杯中,加 150 mL 硫酸(3.4)溶解,移入 1 000 mL 容量瓶中,以硫酸(3.4)稀释至刻度,混匀。

3.10.2 标定:移取 20.00 mL 硫酸亚铁铵标准滴定溶液(3.10.1),置于 250 mL 三角瓶中,加 10 mL 硫酸-磷酸混合溶液(3.5),加水至溶液体积为 100 mL,加 4 滴二苯胺磺酸钠指示剂(3.11),用重铬酸钾标准溶液(3.9)滴定至蓝紫色不褪为终点。平行滴定四份,所消耗的重铬酸钾标准滴定溶液(3.9)的体积极差值不大于 0.10 mL。取其平均值。

3.10.3 随同标定做空白试验。

3.10.4 按式(1)计算硫酸亚铁铵标准滴定溶液(3.10)的实际浓度:

$$c=\frac{(V_1-V_0)\times c_1}{V_2} \qquad \cdots\cdots(1)$$

式中：

c——硫酸亚铁铵标准滴定溶液的摩尔浓度，单位为摩尔每升(mol/L)；

c_1——重铬酸钾标准滴定溶液的摩尔浓度，单位为摩尔每升(mol/L)；

V_0——滴定空白溶液时所消耗的重铬酸钾标准滴定溶液的体积，单位为毫升(mL)；

V_1——滴定硫酸亚铁铵标准滴定溶液时所消耗重铬酸钾标准滴定溶液的体积，单位为毫升(mL)；

V_2——移取硫酸亚铁铵标准滴定溶液的体积，单位为毫升(mL)。

3.11 二苯胺磺酸钠指示剂(0.5 g/L)。

3.12 苯代邻氨基苯甲酸指示剂：称取 0.2 g 苯代邻氨基苯甲酸，0.2 g 无水碳酸钠，溶于 100 mL 水中，混匀。

4 试样

4.1 氯化稀土试样的制备：将试样破碎，迅速置于称量瓶中，立即称量。

4.2 碳酸轻稀土试样的制备：试样开封后立即称量。

5 分析步骤

5.1 试料

迅速称取 4 g 试样(4)，精确至 0.000 1 g。

5.2 测定数量

称取两份试料进行平行测定，取其平均值。

5.3 空白试验

移取 10.00 mL 硫酸高铈溶液(3.8)于 300 mL 三角瓶中，加 30 mL 磷酸(3.1)，80 mL 硫酸(3.4)，以下步骤同 5.4.3 操作，至终点后，再移取 10.00 mL 硫酸高铈溶液(3.8)于该三角瓶中，用相同浓度的硫酸亚铁铵标准滴定溶液(3.10)滴定至终点。其两次滴定体积之差即为空白值。

5.4 测定

5.4.1 试料的溶解

将试料(5.1)置于 250 mL 烧杯中，加 20 mL 盐酸(3.3)，加热煮沸，冷却后，移入 200 mL 容量瓶中，以水稀释至刻度，混匀。

5.4.2 氧化

移取 10.00 mL 试液(5.4.1)于 250 mL 三角瓶中，加 10 mL 磷酸(3.1)，3 mL 高氯酸(3.2)，于电炉上加热，直至高氯酸冒烟，剧烈反应趋于平静后，取下，稍冷，加入 50 mL 硫酸(3.4)，流水冷却至室温。

5.4.3 滴定

在试液(5.4.2)中，加 5 mL 尿素溶液(3.6)，滴加亚砷酸钠-亚硝酸钠溶液(3.7)至高价锰的紫红色消失，再过量 2 滴，加 2 滴苯代邻氨基苯甲酸指示剂(3.12)，用硫酸亚铁铵标准滴定溶液(3.10)滴定至溶液由紫红色刚变为黄绿色为终点。

6 分析结果的计算与表述

按式(2)计算氧化铈的质量分数(%)：

$$w(CeO_2)=\frac{cV_0(V_2-V_3)\times 172.12\times 10^{-3}}{m\times V_1}\times 100 \quad \cdots\cdots(2)$$

式中：

c——硫酸亚铁铵标准滴定溶液的摩尔浓度，单位为摩尔每升(mol/L)；

V_0——试液总体积，单位为毫升(mL)；

V_1——分取试液体积，单位为毫升(mL)；

V_2——滴定时所消耗硫酸亚铁铵标准滴定溶液的体积，单位为毫升(mL)；

V_3——空白试验时所消耗的硫酸亚铁铵标准滴定溶液的体积，单位为毫升(mL)；

m——试料的质量，单位为克(g)；

172.12——氧化铈的相对摩尔质量，单位为克每摩尔(g/mol)。

7 精密度

7.1 重复性

在重复性条件下获得的两次独立测试结果的测定值，在以下给出的平均值范围内，这两个测试结果的绝对差值不超过重复性限(r)，超过重复性限(r)的情况不超过5%，重复性限(r)按表1数据采用线性内插法求得。

表 1

试样名称	氧化铈质量分数/%	重复性限(r)/%
氯化稀土	23.13	0.25
碳酸轻稀土(分离钕后)	28.05	0.28
碳酸轻稀土(分离钕后)	39.79	0.34
碳酸轻稀土	22.46	0.42

7.2 允许差

实验室之间分析结果的差值应不大于表2所列允许差。

表 2

试样名称	氧化铈含量范围(质量分数)/%	允许差/%
氯化稀土	20.00～40.00	0.30
碳酸轻稀土	20.00～40.00	0.50

8 质量保证和控制

每周用自制的控制标样(如有国家级或行业级标样时，应首先使用)校核一次本部分分析方法的有效性。当过程失控时，应找出原因，纠正错误，重新进行校核。

ICS 77.120.99
H 14

中华人民共和国国家标准

GB/T 16484.2—2009
代替 GB/T 16484.2—1996

氯化稀土、碳酸轻稀土化学分析方法 第2部分：氧化铕量的测定 电感耦合等离子体质谱法

Chemical analysis methods of rare earth chloride and light rare earth carbonate—Part 2: Determination of europium oxide content—Inductively coupled plasma mass spectrometry

2009-10-30 发布　　2010-05-01 实施

中华人民共和国国家质量监督检验检疫总局
中国国家标准化管理委员会 发布

前 言

GB/T 16484—2009《氯化稀土、碳酸轻稀土化学分析方法》共分22个部分：
——第1部分：氧化铈量的测定 硫酸亚铁铵滴定法；
——第2部分：氧化铕量的测定 电感耦合等离子体质谱法；
——第3部分：15个稀土元素氧化物配分量的测定 电感耦合等离子体发射光谱法；
——第4部分：氧化钍量的测定 偶氮胂Ⅲ分光光度法；
——第5部分：氧化钡量的测定 电感耦合等离子体发射光谱法；
——第6部分：氧化钙量的测定 火焰原子吸收光谱法；
——第7部分：氧化镁量的测定 火焰原子吸收光谱法；
——第8部分：氧化钠量的测定 火焰原子吸收光谱法；
——第9部分：氧化镍量的测定 火焰原子吸收光谱法；
——第10部分：氧化锰量的测定 火焰原子吸收光谱法；
——第11部分：氧化铅量的测定 火焰原子吸收光谱法；
——第12部分：硫酸根量的测定；
——第13部分：氯化铵量的测定 蒸馏-滴定法；
——第14部分：磷酸根量的测定 锑磷钼蓝分光光度法；
——第15部分：碳酸轻稀土中氯量的测定 硝酸银比浊法；
——第16部分：氯化稀土中水不溶物量的测定 重量法；
——第17部分：碳酸稀土中水分量的测定；
——第18部分：碳酸轻稀土中灼减量的测定 重量法；
——第20部分：氧化镍、氧化锰、氧化铅、氧化铝、氧化锌、氧化钍量的测定 电感耦合等离子体质谱法；
——第21部分：氧化铁量的测定 1,10-二氮杂菲分光光度法；
——第22部分：氧化锌量的测定 火焰原子吸收光谱法；
——第23部分：碳酸轻稀土中酸不溶物量的测定 重量法。

本部分为GB/T 16484的第2部分。

本部分代替GB/T 16484.2—1996《氯化稀土、碳酸稀土化学分析方法 氧化铕量的测定》。

本部分与GB/T 16484.2—1996相比，主要有如下变动：
——采用电感耦合等离子体质谱法代替电感耦合等离子体发射光谱法；
——增加了精密度条款；
——增加了质量保证和控制条款；
——对标准文本进行了编辑性修改。

本部分由全国稀土标准化技术委员会提出并归口。

本部分负责起草单位：北京有色金属研究总院、中国有色金属工业标准计量质量研究所。

本部分由包头稀土研究院起草。

本部分参加起草单位：江阴加华新材料资源有限公司、内蒙古包钢稀土高科技股份有限公司。

本部分主要起草人：杜梅、包香春、郝茜。

本部分参加起草人：何风娟、赵萍红、倪菊华、常瑞敏、魏晓鸥。

本部分所替代标准的历次版本发布情况为：
——GB/T 16484.2—1996。

氯化稀土、碳酸轻稀土化学分析方法
第2部分：氧化铕量的测定
电感耦合等离子体质谱法

1 范围

GB/T 16484的本部分规定了氯化稀土、碳酸轻稀土中氧化铕含量的测定方法。

本部分适用于氯化稀土、碳酸轻稀土中氧化铕含量的测定。测定范围：0.010%～0.50%。

2 方法原理

试样经硝酸溶解，在稀酸介质中，以氩等离子体为离子化源，用质谱法进行直接测定。测定时以内标法进行校正。

3 试剂和材料

3.1 硝酸(1+1)。

3.2 硝酸(1+19)。

3.3 铯内标溶液：称取0.127 0 g氯化铯，加10 mL水，溶解完全，加10 mL硝酸(3.1)，移入100 mL容量瓶中，用水稀释至刻度，混匀。此溶液1 mL含1 mg铯。再将此溶液用硝酸(3.2)逐步稀释成1 mL含1 μg铯的内标溶液。

3.4 氧化铕标准贮存溶液：称取0.100 0 g经900 ℃灼烧1 h的氧化铕[w(REO)>99.5%，Eu_2O_3/REO>99.99%]，置于100 mL烧杯中，加10 mL硝酸(3.1)，低温加热至溶解完全，取下冷却，移入100 mL容量瓶中，用水稀释至刻度，混匀。此溶液1 mL含1 000 μg氧化铕。

3.5 氧化铕标准溶液：移取5 mL氧化铕标准贮存溶液(3.4)于100 mL容量瓶中，用硝酸(3.2)稀释至刻度，混匀。此溶液1 mL含50 μg氧化铕。

3.6 氧化铕标准溶液：移取2 mL氧化铕标准溶液(3.5)于100 mL容量瓶中，用硝酸(3.2)稀释至刻度，混匀。此溶液1 mL含1 μg氧化铕。

3.7 氩气(>99.99%)。

4 仪器

电感耦合等离子体质谱仪：质量分辨率优于(0.8±0.1)amu。

5 试样

5.1 氯化稀土试样的制备：将试样破碎，迅速置于称量瓶中，立即称量。

5.2 碳酸轻稀土试样的制备：试样开封后立即称量。

6 分析步骤

6.1 试料

按表1称取试样，精确至0.000 1 g。

表 1

试　样	氧化铕质量分数/%	试料/g
氯化稀土	0.010～0.50	5.00
碳酸轻稀土	0.010～0.50	1.00

6.2　测定数量

称取两份试料进行平行测定，取其平均值。

6.3　空白试验

随同试料做空白试验。

6.4　测定

6.4.1　试料的溶解

将试料(6.1)置于100 mL烧杯中，加10 mL水、10 mL硝酸(3.1)，低温加热至溶解完全，立即取下，冷却至室温，移入100 mL容量瓶中，以水稀释至刻度，混匀。

6.4.2　试液制备

6.4.2.1　移取2.0 mL氯化稀土试液(6.4.1)或10.0 mL碳酸轻稀土试液(6.4.1)于100 mL容量瓶中，加入5 mL硝酸(3.2)，以水稀释至刻度，混匀。

6.4.2.2　移取2.0 mL试液(6.4.2.1)于100 mL容量瓶中，加入10 mL硝酸(3.2)，1.0 mL铯内标溶液(3.3)，以水稀释至刻度，混匀，待测。

6.4.3　标准系列溶液的制备与测定

6.4.3.1　准确移取0 mL、0.20 mL、1.00 mL、5.00 mL、10.00 mL氧化铕标准溶液(3.6)分别于5个100 mL容量瓶中，加入10 mL硝酸(3.2)，1.00 mL铯内标溶液(3.3)，用水稀释至刻度，混匀，待测。此标准系列溶液1 mL含氧化铕分别为0 ng、2.0 ng、10.0 ng、50.0 ng、100.0 ng。

6.4.3.2　测量元素同位素质量数为$Eu^{151,153}$。将分析试液(6.4.2.2)与标准系列溶液(6.4.3.1)同时进行氩等离子体质谱测定。

7　分析结果的计算与表述

按式(1)计算氧化铕的质量分数(%)：

$$w(Eu_2O_3)=\frac{(\rho-\rho_0)\times V_0V_2\times 10^{-9}}{mV_1}\times 100 \qquad (1)$$

式中：

ρ——计算机输出的分析试液中氧化铕的质量浓度，单位为纳克每毫升(ng/mL)；

ρ_0——计算机输出的试料空白溶液中氧化铕的质量浓度，单位为纳克每毫升(ng/mL)；

V_0——试液总体积，单位为毫升(mL)；

V_1——分取试液的体积，单位为毫升(mL)；

V_2——分析试液的体积，单位为毫升(mL)；

m——试料的质量，单位为克(g)。

8　精密度

8.1　重复性

在重复性条件下获得的两次独立测试结果的测定值，在以下给出的平均值范围内，这两个测试结果的绝对差值不超过重复性限(r)，超过重复性限(r)的情况不超过5%，重复性限(r)按表2数据采用线性内插法求得。

表 2

氧化铕质量分数/%	重复性限(*r*)/%
0.010	0.003
0.082	0.006
0.44	0.02
注：重复性限(*r*)为 2.8×*Sr*，*Sr* 为重复性标准差。	

8.2 允许差

实验室之间分析结果的差值应不大于表 3 所列允许差。

表 3

氧化铕含量范围(质量分数)/%	允许差/%
0.010～0.050	0.005
>0.050～0.10	0.010
>0.10～0.50	0.03

9 质量保证和控制

每周用自制的控制标样(如有国家级或行业级标样时，应首先使用)校核一次本部分分析方法的有效性。当过程失控时，应找出原因，纠正错误，重新进行校核。

ICS 77.120.99
H 14

中华人民共和国国家标准

GB/T 16484.3—2009
代替 GB/T 16484.3—1996

氯化稀土、碳酸轻稀土化学分析方法 第3部分：15个稀土元素氧化物配分量的测定 电感耦合等离子体发射光谱法

Chemical analysis methods of rare earth chloride and light rare earth carbonate—Part 3: Determination of fifteen REO relative contents—Inductively coupled plasma atomic emission spectrometry

2009-10-30 发布　　2010-05-01 实施

中华人民共和国国家质量监督检验检疫总局
中国国家标准化管理委员会　发布

前　言

GB/T 16484—2009《氯化稀土、碳酸轻稀土化学分析方法》共分22个部分：

——第1部分：氧化铈量的测定　硫酸亚铁铵滴定法；
——第2部分：氧化铕量的测定　电感耦合等离子体质谱法；
——第3部分：15个稀土元素氧化物配分量的测定　电感耦合等离子体发射光谱法；
——第4部分：氧化钍量的测定　偶氮胂Ⅲ分光光度法；
——第5部分：氧化钡量的测定　电感耦合等离子体发射光谱法；
——第6部分：氧化钙量的测定　火焰原子吸收光谱法；
——第7部分：氧化镁量的测定　火焰原子吸收光谱法；
——第8部分：氧化钠量的测定　火焰原子吸收光谱法；
——第9部分：氧化镍量的测定　火焰原子吸收光谱法；
——第10部分：氧化锰量的测定　火焰原子吸收光谱法；
——第11部分：氧化铅量的测定　火焰原子吸收光谱法；
——第12部分：硫酸根量的测定；
——第13部分：氯化铵量的测定　蒸馏-滴定法；
——第14部分：磷酸根量的测定　锑磷钼蓝分光光度法；
——第15部分：碳酸轻稀土中氯量的测定 硝酸银比浊法；
——第16部分：氯化稀土中水不溶物量的测定　重量法；
——第17部分：碳酸稀土中水分量的测定；
——第18部分：碳酸轻稀土中灼减量的测定　重量法；
——第20部分：氧化镍、氧化锰、氧化铅、氧化铝、氧化锌、氧化钍量的测定　电感耦合等离子体质谱法；
——第21部分：氧化铁量的测定　1,10-二氮杂菲分光光度法；
——第22部分：氧化锌量的测定　火焰原子吸收光谱法；
——第23部分：碳酸轻稀土中酸不溶物量的测定　重量法。

本部分为GB/T 16484的第3部分。

本部分代替GB/T 16484.3—1996《氯化稀土、碳酸稀土化学分析方法　氧化镧、氧化铈、氧化镨、氧化钕、氧化钐、氧化铕和氧化钇量的测定》。

本部分与GB/T 16484.3—1996相比，主要有如下变动：

——测定元素从原有的7个稀土元素增加到15个稀土元素；
——调整了测定范围；
——重新选择了分析线；
——调整了标准系列溶液的配制；
——各被测元素含量的表示由质量分数改为配分量，计算公式也相应改变；
——增加了精密度条款；
——增加了质量保证和控制条款；
——对标准文本进行了编辑性修改。

本部分由全国稀土标准化技术委员会提出并归口。

本部分负责起草单位：北京有色金属研究总院、中国有色金属工业标准计量质量研究所。

本部分由江阴加华新材料资源有限公司、北京有色金属研究总院起草。

本部分参加起草单位：定南大华新材料资源有限公司、包钢稀土高科技股份有限公司。

本部分主要起草人：刘文华、刘鹏宇、邵荣珍、黄霞、陈璐。

本部分参加起草人：王寿虹、黄南生、曹俊杰、杨春江。

本部分所替代标准的历次版本发布情况为：

——GB/T 16484.3—1996。

氯化稀土、碳酸轻稀土化学分析方法 第3部分:15个稀土元素氧化物配分量的测定 电感耦合等离子体发射光谱法

1 范围

GB/T 16484的本部分规定了氯化稀土、碳酸轻稀土中15个稀土元素氧化物配分量的测定方法。

本部分适用于氯化稀土、碳酸轻稀土中15个稀土元素氧化物配分量的测定。测定范围见表1。

表1

元素	测定范围(质量分数)/%	元素	测定范围(质量分数)/%
氧化镧	10.00~40.00	氧化镝	0.10~0.40
氧化铈	30.00~60.00	氧化钬	0.10~0.40
氧化镨	4.00~16.00	氧化铒	0.10~0.40
氧化钕	4.00~20.00	氧化铥	0.10~0.40
氧化钐	1.00~8.00	氧化镱	0.10~0.40
氧化铕	0.10~0.40	氧化镥	0.10~0.40
氧化钆	0.10~0.40	氧化钇	0.10~0.40
氧化铽	0.10~0.40	—	—

2 方法原理

试样以盐酸溶解,在稀盐酸介质中,直接以氩等离子体光源激发,进行光谱测定。以系数校正法校正被测元素间的光谱干扰。

3 试剂与材料

3.1 氧化镧[w(REO)>99.5%,La_2O_3/REO>99.99%]。

3.2 氧化铈[w(REO)>99.5%,CeO_2/REO>99.99%]。

3.3 氧化镨[w(REO)>99.5%,Pr_6O_{11}/REO>99.99%]。

3.4 氧化钕[w(REO)>99.5%,Nd_2O_3/REO>99.99%]。

3.5 氧化钐[w(REO)>99.5%,Sm_2O_3/REO>99.99%]。

3.6 过氧化氢(30%)。

3.7 盐酸(ρ1.19 g/mL)。

3.8 盐酸(1+1)。

3.9 盐酸(1+19)。

3.10 硝酸(1+1)。

3.11 氧化铕标准贮存溶液:称取0.100 0 g经950 ℃灼烧1 h的氧化铕[w(REO)>99.5%,Eu_2O_3/REO>99.99%],置于100 mL烧杯中,加入10 mL盐酸(3.8),低温加热溶解后,取下冷却至室温。移入100 mL容量瓶中,用水稀释至刻度,混匀。此溶液1 mL含1 mg氧化铕。

3.12 氧化钆标准贮存溶液:称取0.100 0 g经950 ℃灼烧1 h的氧化钆[w(REO)>99.5%,Gd_2O_3/

REO＞99.99%]，置于100 mL烧杯中，加入10 mL盐酸(3.8)，低温加热溶解后，取下冷却至室温。移入100 mL容量瓶中，用水稀释至刻度，混匀。此溶液1 mL含1 mg氧化钆。

3.13 氧化铽标准贮存溶液：称取0.100 0 g经950 ℃灼烧1 h的氧化铽[w(REO)＞99.5%，Tb_4O_7/REO＞99.99%]，置于100 mL烧杯中，加入10 mL硝酸(3.10)，低温加热溶解后，取下冷却至室温。移入100 mL容量瓶中，用水稀释至刻度，混匀。此溶液1 mL含1 mg氧化铽。

3.14 氧化镝标准贮存溶液：称取0.100 0 g经950 ℃灼烧1 h的氧化镝[w(REO)＞99.5%，Dy_2O_3/REO＞99.99%]，置于100 mL烧杯中，加10 mL盐酸(3.8)，低温加热至溶解完全，冷却至室温，移入100 mL容量瓶中，用水稀释至刻度，混匀。此溶液1 mL含1 mg氧化镝。

3.15 氧化钬标准贮存溶液：称取0.100 0 g经950 ℃灼烧1 h的氧化钬[w(REO)＞99.5%，Ho_2O_3/REO＞99.99%]，置于100 mL烧杯中，加10 mL盐酸(3.8)，低温加热至溶解完全，冷却至室温，移入100 mL容量瓶中，用水稀释至刻度，混匀。此溶液1 mL含1 mg氧化钬。

3.16 氧化铒标准贮存溶液：称取0.100 0 g经950 ℃灼烧1 h的氧化铒[w(REO)＞99.5%，Er_2O_3/REO＞99.99%]，置于100 mL烧杯中，加10 mL盐酸(3.8)，低温加热至溶解完全，冷却至室温，移入100 mL容量瓶中，用水稀释至刻度，混匀。此溶液1 mL含1 mg氧化铒。

3.17 氧化铥标准贮存溶液：称取0.100 0 g经950 ℃灼烧1 h的氧化铥[w(REO)＞99.5%，Tm_2O_3/REO＞99.99%]，置于100 mL烧杯中，加10 mL盐酸(3.8)，低温加热至溶解完全，冷却至室温，移入100 mL容量瓶中，用水稀释至刻度，混匀。此溶液1 mL含1 mg氧化铥。

3.18 氧化镱标准贮存溶液：称取0.100 0 g经950 ℃灼烧1 h的氧化镱[w(REO)＞99.5%，Yb_2O_3/REO＞99.99%]，置于100 mL烧杯中，加10 mL盐酸(3.8)，低温加热至溶解完全，冷却至室温，移入100 mL容量瓶中，用水稀释至刻度，混匀。此溶液1 mL含1 mg氧化镱。

3.19 氧化镥标准贮存溶液：称取0.100 0 g经950 ℃灼烧1 h的氧化镥[w(REO)＞99.5%，Lu_2O_3/REO＞99.99%]，置于100 mL烧杯中，加10 mL盐酸(3.8)，低温加热至溶解完全，冷却至室温，移入100 mL容量瓶中，用水稀释至刻度，混匀。此溶液1 mL含1 mg氧化镥。

3.20 氧化钇标准贮存溶液：称取0.100 0 g经950 ℃灼烧1 h的氧化钇[w(REO)＞99.5%，Y_2O_3/REO＞99.99%]，置于100 mL烧杯中，加入10 mL盐酸(3.8)，低温加热溶解后，取下冷却至室温。移入100 mL容量瓶中，用水稀释至刻度，混匀。此溶液1 mL含1 mg氧化钇。

3.21 混合稀土标准溶液：分别移取5.00 mL各稀土氧化物标准贮存溶液(3.11～3.20)，置于100 mL容量瓶中，加入10 mL盐酸(3.8)，用水稀释至刻度，混匀。此溶液1 mL含各单一稀土氧化物分别为50.0 μg。

3.22 氩气，纯度＞99.99%。

4 仪器

4.1 电感耦合等离子体发射光谱仪，分辨率＜0.006 nm(200 nm处)。

4.2 光源：氩等离子体光源。

5 试样

5.1 氯化稀土试样的制备：将试样破碎，迅速置于称量瓶中，立即称量。

5.2 碳酸轻稀土试样的制备：试样开封后立即称量。

6 分析步骤

6.1 试料

称取2.00 g试样(5)，精确至0.000 1 g。

6.2 **测定次数**

称取两份试料进行平行测定，取其平均值。

6.3 **空白试验**

随同试料做空白试验。

6.4 **分析试液的制备**

6.4.1 将试料(6.1)置于200 mL烧杯中，加10 mL盐酸(3.8)，加热至完全溶解(必要时滴加过氧化氢(3.6)助溶)，蒸发至近干，冷却后移入500mL容量瓶中，用水稀释至刻度，混匀。

6.4.2 按照试料中所含氧化稀土总量，分取一定体积溶液于50 mL容量瓶中，以盐酸(3.9)稀释至刻度，混匀，使得试液中氧化稀土总量约为0.2g/L。待测。

6.5 **标准系列溶液的制备**

按表2准确称取氧化镧、氧化铈、氧化镨、氧化钕和氧化钐(3.1～3.5，经950 ℃灼烧1 h)，置于4个200 mL烧杯中，并按照顺序分别移取4.00 mL、8.00 mL、12.00 mL、16.00 mL混合稀土标准溶液(3.21)于各烧杯中，加入20 mL硝酸(3.10)，低温加热，滴加过氧化氢(3.6)助溶，试料完全溶解后，加热蒸发至近干。冷却，移入1 L容量瓶中，以盐酸(3.9)稀释至刻度，混匀，待测。各标准溶液中氧化稀土总量为0.2 g/L。标准系列溶液浓度见表3。

表 2

标准溶液号	称取量/mg				
	氧化镧	氧化铈	氧化镨	氧化钕	氧化钐
1	20.0	60.0	8.0	10.0	4.0
2	40.0	80.0	16.0	20.0	8.0
3	60.0	100.0	24.0	30.0	12.0
4	80.0	120.0	32.0	40.0	16.0

表 3

标准溶液号	各稀土氧化物浓度/(μg/mL)														
	氧化镧	氧化铈	氧化镨	氧化钕	氧化钐	氧化铕	氧化钆	氧化铽	氧化镝	氧化钬	氧化铒	氧化铥	氧化镱	氧化镥	氧化钇
1	20	60	8	10	4	0.2	0.2	0.2	0.2	0.2	0.2	0.2	0.2	0.2	0.2
2	40	80	16	20	8	0.4	0.4	0.4	0.4	0.4	0.4	0.4	0.4	0.4	0.4
3	60	100	24	30	12	0.6	0.6	0.6	0.6	0.6	0.6	0.6	0.6	0.6	0.6
4	80	120	32	40	16	0.8	0.8	0.8	0.8	0.8	0.8	0.8	0.8	0.8	0.8

6.6 **测定**

6.6.1 推荐分析线见表4。

表 4

元　素	分析线/nm	元　素	分析线/nm
La	398.852,408.671	Dy	353.170
Ce	413.765	Ho	341.646,339.898
Pr	418.948	Er	337.276,326.478
Nd	401.225,406.109	Tm	313.126,346.220
Sm	443.432,428.079	Yb	328.937
Eu	412.970	Lu	261.542
Gd	310.050,335.048	Y	371.029
Tb	332.440		

6.6.2 将分析试液(6.4.2)与标准系列溶液(6.5)同时进行氩等离子体光谱测定。

7 分析结果的计算与表述

按式(1)计算15个稀土元素氧化物配分量(%)：

$$配分量=\frac{\rho_i-\rho_0}{\sum\rho_j}\times100 \quad\cdots\cdots(1)$$

式中：

ρ_i——分析试液(6.4.2)中待测稀土元素氧化物的质量浓度，单位为微克每毫升(μg/mL)；

ρ_0——空白溶液(6.3)中待测稀土元素氧化物的质量浓度，单位为微克每毫升(μg/mL)；

$\sum\rho_j$——分析试液(6.4.2)中各稀土元素氧化物的质量浓度之和，单位为微克每毫升(μg/mL)。

8 精密度

8.1 重复性

在重复性条件下获得的两次独立测试结果的测定值，在以下给出的平均值范围内，这两个测试结果的绝对差值不超过重复性限(r)，超过重复性限(r)的情况不超过5%。重复性限(r)按表5数据采用线性内插法求得。

表5

氧化物	配分量/%	重复性限(r)/%	氧化物	配分量/%	重复性限(r)/%
氧化镧	9.63	0.53	氧化钆	0.11	0.03
	20.21	0.62		0.22	0.03
	29.69	0.70		0.30	0.03
	38.14	0.78		0.38	0.03
氧化铈	33.07	0.92	氧化铽	0.12	0.03
	41.79	0.90		0.21	0.03
	51.68	1.04		0.30	0.03
	62.10	1.09		0.39	0.03
氧化镨	4.36	0.16	氧化镝	0.12	0.03
	8.02	0.31		0.22	0.06
	11.37	0.34		0.31	0.06
	15.46	0.36		0.40	0.06
氧化钕	4.38	0.34	氧化钬	0.12	0.03
	8.80	0.34		0.23	0.03
	13.76	0.31		0.32	0.03
	18.58	0.64		0.41	0.03
氧化钐	2.05	0.22	氧化铒	0.11	0.03
	3.77	0.28		0.22	0.03
	5.40	0.31		0.30	0.03
	7.23	0.36		0.39	0.06
氧化铕	0.11	0.03	氧化铥	0.10	0.03
	0.20	0.03		0.19	0.06
	0.29	0.03		0.27	0.06
	0.38	0.06		0.36	0.08

表 5（续）

氧化物	配分量/%	重复性限(r)/%	氧化物	配分量/%	重复性限(r)/%
氧化镱	0.11	0.03	氧化钇	0.10	0.03
	0.21	0.03		0.21	0.03
	0.30	0.03		0.30	0.03
	0.38	0.06		0.39	0.03
氧化镥	0.11	0.03	—	—	
	0.21	0.03			
	0.30	0.03			
	0.39	0.03			
注：重复性限(r)为 2.8×Sr，Sr 为重复性标准差。					

8.2 允许差

实验室间分析结果的差值应不大于表 6 所列的允许差：

表 6

氧化物	配分量/%	允许差/%	氧化物	配分量/%	允许差/%
氧化镧	10.00～20.00 >20.00～30.00 >30.00～40.00	0.70 0.80 0.90	氧化铕 氧化钆 氧化铽 氧化镝 氧化钬 氧化铒 氧化铥 氧化镱 氧化镥 氧化钇	0.10～0.20 >0.20～0.30 >0.30～0.40	0.04 0.06 0.08
氧化铈	30.00～40.00 >40.00～50.00 >50.00～60.00	1.00 1.20 1.40			
氧化镨	4.00～8.00 >8.00～12.00 >12.00～16.00	0.40 0.60 0.80			
氧化钕	4.00～10.00 >10.00～15.00 >15.00～20.00	0.40 0.60 0.80			
氧化钐	1.00～4.00 >4.00～6.00 >6.00～8.00	0.30 0.40 0.50			

9 质量保证和控制

每周用自制的控制标样（如有国家级或行业级标样时，应首先使用）校核一次本部分分析方法的有效性。当过程失控时，应找出原因，纠正错误，重新进行校核。

ICS 77.120.99
H 14

中华人民共和国国家标准

GB/T 16484.4—2009
代替 GB/T 16484.4—1996

氯化稀土、碳酸轻稀土化学分析方法 第4部分：氧化钍量的测定 偶氮胂Ⅲ分光光度法

Chemical analysis methods of rare earth chloride and light rare earth carbonate—Part 4: Determination of thorium oxide content—Arsenazo Ⅲ spectrophotometry

2009-10-30 发布 2010-05-01 实施

中华人民共和国国家质量监督检验检疫总局
中国国家标准化管理委员会 发布

前　言

GB/T 16484—2009《氯化稀土、碳酸轻稀土化学分析方法》共分22个部分：
——第1部分：氧化铈量的测定　硫酸亚铁铵滴定法；
——第2部分：氧化铕量的测定　电感耦合等离子体质谱法；
——第3部分：15个稀土元素氧化物配分量的测定　电感耦合等离子体发射光谱法；
——第4部分：氧化钍量的测定　偶氮胂Ⅲ分光光度法；
——第5部分：氧化钡量的测定　电感耦合等离子体发射光谱法；
——第6部分：氧化钙量的测定　火焰原子吸收光谱法；
——第7部分：氧化镁量的测定　火焰原子吸收光谱法；
——第8部分：氧化钠量的测定　火焰原子吸收光谱法；
——第9部分：氧化镍量的测定　火焰原子吸收光谱法；
——第10部分：氧化锰量的测定　火焰原子吸收光谱法；
——第11部分：氧化铅量的测定　火焰原子吸收光谱法；
——第12部分：硫酸根量的测定；
——第13部分：氯化铵量的测定　蒸馏-滴定法；
——第14部分：磷酸根量的测定　锑磷钼蓝分光光度法；
——第15部分：碳酸轻稀土中氯量的测定　硝酸银比浊法；
——第16部分：氯化稀土中水不溶物量的测定　重量法；
——第17部分：碳酸稀土中水分量的测定；
——第18部分：碳酸轻稀土中灼减量的测定　重量法；
——第20部分：氧化镍、氧化锰、氧化铅、氧化铝、氧化锌、氧化钍量的测定　电感耦合等离子体质谱法；
——第21部分：氧化铁量的测定　1,10-二氮杂菲分光光度法；
——第22部分：氧化锌量的测定　火焰原子吸收光谱法；
——第23部分：碳酸轻稀土中酸不溶物量的测定　重量法。

本部分为GB/T 16484的第4部分。

本部分代替《GB/T 16484.4—1996　氯化稀土、碳酸稀土化学分析法　氧化钍量的测定》。

本部分与GB/T 16484.4—1996相比，主要有如下变动：
——增加了精密度条款；
——增加了质量保证和控制；
——删除了原标准中的附加说明；
——对标准文本进行了编辑性修改。

本部分由全国稀土标准化技术委员会提出并归口。

本部分负责起草单位：北京有色金属研究总院、中国有色金属工业标准计量质量研究所。

本部分由北京有色金属研究总院起草。

本部分参加起草单位：江西赣州冶金研究所。

本部分主要起草人：刘兵、刘文华、姜维军。

本部分参加起草人：杨峰、潘建忠。

本部分所替代标准的历次版本发布情况为：
——GB/T 16484.4—1996。

氯化稀土、碳酸轻稀土化学分析方法 第4部分：氧化钍量的测定 偶氮胂Ⅲ分光光度法

1 范围

GB/T 16484的本部分规定了氯化稀土、碳酸轻稀土中氧化钍量的测定方法。

本部分适用于氯化稀土、碳酸轻稀土中氧化钍量的测定。测定范围：0.000 1%～0.30%。

2 原理

试样经盐酸或硝酸溶解，在pH<2的盐酸介质中，用PMBP-乙酸丁酯溶液萃取钍以分离稀土。用6 mol/L盐酸反萃取钍，于分光光度计波长650 nm处测量钍与偶氮胂Ⅲ络合物的吸光度。

3 试剂

3.1 盐酸（ρ1.19 g/mL）。

3.2 硝酸（ρ1.42 g/mL）。

3.3 高氯酸（ρ1.67 g/mL）。

3.4 过氧化氢（30%）。

3.5 盐酸（1+1）。

3.6 盐酸（1+49）。

3.7 氨水（1+9）。

3.8 1-苯基-3-甲基-4-苯甲酰基-吡唑酮-5（PMBP）-乙酸丁酯溶液（10 g/L）：称取5 g PMBP，加500 mL乙酸丁酯溶解。

3.9 氯乙酸缓冲溶液：称取87 g氯乙酸，加1 L水溶解，用盐酸（3.5）和氨水（3.7）调节pH为2.0。

3.10 氧化钍标准贮存溶液：称取0.100 0 g经110 ℃烘干并置于干燥器中冷却至室温的二氧化钍于100 mL烧杯中，加10 mL盐酸（3.5），1滴氢氟酸（1+19），低温加热至溶解完全并蒸发至1 mL左右，加5 mL盐酸（3.5），继续蒸发至1 mL左右，重复操作一次以赶尽氟离子。冷却至室温，移入1 000 mL容量瓶中稀释至刻度，混匀。此溶液1 mL含100 μg氧化钍。

3.11 氧化钍标准溶液：移取5.00 mL钍标准贮存溶液（3.10）于200 mL容量瓶中，用盐酸（3.6）稀释至刻度，混匀。此溶液1 mL含2.5 μg氧化钍。

3.12 偶氮胂Ⅲ溶液（1 g/L）。

3.13 甲酚红溶液（1 g/L）。

4 仪器设备

分光光度计。

5 试样

5.1 氯化稀土试样的制备：将试样破碎，迅速置于称量瓶中，立即称量。

5.2 碳酸轻稀土试样的制备：试样开封后立即称量。

6 分析步骤

6.1 试料

按表1称取试样，精确至0.000 1 g。

表1

氧化钍含量范围(质量分数)/%	试料量/g	溶液总体积/mL	移取体积/mL
0.000 1～0.000 5	2.00	10.00	全量
>0.000 5～0.002 0	1.00	10.00	全量
>0.002 0～0.005 0	0.40	10.00	全量
>0.005 0～0.020	0.10	10.00	全量
>0.020～0.050	0.20	100.00	20.00
>0.050～0.10	0.20	100.00	10.00

6.2 测定数量

称取两份试料进行平行测定，取其平均值。

6.3 空白试验

随同试料做空白试验。

6.4 测定

6.4.1 将试料(6.1)置于100 mL烧杯中，加10 mL盐酸(3.5)[若试样难溶改为加5 mL硝酸(3.2)，1 mL高氯酸(3.3)]，加1 mL过氧化氢(3.4)，低温加热至溶解完全，蒸发至体积约为1 mL，冷却至室温，按表1将溶液移入容量瓶中，用水稀释至刻度，混匀。

6.4.2 按表1移取溶液(6.4.1)于60 mL分液漏斗中，加2滴甲酚红溶液(3.13)，用氨水(3.7)和盐酸(3.6)，调节溶液呈橙色(pH约1～2)，加2.5 mL氯乙酸缓冲溶液(3.9)，加水至体积为30 mL左右，加10 mL PMBP-乙酸丁酯溶液(3.8)，振荡2 min，静置分层，弃去水相。

6.4.3 加10 mL盐酸(3.6)于分液漏斗中，振荡2 min，静置分层，弃去水相，再重复操作一次。

6.4.4 加10 mL盐酸(3.5)于分液漏斗中，振荡2 min，静置分层，将水相放入100 mL烧杯中。

6.4.5 加5 mL盐酸(3.5)于分液漏斗中，振荡2 min，静置分层，水相合并于100 mL烧杯(6.4.4)中。

6.4.6 在水相(6.4.4)中加2 mL硝酸(3.2)，1 mL高氯酸(3.3)，加热至冒高氯酸烟30 s，稍冷，加5 mL水，加热至溶液清亮。冷却至室温，移入25 mL比色管中，加6 mL盐酸(3.1)，混匀，加1.00 mL偶氮胂Ⅲ溶液(3.12)，用水稀释至刻度，混匀。

6.4.7 移取部分溶液(6.4.6)于2 cm比色皿中，以试料空白溶液为参比，于分光光度计波长650 nm处测量其吸光度，从工作曲线上查出相应的氧化钍量。

6.5 工作曲线的绘制

6.5.1 移取0 mL、0.50 mL、1.00 mL、2.00 mL、4.00 mL、8.00 mL、10.00 mL氧化钍标准溶液(3.11)，分别置于一组25 mL比色管中，各加6 mL盐酸(3.1)，混匀。加1.00 mL偶氮胂Ⅲ溶液(3.12)，用水稀释至刻度，混匀。

6.5.2 移取部分试液(6.5.1)于2 cm比色皿中，以试剂空白溶液为参比，于分光光度计波长650 nm处测量其吸光度，以氧化钍量为横坐标，吸光度为纵坐标绘制工作曲线。

7 分析结果的计算与表述

按式(1)计算氧化钍的质量分数(%)：

$$w(ThO_2)=\frac{\rho V\times 10^{-6}}{mV_1}\times 100 \qquad \cdots\cdots(1)$$

式中：

ρ——自工作曲线上查得的分析试液(6.4.6)氧化钍量，单位为微克(μg)；

V——试液总体积，单位为毫升(mL)；

V_1——移取试液体积，单位为毫升(mL)；

m——试料的质量，单位为克(g)。

8 精密度

8.1 重复性

在重复性条件下获得的两次独立测试结果的测定值，在以下给出的平均值范围内，这两个测试结果的绝对差值不超过重复性限(r)，超过重复性限(r)的情况不超过5%，重复性限(r)按表2数据采用线性内插法求得。

表 2

氧化钍质量分数/%	重复性限(r)/%
0.003 7	0.000 5
0.037	0.003
0.23	0.02
注：重复性限(r)为 $2.8\times Sr$，Sr 为重复性标准差。	

8.2 允许差

实验室之间分析结果的差值应不大于表3所列允许差。

表 3

氧化钍含量范围(质量分数)/%	允许差/%
0.000 1～0.000 3	0.000 1
>0.000 3～0.001 0	0.000 2
>0.001 0～0.003 0	0.000 4
>0.003 0～0.010	0.000 7
>0.010～0.030	0.002
>0.030～0.10	0.004
>0.10～0.30	0.03

9 质量保证和控制

每周用自制的控制标样(如有国家级或行业级标样时，应首先使用)校核一次本部分分析方法的有效性。当过程失控时，应找出原因，纠正错误，重新进行校核。

ICS 77.120.99
H 14

中华人民共和国国家标准

GB/T 16484.5—2009
代替 GB/T 16484.5—1996

氯化稀土、碳酸轻稀土化学分析方法 第5部分：氧化钡量的测定 电感耦合等离子体发射光谱法

Chemical analysis methods of rare earth chloride and light rare earth carbonate—Part 5: Determination of barium oxide content—Inductively coupled plasma atomic emission spectrometry

2009-10-30 发布　　2010-05-01 实施

中华人民共和国国家质量监督检验检疫总局
中国国家标准化管理委员会　发布

前　言

GB/T 16484—2009《氯化稀土、碳酸轻稀土化学分析方法》共分22个部分：

——第1部分：氧化铈量的测定　硫酸亚铁铵滴定法；

——第2部分：氧化铕量的测定　电感耦合等离子体质谱法；

——第3部分：15个稀土元素氧化物配分量的测定　电感耦合等离子体发射光谱法；

——第4部分：氧化钍量的测定　偶氮胂Ⅲ分光光度法；

——第5部分：氧化钡量的测定　电感耦合等离子体发射光谱法；

——第6部分：氧化钙量的测定　火焰原子吸收光谱法；

——第7部分：氧化镁量的测定　火焰原子吸收光谱法；

——第8部分：氧化钠量的测定　火焰原子吸收光谱法；

——第9部分：氧化镍量的测定　火焰原子吸收光谱法；

——第10部分：氧化锰量的测定　火焰原子吸收光谱法；

——第11部分：氧化铅量的测定　火焰原子吸收光谱法；

——第12部分：硫酸根量的测定；

——第13部分：氯化铵量的测定　蒸馏-滴定法；

——第14部分：磷酸根量的测定　锑磷钼蓝分光光度法；

——第15部分：碳酸轻稀土中氯量的测定　硝酸银比浊法；

——第16部分：氯化稀土中水不溶物量的测定　重量法；

——第17部分：碳酸稀土中水分量的测定；

——第18部分：碳酸轻稀土中灼减量的测定　重量法；

——第20部分：氧化镍、氧化锰、氧化铅、氧化铝、氧化锌、氧化钍量的测定　电感耦合等离子体质谱法；

——第21部分：氧化铁量的测定　1,10-二氮杂菲分光光度法；

——第22部分：氧化锌量的测定　火焰原子吸收光谱法；

——第23部分：碳酸轻稀土中酸不溶物量的测定　重量法。

本部分为GB/T 16484的第5部分。

本部分代替GB/T 16484.5—1996《氯化稀土、碳酸稀土化学分析方法　火焰原子吸收光谱法测定氧化钡》。

本部分与GB/T 16484.5—1996相比，主要有如下变动：

——采用电感耦合等离子体发射光谱法代替火焰原子吸收光谱法；

——测定范围从0.40%～2.0%调整为0.10%～2.00%；

——增加了精密度条款；

——对标准文本进行了编辑性修改；

——增加了质量保证和控制条款；

——删除了原标准中的附加说明。

本部分由全国稀土标准化技术委员会提出并归口。

本部分负责起草单位：北京有色金属研究总院、中国有色金属工业标准计量质量研究所。

本部分由北京有色金属研究总院起草。

本部分参加起草单位：山东淄博加华新材料资源有限公司。

本部分主要起草人：高新秀，李娜，佟玲。

本部分参加起草人：贾福玉。

本部分所替代标准的历次版本发布情况为：

——GB/T 16484.5—1996。

氯化稀土、碳酸轻稀土化学分析方法
第5部分：氧化钡量的测定
电感耦合等离子体发射光谱法

1 范围

GB/T 16484的本部分规定了氯化稀土、碳酸轻稀土中氧化钡量的测定方法。

本部分适用于氯化稀土、碳酸轻稀土中氧化钡量的测定。测定范围：氧化钡0.10%～2.00%。

2 方法原理

试样用无水碳酸钠熔融、水浸取、过滤。滤渣用硝酸、高氯酸溶解。在稀硝酸介质中，直接以氩等离子光源激发，进行光谱测定。

3 试剂和材料

3.1 无水碳酸钠。

3.2 硝酸（ρ1.42 g/mL）。

3.3 高氯酸（ρ1.67 g/mL）。

3.4 硝酸（1+1）。

3.5 盐酸（1+1）。

3.6 碳酸钠溶液（20 g/L）。

3.7 氯化钡溶液（250 g/L）。

3.8 无水乙醇。

3.9 钡标准溶液：称取1.437 1 g经110 ℃烘1 h并在干燥器中冷却至室温的基准碳酸钡，置于100 mL烧杯中，加20 mL水，滴加盐酸（3.5）至完全溶解，低温加热煮沸驱除二氧化碳，冷却至室温。移入1 000 mL容量瓶中，用水稀释至刻度，混匀。此溶液1 mL含1 000 μg钡。

3.10 对硝基酚指示剂（1 g/L）。

3.11 氩气（>99.99%）。

4 仪器

4.1 电感耦合等离子体光谱仪，分辨率<0.006 nm(200 nm)。

4.2 光源：氩等离子体光源。

5 试样

5.1 氯化稀土试样的制备：将试样破碎，迅速置于称量瓶中，立即称量。

5.2 碳酸轻稀土试样的制备：试样开封后立即称量。

6 分析步骤

6.1 试料

称取0.50 g试样（5），精确至0.000 1 g。

6.2 测定次数

称取两份试料进行平行测定，取其平均值。

6.3 空白试验

随同试料做空白试验。

6.4 分析试液的制备

6.4.1 将试料(6.1)置于预先盛有 4 g 无水碳酸钠(3.1)的 30 mL 镍坩埚中，覆盖 4 g 无水碳酸钠(3.1)。置于 1 000 ℃高温炉中熔融至流体状，摇匀。继续熔融 15 min 取出，冷却。

6.4.2 将坩埚(6.4.1)置于 250 mL 烧杯中，加 100 mL 水。低温加热溶解，微沸数分钟，待熔块完全溶解后，用水洗出坩埚，再次煮沸后取下，冷却至室温。用定量滤纸过滤，用碳酸钠溶液(3.6)洗沉淀和滤纸 4 次～5 次，水洗至无硫酸根为止(检验方法：取 10 mL 滤液置于 25 mL 比色管中，加 1 滴对硝基酚指示剂(3.10)用盐酸(3.5)调至黄色刚消失，并过量 1 滴，加 2 mL 无水乙醇(3.8)，混匀。加 3 mL 氯化钡溶液(3.7)，混匀。10 min 后溶液应透明无混浊)。弃去滤液。

6.4.3 将沉淀连同滤纸(6.4.2)置于 100 mL 烧杯中，加 30 mL 硝酸(3.2)，5 mL 高氯酸(3.3)。盖上表面皿，加热至冒高氯酸浓烟，直至近干，稍冷，加 10 mL 硝酸(3.4)，加少量水，加热溶解至清，冷却至室温。移入 250 mL 容量瓶中，用水稀释至刻度，混匀。

6.5 标准系列溶液的制备

移取 0 mL、0.10 mL、0.50 mL、1.00 mL、2.00 mL、4.00 mL 钡标准溶液(3.9)于一组 100 mL 容量瓶中，加 4 mL 硝酸(3.4)，用水稀释至刻度，混匀。此系列标准溶液质量浓度为 0 μg/mL、1.0 μg/mL、5.0 μg/mL、10.0 μg/mL、20.0 μg/mL、40.0 μg/mL。

6.6 测定

推荐分析线为 Ba233.5 nm；Ba455.4 nm 为辅助线。

将标准系列溶液(6.5)的含量直接输入计算机，根据标准系列溶液(6.5)和分析试液(6.4)的强度，由计算机计算、校正并输出分析试液(6.4)中待测元素的质量浓度。

7 分析结果的计算与表述

按式(1)计算氧化钡的质量分数(%)：

$$w(\mathrm{BaO}) = \frac{(\rho - \rho_0)V_0 \times 1.116\,5 \times 10^{-6}}{m} \times 100 \qquad \cdots\cdots(1)$$

式中：

ρ——自工作曲线上查得的待测元素的质量浓度，单位为微克每毫升(μg/mL)；

ρ_0——自工作曲线上查得的试料空白中待测元素的质量浓度，单位为微克每毫升(μg/mL)；

V_0——试液总体积，单位为毫升(mL)；

m——试料的质量，单位为克(g)；

1.116 5——氧化钡与钡的换算系数。

8 精密度

8.1 重复性

在重复性条件下获得的两次独立测试结果的测定值，在以下给出的平均值范围内，这两个测试结果的绝对差值不超过重复性限(r)，超过重复性限(r)的情况不超过 5%，重复性限(r)按表 1 数据采用线性内插法求得；超过表 1 中质量分数的测定值，其重复性限(r)用外推法计算求得。

表 1

氧化钡质量分数/%	重复性限(r)/%
0.10	0.01
1.12	0.02
2.01	0.03
注：重复性限(r)为 $2.8\times S_r$，S_r 为重复性标准差。	

8.2 允许差

实验室之间分析结果的差值应不大于表 2 所列允许差。

表 2

氧化钡含量范围(质量分数)/%	允许差/%
0.10～0.50	0.02
>0.50～1.00	0.03
>1.00～2.00	0.05

9 质量保证和控制

每周用自制的控制标样(如有国家级或行业级标样时，应首先使用)校核一次本部分分析方法的有效性。当过程失控时，应找出原因，纠正错误，重新进行校核。

ICS 77.120.99
H 14

中华人民共和国国家标准

GB/T 16484.6—2009
代替 GB/T 16484.6—1996

氯化稀土、碳酸轻稀土化学分析方法 第6部分:氧化钙量的测定 火焰原子吸收光谱法

Chemical analysis methods of rare earth chloride and light rare earth carbonate—Part 6:Determination of calcium oxide content—Flame atomic absorption spectrometry

2009-10-30 发布　　2010-05-01 实施

中华人民共和国国家质量监督检验检疫总局
中国国家标准化管理委员会　发布

前　言

GB/T 16484—2009《氯化稀土、碳酸轻稀土化学分析方法》共分22个部分：

——第1部分：氧化铈量的测定　硫酸亚铁铵滴定法；

——第2部分：氧化铕量的测定　电感耦合等离子体质谱法；

——第3部分：15个稀土元素氧化物配分量的测定　电感耦合等离子体发射光谱法；

——第4部分：氧化钍量的测定　偶氮胂Ⅲ分光光度法；

——第5部分：氧化钡量的测定　电感耦合等离子体发射光谱法；

——第6部分：氧化钙量的测定　火焰原子吸收光谱法；

——第7部分：氧化镁量的测定　火焰原子吸收光谱法；

——第8部分：氧化钠量的测定　火焰原子吸收光谱法；

——第9部分：氧化镍量的测定　火焰原子吸收光谱法；

——第10部分：氧化锰量的测定　火焰原子吸收光谱法；

——第11部分：氧化铅量的测定　火焰原子吸收光谱法；

——第12部分：硫酸根量的测定；

——第13部分：氯化铵量的测定　蒸馏-滴定法；

——第14部分：磷酸根量的测定　锑磷钼蓝分光光度法；

——第15部分：碳酸轻稀土中氯量的测定　硝酸银比浊法；

——第16部分：氯化稀土中水不溶物量的测定　重量法；

——第17部分：碳酸稀土中水分量的测定；

——第18部分：碳酸轻稀土中灼减量的测定　重量法；

——第20部分：氧化镍、氧化锰、氧化铅、氧化铝、氧化锌、氧化钍量的测定　电感耦合等离子体质谱法；

——第21部分：氧化铁量的测定　1,10-二氮杂菲分光光度法；

——第22部分：氧化锌量的测定　火焰原子吸收光谱法；

——第23部分：碳酸轻稀土中酸不溶物量的测定　重量法。

本部分为GB/T 1648.6的第6部分。

本部分代替GB/T 16484.6—1996《氯化稀土、碳酸稀土化学分析方法　火焰原子吸收光谱法测定氧化钙》。

本部分与GB/T 16484.6—1996相比，主要有如下变动：

——增加了精密度条款；

——增加了质量保证和控制条款；

——对标准文本进行了编辑性修改。

本部分由全国稀土标准化技术委员会提出并归口。

本部分负责起草单位：北京有色金属研究总院、中国有色金属工业标准计量质量研究所。

本部分由北京有色金属研究总院起草。

本部分参加起草单位：包钢稀土高科技股份有限公司、江阴加华新材料资源有限公司。

本部分主要起草人：陈云红、杨萍、刘文华。

本部分参加起草人：郑昆、描洪英、郑杏琴、陈利芬、谢建伟。

本部分所替代标准的历次版本发布情况为：

——GB/T 16484.6—1996。

氯化稀土、碳酸轻稀土化学分析方法
第6部分:氧化钙量的测定
火焰原子吸收光谱法

1 范围

GB/T 16484的本部分规定了氯化稀土、碳酸轻稀土中氧化钙量的测定方法。

本部分适用于氯化稀土、碳酸轻稀土中氧化钙量的测定。测定范围:0.10%~5.00%。

2 方法原理

试样经盐酸或硝酸溶解。在稀酸介质中,用空气-乙炔火焰,采用标准加入法在原子吸收光谱仪波长422.7 nm处测量氧化钙的吸光度,计算试样中氧化钙的量。

3 试剂和材料

3.1 过氧化氢(30%)。

3.2 硝酸(ρ1.42 g/mL)。

3.3 盐酸(1+1)。

3.4 氧化钙标准贮存溶液:称取1.784 8 g经110 ℃烘干并冷却至室温的碳酸钙于200 mL烧杯中,加20 mL盐酸(3.3)溶解、煮沸除尽二氧化碳,冷却至室温。移入1 000 mL容量瓶中,用水稀释至刻度,混匀。此溶液1 mL含1 mg氧化钙。

3.5 氧化钙标准溶液:移取10.00 mL氧化钙标准贮存溶液(3.4)于200 mL容量瓶中,用水稀释至刻度,混匀。此溶液1 mL含50 μg氧化钙。

4 仪器

原子吸收光谱仪,附钙空心阴极灯。

在仪器最佳工作条件下,凡能达到下列指标者均可使用。

——灵敏度:在与测量样品溶液的基体相一致的溶液中,钙的特征浓度应不大于0.11 μg/mL。

——精密度:用最高浓度的标准溶液测量10次吸光度,其标准偏差应不超过平均吸光度的1.0%;用最低浓度的标准溶液(不是零标准溶液)测量10次吸光度,其标准偏差应不超过最高浓度标准溶液平均吸光度的0.5%。

——工作曲线线性:将工作曲线按浓度等分成五段,最高段的吸光度差值与最低段的吸光度差值之比,应不小于0.7。

5 试样

5.1 氯化稀土试样的制备:将试样破碎,迅速置于称量瓶中,立即称量。

5.2 碳酸轻稀土试样的制备:试样开封后立即称量。

6 分析步骤

6.1 试料

按表1称取试样,精确至0.000 1 g。

表 1

氧化钙质量分数/%	称样量/g	溶液总体积/mL	移取试液体积/mL
0.10～0.50	1.00	500	5.00
>0.50～2.00	0.50	500	5.00
>2.00～5.00	0.50	1 000	5.00

6.2 测定次数

称取两份试料进行平行测定，取其平均值。

6.3 空白试验

随同试料做空白试验。

6.4 测定

6.4.1 试料的溶解

将试料(6.1)置于 100 mL 烧杯中，加 5 mL 盐酸(3.3)[若试样难溶改加 5 mL 硝酸(3.2)]，1 mL 过氧化氢(3.1)，低温加热至溶解完全，冷却至室温。将溶液按表 1 移入容量瓶中，用水稀释至刻度，混匀。

6.4.2 工作曲线的绘制与测定

6.4.2.1 按表 1 移取 4 份试液(6.4.1)于一组 25 mL 比色管中，分别加入 0 mL、0.50 mL、1.00 mL、2.00 mL 氧化钙标准溶液(3.5)，加入 1 mL 盐酸(3.3)，用水稀释至刻度，混匀。

6.4.2.2 使用空气-乙炔火焰，在原子吸收光谱仪波长 422.7 nm 处，以水调零测量试液(6.4.2.1)的吸光度，以氧化钙浓度为横坐标，吸光度为纵坐标绘制标准加入曲线，用外推法从标准加入曲线上查得被测溶液的氧化钙浓度。

7 分析结果的计算与表述

按式(1)计算氧化钙的质量分数(%)：

$$w(\mathrm{CaO})=\frac{(\rho-\rho_0)\times V_0V_2\times10^{-6}}{mV_1}\times100 \qquad \cdots\cdots(1)$$

式中：

ρ——由标准加入法查得的被测试液的氧化钙的质量浓度，单位为微克每毫升(μg/mL)；

ρ_0——由标准加入法查得的试料空白溶液的氧化钙的质量浓度，单位为微克每毫升(μg/mL)；

V_0——试液的总体积，单位为毫升(mL)；

V_1——移取试液的体积，单位为毫升(mL)；

V_2——被测试液的体积，单位为毫升(mL)；

m——试料的质量，单位为克(g)。

8 精密度

8.1 重复性

在重复性条件下获得的两次独立测试结果的测定值，在以下给出的平均值范围内，这两个测试结果的绝对差值不超过重复性限(r)，超过重复性限(r)的情况不超过 5%，重复性限(r)按表 2 数据采用线性内插法求得。

表 2

氧化钙质量分数/%	重复性限(r)/%
0.38	0.05
4.29	0.20
注：重复性限(r)为 2.8×S_r，S_r 为重复性标准差。	

8.2 允许差

实验室之间分析结果的差值应不大于表3所列允许差。

表3

氧化钙含量范围(质量分数)/%	允许差/%
0.10～1.00	0.05
>1.00～2.50	0.10
>2.50～5.00	0.30

9 质量保证和控制

每周用自制的控制标样(如有国家级或行业级标样时,应首先使用)校核一次本部分分析方法的有效性。当过程失控时,应找出原因,纠正错误,重新进行校核。

ICS 77.120.99
H 14

中华人民共和国国家标准

GB/T 16484.7—2009
代替 GB/T 16484.7—1996

氯化稀土、碳酸轻稀土化学分析方法 第7部分:氧化镁量的测定 火焰原子吸收光谱法

Chemical analysis methods of rare earth chloride and light rare earth carbonate—Part 7: Determination of magnesium oxide content—Flame atomic absorption spectrometry

2009-10-30 发布　　2010-05-01 实施

中华人民共和国国家质量监督检验检疫总局
中国国家标准化管理委员会　发布

前　言

GB/T 16484—2009《氯化稀土、碳酸轻稀土化学分析方法》共分22个部分：

——第1部分：氧化铈量的测定　硫酸亚铁铵滴定法；

——第2部分：氧化铕量的测定　电感耦合等离子体质谱法；

——第3部分：15个稀土元素氧化物配分量的测定　电感耦合等离子体发射光谱法；

——第4部分：氧化钍量的测定　偶氮胂Ⅲ分光光度法；

——第5部分：氧化钡量的测定　电感耦合等离子体发射光谱法；

——第6部分：氧化钙量的测定　火焰原子吸收光谱法；

——第7部分：氧化镁量的测定　火焰原子吸收光谱法；

——第8部分：氧化钠量的测定　火焰原子吸收光谱法；

——第9部分：氧化镍量的测定　火焰原子吸收光谱法；

——第10部分：氧化锰量的测定　火焰原子吸收光谱法；

——第11部分：氧化铅量的测定　火焰原子吸收光谱法；

——第12部分：硫酸根量的测定；

——第13部分：氯化铵量的测定　蒸馏-滴定法；

——第14部分：磷酸根量的测定　锑磷钼蓝分光光度法；

——第15部分：碳酸轻稀土中氯量的测定　硝酸银比浊法；

——第16部分：氯化稀土中水不溶物量的测定　重量法；

——第17部分：碳酸稀土中水分量的测定；

——第18部分：碳酸轻稀土中灼减量的测定　重量法；

——第20部分：氧化镍、氧化锰、氧化铅、氧化铝、氧化锌、氧化钍量的测定　电感耦合等离子体质谱法；

——第21部分：氧化铁量的测定　1,10-二氮杂菲分光光度法；

——第22部分：氧化锌量的测定　火焰原子吸收光谱法；

——第23部分：碳酸轻稀土中酸不溶物量的测定　重量法。

本部分为GB/T 16484的第7部分。

本部分代替GB/T 16484.7—1996《氯化稀土、碳酸稀土化学分析方法　氧化镁量的测定》。

本部分与GB/T 16484.7—1996相比，主要有如下变动：

——原标准采用标准加入法测定氧化镁量，修订后的标准是根据镁量的高低分别采用标准曲线法和标准加入法测定氧化镁量；

——增加了精密度条款；

——增加了质量保证和控制条款；

——对标准文本进行了编辑性修改。

本部分由全国稀土标准化技术委员会提出并归口。

本部分负责起草单位：北京有色金属研究总院、中国有色金属工业标准计量质量研究所。

本部分由赣州有色冶金研究所起草。

本部分参加起草单位：包钢稀土高科技股份有限公司、江阴加华新材料资源有限公司。

本部分主要起草人：赖剑、陈荣斌、钟道国。

本部分参加起草人：鲍永平、郑昆、陈益芬、谢建伟。

本部分所替代标准的历次版本发布情况为：

——GB/T 16484.7—1996。

氯化稀土、碳酸轻稀土化学分析方法
第7部分：氧化镁量的测定
火焰原子吸收光谱法

1 范围

GB/T 16484的本部分规定了氯化稀土、碳酸轻稀土中氧化镁量的测定方法。

本部分适用于氯化稀土、碳酸轻稀土中氧化镁量的测定。测定范围0.030%～1.50%。

2 方法原理

试样以硝酸溶解，在稀硝酸介质中，用空气-乙炔火焰，在原子吸收光谱仪波长285.2 nm处采用标准曲线法或标准加入法测量镁的吸光度，计算试样中氧化镁的含量。

3 试剂

3.1 硝酸(ρ1.42 g/mL)。

3.2 过氧化氢(30%)。

3.3 氧化镁标准贮存溶液：称取0.200 0 g氧化镁[$w(\mathrm{MgO})\geqslant 99.95\%$]，经800 ℃灼烧到恒重，置于干燥器中，冷至室温，于100 mL烧杯中，加20 mL水，5 mL硝酸(3.1)加热溶解。煮沸除尽二氧化碳，冷至室温，移入1 000 mL容量瓶中，用水稀释至刻度，混匀。此溶液1 mL含200 μg氧化镁。

3.4 氧化镁标准溶液：移取20.00 mL氧化镁标准贮存溶液(3.3)于200 mL容量瓶中，用水稀释至刻度，混匀。此溶液1 mL含20 μg氧化镁。

3.5 氧化镁标准溶液：移取10.00 mL氧化镁标准贮存溶液(3.3)于200 mL容量瓶中，用水稀释至刻度，混匀。此溶液1 mL含10 μg氧化镁。

4 仪器

原子吸收光谱仪，附镁空心阴极灯。

在仪器最佳条件下，凡能达到下列指标者均可使用。

——特征浓度：在与测量样品溶液的基体相一致的溶液中，镁的特征浓度不大于0.005 5 μg/mL。

——精密度：用最高浓度的标准溶液测量10次吸光度，其标准偏差不超过平均吸光度1.0%；用最低浓度的标准溶液(不是零标准溶液)测量10次吸光度，其标准偏差应不超过最高溶液平均吸光度的0.5%。

——工作曲线线性：将工作曲线按浓度等分成五段，最高段的吸光度差值与最低段的吸光度差值之比，应不小于0.7。

5 试样

5.1 氯化稀土试样的制备：将试样破碎，迅速置于称量瓶中，立即称量。

5.2 碳酸轻稀土试样的制备：试样开封后立即称量。

6 分析步骤

6.1 试料

按表1称取试样(5)，精确至0.000 1 g。

表 1

氧化镁质量分数/%	试料量/g	移取试液体积/mL
0.03～0.05	2.50	2.00
>0.05～0.10	1.00	1.00
>0.10～0.20	0.50	1.00
>0.20～0.50	1.00	2.00
>0.50～1.00	1.00	1.00
>1.00～1.50	0.50	1.00

6.2 测定数量

称取两份试料进行平行测定，取其平均值。

6.3 空白试验

随同试样做空白试验。

6.4 测定

6.4.1 标准加入法（适用于氧化镁含量范围：0.030%～0.20%）

6.4.1.1 将试料(6.1)置于100 mL烧杯中，加少量水，加入2 mL硝酸(3.1)，低温加热至溶解完全[若试料难溶解清亮，滴加少量过氧化氢(3.2)]，冷却至室温。移入50mL容量瓶中，用水稀释至刻度，混匀。

6.4.1.2 按表1移取4份试液于一组50 mL容量瓶中，分别加入0 mL、1.00 mL、2.00 mL、4.00 mL氧化镁标准溶液(3.5)，用水稀至刻度，混匀。

6.4.1.3 使用空气-乙炔火焰，在原子吸收光谱仪波长285.2 nm处，以水调零测量试液的吸光度。以氧化镁浓度为横坐标，吸光度为纵坐标绘制标准加入曲线，用外推法从标准加入曲线上查得被测试液的氧化镁浓度。

6.4.2 标准曲线法（适用于氧化镁含量范围：>0.20%～1.50%）

6.4.2.1 将试料(6.1)置于100 mL烧杯中，加少量水，加入2 mL硝酸(3.1)，低温加热至溶解完全[若试料难溶解清亮，滴加少量过氧化氢(3.2)]，冷却至室温。移入50 mL容量瓶中，用水稀释至刻度，混匀。

6.4.2.2 按表1移取试液于100 mL容量瓶中，加入2 mL硝酸(3.1)，用水稀至刻度，混匀。

6.4.2.3 使用空气-乙炔火焰，在原子吸收光谱仪波长285.2 nm处，以水调零测量试液的吸光度。在工作曲线上查得被测试液的氧化镁浓度。

6.4.2.4 工作曲线的绘制与测定：移取0 mL、1.00 mL、3.00 mL、5.00 mL、10.00 mL、15.00 mL氧化镁标准溶液(3.4)于一组100 mL容量瓶中，分别加入2 mL硝酸(3.1)，用水稀释至刻度，混匀。按仪器工作条件在波长285.2 nm处，以水调零测量试液的吸光度，以氧化镁浓度为横坐标，吸光度为纵坐标绘制工作曲线。

7 分析结果的计算与表达

按式(1)计算氧化镁的质量分数(%)：

$$w(\mathrm{MgO}) = \frac{(\rho_1 - \rho_0)VV_2 \times 10^{-6}}{mV_1} \times 100 \qquad \cdots\cdots(1)$$

式中：

ρ_1——自标准曲线查得的被测溶液的氧化镁质量浓度，单位为微克每毫升(μg/mL)；

ρ_0——自标准曲线查得的随同试料空白溶液中氧化镁质量浓度，单位为微克每毫升(μg/mL)；

V——试液总体积，单位为毫升(mL)；

V_1——分取试液的体积，单位为毫升(mL)；

V_2——被测溶液的体积，单位为毫升(mL)；

m——试样的质量，单位为克(g)。

8 精密度

8.1 重复性

在重复性条件下获得的两次独立测试结果的测定值，在以下给出的平均值范围内，这两个测试结果的绝对差值不超过重复性限(r)，超过重复性限(r)的情况不超过5%，重复性限(r)按表2数据采用线性内插法求得。

表 2

氧化镁质量分数/%	重复性限(r)/%
0.11	0.02
0.23	0.03
0.94	0.07
注：重复性限(r)为 2.8×Sr，Sr 为重复性标准差。	

8.2 允许差

实验室之间分析结果的差值应不大于表3所列允许差。

表 3

氧化镁含量范围(质量分数)/%	允许差/%
0.030～0.10	0.020
>0.10～0.30	0.04
>0.30～1.00	0.10
>1.00～1.50	0.12

9 质量保证和控制

每周用自制的控制标样(如有国家级或行业级标样时，应首先使用)校核一次本部分分析方法的有效性。当过程失控时，应找出原因，纠正错误，重新进行校核。

ICS 77.120.99
H 14

中华人民共和国国家标准

GB/T 16484.8—2009
代替 GB/T 16484.8—1996

氯化稀土、碳酸轻稀土化学分析方法 第8部分：氧化钠量的测定 火焰原子吸收光谱法

Chemical analysis methods of rare earth chloride and light rare earth carbonate—Part 8: Determination of sodium oxide content—Flame atomic absorption spectrometry

2009-10-30 发布

2010-05-01 实施

中华人民共和国国家质量监督检验检疫总局
中国国家标准化管理委员会
发布

前言

GB/T 16484—2009《氯化稀土、碳酸轻稀土化学分析方法》共分22个部分：

——第1部分：氧化铈量的测定 硫酸亚铁铵滴定法；
——第2部分：氧化铕量的测定 电感耦合等离子体质谱法；
——第3部分：15个稀土元素氧化物配分量的测定 电感耦合等离子体发射光谱法；
——第4部分：氧化钍量的测定 偶氮胂Ⅲ分光光度法；
——第5部分：氧化钡量的测定 电感耦合等离子体发射光谱法；
——第6部分：氧化钙量的测定 火焰原子吸收光谱法；
——第7部分：氧化镁量的测定 火焰原子吸收光谱法；
——第8部分：氧化钠量的测定 火焰原子吸收光谱法；
——第9部分：氧化镍量的测定 火焰原子吸收光谱法；
——第10部分：氧化锰量的测定 火焰原子吸收光谱法；
——第11部分：氧化铅量的测定 火焰原子吸收光谱法；
——第12部分：硫酸根量的测定；
——第13部分：氯化铵量的测定 蒸馏-滴定法；
——第14部分：磷酸根量的测定 锑磷钼蓝分光光度法；
——第15部分：碳酸轻稀土中氯量的测定 硝酸银比浊法；
——第16部分：氯化稀土中水不溶物量的测定 重量法；
——第17部分：碳酸稀土中水分量的测定；
——第18部分：碳酸轻稀土中灼减量的测定 重量法；
——第20部分：氧化镍、氧化锰、氧化铅、氧化铝、氧化锌、氧化钍量的测定 电感耦合等离子体质谱法；
——第21部分：氧化铁量的测定 1,10-二氮杂菲分光光度法；
——第22部分：氧化锌量的测定 火焰原子吸收光谱法；
——第23部分：碳酸轻稀土中酸不溶物量的测定 重量法。

本部分为GB/T 16484的第8部分。

本部分代替GB/T 16484.8—1996《氯化稀土、碳酸稀土化学分析方法 火焰原子吸收光谱法测定氧化钠》。

本部分与GB/T 16484.8—1996相比，主要有如下变动：

——增加了精密度条款；
——增加了质量保证和控制条款；
——对标准文本进行了编辑性修改。

本部分由全国稀土标准化技术委员会提出并归口。

本部分负责起草单位：北京有色金属研究总院、中国有色金属工业标准计量质量研究所。

本部分由北京有色金属研究总院起草。

本部分参加起草单位：山东淄博加华新材料资源有限公司、包钢稀土高科技股份有限公司。

本部分主要起草人：陈云红、杨萍、刘文华。

本部分参加起草人：曹爱红、鲍永平、李杰。

本部分所替代标准的历次版本发布情况为：

——GB/T 16484.8—1996。

氯化稀土、碳酸轻稀土化学分析方法
第8部分:氧化钠量的测定
火焰原子吸收光谱法

1 范围

GB/T 16484的本部分规定了氯化稀土、碳酸轻稀土中氧化钠含量的测定方法。

本部分适用于氯化稀土、碳酸轻稀土中氧化钠含量的测定。测定范围:0.05%～2.00%。

2 方法原理

试样经盐酸或硝酸溶解。在稀酸介质中,用空气-乙炔火焰,采用标准加入法在原子吸收光谱仪波长589.0 nm处测量钠的吸光度,计算试样中氧化钠的量。

3 试剂和材料

3.1 过氧化氢(30%)。

3.2 硝酸(1+1),优级纯。

3.3 草酸(50 g/L),优级纯。

3.4 氧化钠标准贮存溶液:称取1.885 8 g经400 ℃～450 ℃灼烧到无爆裂声的氯化钠(优级纯,置于干燥器中,冷却至室温)于500 mL烧杯中,加200 mL水溶解。移入1 000 mL容量瓶中,用水稀释至刻度,摇匀。此溶液1 mL含1 mg氧化钠。

3.5 氧化钠标准溶液:移取20.00 mL氧化钠标准贮存溶液(3.4)于100 mL容量瓶中,用水稀释至刻度,摇匀。此溶液1 mL含200 μg氧化钠。

3.6 氧化钠标准溶液:移取5.00 mL氧化钠标准贮存溶液(3.4)于100 mL容量瓶中,用水稀释至刻度,摇匀。此溶液1 mL含50 μg氧化钠。

3.7 氧化钠标准溶液:移取10.00 mL氧化钠标准溶液(3.6)于100 mL容量瓶中,用水稀释至刻度,摇匀。此溶液1 mL含5 μg氧化钠。

4 仪器

原子吸收光谱仪,附钠空心阴极灯。

在仪器最佳条件下,凡能达到下列指标者均可使用。

——特征浓度:在与测量样品溶液的基体相一致的溶液中,钠的特征浓度不大于0.006 2 μg/mL。

——精密度:用最高浓度的标准溶液测量10次吸光度,其标准偏差不超过平均吸光度1.0%;用最低浓度的标准溶液(不是零标准溶液)测量10次吸光度,其标准偏差应不超过最高溶液平均吸光度的0.5%。

——工作曲线线性:将工作曲线按浓度等分成五段,最高段的吸光度差值与最低段的吸光度差值之比,应不小于0.7。

5 试样

5.1 氯化稀土试样的制备:将试样破碎,迅速置于称量瓶中,立即称量。

5.2 碳酸轻稀土试样的制备:试样开封后立即称量。

6 分析步骤

6.1 试料

按表1称取试样(5),精确至0.000 1 g。

表1

氧化钠含量范围(质量分数)/%	称样量/g	溶液总体积/mL
0.05～0.20	1.00	500
>0.20～0.80	1.00	1 000
>0.80～2.00	0.50	1 000

6.2 测定数量

称取两份试料进行平行测定,取其平均值。

6.3 空白试验

随同试样做空白试验。

6.4 测定

6.4.1 试料的溶解

将试料(6.1)置于100 mL烧杯中,加入5 mL硝酸(3.2),1 mL过氧化氢(3.1),低温加热至溶解完全,冷却至室温。按表1将溶液移入至容量瓶中,用水稀释至刻度,混匀。

6.4.2 工作曲线的绘制与测定

6.4.2.1 氧化钠含量范围0.050%～0.20%:按表1移取4份5.00 mL试液(6.4.1)于一组25 mL比色管中,分别加入0 mL、0.50 mL、1.00 mL、2.00 mL氧化钠标准溶液(3.7),加1 mL硝酸(3.2),用水稀释至刻度,混匀。

6.4.2.2 氧化钠含量范围>0.20%～0.80%:按表1移取4份5.00 mL试液(6.4.1)于一组25 mL比色管中,分别加入0 mL、0.50 mL、1.00 mL、2.00 mL氧化钠标准溶液(3.6),加1 mL硝酸(3.2),用水稀释至刻度,混匀。

6.4.2.3 氧化钠钠含量范围>0.80%～2.00%:按表1移取4份5.00 mL试液(6.4.1)于一组25 mL比色管中,分别加入0 mL、0.50 mL、1.00 mL、2.00 mL氧化钠标准溶液(3.5),加1 mL硝酸(3.2),用水稀释至刻度,混匀。

6.4.2.4 使用空气-乙炔火焰,在原子吸收光谱仪波长589.0 nm处,用氘灯扣背景,以水调零,测量试液(6.4.2.1～6.4.2.3)的吸光度,以氧化钠浓度为横坐标,吸光度为纵坐标绘制标准加入曲线,用外推法从标准加入曲线上查得被测溶液的氧化钠浓度。

7 分析结果的计算与表述

按式(1)计算氧化钠的质量分数(%):

$$w(\mathrm{Na_2O})=\frac{(\rho-\rho_0)VV_2\times10^{-6}}{mV_1}\times100 \qquad \cdots\cdots(1)$$

式中:

ρ——从标准加入曲线上查得的被测试液中氧化钠的质量浓度,单位为微克每毫升(μg/mL);

ρ_0——从标准加入曲线上查得的试料空白溶液中氧化钠的质量浓度,单位为微克每毫升(μg/mL);

V——试液的总体积,单位为毫升(mL);

V_1——移取试液的体积,单位为毫升(mL);

V_2——被测试液的体积,单位为毫升(mL);

m——试料的质量,单位为克(g)。

8 精密度

8.1 重复性

在重复性条件下获得的两次独立测试结果的测定值，在以下给出的平均值范围内，这两个测试结果的绝对差值不超过重复性限(r)，超过重复性限(r)的情况不超过5%，重复性限(r)按表2数据采用线性内插法求得。

表 2

氧化钠质量分数/%	重复性限(r)/%
0.057	0.004
0.72	0.04
1.98	0.18
注：重复性限(r)为$2.8 \times S_r$，S_r为重复性标准差。	

8.2 允许差

实验室之间分析结果的差值应不大于表3所列允许差。

表 3

氧化钠含量范围(质量分数)/%	允许差/%
0.05～0.20	0.01
>0.20～1.00	0.05
>1.00～2.00	0.20

9 质量保证和控制

每周用自制的控制标样(如有国家级或行业级标样时，应首先使用)校核一次本部分分析方法的有效性。当过程失控时，应找出原因，纠正错误，重新进行校核。

ICS 77.120.99
H 14

中华人民共和国国家标准

GB/T 16484.9—2009
代替 GB/T 16484.9—1996

氯化稀土、碳酸轻稀土化学分析方法 第9部分：氧化镍量的测定 火焰原子吸收光谱法

Chemical analysis methods of rare earth chloride and light rare earth carbonate—Part 9: Determination of nickel oxide content—Flame atomic absorption spectrometry

2009-10-30 发布

2010-05-01 实施

中华人民共和国国家质量监督检验检疫总局
中国国家标准化管理委员会 发布

前　言

GB/T 16484—2009《氯化稀土、碳酸轻稀土化学分析方法》共分 22 个部分：
——第 1 部分：氧化铈量的测定　硫酸亚铁铵滴定法；
——第 2 部分：氧化铕量的测定　电感耦合等离子体质谱法；
——第 3 部分：15 个稀土元素氧化物配分量的测定　电感耦合等离子体发射光谱法；
——第 4 部分：氧化钍量的测定　偶氮胂Ⅲ分光光度法；
——第 5 部分：氧化钡量的测定　电感耦合等离子体发射光谱法；
——第 6 部分：氧化钙量的测定　火焰原子吸收光谱法；
——第 7 部分：氧化镁量的测定　火焰原子吸收光谱法；
——第 8 部分：氧化钠量的测定　火焰原子吸收光谱法；
——第 9 部分：氧化镍量的测定　火焰原子吸收光谱法；
——第 10 部分：氧化锰量的测定　火焰原子吸收光谱法；
——第 11 部分：氧化铅量的测定　火焰原子吸收光谱法；
——第 12 部分：硫酸根量的测定；
——第 13 部分：氯化铵量的测定　蒸馏-滴定法；
——第 14 部分：磷酸根量的测定　锑磷钼蓝分光光度法；
——第 15 部分：碳酸轻稀土中氯量的测定　硝酸银比浊法；
——第 16 部分：氯化稀土中水不溶物量的测定　重量法；
——第 17 部分：碳酸稀土中水分量的测定；
——第 18 部分：碳酸轻稀土中灼减量的测定　重量法；
——第 20 部分：氧化镍、氧化锰、氧化铅、氧化铝、氧化锌、氧化钍量的测定　电感耦合等离子体质谱法；
——第 21 部分：氧化铁量的测定　1,10-二氮杂菲分光光度法；
——第 22 部分：氧化锌量的测定　火焰原子吸收光谱法；
——第 23 部分：碳酸轻稀土中酸不溶物量的测定　重量法。

本部分为 GB/T 16484 的第 9 部分。

本部分代替 GB/T 16484.9—1996《氯化稀土、碳酸稀土化学分析方法　氧化镍量的测定》。

本部分与 GB/T 16484.9—1996 相比，主要有如下变动：
——原方法采用氘灯扣背景，修订后的方法不需要扣背景，直接测定；
——原方法采用工作曲线法，修订后的方法采用标准加入法；
——增加了精密度条款；
——增加了质量保证和控制条款；
——对标准文本进行了编辑性修改。

本部分由全国稀土标准化技术委员会提出并归口。

本部分负责起草单位：北京有色金属研究总院、中国有色金属工业标准计量质量研究所。

本部分由赣州有色冶金研究所起草。

本部分参加起草单位：淄博加华新材料资源有限公司、包头稀土研究院。

本部分主要起草人：陈涛、林庆、潘建忠。

本部分参加起草人：曹爱红、蒋天怡、郝茜。

本部分所替代标准的历次版本发布情况为：
——GB/T 16484.9—1996。

氯化稀土、碳酸轻稀土化学分析方法
第9部分：氧化镍量的测定
火焰原子吸收光谱法

1 范围

GB/T 16484 的本部分规定了氯化稀土、碳酸轻稀土中氧化镍量的测定方法。

本部分适用于氯化稀土、碳酸轻稀土中氧化镍量的测定。测定范围 0.002 0%～0.010%。

2 方法原理

试样以硝酸溶解，在稀硝酸介质中，用空气-乙炔火焰，采用标准加入法在原子吸收光谱仪波长 232.0 nm 处测量镍的吸光度，计算试样中氧化镍的量。

3 试剂

3.1 硝酸(ρ1.42 g/mL)。

3.2 过氧化氢(30%)。

3.3 硝酸(1+1)。

3.4 镍标准贮存溶液：称取 0.250 0 g 镍[w(Ni)≥99.99%]于 250 mL 烧杯中，加入 10 mL 硝酸(3.3)，加热至完全溶解，取下，冷却至室温，移入 250 mL 容量瓶中，用水稀释至刻度，混匀。此溶液 1 mL 含 1 mg 镍。

3.5 镍标准溶液：移取 10.00 mL 镍标准贮存溶液(3.4)于 1 000 mL 量瓶中，加入 50 mL 硝酸(3.1)，用水稀释到刻度，混匀。此溶液 1 mL 含 10 μg 镍。

4 仪器

原子吸收光谱仪，附镍空心阴极灯。

在仪器最佳条件下，凡能达到下列指标者均可使用。

——特征浓度：在与测量样品溶液的基体相一致的溶液中，镍的特征浓度不大于 0.080 μg/mL。

——精密度：用最高浓度的标准溶液测量 10 次吸光度，其标准偏差不超过平均吸光度 1.0%；用最低浓度的标准溶液(不是零标准溶液)测量 10 次吸光度，其标准偏差应不超过最高溶液平均吸光度的 0.5%。

——工作曲线线性：将工作曲线按浓度等分成五段，最高段的吸光度差值与最低段的吸光度差值之比，应不小于 0.7。

5 试样

5.1 氯化稀土试样的制备：将试样破碎，迅速置于称量瓶中，立即称量。

5.2 碳酸轻稀土试样的制备：试样开封后立即称量。

6 分析步骤

6.1 试料

称取 2.50 g 试样(5)，精确至 0.000 1 g。

6.2 测定数量

称取两份试料进行平行测定，取其平均值。

6.3 空白试验

随同试料做空白试验。

6.4 测定

6.4.1 将试料置于100 mL烧杯中，加入5 mL硝酸(3.3)，加热至完全溶解[如果试料溶解不完全，可加入1 mL～2 mL过氧化氢(3.2)]，用少量水吹洗表面皿及杯壁。继续加热煮沸，冷却后，移入50 mL容量瓶中，用水稀释至刻度，混匀。

6.4.2 分别移取5.0 mL～10.0 mL试液(6.4.1)于一组50 mL容量瓶中，分别加入0 mL、1.00 mL、2.00 mL、4.00 mL镍标准溶液(3.5)，用水稀至刻度，混匀。

6.4.3 使用空气-乙炔火焰，在原子吸收光谱仪波长232.0 nm处，以水调零测量试液的吸光度。以镍浓度为横坐标，吸光度为纵坐标绘制标准加入曲线，用外推法从标准加入曲线上查得被测溶液的镍浓度。

7 分析结果的计算与表述

按式(1)计算氧化镍的质量分数(%)：

$$w(\text{NiO})=\frac{(\rho_1-\rho_0)VV_1\times 1.2728\times 10^{-6}}{m_0V_2}\times 100 \qquad \cdots\cdots(1)$$

式中：

ρ_1——自工作曲线上查得试液中镍的质量浓度，单位为微克每毫升(μg/mL)；

ρ_0——自工作曲线上查得随同试样空白溶液中镍的质量浓度，单位为微克每毫升(μg/mL)；

V——试液总体积，单位为毫升(mL)；

V_1——被测溶液的体积，单位为毫升(mL)；

V_2——分取试液的体积，单位为毫升(mL)；

m_0——试样量，单位为克(g)；

1.272 8——氧化镍与镍的换算系数。

8 精密度

8.1 重复性

在重复性条件下获得的两次独立测试结果的测定值，在以下给出的平均值范围内，这两个测试结果的绝对差值不超过重复性限(r)，超过重复性限(r)的情况不超过5%，重复性限(r)按表1数据采用线性内插法求得。

表 1

氧化镍质量分数/%	重复性限(r)/%
0.003 4	0.000 6
0.006 8	0.000 7
0.010	0.002
注：重复性限(r)为2.8×S_r，S_r为重复性标准差。	

8.2 允许差

实验室之间分析结果的差值应不大于表2所列允许差。

表 2

氧化镍含量范围(质量分数)/%	允许差/%
0.002 0~0.005 0	0.001 0
>0.005 0~0.010	0.002 0

9 质量保证和控制

每周用自制的控制标样(如有国家级或行业级标样时,应首先使用)校核一次本部分分析方法的有效性。当过程失控时,应找出原因,纠正错误,重新进行校核。

ICS 77.120.99
H 14

中华人民共和国国家标准

GB/T 16484.10—2009
代替 GB/T 16484.10—1996

氯化稀土、碳酸轻稀土化学分析方法 第10部分：氧化锰量的测定 火焰原子吸收光谱法

Chemical analysis methods of rare earth chloride and light rare earth carbonate—Part 10: Determination of manganese oxide content—Flame atomic absorption spectrometry

2009-10-30 发布 2010-05-01 实施

中华人民共和国国家质量监督检验检疫总局
中国国家标准化管理委员会 发布

前言

GB/T 16484—2009《氯化稀土、碳酸轻稀土化学分析方法》共分22个部分：

——第1部分：氧化铈量的测定 硫酸亚铁铵滴定法；

——第2部分：氧化铕量的测定 电感耦合等离子体质谱法；

——第3部分：15个稀土元素氧化物配分量的测定 电感耦合等离子体发射光谱法；

——第4部分：氧化钍量的测定 偶氮胂Ⅲ分光光度法；

——第5部分：氧化钡量的测定 电感耦合等离子体发射光谱法；

——第6部分：氧化钙量的测定 火焰原子吸收光谱法；

——第7部分：氧化镁量的测定 火焰原子吸收光谱法；

——第8部分：氧化钠量的测定 火焰原子吸收光谱法；

——第9部分：氧化镍量的测定 火焰原子吸收光谱法；

——第10部分：氧化锰量的测定 火焰原子吸收光谱法；

——第11部分：氧化铅量的测定 火焰原子吸收光谱法；

——第12部分：硫酸根量的测定；

——第13部分：氯化铵量的测定 蒸馏-滴定法；

——第14部分：磷酸根量的测定 锑磷钼蓝分光光度法；

——第15部分：碳酸轻稀土中氯量的测定 硝酸银比浊法；

——第16部分：氯化稀土中水不溶物量的测定 重量法；

——第17部分：碳酸稀土中水分量的测定；

——第18部分：碳酸轻稀土中灼减量的测定 重量法；

——第20部分：氧化镍、氧化锰、氧化铅、氧化铝、氧化锌、氧化钍量的测定 电感耦合等离子体质谱法；

——第21部分：氧化铁量的测定 1,10-二氮杂菲分光光度法；

——第22部分：氧化锌量的测定 火焰原子吸收光谱法；

——第23部分：碳酸轻稀土中酸不溶物量的测定 重量法。

本部分为GB/T 16484的第10部分。

本部分代替GB/T 16484.10—1996《氯化稀土、碳酸稀土化学分析方法 火焰原子吸收光谱法测定氧化锰》。

本部分与GB/T 16484.10—1996相比，主要有如下变动：

——增加了精密度条款；

——增加了质量保证和控制条款；

——对标准文本进行了编辑性修改。

本部分由全国稀土标准化技术委员会提出并归口。

本部分负责起草单位：北京有色金属研究总院、中国有色金属工业标准计量质量研究所。

本部分由北京有色金属研究总院起草。

本部分参加起草单位：山东淄博加华新材料资源有限公司、包钢稀土高科技股份有限公司。

本部分主要起草人：陈云红、杨萍、江红。

本部分参加起草人：曹爱红、李淑萍、郑昆。

本部分所替代标准的历次版本发布情况为：

——GB/T 16484.10—1996。

氯化稀土、碳酸轻稀土化学分析方法 第10部分：氧化锰量的测定 火焰原子吸收光谱法

1 范围

GB/T 16484的本部分规定了氯化稀土、碳酸轻稀土中氧化锰含量的测定方法。

本部分适用于氯化稀土、碳酸轻稀土中氧化锰含量的测定。测定范围：0.002 0%～0.20%。

2 方法原理

试样经硝酸溶解，在稀酸介质中，用空气-乙炔火焰，采用标准加入法在原子吸收分光光度计波长279.5 nm处测量锰的吸光度，计算试样中氧化锰的含量。

3 试剂和材料

3.1 过氧化氢（30%）。

3.2 硝酸（1+1）。

3.3 盐酸（1+1）。

3.4 锰标准贮存溶液：称取0.500 0 g金属锰[w(Mn)≥99.99%]，于200 mL烧杯中，加20 mL盐酸（3.3）溶解。冷却至室温，移入500 mL容量瓶中，用水稀释至刻度，混匀。此溶液1 mL含1 mg锰。

3.5 锰标准溶液：移取25.00 mL锰标准贮存溶液（3.4）于100 mL容量瓶中，加入10 mL盐酸（3.3），用水稀释至刻度，混匀。此溶液1 mL含250 μg锰。

3.6 锰标准溶液：移取5.00 mL锰标准贮存溶液（3.4）于200 mL容量瓶中，加入20 mL盐酸（3.3），用水稀释至刻度，混匀。此溶液1 mL含25 μg锰。

4 仪器

原子吸收光谱仪，附钠空心阴极灯。

在仪器最佳条件下，凡能达到下列指标者均可使用。

——特征浓度：在与测量样品溶液的基体相一致的溶液中，钠的特征浓度不大于0.006 2 μg/mL。

——精密度：用最高浓度的标准溶液测量10次吸光度，其标准偏差不超过平均吸光度1.0%；用最低浓度的标准溶液（不是零标准溶液）测量10次吸光度，其标准偏差应不超过最高溶液平均吸光度的0.5%。

——工作曲线线性：将工作曲线按浓度等分成五段，最高段的吸光度差值与最低段的吸光度差值之比，应不小于0.7。

5 试样

5.1 氯化稀土试样的制备：将试样破碎，迅速置于称量瓶中，立即称量。

5.2 碳酸轻稀土试样的制备：试样开封后立即称量。

6 分析步骤

6.1 试料

按表1称取试样，精确至0.000 1 g。

表 1

氧化锰含量范围(质量分数)/%	称样量/g	溶液总体积/mL	移取试液体积/mL
0.002 0～0.005 0	2.00	50	10.00
>0.005 0～0.010	1.00	50	10.00
>0.010～0.10	1.00	50	5.00
>0.10～0.50	0.50	100	5.00

6.2 测定数量

称取两份试样进行平行测定,取其平均值。

6.3 空白试验

随同试样做空白试验。

6.4 测定

6.4.1 试料的溶解

将试料(6.1)置于150 mL烧杯中,加入5 mL硝酸(3.2),1.5 mL过氧化氢(3.1),低温加热溶解,取下冷却至室温,按表1移入相应的容量瓶中,以水稀释至刻度,混匀。

6.4.2 工作曲线的绘制与测定

6.4.2.1 氧化锰含量范围0.002 0%～0.10%:按表1移取4份试液(6.4.1)置于一组25 mL容量瓶中,分别加入0 mL、0.50 mL、1.00 mL、2.00 mL锰标准溶液(3.6),用水稀释至刻度。混匀。

6.4.2.2 氧化锰含量范围>0.10%～0.50%:按表1移取4份试液(6.4.1)置于一组25 mL容量瓶中,分别加入0 mL、0.50 mL、1.00 mL、1.5 mL锰标准溶液(3.5),用水稀释至刻度。混匀。

6.4.2.3 试样的测定:使用空气-乙炔火焰于原子吸收光谱仪于波长279.5 nm处,以水调零,测量试液的吸光度。以锰浓度为横坐标,吸光度为纵坐标,绘制标准加入曲线。用外推法从标准加入曲线上求出被测试液的锰浓度。

7 分析结果的计算与表述

按式(1)计算氧化锰的质量分数(%):

$$w(\mathrm{MnO}) = \frac{(\rho - \rho_0)VV_2 \times 1.291\ 2 \times 10^{-6}}{mV_1} \times 100 \quad \cdots\cdots\cdots\cdots(1)$$

式中:

ρ——从标准加入曲线上查得的被测试液中锰的浓度,单位为微克每毫升(μg/mL);

ρ_0——从标准加入曲线上查得的试料空白溶液中锰的浓度,单位为微克每毫升(μg/mL);

V——试液的总体积,单位为毫升(mL);

V_1——移取试液的体积,单位为毫升(mL);

V_2——被测试液的体积,单位为毫升(mL);

m——试料的质量,单位为克(g);

1.291 2——氧化锰与锰量的换算系数。

8 精密度

8.1 重复性

在重复性条件下获得的两次独立测试结果的测定值,在以下给出的平均值范围内,这两个测试结果的绝对差值不超过重复性限(r),超过重复性限(r)的情况不超过5%,重复性限(r)按表2数据采用线性内插法求得。

表 2

氧化锰质量分数/%	重复性限(r)/%
0.003 6	0.000 3
0.025	0.003
0.14	0.018
注：重复性限(r)为 $2.8\times S_r$，S_r 为重复性标准差。	

8.2 允许差

实验室之间分析结果的差值应不大于表 3 所列允许差。

表 3

氧化锰含量范围(质量分数)/%	允许差/%
0.002 0～0.010	0.000 5
>0.010～0.080	0.008
>0.080～0.20	0.020

9 质量保证和控制

每周用自制的控制标样(如有国家级或行业级标样时，应首先使用)校核一次本部分分析方法的有效性。当过程失控时，应找出原因，纠正错误，重新进行校核。

ICS 77.120.99
H 14

中华人民共和国国家标准

GB/T 16484.11—2009
代替 GB/T 16484.11—1996

氯化稀土、碳酸轻稀土化学分析方法 第11部分：氧化铅量的测定 火焰原子吸收光谱法

Chemical analysis methods of rare earth chloride and light rare earth carbonate—Part 11: Determination of lead oxide content—Flame atomic absorption spectrometry

2009-10-30 发布　　2010-05-01 实施

中华人民共和国国家质量监督检验检疫总局
中国国家标准化管理委员会　发布

前言

GB/T 16484—2009《氯化稀土、碳酸轻稀土化学分析方法》共分22个部分：

——第1部分：氧化铈量的测定　硫酸亚铁铵滴定法；

——第2部分：氧化铕量的测定　电感耦合等离子体质谱法；

——第3部分：15个稀土元素氧化物配分量的测定　电感耦合等离子体发射光谱法；

——第4部分：氧化钍量的测定　偶氮胂Ⅲ分光光度法；

——第5部分：氧化钡量的测定　电感耦合等离子体发射光谱法；

——第6部分：氧化钙量的测定　火焰原子吸收光谱法；

——第7部分：氧化镁量的测定　火焰原子吸收光谱法；

——第8部分：氧化钠量的测定　火焰原子吸收光谱法；

——第9部分：氧化镍量的测定　火焰原子吸收光谱法；

——第10部分：氧化锰量的测定　火焰原子吸收光谱法；

——第11部分：氧化铅量的测定　火焰原子吸收光谱法；

——第12部分：硫酸根量的测定；

——第13部分：氯化铵量的测定　蒸馏-滴定法；

——第14部分：磷酸根量的测定　锑磷钼蓝分光光度法；

——第15部分：碳酸轻稀土中氯量的测定　硝酸银比浊法；

——第16部分：氯化稀土中水不溶物量的测定　重量法；

——第17部分：碳酸稀土中水分量的测定；

——第18部分：碳酸轻稀土中灼减量的测定　重量法；

——第20部分：氧化镍、氧化锰、氧化铅、氧化铝、氧化锌、氧化钍量的测定　电感耦合等离子体质谱法；

——第21部分：氧化铁量的测定　1,10-二氮杂菲分光光度法；

——第22部分：氧化锌量的测定　火焰原子吸收光谱法；

——第23部分：碳酸轻稀土中酸不溶物量的测定　重量法。

本部分为GB/T 16484的第11部分。

本部分代替GB/T 16484.11—1996《氯化稀土、碳酸稀土化学分析方法　原子吸收光谱法测定铅量》。

本标准与GB/T 16484.11—1996相比，主要有如下变动：

——测定范围由0.001 5%～0.010%调整为0.005 0%～0.020%；

——取消了有缝式石英管装置的燃烧器，采用普通燃烧器；

——增加了精密度条款；

——增加了质量保证和控制条款；

——删除了原标准中的附加说明；

——对标准文本进行了编辑性修改。

本部分由全国稀土标准化技术委员会提出并归口。

本部分负责起草单位：北京有色金属研究总院、中国有色金属工业标准计量质量研究所。

本部分由北京有色金属研究总院起草。

本部分参加起草单位：包钢稀土高科技股份有限公司、江阴加华新材料资源有限公司。

本部分主要起草人：刘英。

本部分参加起草人：鲍永平、任晓光、郑昆、谢建伟、赵萍红、何凤娟。

本部分所替代标准的历次版本发布情况为：

——GB/T 16484.11—1996。

氯化稀土、碳酸轻稀土化学分析方法
第11部分：氧化铅量的测定
火焰原子吸收光谱法

1 范围

GB/T 16484的本部分规定了氯化稀土、碳酸轻稀土中氧化铅含量的测定方法。

本部分适用于氯化稀土、碳酸轻稀土中氧化铅含量的测定。测定范围：0.005 0%～0.020%。

2 方法原理

试料经硝酸溶解，以空气-乙炔火焰，使用高性能空心阴极灯，于原子吸收光谱仪，波长217.0 nm处，用氘灯扣除基体背景测量铅的吸光度。

3 试剂和材料

3.1 过氧化氢(30%)。

3.2 硝酸(1+1)。

3.3 铅标准贮存溶液：称取0.500 0 g金属铅[w(Pb)>99.99%]，置于200 mL烧杯中，加20 mL硝酸(3.2)，缓慢加热至完全溶解，煮沸数分钟以驱除氮的氧化物。冷却至室温，移入500 mL容量瓶中，用水稀释至刻度，混匀。此溶液1 mL含1 mg铅。

3.4 铅标准溶液：移取10.00 mL铅标准贮存溶液(3.3)，于200 mL容量瓶中，加20 mL硝酸(3.2)，用水稀释至刻度，混匀。此溶液1 mL含50 μg铅。

4 仪器

原子吸收光谱仪，附铅空心阴极灯。

在仪器最佳条件下，凡能达到下列指标者均可使用。

——特征浓度：在与测量样品溶液的基体相一致的溶液中，铅的特征浓度不大于0.009 5 μg/mL。

——精密度：用最高浓度的标准溶液测量10次吸光度，其标准偏差不超过平均吸光度1.0%；用最低浓度的标准溶液(不是零标准溶液)测量10次吸光度，其标准偏差应不超过最高溶液平均吸光度的0.5%。

——工作曲线线性：将工作曲线按浓度等分成五段，最高段的吸光度差值与最低段的吸光度差值之比，应不小于0.7。

5 试样

5.1 氯化稀土试样的制备：将试样破碎，迅速置于称量瓶中，立即称量。

5.2 碳酸轻稀土试样的制备：试样开封后立即称量。

6 分析步骤

6.1 试料

按表1称取试样，精确至0.000 1 g。

表 1

氧化铅含量范围(质量分数)/%	称样量/g
0.005 0～0.010	1.000
>0.010～0.020	0.500

6.2 **测定数量**

称取两份试料进行平行测定,取其平均值。

6.3 **空白试验**

随同试料做空白试验。

6.4 **测定**

6.4.1 **试料的溶解**

将试料(6.1)置于100 mL烧杯中,加入10 mL硝酸(3.2),低温加热至试料溶解,若有不溶物,滴加过氧化氢(3.1),待试料完全溶解后,加热分解多余的过氧化氢,取下冷却至室温,移入100 mL容量瓶中,以水稀释至刻度,混匀。

6.4.2 **试料溶液的测定**

使用空气-乙炔火焰,用高性能空心阴极灯,于原子吸收光谱仪波长217.0 nm处,以水调零,用氘灯扣背景模式,测量试液的吸光度,从工作曲线上查出相应的铅的质量浓度。

6.4.3 **工作曲线的绘制与测定**

移取0 mL、1.00 mL、2.00 mL、3.00 mL、4.00 mL、5.00 mL铅标准溶液(3.4)分别置于一组100 mL容量瓶中,各加入5 mL硝酸(3.2),以水稀释至刻度,混匀。使用空气-乙炔火焰,用高性能空心阴极灯,于原子吸收光谱仪波长217.0 nm处,以水调零,用氘灯扣背景模式,测量试液的吸光度。以铅量为横坐标,吸光度为纵坐标,绘制工作曲线。

7 分析结果的计算与表述

按式(1)计算氧化铅的质量分数(%):

$$w(\mathrm{PbO}) = \frac{(\rho-\rho_0)V\times 1.077\ 2\times 10^{-6}}{m}\times 100 \qquad\cdots\cdots(1)$$

式中:

ρ——自工作曲线上查得的被测试液中铅的质量浓度,单位为微克每毫升(μg/mL);

ρ_0——自工作曲线上查得的(随同)试料(做)空白溶液中铅的质量浓度,单位为微克每毫升(μg/mL);

V——试液的总体积,单位为毫升(mL);

m——试料的质量,单位为克(g);

1.077 2——氧化铅与铅的换算系数。

8 精密度

8.1 **重复性**

在重复性条件下获得的两次独立测试结果的测定值,在以下给出的平均值范围内,这两个测试结果的绝对差值不超过重复性限(r),超过重复性限(r)的情况不超过5%,重复性限(r)按表2数据采用线性内插法求得。

表 2

氧化铅质量分数/%	重复性限(r)/%
0.006 4	0.000 8
0.012	0.004
0.020	0.003
注：重复性限(r)为 2.8×Sr,Sr 为重复性标准差。	

8.2 允许差

实验室之间分析结果的差值不应大于表 3 所列允许差。

表 3

氧化铅含量范围(质量分数)/%	允许差 /%
0.005 0～0.007 5	0.002 0
>0.007 5～0.010	0.004 0
>0.010～0.020	0.005

9 质量保证和控制

每周用自制的控制标样(如有国家级或行业级标样时,应首先使用)校核一次本部分分析方法的有效性。当过程失控时,应找出原因,纠正错误,重新进行校核。

ICS 77.120.99
H 14

中华人民共和国国家标准

GB/T 16484.12—2009
代替 GB/T 16484.12—1996

氯化稀土、碳酸轻稀土化学分析方法 第12部分:硫酸根量的测定

Chemical analysis methods of rare earth chloride and light rare earth carbonate—Part 12:Determination of sulfate radical

2009-10-30 发布

2010-05-01 实施

中华人民共和国国家质量监督检验检疫总局
中国国家标准化管理委员会
发布

前言

GB/T 16484—2009《氯化稀土、碳酸轻稀土化学分析方法》共分22个部分：

——第1部分：氧化铈量的测定　硫酸亚铁铵滴定法；

——第2部分：氧化铕量的测定　电感耦合等离子体质谱法；

——第3部分：15个稀土元素氧化物配分量的测定　电感耦合等离子体发射光谱法；

——第4部分：氧化钍量的测定　偶氮胂Ⅲ分光光度法；

——第5部分：氧化钡量的测定　电感耦合等离子体发射光谱法；

——第6部分：氧化钙量的测定　火焰原子吸收光谱法；

——第7部分：氧化镁量的测定　火焰原子吸收光谱法；

——第8部分：氧化钠量的测定　火焰原子吸收光谱法；

——第9部分：氧化镍量的测定　火焰原子吸收光谱法；

——第10部分：氧化锰量的测定　火焰原子吸收光谱法；

——第11部分：氧化铅量的测定　火焰原子吸收光谱法；

——第12部分：硫酸根量的测定；

——第13部分：氯化铵量的测定　蒸馏-滴定法；

——第14部分：磷酸根量的测定　锑磷钼蓝分光光度法；

——第15部分：碳酸轻稀土中氯量的测定　硝酸银比浊法；

——第16部分：氯化稀土中水不溶物量的测定　重量法；

——第17部分：碳酸稀土中水分量的测定；

——第18部分：碳酸轻稀土中灼减量的测定　重量法；

——第20部分：氧化镍、氧化锰、氧化铅、氧化铝、氧化锌、氧化钍量的测定　电感耦合等离子体质谱法；

——第21部分：氧化铁量的测定　1,10-二氮杂菲分光光度法；

——第22部分：氧化锌量的测定　火焰原子吸收光谱法；

——第23部分：碳酸轻稀土中酸不溶物量的测定　重量法。

本部分为GB/T 16484的第12部分。

本部分代替GB/T 16484.12—1996《氯化稀土、碳酸稀土化学分析方法　硫酸根量的测定》。

本部分与GB/T 16484.12—1996相比，主要有如下变动：

——原标准采用硫酸钡比浊法测定，修订后采用比浊法和重量法测定；

——测定范围从0.025%～0.50%调整为比浊法测定范围0.025%～0.50%；重量法测定范围0.40%～5.00%；

——根据测定范围调整了称样量；

——增加了精密度条款；

——增加了质量保证和控制条款；

——对标准文本进行了编辑性修改。

两个方法测定范围重叠的部分以方法2为仲裁方法。

本部分由全国稀土标准化技术委员会提出并归口。

本部分由北京有色金属研究总院、中国有色金属工业标准计量质量研究所负责起草。

本部分方法 1 由淄博加华新材料资源有限公司起草。

本部分方法 1 由包钢稀土高科技股份有限公司、北京有色金属研究总院参加起草。

本部分方法 1 主要起草人:刘延谟、王琳玉。

本部分方法 1 参加起草人:董三立、吴广伟、周晓东、陈云红、杨萍。

本部分方法 2 由淄博加华新材料资源有限公司起草。

本部分方法 2 由包钢稀土高科技股份有限公司、北京有色金属研究总院参加起草。

本部分方法 2 主要起草人:刘延谟、王琳玉。

本部分方法 2 参加起草人:马永亮、张桂梅、董三立、陈云红、杨萍。

本部分所替代标准的历次版本发布情况为:

——GB/T 16484.12—1996。

氯化稀土、碳酸轻稀土化学分析方法 第12部分：硫酸根量的测定

比浊法(方法1)

1 范围

GB/T 16484的本部分规定了氯化稀土、碳酸轻稀土中硫酸根量的测定方法。

本部分适用于氯化稀土、碳酸轻稀土中硫酸根量的测定。测定范围：0.025%～0.50%。

2 方法原理

试样用无水碳酸钠熔融，用盐酸调节酸度至pH1.5～pH2.0，在稳定剂存在的条件下，硫酸根与钡形成硫酸钡悬浊液，于分光光度计波长400 nm处测量其吸光度。

3 试剂

3.1 无水碳酸钠。

3.2 无水乙醇。

3.3 盐酸(ρ1.19 g/mL)。

3.4 盐酸(1+19)。

3.5 氨水(1+1)。

3.6 氯化钠溶液(300 g/L)。

3.7 丙三醇(1+1)。

3.8 氯化钡溶液(250 g/L)。

3.9 硫酸根标准贮存溶液：称取1.478 6 g经110 °C烘1h并在干燥器中冷却至室温的基准硫酸钠，置于100 mL烧杯中，加50 mL水溶解清亮后，移入1 000 mL容量瓶中，用水稀释到刻度，混匀。此溶液1 mL含1 mg硫酸根。

3.10 硫酸根标准溶液：移取10.00mL硫酸根标准贮存溶液(3.9)，置于100 mL容量瓶中，用水稀释到刻度，混匀。此溶液1 mL含100 μg硫酸根。

3.11 对硝基酚指示剂(1g/L)。

4 仪器

分光光度计。

5 试样

5.1 氯化稀土试样的制备：将试样破碎，迅速置于称量瓶中，立即称量。

5.2 碳酸轻稀土试样的制备：试样开封后立即称量。

6 分析步骤

6.1 试料

按表1称取试样，精确至0.000 1 g。

表 1

硫酸根含量范围(质量分数)/%	称样量/g
0.025～0.050	2.00
>0.050～0.10	1.00
>0.10～0.50	0.50

6.2 测定数量

称取两份试料进行平行测定,取其平均值。

6.3 空白试验

随同试样做空白试验。

6.4 测定

6.4.1 按表1将试料(6.1)置于预先盛有4 g无水碳酸钠(3.1)的30 mL铂坩埚中,覆盖4 g无水碳酸钠(3.1)。置于1 000 °C高温炉中熔融至流体状,摇匀。继续熔融15 min取出,冷却。

6.4.2 将坩埚(6.4.1)置于250 mL烧杯中,加50 mL水。低温加热浸取,微沸数分钟,待溶块完全浸出后,用水洗出坩埚,再次煮沸后,冷却至室温,移入100 mL容量瓶中,用水稀释至刻度,混匀。

6.4.3 移取10.00 mL上清液(6.4.2)置于25 mL比色管中,加1滴对硝基酚指示剂(3.11),滴加盐酸(3.3)至淡黄色(开始在每加一滴盐酸时摇动比色管,使二氧化碳充分释放),再用盐酸(3.4)调至黄色刚消失,用水稀释至15mL,混匀。

6.4.4 加1.0 mL盐酸(3.4)、2 mL丙三醇溶液(3.7)、2 mL无水乙醇(3.2),每加一种试剂需混匀,放置1 min。加4 mL氯化钡溶液(3.8),用水稀释到刻度。放置10 min。

6.4.5 移取部分溶液(6.4.4)于3 cm比色皿中,以试料空白溶液为参比,于分光光度计波长400 nm处测量其吸光度(标准溶液与待测溶液在比色前摇动次数及强度尽量保持一致)。从工作曲线上查得相应的硫酸根量。

6.5 工作曲线的绘制

6.5.1 移取0.00 mL、0.50 mL、1.00 mL、1.50 mL、2.00 mL、2.50 mL硫酸根标准溶液(3.10)分别置于一组25 mL比色管中,用水稀释至10 mL,加5 mL氯化钠溶液(3.6),混匀,以下按6.4.4进行。

6.5.2 移取部分试液(6.5.1)于3 cm比色皿中,以试剂空白溶液为参比,于分光光度计波长400 nm处测量其吸光度。以硫酸根量为横坐标,吸光度为纵坐标,绘制工作曲线。

7 分析结果的计算与表述

按式(1)计算硫酸根的质量分数(%):

$$w(SO_4{}^{2-}) = \frac{m_1 V_0 \times 10^{-6}}{m V_1} \times 100 \quad \cdots\cdots(1)$$

式中:

m_1——曲线上查得的溶液(6.4.1)的硫酸根量,单位为微克(μg);

m——试料的质量,单位为克(g);

V_0——试液总体积,单位为毫升(mL);

V_1——分取试液的体积,单位为毫升(mL)。

8 精密度

8.1 重复性

在重复性条件下获得的两次独立测试结果的测定值,在以下给出的平均值范围内,这两个测试结果的绝对差值不超过重复性限(r),超过重复性限(r)的情况不超过5%,重复性限(r)按表2数据采用线性内插法求得。

表 2

硫酸根质量分数/%	重复性限(r)/%
0.050	0.008
0.21	0.02
0.52	0.06
注：重复性限(r)为 2.8×Sr，Sr 为重复性标准差。	

8.2 允许差

实验室之间分析结果的差值应不大于表 3 所列允许差。

表 3

硫酸根含量范围(质量分数)/%	允许差/%
0.025～0.050	0.010
>0.050～0.10	0.020
>0.10～0.30	0.04
>0.30～0.50	0.08

重量法(方法 2)

9 范围

本部分规定了氯化稀土、碳酸轻稀土中硫酸根量的测定方法。

本部分适用于氯化稀土、碳酸轻稀土中硫酸根量的测定。测定范围：0.40%～5.00%。

本方法不适用磷酸根大于 0.1%试样的测定。

10 方法原理

试样用盐酸溶解，在酸性溶液中氯化钡与硫酸根离子定量地生成硫酸钡沉淀，经过滤灼烧称重后，计算硫酸根离子的量。

11 试剂

11.1 盐酸(1+1)。

11.2 盐酸(1+9)。

11.3 甲基红溶液：称取 0.1 g 甲基红，溶于 100mL 乙醇溶液(3+2)中。

11.4 氯化钡溶液(200 g/L)：称取 20 g 氯化钡($BaCl_2 \cdot 2H_2O$)，溶于 100 mL 水中。

11.5 硝酸银溶液(10 g/L)：称取 4.25 g 硝酸银，加 0.25 mL 硝酸溶于 250 mL 水中。

12 仪器设备

12.1 恒温水浴。

12.2 高温炉：大于 1 000 ℃。

12.3 瓷干锅：20 mL。

13 试样

13.1 氯化稀土试样的制备：将试样破碎，迅速置于称量瓶中，立即称量。

13.2 碳酸轻稀土试样的制备：试样开封后立即称量。

14 分析步骤

14.1 试料

按表4称取试样，精确至0.000 1 g。

表4

硫酸根含量(质量分数)/%	称样量/g	溶液总体积/mL	移取体积/mL
0.40～2.00	10.00	100	20.00
>2.00～5.00	5.00	100	10.00

14.2 测定数量

称取两份试样进行平行测定，取其平均值。

14.3 空白试验

随同试样做空白试验。

14.4 测定

14.4.1 试料溶解

按表4将试料(14.1)置于250 mL烧杯中，加入20 mL盐酸(11.1)，加热至完全溶解，冷却至室温。将溶液移入100 mL容量瓶中，用水稀释至刻度，混匀。

14.4.2 沉淀分离

14.4.2.1 按表4移取溶液(14.4.1)，移入300 mL烧杯中，用水稀释到150 mL，加入2滴甲基红指示剂(11.3)，滴加盐酸(11.2)使溶液变红后，再过量15 mL。

14.4.2.2 加热溶液(14.4.2.1)至近沸，在不断搅拌下，徐徐滴加10 mL热的氯化钡溶液(11.4)，一直滴至溶液上部澄清液不再出现白色混浊，再过量2 mL氯化钡溶液(11.4)，将烧杯放在80 °C～90 °C水浴中，保温2 h以上，取下放置4 h。

14.4.2.3 用定量慢速滤纸过滤溶液(14.4.2.2)，将沉淀全部转移至滤纸上，用热水洗涤沉淀。至滤液中无氯离子为止[用硝酸银溶液(11.5)检验]。弃去滤液。

14.4.3 恒重

将沉淀连同滤纸(14.4.2.3)置于预先恒重的瓷坩埚(12.3)内，在电炉上灰化，然后移入高温炉内，在800 °C灼烧1 h。将坩埚放入干燥器内冷至室温，称重。重复操作直至恒重。

15 分析结果的计算与表述

按式(2)计算硫酸根的质量分数(%)：

$$w(SO_4^{2-}) = \frac{(m_2 - m_1)V \times 0.411\,6}{mV_1} \times 100 \quad \cdots\cdots(2)$$

式中：

m_1——空坩埚质量，单位为克(g)；

m_2——坩埚加试样质量，单位为克(g)；

m——试料的质量，单位为克(g)；

V——试液总体积，单位为毫升(mL)；

V_1——分取试液体积，单位为毫升(mL)；

0.411 6——硫酸根与硫酸钡的换算系数。

16 精密度

16.1 重复性

在重复性条件下获得的两次独立测试结果的测定值，在以下给出的平均值范围内，这两个测试结果的绝对差值不超过重复性限(r),超过重复性限(r)的情况不超过5%,重复性限(r)按表5数据采用线性内插法求得。

表5

硫酸根质量分数/%	重复性限(r)/%
0.51	0.04
3.02	0.10
5.04	0.25
注:重复性限(r)为2.8×Sr,Sr为重复性标准差。	

16.2 允许差

实验室之间分析结果的差值应不大于表6所列允许差。

表6

硫酸根含量(质量分数)/%	允许差/%
0.40～2.00	0.10
>2.00～3.00	0.20
>3.00～5.00	0.40

17 质量保证和控制

每周用自制的控制标样(如有国家级或行业级标样时,应首先使用)校核一次本部分分析方法的有效性。当过程失控时,应找出原因,纠正错误,重新进行校核。

ICS 77.120.99
H 14

中华人民共和国国家标准

GB/T 16484.13—2009
代替 GB/T 16484.13—1996

氯化稀土、碳酸轻稀土化学分析方法 第13部分:氯化铵量的测定 蒸馏-滴定法

Chemical analysis methods of rare earth chloride and light rare earth carbonate—Part 13: Determination of ammonium chloride content—Distillation-titrimetry

2009-10-30 发布　　　　2010-05-01 实施

中华人民共和国国家质量监督检验检疫总局
中国国家标准化管理委员会　发布

前　言

GB/T 16484—2009《氯化稀土、碳酸轻稀土化学分析方法》共分22个部分：

——第1部分：氧化铈量的测定　硫酸亚铁铵滴定法；

——第2部分：氧化铕量的测定　电感耦合等离子体质谱法；

——第3部分：15个稀土元素氧化物配分量的测定　电感耦合等离子体发射光谱法；

——第4部分：氧化钍量的测定　偶氮胂Ⅲ分光光度法；

——第5部分：氧化钡量的测定　电感耦合等离子体发射光谱法；

——第6部分：氧化钙量的测定　火焰原子吸收光谱法；

——第7部分：氧化镁量的测定　火焰原子吸收光谱法；

——第8部分：氧化钠量的测定　火焰原子吸收光谱法；

——第9部分：氧化镍量的测定　火焰原子吸收光谱法；

——第10部分：氧化锰量的测定　火焰原子吸收光谱法；

——第11部分：氧化铅量的测定　火焰原子吸收光谱法；

——第12部分：硫酸根量的测定；

——第13部分：氯化铵量的测定　蒸馏-滴定法；

——第14部分：磷酸根量的测定　锑磷钼蓝分光光度法；

——第15部分：碳酸轻稀土中氯量的测定　硝酸银比浊法；

——第16部分：氯化稀土中水不溶物量的测定　重量法；

——第17部分：碳酸稀土中水分量的测定；

——第18部分：碳酸轻稀土中灼减量的测定　重量法；

——第20部分：氧化镍、氧化锰、氧化铅、氧化铝、氧化锌、氧化钍量的测定　电感耦合等离子体质谱法；

——第21部分：氧化铁量的测定　1,10-二氮杂菲分光光度法；

——第22部分：氧化锌量的测定　火焰原子吸收光谱法；

——第23部分：碳酸轻稀土中酸不溶物量的测定　重量法。

本部分为GB/T 16484的第13部分。

本部分代替GB/T 16484.13—1996《氯化稀土、碳酸稀土化学分析方法　氯化铵量的测定》。

本标准与GB/T 16484.13—1996相比主要变化如下：

——实验用水由二次蒸馏水代替无氨蒸馏水；

——氢氧化钠浓度由500 g/L调整为250 g/L，加入量由40 mL调整为18 mL；

——碳酸轻稀土测定范围由0.30%～5.00%调整为0.30%～30.00%；

——根据测定范围调整了称样量；

——分析试液制备采取适量称大样，溶解定容后，再分取部分样品进行测定；

——氯化铵含量计算公式中，相对摩尔质量由0.050 5调整为53.46；

——增加了精密度条款；

——增加了质量保证和控制条款；

——对标准文本进行了编辑性修改。

本部分由全国稀土标准化技术委员会提出并归口。

本部分负责起草单位：北京有色金属研究总院、中国有色金属工业标准计量质量研究所。

本部分由广东珠江稀土有限公司起草。

本部分参加起草单位：山东淄博加华新材料资源有限公司、包钢稀土高科技股份有限公司。

本部分主要起草人：邓汉芹、梁志杰、宋耀。

本部分参加起草人：刘延谟、王林玉、董三力、马永亮。

本部分所替代标准的历次版本发布情况为：

——GB/T 16484.13—1996。

氯化稀土、碳酸轻稀土化学分析方法
第13部分：氯化铵量的测定
蒸馏-滴定法

1 范围

GB/T 16484的本部分规定了氯化稀土、碳酸轻稀土中氯化铵含量的测定方法。

本部分适用于氯化稀土、碳酸轻稀土中氯化铵含量的测定。测定范围分别为：氯化稀土为0.30%～5.00%；碳酸轻稀土为0.30%～30.00%。

2 方法原理

在氯化稀土、碳酸轻稀土（加入盐酸溶解）的水溶液中，加入过量氢氧化钠溶液，加热蒸馏，分解出的氨和水蒸气用过量硫酸标准溶液吸收；过量的硫酸用氢氧化钠标准滴定溶液进行滴定，从而计算出氯化铵的含量。

3 试剂

3.1 盐酸（1+1）。

3.2 硫酸（ρ1.84 g/mL）。

3.3 酚酞指示剂：称取0.1 g酚酞溶于100 mL的乙醇（3+2）中。

3.4 氢氧化钠溶液（250 g/L）：称取250 g氢氧化钠，加1 000 mL水溶解，加入3.1 g氯化钡，静置2 h～3 h，加入9.4 g硫酸钠，充分搅匀，静置24h，备用。

3.5 氢氧化钠标准滴定溶液：$c(\mathrm{NaOH})\approx0.2$ mol/L。

3.5.1 配制：移取氢氧化钠溶液（3.4）15 mL，移入500 mL容量瓶中，用水稀释至刻度，混匀。

3.5.2 标定：称取0.50 g预先在105 ℃烘干2 h的邻苯二甲酸氢钾，精确至0.000 1 g，于300 mL锥形瓶中，加入100 mL水溶解，滴加数滴酚酞指示剂（3.3）。用氢氧化钠标准滴定溶液（3.5）滴定至红色不褪，即为终点。平行滴定四份，所消耗的氢氧化钠标准滴定溶液（3.5）的体积极差值不大于0.10 mL时，取其平均值。按式（1）计算氢氧化钠标准滴定溶液的实际浓度：

$$c_1=\frac{m}{204.22\times V_1\times10^{-3}}\qquad\cdots\cdots(1)$$

式中：

c_1——氢氧化钠标准滴定溶液的实际浓度，单位为摩尔每升（mol/L）；

m——邻苯二甲酸氢钾的质量，单位为克（g）；

V_1——滴定时消耗氢氧化钠标准滴定溶液的体积，单位为毫升（mL）；

204.22——邻苯二甲酸氢钾的相对摩尔质量，单位为克每摩尔（g/mol）。

3.6 溴甲酚绿-甲基红指示剂：称取0.1 g的溴甲酚绿溶于100 mL乙醇（1+4）中。再称取0.1 g的甲基红溶于100 mL的乙醇（3+2）中。两者混合。

3.7 硫酸标准溶液：$c(1/2\mathrm{H_2SO_4})\approx0.2$ mol/L。

3.7.1 配制：移取5 mL硫酸（3.2），移入500 mL容量瓶中，用水稀释至刻度，混匀。

3.7.2 标定：移取25.00 mL氢氧化钠标准滴定溶液（3.5）于250 mL锥形瓶中，加入80 mL水，滴加3滴溴甲酚绿-甲基红指示剂（3.6），以硫酸标准溶液（3.7）滴定至红色为终点。平行滴定四份，所消耗的硫酸标准溶液(3.7)的体积极差值不大于 0.10 mL 时，取其平均值。按式(2)计算硫酸标准溶液的实际浓度：

$$c_2 = \frac{c_1 \cdot V}{V_2} \qquad \cdots\cdots(2)$$

式中：

c_2——硫酸标准溶液的实际浓度，单位为摩尔每升(mol/L)；

c_1——氢氧化钠标准滴定溶液的实际浓度，单位为摩尔每升(mol/L)；

V——移取氢氧化钠标准滴定溶液的体积，单位为毫升(mL)；

V_2——消耗硫酸标准溶液的体积，单位为毫升(mL)。

4 仪器

蒸馏装置。

5 试样

5.1 氯化稀土试样的制备：将试样破碎，迅速置于称量瓶中，立即称量。

5.2 碳酸轻稀土试样的制备：试样开封后立即称量。

6 分析步骤

6.1 试料

按表 1 称取试样(5)，精确至 0.000 1 g。

表 1

氯化铵含量范围(质量分数)/%	试料/g	分取试液体积/mL
0.30～1.50	10.00	50.00
>1.50～5.00	5.00	20.00
>5.00～30.00	5.00	10.00

6.2 测定次数

称取两份试样进行平行测定，取其平均值。

6.3 空白试验

随同试样做空白试验。

6.4 测定

6.4.1 试样的溶解

6.4.1.1 氯化稀土试料：将试料(6.1)置于 100 mL 烧杯中，用水溶解，移入 100 mL 容量瓶中，用水稀释至刻度，混匀。

6.4.1.2 碳酸轻稀土试样：将试料(6.1)置于 100 mL 烧杯中，加 30 mL 水，滴加盐酸(3.1)溶解，完全溶解后移入 100 mL 容量瓶中，用水稀释至刻度，混匀。

6.4.2 蒸馏

按表 1 移取试液从加料口注入预先盛有氢氧化钠溶液(3.4)的蒸馏瓶中，加入一定量的水，使蒸馏瓶中的溶液体积约 100 mL 左右。接好蒸馏装置，加热蒸馏至沸并保持 40 min。冷凝管出口(浸入液面以下)，以预先盛有 15.00 mL 硫酸标准溶液(3.7)和 60 mL 水的锥形瓶接收。反应完毕，用水冲洗冷凝管壁 5 次，至吸收液体积为 150 mL 左右。

6.4.3 滴定

在吸收溶液(6.4.2)中，加 5 滴溴甲酚绿-甲基红混合指示剂(3.6)，用氢氧化钠标准滴定溶液(3.5)

滴定至溶液刚呈蓝绿色即为终点。

7 分析结果的计算与表述

按式(3)计算氯化铵的质量分数(%):

$$w(NH_4Cl)=\frac{(c_2V_2-c_1V_1)\times 10^{-3}}{m}\times 53.46\times 100 \quad\cdots\cdots(3)$$

式中:

c_1——氢氧化钠标准滴定溶液的摩尔浓度,单位为摩尔每升(mol/L);

c_2——硫酸标准溶液的摩尔浓度,单位为摩尔每升(mol/L);

V_1——滴定时所消耗的氢氧化钠标准滴定溶液的体积,单位为毫升(mL);

V_2——硫酸标准溶液的体积,单位为毫升(mL);

m——试料的质量,单位为克(g);

53.46——氯化铵的相对摩尔质量,单位为克每摩尔(g/mol)。

8 精密度

8.1 重复性

在重复性条件下获得的两次独立测试结果的测定值,在以下给出的平均值的范围内,这两个测试结果的绝对差值不超过重复性限(r),超过重复性限(r)的情况不超过5%,重复性限(r)按表2数据采用线性内插法求得:

表 2

氯化铵质量分数/%	重复性限(r)/%
1.51	0.10
3.35	0.30
10.00	0.80
23.33	1.50
注:重复性限(r)为2.8×Sr,Sr为重复性标准差。	

8.2 允许差

实验室之间分析结果的差值应不大于表3所列的允许差。

表 3

氯化铵含量范围(质量分数)/%	允许差/%
0.30~1.50	0.20
>1.50~5.00	0.50
>5.00~10.00	0.80
>10.00~20.00	1.50
>20.00~30.00	2.00

9 质量保证和控制

每周用自制的控制标样(如有国家级或行业级标样时,应首先使用)校核一次本部分分析方法的有效性。当过程失控时,应找出原因,纠正错误,重新进行校核。

ICS 77.120.99
H 14

中华人民共和国国家标准

GB/T 16484.14—2009
代替 GB/T 16484.14—1996

氯化稀土、碳酸轻稀土化学分析方法 第14部分：磷酸根量的测定 锑磷钼蓝分光光度法

Chemical analysis methods of rare earth chloride and light rare earth carbonate—Part 14: Determination of phosphorus radical content—Phosphorus-antimonate-molybdenum blue spectrophotometry

2009-10-30 发布　　2010-05-01 实施

中华人民共和国国家质量监督检验检疫总局
中国国家标准化管理委员会　发布

前言

GB/T 16484—2009《氯化稀土、碳酸轻稀土化学分析方法》共分22个部分：

——第1部分：氧化铈量的测定　硫酸亚铁铵滴定法；

——第2部分：氧化铕量的测定　电感耦合等离子体质谱法；

——第3部分：15个稀土元素氧化物配分量的测定　电感耦合等离子体发射光谱法；

——第4部分：氧化钍量的测定　偶氮胂Ⅲ分光光度法；

——第5部分：氧化钡量的测定　电感耦合等离子体发射光谱法；

——第6部分：氧化钙量的测定　火焰原子吸收光谱法；

——第7部分：氧化镁量的测定　火焰原子吸收光谱法；

——第8部分：氧化钠量的测定　火焰原子吸收光谱法；

——第9部分：氧化镍量的测定　火焰原子吸收光谱法；

——第10部分：氧化锰量的测定　火焰原子吸收光谱法；

——第11部分：氧化铅量的测定　火焰原子吸收光谱法；

——第12部分：硫酸根量的测定；

——第13部分：氯化铵量的测定　蒸馏-滴定法；

——第14部分：磷酸根量的测定　锑磷钼蓝分光光度法；

——第15部分：碳酸轻稀土中氯量的测定　硝酸银比浊法；

——第16部分：氯化稀土中水不溶物量的测定　重量法；

——第17部分：碳酸稀土中水分量的测定；

——第18部分：碳酸轻稀土中灼减量的测定　重量法；

——第20部分：氧化镍、氧化锰、氧化铅、氧化铝、氧化锌、氧化钍量的测定　电感耦合等离子体质谱法；

——第21部分：氧化铁量的测定　1,10-二氮杂菲分光光度法；

——第22部分：氧化锌量的测定　火焰原子吸收光谱法；

——第23部分：碳酸轻稀土中酸不溶物量的测定　重量法。

本部分为GB/T 16484的第14部分。

本部分代替GB/T 16484.14—1996《氯化稀土、碳酸稀土化学分析方法　磷酸根量的测定》。

本部分与GB/T 16484.14—1996相比，主要有如下变动：

——测定波长由690 nm调整为705 nm；

——磷酸根标准溶液浓度由1 mL含4 μg调整为1 mL含5 μg；

——工作曲线线性范围由0 μg～20 μg调整为0 μg～30 μg；

——增加了精密度条款；

——增加了质量保证和控制条款；

——对标准文本进行了编辑性修改。

本部分由全国稀土标准化技术委员会提出并归口。

本部分负责起草单位：北京有色金属研究总院、中国有色金属工业标准计量质量研究所。

本部分主要由包头稀土研究院起草。

本部分参加起草单位：北京有色金属研究总院、内蒙古包钢稀土高科技股份有限公司。

本部分主要起草人：郝茜、高励珍、王海涛。

本部分参加起草人：杨萍、陈云红、王明珍、吴广伟。

本部分所替代标准的历次版本发布情况为：

——GB/T 16484.14—1996。

氯化稀土、碳酸轻稀土化学分析方法 第14部分：磷酸根量的测定 锑磷钼蓝分光光度法

1 范围

GB/T 16484 的本部分规定了氯化稀土、碳酸轻稀土中磷酸根量的测定方法。

本部分适用于氯化稀土、碳酸轻稀土中磷酸根量的测定。测定范围：0.002 5%～0.10%。

2 方法原理

试样用酸溶解，在 0.31 mol/L～0.48 mol/L 盐酸介质中，磷与锑、钼酸铵生成杂多酸，用抗坏血酸还原为磷锑钼蓝络合物，于分光光度计波长 705 nm 处测量其吸光度。

3 试剂和材料

3.1 过氧化氢(30%)。

3.2 盐酸(1+1)。

3.3 盐酸(1+2)。

3.4 盐酸(1+10)。

3.5 硝酸(1+1)。

3.6 氨水(1+10)，优级纯，贮于塑料瓶中。

3.7 钼酸铵(40 g/L)，优级纯，贮于塑料瓶中。

3.8 酒石酸锑钾溶液(3 g/L)。

3.9 抗坏血酸(20 g/L)，用时配制。

3.10 淀粉溶液(10 g/L)，用时配制。

3.11 磷酸根标准贮存溶液：称取 0.286 3 g 预先经 105 ℃～110 ℃烘干 1 h 置于干燥器中冷却至室温的优级纯磷酸二氢钾于 250 mL 烧杯中，加 100 mL 水溶解，移入 1 000 mL 容量瓶中，加 20 mL 硝酸(3.5)，以水稀释至刻度，混匀。此溶液 1 mL 含 200 μg 磷酸根。

3.12 磷酸根标准溶液：移取 25.00 mL 磷酸根标准贮存溶液(3.11)置于 1 000 mL 容量瓶中，以水稀释至刻度，加 10 mL 硝酸(3.5)，以水稀释至刻度，混匀。此溶液 1 mL 含 5 μg 磷酸根。

3.13 对硝基酚指示剂(10 g/L)。

4 仪器

分光光度计。

5 试样

5.1 氯化稀土试样的制备：将试样破碎，迅速置于称量瓶中，立即称量。

5.2 碳酸轻稀土试样的制备：试样开封后立即称量。

6 分析步骤

6.1 试料

按表 1 称取试样，精确至 0.000 1 g。

表 1

磷酸根含量范围(质量分数)/%	试料/g	试液总体积/mL	移取试液体积/mL
0.002 5～0.005 0	2.0	50	5.00
>0.005 0～0.010	2.0	50	2.00
>0.010～0.040	1.0	100	5.00
>0.040～0.10	1.0	100	2.00

6.2 测定数量

称取两份试料进行平行测定,取其平均值。

6.3 空白试验

随同试样做空白试验。

6.4 测定

6.4.1 试料的溶解:将试料(6.1)置于100 mL烧杯中,加10 mL盐酸(3.3),加热溶解并蒸发溶液至体积1 mL～2 mL,冷却至室温,按表1将溶液移入容量瓶中,用水稀释至刻度,混匀。

6.4.2 按表1移取试液(6.4.1),置于25 mL比色管或容量瓶中,加一滴对硝基酚指示剂(3.13),用氨水(3.6)调溶液至黄色,加盐酸(3.4)调溶液至黄色刚消失。

6.4.3 依次加入1.5 mL盐酸(3.2),2.0 mL淀粉溶液(3.10),0.5 mL酒石酸锑钾溶液(3.8),1.5 mL抗坏血酸溶液(3.9),0.5 mL钼酸铵溶液(3.7),依次混匀。用水稀释至刻度,混匀,放置5 min。

6.4.4 移取部分试液(6.4.3)于3 cm比色皿中,以试料空白为参比,于分光光度计波长705 nm处测量其吸光度,从工作曲线上查得磷酸根含量。

6.5 工作曲线的绘制

移取0 mL、0.50 mL、1.00 mL、2.00 mL、3.00 mL、4.00 mL、5.00 mL、6.00 mL磷酸根标准溶液(3.12),分别置于一组25 mL比色管或容量瓶中,加10 mL水,一滴对硝基酚指示剂(3.13),用氨水(3.6)调溶液至黄色,加盐酸(3.4)调溶液至黄色刚消失,以下按6.4.3～6.4.4进行。

7 分析结果的计算与表述

按式(1)计算磷酸根的质量分数(%):

$$w(PO_4^{3-}) = \frac{\rho V_0 \times 10^{-6}}{mV} \times 100 \qquad \cdots\cdots(1)$$

式中:

ρ——从工作曲线上查得的酸根的含量,单位为微克(μg);

V_0——试液总体积,单位为毫升(mL);

V——分取试液体积,单位为毫升(mL);

m——试样重,单位为克(g)。

8 精密度

8.1 重复性

在重复性条件下获得的两次独立测试结果的测定值,在以下给出的平均值范围内,这两个测试结果的绝对差值不超过重复性限(r),超过重复性限(r)的情况不超过5%,重复性限(r)按表2数据采用线性内插法求得。

表 2

磷酸根质量分数/%	重复性限(r)/%
0.002 9	0.000 4
0.017	0.002
0.11	0.012
注：重复性限(r)为 2.8×Sr,Sr 为重复性标准差。	

8.2 允许差

实验室之间分析结果的差值应不大于表 3 所列允许差。

表 3

磷酸根含量范围(质量分数)/%	允许差/%
0.002 5～0.005 0	0.001 0
>0.005 0～0.010	0.002 0
>0.010～0.050	0.005
>0.050～0.10	0.015

9 质量保证和控制

每周用自制的控制标样(如有国家级或行业级标样时，应首先使用)校核一次本部分分析方法的有效性。当过程失控时，应找出原因，纠正错误，重新进行校核。

ICS 77.120.99
H 14

中华人民共和国国家标准

GB/T 16484.15—2009
代替 GB/T 16484.15—1996

氯化稀土、碳酸轻稀土化学分析方法 第15部分：碳酸轻稀土中氯量的测定 硝酸银比浊法

Chemical analysis methods of rare earth chloride and light rare earth carbonate—
Part 15: Determination of chlorine content in light rare earth carbonate—
Silver nitrate turbidimetry

2009-10-30 发布 2010-05-01 实施

中华人民共和国国家质量监督检验检疫总局
中国国家标准化管理委员会 发布

前言

GB/T 16484—2009《氯化稀土、碳酸轻稀土化学分析方法》共分22个部分：

——第1部分：氧化铈量的测定 硫酸亚铁铵滴定法；

——第2部分：氧化铕量的测定 电感耦合等离子体质谱法；

——第3部分：15个稀土元素氧化物配分量的测定 电感耦合等离子体发射光谱法；

——第4部分：氧化钍量的测定 偶氮胂Ⅲ分光光度法；

——第5部分：氧化钡量的测定 电感耦合等离子体发射光谱法；

——第6部分：氧化钙量的测定 火焰原子吸收光谱法；

——第7部分：氧化镁量的测定 火焰原子吸收光谱法；

——第8部分：氧化钠量的测定 火焰原子吸收光谱法；

——第9部分：氧化镍量的测定 火焰原子吸收光谱法；

——第10部分：氧化锰量的测定 火焰原子吸收光谱法；

——第11部分：氧化铅量的测定 火焰原子吸收光谱法；

——第12部分：硫酸根量的测定；

——第13部分：氯化铵量的测定 蒸馏-滴定法；

——第14部分：磷酸根量的测定 锑磷钼蓝分光光度法；

——第15部分：碳酸轻稀土中氯量的测定 硝酸银比浊法；

——第16部分：氯化稀土中水不溶物量的测定 重量法；

——第17部分：碳酸稀土中水分量的测定；

——第18部分：碳酸轻稀土中灼减量的测定 重量法；

——第20部分：氧化镍、氧化锰、氧化铅、氧化铝、氧化锌、氧化钍量的测定 电感耦合等离子体质谱法；

——第21部分：氧化铁量的测定 1,10-二氮杂菲分光光度法；

——第22部分：氧化锌量的测定 火焰原子吸收光谱法；

——第23部分：碳酸轻稀土中酸不溶物量的测定 重量法。

本部分为GB/T 16484的第15部分。

本部分代替GB/T 16484.15—1996《氯化稀土、碳酸稀土化学分析方法 碳酸稀土中氯量的测定》。

本部分与GB/T 16484.15—1996相比，主要有如下变动：

——采用硝酸银比浊法代替硫氰酸汞-硝酸铁分光光度法；

——增加了精密度条款；

——增加了质量保证和控制条款；

——对标准文本进行了编辑性修改。

本部分由全国稀土标准化技术委员会提出并归口。

本部分负责起草单位：北京有色金属研究总院、中国有色金属工业标准计量质量研究所。

本部分由北京有色金属研究总院起草。

本部分参加起草单位：赣州有色冶金研究所、包钢稀土高科技股份有限公司。

本部分主要起草人：杨萍、陈云红。

本部分参加起草人：张文娟、王明珍、张玉龙。

本部分所替代标准的历次版本发布情况为：

——GB/T 16484.15—1996。

氯化稀土、碳酸轻稀土化学分析方法 第15部分：碳酸轻稀土中氯量的测定 硝酸银比浊法

1 范围

GB/T 16484的本部分规定了碳酸轻稀土中氯量的测定方法。

本部分适用于碳酸轻稀土中氯量的测定。测定范围：0.005 0%～0.50%。

2 方法原理

试样以稀硝酸溶解，在稀硝酸介质中，氯离子与银离子形成氯化银胶体，氯化银胶体在溶液中成悬浮状态，在稳定剂丙三醇的存在下，于分光光度计波长430 nm处进行比浊，在工作曲线上查得相应的氯量。

3 试剂和材料

3.1 硝酸（ρ1.4 g/mL），优级纯。

3.2 过氧化氢（30%）。

3.3 硝酸（1+1）。

3.4 硝酸（1+3）。

3.5 硝酸银（5 g/L）。

3.6 丙三醇（1+1）。

3.7 二次去离子交换水：使用前需进行氯离子（Cl^-）检验。量取20 mL水于比色管中，加入2 mL硝酸银（3.5），轻轻摇动，在60 ℃水浴中保温10 min，目视不混浊方可使用。

3.8 氯标准贮存溶液：称取1.648 5 g经400 ℃～450 ℃灼烧过的氯化钠（优级纯）于500 mL烧杯中，加200 mL水溶解。移入1 000 mL容量瓶中用水稀释至刻度，混匀。此溶液1 mL含1 mg氯。

3.9 氯标准溶液：移取10.00 mL氯标准贮存溶液（3.8）于500 mL容量瓶中，用水稀释至刻度，摇匀。此溶液1 mL含20 μg氯。

4 仪器

分光光度计。

5 试样

碳酸轻稀土试样的制备：试样开封后立即称量。

6 分析步骤

6.1 试料

按表1称取试样，精确至0.000 1 g。

表 1

氯含量范围(质量分数)/%	称样量/g	溶液总体积/mL	移取体积/mL	补加硝酸(3.3)/mL
0.005 0～0.010	2.00	50	10.00	—
>0.010～0.050	1.00	50	5.00	1
>0.050～0.20	0.50	100	5.00	2

6.2 **测定数量**

称取两份试料进行平行测定，取其平均值。

6.3 **空白试验**

随同试样做空白试验。

6.4 **测定**

6.4.1 将试料(6.1)置于 150 mL 锥形瓶中，加入 20 mL 硝酸(3.4)低温加热溶解至清亮。按表 1 移入相应的容量瓶中，以水稀释至刻度，混匀。分取两份试液于 25 mL 比色管中，补加硝酸(3.3)，加入2 mL 丙三醇(3.6)，其中一份用水稀释至刻度，此溶液为补偿溶液；另一份加入 2 mL 硝酸银(3.5)，每加一种试剂需轻轻混匀。用水稀释至刻度，混匀。将比色管放入 60 ℃～80 ℃的水浴中保温 15 min，冷却至室温。

6.4.2 将部分试料空白溶液(6.3)移入 3 cm 比色皿中，以试剂空白溶液作参比，于分光光度计波长 430 nm 处，测量其吸光度。

6.4.3 将部分试料溶液(6.4.1)移入 3 cm 比色皿中，用补偿溶液(6.4.1)作参比，于分光光度计波长 430 nm 处，测量其吸光度。在工作曲线上查出溶液(6.4.1)的氯量。

6.5 **工作曲线的绘制**

6.5.1 移取 0 mL、0.50 mL、1.00 mL、2.00 mL、3.00 mL、4.00 mL 标准溶液(3.9)于 6 个 25 mL 比色管中，分别加入 2.0 mL 硝酸(3.3)，以下按 6.4.1 进行。

6.5.2 移取部分试液(6.5.1)于 3 cm 比色皿中，以试剂空白溶液为参比，于分光光度计波长 430 nm 处测量其吸光度，以氯浓度为横坐标，吸光度为纵坐标，绘制工作曲线。

7 分析结果的计算与表述

按式(1)计算氯的质量分数(%)：

$$w(\mathrm{Cl}^-)=\frac{(\rho-\rho_0)V_0\times10^{-6}}{m_0V_1}\times100 \qquad \cdots\cdots(1)$$

式中：

ρ——在曲线上查得的溶液(6.4.1)的氯量，单位为微克(μg)；

ρ_0——在曲线上查得的空白溶液的氯量，单位为微克(μg)；

V_0——试液总体积，单位为毫升(mL)；

V_1——移取试液的体积，单位为毫升(mL)；

m_0——试料的质量，单位为克(g)。

8 精密度

8.1 重复性

在重复性条件下获得的两次独立测试结果的测定值，在以下给出的平均值范围内，这两个测试结果的绝对差值不超过重复性限(r)，超过重复性限(r)的情况不超过 5%，重复性限(r)按表 2 数据采用线性内插法求得。

表 2

氯质量分数/%	重复性限(r)/%
0.018	0.002
0.061	0.006
0.43	0.05
注：重复性限(r)为 2.8×Sr，Sr 为重复性标准差。	

8.2 允许差

实验室之间分析结果的差值应不大于表 3 所列允许差。

表 3

氯含量范围(质量分数)/%	允许差/%
0.005 0～0.015	0.002 5
>0.015～0.030	0.004
>0.030～0.060	0.009
>0.060～0.12	0.015
>0.12～0.30	0.03
>0.30～0.50	0.05

9 质量保证和控制

每周用自制的控制标样(如有国家级或行业级标样时，应首先使用)校核一次本部分分析方法的有效性。当过程失控时，应找出原因，纠正错误，重新进行校核。

ICS 77.120.99
H 14

中华人民共和国国家标准

GB/T 16484.16—2009
代替 GB/T 16484.16—1996

氯化稀土、碳酸轻稀土化学分析方法 第16部分:氯化稀土中水不溶物量的测定 重量法

Chemical analysis methods of rare earth chloride and light rare earth carbonate—Part 16: Determination of water insoluble substance content in rare earth chloride—Gravimetry

2009-10-30 发布 2010-05-01 实施

中华人民共和国国家质量监督检验检疫总局
中国国家标准化管理委员会 发布

前 言

GB/T 16484—2009《氯化稀土、碳酸轻稀土化学分析方法》共分22个部分：

——第1部分：氧化铈量的测定　硫酸亚铁铵滴定法；

——第2部分：氧化铕量的测定　电感耦合等离子体质谱法；

——第3部分：15个稀土元素氧化物配分量的测定　电感耦合等离子体发射光谱法；

——第4部分：氧化钍量的测定　偶氮胂Ⅲ分光光度法；

——第5部分：氧化钡量的测定　电感耦合等离子体发射光谱法；

——第6部分：氧化钙量的测定　火焰原子吸收光谱法；

——第7部分：氧化镁量的测定　火焰原子吸收光谱法；

——第8部分：氧化钠量的测定　火焰原子吸收光谱法；

——第9部分：氧化镍量的测定　火焰原子吸收光谱法；

——第10部分：氧化锰量的测定　火焰原子吸收光谱法；

——第11部分：氧化铅量的测定　火焰原子吸收光谱法；

——第12部分：硫酸根量的测定；

——第13部分：氯化铵量的测定　蒸馏-滴定法；

——第14部分：磷酸根量的测定　锑磷钼蓝分光光度法；

——第15部分：碳酸轻稀土中氯量的测定　硝酸银比浊法；

——第16部分：氯化稀土中水不溶物量的测定　重量法；

——第17部分：碳酸稀土中水分量的测定；

——第18部分：碳酸轻稀土中灼减量的测定　重量法；

——第20部分：氧化镍、氧化锰、氧化铅、氧化铝、氧化锌、氧化钍量的测定　电感耦合等离子体质谱法；

——第21部分：氧化铁量的测定　1,10-二氮杂菲分光光度法；

——第22部分：氧化锌量的测定　火焰原子吸收光谱法；

——第23部分：碳酸轻稀土中酸不溶物量的测定　重量法。

本部分为GB/T 16484的第16部分。

本部分代替GB/T 16484.16—1996《氯化稀土、碳酸稀土化学分析方法　氯化稀土中水不溶物的测定　重量法》。

本部分与GB/T 16484.16—1996相比，主要有如下变动：

——增加了精密度条款；

——增加了质量保证和控制条款；

——对标准文本进行了编辑性修改。

本部分由全国稀土标准化技术委员会提出并归口。

本部分负责起草单位：北京有色金属研究总院、中国有色金属工业标准计量质量研究所。

本部分由包钢稀土高科技股份有限公司起草。

本部分参加起草单位：北京有色金属研究总院、江阴加华新材料有限公司。

本部分主要起草人：苗洪英、董三立、周晓东。

本部分参加起草人：刘兵、姚京璧、朱红春。

本部分所替代标准的历次版本发布情况为：

——GB/T 16484.16—1996。

氯化稀土、碳酸轻稀土化学分析方法 第16部分:氯化稀土中水不溶物量的测定 重量法

1 范围

GB/T 16484 的本部分规定了氯化稀土中水不溶物量的测定方法。

本部分适用于氯化稀土中水不溶物量的测定。测定范围:0.10%～0.50%。

2 方法原理

试样用水溶解,过滤分离其不溶物,用干燥后的质量值计算水不溶物量。

3 仪器设备

3.1 电热恒温干燥箱:200 ℃±2 ℃。

3.2 玻璃砂漏斗(耐酸滤过漏斗):G4。

4 试样

氯化稀土试样的制备:将试样破碎,迅速置于称量瓶中,立即称量。

5 分析步骤

5.1 试料

称取 10 g 试样,精确至 0.000 1 g。

5.2 测定数量

称取两份试样进行平行测定,取其平均值。

5.3 空白试验

随同试样做空白试验。

5.4 测定

将试料(5.1)置于 400 mL 烧杯中,加 200 mL 水(pH=6),搅拌 2 min,静置 5 min。把试液缓缓倒入已在 105 ℃～110 ℃干燥至恒重的玻璃砂漏斗(3.2)中抽滤,用水多次洗涤烧杯,将溶液全部移入玻璃砂漏斗(3.2)中,抽干。将玻璃砂漏斗(3.2)放入电热恒温干燥箱(3.1)中,于 110 ℃干燥 2 h,再置于干燥器中放置冷却 25 min,于分析天平上称其质量。重复操作,直至相邻两次质量差不超过 1 mg。

6 分析结果的计算与表述

按式(1)计算水不溶物的质量分数(%):

$$w(\text{水不溶物}) = \frac{m_1 - m_0}{m} \times 100 \qquad (1)$$

式中:

m_0——玻璃砂坩埚质量,单位为克(g);

m_1——玻璃砂坩埚与水不溶物两者的质量和,单位为克(g);

m——试料的质量,单位为克(g)。

7 精密度

7.1 重复性

在重复性条件下获得的两次独立测试结果的测定值，在以下给出的平均值范围内，这两个测试结果的绝对差值不超过重复性限(r)，超过重复性限(r)的情况不超过5%。重复性限(r)按表1数据采用线性内插法求得。

表 1

水不溶物(质量分数)/%	重复性限(r)/%
0.10	0.03
0.30	0.04
注：重复性限(r)为2.8×Sr，Sr为重复性标准差。	

7.2 允许差

实验室之间分析结果的差值应不大于表2所列允许差。

表 2

水不溶物含量范围(质量分数)/%	允许差/%
0.10～0.50	0.04

8 质量保证和控制

每周用自制的控制标样(如有国家级或行业级标样时，应首先使用)校核一次本部分分析方法的有效性。当过程失控时，应找出原因，纠正错误，重新进行校核。

ICS 77.120.99
H 14

中华人民共和国国家标准

GB/T 16484.18—2009
代替 GB/T 16484.18—1996

氯化稀土、碳酸轻稀土化学分析方法 第18部分:碳酸轻稀土中灼减量的测定 重量法

Chemical analysis methods of rare earth chloride and light rare earth carbonate—Part 18: Determination of ignition loss content in light rare earth carbonate—Gravimetry

2009-10-30 发布　　　　2010-05-01 实施

中华人民共和国国家质量监督检验检疫总局
中国国家标准化管理委员会　发布

前　言

GB/T 16484—2009《氯化稀土、碳酸轻稀土化学分析方法》共分22个部分：

——第1部分：氧化铈量的测定　硫酸亚铁铵滴定法；

——第2部分：氧化铕量的测定　电感耦合等离子体质谱法；

——第3部分：15个稀土元素氧化物配分量的测定　电感耦合等离子体发射光谱法；

——第4部分：氧化钍量的测定　偶氮胂Ⅲ分光光度法；

——第5部分：氧化钡量的测定　电感耦合等离子体发射光谱法；

——第6部分：氧化钙量的测定　火焰原子吸收光谱法；

——第7部分：氧化镁量的测定　火焰原子吸收光谱法；

——第8部分：氧化钠量的测定　火焰原子吸收光谱法；

——第9部分：氧化镍量的测定　火焰原子吸收光谱法；

——第10部分：氧化锰量的测定　火焰原子吸收光谱法；

——第11部分：氧化铅量的测定　火焰原子吸收光谱法；

——第12部分：硫酸根量的测定；

——第13部分：氯化铵量的测定　蒸馏-滴定法；

——第14部分：磷酸根量的测定　锑磷钼蓝分光光度法；

——第15部分：碳酸轻稀土中氯量的测定　硝酸银比浊法；

——第16部分：氯化稀土中水不溶物量的测定　重量法；

——第17部分：碳酸稀土中水分量的测定；

——第18部分：碳酸轻稀土中灼减量的测定　重量法；

——第20部分：氧化镍、氧化锰、氧化铅、氧化铝、氧化锌、氧化钍量的测定　电感耦合等离子体质谱法；

——第21部分：氧化铁量的测定　1,10-二氮杂菲分光光度法；

——第22部分：氧化锌量的测定　火焰原子吸收光谱法；

——第23部分：碳酸轻稀土中酸不溶物量的测定　重量法。

本部分为GB/T 16484的第18部分。

本部分代替GB/T 16484.18—1996《氯化稀土、碳酸稀土化学分析方法　碳酸稀土灼减量的测定》。

本部分与GB/T 16484.18—1996相比，主要有如下变动：

——测定范围由0.1%～20%调整为40.00%～90.00%；

——删除了原标准中的附加说明；

——增加了精密度条款；

——增加了质量保证和控制条款；

——对标准文本进行了编辑性修改。

本部分由全国稀土标准化技术委员会提出并归口。

本部分负责起草单位：北京有色金属研究总院、中国有色金属工业标准计量质量研究所。

本部分由北京有色金属研究总院起草。

本部分参加起草单位：江西赣州虔东稀土集团股份有限公司、江阴加华新材料资源有限公司。

本部分主要起草人:刘兵、刘鹏宇、刘文华、姜维军。

本部分参加起草人：姚南红、陈婕、姚京璧、薛德慧。

本部分所替代标准的历次版本发布情况为：

——GB/T 16484.18—1996。

氯化稀土、碳酸轻稀土化学分析方法 第18部分：碳酸轻稀土中灼减量的测定 重量法

1 范围

GB/T 16484的本部分规定了碳酸轻稀土中灼减量的测定方法。

本部分适用于碳酸轻稀土中灼减量的测定，测定范围40.00%～90.00%。

2 原理

试样经950 ℃灼烧，用灼烧前与灼烧后质量的差值计算试样的灼减量。

3 仪器设备

3.1 分析天平：感量0.1 mg。

3.2 高温炉：1 000 ℃。

3.3 铂坩埚。

4 试样

试样开封后立即称量。

5 分析步骤

5.1 试料

按表1称取试样，精确至0.000 1 g。

表1

试　　料	试料量/g
相对较干燥的样品	3
相对较潮湿的样品	50

5.2 测定数量

称取两份试料进行平行测定，取其平均值。

5.3 测定

将试料(5.1)置于已在950 ℃灼烧至恒重的铂坩埚中，于950 ℃灼烧1 h。将铂坩埚取出，稍冷，置于干燥器中，冷却至室温。于分析天平上称其质量，重复操作，直至相邻两次质量差不超过1 mg。

6 分析结果的计算与表述

按式(1)计算灼减的质量分数(%)：

$$w(\text{灼减}) = \frac{m_1 - m_2}{m} \times 100 \qquad (1)$$

式中：

m_1——灼烧前铂坩埚及试料的质量，单位为克(g)；

m_2——灼烧后铂坩埚及烧成物的质量，单位为克(g)；

m——试料的质量，单位为克(g)。

7 精密度

7.1 重复性

在重复性条件下获得的两次独立测试结果的测定值，在以下给出的平均值范围内，这两个测试结果的绝对差值不超过重复性限(r)，超过重复性限(r)的情况不超过5%，重复性限(r)按表2数据采用线性内插法求得。

表 2

灼减质量分数/%	重复性限(r)/%
50.54	0.22
55.49	0.14
81.23	0.20
注：重复性限(r)为2.8×Sr，Sr为重复性标准差。	

7.2 允许差

实验室之间分析结果的差值应不大于表3所列允许差。

表 3

灼减含量范围(质量分数)/%	允许差/%
40.00～60.00	0.30
>60.00～90.00	0.50

8 质量保证和控制

每周用自制的控制标样(如有国家级或行业级标样时，应首先使用)校核一次本部分分析方法的有效性。当过程失控时，应找出原因，纠正错误，重新进行校核。

ICS 77.120.99
H 14

GB

中华人民共和国国家标准

GB/T 16484.20—2009

氯化稀土、碳酸轻稀土化学分析方法 第20部分：氧化镍、氧化锰、氧化铅、氧化铝、氧化锌、氧化钍量的测定 电感耦合等离子体质谱法

Chemical analysis methods of rare earth chloride and light rare earth carbonate—Part 20: Determination of nickel oxide, manganese oxide, lead oxide, aluminum oxide, zinc oxide, thorium oxide content—Inductively coupled plasma mass spectrometry

2009-10-30 发布　　　　2010-05-01 实施

中华人民共和国国家质量监督检验检疫总局
中国国家标准化管理委员会　发布

前　言

GB/T 16484—2009《氯化稀土、碳酸轻稀土化学分析方法》共分 22 个部分：

——第 1 部分：氧化铈量的测定　硫酸亚铁铵滴定法；
——第 2 部分：氧化铕量的测定　电感耦合等离子体质谱法；
——第 3 部分：15 个稀土元素氧化物配分量的测定　电感耦合等离子体发射光谱法；
——第 4 部分：氧化钍量的测定　偶氮胂Ⅲ分光光度法；
——第 5 部分：氧化钡量的测定　电感耦合等离子体发射光谱法；
——第 6 部分：氧化钙量的测定　火焰原子吸收光谱法；
——第 7 部分：氧化镁量的测定　火焰原子吸收光谱法；
——第 8 部分：氧化钠量的测定　火焰原子吸收光谱法；
——第 9 部分：氧化镍量的测定　火焰原子吸收光谱法；
——第 10 部分：氧化锰量的测定　火焰原子吸收光谱法；
——第 11 部分：氧化铅量的测定　火焰原子吸收光谱法；
——第 12 部分：硫酸根量的测定；
——第 13 部分：氯化铵量的测定　蒸馏-滴定法；
——第 14 部分：磷酸根量的测定　锑磷钼蓝分光光度法；
——第 15 部分：碳酸轻稀土中氯量的测定　硝酸银比浊法；
——第 16 部分：氯化稀土中水不溶物量的测定　重量法；
——第 17 部分：碳酸稀土中水分量的测定；
——第 18 部分：碳酸轻稀土中灼减量的测定　重量法；
——第 20 部分：氧化镍、氧化锰、氧化铅、氧化铝、氧化锌、氧化钍量的测定　电感耦合等离子体质谱法；
——第 21 部分：氧化铁量的测定　1,10-二氮杂菲分光光度法；
——第 22 部分：氧化锌量的测定　火焰原子吸收光谱法；
——第 23 部分：碳酸轻稀土中酸不溶物量的测定　重量法。

本部分为 GB/T 16484 的第 20 部分。

本部分由全国稀土标准化技术委员会提出并归口。

本部分负责起草单位：北京有色金属研究总院、中国有色金属工业标准计量质量研究所。

本部分由赣州有色冶金研究所起草。

本部分参加起草单位：北京有色金属研究总院、包钢稀土高科技股份有限公司。

本部分主要起草人：潘建忠、钟道国。

本部分参加起草人：邵荣珍、刘鹏宇、魏晓鸥、杨玉芳、常瑞敏。

氯化稀土、碳酸轻稀土化学分析方法 第20部分：氧化镍、氧化锰、氧化铅、氧化铝、氧化锌、氧化钍量的测定 电感耦合等离子体质谱法

1 范围

GB/T 16484 的本部分规定了氯化稀土、碳酸轻稀土中氧化镍、氧化锰、氧化铅、氧化铝、氧化锌、氧化钍量的测定方法。

本部分适用于氯化稀土、碳酸轻稀土中氧化镍、氧化锰、氧化铅、氧化铝、氧化锌、氧化钍量的测定。测定范围见表1。

表 1

氧化物	含量范围(质量分数)/%	氧化物	含量范围(质量分数)/%
氧化铝	0.002 0～0.10	氧化锰	0.001 0～0.10
氧化镍	0.001 0～0.010	氧化锌	0.010～0.20
氧化铅	0.001 0～0.010	氧化钍	0.000 5～0.30

2 方法原理

试样以硝酸溶解，在稀酸介质中，以氩等离子体为离子化源，直接进行质谱测定，测定时以内标法进行校正。

3 试剂与材料

3.1 硝酸(ρ1.42 g/mL)，优级纯。

3.2 硝酸(1+1)。

3.3 硝酸(1+199)。

3.4 铝标准贮存溶液：准确称取 1.000 0 g 纯金属铝片[w(Al)≥99.99%]于 300 mL 烧杯中，加入 50 mL 盐酸(1+1)，1 滴汞，加热溶解，冷却，移入 1 000 mL 容量瓶中，用水稀释至刻度，混匀。此溶液 1 mL 含 1 mg 铝。

3.5 锰标准贮存溶液：准确称取 1.000 0 g 纯金属锰[w(Mn)≥99.95%]于 300 mL 烧杯中，加入 50 mL 硝酸(3.2)，加热溶解，冷却，移入 1 000 mL 容量瓶中，用水稀释至刻度，混匀。此溶液 1 mL 含 1 mg 锰。

3.6 镍标准贮存溶液：准确称取 0.200 0 g 纯金属镍[w(Ni)≥99.95%]于 300 mL 烧杯中，加入 20 mL 硝酸(3.2)，加热溶解，冷却，移入 1 000 mL 容量瓶中，用水稀释至刻度，混匀。此溶液 1 mL 含 200 μg 镍。

3.7 锌标准贮存溶液：准确称取 1.000 0 g 纯金属锌[w(Zn)≥99.99%]于 300 mL 烧杯中，加入 50 mL 硝酸(3.2)，加热溶解，冷却，移入 1 000 mL 容量瓶中，用水稀释至刻度，混匀。此溶液 1 mL 含 1 mg 锌。

3.8 铅标准贮存溶液：准确称取 0.250 0 g 纯金属铅[w(Pb)≥99.99%]于 300 mL 烧杯中，加入20 mL 硝酸(3.2)，加热溶解，冷却，移入 1 000 mL 容量瓶中，用水稀释至刻度，混匀。此溶液 1 mL 含

250 μg铅。

3.9 氧化钍标准贮存溶液:准确称取0.100 0 g二氧化钍[$w(ThO_2)$≥99.95%,经110 ℃烘干并冷却至室温]于250 mL烧杯中,加入10 mL盐酸和0.5 mL氢氟酸,加热溶解,加入2 mL高氯酸蒸发至冒白烟直至湿盐状,冷却,用盐酸(1+2)溶解移入100 mL容量瓶中,用盐酸(1+2)稀释至刻度,混匀。此溶液1 mL含1 mg二氧化钍。

3.10 铟标准贮存溶液:准确称取1.000 0 g金属铟[$w(In)$≥99.9%]于250 mL烧杯中,加入20 mL盐酸(1+1),置于水浴上加热溶解,冷却,移入1 000 mL容量瓶中,用水稀释至刻度,混匀。此溶液1 mL含1 mg铟。

3.11 铯标准贮存溶液:准确称取1.266 8 g氯化铯[$w(Cs)$≥99.99%,在110 ℃烘干过]于250 mL烧杯中,加少量水溶解,移入1 000 mL容量瓶中,用水混匀。此溶液1 mL含1 mg铯。

3.12 混合标准溶液:分别移取1.00 mL铝标准贮存溶液(3.4),1.00 mL锰标准贮存溶液(3.5),0.50 mL镍标准贮存溶液(3.6),1.60 mL锌标准贮存溶液(3.7),0.40 mL铅标准贮存溶液(3.8),3.00 mL氧化钍标准贮存溶液(3.9),于1 000 mL容量瓶中,加入20 mL硝酸(3.2),用水稀释至刻度,混匀。此溶液1 mL分别含1 μg铝、1 μg锰、0.1 μg镍1.6 μg锌、0.1 μg铅、3 μg二氧化钍。

3.13 混合内标溶液:分别移取1.00 mL铟标准贮存溶液(3.10)和1.00 mL铯标准贮存溶液(3.11)于1 000 mL容量瓶中,加入100 mL硝酸(3.2),用水稀释至刻度,混匀。此溶液1 mL分别含1 μg铟、1 μg铯。

3.14 氩气[$w(Ar)$≥99.99%]。

4 仪器

电感耦合等离子体质谱仪:质量分辨率优于(0.8±0.1)amu。

5 试样

5.1 氯化稀土试样的制备:将试样破碎,迅速置于称量瓶中,立即称量。

5.2 碳酸轻稀土试样的制备:试样开封后立即称量。

6 分析步骤

6.1 试料

按表2称取试样(5),精确至0.000 1 g。

表2

待测元素含量范围(质量分数)/%	试样量/g
0.000 1～0.10	2.00
>0.10～0.30	1.00

6.2 测定次数

称取两份试料,进行平行测定,取其平均值。

6.3 空白试验

随同试料做空白试验。

6.4 分析试液的制备

6.4.1 将试料(6.1)置于100 mL烧杯中,加入5 mL水、5 mL硝酸(3.1),低温加热至试样溶解完全(如果试料溶解不完全,可加入1 mL～2 mL过氧化氢),冷却至室温,移入100 mL容量瓶中,用水稀释至刻度,混匀。

6.4.2 移取1.00 mL试液(6.4.1)于100 mL容量瓶中,加入1.00 mL混合内标溶液(3.13),以硝酸

(3.3)稀释至刻度，混匀。

6.5 标准系列溶液的配制

分别移取混合标准溶液(3.12)0 mL、2.50 mL、5.00 mL、10.00 mL 于一组 100 mL 容量瓶中，分别加入 1.00 mL 混合内标溶液(3.13)，以硝酸(3.3)稀释至刻度，混匀。配成系列标准溶液见表 3。

表 3

标准溶液编号	各被测元素质量浓度/(ng/mL)					
	Al	Mn	Ni	Zn	Pb	ThO_2
1	0	0	0	0	0	0
2	25.0	25.0	2.5	40.0	2.5	75.0
3	50.0	50.0	5.0	80.0	5.0	150.0
4	100.0	100.0	10.0	160.0	10.0	300.0

6.6 测定

6.6.1 测量元素同位素质量数见表 4。

表 4

元　　素	测定同位素的质量数	元　　素	测定同位素的质量数
Al	27	Mn	55
Ni	60	Zn	66
Pb	208	Th	232
Cs	133	In	115

6.6.2 将空白试验溶液(6.3)、分析试液(6.4.2)与标准系列溶液(6.5)同时进行氩等离子体质谱测定。将标准系列溶液(6.5)的浓度直接输入计算机，用内标法校正，由计算机计算输出空白试验溶液(6.3)、分析试液(6.4)中待测元素的浓度。

7 分析结果的计算与表述

按式(1)计算被测元素的质量分数(%)：

$$w(X)=\frac{(\rho_1-\rho_0)V_2V_0k\times10^{-9}}{mV_1}\times100 \qquad \cdots\cdots(1)$$

式中：

ρ_0——计算机输出的空白试验溶液(6.3)中待测元素的浓度，单位为纳克每毫升(ng/mL)；

ρ_1——计算机输出的分析试液(6.4)中待测元素的浓度，单位为纳克每毫升(ng/mL)；

V_0——试液总体积，单位为毫升(mL)；

V_1——分取试液的体积，单位为毫升(mL)；

V_2——分析试液(6.4)的体积，单位为毫升(mL)；

m——试料的质量，单位为克(g)；

k——各元素其氧化物与单质的换算系数，见表 5。

表 5

元素	$Al_2O_3/2Al$	MnO/Mn	NiO/Ni	ZnO/Zn	PbO/Pb
k	1.889 5	1.291 2	1.272 8	1.244 7	1.077 2

8 精密度

8.1 重复性

在重复性条件下获得的两次独立测试结果的测定值，在以下给出的平均值范围内，这两个测试结果的绝对差值不超过重复性限(r),超过重复性限(r)的情况不超过5%,重复性限(r)按表6数据采用线性内插法求得。

表 6

氧化物	质量分数/%	重复性限(r)/%	氧化物	质量分数/%	重复性限(r)/%
氧化铝	0.018	0.002 5	氧化锰	0.024	0.004
	0.045	0.003		0.035	0.006
	0.10	0.01		0.086	0.006
氧化镍	0.003 2	0.000 4	氧化锌	0.072	0.006
	0.006 5	0.000 4		0.10	0.007
	0.010	0.001		—	—
氧化铅	0.003 2	0.000 2	氧化钍	0.010	0.001
	0.005 5	0.000 3		0.10	0.007
	0.008 5	0.000 5		0.20	0.02
注:重复性限(r)为2.8×Sr,Sr为重复性标准差。					

8.2 允许差

实验室之间分析结果的差值应不大于表7所列允许差。

表 7

氧化物	质量分数/%	允许差/%	氧化物	质量分数/%	允许差/%
氧化铝	0.002 0～0.010	0.003 0	氧化锰	0.001 0～0.010	0.001 0
	>0.010～0.050	0.006		>0.010～0.050	0.005
	>0.050～0.10	0.010		>0.050～0.10	0.008
氧化镍	0.001 0～0.003 0	0.000 4	氧化锌	0.010～0.10	0.025
	>0.003 0～0.005 0	0.000 6		>0.10～0.20	0.04
	>0.005 0～0.010	0.001 0	氧化钍	0.000 5～0.005	0.000 5
氧化铅	0.001 0～0.003 0	0.000 4		>0.005～0.020	0.001
	>0.003 0～0.005 0	0.000 6		>0.020～0.10	0.010
	>0.005 0～0.010	0.000 8		>0.10～0.30	0.02

9 质量保证和控制

每周用自制的控制标样(如有国家级或行业级标样时,应首先使用)校核一次本部分分析方法的有效性。当过程失控时,应找出原因,纠正错误,重新进行校核。

ICS 77.120.99
H 14

中华人民共和国国家标准

GB/T 16484.21—2009

氯化稀土、碳酸轻稀土化学分析方法 第21部分：氧化铁量的测定 1,10-二氮杂菲分光光度法

Chemical analysis methods of rare earth chloride and light rare earth carbonate—Part 21: Determination of iron oxide content—1,10-phenanthroline spectrophotometry

2009-10-30 发布　　　　2010-05-01 实施

中华人民共和国国家质量监督检验检疫总局
中国国家标准化管理委员会　发布

前　言

GB/T 16484—2009《氯化稀土、碳酸轻稀土化学分析方法》共分22个部分：

——第1部分：氧化铈量的测定　硫酸亚铁铵滴定法；
——第2部分：氧化铕量的测定　电感耦合等离子体质谱法；
——第3部分：15个稀土元素氧化物配分量的测定　电感耦合等离子体发射光谱法；
——第4部分：氧化钍量的测定　偶氮胂Ⅲ分光光度法；
——第5部分：氧化钡量的测定　电感耦合等离子体发射光谱法；
——第6部分：氧化钙量的测定　火焰原子吸收光谱法；
——第7部分：氧化镁量的测定　火焰原子吸收光谱法；
——第8部分：氧化钠量的测定　火焰原子吸收光谱法；
——第9部分：氧化镍量的测定　火焰原子吸收光谱法；
——第10部分：氧化锰量的测定　火焰原子吸收光谱法；
——第11部分：氧化铅量的测定　火焰原子吸收光谱法；
——第12部分：硫酸根量的测定；
——第13部分：氯化铵量的测定　蒸馏-滴定法；
——第14部分：磷酸根量的测定　锑磷钼蓝分光光度法；
——第15部分：碳酸轻稀土中氯量的测定　硝酸银比浊法；
——第16部分：氯化稀土中水不溶物量的测定　重量法；
——第17部分：碳酸稀土中水分量的测定；
——第18部分：碳酸轻稀土中灼减量的测定　重量法；
——第20部分：氧化镍、氧化锰、氧化铅、氧化铝、氧化锌、氧化钍量的测定　电感耦合等离子体质谱法；
——第21部分：氧化铁量的测定　1,10-二氮杂菲分光光度法；
——第22部分：氧化锌量的测定　火焰原子吸收光谱法；
——第23部分：碳酸轻稀土中酸不溶物量的测定　重量法。

本部分为GB/T 16484的第21部分。

本部分由全国稀土标准化技术委员会提出并归口。

本部分负责起草单位：北京有色金属研究总院、中国有色金属工业标准计量质量研究所。

本部分由北京有色金属研究总院起草。

本部分参加起草单位：赣州有色冶金研究所、江苏宜兴新威利成稀土有限公司。

本部分主要起草人：佟玲、李娜、高新秀。

本部分参加起草人：黎英、刘鸿、顾国军。

氯化稀土、碳酸轻稀土化学分析方法
第21部分：氧化铁量的测定
1,10-二氮杂菲分光光度法

1 范围

GB/T 16484 的本部分规定了氯化稀土、碳酸轻稀土中氧化铁量的测定方法。

本部分适用于氯化稀土、碳酸轻稀土中氧化铁量的测定。测定范围：0.003 0%～1.00%。

2 方法原理

试样以稀盐酸溶解，用盐酸羟胺将三价铁还原成二价铁，在 pH4～pH6 的酸度条件下，二价铁离子与邻二氮杂菲显色，于分光光度计波长 510 nm 处测其吸光度。

3 试剂和材料

3.1 盐酸（ρ1.19 g/mL），优级纯。

3.2 过氧化氢（30%）。

3.3 盐酸（1+5）。

3.4 盐酸羟胺（100 g/L）。

3.5 1,10-邻二氮杂菲溶液（10 g/L）：称取 1 g 1,10-邻二氮杂菲溶于无水乙醇中，以水稀释至 100 mL，混匀。

3.6 柠檬酸溶液：（300 g/L）。

3.7 饱和乙酸钠溶液。

3.8 铁标准贮存溶液：称取 0.100 0 g 铁[w(Fe)>99.9%]于 150 mL 烧杯中，加 30 mL 盐酸（3.3）低温加热至完全溶解，冷却至室温。移入 1 000 mL 容量瓶中用水稀释至刻度，混匀。此溶液 1 mL 含 0.1 mg 铁。

3.9 铁标准溶液：移取铁标准贮存溶液（3.8）10 mL 于 100 mL 容量瓶中，用水稀释至刻度，混匀。此溶液 1 mL 含 10 μg 铁。

4 仪器

分光光度计。

5 试样

5.1 氯化稀土试样的制备：将试样破碎，迅速置于称量瓶中，立即称量。

5.2 碳酸轻稀土试样的制备：试样开封后立即称量。

6 分析步骤

6.1 试料

按表 1 称取试样，精确至 0.000 1 g。

表 1

氧化铁含量范围(质量分数)/%	试料量/g	溶液总体积/mL	移取体积/mL
0.003 0～0.010	1.00	50	10.00
>0.010～0.050	1.00	100	10.00
>0.050～0.20	0.50	100	5.00
>0.20～0.80	0.50	100	2.00
>0.80～1.00	0.20	100	2.00

6.2 测定数量

称取两份试料进行平行测定,取其平均值。

6.3 空白试验

随同试样做空白试验。

6.4 测定

6.4.1 将试料(6.1)置于150 mL烧杯中,加入10 mL盐酸(3.3),低温加热溶解至清亮。若有不溶物,可适量加入过氧化氢(3.2)溶解,并加热煮沸至冒大气泡。按表1移入相应的容量瓶中,以水稀释至刻度,混匀。

6.4.2 按表1将试液(6.4.1)移入25 mL比色管中,加2 mL盐酸羟胺(3.4),3 mL柠檬酸溶液(3.6),3 mL饱和乙酸钠溶液(3.7),依次混匀。加1 mL 1,10-邻二氮杂菲溶液(3.5),用水稀释至刻度,混匀。放置20 min。

6.4.3 将部分溶液(6.4.2)移入1 cm比色皿中,以试料空白溶液作参比,于分光光度计波长510 nm处,测量其吸光度。在工作曲线上查出试液(6.4.2)的铁量。

6.5 工作曲线的绘制

6.5.1 移取0 mL、1.00 mL、2.00 mL、3.00 mL、4.00 mL、5.00 mL、6.00 mL、7.00 mL、8.00 mL铁标准溶液(3.9)于一组25 mL比色管中,按(6.4.2)操作进行。

6.5.2 移取部分试液(6.5.1)于2 cm比色皿中,以试剂空白溶液为参比,于分光光度计波长510 nm处测量其吸光度,以铁量为横坐标,吸光度为纵坐标,绘制标准曲线。

7 分析结果的计算与表述

按式(1)计算待测元素氧化铁的质量分数(%):

$$w(Fe_2O_3)=\frac{\rho V_0\times 1.4297\times 10^{-6}}{m_0 V_1}\times 100 \qquad (1)$$

式中:

ρ——在曲线上查得的溶液(6.4.2)中铁的含量,单位为微克(μg);

V_0——试液总体积,单位为毫升(mL);

V_1——移取试液的体积,单位为毫升(mL);

m_0——试料的质量,单位为克(g);

1.429 7——氧化铁与铁的换算系数。

8 精密度

8.1 重复性

在重复性条件下获得的两次独立测试结果的测定值,在以下给出的平均值范围内,这两个测试结果的绝对差值不超过重复性限(r),超过重复性限(r)的情况不超过5%,重复性限(r)按表2数据采用线性内插法求得。

表 2

氧化铁质量分数/%	重复性限(r)/%
0.006	0.002
0.056	0.003
0.34	0.01
注：重复性限(r)为 2.8×Sr,Sr 为重复性标准差。	

8.2 允许差

实验室之间分析结果的差值应不大于表 3 所列允许差。

表 3

氧化铁含量范围(质量分数)/%	允许差/%
0.003～0.008	0.003
>0.008～0.020	0.005
>0.020～0.060	0.008
>0.060～0.200	0.010
>0.200～0.50	0.025
>0.50～1.00	0.05

9 质量保证和控制

每周用自制的控制标样(如有国家级或行业级标样时,应首先使用)校核一次本部分分析方法的有效性。当过程失控时,应找出原因,纠正错误,重新进行校核。

ICS 77.120.99
H 14

中华人民共和国国家标准

GB/T 16484.22—2009

氯化稀土、碳酸轻稀土化学分析方法 第22部分:氧化锌量的测定 火焰原子吸收光谱法

Chemical analysis methods of rare earth chloride and light rare earth carbonate—Part 22:Determination of zinc oxide content—Flame atomic absorption spectrometry

2009-10-30 发布　　　　2010-05-01 实施

中华人民共和国国家质量监督检验检疫总局
中国国家标准化管理委员会　发布

前　言

GB/T 16484—2009《氯化稀土、碳酸轻稀土化学分析方法》共分22个部分：

——第1部分：氧化铈量的测定　硫酸亚铁铵滴定法；

——第2部分：氧化铕量的测定　电感耦合等离子体质谱法；

——第3部分：15个稀土元素氧化物配分量的测定　电感耦合等离子体发射光谱法；

——第4部分：氧化钍量的测定　偶氮胂Ⅲ分光光度法；

——第5部分：氧化钡量的测定　电感耦合等离子体发射光谱法；

——第6部分：氧化钙量的测定　火焰原子吸收光谱法；

——第7部分：氧化镁量的测定　火焰原子吸收光谱法；

——第8部分：氧化钠量的测定　火焰原子吸收光谱法；

——第9部分：氧化镍量的测定　火焰原子吸收光谱法；

——第10部分：氧化锰量的测定　火焰原子吸收光谱法；

——第11部分：氧化铅量的测定　火焰原子吸收光谱法；

——第12部分：硫酸根量的测定；

——第13部分：氯化铵量的测定　蒸馏-滴定法；

——第14部分：磷酸根量的测定　锑磷钼蓝分光光度法；

——第15部分：碳酸轻稀土中氯量的测定　硝酸银比浊法；

——第16部分：氯化稀土中水不溶物量的测定　重量法；

——第17部分：碳酸稀土中水分量的测定；

——第18部分：碳酸轻稀土中灼减量的测定　重量法；

——第20部分：氧化镍、氧化锰、氧化铅、氧化铝、氧化锌、氧化钍量的测定　电感耦合等离子体质谱法；

——第21部分：氧化铁量的测定　1,10-二氮杂菲分光光度法；

——第22部分：氧化锌量的测定　火焰原子吸收光谱法；

——第23部分：碳酸轻稀土中酸不溶物量的测定　重量法。

本部分为GB/T 16484的第22部分。

本部分由全国稀土标准化技术委员会提出并归口。

本部分负责起草单位：北京有色金属研究总院、中国有色金属工业标准计量质量研究所。

本部分由北京有色金属研究总院起草。

本部分参加起草单位：山东淄博加华新材料资源有限公司、包钢稀土高科技股份有限公司。

本部分主要起草人：李娜、高新秀、佟玲。

本部分参加起草人：曹爱红、鲍永平、李淑萍。

氯化稀土、碳酸轻稀土化学分析方法
第22部分：氧化锌量的测定
火焰原子吸收光谱法

1 范围

GB/T 16484的本部分规定了氯化稀土、碳酸轻稀土中氧化锌量的测定方法。

本部分适用于氯化稀土、碳酸轻稀土中氧化锌量的测定。测定范围：0.010%～1.00%。

2 方法原理

试样经盐酸或硝酸溶解。在稀酸介质中，用空气-乙炔火焰，在原子吸收光谱仪波长213.9 nm处测量锌的吸光度，用标准加入法计算氧化锌的量。

3 试剂和材料

3.1 硝酸（ρ1.42 g/mL），优级纯。

3.2 过氧化氢（30%），优级纯。

3.3 盐酸（1+1），优级纯。

3.4 锌标准贮存溶液：准确称取0.500 0 g金属锌[$w(Zn)\geqslant 99.99\%$]于200 mL烧杯中，加入10 mL盐酸（3.3），滴加数滴过氧化氢（3.2）待其溶解完全后，加热煮沸几分钟，冷却后将溶液移入500 mL容量瓶中，以水稀释至刻度，混匀。此溶液1 mL含有1 000 μg锌。

3.5 锌标准溶液：移取10.00 mL锌标准贮存溶液（3.4）于100 mL容量瓶中，加入10 mL盐酸（3.3），用水稀释至刻度，混匀。此溶液1 mL含100 μg锌。

3.6 锌标准溶液：移取10.00 mL锌标准溶液（3.5）于100 mL容量瓶中，加入10 mL盐酸（3.3），用水稀释至刻度，混匀。此溶液1 mL含10 μg锌。

4 仪器

原子吸收光谱仪，附锌空心阴极灯。

在仪器最佳工作条件下，凡能达到下列指标者均可使用。

——灵敏度：在与测量样品溶液的基体相一致的溶液中，锌的特征浓度应不大于0.005 μg/mL。

——精密度：用最高浓度的标准溶液测量10次吸光度，其标准偏差应不超过平均吸光度的1%；用最低浓度的标准溶液（不是零标准溶液）测量10次吸光度，其标准偏差应不超过最高浓度标准溶液平均吸光度的0.5%。

——工作曲线线性：将工作曲线按浓度等分成五段，最高段的吸光度差值与最低段的吸光度差值之比，应不小于0.7。

5 试样

5.1 氯化稀土试样的制备：将试样破碎，迅速置于称量瓶中，立即称量。

5.2 碳酸轻稀土试样的制备：试样开封后立即称量。

6 分析步骤

6.1 试料

按表1称取试样，精确至0.000 1 g。

表 1

氧化锌含量范围(质量分数)/%	试料量/g	试液总体积/mL	移取试液体积/mL
0.010~0.040	2.00	100	10.00
>0.040~0.080	1.00	100	10.00
>0.080~0.20	3.00	1 000	10.00
>0.20~0.80	1.00	1 000	10.00
>0.80~1.00	1.00	1 000	5.00

6.2 测定次数

称取两份试料进行平行测定,取其平均值。

6.3 空白试验

随同试料做空白试验。

6.4 测定

6.4.1 试料的溶解

将试料(6.1)置于100 mL烧杯中,加5 mL盐酸(3.3)[若试样难溶改加5 mL硝酸(3.1)],加1 mL过氧化氢(3.2),低温加热至溶解完全,冷却至室温。将溶液移入100 mL容量瓶中,用水稀释至刻度,混匀。

6.4.2 工作曲线的绘制与测定

6.4.2.1 按表1移取5份试液(6.4.1)于一组100 mL容量瓶中,分别加入0 mL、2.00 mL、4.00 mL、6.00 mL、8.00 mL锌标准溶液(3.6),加入1 mL盐酸(3.3),用水稀释至刻度,混匀。

6.4.2.2 使用空气-乙炔火焰,在原子吸收光谱仪波长213.9 nm处,以水调零测量试液(6.4.2.1)的吸光度,以锌浓度为横坐标,吸光度为纵坐标绘制标准曲线,从标准曲线上查得被测溶液的锌浓度。

7 分析结果的计算与表述

按式(1)计算氧化锌的质量分数(%):

$$w(\mathrm{ZnO})=\frac{(\rho-\rho_0)V_0V_2\times 1.244\,7\times 10^{-6}}{m_0V_1}\times 100 \quad\cdots\cdots(1)$$

式中:

ρ——被测试液中锌的质量浓度,单位为微克每毫升(μg/mL);

ρ_0——试料空白溶液中锌的质量浓度,单位为微克每毫升(μg/mL);

V_0——试液的总体积,单位为毫升(mL);

V_1——移取试液的体积,单位为毫升(mL);

V_2——被测试液的体积,单位为毫升(mL);

m_0——试料的质量,单位为克(g);

1.244 7——氧化锌与锌的换算系数。

8 精密度

8.1 重复性

在重复性条件下获得的两次独立测试结果的测定值,在以下给出的平均值范围内,这两个测试结果的绝对差值不超过重复性限(r),超过重复性限(r)的情况不超过5%,重复性限(r)按表2数据采用线性内插法求得。

表 2

氧化锌质量分数/%	重复性限(r)/%
0.096	0.002
0.35	0.02
1.30	0.11
注：重复性限(r)为 2.8×Sr,Sr 为重复性标准差。	

8.2 允许差

实验室之间分析结果的差值应不大于表 3 所列允许差。

表 3

氧化锌含量范围(质量分数)/%	允许差/%
0.010～0.050	0.003
>0.050～0.10	0.010
>0.10～0.50	0.05
>0.50～1.00	0.20

9 质量保证和控制

每周用自制的控制标样(如有国家级或行业级标样时,应首先使用)校核一次本部分分析方法的有效性。当过程失控时,应找出原因,纠正错误,重新进行校核。

ICS 77.120.99
H 14

中华人民共和国国家标准

GB/T 16484.23—2009

氯化稀土、碳酸轻稀土化学分析方法 第23部分：碳酸轻稀土中酸不溶物量的测定 重量法

Chemical analysis methods of rare earth chloride and light rare earth carbonate—Part 23: Determination of acid insoluble substance in light rare earth carbonate—Gravimetry

2009-10-30 发布　　2010-05-01 实施

中华人民共和国国家质量监督检验检疫总局
中国国家标准化管理委员会　发布

前言

GB/T 16484—2009《氯化稀土、碳酸轻稀土化学分析方法》共分 22 个部分：

——第 1 部分：氧化铈量的测定　硫酸亚铁铵滴定法；

——第 2 部分：氧化铕量的测定　电感耦合等离子体质谱法；

——第 3 部分：15 个稀土元素氧化物配分量的测定　电感耦合等离子体发射光谱法；

——第 4 部分：氧化钍量的测定　偶氮胂Ⅲ分光光度法；

——第 5 部分：氧化钡量的测定　电感耦合等离子体发射光谱法；

——第 6 部分：氧化钙量的测定　火焰原子吸收光谱法；

——第 7 部分：氧化镁量的测定　火焰原子吸收光谱法；

——第 8 部分：氧化钠量的测定　火焰原子吸收光谱法；

——第 9 部分：氧化镍量的测定　火焰原子吸收光谱法；

——第 10 部分：氧化锰量的测定　火焰原子吸收光谱法；

——第 11 部分：氧化铅量的测定　火焰原子吸收光谱法；

——第 12 部分：硫酸根量的测定；

——第 13 部分：氯化铵量的测定　蒸馏-滴定法；

——第 14 部分：磷酸根量的测定　锑磷钼蓝分光光度法；

——第 15 部分：碳酸轻稀土中氯量的测定　硝酸银比浊法；

——第 16 部分：氯化稀土中水不溶物量的测定　重量法；

——第 17 部分：碳酸稀土中水分量的测定；

——第 18 部分：碳酸轻稀土中灼减量的测定　重量法；

——第 20 部分：氧化镍、氧化锰、氧化铅、氧化铝、氧化锌、氧化钍量的测定　电感耦合等离子体质谱法；

——第 21 部分：氧化铁量的测定　1,10-二氮杂菲分光光度法；

——第 22 部分：氧化锌量的测定　火焰原子吸收光谱法；

——第 23 部分：碳酸轻稀土中酸不溶物量的测定　重量法。

本部分为 GB/T 16484 的第 23 部分。

本部分由全国稀土标准化技术委员会提出并归口。

本部分负责起草单位：北京有色金属研究总院、中国有色金属工业标准计量质量研究所。

本部分由北京有色金属研究总院起草。

本部分参加起草单位：包钢稀土高科技股份有限公司、江苏江阴加华新材料资源有限公司。

本部分主要起草人：刘兵、刘鹏宇。

本部分参加起草人：董三立、吴广伟、姚京璧、何凤娟。

氯化稀土、碳酸轻稀土化学分析方法 第23部分：碳酸轻稀土中酸不溶物量的测定 重量法

1 范围

GB/T 16484的本部分规定了碳酸轻稀土中酸不溶物量的测定方法。

本部分适用于碳酸轻稀土中酸不溶物量的测定，测定范围：0.010%～0.50%

2 原理

试样经盐酸溶解，过滤分离其不溶物，用干燥后的质量值计算酸不溶物量。

3 试剂

盐酸(1+1)。

4 仪器设备

4.1 电热恒温干燥箱：200 ℃±2 ℃。

4.2 玻璃砂漏斗(耐酸滤过漏斗)：G4。

5 试样

试样开封后立即称量。

6 分析步骤

6.1 试料

称取试样5.00 g，精确至0.000 1 g。

6.2 测定数量

称取两份试料进行平行测定，取其平均值。

6.3 测定

将试料(6.1)置于250 mL烧杯中，加20 mL盐酸(3)，加热溶解试料并蒸发至2 mL～3 mL，加水30 mL～50 mL，微热后，用已于105 ℃～110 ℃恒重的玻璃砂漏斗(4.2)抽滤，用水洗涤烧杯3次～5次，洗涤不溶物8次～10次。把玻璃砂漏斗(4.2)连同酸不溶物放入干燥箱(4.1)中，于105 ℃～110 ℃干燥1.5 h，移入干燥器中冷却至室温，称重，重复操作，直至相邻两次质量差不超过1 mg。

7 分析结果的计算与表述

按式(1)计算酸不溶物的质量分数(%)：

$$w(\text{酸不溶物}) = \frac{m_1 - m_0}{m} \times 100 \qquad \cdots\cdots(1)$$

式中：

m_0——玻璃砂漏斗的质量，单位为克(g)；

m_1——玻璃砂漏斗与酸不溶物的质量，单位为克(g)；

m——试料的质量，单位为克(g)。

8 精密度

8.1 重复性

在重复性条件下获得的两次独立测试结果的测定值，在以下给出的平均值范围内，这两个测试结果的绝对差值不超过重复性限(r)，超过重复性限(r)的情况不超过5%，重复性限(r)按表1数据采用线性内插法求得。

表 1

酸不溶物质量分数/%	重复性限(r)/%
0.016	0.001
0.086	0.002
注：重复性限(r)为 2.8×Sr，Sr 为重复性标准差。	

8.2 允许差

实验室之间分析结果的差值应不大于表2所列允许差。

表 2

酸不溶物含量范围(质量分数)/%	允许差/%
0.010～0.050	0.004
>0.050～0.10	0.010
>0.10～0.50	0.02

9 质量保证和控制

每周用自制的控制标样(如有国家级或行业级标样时，应首先使用)校核一次本部分分析方法的有效性。当过程失控时，应找出原因，纠正错误，重新进行校核。

ICS 65.060.80
B 97

中华人民共和国国家标准

GB/T 16485—2009
代替 GB/T 16485—1996

制材机械通用技术条件

General specification for lumber machine

2009-05-12 发布

2009-11-01 实施

中华人民共和国国家质量监督检验检疫总局
中国国家标准化管理委员会 发布

前　言

本标准代替 GB/T 16485—1996《制材机械通用技术条件》。

本标准与 GB/T 16485—1996 相比主要差异如下：

——将原第 15 章合并为第 8 章；

——增加了制材设备的最小切削速度。

本标准由国家林业局提出。

本标准由全国人造板机械标准化技术委员会归口。

本标准起草单位：信阳木工机械股份有限公司。

本标准主要起草人：胡德弟、李新民、王喜宏、韩辉、花军。

本标准所代替标准的历次版本发布情况为：

——GB/T 16485—1996。

制材机械通用技术条件

1 范围

本标准规定了制材机械的设计、制造和检验的基本要求。

本标准适用于木材生产用的制材机械。

2 规范性引用文件

下列文件中的条款通过本标准的引用而成为本标准的条款。凡是注日期的引用文件，其随后所有的修改单(不包括勘误的内容)或修订版均不适用于本标准，然而，鼓励根据本标准达成协议的各方研究是否可使用这些文件的最新版本。凡是不注日期的引用文件，其最新版本适用于本标准。

GB 2893 安全色(GB 2893—2008,ISO 3864-1:2002,MOD)

GB/T 3766 液压系统通用技术条件(GB/T 3766—2001,eqv ISO 4413:1998)

GB 5226.1 机械安全 机械电气设备 第1部分:通用技术条件(GB 5226.1—2002，IEC 60204-1:2000,IDT)

GB/T 6576 机床润滑系统(GB/T 6576—2002,ISO 5170:1977,MOD)

GB/T 7932 气动系统通用技术条件(GB/T 7932—2003,ISO 4414:1998,IDT)

GB/T 10961 木工机床操作指示形象化符号(GB/T 10961—1989,neq ISO/R 369:1964)

GB/T 11357 带轮的材质、表面粗糙度及平衡(GB/T 11357—2008,ISO 254:1998,MOD)

GB/T 13306 标牌

GB/T 13384 机电产品包装通用技术条件

GB 15760 金属切削机床 安全防护通用技术条件

GB/T 15784 制材机械型号编制方法

JB/T 3997 金属切削机床灰铸铁件 技术条件(NEQ ISO 185:1998、NEQ ISO 08062:1984、NEQ ISO/TC 3N62、NEQ ISO 2623-3)

JB/T 4171 木工机床 精度检验通则(NEQ ISO/R 230)

JB/T 9872 金属切削机床 机械加工件通用技术条件

JB/T 9873 金属切削机床 焊接件通用技术条件

JB/T 9874 金属切削机床 装配通用技术条件

JB/T 9875 金属切削机床 随机技术文件的编制

JB/T 9953 木工机床 噪声声(压)级测量方法(NEQ ISO/DP 7960)

3 要求

3.1 一般要求

3.1.1 制材机械的型号名称应符合 GB/T 15784 的规定。制材机械的参数应符合各相应产品参数标准的规定。

3.1.2 制材机械应具备技术文件规定的结构和使用性能。

3.1.3 非手动进给的制材机械的最小切削速度应符合下列规定：

——带锯切削速度大于 40 m/s；

——圆锯切削速度大于 50 m/s。

3.1.4 制材机械的精度和工作性能应符合技术文件和有关标准的规定。

3.1.5 制材机械应配备有保证基本性能和安全性的附件和工具，其上应有相应的规格或标记；安装调整和拆装用的附件应齐备，并应随机供应。扩大使用性能的特殊附件，可根据用户要求按协议供应。

3.2 电气系统

电气系统应符合 GB 5226.1 的规定。

3.3 液压、气动、冷却和润滑系统

3.3.1 液压系统应符合 GB/T 3766 的规定。

3.3.2 气动系统应符合 GB/T 7932 的规定。

3.3.3 冷却系统应能保证冷却充分、可靠。冷却液不应混入液压系统和润滑系统。

3.3.4 润滑系统应符合 GB/T 6576 的规定。

3.3.5 液压、气动、冷却和润滑系统及其他部位不应漏油、漏气、漏水。

3.4 安全防护

3.4.1 制材机械的安全应符合 GB 15760 和相关标准的规定。

3.4.2 高速旋转的零部件（如锯轮等），应按有关技术文件的规定进行静平衡或动平衡试验，平衡等级应符合 GB/T 11357 的规定。锯轮直径 $D \leqslant 1\ 250$ mm，平衡精度等级为 G6.3；$D > 1\ 250$ mm，平衡精度等级为 G2.5。

3.5 测量装置

测量装置应稳定可靠，便于观察、操作，密封可靠。

3.6 标志

制材机械上应有铭牌和指示润滑、操纵、安全等的标牌，铭牌和标牌应符合 GB/T 10961 和 GB/T 13306 等标准的规定。

3.7 随机技术文件

随机技术文件应包括使用说明书、合格证明书和装箱单，其编制方法应符合 JB/T 9875 的规定。

4 制造质量

4.1 各种零件材料的牌号和机械性能应符合相应标准的规定，零件的加工应符合标准、图样和工艺文件的规定。

4.2 铸件质量应符合 JB/T 3997 的规定。

4.3 焊件质量应符合 JB/T 9873 的规定。

4.4 零部件的加工质量应符合 JB/T 9872 中 V 级精度机床的相应规定。

4.5 装配质量应符合 JB/T 9874 中 V 级精度机床的相应规定。

4.6 冷作件的各平面应平整，各棱边应平直。

4.7 热处理件的质量应符合有关技术文件的规定。

5 外观质量

5.1 外观表面不应有图样未规定的凸起、凹陷、粗糙不平和损伤。

5.2 防护罩应平整、匀称，不应有翘曲、凹陷。

5.3 电气柜、电气箱等应符合 GB 5226.1 的规定。

5.4 零部件外露结合面的边缘应整齐、匀称，不应有明显的错位。门、盖与其结合面应贴合。

5.5 外露的焊缝应修整平直，均匀。

5.6 装入沉孔的螺钉不应突出于零件表面，其头部与沉孔之间不应有明显的偏心。内孔表面与壳体凸缘间的壁厚应均匀对称，壁厚之差不应大于实际最大壁厚的 25%。

5.7 制材机械的外露零件表面不应有磕碰、划伤、锈蚀，螺钉、铆钉、销子端部不应有锤伤、挫伤等缺陷。

5.8 金属手轮轮缘和操作手轮应有防锈层。

5.9 镀件、发蓝件、发黑件色调应一致，防护层不应有褪色、脱落现象。

5.10 电气、液压、润滑和冷却等管道的外露部分，应布置紧凑、排列整齐。

5.11 零件未加工表面，应涂以油漆，油漆颜色应符合 GB 2893 的规定。

5.12 涂漆后，可拆卸的装配结合面接缝处的漆膜应切开，拆装时不应破坏漆膜边缘。

5.13 制材机械上的各种标牌应正确、平整、牢固地固定在明显位置上。

6 检验

6.1 检验条件

6.1.1 检验前，应将制材机械安装并调整好，自然调平。

6.1.2 检验时，应防止气流、光线和热辐射的干扰。

6.1.3 检验时，除对运动性能、精度无影响的零件、部件和附件外，应整机进行。

6.1.4 检验过程中，不应调整影响机床性能、精度的机构和零件，否则应复检因调整受影响的有关项目。

6.1.5 由于机构上的限制或不具备规定的测试工具时，可采用与标准规定同等效果的方法代替。

6.2 检验规则

6.2.1 检验方法

6.2.1.1 制材机械的检验分出厂检验和型式检验。

6.2.1.2 每台制材机械应在制造厂经出厂检验合格后，填写合格证才能出厂。特殊情况下，出厂检验也可在用户单位进行。

6.2.1.3 凡遇下列情况之一，均应进行型式检验：

a） 新产品或老产品转厂生产的试验定型鉴定；

b） 正式生产后，如结构、材料、工艺有较大改变，可能影响产品性能时；

c） 产品长期停产后，恢复生产时；

d） 出厂检验结果与上次型式检验结果有较大差异时；

e） 国家质量监督机构提出型式检验要求时。

6.2.1.4 制材机械的型式检验内容如下：

a） 附件与工具的检验；

b） 外观质量检验；

c） 参数、尺寸、标志、符号检验；

d） 空运转试验；

e） 负荷试验；

f） 振动试验；

g） 精度检验；

h） 其他。

6.2.1.5 无特殊规定的制材机械，出厂检验应按 6.3～6.7 及 6.10～6.11 进行。

6.2.2 抽查规则

本标准中所规定的抽样项目，其抽查时间、方法、台数等按有关标准的规定进行。

6.3 附件与工具检验

随机附件与工具应符合 3.1.5 的规定。

6.4 外观质量检验

外观质量应符合第 5 章的规定。

6.5 参数、尺寸、标志、符号检验

制材机械的参数、尺寸、标志、符号应符合 3.1.1、3.6 及有关文件的规定。

6.6 结构检验

制材机械的结构检验应符合 3.1.2 的规定。

6.7 空运转试验

6.7.1 制材机械空运转试验基本原则

——主运动机构应从最低速开始，依次运转，每级速度的运转时间不应少于 2 min，有变速装置的机床可做低、中、高速运转，在最高速时运转时间不应少于 1 h，使主轴轴承达到稳定温度；

——进给机构应依次变换进给量（或进给速度），对于正常生产的产品，检验时，可仅做低、中、高进给量（或进给速度）试验；

——具有快速移动机构的制材机械还应做快速移动的试验。

6.7.2 温升试验

6.7.2.1 在主轴轴承达到稳定温度时，检验主轴轴承的温度和温升，其值不应超过表 1 的规定。

表 1 主轴轴承的温度和温升

单位为摄氏度

轴承型式	温度	温升
滑动轴承	60	30
滚动轴承	70	40

6.7.2.2 液压系统的温升试验，应符合 GB/T 3766 的规定。

注：制材机械经过一定时间的运转后，其温度上升幅度不超过每小时 5 ℃时，则认为已达到稳定温度。

6.7.3 锯轮轴转速

锯轮轴转速偏差应在设计规定的±5%以内。

6.7.4 主运动和进给运动的检验

在各级速度下检验主运动和进给速度（进给量）的正确性。

6.7.5 机构功能动作试验

6.7.5.1 主运动

a) 起动、停止和运转操作：用适当的一种速度反复起动、停止（包括制动、反转、点动），动作应灵活、可靠；

b) 变速操作：改变速度，动作应灵活、可靠。

6.7.5.2 进给运动

a) 起动、停止和运转操作：用适当的一种速度反复起动、停止（包括制动、反转、点动），动作应灵活、可靠；

b) 进给速度的变换操作：变换进给速度，动作应灵活、可靠，指示应正确；

c) 进给量的变换操作：变换进给量，动作应灵活、可靠，指示应正确；

d) 切削深度的变换操作：变换切削深度，动作应灵活、可靠；

e) 自动反转操作：自动反转位置的给定及动作应准确、灵活、可靠；

f) 自动停止装置的操作：自动停止装置的给定及动作应准确、灵活、可靠；

g) 手动进给操作：手动进给动作应灵活、可靠。

6.7.5.3 位置停止运动

a) 机动进给和快速进给的接通、断开操作：机动进给和快速进给的接通、断开的位置给定及其动作应准确、灵活、可靠；

b) 自动定位装置的操作：在机动进给中，定位的自动停止装置指令位置的给定及其动作应准确、灵活、可靠；

c) 位置调整和夹紧操作：用机动或手动移动位置的调整装置，动作应灵活、均匀，在任意位置上夹紧应可靠。

6.7.5.4 **工件、刀具、量具和附件的装卸**

工件、刀具、量具和附件的安装与拆卸应灵活、可靠。

6.7.6 **安全防护、联锁、保险装置的检验**

6.7.6.1 联锁和保险装置的检验应符合下列规定：

a) 经反复数次相应动作，联锁动作应可靠；

b) 反复数次断开、接合旋转轴上操作手轮、手柄的离合器，模仿工作情况，起动旋转轴，离合装置工作应可靠。

6.7.6.2 操纵力检验

各操纵机构的操纵力应符合有关标准的规定。

6.7.6.3 安全防护装置

按有关标准反复数次检验安全防护装置的功能、动作和稳定性，应安全可靠。

6.7.7 **空运转功率测定**

6.7.7.1 **运转条件**

测定制材机械的空运转功率时，运转条件应符合有关标准的规定。

6.7.7.2 **声压级测定**

按 JB/T 9953 和有关标准检验机床噪声声压级，测量结果不应超过有关标准的规定。

6.7.7.3 **空运转功率试验(抽查)**

在制材机械主运动机构各级速度空运转至功率稳定后，检验主传动系统的空运转功率，对于进给运动与主运动分开的机床，必要时还要检查进给系统的空运转功率，检验结果不应超过有关标准的规定。

6.7.8 **电气系统的检验**

制材机械的电气系统的工作情况，应符合 3.2 的规定。

6.7.9 **液压、气动、冷却、润滑系统的检验**

液压、气动、冷却、润滑系统的工作情况，应符合 3.3 的规定。

6.7.10 **测量装置**

测量装置的工作情况应符合 3.5 的规定。

6.7.11 **整机连续空运转试验**

对于自动、半自动和数控的制材机械，应进行连续空运转试验。机械控制的不少于 2 h；电、液控制的不少于 4 h；数字控制的不少于 8 h。试验时，整个过程中不应发生故障；自动循环应包括所有功能和全部工作范围，各次自动循环之间，休止时间不应超过 1 min。

6.8 **制材机械的负荷试验**

负荷试验按设计编制的试验方法，进行以下全部或部分试验：

a) 功率试验；

b) 所有机构动作灵活、可靠、工作协调、运转平稳；

c) 安全装置和劳动防护装置应可靠。

6.9 **机床振动试验(抽查)**

按有关标准检验制材机械的振动，结果应符合相关标准的规定。

6.10 **机床精度检验**

按 JB/T 4171 和有关标准检验制材机械的精度，结果应符合相关标准规定。

6.11 **其他**

按订货合同或其他有关规定的内容进行检验。

7 包装

7.1 在包装前，应进行防锈处理。

7.2 每台制材机械出厂，均应提供随机技术文件。

7.3 包装应符合 GB/T 13384 等标准的规定。

8 制造厂的保证

在遵守制材机械的运输、保管、安装、调试、保养和使用规程的条件下，从用户收货之日起一年内，制材机械因制造和包装质量不良而发生损坏或不能正常工作时，制造厂应负责包修、包退、包换。

ICS 35.040
A 24

中华人民共和国国家标准

GB/T 16502—2009
代替 GB/T 16502—1996

用人单位用人形式分类与代码

Classification and code of employment form in organization

2009-05-06 发布　　2009-11-01 实施

中华人民共和国国家质量监督检验检疫总局
中国国家标准化管理委员会　发布

前　言

本标准代替 GB/T 16502—1996《劳动合同制用人形式分类与代码》。

本标准与 GB/T 16502—1996 相比，主要变化如下：

——对 GB/T 16502—1996 标准名称进行了修改；

——对代码结构和编码方法进行了修改；

——增加了参考文献。

本标准由中国标准化研究院、人力资源和社会保障部共同提出。

本标准由中国标准化研究院归口。

本标准起草单位：中国标准化研究院、人力资源和社会保障部。

本标准主要起草人：张艳琦、张爱、柳盛学、戴瑞敏、戴北。

本标准于 1996 年首次发布，本次为第一次修订。

用人单位用人形式分类与代码

1 范围

本标准规定了用人单位用人形式的分类与代码。

本标准适用于人力资源管理及信息处理与交换。

2 分类原则与编码方法

2.1 本标准中用人形式的分类原则依据现阶段用人单位的实际情况进行划分。

2.2 本标准采用层次码，代码分两个层次，用两位阿拉伯数字表示。

3 用人单位用人形式分类与代码

用人单位用人形式分类与代码见表1。

表1 用人单位用人形式分类与代码表

代码	名　称	说　明
10	录用	机关招录公务员制度
20	聘用	事业单位与职工按照国家有关法律、政策，通过签订聘用合同，明确聘用单位和受聘人员与工作有关的权利和义务的人事管理制度
21	订立短期合同	聘用单位与受聘人员订立3年(含)以下的合同。一般对流动性强、技术含量低的岗位签订短期合同
22	订立中期合同	聘用单位与受聘人员订立3年(不含)以上的合同
23	订立长期合同	聘用单位与受聘人员订立至职工退休的合同
24	订立项目合同	聘用单位与受聘人员订立以完成一定工作为期限的合同
30	聘任	机关对专业性较强的职位和辅助性职位实行的公务员管理制度
40	招用	用人单位与劳动者签订劳动合同建立劳动关系的用人制度
41	订立固定期限劳动合同	用人单位与劳动者订立确定合同终止时间的劳动合同
42	订立无固定期限劳动合同	用人单位与劳动者订立无确定终止时间的劳动合同
43	订立以完成一定工作任务为期限的劳动合同	用人单位与劳动者订立以某项工作的完成为合同期限的劳动合同
50	特定情形	
51	劳务派遣	用工单位通过与用人单位订立劳务派遣协议，接受派遣劳动者的用工形式。一般在临时性、辅助性或者替代性的工作岗位上实施

表 1（续）

代码	名　称	说　明
52	非全日制用工	以小时计酬为主，劳动者在同一用人单位一般平均每日工作时间不超过四小时，每周工作时间累计不超过二十四小时的用工形式
90	其他情形	民办非企业单位等上述未包括的用人形式
注：代码 41、42、43、51、52 所对应名称的说明均采用了《中华人民共和国劳动合同法》中的相应规定。		

参 考 文 献

[1] 中华人民共和国劳动合同法.
[2] 中华人民共和国公务员法.
[3] 关于在事业单位试行人员聘用制度的意见.
[4] 人事部关于印发《事业单位试行人员聘用制度有关问题的解释》的通知.
[5] GB/T 20091—2006 组织机构类型.

ICS 81.060.30
Q 32

GB

中华人民共和国国家标准

GB/T 16534—2009
代替 GB/T 16534—1996

精细陶瓷室温硬度试验方法

Fine ceramics (advanced ceramics, advanced technical ceramics)—Test method for hardness of monolithic ceramics at room temperature

(ISO 14705:2008, MOD)

2009-05-13 发布　　　　2009-12-01 实施

中华人民共和国国家质量监督检验检疫总局
中国国家标准化管理委员会　发布

前　言

本标准修改采用 ISO 14705:2008《精细陶瓷(先进陶瓷、先进技术陶瓷)——块体陶瓷室温硬度试验方法》(英文版)。

本标准在采用 ISO 14705:2008 时,做了以下技术性修改:

——扩大了标准的使用范围,允许“其他无机非金属材料也可参考使用”;

——引用标准 ISO 4545-1～4545-4 和 ISO 6507-1～6507-4 改为引用 GB/T 18499.1～18499.3 和 GB/T 4340.1～4340.3;

——4.1 原理中增加“保持规定的时间后”;

——删除了表 1 注;

——4.4.1　试验机载荷范围改为 196.1 N(20 kgf)以和表 2 一致;

——5.1 原理中增加“保持规定的时间后”;

——删除了表 3 注;

——5.6.7　明确是“最大恒定试验力”的保持时间。

本标准还做了以下编辑性修改:

——用小数点‘.’代替作为小数点的逗号‘,’;

——删除国际标准的前言。

本标准代替 GB/T 16534—1996《工程陶瓷维氏硬度试验方法》。

本标准与 GB/T 16534—1996 相比主要变化如下:

——标题“工程陶瓷维氏硬度试验方法”修改为“精细陶瓷室温硬度试验方法”;

——增加了“术语和定义”(见第 3 章);

——增加了意义和作用(见 4.3);

——删除了结果计算;

——增加了努氏硬度试验方法;

——删除了附录 A。

本标准由中国建筑材料联合会提出。

本标准由全国工业陶瓷标准化技术委员会(SAC/TC 194)归口。

本标准起草单位:中国科学院上海硅酸盐研究所、中国建筑材料联合会、清华大学、中国建筑材料科学研究总院,上海硅酸盐工业协会。

本标准主要起草人:蒋丹宇、周丽玮、龚江宏、包亦望、高建华、朱国强、冯涛、徐兵、黄德信、李雨林、徐海芳。

本标准所代替标准的历次版本发布情况为:

——GB/T 16534—1996。

精细陶瓷室温硬度试验方法

1 范围

本标准规定了室温精细陶瓷维氏和努氏硬度测试方法的原理、仪器设备、试样和试验步骤等。

本标准适用于精细陶瓷，其他无机非金属材料也可参考使用。

2 规范性引用文件

下列文件中的条款通过本标准的引用而成为本标准的条款。凡是注日期的引用文件，其随后所有的修改单(不包括勘误的内容)或修订版均不适用于本标准，然而，鼓励根据本标准达成协议的各方研究是否可使用这些文件的最新版本。凡是不注日期的引用文件，其最新版本适用于本标准。

GB/T 4340.1—1999 金属维氏硬度试验 第1部分：试验方法(eqv ISO 6507-1:1997)

GB/T 4340.2 金属维氏硬度试验 第2部分：硬度计的检验(GB/T 4340.2—1999，idt ISO 6507-2:1997)

GB/T 4340.3 金属维氏硬度试验 第3部分：标准硬度块的标定(GB/T 4340.3—1999，idt ISO 6507-3:1997)

GB/T 18449.1—2001 金属努氏硬度试验 第1部分：试验方法(neq ISO 4545:1993)

GB/T 18449.2 金属努氏硬度试验 第2部分：硬度计的检验(GB/T 18449.2—2001，idt ISO 4546:1993)

GB/T 18449.3 金属努氏硬度试验 第3部分：标准硬度块的标定(GB/T 18449.3—2001，idt ISO 4547:1993)

3 术语和定义

下列术语和定义适用于本标准。

3.1

维氏硬度 Vickers hardness

假设无变形维氏压头在试样表面加载形成压痕，载荷除以根据压痕对角线长度平均值计算出的压痕表面积所得的值就是维氏硬度。

注1：维氏硬度可以用两种单位表示：GPa和(维氏硬度数值)无量纲单位，其中以无量纲单位表示的维氏硬度数值为载荷(以kgf为单位)与压痕表面积(以mm^2为单位)之比。

注2：建议优先采用GPa单位。

3.2

维氏压头 Vickers indenter

压头为金刚石制成的正四棱锥体，两相对面间的夹角为136°，见表1和图1。

3.3

努氏硬度 Knoop hardness

假设无变形努氏压头在试样表面加载形成压痕，载荷除以根据压痕长对角线值计算出的压痕投影面积所得的值就是努氏硬度。

注1：努氏硬度可以用两种单位表示：GPa和(努氏硬度数值)无量纲单位，其中以无量纲单位表示的努氏硬度数值为载荷(以kgf为单位)与压痕投影面积(以mm^2为单位)之比。

注2：建议优先采用GPa单位。

3.4

努氏压头 Knoop indenter

压头为金刚石制成的菱形锥体，其中，长棱夹角为172.5°，短棱夹角为130°。见表3和图6。

4 维氏硬度

4.1 原理

将维氏压头用试验力压入试样表面，保持规定的时间后，卸除试验力，测量试样表面压痕对角线长度，见图1和图2。

4.2 符号和标记

4.2.1 见表1和图1、图2。

4.2.2 维氏硬度标记为：硬度值 HV 试验力。

示例：

a) 采用国际单位(GPa)：

15.0 GPa HV 9.807 N代表采用9.807 N(1 kgf)试验力获得的维氏硬度为15.0 GPa。

b) 采用维氏硬度数值(无量纲单位)：

1 500 HV 1代表采用9.807 N(1 kgf)试验力获得的维氏硬度数值为1 500。

表1 维氏硬度试验的符号、缩写和说明

符号或缩写	说明
α	正四棱锥体两相对面间的夹角为(136°±0.5°)
F	试验力，单位为牛顿(N)
d	两对角线 d_1 和 d_2 算术平均值，单位为毫米(mm)
HV	维氏硬度＝常数×$\frac{试验力}{压痕投影面积}$ (1) 采用GPa单位(推荐) $HV=0.001\times\frac{2F\sin\frac{136^\circ}{2}}{d^2}=0.001\ 854\frac{F}{d^2}$ (2) 采用无量纲单位 $HV=\frac{1}{9.807}\times\frac{2F\sin\frac{136^\circ}{2}}{d^2}=0.189\ 1\frac{F}{d^2}$
c	两中心裂纹长度 $2c_1$ 和 $2c_2$ 一半的算术平均值
$S.D.$	标准方差＝$\sqrt{\frac{\sum(\overline{HV}-HV_i)^2}{n-1}}$ 式中： $\overline{HV}$是维氏硬度的算术平均值＝$\frac{\sum HV_i}{n}$ HV_i 是第 i 次试验获得的硬度 n 是试验次数

表 2 维氏硬度试验中硬度符号和试验力 *F*

硬度符号	试验力 F 的标称值
HV4.903 N 或 HV0.5	4.903 N
HV9.807 N 或 HV1	9.807 N
HV19.61 N 或 HV2	19.61 N
HV29.42 N 或 HV3	29.42 N
HV49.03 N 或 HV5	49.03 N
HV98.07 N 或 HV10	98.07 N
HV196.1 N 或 HV20	196.1 N

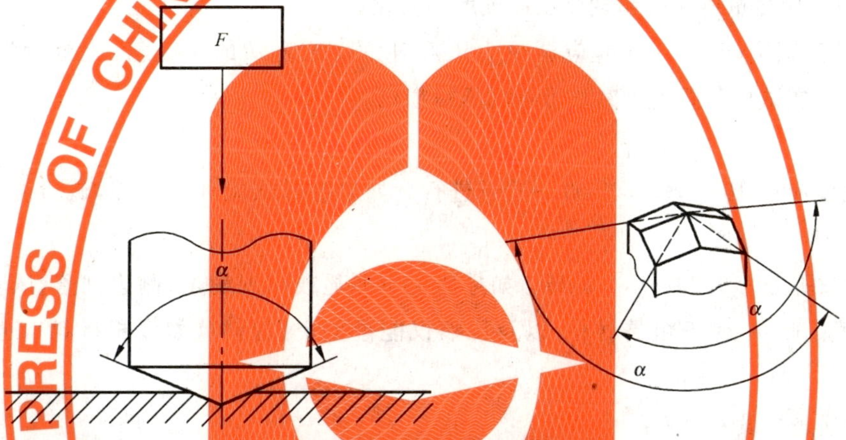

图 1 维氏压头(正四棱锥体)

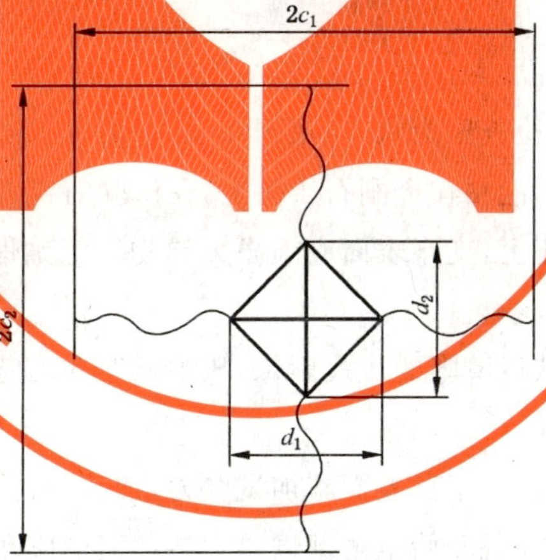

图 2 维氏压痕

4.3 意义和作用

相同试验力下努氏压痕长对角线长度约为维氏压痕对角线长度的 2.8 倍,努氏压痕深度约为维氏压痕深度的 2/3。相对于努氏压痕,维氏压痕受试样表面平面度和压头轴线与试样表面法线的平行度的影响较小,但是这些参数仍应被考虑。维氏压痕比努氏压痕更容易在精细陶瓷上引起裂纹。两个硬度之间无法进行换算。

维氏压痕在金属材料上主要形成塑性变形,然而在精细陶瓷材料上除了造成塑性变形外,还造成微开裂,这些不同点在对比金属和陶瓷硬度时应被考虑。

4.4 仪器设备

4.4.1 硬度计应符合 GB/T 4340.2 的规定，并能施加 4.903 N(0.5 kgf)～196.1 N(20 kgf)、最好是 9.807 N(1 kgf)的试验力。硬度计的校验应参照 GB/T 4340.2。

4.4.2 金刚石压头应符合 GB/T 4340.2 的规定。压头的校验应参照 GB/T 4340.2。

4.4.3 测量装置测量压痕对角线的读数精度不低于±0.2 μm。显微镜物镜的数值孔径宜为 0.6～0.95。测量装置校验应参照 GB/T 4340.2。

注：间接校验可按照 GB/T 4340.2 规定的步骤，使用按照 GB/T 4340.3 标定过的标准块，或者其他可溯源或验证过的陶瓷标准块。

4.5 测试试样

4.5.1 试验应在光滑、平整并且无污染的表面进行。试样表面应抛光以确保精确测量压痕对角线长度。试样制备过程应尽量避免引起试样表面硬度的变化。

4.5.2 试样厚度应不小于 0.5 mm，应至少为压痕对角线长度 d 的 1.5 倍，应至少为裂纹长度 c 的 2 倍。整个试验中，在试样背面应无肉眼可见的压痕损伤。

4.6 试验过程

4.6.1 通常试验应在 10 ℃～35 ℃的室温下进行。如果要求试验环境可控，试验温度应为 23 ℃±5 ℃。

4.6.2 推荐的试验力为 9.807 N(1 kgf)。如果压痕不明显或出现崩角、侧边剥落，试验力可采用表 2 列出的其他数值。此外，对于粗晶材料，以及压痕仅能覆盖个别晶粒(如多相材料)，也可采用大的试验力。

4.6.3 试验前应进行设备校验：

a) 校验测量系统的零点；

b) 用标尺校验测量系统；

c) 用标准块校验加载系统；

d) 查看标准块上的压痕以检查压头状态，根据 4.6.10 的要求确定是否需要更换压头。

4.6.4 陶瓷粉或陶瓷试样碎块可能粘在金刚石压头上，在试验前或者试验过程中应清理压头。

4.6.5 试样应放置于一刚性支座上，支座表面应干净无异物。应确保试样在支座上放置稳固，以保证整个试验过程中不会移动。

4.6.6 仔细调整照明和对焦以获得清晰的压痕影像，压痕两个尖端应能同时聚焦，当测量压痕尖端间距时不要改变对焦条件。

4.6.7 使压头与试样表面接触，垂直于试验面施加试验力，加载(后面全改)过程中不应有冲击和振动，直至将试验力施加至规定值。从加载开始至全部试验力施加完毕应在 1 s～5 s 之间。最大恒定试验力的保持时间应为 15 s。

4.6.8 整个试验过程中，硬度计应避免受到冲击和振动。

4.6.9 任一压痕中心和试样边缘的距离应至少为压痕对角线长度平均值的 2.5 倍，至少为平均裂纹长度的 5 倍(见图 3)。两相邻压痕中心之间的距离应至少为压痕对角线长度平均值的 4 倍，至少为平均裂纹长度的 5 倍(见图 3)。如果相邻两压痕大小和裂纹长度不同，应以大压痕的平均对角线长度和长裂纹长度确定相应尺寸。

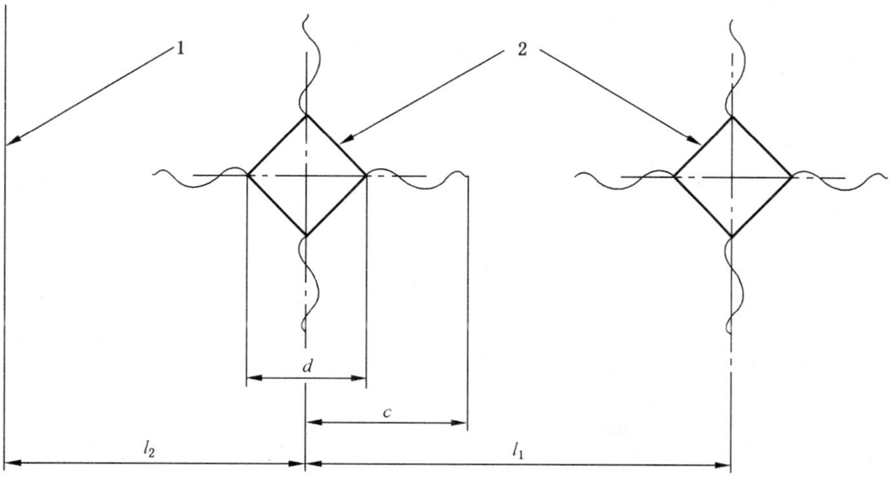

1——试样边缘；

2——压痕；

c——压痕中心到裂纹尖端的长度；

d——压痕对角线长度；

l_1——压痕中心之间的距离；

$l_1 \geqslant 4\ d$ 和 $5\ c$；

l_2——压痕中心和试样边缘之间的距离；

$l_2 \geqslant 2.5\ d$ 和 $5\ c$。

图 3　维氏压痕压痕间和压痕与试样边缘的最小允许间距

4.6.10　应经常校验压头是否在合适的状态。任何压痕形状不规则都可能是由于压头崩角、开裂或者磨损导致。如果检查压头后发现确实如此，则试验无效并应更换压头。

4.6.11　如果压痕尖端和侧面有明显的裂纹，压痕的一个尖端陷入一个孔洞或压痕位于一个大的孔洞中，则压痕失效。图 4 所示为压痕有效性评估的示意图。

4.6.12　压痕对角线的长度小于 50 μm 时，测量应精确到 0.2 μm，大于等于 50 μm 时，测量应精确到 0.5 μm。计算维氏硬度时应用两个读数的算术平均值。如果两对角线长度差大于平均值的 5%（见图 4），则试验无效，这时应检查试样的平行度和平整度，检查压头同轴性。按照生产厂商提供的使用说明书正确使用测量系统。图 5 所示为测量系统使用方法。

4.6.13　应至少用 5 个有效压痕来计算硬度平均值。

4.6.14　用表 1 的公式计算有效压痕的维氏硬度（HV）。然后计算所有有效压痕的平均硬度值和标准偏差。

4.6.15　作为选择，可用 GB/T 4340.1—1999 附录 C 的转换表来计算硬度值。

4.7　试验报告

试验报告应包括以下内容：

a)　本国家标准编号；

b)　与试样有关的详细信息；

c)　试样条件，例如：

　1)　试样厚度；

　2)　试验力；

　3)　表面状况（抛光方法）；

　4)　试验温度，或确认试验在“室温”进行；

　5)　总压痕数和有效压痕数；

　6)　显微镜放大倍数；

d)　试验结果：

1） 每个有效维氏硬度值；

2） 维氏硬度的算术平均值；

3） 维氏硬度的标准偏差；

e） 不在本标准规定之内的各种操作；

f） 详细记录可能影响试验结果的各种因素(例如大面积开裂或崩角，孔洞，材料的多相种类，粗晶粒的尺寸等)。

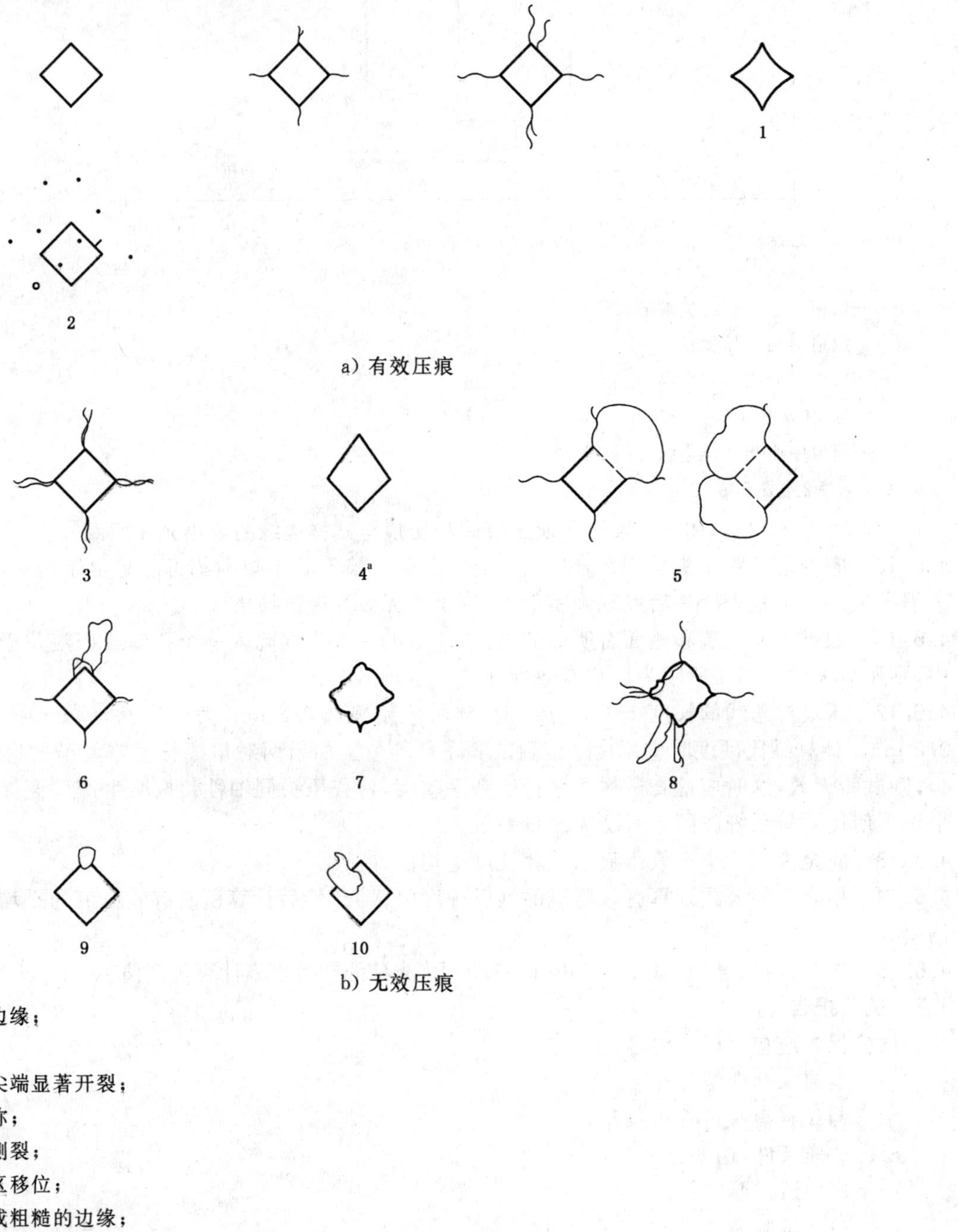

1——弓形边缘；
2——气孔；
3——压痕尖端显著开裂；
4——不对称；
5——边缘侧裂；
6——尖端区移位；
7——崩裂或粗糙的边缘；
8——粗糙的边缘(晶粒移位，拔出)；
9——压痕尖端处有气孔；
10——在大孔洞上的压痕。

[a] 4.6.12 规定了不对称的允许程度。

图4 维氏压痕有效性示意图

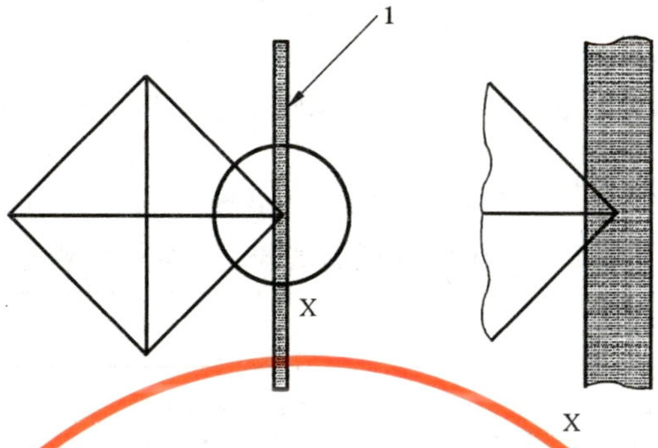

a) 不正确，十字叉丝完全覆盖压痕尖端

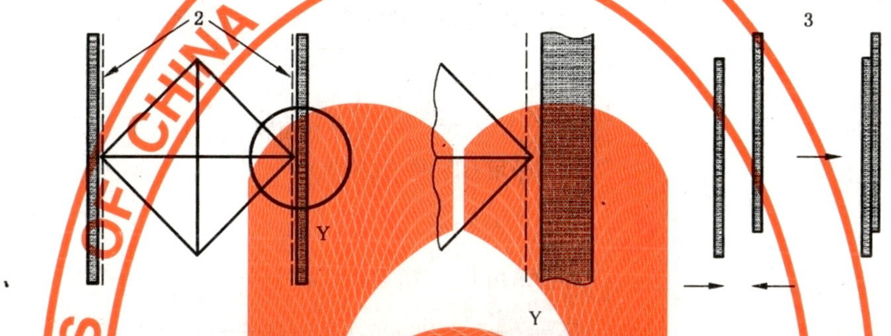

b) 正确，双十字叉丝测量系统。压痕应在两十字叉丝或测量线中间测量。压痕尖端应在每个十字叉丝的边缘内侧。十字叉丝线应按照图右所示使十字叉丝合拢以归零

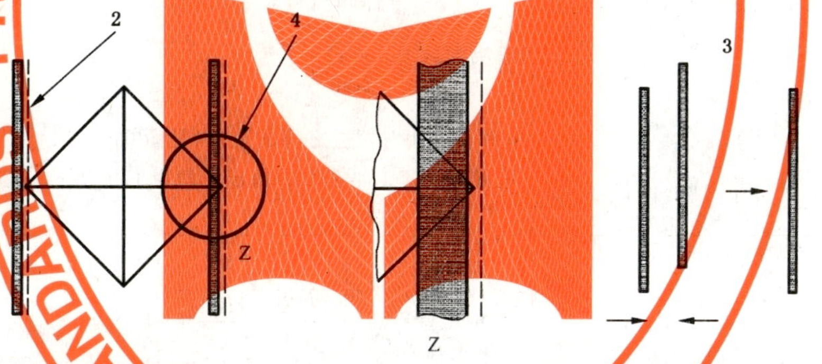

c) 正确，单十字叉线测量系统。压痕尖端应在十字叉丝的同侧。对于单十字叉丝系统，如果十字叉丝正好在压痕尖端，或双十字叉丝系统两线如右图重合，则视为归零

1——十字叉丝；

2——光边缘(尺寸已放大)；

3——设定零位；

4——在边缘的压痕尖端。

图 5　维氏压痕十字叉丝测量系统

5　努氏硬度

5.1　原理

将努氏压头用试验力压入试样表面，保持规定的时间后，卸除试验力，测量试样表面压痕长对角线长度，见图 6 和图 7。

5.2　符号和标记

5.2.1　见表 3 和图 6、图 7。

5.2.2　努氏硬度标记为：硬度值 HK 试验力。

示例：

a) 采用国际单位(GPa)：

15.0 GPa HK 9.807 N代表采用9.807 N(1 kgf)试验力获得的维氏硬度为15.0 GPa。

b) 采用维氏硬度数值(无量纲单位)：

1 500 HK 1代表采用9.807 N(1 kgf)试验力获得的努氏硬度数值为1 500。

表3 努氏硬度试验的符号、缩写和说明

符号或缩写	说明
F	试验力，单位为牛顿(N)
d	压痕长对角线长度，单位为毫米(mm)
k	压头常数，与用长对角线长度的平方计算的压痕投影面积相关
HK	努氏硬度＝常数×$\frac{\text{试验力}}{\text{压痕投影面积}}$ (1) 采用GPa单位(推荐) $\mathrm{HK}=0.001\frac{F}{d^2\cdot k}=0.001\frac{F}{0.070\,28\cdot d^2}=0.014\,23\frac{F}{d^2}$ (2) 采用无量纲单位 $\mathrm{HK}=\frac{1}{9.807}\frac{F}{d^2\cdot k}=0.102\frac{F}{0.070\,28\cdot d^2}=1.451\frac{F}{d^2}$ 式中： 压头常数 $k=\frac{\frac{\tan\frac{\beta}{2}}{2}}{2\tan\frac{\alpha}{2}}$ α和β是相对棱边之间的夹角(见图6)。 按照GB/T 18449.2的规定α角为172.5°±0.1°和β角为130°±0.1°
$S.D.$	标准方差＝$\sqrt{\frac{\sum(\overline{\mathrm{HK}}-\mathrm{HK}_i)^2}{n-1}}$ 式中： $\overline{\mathrm{HK}}$是努氏硬度的算术平均值＝$\frac{\sum \mathrm{HK}_i}{n}$ HK_i是第i次压痕获得的硬度 n是试验次数

表4 努氏硬度试验中硬度符号和试验力 *F*

硬度符号	试验力F的标称值
HV4.903 N或HV0.5	4.903 N
HV9.807 N或HV1	9.807 N
HV19.61 N或HV2	19.61 N
HV29.42 N或HV3	29.42 N
HV49.03 N或HV5	49.03 N

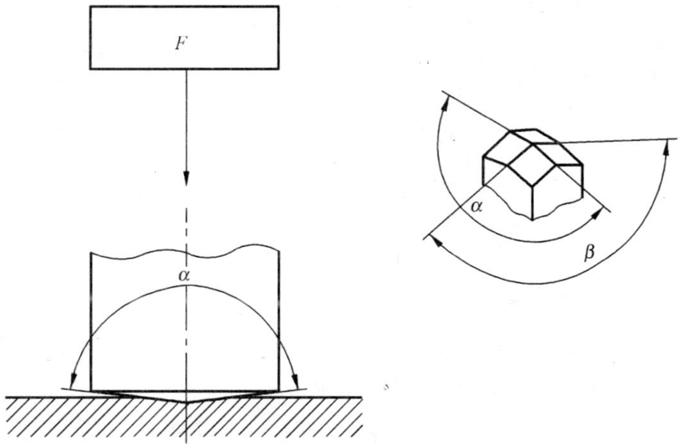

图6 努氏压头

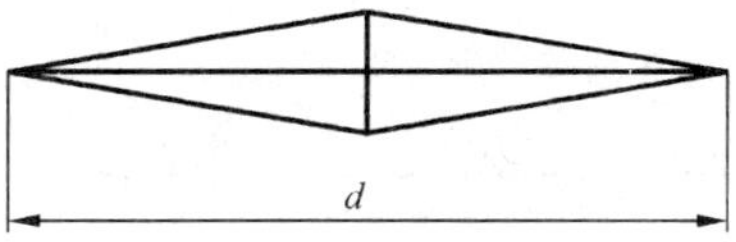

图7 努氏压痕

5.3 意义和作用

相同试验力下努氏压痕的长对角线长度是维氏压痕对角线的2.8倍，压痕裂纹也不严重。但在相同载荷下，努氏压痕相对于维氏压痕的压痕浅，不易精确观察。两个硬度之间无法进行换算。

努氏压痕在金属材料上主要形成塑性变形，然而在精细陶瓷材料上除了造成塑性变形外，还造成微开裂，这些不同点在对比金属和陶瓷硬度时应被考虑。

5.4 仪器设备

5.4.1 硬度计应符合GB/T 18449.2的规定，并能施加4.903 N(0.5 kgf)～49.03 N(5 kgf)，最好是9.807 N(1 kgf)或19.61 N(2 kgf)的试验力。硬度计的校验应参照GB/T 18449.2。

5.4.2 金刚石压头应符合GB/T 18449.2的规定。压头的校验应参照GB/T 18449.2。

5.4.3 测量装置测量压痕对角线的读数精度不低于0.2 μm。显微镜物镜的数值孔径宜为0.6～0.95。测量装置校验应参照GB/T 18449.2。

注：间接校验可按照GB/T 18449.2规定的步骤，使用按照GB/T 18449.3标定过的标准块，或者其他可溯源或验证过的陶瓷标准块。

5.5 测试试样

5.5.1 试验应在光滑、平整并且无污染的表面进行。试样表面应抛光以确保精确测量压痕对角线长度。试样制备过程应尽量避免引起试样表面硬度的变化。

5.5.2 试样厚度应不小于0.5 mm。整个试验中，在试样背面应无肉眼可见的压痕损伤。

5.6 试验过程

5.6.1 通常试验应在10 ℃～35 ℃的室温下进行。如果要求试验环境可控，试验温度应为23 ℃±5 ℃。

5.6.2 推荐的试验力为9.807 N(1 kgf)和19.61 N(2 kgf)，19.61 N(2 kgf)试验力的试验具有更高的精度；如果有裂纹问题、试验机载荷不具备或其他要求，试验力可采用表4所列出的其他数值。

5.6.3 试验前应进行设备校验：

a) 检验测量系统的零点；

b) 用标尺校验测量系统；

c) 用标准块校验加载系统；

d) 查看标准块上的压痕以检查压头状态，根据 5.6.10 的要求确定是否需要更换压头。

5.6.4 陶瓷粉或陶瓷试样碎块可能粘在金刚石压头上，在试验前或者试验过程中应清理压头。

5.6.5 试样应放置于一刚性支座上，支座表面应干净无异物。应确保试样在支座上放置稳固，以保证整个试验过程中不会移动。试样表面应在压头轴线的法向平面上。

5.6.6 仔细调整照明和对焦以获得清晰的压痕影像，压痕两个尖端应能同时聚焦，当测量压痕尖端间距时不要改变对焦条件。

5.6.7 使压头与试样表面接触，垂直于试验面施加试验力，加载过程中不应有冲击和振动，直至将试验力施加至规定值。从加载开始至全部试验力施加完毕应在 1 s～5 s 之间。最大恒定试验力的保持时间应为 15 s。

5.6.8 整个试验过程中，硬度计应避免受到冲击和振动。

5.6.9 如图 8 所示压痕之间的距离应至少为压痕长对角线长度的 1.5 倍。如果压痕侧边的裂纹可能相互影响的话，则压痕之间的间距应扩大。任一压痕边界和试样边缘的最小距离应至少大于压痕长对角线长度的 1.5 倍。

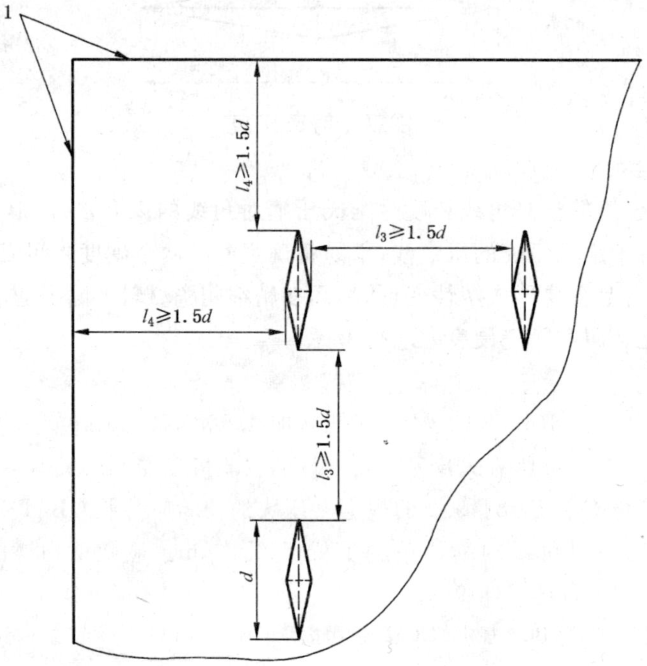

1——试样边缘；

d——压痕长对角线长度；

l_3——相邻压痕角之间的距离；

l_4——压痕角和试样边缘之间的距离。

图 8 努氏压痕与压痕间和压痕与试样边缘的最小允许间距

5.6.10 应经常校验压头是否在合适的状态。任何压痕形状不规则都可能是由于压头崩角、开裂或者损伤导致。如果检查压头后发现确实如此，则试验无效并应更换压头。

5.6.11 如果压痕侧面有明显的裂纹，压痕的一个尖端陷入一个孔洞或压痕位于一个大的孔洞中，则压痕失效。图 9 所示为压痕有效性评估的示意图。

5.6.12 压痕长对角线的长度小于 50 μm 时，测量应精确到 0.2 μm，大于等于 50 μm 时，测量应精确到 0.5 μm。计算努氏硬度时应用压痕长对角线长度。如果长对角线长度的一半比另一半大 10%(见图 9)，或者长对角线两顶点不在一个焦平面，说明试样表面不垂直于压头轴线，这时应仔细调整试样表面后再进行试验。按照生产厂商提供的使用说明书正确使用测量系统，图 10 所示为测量系统使用方法。

5.6.13 应至少用 5 个有效压痕来计算硬度平均值。

5.6.14 用表3的公式计算有效压痕的努氏硬度(HK)。然后计算所有有效压痕的平均硬度值和标准偏差。

5.6.15 作为选择,可用GB/T 18449.1—2001附录A的转换表来计算硬度值。

5.7 试验报告

试验报告应包括以下内容:

a) 本国家标准编号;

b) 与试样有关的详细信息;

c) 试样条件,例如:

  1) 试样厚度;

  2) 试验力;

  3) 表面状况(抛光方法);

  4) 试验温度,或确认试验在"室温"进行;

  5) 总压痕数和有效压痕数;

  6) 显微镜放大倍数;

d) 试验结果:

  1) 每个有效努氏硬度值;

  2) 努氏硬度的算术平均值;

  3) 努氏硬度的标准偏差;

e) 不在本标准规定之内的各种操作;

f) 详细记录可能影响试验结果的各种因素(例如大面积开裂或崩角,孔洞,材料的多相种类,粗晶粒的尺寸等)。

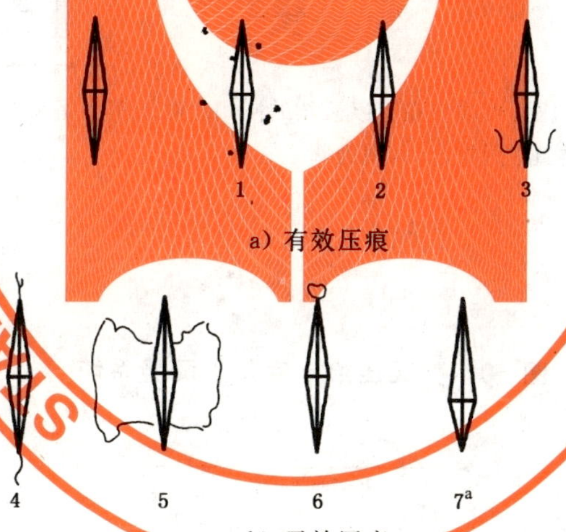

1——气孔;
2——压痕尖端微裂纹;
3——压痕侧面微裂纹;
4——压痕尖端显著裂纹;
5——边缘侧裂;
6——压痕尖端处有气孔;
7——不对称;
8——在大孔洞上的压痕。

[a] 5.6.12规定了不对称的允许程度。

图9 努氏压痕有效性示意图

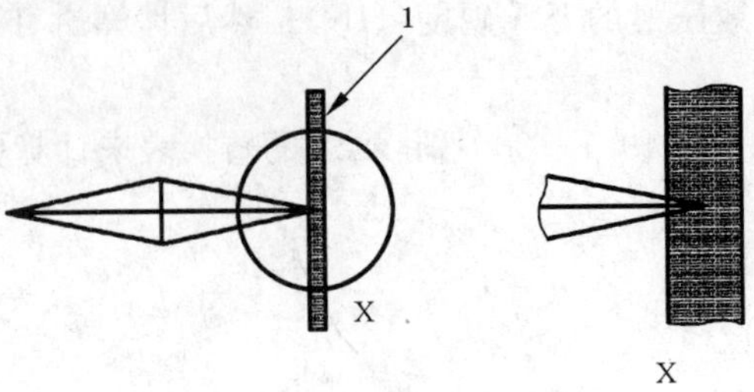

a) 不正确，十字叉丝完全覆盖压痕尖端

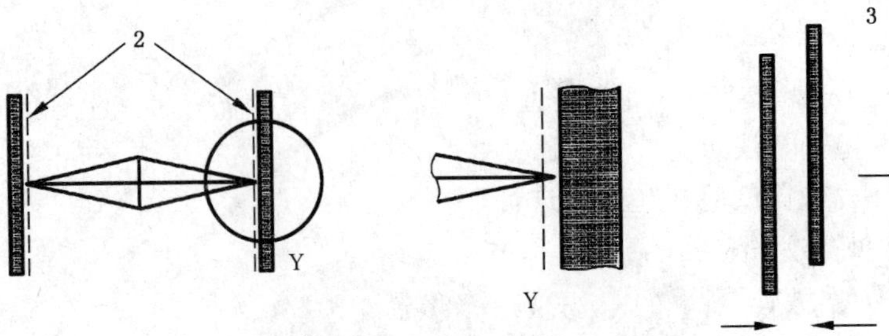

b) 正确，双十字叉丝测量系统。压痕应在两十字叉丝或测量线中间测量。压痕尖端应在每个十字叉丝的边缘内侧。十字叉丝应按照图右所示使十字叉丝合拢以归零

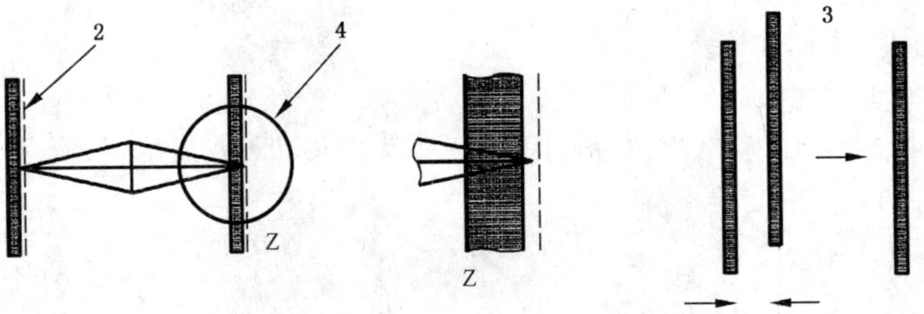

c) 正确，单十字叉丝测量系统。压痕尖端应在十字叉丝的同侧。对于单十字叉丝系统，如果十字叉丝正好在压痕尖端，或双十字叉丝系统两线如右图重合，则视为归零

1——十字叉丝；
2——光边缘(尺寸已放大)；
3——设定零位；
4——在边缘的压痕尖端。

图 10 努氏压痕十字叉丝测量系统

ICS 03.220.40;47.020
R 30

中华人民共和国国家标准

GB/T 16558.1—2009
代替 GB/T 16558.1—1996

船舶维修保养体系
第1部分:总则

The ship maintenance system—Part 1:General rules

2009-03-31 发布

2009-11-01 实施

中华人民共和国国家质量监督检验检疫总局
中国国家标准化管理委员会 发布

前 言

GB/T 16558《船舶维修保养体系》分为七个部分：

——第1部分：总则；

——第2部分：船舶维修保养体系代码；

——第3部分：船舶维修保养的分级、周期代码及周期允差；

——第4部分：设备卡、工作卡格式与初始化要求；

——第5部分：工作卡首排及其运行要求；

——第6部分：系统流程及运行管理方法；

——第7部分：报表格式。

本部分是GB/T 16558的第1部分。

本部分代替GB/T 16558.1—1996《船舶维修保养体系　总则》。本部分与GB/T 16558.1—1996相比，主要变化如下：

——增加了舰船与海上设施的适用范围(见第1章)；

——增加了船舶管理信息系统与初始化定义，并按船舶设备维修保养实现船岸一体化、信息化管理要求对原定义进行了修改与补充(见第2章)；

——增加了船舶设备维修保养、履约要求与船检要求的关联内容(见第3章和第4章)；

——增加了CWBT管理人员应掌握船舶设备维修保养信息化要求的相关内容(见第4章)，并删除了原人工插板式管理方面的内容与要求。

本部分由中华人民共和国交通运输部提出。

本部分由中华人民共和国交通运输部海事局归口。

本部分起草单位：中国远洋运输(集团)总公司、上海海事大学、中国船级社、交通部科学研究院。

本部分主要起草人：陈正杰、翁继强、王慧芳、潘登、郑士君。

本部分所代替标准的历次版本发布情况为：

——GB/T 16558.1—1996。

船舶维修保养体系
第1部分：总则

1 范围

GB/T 16558 的本部分规定了船舶维修保养体系的定义，主要组成部分及管理人员的要求。

本部分适用于远洋、沿海、江河运输船舶的管理。工程船舶、舰船与海上设施的管理可参照执行。

2 术语和定义

下列术语和定义适用于 GB/T 16558 的本部分。

2.1

船舶维修保养体系　the ship maintenance system(CWBT)

将传统的船舶维修管理和国内外现行的船舶设备计算机管理信息系统的管理模式、流程相结合，形成集计划、管理、执行、监督、指导于一体的一种新颖、科学、实用的现代船舶维修保养管理模式，简称为 CWBT，它是由船舶(chuan bo)、维修(wei xiu)、保养(bao yang)、体系(ti xi)四个词的汉语拼音各按首字母排列而成。

2.2

代码册　code number list

船舶设备(船体结构、动力装置、机电设备、特种设备等)经分解、分类、划分而编成的一种代码目录册。代码册由标准代码目录和单船代码目录两部分组成。

2.3

标准代码目录　standard code number list

把船舶设备按功能划分、分类而设计、编成的船舶设备代码目录册。

2.4

单船代码目录　ship's code number list

根据实船配置设备，在船舶 CWBT 管理信息系统初始化时由标准代码目录册中取出其代码汇编成的该船设备代码目录册。

2.5

维修手册　handbook for maintenance of equipments

以设备卡为单元，含有设备主要技术参数、设备维修技术要求、检验要求与设备属性等与设备维修保养有关信息汇编成册。

2.6

工作卡　work card

以设备卡为单元，编写船舶设备定期或定时维修保养工作指令有关信息，是设备维修的工作指南。工作卡输出可以是单项工作或是以设备为单元的全部工作卡与组合工作卡，也可以按时间段、设备主管人员、主管部门输出工作卡清册。

2.7

CWBT 管理信息系统　CWBT management information system

以电子计算机为基本信息处理手段，以现代通信设备为基本传输工具，并为船舶管理决策提供信息服务的人机系统。即管理信息系统是一个以人为主导，利用计算机硬件、软件、网络通信设备以及其他办公设备，进行内、外部信息收集、传输、处理、储存、更新和维护，以航运企业的可持续发展，提高效益和效率为目的，支持企业高层决策、中层控制、基层运作的集成化的人机系统。

2.8

设备 equipment

需单独进行维修保养的单元，它可以是一台设备、数台设备或是一个子系统，也可以是大型设备的组件或部件，在船舶设备初始化时设备的划分以方便维修保养、船检项目的实施为原则。

2.9

实施顺序 numbering of maintenance work

对于具有多级工作卡的设备各级维修保养工作计划，按其计划实施日期排列的一个特检周期内循环执行次序，其实施原则为向下兼容，即高级别工作卡覆盖低级别工作卡维修保养要求。

示例：含有 D、F、H 三级保养的多级工作卡片，其实施顺序为：

(H)	DDDF	DDDF	DDDF	DDDF	DDDH
	第一年	第二年	第三年	第四年	第五年

2.10

维修保养周期允差 permissible deviation of maintenance period

维修保养工作卡实施日期(或运转小时)偏离计划日期(或运转小时)的最大允许极限，允差周期的依据可按设备实际运行状况、说明书要求与管理经验来确定，但应满足船舶检验周期要求。

2.11

初始化 initialization

按设备代码表规则要求，对单船首次所做的设备信息、维修等级、维修指南信息、所属备件、定时制的计数器设置录入工作。由单船编写人员会同船舶设备主管人员结合船舶资料、设备说明书要求、船检要求与管理经验进行。

2.12

首排及首排计划表 first maintenance period and planning schedule in the first maintenance period

在单船初始化工作完成后，在船舶实施 CWBT 前，为船舶的每一张工作卡确定首次计划日期的工作称为首排，所列计划表为首排计划表。由单船编写人员会同船舶设备主管人员，按各设备维修保养周期、级别、实施顺序，结合设备运转状况编排出的单船维修保养工作计划表。

3 CWBT 组成

CWBT 主要由以下部分组成：

a) 代码册；

b) 维修手册；

c) 设备卡与工作卡；

d) 信息管理系统。

4 CWBT 管理人员要求

4.1 管理人员组成

4.1.1 CWBT 管理人员包括岸基管理人员、船舶实施人员和单船编写(初始化)人员。

4.1.2 岸基管理人员：公司(船队)海务、机务与电气主管人员。

4.1.3 船舶实施人员：船长、轮机长、大副、电机员与相关设备主管人员。

4.1.4 单船编写人员：为实船编制单船代码、设备卡、工作卡等 CWBT 资料初始化的有关人员。一般应包括船体、轮机、电气等有关人员。

4.2 岸基管理人员

4.2.1 掌握CWBT的业务流程，工作卡的循环原则及工作计划的调整方法，维修内容的调整、与船舶设备检验项目的关联、计数器的更新、临时工作卡的添加与对船舶管理人员的使用培训、指导与监督。

4.2.2 掌握CWBT报告的审阅、处理方法及各类报表、记录的填写规则。

4.2.3 掌握检查、监督、指导船舶CWBT运行质量与方法。

4.2.4 应用CWBT管理信息系统审核单船月度工作指令表、监督单船维修保养工作的实施；对维修历史数据、资料进行分析、处理后，对船舶维修保养工作提出指导性意见。

4.3 船舶实施人员

4.3.1 熟悉CWBT管理信息系统，掌握CWBT维修保养计划循环操作的过程及其规律；工作卡的循环原则、工作计划与内容的调整、计数器更新、月度或航次维修工作的安排、临时工作卡的建立、工作卡的遗留、备件管理与船检项目的关联方法等。

4.3.2 轮机长应通过CWBT管理信息系统检查各设备主管对工作卡指令的实施质量；维修执行记录、维修检测报告与备件消耗的记录情况，对遗留工作卡或存有缺陷的工作卡应实施跟踪。

4.3.3 按时按公司体系文件要求编制或填写各类维修保养工作计划、执行报表，通过船岸数据交换上传给岸基船舶主管审阅。

4.3.4 对CWBT相关资料、文件及时汇总、上报、存档。

4.3.5 对实施船舶机械计划保养系统(PMS)检验的船舶，轮机长应具有船级社授权证书，并按船级社检验指南要求做好各类维修保养记录与报告，按要求报送船级社。

4.4 单船编写人员

4.4.1 熟练掌握CWBT单船代码的编写规则，设备卡、工作卡的编写原则以及维修保养项目的编写方法。

4.4.2 掌握CWBT维修保养工作计划运转、循环的全部业务流程；掌握CWBT首排计划编制方法，掌握CWBT维修保养计划的调整方法与日常工作安排。

4.4.3 掌握船舶设备及其一般维修、保养方法；有较强的船舶技术管理及实际工作经验。

4.4.4 熟悉船舶规范，国内外有关法规、公约、船检要求、企业规章制度与船舶设备维修标准，并具有一定的培训船舶使用人员的能力。

ICS 03.220.40;47.020
R 30

中华人民共和国国家标准

GB/T 16558.2—2009
代替 GB/T 16558.2—1996

船舶维修保养体系 第2部分:船舶维修保养体系代码

The ship maintenance system—Part 2:CWBT code number

2009-03-31 发布 2009-11-01 实施

中华人民共和国国家质量监督检验检疫总局
中国国家标准化管理委员会 发布

前　言

GB/T 16558《船舶维修保养体系》分为七个部分：

——第1部分：总则；

——第2部分：船舶维修保养体系代码；

——第3部分：船舶维修保养的分级、周期代码及周期允差；

——第4部分：设备卡、工作卡格式与初始化要求；

——第5部分：工作卡首排及其运行要求；

——第6部分：系统流程及运行管理方法；

——第7部分：报表格式。

本部分是 GB/T 16558 的第2部分。

本部分代替 GB/T 16558.2—1996《船舶维修保养体系　船舶设备分类及设备代码》。本部分与 GB/T 16558.2—1996 相比，主要变化如下：

——增加了舰船与海上设施的适用范围(见第1章)；

——增加了船舶设备维修保养实现船岸一体化、信息化管理要求的编码原则(见第2章)；

——船舶设备主系统分类从原21个增加到30个，英文助忆字母从一位增加至二位，拓展了本部分设备分类代码的资源(见第3章)；

——设备代码由原代码的5组5位，修改为4组11位，为方便计算机管理对第四组的三位数字留作标准执行人自定义(见第4章)，并删除了原人工插板式管理方面的相关内容；

——原CWBT代码采用表格式矩阵系列排列方式修改为以英文字母与数字代码按正排序方式进行排列(见第5章)。

本部分由中华人民共和国交通运输部提出。

本部分由中华人民共和国交通运输部海事局归口。

本部分起草单位：中国远洋运输(集团)总公司、上海海事大学、中国船级社、交通部科学研究院。

本部分主要起草人：王新全、韩成敏、单学军、应功伟、刘维波、黄爱平。

本部分所代替标准的历次版本发布情况为：

——GB/T 16558.2—1996。

船舶维修保养体系 第2部分：船舶维修保养体系代码

1 范围

GB/T 16588的本部分规定了船舶维修保养体系（CWBT）代码的编制原则、编制方法、设备分类及代码、维修设备（部件）代码及船舶维修保养体系代码。

本部分适用于远洋、沿海、江河运输船舶的管理。工程船舶、舰船与海上设施的管理可参照执行。

2 编码原则

2.1 能满足现代船舶设备管理信息化与船岸一体化管理的要求，便于对船舶设备维修保养工作的监管、履约要求与船舶检验的要求，使船舶与岸基管理部门之间实现快速、准确的信息传递，又能适合我国船舶技术管理的传统和特点。

2.2 具有行业通用性，考虑到船舶种类、功能不同，设备分类与设备代码应满足现有各类运输船、工程船、舰船与海上设施等所需。

2.3 满足船舶设备保养工作信息化管理要求，船舶设备代码设计应适应计算机的识别、处理之需要，并尽可能考虑到船舶设备维修保养工作的实际所需。

3 CWBT代码编制方法

CWBT代码共采用四组代码，其中前三组代码表示船舶设备代码，第四组代码供执行人自定义用，中间用“-”连接。CWBT设备代码结构表示如下：

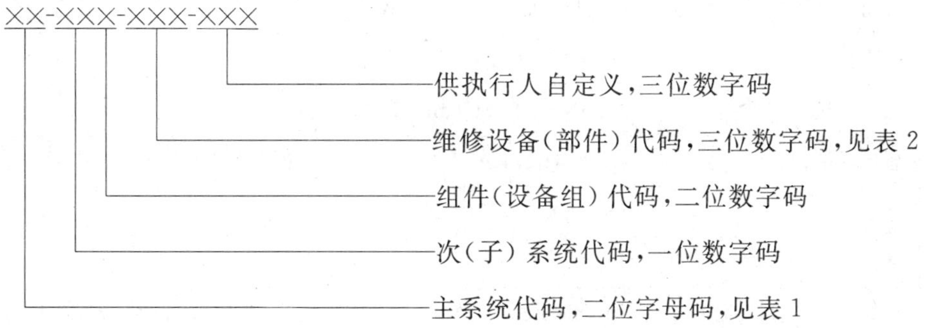

示例：主系统为空气系统，子系统为启动空气系统，维修部件为主空压机组，自定义为No.3号的设备代码表示为：AS-102-152-003。

4 船舶设备分类

CWBT将船舶设备类别按泛指功能分为30个主系统，用二位英文字母表示，详见表1。

表 1　CWBT主系统代码表

序号	代码	名称	英文名称
1	AS	空气系统	AIR SYSTEM
2	BW	海水系统	BITTER WATER SYSTEM
3	BS	舱底水系统	BILGE SYSTEMS
4	CG	装卸货设备	CARGO HANDLING GEAR
5	DO	甲板舾装设备	DECK OUTFITTINGS
6	ES	电力系统	ELECTRIC SYSTEM
7	FW	淡水系统	FRESH WATER SYSTEM
8	GD	柴油发电原动机	DIESEL ENGINE GENERATOR
9	GT	发电汽轮机	STEAM TURBINE ENGINE GENERATOR
10	GS	蒸汽发电原动机	STEAM ENGINE GENERATOR
11	HS	船体部分	HULL STRUCTURE
12	IC	证书文件资料	INFORMATIONS AND CERTIFICATES
13	JF	工程机械设备	JOB ENGINEERING FACILITIES
14	KP	防污染设备	ANTI-POLLUTION EQUIPMENT
15	LO	滑油系统	LUBRICATING OIL SYSTEM
16	MD	柴油机主机	MAIN DIESEL ENGINE
17	MS	蒸汽机主机	MAIN STEAM ENGINE
18	MT	汽轮机主机	MAIN STEAM TURBINE ENGINE
19	ME	电动主机	MAIN ELECTRIC POWER ENGINE
20	MW	射流主机	MAIN WATER SPRAY ENGINE
21	MG	燃气主机	MAIN GAS TURBINE ENGINE
22	NC	通讯导航设备	COMMUNICATION AND NAVIGATION EQUIPMENT
23	OE	办公设备	OFFICE EQUIPMENT
24	OS	燃油系统	FUEL OIL SYSTEM
25	PM	船舶推进与操纵系统	PROPULSION AND MANEUVERING SYSTEM FOR SHIP
26	QL	生活设施	LIVING FACILITIES
27	RA	冷藏空调通风系统	REFRIGERATION, AIR CONDITIONING AND VENTILATION SYSTEM
28	SE	安全与应急设备	SAFETY SYSTEM AND EMERGENCY EQUIPMENT
29	TS	蒸汽系统	STEAM SYSTEM
30	UA	自动化监测与遥控系统	AUTOMATIC CONTROL AND REMOTE MONITORING SYSTEM

5　CWBT维修设备(部件)代码

CWBT维修设备(部件)代码由三位数字表示,共有372个维修设备(部件)代码。维修设备(部件)代码清册以代码数字按正排序方式排列。CWBT维修设备(部件)代码清册详见表2。

表 2 CWBT 维修设备(部件)代码表

代码	设备名称	代码	设备名称	代码	设备名称
001	气缸盖	037	蓄能器	091	舵装置
002	进气阀	038	电控阀	092	舵柱
003	排气阀	039	电控装置	093	舵柄
004	喷油器	040	电控单元	094	舵叶
005	安全阀	051	增压器	100	节能装置
006	示功阀	052	空冷器	102	推进器
007	起动阀	053	缸体	103	计量仪表
008	摇臂装置	054	机架	113	液位表、水位计
009	缸套	055	机座、底座	115	盐度计
010	活塞	056	检查门、防爆门	116	烟度计
011	活塞杆	057	曲拐箱、油底壳	122	配载仪
012	活塞环	058	贯穿螺栓	125	黏度计
013	活塞冷却机构	059	底脚螺栓	126	氧份仪
014	填料函	060	支撑装置	140	液压泵
015	十字头销,衬	061	转车机组	141	油泵
016	主机导板,滑块	062	主起动阀	142	水泵
017	活塞销轴承	063	空气分配器	143	空气泵
018	连杆及大端轴承	064	齿轮	144	液压马达
019	曲轴	065	喷嘴	146	真空、引水装置
020	主轴承	066	汽封	147	压力柜
021	减振器	067	油封	148	管路
022	飞轮	068	汽轮机叶片	149	阀件
023	推力轴承、推力块	069	传动机构	150	滤器
024	凸轮,轴	070	操纵机构	151	分离、净化装置
025	换向机构	071	执行机构	152	压缩机
026	进气通道	072	反馈装置	153	热交换器
027	排烟管及设备	073	安全保护装置	154	冷却器、冷凝器
028	高压油管	074	测速装置	155	气瓶、压力容器
029	高压油泵	075	离合器	156	放残、溢出装置
030	喷油定时调节机构	076	轴	157	燃烧器、点火装置
031	调速装置	077	润滑装置	158	收集装置、储存装置
032	供油单元	078	附件	159	输送装置
033	液压放大器	079	扫气泵	160	调节器
034	液压泵站	080	密封装置	161	锁紧装置
035	液压执行元件	081	应急装置	162	化验设施

表 2（续）

代码	设备名称	代码	设备名称	代码	设备名称
163	处理设施	310	转子	356	操作屏
165	干燥、除湿设备	311	励磁装置	357	设定单元
166	喷洒设施	312	传感器	358	联锁装置
167	轴承	313	动力源	371	通信设备
168	齿轮箱	314	风机、风扇	372	导航设备
169	减速装置	315	监测设备	373	助航设备
170	平衡器、平衡装置	316	开关装置	374	信号设备
171	联轴节、连接装置	318	接触器	375	声号设备
172	锅炉、焚烧炉	319	熔断器	379	天线
173	烟囱	320	电容	380	船钟
174	炉膛	321	电抗器	381	安全设备
175	炉壳	322	均压装置	382	电子海图
176	汽包、水包	323	自动电压调整器	401	外板及骨架
177	疏水器	324	整流装置	402	海底阀箱
178	制淡装置	325	变压器	403	油，水舱船底塞
179	节流装置	326	变频器、变换装置	404	舭龙骨
180	炉墙	327	汇流排	405	甲板及骨架
181	泥渣箱	328	接线盒	406	舱口围及舱口面板结构
182	牵条	329	接线柱	407	开口结构
201	普通机床	330	插座	408	开口支柱
202	专用机床	331	指示装置	409	内底板及骨架
203	焊接设备	332	控制板	410	双层底内结构
204	处理设备	333	电池、蓄电池	411	污水井围板及盖
205	试验台	334	充放装置	412	顶边舱结构
206	特种维修器具	335	电缆	413	底边舱结构
207	起重行车	336	灯具	414	集装箱船抗扭结构
301	电动机	337	测量装置	415	污水井
302	控制箱、控制装置	338	接地装置	416	艏部结构
303	起动器、起动装置	340	数据处理装置	417	艉部结构
304	控制器	341	控制单元	418	舱壁结构
305	报警设备	342	接口单元	419	围壁板及结构
306	配电板	343	通用控制器	421	隔热设施、绝热层
307	操纵台	344	多用控制器	422	置放架
308	发电机	353	车钟	423	门
309	定子	355	显示屏	424	窗户

表 2（续）

代码	设备名称	代码	设备名称	代码	设备名称
425	滑道	485	燃油舱	532	刮雨器
426	水密门	486	柴油舱	533	梯子
449	桅屋	488	污油舱	534	格栅
450	干货舱	490	燃油柜	535	立柱
451	液货舱	491	柴油柜	536	平台
452	集装箱货舱	492	滑油柜	537	坡道
453	滚装货舱	493	膨胀柜	538	天窗舱棚
454	散货货舱	494	储存柜	551	设备舱室
455	冷藏货舱	495	污油柜	552	特殊舱室
456	特种货舱	496	油渣柜	553	船员住房
457	主机舱	497	其他油柜	554	旅客住房
458	辅机舱	498	水柜、水箱	556	走道
459	锅炉舱	499	污水柜	558	卫生间设施
460	泵舱	500	其他柜设施	560	通风设施、通风装置
461	舵机舱室	501	阳极保护	561	船员公共设施
462	侧推舱室	502	阴极保护	562	旅客公共设施
463	锚链舱	503	油漆保护	565	洗衣房设施
465	应急通道	504	防海生物装置	566	厨房设施
466	干隔舱	505	其他涂层保护	567	配膳间设施
467	管子弄	506	洗舱装置	568	升降设备
468	轴隧	507	日用柜	569	电梯
469	其他舱室	508	沉淀柜	601	起重设备
470	尖舱	509	循环柜	602	本体结构
471	深舱	520	舱盖	603	起升机构
472	双层底舱	521	启闭装置	604	回转机构
473	边舱	522	水密装置	605	变幅机构
476	透气管	523	舷梯	606	索具
477	通风帽	524	引水梯	607	绞车、缆车
478	测量管	525	桅杆	608	制动装置
479	淡水舱	526	旗杆	609	限位装置
480	冷却水舱	527	锚灯杆	610	支架
481	饮水舱	528	道门或盖	613	张紧装置
482	炉水舱	529	舷墙	616	液压缸、千斤顶
483	制淡水舱	530	栏杆	618	锚机
484	污水舱	531	天幕	619	绞缆机

表 2（续）

代码	设备名称	代码	设备名称	代码	设备名称
620	锚	705	救生器材	810	运行资料
621	锚链,附件	706	救生信号	811	安全质量体系文件
622	锚链止链器	707	应急启闭装置	812	说明书
623	锚链应急脱链装置	708	应急设备堵漏器材	901	复印机
624	带缆桩	709	惰性气体发生器	902	打印机
625	带缆导向滚轮	710	洗涤塔	903	计算机
626	导缆孔	711	甲板水封	904	配载仪
627	导缆器	712	消防设备、消防器材	905	摄像机
628	驱动装置	713	防火堵隔	906	照相机
629	船用拖带设备	714	风闸	907	显示器
630	船用顶推设备	715	静水压力释放器	908	扫描仪
631	舱内绑扎、固定装置	801	船舶登记证书	909	不间断电源
632	甲板绑扎、固定设备	802	船舶法定证书	910	局域网
635	行走机构	803	船舶入级证书	911	服务器
636	伺服装置	804	船舶设备证书	912	路由器
701	救生艇	806	修船资料及检验报告	913	调制解调器
702	救助艇、工作艇	807	建造资料	914	船岸通信终端
703	吊艇架	808	设备资料	915	通用软件
704	救生筏、工作筏	809	管理资料	916	专用软件

6 CWBT 代码清册

CWBT 代码清册详见表 3。

表 3 CWBT 代码清册

代 码	名 称	代 码	名 称
AS-000-000-000	空气系统	AS-102-154-000	主空压机冷却器
AS-100-000-000	启动空气系统	AS-102-141-000	主空压机自带泵
AS-101-000-000	启动空气管系	AS-102-075-000	主空压机离合器
AS-101-149-000	启动空气阀件	AS-103-000-000	副空压机组
AS-101-150-000	启动空气滤器	AS-103-152-000	副空压机
AS-101-078-000	启动空气附件	AS-103-301-000	副空压机原动机
AS-102-000-000	主空压机组	AS-103-302-000	副空压机控制箱
AS-102-152-000	主空压机	AS-103-304-000	副空压机自控设备
AS-102-301-000	主空压机原动机	AS-103-154-000	副空压机冷却器
AS-102-302-000	主空压机控制箱	AS-103-141-000	副空压机自带泵
AS-102-304-000	主空压机自控设备	AS-103-075-000	副空压机离合器

表 3（续）

代　码	名　　称	代　码	名　　称
AS-104-155-000	主气瓶	AS-205-149-000	副机控制空气阀件
AS-104-602-000	主气瓶本体结构	AS-205-078-000	副机控制空气附件
AS-104-149-000	主气瓶阀件	AS-205-156-000	副机控制空气放残装置
AS-104-156-000	主气瓶放残装置	AS-206-000-000	安全设备控制空气
AS-104-078-000	主气瓶附件	AS-206-155-000	安全设备控制气瓶
AS-105-155-000	副气瓶	AS-206-149-000	安全设备控制阀件
AS-105-602-000	副气瓶本体结构	AS-206-078-000	安全设备控制附件
AS-105-149-000	副气瓶阀件	AS-206-156-000	安全设备控制放残装置
AS-105-156-000	副气瓶放残装置	AS-207-000-000	干燥净化装置
AS-105-078-000	副气瓶附件	AS-207-152-000	干燥净化制冷压缩机
AS-105-103-000	启动空气系统监测仪表	AS-207-301-000	干燥净化压缩机电动机
AS-200-000-000	控制空气系统	AS-207-302-000	干燥净化压缩机控制箱
AS-201-000-000	控制空气管系	AS-207-078-000	干燥净化装置附件
AS-201-149-000	控制空气阀件	AS-207-154-000	干燥净化装置冷却器
AS-201-150-000	控制空气滤器	AS-207-103-000	控制空气系统监测仪表
AS-201-078-000	控制空气管系附件	AS-300-000-000	工作空气系统
AS-201-156-000	控制空气放残装置	AS-301-000-000	工作空气管系
AS-202-000-000	控制空气压缩机组	AS-301-149-000	工作空气阀件
AS-202-152-000	控制空气空压机	AS-301-150-000	工作空气滤器
AS-202-301-000	控制空气空压机原动机	AS-301-078-000	工作空气附件
AS-202-302-000	控制空气空压机控制箱	AS-301-156-000	工作空气放残装置
AS-202-304-000	控制空气空压机组自控设备	AS-302-000-000	工作空气空压机组
AS-202-154-000	控制空气冷却器	AS-302-152-000	工作空气空压机
AS-203-155-000	控制空气瓶	AS-302-301-000	工作空气空压机原动机
AS-203-602-000	控制空气气瓶本体结构	AS-302-302-000	工作空气空压机控制装置
AS-203-149-000	控制空气气瓶阀件	AS-302-304-000	工作空气机组自控设备
AS-203-078-000	控制空气气瓶附件	AS-302-154-000	工作空气冷却器
AS-203-156-000	控制空气气瓶放残装置	AS-303-000-000	工作空气瓶
AS-204-000-000	主机控制空气	AS-303-155-000	工作气瓶
AS-204-155-000	主机控制气瓶	AS-303-149-000	工作空气瓶阀件
AS-204-149-000	主机控制空气阀件	AS-304-000-000	杂用空气
AS-204-078-000	主机控制空气附件	BW-000-000-000	海水系统
AS-204-156-000	主机控制空气放残装置	BW-100-000-000	海水冷却系统
AS-205-000-000	副机控制空气	BW-101-000-000	海水冷却系统管系
AS-205-155-000	副机控制气瓶	BW-101-149-000	海水冷却系统阀件

表 3（续）

代　码	名　称	代　码	名　称
BW-101-150-000	海水冷却系统滤器	BW-200-000-000	压载水系统
BW-101-078-000	海水冷却系统附件	BW-201-000-000	压载水系统管系
BW-101-502-000	防海生物装置	BW-201-149-000	压载水系统阀件
BW-102-000-000	主海水泵组	BW-201-150-000	压载水系统滤器
BW-102-142-000	主海水泵	BW-201-078-000	压载水系统附件
BW-102-301-000	主海水泵电动机	BW-202-000-000	压载水泵组
BW-102-302-000	主海水泵控制箱	BW-202-142-000	压载水泵
BW-102-304-000	主海水泵组自控设备	BW-202-301-000	压载泵电动机
BW-103-000-000	副海水泵组	BW-202-302-000	压载泵控制箱
BW-103-142-000	副海水泵	BW-202-304-000	压载泵组自控设备
BW-103-301-000	副海水泵电动机	BW-202-146-000	压载泵真空装置
BW-103-302-000	副海水泵控制箱	BW-203-000-000	调倾泵组(平衡泵)
BW-103-304-000	副海水泵组自控设备	BW-203-142-000	调倾水泵
BW-104-000-000	停泊海水泵组	BW-203-301-000	调倾泵电动机
BW-104-142-000	停泊海水泵	BW-203-302-000	调倾泵控制箱
BW-104-301-000	停泊海水泵电动机	BW-203-304-000	调倾泵组自控设备
BW-104-302-000	停泊海水泵控制箱	BW-204-000-000	通用泵组
BW-104-304-000	停泊海水泵组自控设备	BW-204-142-000	通用水泵
BW-105-000-000	空调海水泵组	BW-204-301-000	通用泵电动机
BW-105-142-000	空调海水泵	BW-204-302-000	通用泵控制箱
BW-105-301-000	空调海水泵电动机	BW-204-304-000	通用泵组自控设备
BW-105-302-000	空调海水泵控制箱	BW-205-000-000	压载水操纵系统
BW-105-304-000	空调海水泵组自控设备	BW-205-313-000	压载水操纵系统动力源
BW-106-000-000	伙食冷藏海水泵组	BW-205-148-000	压载水操纵系统管系
BW-106-142-000	伙食冷藏海水泵	BW-205-149-000	压载水操纵系统阀件
BW-106-301-000	伙食冷藏海水泵电动机	BW-205-307-000	压载水操纵系统控制台
BW-106-302-000	伙食冷藏海水泵控制箱	BW-205-337-000	压载水遥测装置
BW-106-304-000	伙食冷藏海水泵组自控设备	BW-205-148-000	压载水遥测管系
BW-107-000-000	甲板机械海水泵组	BW-205-149-000	压载水遥测阀件
BW-107-142-000	甲板机械海水泵	BW-206-000-000	特种压载水装置
BW-107-301-000	甲板机械海水泵电动机	BW-206-314-000	压载风机
BW-107-302-000	甲板机械海水泵控制箱	BW-206-301-000	压载风机电动机
BW-107-304-000	甲板机械海水泵组自控设备	BW-206-302-000	压载风机控制装置
BW-108-000-000	其他海水泵组	BW-207-000-000	压载水有害生物处理装置
BW-108-103-000	海水冷却系统监测仪表	BW-207-142-000	压载水有害生物处理装置排放泵

表 3（续）

代码	名称	代码	名称
BW-207-301-000	压载水有害生物处理装置排放泵电机	BW-303-148-000	甲板喷洒管路
BW-207-302-000	压载水有害生物处理装置控制装置	BW-303-149-000	甲板喷洒阀件
BW-207-150-000	压载水有害生物过滤装置	BW-303-147-000	甲板喷洒压力柜
BW-207-315-000	压载水有害生物排放监控装置	BW-303-103-000	甲板喷洒装置监测仪表
BW-207-340-000	压载水有害生物排放数据处理装置	BW-400-000-000	卫生水系统
BW-209-000-000	含油压载水排放装置	BW-401-000-000	卫生水系统管系
BW-209-148-000	含油压载水排放管路	BW-401-149-000	卫生水系统阀件
BW-209-149-000	含油压载水排放阀件	BW-401-150-000	卫生水系统滤器
BW-209-150-000	含油压载水滤器	BW-401-078-000	卫生水系统附件
BW-209-078-000	含油压载水排放附件	BW-401-147-000	卫生水压力柜
BW-210-000-000	含油压载水排放取样泵组	BW-402-000-000	卫生水泵组
BW-210-142-000	含油压载水排放取样泵	BW-402-142-000	卫生水泵
BW-210-301-000	含油压载水排放取样泵原动机	BW-402-301-000	卫生水泵电动机
BW-211-000-000	含油压载水清洗泵组	BW-402-302-000	卫生水泵控制箱
BW-211-142-000	含油压载水清洗泵	BW-402-304-000	卫生水泵组自控设备
BW-211-301-000	含油压载水清洗泵原动机	BW-402-146-000	真空泵
BW-211-147-000	含油压载水清洗泵压力柜	BW-403-103-000	卫生水系统监测仪表
BW-212-302-000	含油压载水排放监控装置	BW-500-000-000	货舱冲洗系统
BW-212-340-000	含油压载水排放装置数据处理装置	BW-501-000-000	货舱冲洗管系
BW-214-103-000	压载水系统监测仪表	BW-502-000-000	货舱冲洗泵组
BW-300-000-000	甲板冲洗水系统	BW-502-142-000	货舱冲洗泵
BW-301-000-000	甲板冲洗系统管系	BW-502-301-000	货舱冲洗泵原动机
BW-301-149-000	甲板冲洗系统阀件	BW-502-304-000	货舱冲洗泵控制装置
BW-301-150-000	甲板冲洗系统滤器	BW-502-078-000	货舱冲洗泵附件
BW-301-078-000	甲板冲洗系统附件	BW-503-103-000	货舱冲洗水系统监测仪表
BW-301-147-000	甲板冲洗系统压力柜	BS-000-000-000	舱底水系统
BW-301-065-000	锚链冲洗装置	BS-100-000-000	货舱舱底水系统
BW-302-000-000	甲板冲洗泵组	BS-201-000-000	货舱舱底水管系
BW-302-142-000	甲板冲洗泵	BS-201-149-000	货舱舱底水阀件
BW-302-301-000	甲板冲洗泵电动机	BS-201-150-000	货舱舱底水滤器
BW-302-302-000	甲板冲洗泵控制箱	BS-201-078-000	货舱舱底水污水井
BW-302-304-000	甲板冲洗泵组自控设备	BS-202-000-000	货舱舱底水泵组
BW-302-153-000	甲板冲洗热交换器	BS-202-142-000	货舱舱底水泵
BW-302-146-000	甲板冲洗泵真空装置	BS-202-301-000	货舱舱底水电动机
BW-303-000-000	甲板喷洒装置	BS-202-302-000	货舱舱底水泵控制箱

表 3（续）

代码	名称	代码	名称
BS-202-146-000	货舱舱底水喷射器	CG-102-301-000	驱动装置
BS-202-204-000	货舱舱底水处理装置	CG-102-302-000	控制装置
BS-202-302-000	货舱舱底水排放监控装置	CG-102-035-000	液压执行元件
BS-202-305-000	货舱舱底水水位报警装置	CG-102-037-000	蓄能器
BS-200-000-000	机舱舱底水系统	CG-102-153-000	液压油预热器
BS-201-000-000	机舱舱底水管系	CG-102-154-000	液压油冷却器
BS-201-149-000	机舱舱底水阀件	CG-102-150-000	液压油滤器
BS-201-150-000	机舱舱底水滤器	CG-102-493-000	液压油膨胀柜
BS-201-078-000	机舱舱底水污水井	CG-102-494-000	液压油储存柜
BS-202-000-000	机舱舱底水泵组	CG-103-603-000	回转起货机起升机构及附件
BS-202-142-000	机舱舱底水泵	CG-103-148-000	起升机构管系
BS-202-301-000	机舱舱底水电动机	CG-103-607-000	起货绞车及排绳装置
BS-202-302-000	机舱舱底水泵控制箱	CG-103-301-000	起升机构原动机
BS-202-146-000	机舱舱底水喷射器	CG-103-302-000	起升机构控制箱及操纵主令器
BS-203-142-000	应急舱底水泵	CG-103-168-000	起升机构齿轮箱及离合器
BS-203-499-000	舱底水污水柜	CG-103-608-000	起升机构制动装置
BS-203-484-000	舱底水污水舱	CG-103-609-000	起升机构限位装置
BS-203-148-000	舱底水排岸接口	CG-104-605-000	回转起货机变幅机构及附件
BS-202-146-000	机舱舱底水水位报警装置	CG-104-148-000	变幅机构管系
BS-300-000-000	其他舱底水系统	CG-104-607-000	变幅绞车机组
BS-400-000-000	雨水系统	CG-104-301-000	变幅机构原动机
CG-000-000-000	装卸货设备	CG-104-304-000	变幅机构控制及操纵设备
CG-100-000-000	回转式起货机	CG-104-606-000	变幅滑车及变幅钢索
CG-101-602-000	回转起货机塔架本体结构	CG-104-608-000	变幅机构制动装置
CG-101-606-000	回转起货机塔架滑轮组	CG-104-609-000	变幅机构限位装置
CG-101-551-000	回转起货机机房	CG-105-000-000	回转起货机回转机构及附件
CG-101-552-000	回转起货机控制室	CG-105-078-000	回转机构附件
CG-101-532-000	回转起货机立柱	CG-105-055-000	回转支承(大齿圈)
CG-101-069-000	回转起货机电源滑环装置	CG-105-604-000	回转装置及回转动力组
CG-101-602-000	回转起货机吊臂结构	CG-105-302-000	回转机构控制箱
CG-101-606-000	回转起货机滑轮组与索具	CG-105-069-000	回转机构传动部分
CG-101-609-000	缓冲器(吊臂)限位器	CG-105-305-000	回转机构报警装置
CG-101-167-000	吊臂根部固定及轴承	CG-105-608-000	回转机构制动装置
CG-102-000-000	回转式起货机液压系统	CG-105-609-000	回转机构限位装置
CG-102-140-000	液压泵	CG-106-103-000	回转起货机监测仪表

表 3（续）

代 码	名 称	代 码	名 称
CG-200-000-000	重吊起货设备	CG-204-608-000	重吊变幅制动装置
CG-201-000-000	重吊杆柱及索具	CG-204-606-000	重吊变幅导向滑车组及地令卸克
CG-201-602-000	重吊桅本体	CG-204-609-000	重吊限位装置
CG-201-078-000	重吊桅固定吊杆设备	CG-205-000-000	重吊回转绞车
CG-201-477-000	重吊桅顶通风帽	CG-205-148-000	重吊回转管系
CG-201-606-000	重吊滑车组索具	CG-205-607-000	重吊回转绞车组
CG-201-073-000	重吊控制操纵安全保护设备	CG-205-301-000	重吊回转原动机
CG-201-304-000	重吊主令控制器	CG-205-304-000	重吊回转控制及操纵设备
CG-201-609-000	重吊限位警报装置	CG-205-608-000	重吊回转制动装置
CG-201-103-000	重吊起货设备监测仪表	CG-300-000-000	轻型吊杆起货设备
CG-202-000-000	重吊起货机液压系统	CG-301-000-000	轻吊吊杆柱及附件
CG-202-140-000	液压泵	CG-301-602-000	轻吊吊杆柱
CG-202-301-000	驱动装置	CG-301-078-000	轻吊吊杆柱附件
CG-202-302-000	控制装置	CG-301-606-000	轻吊起货滑车组索具
CG-202-035-000	液压执行元件	CG-301-103-000	轻型吊杆起重设备监测仪表
CG-202-037-000	蓄能器	CG-302-000-000	轻型起货机液压系统
CG-202-153-000	液压油预热器	CG-302-140-000	液压泵
CG-202-154-000	液压油冷却器	CG-302-301-000	驱动装置
CG-202-150-000	液压油滤器	CG-302-302-000	控制装置
CG-202-493-000	液压油膨胀柜	CG-302-035-000	液压执行元件
CG-202-494-000	液压油储存柜	CG-302-037-000	蓄能器
CG-203-000-000	重吊起升绞车	CG-302-153-000	液压油预热器
CG-203-148-000	重吊起升管系	CG-302-154-000	液压油冷却器
CG-203-607-000	重吊起货绞车及排绳装置	CG-302-150-000	液压油滤器
CG-203-301-000	重吊起货原动机	CG-302-493-000	液压油膨胀柜
CG-203-302-000	重吊起升控制箱及操纵指令器	CG-302-494-000	液压油储存柜
CG-203-168-000	重吊起升齿轮箱及离合器	CG-303-000-000	轻吊起升绞车
CG-203-154-000	重吊起升冷却器及风机	CG-303-148-000	轻吊起升管系
CG-203-608-000	重吊起升制动装置	CG-303-301-000	轻吊起升原动机
CG-203-609-000	重吊起升限位装置	CG-303-304-000	轻吊起升控制及操纵设备
CG-204-000-000	重吊变幅绞车	CG-303-168-000	轻吊起升齿轮箱及离合器
CG-204-148-000	重吊变幅管系	CG-303-608-000	起吊起升制动装置
CG-204-607-000	重吊变幅绞车组	CG-304-000-000	轻吊变幅绞车机组
CG-204-301-000	重吊变幅原动机	CG-304-148-000	轻吊变幅管系
CG-204-304-000	重吊变幅控制及操纵设备	CG-304-607-000	轻吊变幅千斤索绞车

表 3（续）

代　码	名　　称	代　码	名　　称
CG-304-301-000	轻吊变幅原动机	CG-404-000-000	桥吊吊车横向行走动力装置
CG-304-304-000	轻吊变幅控制及操纵设备	CG-404-628-000	桥吊吊车横向行走驱动装置
CG-304-608-000	轻吊变幅制动装置	CG-404-069-000	桥吊吊车横向行走传动部分
CG-304-609-000	轻吊变幅限位装置	CG-500-000-000	滚装设备
CG-305-000-000	轻吊回转绞车机组	CG-501-000-000	滚装设备液压泵站
CG-305-607-000	轻吊回转绞车机	CG-501-140-000	液压泵
CG-305-301-000	轻吊回转原动机	CG-501-301-000	驱动装置
CG-305-304-000	轻吊回转控制及操纵设备	CG-501-302-000	控制装置
CG-305-608-000	轻吊回转制动装置	CG-501-035-000	液压执行元件
CG-400-000-000	桥吊	CG-501-037-000	蓄能器
CG-401-602-000	桥吊本体结构	CG-501-153-000	液压油预热器
CG-401-606-000	桥吊索具	CG-501-154-000	液压油冷却器
CG-401-000-000	桥吊电气设备	CG-501-150-000	液压油滤器
CG-401-313-000	桥吊电力供应	CG-501-493-000	液压油膨胀柜
CG-401-335-000	桥吊电缆	CG-501-494-000	液压油储存柜
CG-401-328-000	桥吊接线箱	CG-501-607-000	滚装设备主液压绞车
CG-401-078-000	桥吊辅助设备	CG-502-602-000	滚装设备边门(跳)本体结构
CG-401-103-000	桥吊监测仪表	CG-502-313-000	滚装设备边门(跳)驱动装置
CG-402-000-000	桥式起货机液压系统	CG-502-148-000	滚装设备边门(跳)装置管系
CG-402-140-000	液压泵	CG-502-301-000	滚装设备边门(跳)液压泵电动机
CG-402-301-000	驱动装置	CG-502-302-000	滚装设备边门(跳)控制装置
CG-402-302-000	控制装置	CG-502-073-000	滚装设备边门(跳)安全保护装置
CG-402-153-000	液压油预热器	CG-502-426-000	滚装设备边门(跳)水密装置
CG-402-154-000	液压油冷却器	CG-502-608-000	滚装设备边门(跳)制动装置
CG-402-150-000	液压油滤器	CG-502-161-000	滚装设备边门(跳)锁紧装置
CG-402-493-000	液压油膨胀柜	CG-503-602-000	滚装设备艉(艏)门本体结构
CG-402-494-000	液压油储存柜	CG-503-000-000	滚装设备艉(艏)门绞车
CG-403-000-000	桥吊起升动力绞车	CG-503-148-000	滚装设备艉(艏)门管系
CG-403-148-000	桥吊起升动力管系	CG-503-313-000	滚装设备艉(艏)门驱动装置
CG-403-144-000	桥吊起升液压马达	CG-503-302-000	滚装设备艉(艏)门控制装置
CG-403-070-000	桥吊起升操纵设备	CG-503-073-000	滚装设备艉(艏)门安全保护装置
CG-404-000-000	桥吊纵向行走动力装置	CG-503-608-000	滚装设备艉(艏)门制动装置
CG-404-301-000	桥吊纵向行走驱动装置	CG-502-161-000	滚装设备艉(艏)门锁紧装置
CG-404-304-000	桥吊纵向行走控制设备	CG-504-000-000	滚装设备升降机
CG-404-069-000	桥吊纵行传动部分	CG-504-602-000	滚装设备升降机本体结构

表 3（续）

代　码	名　　称	代　码	名　　称
CG-504-313-000	滚装设备升降机驱动装置	CG-705-167-000	液货装卸驱动装置轴承及联轴节
CG-504-302-000	滚装设备升降机控制装置	CG-705-014-000	液货装卸驱动装置气密填料函
CG-504-073-000	滚装设备升降机安全保护装置	CG-705-304-000	液货装卸驱动装置控制设备
CG-504-140-000	滚装设备升降机制动装置	CG-706-149-000	液货装卸管系阀门控制装置
CG-504-148-000	滚装设备升降机管系	CG-706-304-000	货油泵甲板控制箱
CG-504-073-000	滚装设备下降装置保护装置	CG-706-560-000	液货泵舱通风装置
CG-504-154-000	滚装设备下降装置冷却器	CG-707-313-000	液货装卸液压动力站
CG-504-602-000	滚装设备下降装置本体结构	CG-707-140-000	液压泵
CG-505-000-000	滚装设备坡道	CG-707-301-000	驱动装置
CG-505-602-000	滚装设备坡道本体结构	CG-707-302-000	控制装置
CG-505-313-000	滚装设备坡道液压驱动装置	CG-707-035-000	液压执行元件
CG-505-301-000	滚装设备坡道液压管系	CG-707-153-000	液压油预热器
CG-505-304-000	滚装设备坡道控制设备	CG-707-154-000	液压油冷却器
CG-505-161-000	滚装设备坡道锁紧装置	CG-707-150-000	液压油滤器
CG-505-073-000	滚装设备坡道安全保护装置	CG-707-493-000	液压油膨胀柜
CG-506-000-000	滚装设备监测仪表	CG-707-494-000	液压油储存柜
CG-600-000-000	散装自卸设备	CG-708-000-000	原油洗舱系统
CG-700-000-000	液货装卸设备	CG-708-506-000	原油洗舱装置
CG-701-000-000	液货装卸设备管系	CG-708-302-000	原油洗舱操纵装置
CG-701-148-000	液货装卸管系	CG-708-315-000	原油洗舱监控装置
CG-701-149-000	液货装卸各舱吸口阀	CG-708-153-000	洗舱加热器
CG-701-149-000	液货装卸加热装置	CG-708-141-000	扫舱泵
CG-701-150-000	液货装卸设备滤器	DO-000-000-000	甲板舾装设备
CG-701-078-000	液货装卸设备附件	DO-100-000-000	舱盖系统
CG-701-103-000	液货装卸设备监测仪表	DO-101-000-000	货舱外舱盖部分
CG-701-314-000	液货舱移动式通风设备	DO-101-520-000	货舱外舱盖
CG-701-336-000	液货舱移动式照明设备	DO-101-521-000	货舱外舱盖启闭装置
CG-702-141-000	液货装卸蒸汽往复泵	DO-101-522-000	货舱外舱盖水密装置
CG-702-148-000	液货装卸往复泵蒸汽管系	DO-101-161-000	货舱外舱盖固定压紧装置
CG-703-141-000	液货装卸螺杆泵	DO-101-616-000	舱盖千斤顶
CG-704-141-000	液货装卸离心泵	DO-102-000-000	货舱内舱盖部分
CG-705-000-000	液货装卸驱动装置	DO-102-520-000	货舱内舱盖
CG-705-301-000	液货装卸驱动装置原动机	DO-102-521-000	货舱内舱盖启闭装置
CG-705-075-000	液货装卸驱动装置离合器	DO-102-522-000	货舱内舱盖水密装置
CG-705-169-000	液货装卸驱动装置减速装置	DO-102-161-000	货舱内舱盖固定压紧装置

表 3（续）

代 码	名 称	代 码	名 称
DO-103-000-000	冷藏舱盖部分	DO-203-632-000	绞缆机机座及固定设备
DO-103-520-000	冷藏舱舱盖	DO-203-140-000	液压泵
DO-103-521-000	冷藏舱盖启闭装置	DO-203-301-000	驱动装置
DO-103-522-000	冷藏舱盖水密装置	DO-203-302-000	控制装置
DO-103-161-000	冷藏舱盖固定压紧装置	DO-203-035-000	液压执行元件
DO-103-153-000	冷藏舱盖加热设施	DO-203-037-000	蓄能器
DO-104-000-000	舱盖液压系统	DO-203-153-000	液压油预热器
DO-104-140-000	液压泵	DO-203-154-000	液压油冷却器
DO-104-301-000	驱动装置	DO-203-150-000	液压油滤器
DO-104-302-000	控制装置	DO-203-493-000	液压油膨胀柜
DO-104-035-000	液压执行元件	DO-203-494-000	液压油储存柜
DO-104-153-000	液压油预热器	DO-204-000-000	锚及锚链设备
DO-104-154-000	液压油冷却器	DO-204-620-000	锚
DO-104-150-000	液压油滤器	DO-204-621-000	锚链，附件
DO-104-493-000	液压油膨胀柜	DO-204-622-000	锚链止链器
DO-104-494-000	液压油储存柜	DO-204-623-000	锚链应急脱链装置
DO-200-000-000	系泊设备	DO-204-163-000	锚及锚链冲洗设备
DO-201-000-000	锚机机组	DO-204-601-000	吊锚机
DO-201-618-000	锚机	DO-205-000-000	系缆设备
DO-201-313-000	锚机动力源	DO-205-607-000	系泊钢丝缆车
DO-201-628-000	锚机驱动器	DO-205-632-000	系泊设备机座及固定装置
DO-201-304-000	锚机控制设备	DO-205-624-000	系缆桩
DO-201-070-000	锚机操纵设备	DO-205-625-000	系缆导向滚轮
DO-201-154-000	锚机热交换器	DO-205-626-000	导缆孔
DO-201-608-000	锚机制动装置	DO-205-627-000	导缆器
DO-201-632-000	锚机机座及固定设备	DO-300-000-000	顶推及拖带设备
DO-202-000-000	绞缆机组	DO-301-629-000	船用拖带设备
DO-202-619-000	绞缆机	DO-301-078-000	拖带设备附件
DO-202-313-000	绞缆机动力源	DO-301-607-000	拖带绞车机组
DO-202-628-000	绞缆机驱动装置	DO-301-301-000	拖带设备原动机及控制设备
DO-202-304-000	绞缆机控制装置	DO-301-070-000	拖带设备操纵装置
DO-202-070-000	绞缆机操纵设备	DO-301-073-000	拖带设备应急控制及安全保护
DO-202-608-000	绞缆机制动装置	DO-301-075-000	拖带设备卷筒，离合器及排绳装置
DO-202-613-000	绞缆机恒张力装置	DO-301-619-000	拖带设备绞缆筒与负载测量装置
DO-203-000-000	系泊设备液压系统	DO-301-608-000	拖带设备制动器

表 3（续）

代　码	名　　称	代　码	名　　称
DO-302-630-000	顶推船组顶推设备	DO-602-423-000	引水门
DO-302-171-000	顶推设备连接机构	DO-603-000-000	货船升降电梯
DO-303-629-000	其他特殊拖曳机械	DO-604-000-000	客船升降梯
DO-304-000-000	顶推设备液压系统	DO-605-000-000	客船自动梯
DO-304-140-000	液压泵	DO-700-000-000	其他舾装设备
DO-304-301-000	驱动装置	DO-701-000-000	桅，旗杆
DO-304-302-000	控制装置	DO-701-525-000	桅杆
DO-304-035-000	液压执行元件	DO-701-527-000	锚灯杆
DO-304-153-000	液压油预热器	DO-701-526-000	尾旗杆
DO-304-154-000	液压油冷却器	DO-702-000-000	水密门，盖
DO-304-150-000	液压油滤器	DO-702-423-000	甲板水密门
DO-304-493-000	液压油膨胀柜	DO-702-528-000	管弄水密盖
DO-304-494-000	液压油储存柜	DO-702-465-000	机舱应急通道门或盖
DO-305-103-000	顶推及拖带设备监测装置	DO-703-000-000	舷墙，栏杆，天幕
DO-404-000-000	吊箱装置	DO-703-529-000	舷墙
DO-500-000-000	其他起重设备	DO-703-530-000	栏杆
DO-501-000-000	伙食物料吊机	DO-703-531-000	天幕
DO-502-601-000	燃，润料专用起吊设备	DO-703-532-000	刮雨器
DO-503-601-000	巴拿马运河专用起吊设备	DO-704-000-000	各种梯子，格栅
DO-504-601-000	圣劳伦斯航道专用起吊设备	DO-704-533-000	甲板梯
DO-505-601-000	苏伊士运河灯专用吊	DO-704-534-000	格栅
DO-506-601-000	液货管起重设备	DO-705-000-000	工作艇，筏
DO-507-601-000	疏浚船起重设备	DO-705-702-000	工作艇
DO-600-424-000	引水员梯	DO-705-313-000	工作艇发动机
DO-601-523-000	舷梯	DO-705-704-000	工作筏
DO-601-610-000	舷梯吊梯架	DO-705-078-000	工作艇，筏罩
DO-601-607-000	舷梯绞车组	DO-706-000-000	通风筒
DO-601-606-000	舷梯索具与安全网	DO-706-477-000	甲板通风筒及帽
DO-601-055-000	舷梯座	DO-706-560-000	甲板围壁式通风口及盖
DO-601-301-000	舷梯马达及控制箱	DO-707-536-000	直升机起落平台
DO-602-000-000	引水员梯	DO-707-602-000	直升机起落平台本体结构设备
DO-602-523-000	引水员梯软梯	DO-707-374-000	直升机起落平台信号设备
DO-602-607-000	引水员梯绞车组	DO-707-315-000	直升机起落平台控制监测设备
DO-602-606-000	引水员梯索具	DO-708-000-000	其他舾装设备
DO-602-536-000	引水员梯升降台	ES-000-000-000	电力系统

表 3（续）

代码	名称	代码	名称
ES-100-000-000	定速发电机装置	ES-203-171-000	变速发电机联轴节
ES-101-308-000	定速发电机	ES-204-000-000	变速发电机同步补偿机组
ES-101-309-000	定速发电机定子部分	ES-204-308-000	变速发电机同步补偿机
ES-101-310-000	定速发电机转子部分	ES-204-309-000	变速发电机同步补偿机定子部分
ES-101-167-000	定速发电机轴承	ES-204-310-000	变速发电机同步补偿机转子部分
ES-101-150-000	定速发电机滤网	ES-204-167-000	变速发电机同步补偿机轴承
ES-101-154-000	定速发电机冷却装置	ES-204-150-000	变速发电机同步补偿机滤网
ES-101-311-000	定速发电机励磁装置	ES-204-154-000	变速发电机同步补偿机冷却装置
ES-102-000-000	定速发电机传动机构	ES-204-311-000	变速发电机同步补偿机励磁装置
ES-102-168-000	定速发电机传动机构齿轮箱	ES-204-628-000	变速发电机同步补偿机驱动器
ES-102-170-000	定速发电机传动机构平衡器	ES-205-000-000	变速发电机监测仪表
ES-102-171-000	定速发电机传动机构联轴节	ES-300-000-000	主配电板
ES-103-000-000	定速发电机恒速控制装置	ES-301-000-000	发电机屏
ES-103-313-000	定速发电机恒速控制动力源	ES-301-316-000	发电机屏主开关
ES-103-302-000	定速发电机恒速控制控制柜	ES-301-331-000	发电机屏工况指示器
ES-103-312-000	定速发电机恒速控制传感器	ES-301-329-000	发电机屏接线柱
ES-104-000-000	定速发电机传动补偿机构	ES-301-319-000	发电机屏熔断器
ES-104-168-000	定速发电机传动补偿机构齿轮箱	ES-302-000-000	发电机励磁装置
ES-104-170-000	定速发电机传动补偿机构平衡器	ES-302-311-000	发电机相复励磁装置
ES-104-171-000	定速发电机传动补偿机构联轴节	ES-302-323-000	发电机自动电压调整器
ES-105-000-000	定速发电机监测仪表	ES-302-324-000	发电机整流装置
ES-200-000-000	变速发电机装置	ES-303-000-000	主配电板保护装置
ES-201-308-000	变速发电机	ES-303-073-000	主配电板保护装置
ES-201-309-000	变速发电机定子部分	ES-304-000-000	主配电板并车屏
ES-201-310-000	变速发电机转子部分	ES-304-331-000	并车屏同步指示装置
ES-201-167-000	变速发电机轴承	ES-304-321-000	并车屏电抗器
ES-201-150-000	变速发电机滤网	ES-304-318-000	并车屏继电器接触器
ES-201-154-000	变速发电机冷却装置	ES-304-322-000	并车屏均压装置
ES-202-000-000	变速发电机励磁装置	ES-304-319-000	并车屏熔断器
ES-202-304-000	变速发电机控制设备	ES-305-000-000	负载屏
ES-202-154-000	变速发电机冷却装置	ES-305-316-000	负载屏分路开关
ES-202-315-000	变速发电机模拟监视器	ES-305-316-200	负载屏控制开关
ES-203-000-000	变速发电机传动机构	ES-305-316-300	负载屏连锁开关
ES-203-168-000	变速发电机齿轮箱	ES-305-319-000	负载屏熔断器
ES-203-170-000	变速发电机平衡器	ES-306-000-000	电站汇流排及隔离开关

表 3（续）

代　码	名　　称	代　码	名　　称
ES-306-327-000	电站汇流排	ES-505-302-000	机舱照明分电箱
ES-306-316-000	电站隔离开关	ES-505-336-000	机舱照明灯具
ES-307-000-000	电站无功补偿装置	ES-506-000-000	舱室照明供电
ES-307-320-000	电站无功补偿电力电容	ES-506-335-000	居住舱室电缆
ES-307-302-000	电站无功补偿装置控制箱	ES-506-302-000	居住舱室动力分电箱
ES-307-328-000	电站无功补偿接线盒	ES-506-336-000	居住舱室照明灯具
ES-307-316-000	电站无功补偿开关装置	ES-507-000-000	货舱照明供电
ES-307-154-000	电站无功补偿冷却装置	ES-507-335-000	货舱照明电缆
ES-307-315-000	电站无功补偿监视	ES-507-302-000	货舱照明分电箱
ES-308-000-000	主配电板监测仪表	ES-507-336-000	货舱照明灯具
ES-400-000-000	蓄电池及电源转换装置	ES-508-000-000	全船动力装置电缆
ES-401-000-000	酸性蓄电池组	ES-509-000-000	供电系统监测仪表
ES-401-333-000	酸性蓄电池	ES-600-000-000	岸电箱
ES-401-334-000	酸性蓄电池充放电装置	FW-000-000-000	淡水系统
ES-402-000-000	碱性蓄电池组	FW-100-000-000	淡水装驳系统
ES-402-333-000	碱性蓄电池	FW-101-000-000	淡水装驳管系
ES-402-334-000	酸性蓄电池充放电装置	FW-101-149-000	淡水装驳阀件
ES-402325-000	变压装置	FW-101-150-000	淡水装驳滤器
ES-402-326-000	电源转换变频装置	FW-101-078-000	淡水装驳附件
ES-500-000-000	供电系统	FW-101-142-000	锚链舱污水抽逐器
ES-501-000-000	甲板动力供电	FW-102-000-000	淡水驳运泵组
ES-501-335-000	甲板动力电缆	FW-102-142-000	淡水驳运泵
ES-501-302-000	甲板动力分电箱	FW-102-301-000	淡水驳运泵电动机
ES-502-000-000	机舱动力供电	FW-102-302-000	淡水驳运泵控制箱
ES-502-335-000	机舱动力电缆	FW-102-304-000	淡水驳运泵自控设备
ES-502-302-000	机舱动力分电箱	FW-103-000-000	冷却水驳运泵组
ES-503-000-000	货舱动力供电	FW-103-142-000	冷却水驳运泵
ES-503-335-000	货舱动力电缆	FW-103-301-000	冷却水驳运泵电动机
ES-503-302-000	货舱动力分电箱	FW-103-302-000	冷却水驳运泵控制箱
ES-504-000-000	甲板照明供电	FW-103-304-000	冷却水驳运泵自控设备
ES-504-335-000	甲板照明电缆	FW-104-000-000	炉水驳运泵组
ES-504-302-000	甲板照明分电箱	FW-104-142-000	炉水驳运泵
ES-504-336-000	甲板照明灯具	FW-104-301-000	炉水驳运泵电动机
ES-505-000-000	机舱照明供电	FW-104-302-000	炉水驳运泵控制箱
ES-505-335-000	机舱照明电缆	FW-104-304-000	炉水驳运泵自控设备

表 3（续）

代码	名称	代码	名称
FW-105-000-000	淡水装驳系统监测仪表	FW-206-142-000	发电原动机水泵
FW-200-000-000	淡水冷却系统	FW-206-301-000	发电原动机水泵电动机
FW-201-000-000	淡水冷却管系	FW-206-302-000	发电原动水泵控制箱
FW-201-149-000	淡水冷却阀件	FW-206-304-000	发电原动机水泵自控设备
FW-201-150-000	淡水冷却滤器	FW-206-154-000	发电原动机冷却水热交换器
FW-201-078-000	淡水装驳附件	FW-206-142-000	副机高温淡水泵
FW-201-498-000	淡水装驳水柜	FW-207-000-000	停泊淡水冷却水泵组
FW-202-000-000	低温淡水泵(集中冷却)组	FW-207-142-000	停泊淡水泵
FW-202-142-000	低温淡水泵	FW-207-301-000	停泊淡水泵电动机
FW-202-301-000	低温淡水泵电动机	FW-207-302-000	停泊淡水泵控制箱
FW-202-302-000	低温淡水泵控制箱	FW-207-304-000	停泊水泵自控设备
FW-202-304-000	低温淡水泵自控装置	FW-207-154-000	停泊淡水热交换器
FW-202-154-000	低温淡水热交换器	FW-208-000-000	加热循环淡水泵组
FW-202-304-000	中央冷却水自动控制装置	FW-208-142-000	加热循环水泵
FW-203-000-000	主机缸套冷却水泵组	FW-208-301-000	加热循环水泵电动机
FW-203-142-000	主机缸套水泵	FW-208-302-000	加热循环水泵控制箱
FW-203-301-000	主机缸套水泵电动机	FW-208-304-000	加热循环水泵自控设备
FW-203-302-000	主机缸套水泵控制箱	FW-208-154-000	加热循环水热交换器
FW-203-304-000	主机缸套水泵自控设备	FW-208-142-000	主机冷却水补水泵
FW-203-154-000	主机缸套水热交换器	FW-209-000-000	淡水冷却系统监测仪表
FW-204-000-000	主机活塞冷却水泵组	FW-300-000-000	淡水系统
FW-204-142-000	主机活塞水泵	FW-301-000-000	淡水管系
FW-204-301-000	主机活塞水泵电动机	FW-301-149-000	淡水系统阀件
FW-204-302-000	主机活塞水泵控制箱	FW-301-150-000	淡水系统滤器
FW-204-304-000	主机活塞水泵自控设备	FW-301-078-000	淡水管系附件
FW-204-154-000	主机活塞水热交换器	FW-301-498-000	淡水压力水柜
FW-204-142-000	主机活塞冷却水空气泵组	FW-301-163-000	淡水净化消毒处理装置
FW-204-301-000	主机活塞水空气泵马达及控制箱	FW-302-000-000	淡水泵组
FW-205-000-000	主机油头冷却水泵组	FW-302-142-000	淡水泵
FW-205-142-000	主机油头水泵	FW-302-301-000	淡水泵电动机
FW-205-301-000	主机油头水泵电动机	FW-302-302-000	淡水泵控制箱
FW-205-302-000	主机油头水泵控制箱	FW-302-304-000	淡水泵自控设备
FW-205-304-000	主机油头水泵自控设备	FW-303-000-000	热水循环泵组
FW-205-154-000	主机油头水热交换器	FW-303-142-000	热水循环泵
FW-206-000-000	发电原动机冷却水泵组	FW-303-301-000	热水循环泵电动机

表 3（续）

代　码	名　　称	代　码	名　　称
FW-303-302-000	热水循环泵控制箱	FW-404-301-000	制淡装置盐水泵电动机
FW-303-304-000	热水循环泵自控设备	FW-404-302-000	制淡装置盐水泵控制箱
FW-303-147-000	热水压力柜	FW-404-304-000	制淡装置盐水泵自控设备
FW-303-153-000	热水循环热交换器	FW-405-000-000	制淡装置凝(淡)泵水组
FW-304-000-000	卫生水泵组	FW-405-142-000	制淡装置凝水泵
FW-304-142-000	卫生水泵	FW-405-301-000	制淡装置凝水泵电动机
FW-304-301-000	卫生水泵电动机	FW-405-302-000	制淡装置凝水泵控制箱
FW-304-302-000	卫生水泵控制箱	FW-405-304-000	制淡装置凝水泵自控设备
FW-304-304-000	卫生水泵自控设备	FW-406-602-000	制淡装置本体结构
FW-305-000-000	真空卫生装置	FW-406-153-000	制淡装置蒸发器组
FW-305-146-000	真空泵	FW-406-154-000	制淡装置冷凝器组
FW-305-302-000	控制装置	FW-407-000-000	制淡装置监测仪表
FW-305-000-000	主机空冷器化学清洗泵组	FW-500-000-000	饮水系统
FW-305-142-000	主机空冷器化学清洗泵	FW-501-000-000	饮水系统管系
FW-305-301-000	主机空冷器化学清洗泵电机及控制箱	FW-501-149-000	饮水管系阀件
FW-400-000-000	制淡装置(海水淡化装置)	FW-501-150-000	饮水管系滤器
FW-401-000-000	制淡装置管系	FW-501-078-000	饮水管系附件
FW-401-149-000	制淡管系阀件	FW-501-147-000	饮水压力柜
FW-401-150-000	制淡管系滤器	FW-502-000-000	饮水泵组
FW-401-078-000	制淡管系附件	FW-502-142-000	饮水泵
FW-401-153-000	制淡装置热交换器	FW-502-301-000	饮水泵电动机
FW-401-163-000	制淡装置软化设备	FW-502-302-000	饮水泵控制箱
FW-401-115-000	制淡装置盐度计及监控装置	FW-502-304-000	饮水泵自控设备
FW-402-000-000	制淡装置海水泵组	FW-503-000-000	饮水系统净化处理装置
FW-402-142-000	制淡装置海水泵	FW-503-150-000	饮水净化处理过滤设备
FW-402-301-000	制淡装置海水泵电动机	FW-503-163-000	饮水净化处理设备
FW-402-302-000	制淡装置海水泵控制箱	FW-503-304-000	饮水净化处理控制设备
FW-402-304-000	制淡装置海水泵自控设备	FW-504-000-000	主机空冷器化学清洗泵组
FW-403-000-000	制淡装置真空泵组	FW-505-000-000	主机冷却水泵
FW-403-146-000	制淡装置真空泵或抽逐器	FW-505-142-000	主机冷却水补水泵
FW-403-301-000	制淡装置真空泵电动机	FW-506-000-000	饮水系统监测仪表
FW-403-302-000	制淡装置真空泵控制箱	GD-000-000-000	发电原动机系统
FW-403-304-000	制淡装置真空泵自控设备	GD-100-000-000	柴油发电原动机(副机)
FW-404-000-000	制淡装置盐水泵组(排污泵)	GD-101-000-000	副机缸盖总体部分
FW-404-142-000	制淡装置盐水泵	GD-101-001-000	副机缸盖

表 3（续）

代　码	名　　称	代　码	名　　称
GD-101-002-000	副机进气阀	GD-106-004-000	副机喷油器
GD-101-003-000	副机排气阀	GD-106-028-000	副机高压油管
GD-101-005-000	副机安全阀	GD-106-029-000	副机高压油泵
GD-101-006-000	副机示功阀	GD-106-153-000	副机燃油热交换器
GD-101-007-000	副机起动阀	GD-107-000-000	副辅机冷却润滑系统
GD-101-008-000	副机摇臂及附件	GD-107-148-000	副机冷却润滑系统管系
GD-102-000-000	副机活塞连杆部分	GD-107-150-000	副机滑油自清滤器
GD-102-010-000	副机活塞	GD-107-151-000	副机自带分油机及管，阀，滤器
GD-102-012-000	副机活塞环	GD-107-495-000	副机循环油柜漏泄油柜
GD-102-017-000	副机连杆大小端轴承	GD-107-141-000	副机自带滑油泵
GD-102-018-000	副机连杆	GD-107-077-000	副机预润滑装置
GD-103-000-000	副机缸套机架固定部分	GD-107-154-000	副机冷却/滑油系统热交换器
GD-103-009-000	副机缸套	GD-107-142-000	副机自带水泵
GD-103-054-000	副机缸体机架	GD-108-000-000	副机起动空气部分
GD-103-057-000	副机曲柄箱及油底壳	GD-108-148-000	副机起动空气管系
GD-103-056-000	副机检查门及防爆门	GD-108-062-000	副机主启动阀
GD-103-058-000	副机贯穿螺栓	GD-108-063-000	副机空气分配器
GD-103-078-000	副机缸套机架紧固件	GD-108-152-000	副机自带空压机
GD-103-055-000	副机机组底座	GD-108-301-000	副机启动电动机(启动驱动装置)
GD-104-000-000	副机曲轴部分	GD-109-000-000	副机附属设备
GD-104-019-000	副机曲轴	GD-109-070-000	副机操纵机构
GD-104-020-000	副机主轴承	GD-109-073-000	副机安全保护装置
GD-104-021-000	副机减振器	GD-109-031-000	副机调速器
GD-104-171-000	副机飞轮联轴节	GD-109-051-000	副机增压器
GD-104-168-000	副机传动齿轮组	GD-109-052-000	副机空冷器
GD-104-075-000	副机离合器	GD-109-061-000	副机转车机构
GD-104-304-000	副机曲拐箱油雾探测器	GD-109-301-000	副机转车机构马达及控制箱
GD-105-000-000	副机凸轮轴及传动部分	GD-109-026-000	副机进气管道
GD-105-024-000	副机凸轮轴	GD-109-027-000	副机排气管道及附件
GD-105-167-000	副机凸轮轴轴承	GD-110-000-000	副机监测装置
GD-105-069-000	副机凸轮轴传动机构	GT-100-000-000	发电汽轮机
GD-106-000-000	副机燃油部分	GT-101-000-000	发电汽轮机操纵，调速，保护
GD-106-148-000	副机燃油管系	GT-101-148-000	发电汽轮机操纵，调速，保护管路
GD-106-150-000	副机燃油自清滤器	GT-101-149-000	发电汽轮机操纵，调速，保护阀件
GD-106-141-000	副机自带燃油泵	GT-101-150-000	发电汽轮机操纵，调速，保护滤器

表 3（续）

代　码	名　　称	代　码	名　　称
GT-101-078-000	发电汽轮机操纵,调速,保护附件	GT-107-000-000	发电汽轮机滑油系统
GT-101-070-000	发电汽轮机操纵机构	GT-107-148-000	发电汽轮机滑油管路
GT-101-031-000	发电汽轮机调速机构	GT-107-149-000	发电汽轮机滑油阀件
GT-101-073-000	发电汽轮机断滑油保护	GT-107-150-000	发电汽轮机滑油滤器
GT-102-000-000	发电汽轮机缸盖,喷嘴,汽封	GT-107-078-000	发电汽轮机滑油系统附件
GT-102-148-000	发电汽轮机缸盖部分管路	GT-107-065-000	发电汽轮机滑油喷嘴
GT-102-149-000	发电汽轮机缸盖部分阀件	GT-108-000-000	发电汽轮机监测仪表
GT-102-150-000	发电汽轮机缸盖部分滤器	GS-100-000-000	蒸汽发电原动机
GT-102-078-000	发电汽轮机缸盖部分附件	HS-000-000-000	船体部分
GT-102-001-000	发电汽轮机缸盖	HS-100-000-000	主船体结构
GT-102-065-000	发电汽轮机喷嘴	HS-101-000-000	船壳结构
GT-102-066-000	发电汽轮机缸盖汽封	HS-101-401-000	船底(侧)外板及骨架
GT-103-000-000	发电汽轮机轴承,推力块,油封	HS-101-402-000	海底阀箱
GT-103-148-000	发电汽轮机轴承部分管路	HS-101-403-000	油,水舱船底塞
GT-103-149-000	发电汽轮机轴承部分阀件	HS-101-404-000	舭龙骨
GT-103-150-000	发电汽轮机轴承部滤器	HS-102-000-000	主(强力)甲板结构
GT-103-078-000	发电汽轮机轴承部附件	HS-102-405-000	主(强力)甲板及骨架
GT-103-167-000	发电汽轮机后轴承	HS-102-406-000	舱口围及舱口面板结构
GT-103-023-000	发电汽轮机推力块	HS-103-000-000	舱内甲板结构
GT-103-067-000	发电汽轮机前油封	HS-103-405-000	舱内甲板及骨架
GT-104-000-000	发电汽轮机转子,叶片,汽封(刀片)	HS-103-407-000	开口结构
GT-104-310-000	发电汽轮机转子	HS-103-408-000	开口支柱
GT-104-068-000	发电汽轮机叶片	HS-104-000-000	底部结构
GT-104-066-000	发电汽轮机汽封(刀片)	HS-104-409-000	内底板及骨架
GT-105-000-000	发电汽轮机减速装置	HS-104-410-000	双层底内结构
GT-105-078-000	发电汽轮机减速装置附件	HS-104-411-000	污水井围板及盖
GT-105-064-000	发电汽轮机一级减速齿轮	HS-105-000-000	边舱结构
GT-105-168-000	发电汽轮机减速齿轮箱	HS-105-412-000	顶边舱结构
GT-105-171-000	发电汽轮机减速齿轮连接机构	HS-105-413-000	底边舱结构
GT-106-000-000	发电汽轮机冷凝汽柜	HS-105-414-000	集装箱船抗扭结构
GT-106-148-000	发电汽轮机冷凝汽柜管路	HS-105-476-000	边舱空气管,测量管及帽
GT-106-149-000	发电汽轮机冷凝汽柜阀件	HS-106-000-000	艏艉部结构
GT-106-150-000	发电汽轮机冷凝汽柜滤器	HS-106-416-000	艏部结构
GT-106-078-000	发电汽轮机冷凝汽柜附件	HS-106-417-000	艉部结构
GT-106-055-000	发电汽轮机冷凝汽柜固定件	HS-107-000-000	主要水密舱壁

表 3（续）

代　码	名　　称	代　码	名　　称
HS-107-418-000	舱壁结构	HS-304-632-000	各甲板绑扎固定附件
HS-200-000-000	上层建筑及艏楼	HS-304-537-000	固定坡道
HS-201-000-000	各层甲板及结构	HS-304-148-000	滚装货轮污水井管系
HS-201-405-000	露天甲板及结构	HS-305-000-000	散货舱
HS-201-419-000	前围壁板及结构	HS-305-454-000	散货货舱
HS-202-000-000	艏艉楼及结构	HS-305-534-000	散装货活动格栅
HS-202-000-000	甲板及结构	HS-305-631-000	散货止移装置
HS-201-405-000	室内甲板及结构	HS-305-415-000	散装货舱污水井，管系
HS-203-000-000	特殊舱室	HS-306-455-000	冷藏货舱
HS-203-464-000	应急救火泵室	HS-307-456-000	特种货舱
HS-203-551-000	液压泵室	HS-400-000-000	机炉舱结构
HS-203-462-000	舵机室	HS-401-457-000	主机舱
HS-203-463-000	锚链舱	HS-401-405-000	主机舱各层甲板，平台
HS-203-462-000	侧推器室	HS-401-551-000	集中控制室
HS-203-469-000	防摇鳍室	HS-401-538-000	机舱棚
HS-204-000-000	桅屋及甲板室	HS-401-173-000	主机舱内烟囱设施
HS-204-551-000	起货机机房	HS-401-407-000	备件出入口
HS-204-449-000	桅屋间	HS-401-415-000	主机舱污水井，管系
HS-300-000-000	货舱结构及设施	HS-402-458-000	辅机舱
HS-301-000-000	货舱	HS-402-405-000	辅机舱各层甲板，平台
HS-301-450-000	干货舱	HS-402-538-000	天窗副机舱棚
HS-301-631-000	绑扎令圈及导向滑架	HS-402-173-000	副机舱内烟囱设施
HS-301-415-000	干货舱污水井，管系	HS-402-415-000	副机舱污水井，管系
HS-302-451-000	液货舱	HS-403-459-000	锅炉舱
HS-302-520-000	舱内舱口盖	HS-403-405-000	锅炉舱各层甲板，平台
HS-302-418-000	屏壁	HS-403-551-000	锅炉控制室
HS-302-421-000	绝热层	HS-403-538-000	锅炉天窗舱棚
HS-303-000-000	集装箱货舱	HS-403-173-000	锅炉内烟囱设施
HS-303-452-000	载箱货舱	HS-403-415-000	锅炉舱污水井，管系
HS-303-559-000	集中冷却通风装置进口管道	HS-404-460-000	泵舱
HS-303-418-000	组合舱壁	HS-404-405-000	泵舱各层甲板，平台
HS-303-631-000	集装箱导架	HS-404-415-000	泵舱污水井，管系
HS-303-148-000	集装箱货舱污水井管系	HS-405-461-000	舵机舱室
HS-304-000-000	滚装货舱	HS-405-405-000	舵机舱各层甲板，平台
HS-304-453-000	主拖车甲板货舱	HS-405-415-000	舵机舱污水井，管系

表 3（续）

代 码	名 称	代 码	名 称
HS-406-462-000	侧推舱室	HS-602-509-000	重柴油循环油柜
HS-406-405-000	侧推舱各层甲板，平台	HS-602-495-000	重柴油溢油泄放柜
HS-406-415-000	侧推舱污水井，管系	HS-603-000-000	轻柴油舱柜
HS-407-000-000	机炉仓脱险通道	HS-603-486-000	轻柴油双层底储存舱
HS-407-533-000	机炉仓脱险通道各层梯子	HS-603-491-000	轻柴油边舱储存柜
HS-407-423-000	机炉仓脱险通道各水密门	HS-603-508-000	轻柴油沉淀柜
HS-500-000-000	水舱，柜	HS-603-507-000	轻柴油日用柜
HS-501-000-000	压载水舱	HS-603-495-000	轻柴油溢油泄放柜
HS-501-470-000	压载水尖舱	HS-604-000-000	滑油舱柜
HS-501-471-000	压载水深舱	HS-605-000-000	小品种滑油柜
HS-501-472-000	双层底舱	HS-606-496-000	油渣柜
HS-501-473-000	边舱	HS-606-495-000	污油柜
HS-501-476-000	压载水空气管，测量管	HS-606-499-000	污水柜
HS-502-479-000	淡水舱，柜	HS-606-476-000	油舱柜空气管，测量管
HS-502-470-000	艏尖舱	HS-606-103-000	舱柜液位测量装置
HS-502-471-000	淡水深舱	HS-700-000-000	船体防腐及防污设施
HS-502-480-000	冷却水舱	HS-701-501-000	船体防腐阳极保护
HS-502-481-000	饮水舱	HS-702-502-000	船体防腐阴极保护
HS-502-482-000	炉水舱	HS-703-503-000	船体油漆保护
HS-502-483-000	制淡水舱	HS-704-504-000	防海生物装置
HS-502-478-000	淡水舱，柜空气管，测量管	HS-705-505-000	其他涂层保护
HS-503-000-000	污水舱	HS-800-000-000	其他舱室
HS-503-484-000	生活污水舱（柜）	HS-801-466-000	干隔舱
HS-600-000-000	油舱，柜	HS-801-418-000	干隔舱舱壁及骨架
HS-601-000-000	燃料油舱柜	HS-801-415-000	干隔舱污水井管系
HS-601-485-000	燃料油储存舱	HS-801-476-000	干隔舱测量管空气管
HS-601-508-000	燃料油沉淀柜	HS-802-467-000	管子弄（隧）
HS-601-507-000	燃料油日用柜	HS-802-418-000	管子弄舱壁及骨架
HS-601-488-000	燃料油渣油舱	HS-802-425-000	管弄滑车，道
HS-601-495-000	燃料油溢油泄放柜	HS-802-559-000	管弄通风设备
HS-602-000-000	重柴油舱柜	HS-802-522-000	管子弄水密关闭装置
HS-602-486-000	重柴油双层底储存舱	HS-802-415-000	管子弄污水井管系
HS-602-491-000	重柴油储存柜	HS-802-476-000	管子弄测量管，空气管
HS-602-508-000	重柴油沉淀柜	HS-803-468-000	轴隧
HS-602-507-000	重柴油日用柜	HS-803-418-000	轴隧舱壁及骨架

表 3（续）

代　码	名　　称	代　码	名　　称
HS-803-425-000	轴隧滑车，道	IC-225-802-000	客船载客定额证书
HS-803-559-000	轴隧通风设备	IC-226-802-000	船舶国际防油污证书
HS-803-522-000	轴隧水密关闭装置	IC-227-802-000	国际防止空气污染证书
HS-803-534-000	轴隧格栅	IC-228-802-000	国际防止大气污染符合证明
HS-803-415-000	轴隧污水井，管系	IC-229-802-000	防止生活污水污染证书
HS-803-476-000	肘隧测量管，空气管	IC-230-802-000	防污漆证书
IC-000-000-000	证书文件资料	IC-231-802-000	油类记录簿
IC-100-000-000	船舶登记证书	IC-232-802-000	垃圾记录簿
IC-101-801-000	船舶所有权证书	IC-233-802-000	船上油污应急计划
IC-102-801-000	船舶国籍证书	IC-234-802-000	船舶垃圾管理计划
IC-200-000-000	船舶法定证书	IC-235-802-000	通导证书
IC-201-802-000	船舶吨位证书	IC-236-802-000	电台执照
IC-202-802-000	苏伊士运河吨位证书	IC-237-802-000	SBM 证书 A
IC-203-802-000	巴拿马运河吨位证书	IC-238-802-000	SBM 证书 B
IC-204-802-000	巴拿马净吨证书	IC-239-802-000	RDF 免除证书
IC-205-802-000	台湾吨位证书	IC-240-802-000	岸基修理协议
IC-206-802-000	船舶国际载重线证书	IC-241-802-000	GMDSS
IC-207-802-000	货船构造安全证书	IC-242-802-000	无线电测向仪免除证书
IC-208-802-000	货船设备安全证书	IC-243-802-000	SMC 船舶安全管理证书
IC-209-802-000	货船无线电安全证书	IC-244-802-000	DOC 船公司安全管理证书
IC-210-802-000	核能船舶安全证书	IC-245-802-000	ISPS 证书
IC-211-802-000	船舶装载危险品货物证书	IC-246-802-000	《船舶保安计划》批准书
IC-212-802-000	船舶卫生证书	IC-247-802-000	船舶风险评估记录
IC-213-802-000	船舶除鼠或免于除鼠证书	IC-248-802-000	国外港口国安全检查
IC-214-802-000	船舶卫生证书无线电检疫许可证书	IC-249-802-000	船籍国安全检查
IC-215-802-000	船舶饮用水卫生证书	IC-250-802-000	国内安全检查记录簿
IC-216-802-000	船舶油污担保证书	IC-251-802-000	船舶最低安全配员证书
IC-217-802-000	船舶食品冷藏库卫生证书	IC-300-000-000	船舶入级证书
IC-218-802-000	船舶噪声证书	IC-301-803-000	船体入级证书
IC-219-802-000	船舶照明亮度证书	IC-302-803-000	轮机入级证书
IC-220-802-000	船舶谷物装载稳性及其批准书	IC-303-803-000	冷藏装置入级证书
IC-221-802-000	船舶起货设备检验薄及检验证书	IC-304-803-000	自动化入级证书
IC-222-802-000	伙食吊检验薄	IC-400-000-000	船舶设备证书
IC-223-802-000	澳大利亚起货设备证书	IC-401-804-000	船舶油水分离器证书
IC-224-802-000	客船安全证书	IC-402-804-000	船舶焚烧炉检验证书

表 3（续）

代　码	名　　称	代　码	名　　称
IC-403-804-000	船舶舷梯证书	IC-531-806-000	低压电源修船资料及检验报告
IC-404-804-000	苏伊士运河灯证书	IC-532-000-000	安全设施修船资料及检验报告
IC-405-804-000	配载仪证书	IC-533-806-000	救生设备修船资料及检验报告
IC-406-804-000	气胀式救生筏证书	IC-534-806-000	消防设备修船资料及检验报告
IC-500-000-000	修船资料及检验报告	IC-535-806-000	水密设施修船资料及检验报告
IC-501-000-000	坞内部分修船资料及检验报告	IC-536-806-000	CO_2 称重修船资料及检验报告
IC-502-806-000	船底钢板修船资料及检验报告	IC-537-806-000	气胀式救生阀修船资料及检验报告
IC-503-806-000	锚及链修船资料及检验报告	IC-538-806-000	防污设施修船资料及检验报告
IC-504-806-000	舵装置修船资料及检验报告	IC-539-806-000	应急设备修船资料及检验报告
IC-505-806-000	推进装置修船资料及检验报告	IC-601-000-000	船舶技术资料
IC-506-806-000	海底门修船资料及检验报告	IC-602-000-000	船舶建造资料
IC-507-806-000	防腐锌板修船资料及检验报告	IC-603-807-000	船舶建造任务书及合同
IC-508-000-000	甲板部分修船资料及检验报告	IC-604-807-000	船体完工图
IC-509-806-000	船体钢板修船资料及检验报告	IC-605-807-000	轮机完工图
IC-510-806-000	甲板修船资料及检验报告	IC-606-807-000	电气完工图
IC-511-806-000	上层建筑修船资料及检验报告	IC-607-807-000	交船试验报告
IC-512-806-000	舾装设备修船资料及检验报告	IC-608-807-000	交船文件
IC-513-806-000	系泊设备修船资料及检验报告	IC-609-807-000	造船证书
IC-514-806-000	装卸货设备修船资料及检验报告	IC-700-000-000	船舶设备资料
IC-515-000-000	通导部分修船资料及检验报告	IC-701-808-000	船舶设备目录
IC-516-806-000	通讯设备修船资料及检验报告	IC-702-812-000	甲板机械说明书
IC-517-806-000	导航设备修船资料及检验报告	IC-703-812-000	通导设备说明书
IC-518-806-000	天线修船资料及检验报告	IC-704-812-000	动力设备说明书
IC-519-000-000	轮机部分修船资料及检验报告	IC-705-812-000	电气设备说明书
IC-520-806-000	主动力装置修船资料及检验报告	IC-706-812-000	安全设备说明书
IC-521-806-000	辅助动力设备修船资料及检验报告	IC-707-808-000	AIS 船用产品证书
IC-522-806-000	锅炉设备修船资料及检验报告	IC-708-809-000	甲板积载负荷证书
IC-523-806-000	轴系修船资料及检验报告	IC-709-809-000	备件册
IC-524-806-000	其他压力容器修船资料及检验报告	IC-710-809-000	物料册
IC-525-806-000	CO_2 灭火装置检验报告	IC-711-809-000	工具册
IC-526-000-000	电气部分修船资料及检验报告	IC-712-809-000	船舶管理合同
IC-527-806-000	发电设备修船资料及检验报告	IC-713-810-000	运行资料
IC-528-806-000	配电设备修船资料及检验报告	IC-714-810-000	运行记录
IC-529-806-000	动力设备修船资料及检验报告	IC-715-810-000	维修测量记录
IC-530-806-000	自动化设备修船资料及检验报告	IC-716-810-000	更新改造记录

表 3（续）

代 码	名 称	代 码	名 称
IC-717-810-000	事故处理记录	KP-102-304-000	污油泵自控设备
IC-718-810-000	甲板积载负荷证书	KP-103-000-000	油渣泵组
IC-800-000-000	船东互保保赔单	KP-103-141-000	油渣泵
IC-900-811-000	安全质量体系文件	KP-103-301-000	油渣泵电动机
JF-000-000-000	工程机械设备	KP-103-302-000	油渣泵控制箱
JF-100-000-000	维修设备与工具	KP-103-304-000	油渣泵自控设备
JF-101-000-000	普通机床	KP-104-488-000	污油舱
JF-101-201-000	普通加工机床	KP-104-495-000	污油柜
JF-102-202-000	专用加工机床	KP-104-148-000	污油排岸接口
JF-103-203-000	焊接设备	KP-105-000-000	油水分离装置
JF-106-000-000	轮机维修(专用)设备或工具	KP-105-148-000	油水分离装置管系
JF-107-000-000	甲板维修(专用)设备或工具	KP-105-153-000	油水分离装置加热管
JF-108-000-000	特种维修设备	KP-105-151-000	油水分离筒
JF-109-207-000	机舱起重行车	KP-105-315-000	油水分离装置监控装置
JF-109-602-000	起重行车本体结构	KP-105-150-000	油水分离装置过滤装置
JF-109-635-000	起重行车行走部分	KP-105-142-000	油水分离装置泵组
JF-109-628-000	起重行车动力部分	KP-105-304-000	油水分离装置泵组控制设备
JF-109-603-000	起重行车起重部分	KP-105-103-000	油水分离装置仪表
JF-109-304-000	起重行车控制部分	KP-106-172-000	焚烧炉
JF-300-000-000	工程船舶特种设备(一)	KP-106-148-000	焚烧炉管系
JF-400-000-000	工程船舶特种设备(二)	KP-106-157-000	焚烧炉加热燃烧装置
JF-500-000-000	海上设施特种设备(一)	KP-106-027-000	焚烧炉通风排气装置
JF-600-000-000	海上设施特种设备(二)	KP-106-314-000	焚烧炉通风排气机组
JF-700-000-000	舰船特种设备(一)	KP-106-141-000	焚烧炉排放泵组
JF-800-000-000	舰船特种设备(二)	KP-106-315-000	焚烧炉监控装置
KP-000-000-000	防污染设备	KP-106-073-000	焚烧炉安全装置
KP-100-000-000	污油系统	KP-106-103-000	焚烧炉仪表
KP-101-000-000	污油管系	KP-107-142-000	危险品舱污水泵
KP-101-148-000	污油管路	KP-107-301-000	危险品舱污水泵电动机及控制箱
KP-101-149-000	污油管路阀件	KP-108-000-000	防污染系统监测仪表
KP-101-150-000	污油管路滤器	KP-200-000-000	生活污水处理装置
KP-102-000-000	污油泵组	KP-201-000-000	生活污水处理装置管系
KP-102-141-000	污油泵	KP-201-149-000	生活污水处理装置阀件
KP-102-301-000	污油泵电动机	KP-201-150-000	生活污水处理装置滤器
KP-102-302-000	污油泵控制箱	KP-201-078-000	生活污水处理装置附件

表 3（续）

代 码	名 称	代 码	名 称
KP-202-000-000	生活污水收集装置	LO-101-150-000	滑油装驳滤器
KP-202-158-000	生活污水收集装置	LO-101-078-000	滑油装驳附件
KP-202-159-000	生活污水收集粉碎，输送装置	LO-102-000-000	滑油驳运泵组
KP-202-078-000	生活污水收集装置附件	LO-102-141-000	滑油驳运泵
KP-202-315-000	生活污水收集监控装置	LO-102-301-000	滑油驳运泵电动机
KP-203-000-000	粪便处理装置	LO-102-302-000	滑油驳运泵控制箱
KP-203-146-000	粪便处理装置真空泵组	LO-102-304-000	滑油驳运泵自控设备
KP-203-142-000	粪便处理装置排污泵组	LO-103-000-000	气缸油驳运泵组
KP-203-143-000	粪便处理装置空气泵组	LO-103-141-000	气缸油驳运泵
KP-203-142-000	粪便处理装置处理剂泵组	LO-103-301-000	气缸油驳运泵电动机
KP-203-141-000	粪便处理装置除油泵组	LO-103-302-000	气缸油驳运泵控制箱
KP-203-315-000	粪便处理监控装置	LO-103-304-000	气缸油驳运泵自控设备
KP-204-000-000	厨房污水处理装置	LO-104-000-000	透平油驳运泵组
KP-204-151-000	厨房污水处理油脂分离器	LO-104-141-000	透平油驳运泵
KP-204-141-000	厨房污水处理装置排油泵组	LO-104-301-000	透平油驳运泵电动机
KP-204-315-000	厨房污水处理装置监控装置	LO-104-302-000	透平油驳运泵控制箱
KP-205-000-000	盥洗污水处理装置	LO-104-304-000	透平油驳运泵自控设备
KP-205-142-000	盥洗污水处理排水泵组	LO-105-000-000	液压油驳运泵组
KP-205-315-000	盥洗水处理监控装置	LO-105-141-000	液压油驳运泵
KP-206-000-000	生活污水处理监测仪表	LO-105-301-000	液压油驳运泵电动机
KP-300-000-000	烟气处理装置	LO-105-302-000	液压油驳运泵控制箱
KP-301-000-000	烟气处理管系	LO-105-304-000	液压油驳运泵自控设备
KP-301-148-000	烟气处理管路	LO-106-000-000	废滑油驳运泵组
KP-301-149-000	烟气处理阀件	LO-106-141-000	废滑油驳运泵
KP-301-150-000	烟气处理滤器	LO-106-301-000	废滑油驳运泵电动机
KP-301-078-000	烟气处理装置附件	LO-106-302-000	废滑油驳运泵控制箱
KP-302-000-000	烟气处理混合风机组	LO-106-304-000	废滑油驳运泵自控设备
KP-303-000-000	烟气处理喷淋分离装置	LO-107-000-000	移动式滑油驳运泵组
KP-304-000-000	烟气处理监控装置	LO-107-141-000	移动式滑油驳运泵
KP-305-000-000	烟气排放监测仪表	LO-107-301-000	移动式滑油驳运泵电动机
KP-400-000-000	防污染器材与工具	LO-107-302-000	移动式滑油驳运泵控制箱
LO-000-000-000	滑油系统	LO-107-304-000	移动式滑油驳运泵自控设备
LO-100-000-000	滑油装驳系统	LO-108-000-000	滑油装驳系统监测仪表
LO-101-000-000	滑油装驳管系	LO-200-000-000	滑油处理装置
LO-101-149-000	滑油装驳阀件	LO-201-000-000	滑油处理管系

表 3（续）

代　码	名　　称	代　码	名　　称
LO-201-149-000	滑油处理阀件	LO-303-000-000	主机活塞冷却油泵组
LO-201-150-000	滑油处理滤器	LO-303-141-000	主机活塞油泵
LO-201-078-000	滑油处理附件	LO-303-301-000	主机活塞油泵电动机
LO-201-499-000	滑油处理污油水柜	LO-303-302-000	主机活塞油泵电动机控制箱
LO-201-498-000	滑油处理水柜	LO-303-304-000	主机活塞油泵组自控设备
LO-202-000-000	滑油分油机组	LO-303-154-000	主机活塞油泵组热交换器
LO-202-151-000	滑油分油机	LO-303-160-000	主机活塞油泵组温度调节器
LO-202-301-000	滑油分油机电动机	LO-304-000-000	主机凸轮轴油泵组
LO-202-302-000	滑油分油机控制箱	LO-304-141-000	主机凸轮轴油泵
LO-202-304-000	滑油分油机自控设备	LO-304-301-000	主机凸轮轴油泵电动机
LO-202-153-000	滑油分油机热交换器	LO-304-302-000	主机凸轮轴油泵电动机控制箱
LO-203-000-000	滑油处理供油泵组	LO-304-304-000	主机凸轮轴油泵组自控设备
LO-203-141-000	滑油处理供油泵	LO-304-154-000	主机凸轮轴油泵组热交换器
LO-203-301-000	滑油处理供油泵电动机	LO-304-160-000	主机凸轮轴油泵组温度调节器
LO-203-302-000	滑油处理供油泵控制箱	LO-305-000-000	主机摇臂油泵组
LO-204-000-000	滑油自动冲洗滤器	LO-305-141-000	主机摇臂油泵
LO-204-602-000	滑油自清滤器本体	LO-305-301-000	主机摇臂油泵电动机
LO-204-301-000	滑油自清滤器控制电动机	LO-305-302-000	主机摇臂油泵电动机控制箱
LO-204-302-000	滑油自清滤器控制箱	LO-305-304-000	主机摇臂油泵组自控设备
LO-204-304-000	滑油自清滤器自控装置	LO-305-154-000	主机摇臂油泵组热交换器
LO-204-150-000	滑油自清滤器过滤元件	LO-305-160-000	主机摇臂油泵组温度调节器
LO-205-000-000	滑油处理装置监测仪表	LO-306-000-000	主机透平油泵组
LO-300-000-000	主机滑油供应系统	LO-306-141-000	主机透平油泵
LO-301-000-000	主机滑油供应系统管系	LO-306-301-000	主机透平油泵电动机
LO-301-149-000	主机滑油供应系统阀件	LO-306-302-000	主机透平油泵电动机控制箱
LO-301-150-000	主机滑油供应系统滤器	LO-306-304-000	主机透平油泵组自控设备
LO-301-078-000	主机滑油供应系统附件	LO-306-154-000	主机透平油泵组热交换器
LO-301-150-000	主机滑油供应系统自动冲洗滤器	LO-306-160-000	主机透平油泵组温度调节器
LO-302-000-000	主机滑油泵组	LO-307-000-000	主机其他滑油泵组
LO-302-141-000	主机滑油油泵	LO-307-141-000	主机其他滑油泵
LO-302-301-000	主机滑油泵电动机	LO-307-301-000	主机其他滑油泵原动机
LO-302-302-000	主机滑油泵电动机 控制箱	LO-307-302-000	主机其他滑油泵电动机控制箱
LO-302-304-000	主机滑油泵组自控设备	LO-307-304-000	主机其他滑油泵组自控设备
LO-302-154-000	主机滑油泵组热交换器	LO-307-154-000	主机其他滑油泵组热交换器
LO-302-160-000	主机滑油泵组温度调节器	LO-307-160-000	主机其他滑油泵组温度调节器

表 3（续）

代　码	名　　称	代　码	名　　称
LO-308-000-000	主机滑油供应系统监测仪表	LO-501-150-000	轴系滑油系统滤器
LO-400-000-000	副机滑油供应系统	LO-501-078-000	轴系滑油系统附件
LO-401-000-000	副机滑油供应系统管系	LO-502-000-000	轴系减速齿轮油泵组
LO-401-149-000	副机滑油供应系统阀件	LO-502-141-000	轴系减速齿轮油泵
LO-401-150-000	副机滑油供应系统滤器	LO-502-301-000	轴系减速齿轮油泵电动机
LO-401-078-000	副机滑油供应系统附件	LO-502-302-000	轴系减速齿轮油泵电动机控制箱
LO-402-000-000	副机滑油泵组	LO-502-304-000	轴系减速齿轮油泵组自控设备
LO-402-141-000	副机滑油泵	LO-502-154-000	轴系减速齿轮油泵组热交换器
LO-402-301-000	副机滑油泵电动机	LO-502-160-000	轴系减速齿轮油泵组温度调节器
LO-402-302-000	副机滑油泵电动机控制箱	LO-502-492-000	轴系减速齿轮油泵组油柜
LO-402-304-000	副机滑油泵组自控设备	LO-503-000-000	轴系离合器油泵组
LO-402-154-000	副机滑油泵组热交换器	LO-503-141-000	轴系离合器油泵
LO-402-160-000	副机滑油泵组温度调节器	LO-503-301-000	轴系离合器油泵电动机
LO-403-000-000	副机摇臂油泵组	LO-503-302-000	轴系离合器油泵电动机控制箱
LO-403-141-000	副机摇臂油泵	LO-503-304-000	轴系离合器油泵自控设备
LO-403-301-000	副机摇臂油泵电动机	LO-503-154-000	轴系离合器油热交换器
LO-403-302-000	副机摇臂油泵电动机控制箱	LO-503-106-000	轴系离合器油温度器
LO-403-304-000	副机摇臂油泵组自控设备	LO-503-492-000	轴系离合器油柜
LO-403-154-000	副机摇臂油泵组热交换器	LO-504-000-000	轴系尾轴油泵组
LO-403-160-000	副机摇臂油泵组温度调节器	LO-504-141-000	轴系尾轴油泵
LO-403-492-000	副机摇臂油泵组油柜	LO-504-301-000	轴系尾轴油泵电动机
LO-404-000-000	副机预润滑油泵组	LO-504-302-000	轴系尾轴油泵电动机控制箱
LO-404-141-000	副机预润油泵	LO-504-304-000	轴系尾轴油泵组自控设备
LO-404-301-000	副机预润泵电动机	LO-504-154-000	轴系尾轴油泵组热交换器
LO-404-302-000	副机预润油泵电动机控制箱	LO-504-160-000	轴系尾轴油泵组温度调节器
LO-404-304-000	副机预润油泵组自控设备	LO-504-492-000	轴系尾轴油泵组油柜
LO-404-154-000	副机预润油泵组热交换器	LO-504-141-000	轴系尾轴手摇油泵
LO-405-141-000	副机预润手摇油泵	LO-505-000-000	轴系可调桨滑油泵组
LO-406-000-000	副机净油装置	LO-505-141-000	轴系可调桨主滑油泵
LO-406-150-000	副机滑油自动清洗滤器	LO-505-301-000	轴系可调桨滑油泵电动机
LO-407-000-000	副机其他滑油泵组	LO-505-302-000	轴系可调桨滑油泵电动机控制箱
LO-408-000-000	副机滑油供应系统监测仪表	LO-505-304-000	轴系可调桨滑油泵组自控设备
LO-500-000-000	轴系滑油系统	LO-505-154-000	轴系可调桨滑油泵组热交换器
LO-501-000-000	轴系滑油管系	LO-505-160-000	轴系可调桨滑油泵组温度调节器
LO-501-149-000	轴系滑油系统阀件	LO-505-492-000	轴系可调桨滑油泵组油柜

表 3（续）

代码	名称	代码	名称
LO-506-000-000	轴系可调桨液压控制泵组	MD-103-058-000	主机贯穿螺栓
LO-506-140-000	轴系可调桨液压泵	MD-103-059-000	主机底脚螺栓
LO-506-301-000	轴系可调桨液压泵电动机	MD-103-060-000	主机横向液压支撑装置
LO-506-302-000	轴系可调桨液压泵电动机控制箱	MD-104-000-000	主机曲轴部分
LO-506-304-000	轴系可调桨液压泵组自控设备	MD-104-019-000	主机曲轴
LO-506-154-000	轴系可调桨液压油泵组热交换器	MD-104-020-000	主机主轴承
LO-506-160-000	轴系可调桨液压油泵组温度调节器	MD-104-021-000	主机减振器
LO-506-492-000	轴系可调桨液压油泵组油柜	MD-104-022-000	主机飞轮
LO-506-161-000	轴系可调桨螺矩锁紧装置	MD-104-023-000	主机推力轴承
LO-507-000-000	轴系滑油系统监测仪表	MD-104-069-000	主机曲轴带动传动机构
MD-000-000-000	主机系统	MD-105-000-000	主机凸轮轴及传动部分
MD-100-000-000	主机	MD-105-024-000	主机凸轮，轴
MD-101-000-000	主机缸盖总体部分	MD-105-167-000	主机凸轮轴承
MD-101-001-000	主机缸盖	MD-105-069-000	主机凸轮轴带动传动部分
MD-101-002-000	主机进气阀	MD-105-025-000	主机换向机构
MD-101-003-000	主机排气阀	MD-106-000-000	主机扫气，排气部分
MD-101-005-000	主机安全阀	MD-106-314-000	主机辅助风机
MD-101-006-000	主机示功阀	MD-106-301-000	主机风机电动机
MD-101-007-000	主机起动阀	MD-106-302-000	主机风机控制箱
MD-101-008-000	主机摇臂装置	MD-106-304-000	主机扫排气自控设备
MD-102-000-000	主机活塞，十字头，连杆	MD-106-079-000	主机扫气泵
MD-102-010-000	主机活塞	MD-106-026-000	主机进气通道
MD-102-012-000	主机活塞环	MD-106-027-000	主机排烟管及设备
MD-102-011-000	主机活塞杆	MD-106-314-000	主机应急鼓风机
MD-102-014-000	主机填料函	MD-107-000-000	主机燃油喷射（传统）
MD-102-015-000	主机十字头销，衬	MD-107-148-000	主机伴温管，阀
MD-102-016-000	主机导板，滑块	MD-107-004-000	主机喷油器
MD-102-018-000	主机连杆及大端轴承（含销）	MD-107-028-000	主机高压油管与护套
MD-102-013-000	主机活塞冷却机构	MD-107-029-000	主机高压油泵
MD-103-000-000	主机缸套缸体机架机座固定部分	MD-107-030-000	主机喷油定时调节机构
MD-103-009-000	主机缸套	MD-108-000-000	主机（电控）共轨喷油系统
MD-103-053-000	主机缸体	MD-108-032-000	供油单元
MD-103-055-000	主机机架机座	MD-108-034-000	液压泵站
MD-103-056-000	主机检查门及防爆门	MD-108-140-000	液压泵
MD-103-057-000	主机曲拐箱油底壳	MD-108-301-000	液压泵原动机

表 3（续）

代　码	名　　称	代　码	名　　称
MD-108-302-000	液压泵原动机控制箱	MT-101-002-000	汽轮机主机喷嘴阀组
MD-108-033-000	液压放大器	MT-102-000-000	汽轮机主机主轴承，推力块及油封
MD-108-037-000	液压蓄能器	MT-103-000-000	汽轮机主机汽轮主机转子
MD-108-038-000	电控阀	MT-103-171-000	汽轮机主机转子联轴节
MD-108-149-000	液压阀件	MT-104-000-000	汽轮机主机减速齿轮箱
MD-108-035-000	液压执行元件	MT-104-064-000	汽轮机主机减速齿轮
MD-108-078-000	液压附件	MT-104-167-000	汽轮机主机一级减速齿轮轴承
MD-108-039-000	电控装置	MT-105-000-000	汽轮机主机二级减速齿轮箱
MD-108-040-000	电控单元（控制板）	MT-105-148-000	汽轮机主机二级减速齿轮箱管系
MD-108-312-000	传感器	MT-105-064-000	汽轮机主机二级减速齿轮
MD-109-000-000	电子注油器系统	MT-105-167-000	汽轮机主机二级减速齿轮轴承
MD-109-034-000	液压泵站	MT-106-000-000	汽轮机主机减速齿轮箱
MD-109-140-000	液压泵	MT-106-148-000	汽轮机主机减速齿轮箱管系及附件
MD-109-301-000	液压泵原动机	MT-106-064-000	汽轮机主机减速齿轮箱大齿轮
MD-109-302-000	液压泵原动机控制箱	MT-106-076-000	汽轮机主机减速齿轮箱轴
MD-109-037-000	液压蓄能器	MT-106-167-000	汽轮机主机减速齿轮箱轴承
MD-109-038-000	电控阀	MT-106-065-000	汽轮机主机减速齿轮箱滑油喷油嘴
MD-109-149-000	液压阀件	MT-106-057-000	汽轮机主机减速齿轮箱油底壳
MD-109-035-000	液压执行元件	MT-107-000-000	汽轮机主机冷凝器及抽气装置
MD-109-078-000	液压附件	MT-107-148-000	汽轮机主机冷凝器及抽气管系及附件
MD-109-039-000	电控装置	MT-107-500-000	汽轮机主机真空冷凝气柜
MD-109-040-000	电控单元（控制板）	MT-107-146-000	汽轮机主机真空抽逐器
MD-109-312-000	传感器	MT-108-000-000	汽轮机主机附属设备
MD-110-000-000	主机自带系统部分	MT-108-070-000	汽轮机主机操纵装置
MD-110-070-000	主机操纵机构	MT-108-073-000	汽轮机主机安全保护
MD-110-073-000	主机安全保护装置	MT-108-031-000	汽轮机主机调速，限速
MD-110-031-000	主机调速器	MT-108-073-000	汽轮机主机超速保护
MD-110-051-000	主机增压器	MT-109-000-000	汽轮机主机监测装置
MD-110-052-000	主机空冷器	ME-000-000-000	电动主机
MD-110-061-000	主机转车机组	ME-101-000-000	电动主机机座
MD-110-074-000	主机测速装置	ME-102-000-000	电动主机定子
MD-110-075-000	主机离合器	ME-103-000-000	电动主机转子
MD-111-000-000	主机监测仪表	ME-104-000-000	电动主机轴承及其冷却装置
MT-000-000-000	汽轮机主机	ME-105-000-000	电动主机冷却系统
MT-101-000-000	汽轮机主机汽缸缸体	ME-106-000-000	电动主机齿轮箱及缓冲器

表 3（续）

代　码	名　　称	代　码	名　　称
ME-107-000-000	电动主机启动与控制装置	NC-113-371-000	移动电话
ME-108-000-000	电动主机安全保护装置	NC-114-371-000	备用通讯设备录音机
ME-109-000-000	电动主机供电屏	NC-200-000-000	应急通讯设备
ME-112-000-000	电动主机监测装置	NC-201-371-000	应急通讯设备应急收发讯机
MW-100-000-000	射流主机	NC-202-371-000	应急用手提电台，机动艇救生电台
MW-101-000-000	喷射器	NC-203-371-000	应急通讯设备无线电报自动报警器
MW-102-000-000	喷射器控制与操纵装置	NC-204-371-000	应急通讯设备自动报警拍发器
MW-103-000-000	动力源	NC-205-371-000	应急用 2187.3/2 182 kHz 电话报警机
MW-104-000-000	动力源控制装置	NC-206-371-000	应急通讯设备双音频发生器
MW-105-000-000	射流主机安全保护装置	NC-207-333-000	应急通讯设备蓄电池
MW-106-000-000	射流主机监测装置	NC-208-371-000	应急通讯设备无线电示位标
MW-100-000-000	燃气主机	NC-300-000-000	船内通讯设备
MW-101-000-000	轮子、叶轮和叶片	NC-301-371-000	船内通讯设备传令广播装置
MW-102-000-000	空气压缩机机壳	NC-302-371-000	船内通讯设备固定对讲机
MG-103-000-000	燃烧室	NC-303-371-000	船内通讯设备自动电话装置
MG-104-000-000	燃烧器	NC-304-371-000	船内通讯设备声力电话
MG-105-000-000	中间冷却器	NC-305-371-000	船内呼叫系统
MG-106-000-000	热交换器	NC-305-379-000	通讯设备附件主天线
MG-107-000-000	起动和换向装置	NC-306-379-000	通讯设备附件备用天线
MG-108-000-000	安全保护装置	NC-307-379-000	通讯设备附件卫星天线
MG-109-000-000	控制装置	NC-308-379-000	通讯设备附件广播天线
NC-000-000-000	通讯导航设备	NC-309-379-000	通讯设备附件电视天线
NC-100-000-000	通讯设备	NC-310-380-000	通讯设备附件专用船钟
NC-101-371-000	主通讯设备主发讯机	NC-311-000-000	通讯设备电源
NC-102-371-000	主通讯设备主收讯机	NC-500-000-000	导航设备
NC-103-371-000	主通讯设备窄带印字电报终端机	NC-501-372-000	导航设备自动避碰雷达
NC-104-371-000	主通讯设备卫星通讯	NC-502-372-000	导航设备雷达
NC-105-371-000	主通讯设备传真机	NC-503-372-000	导航设备测向仪
NC-106-371-000	主通讯设备甚高频无线电话	NC-504-372-000	导航设备电罗经
NC-107-313-000	主通讯设备报房电源	NC-505-372-000	导航设备劳兰 A
NC-108-371-000	主通讯设备主备用天线选择器	NC-506-372-000	导航设备劳兰 C
NC-109-371-000	主通讯设备呼叫系统(数字，普通，模拟)	NC-507-372-000	导航设备欧米加
NC-110-371-000	主通讯设备航运警告接收机	NC-508-372-000	导航设备台卡
NC-111-000-000	备用通讯设备	NC-509-372-000	导航设备卫星导航仪
NC-112-371-000	备用通讯设备备用收发讯机	NC-510-372-000	导航设备综合导航仪

表 3（续）

代　码	名　　称	代　码	名　　称
NC-511-372-000	导航设备计程仪	NC-801-374-000	信号设备航行灯(舷桅,尾灯)
NC-512-372-000	导航设备测深仪	NC-802-374-000	信号设备信号灯
NC-513-372-000	导航设备气象传真机	NC-803-374-000	信号设备探照灯(摩斯信号灯)
NC-514-372-000	导航设备操舵装置	NC-804-374-000	信号设备信号旗及升降设施
NC-515-372-000	导航设备自动舵	NC-805-374-000	信号设备专用信号灯(航区,港口)
NC-516-372-000	导航设备自适应操舵	NC-806-374-000	信号设备巴拿马运河操舵灯
NC-517-372-000	导航设备航告传真机	NC-807-374-000	信号设备苏伊士运河灯
NC-518-379-000	导航设备天线	NC-808-374-000	信号设备基尔运河灯
NC-526-326-000	导航设备附件测深仪换能器	NC-809-374-000	信号设备圣劳伦斯操舵灯
NC-528-312-000	导航设备附件计程仪传感器	NC-810-374-000	信号设备白昼信号灯
NC-529-326-000	导航设备附件雷达变流机	NC-811-374-000	信号设备大船信号灯
NC-530-326-000	导航设备附件电罗经变流机	NC-812-374-000	信号设备装卸倾斜灯
NC-531-381-000	安保系统(SASS)	NC-813-374-000	信号设备汽笛指示灯
NC-532-381-000	自动识别系统(AIS)	NC-900-000-000	声号设备
NC-533-381-000	数据记录仪(VDR)	NC-901-375-000	声号设备电,气笛
NC-534-382-000	电子海图	NC-902-375-000	声号设备自动雾笛
NC-535-810-000	航海资料	NC-903-375-000	声号设备广播
NC-700-000-000	助航设备	NC-904-375-000	声号设备雾锣
NC-702-373-000	助航设备扫雪仪	NC-905-375-000	声号设备雾钟
NC-703-373-000	助航设备刮水器	OE-000-000-000	办公设备
NC-704-373-000	助航设备电热玻璃	OE-100-000-000	办公设备
NC-705-373-000	助航设备巴拿马运河扫雪器	OE-100-901-000	复印机
NC-706-373-000	助航仪器磁罗经(普通,反射,投影)	OE-100-902-000	打印机
NC-707-373-000	助航仪器六分仪	OE-100-903-000	个人电脑
NC-708-373-000	助航仪器天文钟	OE-100-904-000	配载仪
NC-709-373-000	助航仪器子母钟	OE-100-905-000	摄像机
NC-710-373-000	助航仪器望远镜	OE-100-906-000	照相机
NC-712-373-000	助航仪器方位镜	OE-100-907-000	显示器
NC-713-373-000	助航仪器方位圈	OE-100-908-000	扫描仪
NC-714-373-000	助航仪器气象仪	OE-200-000-000	英特网设备
NC-715-373-000	助航仪器自动气压计	OE-200-910-000	局域网
NC-716-373-000	助航仪器湿度计温度计	OE-200-911-000	服务器
NC-717-373-000	助航仪器索星卡	OE-200-912-000	路由器
NC-718-373-000	助航仪器倾斜仪	OE-200-913-000	调制解调器
NC-800-000-000	信号设备	OE-200-914-000	船岸通信终端

表 3（续）

代 码	名 称	代 码	名 称
OE-200-915-000	通用软件	OS-105-153-000	汽油驳运泵组热交换设备
OE-200-916-000	专用软件	OS-106-000-000	废油驳运泵组
OE-301-000-000	音响设备	OS-106-141-000	废油驳运泵
OE-302-000-000	录像设备	OS-106-301-000	废油驳运泵电动机
OE-303-000-000	闭路电视	OS-106-302-000	废油驳运泵电动机控制箱
OE-304-000-000	视频系统	OS-106-304-000	废油驳运泵组自控设备
OS-000-000-000	燃油系统	OS-106-153-000	废油驳运泵组热交换设备
OS-100-000-000	燃油装驳系统	OS-107-000-000	燃油装驳系统计量仪表
OS-101-000-000	燃油装驳管系	OS-200-000-000	燃油处理系统
OS-101-149-000	燃油装驳管系阀件	OS-201-000-000	燃油处理系统管系
OS-101-150-000	燃油装驳管系滤器	OS-201-149-000	燃油处理系统阀件
OS-101-078-000	燃油装驳管系附件	OS-201-150-000	燃油处理系统滤器
OS-102-000-000	燃料油驳运泵组	OS-201-078-000	燃油处理系统附件
OS-102-141-000	燃料油驳运泵	OS-201-498-000	燃油处理系统水柜
OS-102-301-000	燃料油驳运泵电动机	OS-201-499-000	燃油处理系统污水柜
OS-102-302-000	燃料油驳运泵电动机控制箱	OS-201-496-000	燃油处理系统油渣柜
OS-102-304-000	燃料油驳运泵组自控设备	OS-202-000-000	燃料油分油机组
OS-102-153-000	燃料油驳运泵组热交换设备	OS-202-151-000	燃料油分油机
OS-103-000-000	重柴油驳运泵组	OS-202-301-000	燃料油分油机电动机
OS-103-141-000	重油驳运泵	OS-202-302-000	燃料油分油机电动机控制箱
OS-103-301-000	重油驳运泵电动机	OS-202-304-000	燃料油分油机组自控设备
OS-103-302-000	重油驳运泵电动机控制箱	OS-202-153-000	燃料油分油机组热交换器
OS-103-304-000	重油驳运泵组自控设备	OS-203-000-000	重柴油分油机组
OS-103-153-000	重油驳运泵组热交换设备	OS-203-151-000	重柴油分油机
OS-104-000-000	轻柴油驳运泵组	OS-203-301-000	重柴油分油机电动机
OS-104-141-000	轻柴油驳运泵	OS-203-302-000	重柴油分油机电动机控制箱
OS-104-301-000	轻柴油驳运泵电动机	OS-203-304-000	重柴油分油机组自控设备
OS-104-302-000	轻柴油驳运泵电动机控制箱	OS-203-153-000	重油分油机组热交换器
OS-104-304-000	轻柴油驳运泵组自控设备	OS-203-141-000	重油分油机供油泵
OS-104-153-000	轻柴油驳运泵组热交换设备	OS-204-000-000	轻柴油分油机组
OS-105-000-000	汽油驳运泵组	OS-204-151-000	轻柴油分油机
OS-105-141-000	汽油驳运泵	OS-204-301-000	轻柴油分油机电动机
OS-105-301-000	汽油驳运泵电动机	OS-204-302-000	轻柴油分油机电动机控制箱
OS-105-302-000	汽油驳运泵电动机控制箱	OS-204-304-000	轻柴油分油机组自控设备
OS-105-304-000	汽油驳运泵组自控设备	OS-204-153-000	轻柴油分油机组热交换器

表 3（续）

代　码	名　称	代　码	名　称
OS-205-000-000	燃油处理系统燃油均质装置	OS-305-000-000	主机燃油混油泵组
OS-206-141-000	柴油分油机供油泵组	OS-305-141-000	主机燃油混油泵
OS-207-000-000	燃油添加剂装置	OS-305-301-000	主机燃油混油泵电动机
OS-207-141-000	燃油添加剂泵组	OS-305-302-000	主机燃油混油泵电动机控制箱
OS-207-148-000	燃油添加剂管路	OS-305-304-000	主机燃油混油泵组自控设备
OS-207-500-000	燃油添加剂柜	OS-305-153-000	主机燃油混油泵组热交换器
OS-208-000-000	燃油研磨机	OS-305-160-000	主机燃油混油比例调节器
OS-208-302-000	燃油研磨机控制装置	OS-305-158-000	主机燃油混合器
OS-208-141-000	燃油研磨机供给泵	OS-306-000-000	主机燃油黏度控制装置
OS-209-000-000	燃油处理系统监测仪表	OS-306-125-000	黏度计
OS-300-000-000	主机燃油供应系统	OS-306-302-000	控制装置
OS-301-000-000	主机燃油供应系统管系	OS-306-304-000	自动控制装置
OS-301-149-000	主机燃油供应系统阀件	OS-306-078-000	黏度计附件
OS-301-150-000	主机燃油供应系统滤器	OS-306-153-000	黏度计热交换器
OS-301-078-000	主机燃油供应系统附件	OS-307-000-000	主机冷却油泵组
OS-301-153-000	主机燃油供应系统伴温加热	OS-307-141-000	主机冷却油泵
OS-301-158-000	主机燃油供应系统集油井	OS-307-301-000	主机冷却油泵电动机
OS-302-000-000	主机燃油供油泵组	OS-307-302-000	主机冷却油泵电动机控制箱
OS-302-141-000	主机燃油供油泵	OS-307-304-000	主机冷却油泵组自控设备
OS-302-301-000	主机燃油供油泵电动机	OS-307-153-000	主机冷却油泵组热交换器
OS-302-302-000	主机燃油供油泵电动机控制箱	OS-308-000-000	主机燃油自动冲洗滤器
OS-302-304-000	主机燃油供油泵组自控设备	OS-308-301-000	主机燃油自动冲洗滤器控制电机
OS-302-153-000	主机燃油供油泵组热交换器	OS-308-302-000	主机燃油自动冲洗滤器控制箱
OS-303-000-000	主机燃油增压泵组	OS-308-304-000	主机燃油自动冲洗滤器自控装置
OS-303-141-000	主机燃油增压泵	OS-308-150-000	主机燃油自动冲洗滤器过滤件
OS-303-301-000	主机燃油增压泵电动机	OS-309-000-000	主机燃油供应系统监测仪表
OS-303-302-000	主机燃油增压泵电动机控制箱	OS-400-000-000	副机燃油供应系统
OS-303-304-000	主机燃油增压泵组自控设备	OS-401-000-000	副机燃油供应系统管系
OS-303-153-000	主机燃油增压泵组(雾化)热交换器	OS-401-149-000	副机燃油供应系统阀件
OS-304-000-000	主机燃油循环泵组	OS-401-150-000	副机燃油供应系统滤器
OS-304-141-000	主机燃油循环泵	OS-401-078-000	副机燃油供应系统附件
OS-304-301-000	主机燃油循环泵电动机	OS-401-153-000	副机燃油供应系统伴温加热
OS-304-302-000	主机燃油循环泵电动机控制箱	OS-401-158-000	副机燃油供应系统集油井
OS-304-304-000	主机燃油循环泵组自控设备	OS-402-000-000	副机燃油供油泵组
OS-304-153-000	主机燃油循环泵组热交换器	OS-402-141-000	副机燃油供油泵

表 3（续）

代码	名称	代码	名称
OS-402-301-000	副机燃油供油泵电动机	OS-407-153-000	副机冷却油泵组热交换器
OS-402-302-000	副机燃油供油泵电动机控制箱	OS-408-000-000	副机燃油自动冲洗滤器
OS-402-304-000	副机燃油供油泵组自控设备	OS-409-000-000	副机燃油供应系统监测仪表
OS-402-153-000	副机燃油供油泵组热交换器	OS-500-000-000	锅炉燃油供应系统
OS-403-000-000	副机燃油增压泵组	OS-501-000-000	锅炉燃油供应系统管系
OS-403-141-000	副机燃油增压泵	OS-501-149-000	锅炉燃油供应系统管系阀件
OS-403-301-000	副机燃油增压泵电动机	OS-501-150-000	锅炉燃油供应系统滤器
OS-403-302-000	副机燃油增压泵电动机控制箱	OS-501-078-000	锅炉燃油供应系统附件
OS-403-304-000	副机燃油增压泵组自控设备	OS-501-153-000	锅炉燃油供应系统伴温加热管系
OS-403-153-000	副机燃油增压泵组热交换器	OS-502-000-000	锅炉燃油泵组
OS-404-000-000	副机燃油循环泵组	OS-502-141-000	锅炉燃油泵
OS-404-141-000	副机燃油循环泵	OS-502-301-000	锅炉燃油泵电动机
OS-404-301-000	副机燃油循环泵电动机	OS-502-302-000	锅炉燃油泵电动机控制箱
OS-404-302-000	副机燃油循环泵电动机控制箱	OS-502-304-000	锅炉燃油泵组自控设备
OS-404-304-000	副机燃油循环泵组自控设备	OS-502-153-000	锅炉燃油泵组热交换器
OS-404-153-000	副机燃油循环泵组热交换器	OS-503-000-000	锅炉重柴油泵组
OS-405-000-000	副机燃油混油泵组	OS-503-141-000	锅炉重柴油增压泵
OS-405-141-000	副机燃油混油泵	OS-503-301-000	锅炉重柴油增压泵电动机
OS-405-301-000	副机燃油混油泵电动机	OS-503-302-000	锅炉重柴油增压泵电动机控制箱
OS-405-302-000	副机燃油混油泵电动机控制箱	OS-503-304-000	锅炉重柴油增压泵组自控设备
OS-405-304-000	副机燃油混油泵组自控设备	OS-503-153-000	锅炉重柴油泵组热交换器
OS-405-153-000	副机燃油混油泵组热交换器	OS-504-000-000	锅炉轻油循环泵组
OS-405-160-000	副机燃油混油比例调节器	OS-504-141-000	锅炉轻油循环泵
OS-405-158-000	副机燃油混合器	OS-504-301-000	锅炉轻油循环泵电动机
OS-406-000-000	副机燃油黏度控制装置	OS-504-302-000	锅炉轻油循环泵电动机控制箱
OS-406-125-000	黏度计	OS-504-304-000	锅炉轻油循环泵自控设备
OS-406-302-000	控制装置	OS-504-153-000	锅炉轻油循环泵组热交换器
OS-406-304-000	自动控制装置	OS-505-000-000	锅炉混油装置
OS-406-078-000	黏度计附件	OS-505-141-000	锅炉混油泵
OS-406-153-000	机黏度计热交换器	OS-505-301-000	锅炉混油泵电动机
OS-407-000-000	副机机冷却油泵组	OS-505-302-000	锅炉混油泵电动机控制箱
OS-407-141-000	副机冷却油泵	OS-505-304-000	锅炉混油泵自控设备
OS-407-301-000	副机冷却油泵电动机	OS-505-153-000	锅炉混油装置热交换器
OS-407-302-000	副机冷却油泵电动机控制箱	OS-505-160-000	锅炉混油装置比例调节器
OS-407-304-000	副机冷却油泵组自控设备	OS-505-158-000	锅炉混油装置混合器

表 3（续）

代 码	名 称	代 码	名 称
OS-506-000-000	锅炉点火油泵组	PM-102-080-000	尾轴密封
OS-506-141-000	锅炉点火油泵	PM-102-167-000	尾轴人字架轴承
OS-506-301-000	锅炉点火油泵电动机	PM-102-171-000	尾轴可拆式联轴节
OS-506-302-000	锅炉点火油泵电动机控制箱	PM-102-073-000	尾轴防护装置
OS-506-304-000	锅炉点火油泵自控设备	PM-103-000-000	轴系离合器
OS-506-153-000	锅炉点火油泵组热交换器	PM-103-171-000	轴系离合器联轴节
OS-507-000-000	锅炉燃油供应系统计量仪表	PM-103-078-000	轴系离合器附件
OS-600-000-000	杂用燃油供应系统	PM-104-000-000	减速齿轮
OS-601-000-000	杂用燃油供应系统管系	PM-104-076-000	减速齿轮主轴
OS-601-149-000	杂用燃油供应系统阀件	PM-104-167-000	减速齿轮轴承与轴座
OS-601-150-000	杂用燃油供应系统滤器	PM-104-064-000	减速齿轮组
OS-601-078-000	杂用燃油供应系统附件	PM-104-168-000	减速齿轮箱
OS-601-153-000	杂用燃油供应系统伴温加热	PM-104-077-000	减速齿轮滑油系统
OS-601-490-000	杂用燃油供应系统油柜	PM-104-078-000	减速齿轮附件
OS-602-000-000	杂用燃油供应系统电动油泵组	PM-105-000-000	推力轴部分
OS-602-141-000	杂用燃油供应系统电动油泵	PM-105-076-000	推力轴
OS-602-301-000	杂用燃油供应系统油泵电动机	PM-105-023-000	推力轴承
OS-602-302-000	杂用燃油供应系统电动机控制箱	PM-105-077-000	推力轴滑油系统
OS-602-153-000	杂用燃油供应系统电动油泵热交换器	PM-105-078-000	推力轴附件
OS-603-000-000	杂用燃油供应系统厨房供油系统	PM-106-000-000	轴系附属装置
OS-603-141-000	杂用燃油供应系统厨房油泵	PM-106-337-000	轴系扭矩测量装置
OS-603-301-000	杂用燃油供应系统厨房油泵电动机	PM-106-338-000	轴系接地装置
OS-603-302-000	杂用燃油厨房油泵电动机控制箱	PM-106-074-000	轴系测速装置
OS-604-000-000	杂用燃油供应系统计量仪表	PM-106-339-000	轴系制动装置
PM-000-000-000	船舶推进与操纵系统	PM-106-023-000	轴系振动监测仪
PM-100-000-000	轴系	PM-200-000-000	推进器
PM-101-000-000	中间轴部分	PM-201-000-000	定距式螺旋桨
PM-101-076-000	中间轴及紧固件	PM-201-102-000	螺旋桨
PM-101-167-000	中间轴轴承与座	PM-201-055-000	定距螺旋桨紧固件及罩
PM-101-154-000	中间轴冷却系统	PM-202-000-000	可调距螺旋桨
PM-101-077-000	中间轴润滑装置	PM-202-102-000	螺旋桨
PM-101-171-000	中间轴可拆式联轴节	PM-202-000-000	可调桨液压系统
PM-102-000-000	尾轴部分	PM-202-140-000	液压泵
PM-102-076-000	尾轴与紧固件	PM-202-301-000	驱动装置
PM-102-167-000	尾轴管轴承	PM-202-302-000	控制装置

表 3（续）

代码	名称	代码	名称
PM-202-037-000	蓄能器	PM-402-140-000	舵机主液压泵
PM-202-153-000	液压油预热器	PM-402-301-000	舵机主液压泵电动机
PM-202-154-000	液压油冷却器	PM-402-302-000	舵机主液压泵电动机控制箱
PM-202-150-000	液压油滤器	PM-402-304-000	舵机主原动机组自控设备
PM-202-493-000	液压油膨胀柜	PM-403-000-000	舵机副原动机组
PM-202-494-000	液压油储存柜	PM-403-140-000	舵机副原动机组副液压泵
PM-203-000-000	组合式螺旋桨	PM-403-301-000	舵机副液压泵电动机
PM-204-100-000	推进器节能装置	PM-403-302-000	舵机副液压泵电动机控制箱
PM-205-000-000	推进器监测装置	PM-403-304-000	舵机副原动机组自控设备
PM-300-000-000	侧推装置	PM-404-000-000	舵机传动部分
PM-301-000-000	侧推装置动力装置	PM-404-169-000	舵机传动部分减速机构
PM-302-000-000	侧推装置执行机构	PM-404-616-000	舵机传动部分液压缸
PM-303-000-000	侧推装置传动系统	PM-404-010-000	舵机传动部分柱塞
PM-304-000-000	侧推装置操纵控制	PM-404-025-000	舵机传动部分转向机构
PM-305-000-000	侧推装置监控报警系统	PM-404-069-000	舵机传动部分随动杆
PM-306-000-000	侧推装置定距桨	PM-404-075-000	舵机传动部分电磁离合器
PM-307-000-000	侧推装置变距桨	PM-405-000-000	舵机操纵部分
PM-308-000-000	侧推装置液压系统	PM-405-636-000	舵机操纵部分伺服装置
PM-308-140-000	液压泵	PM-405-070-000	舵机操纵部分操舵装置
PM-308-301-000	驱动装置	PM-405-081-000	舵机操纵部分应急操舵机构
PM-308-302-000	控制装置	PM-405-078-000	舵机操纵部分附件
PM-308-153-000	液压油预热器	PM-406-000-000	舵机反馈部分
PM-308-154-000	液压油冷却器	PM-406-072-000	舵机反馈机构
PM-308-150-000	液压油滤器	PM-406-331-000	舵机反馈部分舵角指示器
PM-308-493-000	液压油膨胀柜	PM-406-078-000	舵机反馈部分附件
PM-308-494-000	液压油储存柜	PM-407-000-000	舵机油路保护装置
PM-309-000-000	侧推装置监测仪表	PM-407-141-000	舵机油路保护装置油泵
PM-400-000-000	舵机装置	PM-407-301-000	舵机油路保护装置电动机
PM-401-000-000	舵机装置管系	PM-407-302-000	舵机油路保护装置控制箱
PM-401-149-000	舵机装置阀件	PM-407-161-000	舵机油路保护装置自锁装置
PM-401-150-000	舵机装置滤器	PM-407-149-000	舵机油路保护装置控制阀箱
PM-401-078-000	舵机装置附件	PM-408-091-000	舵系
PM-401-153-000	舵机装置热交换器	PM-408-093-000	舵柄
PM-401-492-000	舵机油柜	PM-408-092-000	舵柱
PM-402-000-000	舵机主原动机组	PM-408-094-000	舵叶

表 3（续）

代　码	名　　称	代　码	名　　称
PM-408-167-000	舵机装置轴承	QL-104-000-000	住房家电设备
PM-408-610-000	舵机装置支架	QL-105-000-000	住房照明
PM-408-077-000	舵机装置润滑装置	QL-106-000-000	住房通风，取暖
PM-409-000-000	舵机装置监测仪表	QL-200-000-000	公共设施
PM-600-000-000	减摇装置	QL-201-561-000	船员公共生活设施
PM-601-000-000	减摇装置液压系统	QL-203-561-000	旅客公共生活设施
PM-601-140-000	液压泵	QL-204-000-000	公共舱室照明
PM-601-301-000	驱动装置	QL-205-000-000	公共舱室应急照明
PM-601-302-000	控制装置	QL-206-000-000	公共舱室取暖通风设备
PM-601-037-000	蓄能器	QL-207-000-000	公共卫生设施
PM-601-153-000	液压油预热器	QL-300-000-000	厨房及配膳设备
PM-601-154-000	液压油冷却器	QL-301-566-000	船员厨房设施
PM-601-150-000	液压油滤器	QL-303-567-000	船员配膳间设施
PM-601-493-000	液压油膨胀柜	QL-304-566-000	旅客厨房设施
PM-601-494-000	液压油储存柜	QL-306-567-000	旅客配膳设施
PM-601-078-000	液压系统附件	QL-400-000-000	洗衣房设施
PM-602-000-000	减摇传感设备	QL-401-565-000	船员洗衣房
PM-603-000-000	减摇传动系统	QL-402-565-000	旅客洗衣房
PM-604-000-000	减摇执行机构	QL-500-568-000	升降设备
PM-605-000-000	减摇监视警报	QL-501-000-000	载人电梯
PM-606-000-000	减摇鳍	QL-501-569-000	电梯
PM-607-000-000	减摇装置监测装置	QL-501-301-000	电梯电动机，控制箱及传动
PM-700-000-000	水翼及其动力装置	QL-501-073-000	电梯安全保护
PM-701-000-000	水翼架	QL-501-070-000	电梯操纵屏
PM-702-000-000	水翼	QL-501-606-000	电梯滑轮，轨道，钢丝
PM-703-000-000	水翼动力装置	QL-501-407-000	电梯出入口，围壁
PM-704-000-000	水翼操纵控制	QL-502-000-000	自动扶梯
PM-705-000-000	水翼及其动力装置监测装置	QL-502-602-000	自动扶梯活动本体，踏板
QL-000-000-000	生活设施	QL-502-078-000	自动扶梯固定装置及附件
QL-100-000-000	住房设施	QL-502-301-000	自动扶梯电动机及控制设备
QL-101-553-000	船员住房	QL-502-304-000	自动扶梯自动控制
QL-101-556-000	船员住房各层内走道	QL-502-073-000	自动扶梯安全保护
QL-102-554-000	旅客住房	QL-503-000-000	伙食升降机
QL-102-556-000	旅客住房各层内走道	QL-503-602-000	伙食升降机本体及门
QL-103-558-000	住房卫生设施	QL-503-606-000	伙食升降机导轨，传动滑轮及钢丝

表 3(续)

代 码	名 称	代 码	名 称
QL-503-301-000	伙食升降机电动机及控制设备	RA-104-315-000	伙食间接制冷系统监控装置
QL-503-304-000	伙食升降机各层门控制	RA-105-000-000	伙食冷藏库
QL-503-073-000	伙食升降机安全保护	RA-105-423-000	伙食冷藏库门
QL-504-000-000	行李升降机	RA-105-421-000	伙食冷藏库隔热设施
QL-504-568-000	行李输送机	RA-105-163-000	伙食冷藏库除嗅设备
QL-504-568-000	行李垂直升降机	RA-105-148-000	伙食冷藏库下水道
QL-504-601-000	行李舷门,伸缩吊臂式吊机	RA-105-422-000	伙食冷藏库置放架
QL-504-301-000	行李升降机电动机及控制箱	RA-106-000-000	冰机海水泵
QL-504-073-000	行李升降机开关设备及警报	RA-107-000-000	伙食冷藏系统监测装置
RA-000-000-000	冷藏空调通风系统	RA-200-000-000	货物冷藏系统
RA-100-000-000	伙食冷藏系统	RA-201-000-000	货物冷藏系统管系
RA-101-000-000	伙食冷藏系统管系	RA-201-149-000	货物冷藏系统阀件
RA-101-149-000	伙食冷藏系统阀件	RA-201-150-000	货物冷藏系统滤器
RA-101-150-000	伙食冷藏系统滤器	RA-201-165-000	货物冷藏系统干燥器
RA-101-165-000	伙食冷藏系统干燥器	RA-201-078-000	货物冷藏系统附件
RA-101-078-000	伙食冷藏系统附件	RA-202-000-000	货物冷藏机组
RA-102-000-000	伙食冷藏机组	RA-202-152-000	货物冷藏压缩机
RA-102-152-000	伙食冷藏压缩机	RA-202-301-000	货物冷藏压缩机电动机
RA-102-301-000	伙食冷藏压缩机电动机	RA-202-302-000	货物冷藏压缩机电动机控制箱
RA-102-302-000	伙食冷藏压缩机电动机控制箱	RA-202-304-000	货物冷藏压缩机自控设备
RA-102-304-000	伙食冷藏压缩机自控设备	RA-202-154-000	货物冷藏压缩机热交换器
RA-102-154-000	伙食冷藏压缩机热交换器	RA-202-158-000	货物冷藏压缩机储液瓶
RA-102-158-000	伙食冷藏压缩机储液瓶	RA-202-151-000	货物冷藏压缩机油气分离器
RA-102-151-000	伙食冷藏压缩机油气分离器	RA-203-000-000	货物冷藏蒸发管及风机
RA-103-000-000	伙食冷藏蒸发管及风机	RA-203-148-000	货物冷藏蒸发管束
RA-103-148-000	伙食冷藏蒸发管束	RA-203-149-000	货物冷藏控制阀
RA-103-149-000	伙食冷藏控制阀	RA-203-314-000	货物冷藏风机
RA-103-314-000	伙食冷藏风机	RA-203-163-000	货物冷藏除霜装置
RA-103-163-000	伙食冷藏除霜装置	RA-203-148-000	货物冷藏风道
RA-104-000-000	伙食间接制冷系统	RA-204-000-000	货物间接制冷系统
RA-104-148-000	伙食间接制冷系统冷媒循环管路	RA-204-148-000	货物间接制冷系统冷媒管束
RA-104-149-000	伙食间接制冷系统阀件与滤器	RA-204-149-000	货物间接制冷系统阀件与滤器
RA-104-154-000	伙食间接制冷系统热交换器	RA-204-154-000	货物间接制冷系统热交换器
RA-104-500-000	伙食间接制冷系统冷媒柜	RA-204-152-000	货物间接制冷系统压缩机组
RA-104-142-000	伙食间接制冷系统冷媒循环泵组	RA-204-500-000	货物间接制冷系统冷媒柜

表 3（续）

代　码	名　　称	代　码	名　　称
RA-204-142-000	货物间接制冷系统冷媒循环泵组	RA-303-154-000	中央空调送风系统热交换器
RA-204-151-000	间接制冷系统储液器与油气分离器	RA-303-714-000	中央空调送风系统防火风门
RA-204-315-000	货物间接制冷系统监控装置	RA-303-142-000	中央空调送风系统水循环泵组
RA-205-000-000	货物冷藏舱	RA-304-000-000	中央空调风机组
RA-205-423-000	货物冷藏舱盖或门	RA-304-314-000	中央空调风机
RA-205-421-000	货物冷藏舱隔热装置	RA-304-301-000	中央空调风机电动机
RA-205-163-000	货物冷藏舱除嗅杀菌设备	RA-304-302-000	中央空调风机电动机控制箱
RA-205-148-000	货物冷藏舱下水道	RA-304-304-000	中央空调风机自动调节，控制
RA-205-422-000	货物冷藏舱置放架	RA-304-160-000	中央空调风机风门调节
RA-205-165-000	货物冷藏舱隔热层吸潮装置	RA-304-150-000	中央空调风机滤网
RA-206-000-000	冷藏箱专用设备	RA-305-000-000	中央间接式空调系统
RA-206-302-000	冷藏箱专用设备电源箱	RA-305-148-000	间接式空调系统冷(热)媒阀件
RA-206-330-000	冷藏箱专用设备插座	RA-305-142-000	中央间接式空调系统冷(热)媒循环泵
RA-206-335-000	冷藏箱专用设备电缆	RA-305-301-000	中央间接式空调系统循环泵电动机
RA-206-315-000	冷藏箱专用设备监测装置	RA-305-302-000	间接式空调系统循环泵电动机控制箱
RA-206-325-000	冷藏箱专用设备变压器	RA-305-154-000	中央间接式空调系统热交换器
RA-207-000-000	中央制冷式冷藏箱专用设备	RA-305-500-000	中央间接式空调系统冷(热)媒柜
RA-208-000-000	货物冷藏系统监测装置	RA-306-000-000	中央空调溴化锂吸收式空调系统
RA-300-000-000	中央空调系统	RA-306-149-000	中央空调溴化锂空调阀件
RA-301-000-000	中央空调系统管系	RA-306-179-000	中央空调溴化锂空调节流装置
RA-301-149-000	中央空调系统阀件	RA-306-313-000	中央空调溴化锂空调发生器
RA-301-150-000	中央空调系统滤器与干燥器	RA-306-158-000	中央空调溴化锂空调吸收器
RA-301-078-000	中央空调系统附件	RA-306-154-000	中央空调溴化锂空调热交换器
RA-302-000-000	中央空调机组	RA-306-142-000	中央空调溴化锂空调循环泵组
RA-302-152-000	中央空调压缩机	RA-306-498-000	中央空调溴化锂空调冷水膨胀柜
RA-302-301-000	中央空调压缩机电动机	RA-307-000-000	中央空调系统监测仪表
RA-302-302-000	中央空调压缩机电动机控制箱	RA-400-000-000	舱室通风系统
RA-302-304-000	中央空调机组自控设备	RA-401-000-000	舱室通风系统管道
RA-302-154-000	中央空调机组热交换器	RA-401-148-000	舱室通风系统风道
RA-302-158-000	中央空调机组储液瓶	RA-401-714-000	舱室通风系统风门
RA-302-151-000	中央空调机组油气分离器	RA-401-150-000	舱室通风系统滤网
RA-303-000-000	中央空调送风系统	RA-401-158-000	舱室通风系统凝水盘
RA-303-148-000	中央空调送风系统风道	RA-402-314-000	生活舱室通风机组
RA-303-160-000	中央空调送风系统自动调节装置	RA-403-314-000	公共场所通风机组
RA-303-078-000	中央空调送风系统附件	RA-404-314-000	机舱通风机

表 3（续）

代 码	名 称	代 码	名 称
RA-405-314-000	甲板舱室通风机	SE-103-302-000	卤化烃灭火系统控制站(室)
RA-406-314-000	泵浦间通风机	SE-103-155-000	卤化烃灭火系统灭火机容器
RA-407-314-000	侧推机间风机	SE-104-000-000	泡沫灭火系统
RA-408-314-000	分油机间风机	SE-104-148-000	泡沫灭火系统管路及阀件
RA-500-000-000	货舱通风系统	SE-104-142-000	泡沫灭火系统泡沫泵
RA-501-000-000	货舱通风系统管道	SE-104-301-000	泡沫灭火系统泡沫泵电动机
RA-501-148-000	货舱通风系统风道	SE-104-302-000	泡沫灭火系统泡沫泵电动机控制箱
RA-501-714-000	货舱通风系统风门	SE-104-500-000	泡沫灭火系统泡沫液柜
RA-501-150-000	货舱通风系统滤网	SE-104-313-000	泡沫灭火系统泡沫发生器
RA-501-156-000	货舱通风系统疏水装置	SE-104-166-000	泡沫灭火系统喷沫装置
RA-502-000-000	货舱通风机组	SE-105-000-000	蒸汽灭火系统
RA-503-000-000	货舱监测仪表	SE-105-148-000	蒸汽灭火系统管路及阀件
RA-600-000-000	其他冷藏空调设备	SE-105-166-000	蒸汽灭火系统喷汽装置
RA-601-000-000	窗式空调机组	SE-106-000-000	防火隔堵及关闭装置
RA-602-000-000	柜式空调机组	SE-106-713-000	防火隔堵主隔堵
RA-604-000-000	间接式空调机组	SE-106-423-000	防火门及关闭装置
SE-000-000-000	安全与应急设备	SE-106-714-000	通风管道风闸及关闭装置
SE-100-000-000	消防系统	SE-106-538-000	机舱天窗与门及关闭装置
SE-101-000-000	水灭火系统	SE-106-465-000	机舱应急通道及关闭装置
SE-101-148-000	水灭火系统管路及阀件	SE-200-000-000	消防器材用品
SE-101-142-000	水灭火系统消防泵与喷雾泵	SE-201-712-000	手提式灭火机
SE-101-301-000	水灭火系统消防喷雾泵电动机	SE-202-712-000	大型移动式灭火机
SE-101-302-000	水灭火系统消防喷雾泵电动机控制箱	SE-203-712-000	移动式救火泵
SE-101-147-000	水灭火系统压力柜	SE-204-712-000	消防员装备
SE-101-152-000	水灭火系统压缩机组	SE-205-712-000	国际通岸接头
SE-101-304-000	水灭火系统自控设备	SE-206-712-000	皮龙箱
SE-101-166-000	水灭火系统喷水装置	SE-207-712-000	防火控制图及水密桶
SE-102-000-000	二氧化碳灭火系统	SE-208-712-000	消防器材用品测爆仪
SE-102-148-000	二氧化碳灭火系统管路及阀件	SE-209-103-000	消防系统监测装置
SE-102-302-000	二氧化碳灭火系统控制站(室)	SE-300-000-000	监测报警系统
SE-102-155-000	二氧化碳灭火系统二氧化容器	SE-301-000-000	探火系统
SE-102-071-000	二氧化碳灭火系统瓶组执行机构	SE-301-315-000	探火系统机舱探火装置
SE-103-000-000	卤化烃灭火系统	SE-302-315-000	探火系统货舱探火装置
SE-103-148-000	卤化烃灭火系统管路及阀件	SE-303-315-300	探火系统居住区探火装置
SE-103-155-000	卤化烃灭火系统主控制瓶及阀	SE-304-000-000	综合声光报警系统

表 3（续）

代　码	名　　称	代　码	名　　称
SE-305-305-000	通用综合报警	SE-500-000-000	应急电站
SE-306-000-000	固定式可爆气体监视系统	SE-501-000-000	应急电站原动机及系统
SE-307-000-000	动力装置探火系统	SE-501-313-000	应急电站原动机
SE-400-000-000	救生系统	SE-501-303-000	应急电站原动机启动装置
SE-401-000-000	救生艇	SE-501-154-000	应急电站原动机热交换器
SE-401-701-000	救生艇体	SE-501-078-000	应急电站原动机燃油系统
SE-401-313-000	救生艇机组	SE-501-148-000	应急电站原动机管系
SE-401-078-000	救生艇电气部分	SE-501-498-000	应急电站原动机油，水柜
SE-401-606-000	救生艇属具	SE-502-000-000	应急电站发电机
SE-401-078-000	救生艇脱钩装置	SE-502-309-000	应急电站发电机定子部件
SE-401-142-000	救生艇冷却水泵	SE-502-310-000	应急电站发电机转子部件
SE-402-000-000	救助艇	SE-502-303-000	应急电站发电机自启动装置
SE-402-702-000	救助艇体	SE-502-313-000	应急电源供应
SE-402-313-000	救助艇机组	SE-503-000-000	应急电站保护装置
SE-402-078-000	救助艇电气部分	SE-504-000-000	应急配电板
SE-402-606-000	救助艇属具	SE-505-000-000	应急供电系统
SE-402-078-000	救助艇脱钩连动	SE-505-325-000	应急照明变压器
SE-403-703-000	吊艇架	SE-506-000-000	应急消防泵组
SE-403-602-000	吊艇架本体结构	SE-506-148-000	应急消防泵管路及阀件
SE-403-606-000	吊艇架属具	SE-506-142-000	应急消防泵
SE-403-302-000	吊艇架控制箱	SE-506-301-000	应急消防泵原动机
SE-404-000-000	艇起落装置	SE-506-302-000	应急消防泵控制箱设备
SE-404-601-000	吊艇机	SE-506-304-000	应急消防泵自控设备
SE-404-301-000	吊艇机电动机	SE-506-486-000	应急消防泵原动机油柜
SE-404-302-000	吊艇机控制箱	SE-506-146-000	应急消防泵真空泵
SE-404-608-000	吊艇机制动器	SE-507-000-000	应急启闭装置
SE-404-304-000	吊艇机主令控制器	SE-507-707-000	应急启闭装置舱柜速闭阀
SE-404-609-000	吊艇机限位开关	SE-507-426-000	应急启闭装置水密门关闭装置
SE-405-000-000	救生筏	SE-508-000-000	应急空压机组
SE-405-704-000	气胀式救生筏	SE-508-148-000	应急空压机管路及阀件
SE-405-610-000	救生筏筏架	SE-508-152-000	应急空压机
SE-405-601-000	吊式筏降落装置	SE-508-301-000	应急空压机原动机
SE-405-715-000	静水压力释放器	SE-508-304-000	应急空压机控制设备
SE-406-705-000	救生器材	SE-508-155-000	应急空气瓶
SE-407-706-000	救生信号	SE-509-708-000	应急设备堵漏器材

表 3（续）

代码	名称	代码	名称
SE-600-000-000	水密设施	TS-101-055-000	主锅炉底座
SE-600-426-000	水密门	TS-101-421-000	主锅炉炉衣
SE-600-424-000	水密窗	TS-101-060-000	主锅炉支撑装置
SE-700-000-000	危险品防爆及防护设施	TS-101-173-000	主锅炉内烟囱
SE-701-000-000	惰性气体系统	TS-102-000-000	主锅炉附件部分
SE-701-709-000	惰性气体发生器	TS-102-148-000	主锅炉外部管系
SE-701-710-000	惰性气体系统洗涤塔及附件	TS-102-149-000	主锅炉阀件
SE-701-711-000	惰性气体系统甲板水封及附件	TS-102-113-000	主锅炉水位计
SE-701-149-000	惰性气体系统压力真空破坏阀	TS-102-162-000	主锅炉炉水化验及处理设施
SE-701-314-000	惰性气体系统惰气鼓风机组	TS-102-163-000	主锅炉吹灰装置
SE-701-302-000	惰性气体系统鼓风机组控制箱	TS-102-315-000	主锅炉烟气分析器
SE-701-142-000	惰性气体系统洗涤泵组	TS-102-116-000	主锅炉烟度计
SE-701-302-000	惰性气体系统洗涤泵组控制箱	TS-102-073-000	主锅炉安全装置
SE-702-000-000	惰性气体监控装置	TS-103-000-000	主锅炉燃烧部分
SE-702-307-000	惰性气体监控装置主控制屏	TS-103-141-000	主锅炉增压泵组
SE-702-315-000	惰性气体监控装置惰气监视装置	TS-103-153-000	主锅炉燃油加热器
SE-702-126-000	惰性气体监控装置手提式氧份仪	TS-103-077-000	主锅炉风油比调节器
SE-702-155-000	惰性气体监控装置氮气瓶及减压阀	TS-103-004-000	主锅炉喷油装置
SE-702-073-000	惰性气体监控装置本质安全型装置	TS-103-157-000	主锅炉点火装置
SE-703-000-000	货油舱透气系统	TS-104-000-000	主锅炉换气部分
SE-703-148-000	货油舱透气系统管系	TS-104-026-000	主锅炉送风装置
SE-703-149-000	货油舱透气系统透(呼吸)气阀	TS-104-314-000	主锅炉抽风机组
SE-703-143-000	货油舱透气系统驱气泵组	TS-104-314-000	主锅炉送风机组
SE-703-078-000	货油舱透气系统火焰阻挡器	TS-105-000-000	主锅炉管束部分
SE-705-000-000	静电保护装置	TS-105-148-000	主锅炉水(烟)管
SE-705-335-000	静电保护装置电缆	TS-105-153-000	主锅炉过热器
SE-705-302-000	静电保护装置控制箱	TS-105-148-000	主锅炉再循环管
SE-706-000-000	化学品船防爆系统	TS-106-000-000	主锅炉炉膛部分
SE-707-000-000	液化气船防爆系统	TS-106-174-000	主锅炉胆
SE-708-000-000	应急撤离系统	TS-106-423-000	主锅炉门
TS-000-000-000	蒸汽系统	TS-106-538-000	主锅炉棚
TS-100-172-000	主锅炉	TS-106-180-000	主锅炉墙
TS-101-602-000	主锅炉本体部分	TS-106-181-000	主锅炉泥渣箱
TS-101-175-000	主锅炉炉壳	TS-106-182-000	主锅炉牵条
TS-101-176-000	主锅炉汽包水包	TS-107-000-000	主锅炉监测装置

表 3（续）

代　码	名　　称	代　码	名　　称
TS-200-172-000	燃油辅助锅炉	TS-206-302-000	燃油辅助锅炉强制循环泵控制箱
TS-201-602-000	燃油辅助锅炉本体部分	TS-206-304-000	燃油辅助锅炉强制循环泵自控设备
TS-201-175-000	燃油辅助锅炉炉壳	TS-206-141-000	燃油辅助锅炉导热油循环泵
TS-201-176-000	燃油辅助锅炉汽包水包	TS-207-000-000	燃油辅助锅炉监测装置
TS-201-055-000	燃油辅助锅炉底座	TS-300-172-000	废气燃油混合锅炉
TS-201-421-000	燃油辅助锅炉炉衣	TS-301-602-000	混合锅炉本体部分
TS-201-060-000	燃油辅助锅炉支撑装置	TS-301-175-000	混合锅炉炉壳
TS-201-173-000	燃油辅助锅炉内烟囱	TS-301-176-000	混合锅炉汽包水包
TS-201-174-000	燃油辅助锅炉炉膛部分	TS-301-055-000	混合锅炉底座
TS-201-026-000	燃油辅助锅炉烟道部分	TS-301-421-000	混合锅炉炉衣
TS-202-000-000	燃油辅助锅炉附件部分	TS-301-060-000	混合锅炉支撑装置
TS-202-148-000	燃油辅助锅炉外部管系	TS-301-173-000	混合锅炉内烟囱
TS-202-149-000	燃油辅助锅炉阀件	TS-301-174-000	混合锅炉炉膛部分
TS-202-113-000	燃油辅助锅炉水位计	TS-301-026-000	混合锅炉烟道部分
TS-202-162-000	燃油辅助锅炉炉水化验及处理设施	TS-302-000-000	混合锅炉附件部分
TS-202-163-000	燃油辅助锅炉吹灰装置	TS-302-148-000	混合锅炉外部管系
TS-202-315-000	燃油辅助锅炉烟气分析器	TS-302-149-000	混合锅炉阀件
TS-202-116-000	燃油辅助锅炉烟度计	TS-302-113-000	混合锅炉水位计
TS-202-073-000	燃油辅助锅炉安全装置	TS-302-162-000	混合锅炉炉水化验及处理设施
TS-203-000-000	燃油辅助锅炉燃烧部分	TS-302-163-000	混合锅炉吹灰装置
TS-203-142-000	燃油辅助锅炉增压泵组	TS-302-315-000	混合锅炉烟气分析器
TS-203-153-000	燃油辅助锅炉燃油加热器	TS-302-116-000	混合锅炉烟度计
TS-203-160-000	燃油辅助锅炉风油比调节器	TS-303-000-000	混合锅炉燃烧部分
TS-203-004-000	燃油辅助锅炉喷油装置	TS-303-142-000	混合锅炉增压泵组
TS-203-157-000	燃油辅助锅炉点火装置	TS-303-153-000	混合锅炉燃油加热器
TS-204-000-000	燃油辅助锅炉换气部分	TS-303-160-000	混合锅炉风油比调节器
TS-204-026-000	燃油辅助锅炉送风装置	TS-303-004-000	混合锅炉喷油装置
TS-204-314-000	燃油辅助锅炉供风机组	TS-303-157-000	混合锅炉点火装置
TS-205-000-000	燃油辅助锅炉管束部分	TS-303-301-000	锅炉燃油泵电动机及控制箱
TS-205-148-000	燃油辅助锅炉水管	TS-304-000-000	混合锅炉换气部分
TS-205-153-000	燃油辅助锅炉过热器	TS-304-026-000	混合锅炉送风装置
TS-205-148-000	燃油辅助锅炉再循环管	TS-304-314-000	混合锅炉供风机组
TS-206-000-000	燃油辅助锅炉强制循环泵组	TS-305-000-000	混合锅炉管束部分
TS-206-142-000	燃油辅助锅炉强制循环泵	TS-305-148-000	混合锅炉水管
TS-206-301-000	燃油辅助锅炉强制循环泵电动机	TS-305-153-000	混合锅炉过热器

表 3（续）

代码	名称	代码	名称
TS-305-148-000	混合锅炉再循环管	TS-500-000-000	蒸汽管系
TS-306-000-000	混合锅炉强制循环泵组	TS-501-000-000	主动力蒸汽
TS-306-142-000	混合锅炉强制循环水泵	TS-501-148-000	主动力蒸汽管系
TS-306-301-000	混合锅炉强制循环水泵电动机	TS-501-149-000	主动力蒸汽阀件
TS-306-302-000	混合锅炉强制循环水泵电动机控制箱	TS-501-177-000	主动力蒸汽疏水器
TS-306-304-000	混合锅炉强制循环水泵自控设备	TS-501-421-000	主动蒸汽隔热材料
TS-306-000-000	炉水驳运泵	TS-502-000-000	机舱辅助动力蒸汽
TS-307-000-000	混合锅炉监测装置	TS-502-148-000	机舱辅助动力蒸汽管系
TS-400-172-000	废气锅炉	TS-502-149-000	机舱辅助动力蒸汽阀件
TS-401-602-000	废气锅炉本体部分	TS-502-177-000	机舱辅助动力蒸汽疏水器
TS-401-175-000	废气锅炉炉壳	TS-502-421-000	机舱辅助动力蒸汽隔热材料
TS-401-176-000	废气锅炉汽包水包	TS-503-000-000	甲板辅助动力蒸汽
TS-401-055-000	废气锅炉底座	TS-503-148-000	甲板辅助动力蒸汽管系
TS-401-421-000	废气锅炉炉衣	TS-503-149-000	甲板辅助动力蒸汽阀件
TS-401-060-000	废气锅炉支撑装置	TS-503-177-000	甲板辅助动力蒸汽疏水器
TS-401-173-000	废气锅炉内烟囱	TS-503-421-000	甲板辅助动力蒸汽隔热材料
TS-402-000-000	废气锅炉附件部分	TS-504-000-000	舱柜加热蒸汽
TS-402-148-000	废气锅炉外部管系	TS-504-148-000	舱柜加热蒸汽管路
TS-402-149-000	废气锅炉阀件	TS-504-149-000	舱柜加热蒸汽阀件
TS-402-113-000	废气锅炉水位计	TS-504-177-000	舱柜加热蒸汽疏水器
TS-402-162-000	废气锅炉炉水化验及处理设施	TS-504-421-000	舱柜加热蒸汽隔热材料
TS-402-163-000	废气锅炉吹灰装置	TS-505-000-000	杂用生活蒸汽
TS-402-315-000	废气锅炉烟气分析器	TS-505-421-000	杂用蒸汽隔热材料
TS-402-116-000	废气锅炉烟度计	TS-505-149-000	杂用蒸汽减压阀
TS-402-142-000	废气锅炉供水泵	TS-506-000-000	装卸设备加热伴温蒸汽
TS-403-000-000	废气锅炉管束部分	TS-506-148-000	蒸汽装卸管伴温系统
TS-403-148-000	废气锅炉水管	TS-506-421-000	加热伴温蒸汽隔热材料
TS-403-153-000	废气锅炉过热器	TS-507-000-000	蒸汽管系监测仪表
TS-403-142-000	废气锅炉供水泵	TS-600-000-000	给水与凝水系统
TS-404-000-000	废气锅炉强制循环泵组	TS-601-000-000	给水与凝水系统管系
TS-404-142-000	废气锅炉强制循环水泵	TS-601-149-000	给水与凝水系统阀件
TS-404-301-000	废气锅炉强制循环水泵电动机	TS-601-150-000	给水与凝水系统滤器
TS-404-302-000	废气锅炉强制循环水泵电动机控制箱	TS-601-078-000	给水与凝水附件
TS-404-304-000	废气锅炉强制循环水泵自控设备	TS-602-000-000	给水与凝水热交换器
TS-405-000-000	废气锅炉监测装置	TS-602-154-000	给，凝水系统大气冷凝器

表 3（续）

代　码	名　　称	代　码	名　　称
TS-602-160-000	给，凝水系统过量蒸汽调节设备	UA-103-353-000	主机遥控装置车钟
TS-603-000-000	给，凝水系统凝水处理储存	UA-103-902-000	主机遥控车钟打印机
TS-603-146-000	给，凝水系统真空抽逐器	UA-103-355-000	主机遥控驾驶台显示屏
TS-603-163-000	给，凝水系统除氧器	UA-104-312-000	主机遥控信号传感器
TS-603-498-000	给，凝水系统热水井	UA-105-000-000	主机遥控气动控制系统
TS-603-315-000	给，凝水系统监测装置	UA-105-313-000	主机遥控气动控制系统气源
TS-604-000-000	锅炉凝水泵组	UA-105-302-000	主机遥控气动控制系统控制柜
TS-604-142-000	锅炉凝水泵	UA-105-149-000	主机遥控气动控制系统控制阀件
TS-604-301-000	锅炉凝水泵电动机	UA-105-148-000	主机遥控气动控制系统管路及附件
TS-604-302-000	锅炉凝水泵电动机控制箱	UA-105-326-000	主机遥控气动控制变换器
TS-604-304-000	锅炉凝水泵自控设备	UA-106-000-000	主机遥控液压控制系统
TS-605-000-000	锅炉给水泵组	UA-106-313-000	主机遥控液压控制系统动力源
TS-605-142-000	锅炉给水泵	UA-106-302-000	主机遥控液压控制系统控制柜
TS-605-301-000	锅炉给水泵电动机	UA-106-149-000	主机遥控液压控制系统控制阀件
TS-605-302-000	锅炉给水泵电动机控制箱	UA-106-148-000	主机遥控液压控制系统管路及附件
TS-605-304-000	锅炉给水泵组自控设备	UA-106-326-000	主机遥控液压控制系统控制变换器
TS-606-000-000	锅炉给水加热器	UA-106-140-000	主机操纵液压放大泵
TS-607-000-000	蒸汽造水机	UA-107-000-000	主机遥控系统接线箱
TS-607-148-000	蒸汽造水机管系	UA-107-328-000	主机遥控系统集控室控制台接线箱
TS-607-149-000	蒸汽造水机阀件	UA-108-000-000	电喷柴油机电控系统
TS-607-153-000	蒸汽造水机热交换器	UA-108-343-000	通用控制器
TS-607-146-000	蒸汽造水真空抽逐器	UA-108-344-000	多用控制器
TS-607-142-000	蒸汽造水排水装置	UA-108-342-000	接口单元
TS-608-000-000	给水与凝水系统监测仪表	UA-108-341-000	控制单元
UA-000-000-000	自动化监测与遥控系统	UA-108-907-000	显示器
UA-100-000-000	主机遥控系统	UA-108-356-000	操作屏
UA-101-000-000	主机遥控系统电源	UA-108-910-000	通讯网络
UA-101-313-000	主机遥控系统电源	UA-108-340-000	数据处理器
UA-102-000-000	主机遥控电气控制柜	UA-108-312-000	传感器
UA-102-332-000	主机遥控电气控制柜模拟板	UA-108-304-000	监测装置
UA-102-160-000	主机遥控电气控制柜设定值调整单元	UA-109-031-000	电子调速器
UA-102-314-000	主机遥控电气控制柜冷却风机	UA-200-000-000	电站自动控制系统
UA-102-315-000	主机遥控电气控制柜自检装置	UA-201-000-000	自动电站控制装置
UA-102-329-000	主机遥控电气控制柜接线柱	UA-201-313-000	自动电站控制装置电源
UA-103-000-000	主机遥控外部控制及显示	UA-201-302-000	自动电站控制装置控制箱

表 3（续）

代码	名称	代码	名称
UA-201-312-000	自动电站控制装置传感器	UA-302-113-000	主锅炉水位控制装置水位显示器
UA-201-332-000	自动电站控制装置控制器	UA-303-000-000	主锅炉蒸汽压力控制装置
UA-201-071-000	自动电站控制装置执行机构	UA-303-313-000	主锅炉蒸汽压力控制装置电源
UA-201-328-000	自动电站控制装置接线箱(柱)	UA-303-302-000	主锅炉蒸汽压力控制装置控制箱
UA-201-315-000	自动电站控制装置自检装置	UA-303-312-000	主锅炉蒸汽压力控制装置传感器
UA-201-332-000	自动电站控制板	UA-303-304-000	主锅炉蒸汽压力控制装置控制器
UA-202-000-000	自动电站启动装置	UA-303-071-000	主锅炉蒸汽压力控制装置执行机构
UA-202-313-000	自动电站启动装置电源	UA-303-160-000	主锅炉蒸汽过量蒸汽调节器
UA-202-302-000	自动电站启动装置控制箱	UA-304-000-000	主锅炉风油比例调节器
UA-202-312-000	自动电站启动装置传感器	UA-304-313-000	主锅炉风油比例调节器电源
UA-202-332-000	自动电站启动装置控制器	UA-304-302-000	主锅炉风油比例调节器控制箱
UA-202-071-000	自动电站启动装置执行机构	UA-304-312-000	主锅炉风油比例调节器传感器
UA-202-328-000	自动电站启动装置接线箱(柱)	UA-304-304-000	主锅炉风油比例调节器控制器
UA-202-304-000	自动电站启动装置预润滑自动控制	UA-304-071-000	主锅炉风油比例调节器执行机构
UA-203-000-000	电站自动并车调频调载重载装置	UA-305-000-000	主锅炉燃油温度调节器
UA-203-313-000	电站自动控制系统自动配电屏电源	UA-305-313-000	主锅炉燃油温度调节器电源
UA-203-302-000	电站自动控制系统自动配电屏控制箱	UA-305-302-000	主锅炉燃油温度调节器控制箱
UA-203-357-000	电站自动配电屏设定单元	UA-305-312-000	主锅炉燃油温度调节器传感器
UA-203-160-000	电站自动控制系统动配电屏调节单元	UA-305-304-000	主锅炉燃油温度调节器控制器
UA-203-358-000	电站自动控制系统配电屏联锁装置	UA-305-071-000	主锅炉燃油温度调节器调节执行机构
UA-203-328-000	电站自动控制系统配电屏接线箱(柱)	UA-305-160-000	主锅炉渣油混合调节器
UA-204-000-000	电站自动控制系统监测仪表	UA-304-000-000	主锅炉烟门控制器
UA-300-000-000	主锅炉自动控制系统	UA-304-313-000	主锅炉烟门控制器电源
UA-301-000-000	主锅炉程序控制装置	UA-304-302-000	主锅炉烟门控制器控制箱
UA-301-313-000	主锅炉程序控制装置电源	UA-304-312-000	主锅炉烟门控制器传感器
UA-301-302-000	主锅炉程序控制装置控制箱	UA-304-304-000	主锅炉烟门控制器
UA-301-304-000	主锅炉程序控制装置程序控制器	UA-304-071-000	主锅炉烟门控制器执行机构
UA-301-318-000	主锅炉程序控制装置继电接触器	UA-307-000-000	主锅炉安全警报装置
UA-301-071-000	主锅炉程序控制装置执行机构	UA-400-000-000	辅锅炉混合锅炉自控系统
UA-302-000-000	主锅炉水位控制装置	UA-401-000-000	辅锅炉混合锅炉自控系统控制柜
UA-302-313-000	主锅炉水位控制装置电源	UA-401-313-000	辅锅炉混合锅炉自控系统自控柜电源
UA-302-302-000	主锅炉水位控制装置控制箱	UA-401-302-000	辅助混合锅炉自控系统自控柜控制箱
UA-302-312-000	主锅炉水位控制装置传感器	UA-401-304-000	辅助混合锅炉自控系统程序控制器
UA-302-304-000	主锅炉水位控制装置控制器	UA-401-318-000	辅助混合锅炉自控系统控制器
UA-302-071-000	主锅炉水位控制装置执行机构	UA-401-312-000	火焰传感器

表 3（续）

代　码	名　　称	代　码	名　　称
UA-402-000-000	辅锅炉混合锅炉自控系统调节器	UA-506-000-000	延伸报警装置
UA-403-000-000	辅锅炉混合锅炉自控系统监测仪表	UA-507-000-000	机舱监测保护系统监测仪表
UA-500-000-000	机舱监控报警系统	UA-600-000-000	操纵台
UA-500-304-000	机舱监控报警系统控制装置	UA-601-307-000	机舱集控室操纵台
UA-500-305-000	机舱故障打印机	UA-602-307-000	驾驶台操纵台
UA-500-911-000	服务器	UA-603-307-000	机侧操纵台
UA-500-340-000	数据处理器	UA-604-307-000	压载水操纵台
UA-500-907-000	显示器	UA-605-307-000	管路系统控制阀操纵台
UA-500-912-000	路由器	UA-700-000-000	重要设备故障诊断装置
UA-500-910-000	网络	UA-701-000-000	主机工况监测装置
UA-500-342-000	接口单元	UA-702-000-000	副机工况监测装置
UA-500-909-000	不间断电源	UA-703-000-000	重要设备工况监测装置
UA-500-356-000	操作屏	UA-704-000-000	锅炉工况监测装置
UA-501-000-000	主机安全保护系统	UA-800-000-000	货物装卸监控系统
UA-502-000-000	主机监测系统	UA-801-000-000	货油遥测系统
UA-502-337-000	主机转速监测装置	UA-802-000-000	货油监控系统
UA-503-000-000	副机安全保护系统	UA-803-000-000	压载水监控系统
UA-504-000-000	其他重要设备安全保护系统	UA-804-000-000	化学品船监控系统
UA-504-073-000	锅炉保护装置	UA-805-000-000	液化气船临控系统
UA-505-000-000	其他设备监测监控系统	UA-806-000-000	货物装卸监控系统

ICS 03.220.40;47.020
R 30

中华人民共和国国家标准

GB/T 16558.3—2009
代替 GB/T 16558.3—1996

船舶维修保养体系 第3部分:船舶维修保养的分级、周期代码及周期允差

The ship maintenance system—Part 3:Maintenance grades, period coding and permissible deviation for maintenance period of ship

2009-03-31 发布 2009-11-01 实施

中华人民共和国国家质量监督检验检疫总局
中国国家标准化管理委员会 发布

前　言

GB/T 16558《船舶维修保养体系》分为七个部分：

——第1部分：总则；

——第2部分：船舶维修保养体系代码；

——第3部分：船舶维修保养的分级、周期代码及周期允差；

——第4部分：设备卡、工作卡格式与初始化要求；

——第5部分：工作卡首排及其运行要求；

——第6部分：系统流程及运行管理方法；

——第7部分：报表格式。

本部分是GB/T 16558的第3部分。

本部分代替GB/T 16558.3—1996《船舶维修保养体系　船舶维修保养的分级、标准周期代码及周期允差》。本部分与GB/T 16558.3—1996相比，主要变化如下：

——增加了舰船与海上设施的适用范围(见第1章)；

——对维修保养八级制进行了界定(见第2章)，对前三级为日常维护，后五级为计划维修保养进行了定义，并按信息化管理要求对原内容进行了简化；

——按现行船检规范要求删除了与四年、六年船检周期相关的内容。

本部分由中华人民共和国交通运输部提出。

本部分由中华人民共和国交通运输部海事局归口。

本部分起草单位：中国远洋运输(集团)总公司、上海海事大学、中国船级社、交通部科学研究院。

本部分主要起草人：贾连军、王国荣、竺希望、吴雨华、郑士君。

本部分所代替标准的历次版本发布情况为：

——GB/T 16558.3—1996。

船舶维修保养体系 第3部分：船舶维修保养的分级、周期代码及周期允差

1 范围

GB/T 16558的本部分规定了船舶维修保养工作的级别、周期和相应的代码，以及周期允差的极限。

本部分适用于远洋、沿海、江河运输船舶的管理。工程船舶、舰船与海上设施的管理可参照执行。

2 船舶维修保养级别和周期的制定原则

2.1 维修保养级别按船舶实际需要定为八级，前三级为日常维护保养级别，后五级为计划维修保养级别，并按需建立计划维修保养工作卡。

2.2 工作卡使用的五级维修保养，其循环周期应符合船检规范和船舶维修保养要求，五年为一个循环周期。

2.3 维修保养周期按运转设备不同情况，分别使用设备计数器累计"运转小时"和日历日期两种计时方法。前者称为定时周期；后者称为定期周期。

2.4 同一设备不同维修保养级别的周期值数量关系按高级别周期为低级别周期整数倍的原则确定。

3 船舶维修保养循环周期及分级代码

船舶维修保养的循环周期、分级代码、定期制和定时制规定见表1。

表1

循环周期	分级代码	定期制	定时制
五年	A	1天	1天
	B	1周	1周
	C	1月	500运转小时
	D	3月	1 500运转小时
	E	6月	3 000运转小时
	F	12月	6 000运转小时
	G	30月	15 000运转小时
	H	60月	30 000运转小时

4 维修保养周期代码的使用方法

同一设备可在一个循环周期内按维修保养与船检要求设置各种工作代码的定期制与定时制工作卡。

示例：如某维修设备(部件)含有周期为三个月的D级、周期为一年的F级、周期为5年的H三级保养，其在五年一个周期中的工单安排为：DDDF，DDDF，DDDF，DDDF，DDDH。

5 维修保养级别周期允差

5.1 维修保养级别周期允差极限见表2。

表 2 维修保养级别周期允差极限

级别	定期制周期允差	定时制周期允差
A	—	—
B	±1 天	—
C	±7 天	±50 运转小时
D	±30 天	±200 运转小时
E	±30 天	±400 运转小时
F	±30 天	±600 运转小时
G	±90 天	±800 运转小时
H	−90 天～0 天	−90 天～0 天

5.2 每一级别的船舶维修保养指令的实施日期允许偏离计划日期，但实施日期偏离计划日期的极限不超过维修保养周期允差极限表的规定值及钢质海船入级规范的要求。故障性维修除外。

ICS 03.220.40;47.020
R 30

中华人民共和国国家标准

GB/T 16558.4—2009
代替 GB/T 16558.4—1996

船舶维修保养体系　第4部分：设备卡、工作卡格式与初始化要求

The ship maintenance system—
Part 4:Code and description for the work card and equipment card

2009-03-31 发布　　2009-11-01 实施

中华人民共和国国家质量监督检验检疫总局
中国国家标准化管理委员会　发布

前　言

GB/T 16558《船舶维修保养体系》分为七个部分：

——第1部分：总则；

——第2部分：船舶维修保养体系代码；

——第3部分：船舶维修保养的分级、周期代码及周期允差；

——第4部分：设备卡、工作卡格式与初始化要求；

——第5部分：工作卡首排及其运行要求；

——第6部分：系统流程及运行管理方法；

——第7部分：报表格式。

本部分是GB/T 16558的第4部分。

本部分代替GB/T 16558.4—1996《船舶维修保养体系　设备卡、工作卡格式与初始化要求》。本部分与GB/T 16558.4—1996相比，主要变化如下：

——增加了舰船与海上设施的适用范围(见第1章)。

——按船舶设备维修保养实现船岸一体化、信息化管理要求，对设备卡、工作卡的内容进行了重新定义；在周期性、临时性工作卡基础上增加了组合式工作卡；增加了工作卡状态内容，并删除了原手工插板式管理的相关内容(见第3章)。

——按船舶设备维修保养实现船岸一体化、信息化管理要求对工作卡格式进行了修改，将设备卡内容与工作卡内容进行了组合，并删除了原手工插板式管理的相关内容(见第4章)。

——新增了第5章内容，对CWBT管理信息系统的初始化人员与工作流程进行了规定与要求。

本部分由中华人民共和国交通运输部提出。

本部分由中华人民共和国交通运输部海事局归口。

本部分起草单位：中国远洋运输(集团)总公司、上海海事大学、中国船级社、交通部科学研究院。

本部分主要起草人：李荣平、孙文田、汪　洋、范志军、郑士君。

本部分所代替标准的历次版本发布情况为：

——GB/T 16558.4—1996。

船舶维修保养体系　第4部分：设备卡、工作卡格式与初始化要求

1　范围

GB/T 16558的本部分规定了船舶维修保养设备卡、工作卡和维修保养工作卡的格式及其初始化要求。

本部分适用于远洋、沿海与江河运输船舶的管理。工程船舶、舰船与海上设施的管理可参照执行。

2　规范性引用文件

下列文件中的条款通过GB/T 16558的本部分的引用而成为本部分的条款。凡是注日期的引用文件，其随后所有的修改单(不包括勘误的内容)或修订版均不适用于本部分，然而，鼓励根据本部分达成协议的各方研究是否可使用这些文件的最新版本。凡是不注日期的引用文件，其最新版本适用于本部分。

GB/T 16558.2　船舶维修保养体系　第2部分：船舶维修保养体系代码

GB/T 16558.3　船舶维修保养体系　第3部分：船舶维修保养的分级、周期代码及周期允差

3　设备卡

3.1　设备卡是船舶维修保养体系(CWBT)的基础，设备卡的设置为一个维修对象一张卡，维修对象可以是一个独立设备、设备机组、子系统或是大设备中的某一组件、部件，或是同维修类型的设备组合，设备卡的设置应以方便维修保养工作的开展为依据。

3.2　设备卡上所使用的设备名称与代码应符合GB/T 16558.2。

3.3　设备卡应包含设备代码、设备名称、设备型号、制造商、生产日期、出厂编号、船检编码、计数器、父设备、风险等级、主要技术参数、备件信息、图纸编号等信息。设备卡格式见表1。

表1　设备卡格式

设备代码		设备名称		设备型号		制造商	
生产日期		出厂编号		船检编码		计数器	
所属父设备				风险等级			
主要技术参数							
备件信息							
图纸编号							

3.4　设备卡号的组成采用设备代码加流水号方法实现，对具有多台同名设备的设备卡用No.1、No.2(以此类推)加以区分。

示例：

AS-102-152-001	No.1 主空气压缩机
AS-102-152-002	No.2 主空气压缩机

4　工作卡

4.1　工作卡基本要求

工作卡是船舶设备维修保养体系中的工作指南。工作卡上所使用的设备名称与代码应符合

GB/T 16558.2的要求；工作卡上所使用的工作分级、维修周期与前后允差应符合 GB/T 16558.3 的要求。

4.2 工作卡信息

工作卡信息主要包含设备名称、设备卡号、工作卡号、工作卡类别、主管部门、主管人、维修保养级别、维修周期、前后允差、计时制式、维修方式、工作内容与船检要求(适用时)、预留备件、检测报表、上次完成日期、计划工作日期、工作卡状态、风险等级、风险评估等信息。

维修保养工作卡格式见表 2。

表 2　CWBT 工作卡格式

船舶名称：　　　　　　　　　　　　部门：

<table>
<tr><td>CWBT 码</td><td colspan="2"></td><td colspan="2">设备名称</td><td></td><td>型号</td><td></td></tr>
<tr><td>制造商</td><td colspan="3"></td><td>出厂编号</td><td colspan="3"></td></tr>
<tr><td colspan="8">主要技术参数：</td></tr>
<tr><td>序号</td><td>主管</td><td>工作卡号</td><td>工作卡名称</td><td>工作等级</td><td>计划时间</td><td>安排时间</td><td>风险等级</td></tr>
<tr><td></td><td></td><td></td><td></td><td></td><td></td><td></td><td></td></tr>
<tr><td></td><td></td><td></td><td></td><td></td><td></td><td></td><td></td></tr>
<tr><td colspan="8">工作内容：</td></tr>
<tr><td colspan="8">风险评估：</td></tr>
<tr><td colspan="2">检测报表名称：</td><td colspan="6"></td></tr>
</table>

4.3 工作卡类别

工作卡类别有周期性、临时性、组合式三种：

——周期性工作卡是当一个工作循环完成后，系统自动生成新的工作卡进行循环，周期性工作卡按计时方式有定期制与定时制二种；

——临时工作卡主要是针对船舶维修保养工作或履约需要增加的一些一次性临时工作，执行完成后不会生成新的工作卡；

——组合式工作卡是为方便一些同类型维修保养工作的管理而设置的一种特殊工作卡，其维修对象的面很广，如船舶电气绝缘测试，船舶机械一些经常性检测工作，如加注润滑脂、检查水质、安全救生设备检查等。

4.4 工作卡号编制方法

4.4.1 工作卡号是单船维修保养工作的唯一识别号。工作卡号由四位船舶编号、二位设备主管部门代码、二位年份、一位标识符与四位流水号组成，表示如下：

```
××××  ××  ××  ×  ××××
 │     │   │   │   └──流水号，系统生成
 │     │   │   └──────标识符，0 为船舶生成、1 为岸基生成
 │     │   └──────────年份，系统生成
 │     └──────────────设备主管部门代码
 └────────────────────船舶编号，系统生成
```

示例：船舶编号 S102，设备主管部门为轮机部，2006 年由船舶生成的 1 号工作卡其工作卡号为 S102 01 06 0 0001。

4.4.2　船舶设备主管部门代码见表 3。

表 3　船舶设备主管部门代码

主管部门代码	主管部门名称
01	船体(甲板)
02	轮机
03	电气
04	其他

4.5　维修保养级别

一张工作卡应只含有维修对象的一个维修保养级别，一个维修对象可拥有多张工作卡。

4.6　船检级别及船检条款

表示该级别维修保养中含有船检规定的内容，船检级别对于参加 PMS 的船舶请参照船舶入级船级社的指导文件执行。

4.7　计时制式

计时制式采用以下两种方式：

——定期制：按公历日期计算的；

——定时制：按设备实际运转小时计数器累计值计算的。

4.8　工作内容

工作内容的编写要求如下：

a)　维修保养的工作内容应言简意赅，使用法定计量单位。

b)　工作内容需应分项说明的，应冠以序号。

c)　高级别维修工作内容须覆盖低级别工作内容。

d)　高级别工作内容条款与低级别某条相同时，用低级别的级别代码和序号的组合符号来表示；高级别工作内容条款与低级别全部条款相同时，则用低级别代码表示该条款。

e)　某条款工作内容是船检规定的内容，该条款应用船检码标明。

4.9　工作卡状态

4.9.1　工作卡在计划条件下有以下几种状态：

a)　计划：当前时间加上该工作卡的前期允差时间仍比其到期时间早。

b)　指令：当前时间进入了工作卡计划日期的前后期允差之内。

c)　超期：当前时间超出工作卡规定后期允差。

d)　安排：工作卡已由船舶主管人员进行了安排，在按计划执行过程中。

e)　遗留：工作卡因不具备执行条件而无法执行时，将工作卡作了标识，以便岸基安排厂修。

f) 取消:对于非安全、重要、船检设备工作卡计划日期虽已到期但按设备状态分析可以不用执行此项维护工作。取消后系统会自动生成下一周期工作卡。

4.9.2 工作卡在报告条件下有以下几种状态:

a) 按时完成:工作卡在计划工作时间允差内完成;

b) 提前完成:工作卡在计划工作时间前允差之前完成;

c) 过期完成:工作卡在计划工作时间后允差之后完成;

d) 遗留缺陷:工作卡在完成过程中遗留有缺陷,缺陷没有解除;

e) 缺陷完成:工作卡在完成过程中遗留有缺陷,但缺陷已解除。

4.9.3 在计算机管理信息系统中工作卡状态应用不同颜色分别表示。

4.10 定时设备组

具有相同运转小时的不同设备为一个定时设备组。定时设备组应专设计数器,计数器代码可用该设备组最高代码与代表性名称来表示。使用同一计数器的工作卡则说明为同一定时组设备或系统,该工作在工作卡初始化时完成。

示例:No.1 发电原动机(柴油机)组具有相同运转小时的设备作为一个定时组表示为 GD -100-000-000。

4.11 风险评估(适用时)

规定了风险识别、评价及控制的方法和要求,旨在通过识别船舶维修保养管理活动中存在的健康、安全和环保风险,并对风险进行评价分级,采取有效的措施来规避风险,并按公司体系文件与履约要求建立船舶风险评估及风险控制报告制度。

4.12 工作卡输出格式

4.12.1 单级工作卡:一卡一个工作级别,显示所有工作卡信息,供执行人工作时参考。

4.12.2 设备工作卡:以设备(维修对象)为单元,输出该设备所属工作卡详细内容。

4.12.3 工作卡清册:可以按单船、部门、主管人、设备、工作卡状态输出某一时间段内工作卡清册,主要用于工作安排、任务分配、检查。

4.12.4 工作卡的输出格式为 A4 纸,可以按需纵排或横排。

5 CWBT 系统初始化

5.1 CWBT 管理信息系统初始化工作可以由经过培训的船舶管理人员在船舶上进行。也可由岸基组成的专业人员在岸基进行。组成人员应包含船体、轮机、电气、通导等专业管理人员。

5.2 初始化流程按船舶信息、设备卡信息、工作卡信息、计数器信息顺序录入,最后进行工作卡首排。

5.3 设备卡初始化应按以下要求进行:

a) 设备名称、设备代码应按 GB/T 16558.2 规定;

b) 设备卡信息应取自船舶原始资料,如造船图纸、资料、设备说明书、设备维修手册与制造商提供的资料;

c) 设备卡的建立以方便维修保养与船舶检验为依据;

d) CWBT 管理信息系统为保障正常运行,对设备卡信息的主要内容设置字段属性要求,初始化人员应严格执行;

e) 设备卡代码由计算机按标准制定规则自动生成;

f) 多台设备时设备卡信息可以复制而成,姊妹船设备信息可复制后经修改而成。

5.4 工作卡初始化应按以下要求进行:

a) 工作卡的建立以设备维修要求与船检要求为依据。

b) 工作卡的设置以船舶设备(维修对象)为基础。

c) 维修保养级别、计时制式的设置与工作内容的编写以说明书要求、设备运行状况与管理经验为依据；对于年检与特检设备应设置相应工作等级(F、H)。

d) 工作卡信息中应明确标明：工作卡类别、维修保养等级、工作内容、维修要求、预留备件、主管人、维修方式、上次完成日期、维修周期、计数器、检测报表、风险评估等信息。

e) CWBT管理信息系统为保障系统正常运行，对工作卡信息的主要内容设置字段属性要求，初始化人员执行，工作卡自动生成，循环使用。

ICS 03.220.40;47.020
R 30

中华人民共和国国家标准

GB/T 16558.5—2009
代替 GB/T 16558.5—1996

船舶维修保养体系
第5部分:工作卡的首排及其运行要求

The ship maintenance system—Part 5:Schedule for work cards in the first maintenance period and cards operation requirements

2009-03-31 发布 2009-11-01 实施

中华人民共和国国家质量监督检验检疫总局
中国国家标准化管理委员会 发布

前　言

GB/T 16558《船舶维修保养体系》分为七个部分：

——第1部分：总则；

——第2部分：船舶维修保养体系代码；

——第3部分：船舶维修保养的分级、周期代码及周期允差；

——第4部分：设备卡、工作卡格式与初始化要求；

——第5部分：工作卡首排及其运行要求；

——第6部分：系统流程及运行管理方法；

——第7部分：报表格式。

本部分是GB/T 16558的第5部分。

本部分代替GB/T 16558.5—1996《船舶维修保养体系　工作卡首排及要求》。本部分与GB/T 16558.5—1996相比，主要变化如下：

——增加了舰船与海上设施的适用范围（见第1章）；

——删除了原有内容中的修正系数，按信息化管理要求制定了系统工作卡循环周期计算与管理要求（见第3章）；

——按信息化管理要求新增了工作卡运行、跟踪、闭环管理的要求，并增加了船舶设备维修保养与企业安全质量管理体系、履约要求、船检要求的关联内容（见第4章）。

本部分由中华人民共和国交通运输部提出。

本部分由中华人民共和国交通运输部海事局归口。

本部分起草单位：中国远洋运输（集团）总公司、上海海事大学、中国船级社、交通部科学研究院。

本部分主要起草人：衷爱东、李玉平、徐进、陈吉、杨干、郑士君。

本部分所代替标准的历次版本发布情况为：

——GB/T 16558.5—1996。

船舶维修保养体系 第5部分:工作卡的首排及其运行要求

1 范围

GB/T 16558的本部分规定了船舶维修保养工作卡的首排及其运行要求。

本部分适用于远洋、沿海、江河运输船舶的管理。工程船舶、舰船与海上设施的管理可参照执行。

2 规范性引用文件

下列文件中的条款通过GB/T 16558的本部分的引用而成为本部分的条款。凡是注日期的引用文件,其随后所有的修改单(不包括勘误的内容)或修订版均不适用于本部分,然而,鼓励根据本部分达成协议的各方研究是否可使用这些文件的最新版本。凡是不注日期的引用文件,其最新版本适用于本部分。

GB/T 16558.4　船舶维修保养体系　第4部分:设备卡、工作卡格式与初始化要求

3 工作卡首排

3.1 工作卡首排前要求

应按GB/T 16558.4完成设备卡、工作卡初始化工作,包括上次维修保养完成日期、维修保养级别、计时制式、工作内容、主管部门、主管人等;对于定时制工作卡首排前先要更新计数器累计计数值与计数器启用日期。

3.2 工作卡的首排生成要素

3.2.1 生成工作卡号

首排时工作卡由系统自动赋予编码,工作卡编码按GB/T 16558.4规定生成。

3.2.2 生成首排日期、生成人

工作卡生成日期与生成人在首排时由系统按系统时间与系统登录人自动生成。

3.2.3 生成计划维修日期

首排计划维修日期计算方式:

——定期制:上次完成日期+循环周期。

——定时制:上次完成日期+循环运行小时/计数器日平均运行小时。

计数器日平均运行小时=设备运行总小时(计数器累计数)/设备运行总日历天数。

4 工作卡运行

首排工作结束后,工作卡运行由船舶维修保养体系(CWBT)管理信息系统按系统设定的业务流程自行运行。

4.1 工作卡安排

由船舶主管或岸基船舶总管对计划状态的工作卡进行安排,安排内容可按船舶设备实际状况进行工作内容、工作实施时间的调整,对工作卡所进行的安排系统会存有记录。

4.2 工作计划生成

在工作卡安排好后系统可生成单船、部门的年度工作计划表、航次工作计划表、月度工作计划表等。

4.3 工作卡跟踪、预警功能

CWBT运行时应满足船舶安全质量管理体系文件要求，对工作卡运行进行全程跟踪并设有到期预警功能，过期报警功能。工作卡执行过程存在缺陷跟踪功能、维修记录、检测报告与风险评估记录，并具有一定的分析、统计功能。

4.4 工作卡历史

可任意对某一工作卡或设备的维修历史进行查询，可输出月度维修报告、年度维修报告与相关维修记录与检测报告、备件消耗记录、风险评估记录，通过船岸通信系统与岸基管理系统进行数据交换，对于参加船舶机械保养系统(PMS)检验的船舶相关资料应上报船级社。

4.5 工作卡闭环管理

工作卡维修记录与报告要按船舶安全质量管理体系文件要求、履约要求、船检要求，应有船舶部门长、船长、岸基主管进行签名确认，实行闭环管理。

ICS 03.220.40;47.020
R 30

中华人民共和国国家标准

GB/T 16558.6—2009
代替 GB/T 16558.6—1996

船舶维修保养体系 第6部分:系统流程及运行管理方法

The ship maintenance system—Part 6:The management of implementation cycle for maintenance plan

2009-03-31 发布　　2009-11-01 实施

中华人民共和国国家质量监督检验检疫总局
中国国家标准化管理委员会　发布

前 言

GB/T 16558《船舶维修保养体系》分为七个部分：

——第1部分：总则；

——第2部分：船舶维修保养体系代码；

——第3部分：船舶维修保养的分级、周期代码及周期允差；

——第4部分：设备卡、工作卡格式与初始化要求；

——第5部分：工作卡首排及其运行要求；

——第6部分：系统流程及运行管理方法；

——第7部分：报表格式。

本部分是GB/T 16558的第6部分。

本部分代替GB/T 16558.6—1996《船舶维修保养体系　船舶维修计划业务流程及管理方法》。本部分与GB/T 16558.6—1996相比，主要变化如下：

——增加了舰船与海上设施的适用范围（见第1章）；

——增加了CWBT管理信息系统的主要功能、系统业务流程与船岸数据交换要求，强调了船舶设备维修保养工作与履约要求、船检、安全质量管理体系之间的关联（见第3章至第6章）；

——删除了原第3章和第4章有关人工插板式管理的规定与要求。

本部分由中华人民共和国交通运输部提出。

本部分由中华人民共和国交通运输部海事局归口。

本部分起草单位：中国远洋运输（集团）总公司、上海海事大学、中国船级社、交通部科学研究院。

本部分主要起草人：高志成、胡旺明、蔡虹、刘会纳、郑士君。

本部分所代替标准的历次版本发布情况为：

——GB/T 16558.6—1996。

船舶维修保养体系
第6部分：系统流程及运行管理方法

1 范围

GB/T 16558的本部分规定了船舶维修保养体系(CWBT)管理信息系统的主要功能、业务流程、管理办法及信息数据交换。

本部分适用于远洋、沿海、江河运输船舶的管理。工程船舶、舰船与海上设施的管理可参照执行。

2 规范性引用文件

下列文件中的条款通过GB/T 16558的本部分的引用而成为本部分的条款。凡是注日期的引用文件，其随后所有的修改单(不包括勘误的内容)或修订版均不适用于本部分，然而，鼓励根据本部分达成协议的各方研究是否可使用这些文件的最新版本。凡是不注日期的引用文件，其最新版本适用于本部分。

GB/T 16558.3　船舶维修保养体系　第3部分：船舶维修保养的分级、周期代码及周期允差

GB/T 16558.5　船舶维修保养体系　第5部分：工作卡的首排及运行要求

3 CWBT管理信息系统主要功能

3.1 系统组成

CWBT管理信息系统分成岸基版与船舶版，分别用作岸基船管部门与船舶端的设备维修保养管理。船岸数据通过海事卫星通讯方式(或其他有效通讯方式)定期实现船岸数据服务器间的数据交换，保持船岸数据的一致性与资源共享。

船舶版以技术管理、安全控制为主，注重船舶设备的维护与各种维修、检查、检验工程的安排与过程控制，并为岸基管理信息系统提供各种决策所需的信息与数据。

岸基版注重对所管辖船舶的维修保养管理工作与船舶检验项目的监督与指导，并对船舶维修保养过程实施监控，为决策层提供决策依据。

3.2 系统功能

根据CWBT标准与工作的要求，CWBT管理信息系统主要设立的功能有：

a) 基本信息：其包含了船舶设备信息、工作信息、设备计数器管理、备件信息与相关技术资料；

b) 工作卡信息：其包含了工作卡安排、报告，年度计划制定、应急设备日常维护与工作卡首排；

c) 工作卡历史：提供以船舶、部门、设备、主管所做工作历史的查询与统计，并按需输出相关报表；

d) 风险管理：对维修工作进行事前风险评估与识别，按风险等级提出相应控制措施与预案，并报岸基进行审批；

e) 检验管理：其包含了船检项目管理、检验过程管理，检验历史查询与检验批注跟踪处理，检验管理可按船舶检验方式选择船舶循环检验(CMS)或船舶机械计划保养系统(PMS)；

f) 统计分析：为日常运作、监控与决策提供统计分析功能。

CWBT管理信息系统功能图见图1。

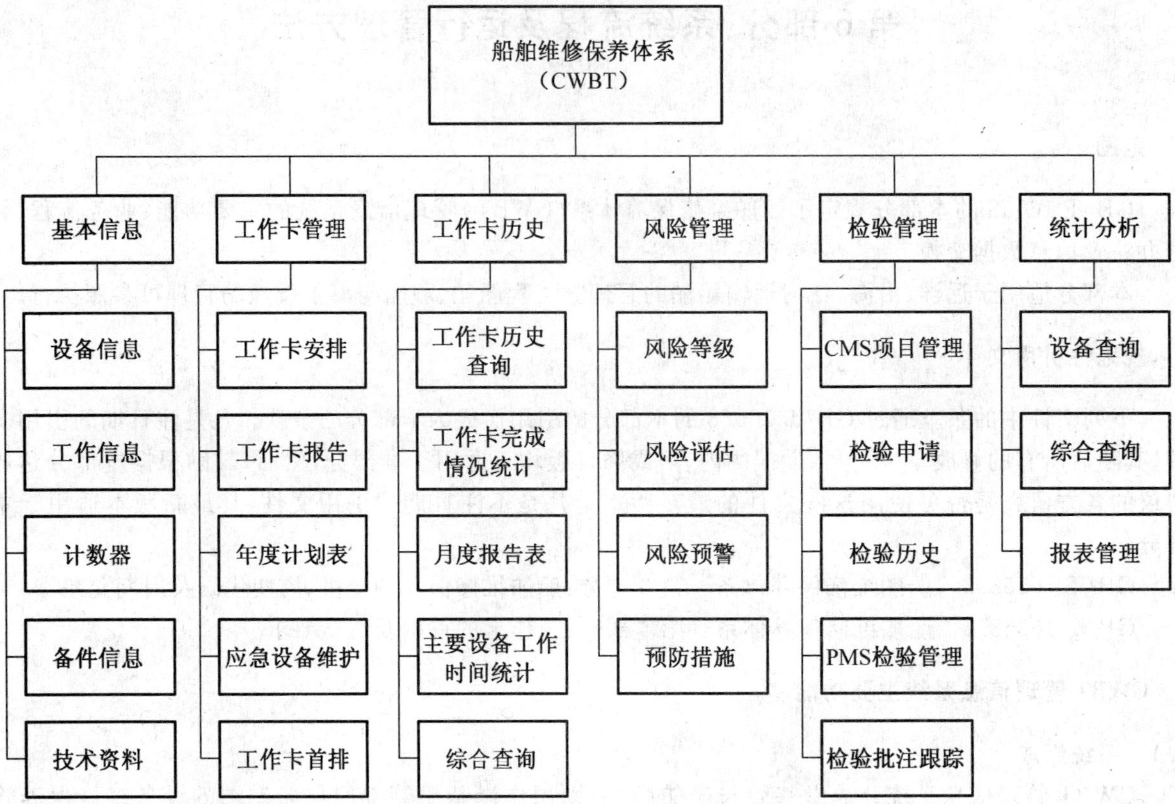

图 1 CWBT 管理信息系统功能框图

4 CWBT 管理信息系统业务流程

4.1 CWBT 管理信息系统业务流程设计应符合 GB/T 16558.3 和 GB/T 16558.5 的要求。

4.2 CWBT 维修计划业务流程是 CWBT 管理信息系统的设计依据，其业务流程的运作依靠船岸两端管理信息系统来实现，船舶管理人员与岸基管理人员应按照系统设定与提示来进行操作，具体的业务流程见图 2。

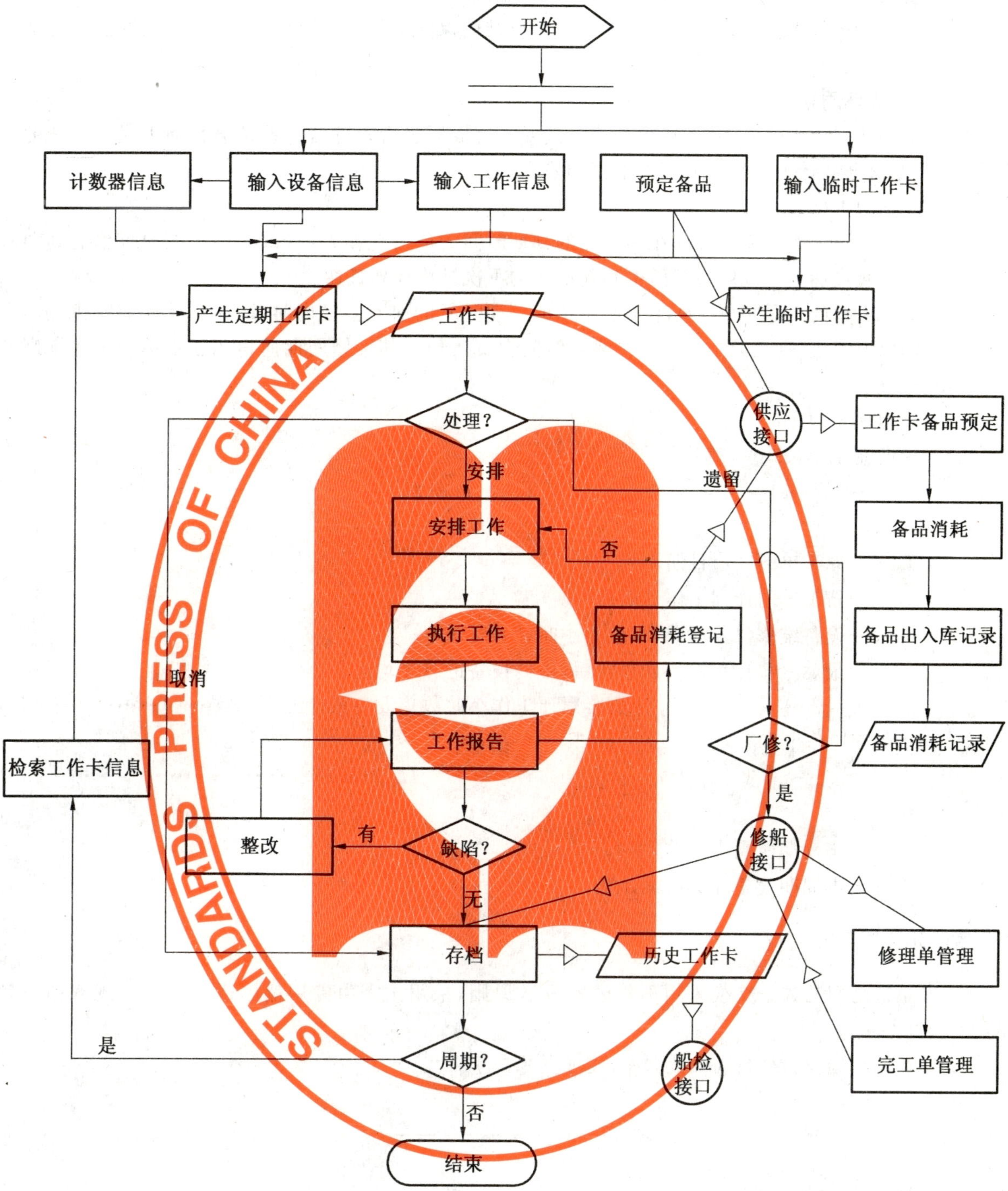

图 2　CWBT 管理信息系统业务流程图

5　CWBT 管理信息系统管理方法

5.1　设备卡、工作卡管理

设备(维修对象)卡与维修工作卡是船舶维修保养体系业务流程中的载体,从设备基本信息与维修工作的基本内容到维修记录历史均记载在工作卡上,工作卡完成一个工作循环后生成新的工作卡进入下一个循环。

工作卡上的工作内容按设备说明书、维修手册、船检与安全质量管理体系要求设定,也可以在执行前按照设备实际运行状况、履约要求与公司指令进行修改。

工作卡一般按管理信息系统指令要求按时完成维修保养工作，也可以按设备运行状况需要视情安排，对船检项目工作卡应严格按船检规范要求执行。

5.2 工作卡循环周期计算

工作卡完成一个工作循环后，在维修记录按要求完成报告后管理信息系统会自动生成一张新的工作卡，下一个循环的计划工作日期按以下规则确定。

a) 定期制工单

当原工单的实际完成时间在原工单的到期时间的前后允差之内或超过时，在原工单的到期时间上直接加上其维修周期而得到新工单的下次维修计划日期。

当原工单的实际完成时间小于原工单的到期时间的前允差之内时，即原工单提前安排完成维修保养工作，则在原工单的实际完成时间上直接加上其维修周期而得到新工单的下次维修计划日期。

b) 定时制工单

定时制工单按式(1)确定：

$$T_2 = T_1 + F/V \qquad \cdots\cdots(1)$$

式中：

T_1——原工单的完成日期；

T_2——新工单的计划工作日期；

F——设备维修保养周期，单位为小时(h)；

V——最后一次更新设备计数器后，维修设备的日平均运行小时。

$$V = 计数器累计工作小时数 / 设备累计工作天数 \qquad \cdots\cdots(2)$$

本周期工作卡剩余时间：

$$F_0 = F - H_2 \qquad \cdots\cdots(3)$$

式中：

F_0——本周期所剩小时数；

H_2——本周期设备计数器累计数。

6 船岸间数据交换

船岸系统之间的数据交换采用不修改不发送原则，采用按需由专用船岸通信软件实现双向自动发送。

交换数据需经校验后自动入数据库，实现资源共享。

ICS 03.220.40;47.020
R 30

中华人民共和国国家标准

GB/T 16558.7—2009
代替 GB/T 16558.7—1996

船舶维修保养体系　第7部分：报表格式

The ship maintenance system—Part 7: Format of report forms

2009-03-31 发布　　2009-11-01 实施

中华人民共和国国家质量监督检验检疫总局
中国国家标准化管理委员会　发布

前言

GB/T 16558《船舶维修保养体系》分为七个部分：

——第1部分：总则；

——第2部分：船舶维修保养体系代码；

——第3部分：船舶维修保养的分级，周期代码及周期允差；

——第4部分：设备卡、工作卡格式与初始化要求；

——第5部分：工作卡首排及其运行要求；

——第6部分：系统流程及运行管理方法；

——第7部分：报表格式。

本部分是GB/T 16558的第7部分。

本部分代替GB/T 16558.7—1996《船舶维修保养体系　报表格式》。本部分与GB/T 16558.7—1996相比，主要变化如下：

——增加了舰船与海上设施的适用范围(见第1章)；

——将原来的13种共19张表格按信息化管理要求整理成12种共15张表格，删除了原人工管理用表格与船舶分部门表格，增加了船舶履约要求与船检要求表格(见第2章)；

——删除了原人工插板式管理方面的内容与要求；

——增加了表格格式输出方式的规定(见第3章)，并删除了原人工插板式管理方面的内容与要求。

本部分的附录A～附录L均为资料性附录。

本部分由中华人民共和国交通运输部提出。

本部分由中华人民共和国交通运输部海事局归口。

本部分起草单位：中国远洋运输(集团)总公司、上海海事大学、中国船级社、交通部科学研究院。

本部分主要起草人：马欣迎、黄占彪、王勇、蔡玉良、郑士君。

本部分所代替标准的历次版本发布情况为：

——GB/T 16558.7—1996。

船舶维修保养体系 第7部分:报表格式

1 范围

GB/T 16558的本部分规定了船舶维修保养体系(CWBT)的报表种类、格式及填写要求。

本部分适用于远洋、沿海、江河运输船舶管理的数据统计和信息传递。工程船舶、舰船与海上设施的管理可参照执行。

2 报表种类

CWBT报表主要包括以下12种表格,表格编号及名称见表1。

表1 CWBT报表清单

表格编号	名称	适用范围	表格样式
CWBT-01	CWBT船舶设备清册	船、岸	附录A
CWBT-02	CWBT设备工作卡汇总表	船、岸	附录B
CWBT-03(A) CWBT-03(B) CWBT-03(C)	CWBT设备单级工作卡 CWBT设备多级工作卡 CWBT设备组合工作卡	船	附录C
CWBT-04	CWBT年度维修保养计划表	船、岸	附录D
CWBT-05	CWBT维修保养工作计划指令表	船、岸	附录E
CWBT-06	CWBT船舶维修保养月度报告表	船、岸	附录F
CWBT-07	CWBT维修保养工作完成情况表	船、岸	附录G
CWBT-08	PMS船舶维修保养年度计划表	船、岸	附录H
CWBT-09	PMS船检项目表	船、岸	附录I
CWBT-10	船队维修保养工作统计表	岸	附录J
CWBT-11	应急设备试验检查表	船	附录K
CWBT-12	船舶主要设备工作时间统计表	船、岸	附录L

附 录 A
（资料性附录）
CWBT 船舶设备清册

CWBT-01 CWBT 船舶设备清册样式见表 A.1。

表 A.1 CWBT-01 CWBT 船舶设备清册

船名： 部门： 制表日期：

序号	设备代码	设备中文名	型号	序列号	生产厂商	生产日期	设备状态	设备级别

制表人： 共 页 第 页

附 录 B
（资料性附录）
CWBT 设备工作卡汇总表

CWBT-02　CWBT 设备工作卡汇总表样式见表 B.1。

表 B.1　CWBT-02　CWBT 设备工作卡汇总表

船名：　　　　　　　　　　部门：　　　　　　　　　　制表日期：

序号	船检编号	设备名称	设备代码	工作卡编号	工作卡名称	性质	状态	主管	工作计划时间	周期	上次完成时间

制表人：　　　　　　　　　　共　页　第　页

附　录　C
（资料性附录）
CWBT 设备工作卡

CWBT-03(A)CWBT 设备单级工作卡样式见表 C.1,CWBT-03(B)CWBT 设备多级工作卡样式见表 C.2,CWBT-03(C)CWBT 设备组合工作卡样式见表 C.3。

表 C.1　CWBT-03(A)CWBT 设备单级工作卡

船舶名称：　　　　　　　　部门：

CWBT 代码		设备名称		型号	
制造商		出厂编号			

主要技术参数：

序号	主管	工作卡号	工作卡名称	工作等级	计划时间	安排时间	风险等级

工作内容：

风险评估：

检测报表名称：	

表 C.2 CWBT-03(B)CWBT 设备多级工作卡

船舶名称：　　　　　　部门：

CWBT 代码		设备名称		型号	
制造商		出厂编号			

主要技术参数：

序号	主管	工作卡号	工作卡名称	工作等级	计划时间	安排时间	风险等级

工作内容：
风险评估：

检测报表名称：	

表 C.3　CWBT-03(C)CWBT 设备组合工作卡

船名：　　　　　　　　　　　　　　　　　　　　部门：

序号	项目名称	计划日期	绝缘阻值/MΩ		备注
			上次测量值	本次测量值	
注：报表在船保存三年。					

电机员：　　　　　　　　轮机长：　　　　　　　　共　页　第　页

附 录 D
（资料性附录）
CWBT 年度维修保养计划表

CWBT-04 CWBT 年度维修计划表样式见表 D.1。

表 D.1 CWBT-04 CWBT 年度维修保养计划表

船名：＿＿＿＿＿＿部门：＿＿＿＿＿＿ 计划年度：＿＿＿＿＿＿制定日期：＿＿＿＿＿＿

船检编码	设备代码	工作卡编号	设备名称	周期	1月	2月	3月	4月	5月	6月	7月	8月	9月	10月	11月	12月

注 1：在月份中打“√”，表示该项目在该月完成。

注 2：本表生成后，报送船管部，机务监督或船舶总管签阅确认后，确认信息返回船舶执行。

轮机长/大副： 船长/日期： 机务监督/日期： 共 页 第 页

附 录 E

（资料性附录）

CWBT 维修保养工作计划指令表

CWBT-05　CWBT 维修保养工作计划指令表样式见表 E.1。

表 E.1　CWBT-05　CWBT 维修保养工作计划指令表

船名：　　　　　　　　　　　　统计时段：　　　　　　　　　　　　制表日期：

序号	船检编码	设备代码	设备名称	工作内容	周期(m/h)	计划日期	上次完成日期	主管

制表人：　　　　　　　　　　共　页　第　页

附 录 F
（资料性附录）
CWBT 船舶维修保养月度报告表

CWBT-06　CWBT 船舶维修保养月度报告表样式见表 F.1。

表 F.1　CWBT-06　CWBT 船舶维修保养月度报告表

船名：　　　部门：　　　职务：　　　月份：____年____月　　　制表日期：

序号	船检编码	设备代码	工作卡编号	周期	预防维修项目和保养部位	计划完成日期	实际完成日期	完成情况（或未完成的原因）
注：本表生成后报船管部由机务监督或船舶总管签字确认，信息需反馈船舶。								

轮机长/大副：　　　船长/日期：　　　机务监督/日期：　　　共　页　第　页

附　录　G
（资料性附录）
CWBT 维修保养工作完成情况表

CWBT-07　CWBT 维修保养计划完成情况表样式见表 G.1。

表 G.1　CWBT-07　CWBT 维修保养计划完成情况表

船名：　　　　　　　　　　　　　　　　　　　　　　　　　　制表日期：

序号	船检编号	设备代码	设备名称	工作卡编号	工作内容	周期(m/h)	计划时间	完成时间	完成情况	执行人

制表人：　　　　　　　　共　页　第　页

附 录 H
(资料性附录)
PMS 船舶维修保养年度计划表

CWBT-08 PMS 船舶维修保养年度计划表样式见表 H.1。

表 H.1 CWBT-08 PMS 船舶维修保养年度计划表

船名： 部门： 计划年度： 制定日期： 年 月 日

序号	船检编号	设备代码	预防维修项目和保养部位	计划日期	周期	允差	工作卡编号

轮机长/大副： 船长/日期： 机务监督/日期： 共 页 第 页

附 录 I
（资料性附录）
PMS 船检项目表

CWBT-09 PMS 船检项目表样式见表 I.1。

表 I.1 CWBT-09 PMS 船检项目表

船 名				船舶登记号			
船旗国				船籍港			
船舶所有人				总吨位			
下述项目经检验情况正常							
序号	PMS 编号	设备代码	检验项目	计划日期	完成日期	备注	轮机长
注：如果设备/零部件进行过重大修理或更换，应填注在备注栏内。							

轮　机　长＿＿＿＿＿＿＿＿　　验　船　师＿＿＿＿＿＿＿＿

授权证书编号＿＿＿＿＿＿＿＿　　确认检验地点＿＿＿＿＿＿＿＿

确认检验日期＿＿＿＿＿＿＿＿

附 录 J
(资料性附录)
船队维修保养工作统计表

CWBT-10 船队维修保养工作统计表样式见表 J.1。

表 J.1 CWBT-10 船队船舶维修保养工作统计表

统计时段: 制表日期:

序号	船舶代码	船舶名称	船舶部门	报告最新日期	完成工作总数	超期未完成率	按期完成率	提前完成率	过期完成率

制表人: 共 页 第 页

附　录　K
（资料性附录）
应急设备试验检查表

CWBT-11　应急设备试验检查表样式见表 K.1，示例见表 L.2。

表 K.1　CWBT-11　船舶应急设备试验检查指令表

船名：　　　　　　　　　部门：　　　　　　　　　制表日期：

序号	工作卡编号	应急设备名称	周期	计划试验日期	上次完成日期	备注

制表人：　　　　　　　　共　页　第　页

附　录　L
（资料性附录）
船舶主要设备工作时间统计表

以二冲程与四冲程柴油机为例，CWBT-12　船舶主要设备工作时间统计表见表 L.1 和表 L.2。

表 L.1　CWBT-12　二冲程柴油机主要部件工作时间统计表

船名：××			机号：No. 1			主机总工作小时：84 156/507			航次：00135			统计日期：2006/02/28		
项　目			缸　号											
			No. 1	No. 2	No. 3	No. 4	No. 5	No. 6	No. 7	No. 8	No. 9	No. 10	No. 11	No. 12
自上次吊缸检修后工作小时			4 041	6 971	2 598	5 483	743	1 247	2 598	1 217	5 483	319		
气缸盖	更换日期			00/06/30							05/11/01			
	更换后工作小时		84 156	38 877	84 156	84 156	84 156	84 156	84 156	84 156	2 221	84 156		
排气阀	检修后工作小时		4 041	4 485	3 080	5 125	5 039	5 125	3 080	2 221	2 221	2 221		
	阀杆更换日期													
喷油器	检修后工作小时	No. 1	377	3 091	377	377	2 161	1 247	2 647	1 217	2 221	319		
		No. 2	377	3 091	377	377	2 161	1 247	2 647	1 217	2 221	319		
		No. 3												
缸头启动阀检修后工作小时			1 215	5 971	5 977	4 485	5 039	2 221	377	377	2 221	3 080		
缸头安全阀检修后工作小时			319	319	7 276	7 797	7 797	7 276	7 276	5 977	5 065	5 065		
高压油泵检修后工作小时			1 229	8 677	4 065	7 797	4 065	3 080	3 080	7 797	5 039	4 065		
缸套	换新日期		04/06/08	00/11/03	05/10/13	05/10/18	06/01/19		05/10/13	04/11/02	05/05/18	14/12/22		
	换新后工作小时		11 939	35 855	2 598	5 483	743	85 156	2 598	9 173	5 483	8 215		
	检修时最大磨损量/mm		0.54	2.19	0.18	0.18	0.18	3.40	0.18	0.66	0.18	0.18		
活塞头	换新日期		03/04/17	02/10/04	04/05/09	04/07/01	06/01/19	04/10/06	04/05/13	04/11/02	04/12/04	04/12/02		
	换新后工作日期		19 653	23 222	12 476	11 490	746	9 674	12 416	9 173	8 594	8 215		

表 L.1（续）

项目		缸号											
		No. 1	No. 2	No. 3	No. 4	No. 5	No. 6	No. 7	No. 8	No. 9	No. 10	No. 11	No. 12
活塞裙	换新日期					00/08/18	04/10/06						
	换新后工作小时	84 156	84 156	84 156	84 156	37 744	9 674	84 156	84 156	84 156	84 156		
填料承检修后工作小时		4 041	6 971	2 598	5 483	1 731	1 247	2 598	1 217	5 483	319		
十字头轴承	检修后工作小时	26 784	20 982	3 562	20 982	21 849	21 849	25 829	26 302	19 159	26 302		
	换新日期			01/09/24									
	换新后工作小时	84 156	84 156	30 028	84 156	84 156	84 156	84 156	84 156	84 156	84 156		
连杆轴承	检修后工作小时	56 784	20 982	19 189	20 789	19 159	19 159	20 982	19 159	14 659	14 659		
	换新日期												
	换新后工作小时	84 156	84 156	84 156	84 156	84 156	84 156	84 156	84 156	84 156	84 156		

项目	轴承编号													
	No. 1	No. 2	No. 3	No. 4	No. 5	No. 6	No. 7	No. 8	No. 9	No. 10	No. 11	No. 12	No. 13	No. 14
主轴承检修后工作小时	29 958	26 342	28 168	21 859	3 562	14 662	20 982	21 849	18 237	20 168	20 982	18 237		
主轴承换新日期			02/01/10	02/12/22	00/12/21		01/06/21			03/03/27	01/02/08	02/02/27		
主轴承换新后工作小时	84 156	84 156	28 168	21 859	35 037	84 156	32 194	84 156	84 156	20 168	34 156	27 242		

部件名称	透平增压器			空气冷却器			调速器	链条和传动装置	系统滑油取样化验
部件编号	No. 1	No. 2	No. 3	No. 1	No. 2	No. 3			
检修后工作小时	7 321	7 321		12 832	14 185		18 956	12 369	2006/01/19

注：本表由大管轮每月统计，本表生成后报船管部由机务监督或船舶总管签字确认，信息需反馈船舶。

大管轮（签字）：　　　　轮机长（签字）：

表 L.2　CWBT-12　四冲程柴油机主要部件工作时间统计表

船名:××					机号:No.3		副机总工作小时:49 322		航次:00135		统计日期:2006/02/28		
项目		缸号											
		No.1	No.2	No.3	No.4	No.5	No.6	No.7	No.8	No.9	No.10	No.11	No.12
自上次吊缸检修后工作小时		4 525	4 525	4 525	4 525	4 525	4 525	4 525	4 525				
气缸盖	更换日期	05/06/20	05/06/20	05/06/20	05/06/20	05/06/20	05/06/20	05/06/20	05/06/20				
气缸盖	更换后工作小时	1 500	1 500	1 500	1 500	1 500	1 500	1 500	1 500				
进、排气阀检修后工作小时	No.1	1 500	1 500	1 500	1 500	1 500	1 500	1 500	1 500				
进、排气阀检修后工作小时	No.2	1 500	1 500	1 500	1 500	1 500	1 500	1 500	1 500				
缸头启动阀检修后工作小时		1 500	1 500	1 500	1 500	1 500	1 500	1 500	1 500				
缸头安全阀检修后工作小时		1 500	1 500	1 500	1 500	1 500	1 500	1 500	1 500				
喷油器检修后工作小时		669	669	669	669	669	669	669	669				
高压油泵检修后工作小时		2 996	2 996	2 996	2 996	2 996	2 996	2 996	2 996				
缸套	换新日期												
缸套	换新后总工作小时	49 322	49 322	49 322	49 322	49 322	49 322	49 322	49 322				
缸套	检修后最大磨损量/mm	0.20	0.20	0.21	0.23	0.20	0.06	0.25	0.15				
活塞	换新日期	04/05/25	04/05/25	04/05/25	04/05/25	04/05/25	04/05/25	04/05/25	04/05/25				
活塞	更新后工作小时	4 525	4 525	4 525	4 525	4 525	4 525	4 525	4 525				
主轴承	换新日期	02/04/17	03/05/15	96/06/06	96/06/06	96/06/06	96/06/06	96/06/06	03/05/15	96/06/06			
主轴承	换新后工作小时	11 823	6 794	39 414	39 414	39 414	39 414	39 414	6 794	39 414			
自上次吊缸检修后工作小时		2 861	10 830	2 861	10 830	21 173	3 273	10 830	2 861				

部件名称	增压器	空气冷却器	调速器	凸轮轴	系统滑油
检修后工作小时	8 308	7 628	13 005	5 163	586

注：本表由二管轮每月统计，本表生成后报船管部由机务监督或船舶总管签字确认，信息需反馈船舶。

二管轮(签字)：　　　　　　轮机长(签字)：

ICS 83.140.10
G 31

中华人民共和国国家标准

GB/T 16578.2—2009/ISO 6383-2:1983
代替 GB/T 11999—1989

塑料　薄膜和薄片　耐撕裂性能的测定 第2部分:埃莱门多夫(Elmendor)法

Plastics—Film and sheeting—Determination of tear resistance—Part 2: Elmendorf method

(ISO 6383-2:1983,IDT)

2009-06-15 发布　　　　2010-02-01 实施

中华人民共和国国家质量监督检验检疫总局
中国国家标准化管理委员会　发布

前　言

GB/T 16578《塑料　薄膜和薄片　耐撕裂性能的测定》共分为2个部分：

——第1部分：裤形撕裂法；

——第2部分：埃莱门多夫(Elmendor)法。

本部分等同采用ISO 6383-2:1983《塑料　薄膜和薄片　耐撕裂性能的测定　第2部分：埃莱门多夫(Elmendor)法》。

本部分等同翻译ISO 6383-2:1983，在技术内容上完全一致。

为方便使用，本部分做了下列编辑性修改：

a) 把"ISO 6383的本部分ISO 6383-2:1983"改为"GB/T 16578的本部分"；

b) 删除了ISO 6383-2:1983的前言；

c) 增加了国家标准的前言；

d) 把规范性引用的国际标准均用对应的等同采用该标准的国家标准代替。

本部分代替GB/T 11999—1989《塑料薄膜和薄片耐撕裂性试验方法　埃莱门多夫法》。

本部分与GB/T 11999—1989相比主要变化如下：

——扩大了标准的适用范围；

——增加了规范性引用文件；

——简化了仪器部分的内容；

——对试样的加工增加了明确的叙述；

——增加了状态调节内容；

——增加了附录A《仪器的调整和维护》；

——增加了附录B《仪器的校准》。

本部分的附录A和附录B均为资料性附录。

本部分由中国石油和化学工业协会提出。

本部分由全国塑料标准化技术委员会(SAC/TC 15)归口。

本标准负责起草单位：国家合成树脂质量监督检验中心。

本标准参加起草单位：北京燕山石化树脂所、国家化学建筑材料测试中心(材料测试部)、国家石化有机原料合成树脂质检中心、广州金发科技有限公司。

本部分主要起草人：桑桂兰、王建东、陈宏愿、李建军、王超先、魏少华。

本部分所代替标准的历次版本发布情况为：

——GB/T 11999—1989。

塑料　薄膜和薄片　耐撕裂性能的测定
第2部分:埃莱门多夫(Elmendor)法

1　范围

1.1　GB/T 16578的本部分规定了在规定负荷条件下,在薄而软的塑料片材或薄膜的试样上切出一规定的切口,测定使切口撕裂扩展至规定距离所需力的方法。

试样的厚度上限取决于与试验机量程相关的材料撕裂力。

本部分适用于柔软的聚氯乙烯(PVC)和聚烯烃薄膜等材料,但是变化的伸长和倾斜的撕裂会使伸长较大的薄膜的试验重复性很差。本方法不适用于硬质聚氯乙烯、聚酰胺和聚酯薄膜等较硬的材料。

1.2　本部分也适用于由成品和半成品切取的试样。当试验数据具有良好的重复性时,本方法可作为质量控制、成品或半成品的验收或拒收的规范。

1.3　撕裂力和试样厚度之间无直接的线性关系。本方法所得结果用撕裂力(单位牛顿)表示,还应报告试样厚度。只有在同样厚度下所得的数据才可作比较,因为由不同厚度试样所得的数据通常不可比。

2　规范性引用文件

下列文件中的条款通过GB/T 16578的本部分的引用而成为本部分的条款。凡是注日期的引用文件,其随后所有的修改单(不包括勘误的内容)或修订版均不适用于本部分,然而,鼓励根据本部分达成协议的各方研究是否可使用这些文件的最新版本。凡是不注日期的引用文件,其最新版本适用于本部分。

GB/T 2918—1998　塑料试样状态调节和试验的标准环境(idt ISO 291:1997)

GB/T 6672—2001　塑料薄膜和薄片的厚度测定　机械测量法(idt ISO 4593:1993)

GB/T 20220—2006　塑料　薄膜和薄片　样品平均厚度、卷平均厚度及单位质量面积的测定　称量法(重量厚度)(ISO 4591:1992,IDT)

3　术语和定义

下列术语和定义适用于本部分。

3.1

耐撕裂性　tear resistance

用规定的方法撕裂试样所需的力,单位为牛顿(N)。

4　原理

具有规定切口的试样承受规定的摆锤撕裂时所需的力,撕裂试样所消耗的能量用于计算试样的耐撕裂性。

5　仪器

5.1　埃莱门多夫型试验机结构见图1。

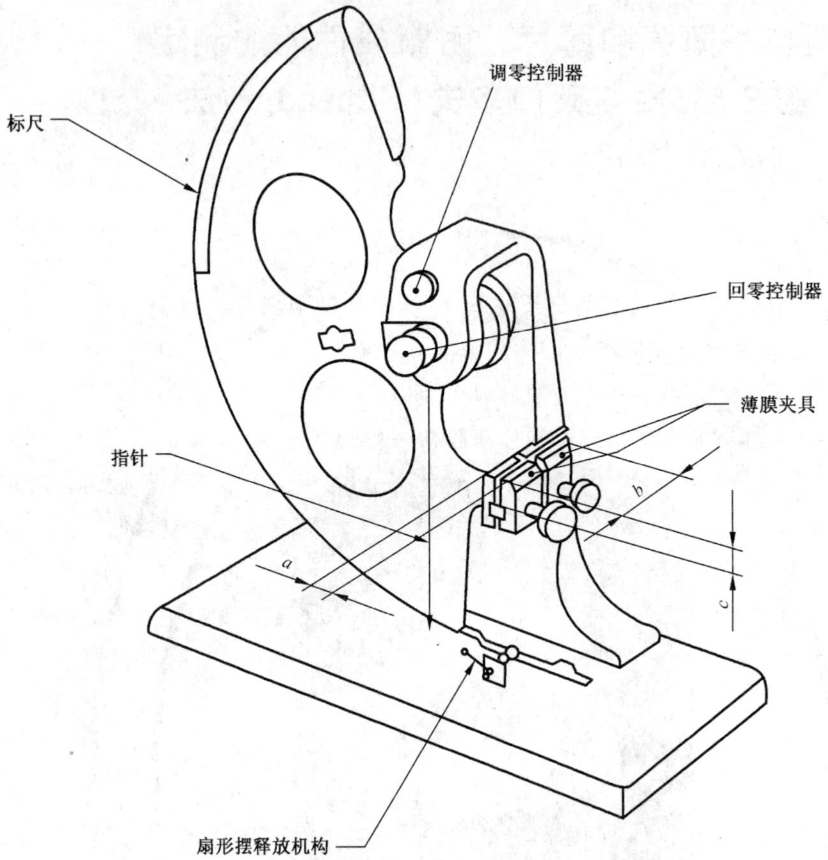

图 1 Elmendorf 撕裂试验机

5.2 固定夹具应与安装在摆锤上的可动夹具准确对齐，摆锤最好为扇形体，并绕滚珠轴承或其他基本无摩擦的轴承作自由摆动。每个夹具的夹持面在水平方向应不少于 25 mm[尺寸 b(见图 1)]，垂直方向应不少于 15 mm(尺寸 c)。每个夹具紧固部分的厚度(尺寸 a)应该在 9 mm～13 mm 之间。当摆锤在起始位置准备试验时，两夹具应相隔 2.8 mm±0.3 mm 的距离，对齐并使夹在其中的试样位于与摆锤摆动平面相垂直的平面上，夹具的边缘位于水平线上，此线到摆锤悬挂轴的长度(即轴和夹具顶端间的距离)为 104 mm±2 mm，并与试样平面构成 27.5°±30′的夹角。

5.3 使摆锤处于起始位置并能自由释放的装置。

5.4 测定摆锤撕裂试样时消耗能量的装置：该装置通常为装在摆锤上由一固定指针指示的圆弧形刻度盘。应准确地校准试验机(考虑摩擦损失和风阻损失)，以便由度盘读数得出撕裂标准试样所需的力，单位牛顿，准确度至 1% 以内。应定期进行校准。附录 A 和附录 B 给出了该仪器调整和校准的说明。

5.5 增补重锤：用来附加在摆锤上，以增加试验机撕裂力的能量。

5.6 测厚仪：用于按 GB/T 20220—2006 和 GB/T 6672—2001 规定的方法测量受试材料的厚度。

6 试样

6.1 试样应具有图 2 和图 3 所示的形状和尺寸。优选试样或仲裁试样应为恒定半径试样(见图 2)，因其具有较好的重复性(见 8.5)。

6.2 试样可用样板和锋利的刀具从样品上切取。应仔细切出 20 mm±0.5 mm 的切口，该切口应光滑无刻痕。

注：某些试验机带有固定的配套刀具，当试样装在试验机夹具后将样品切口。在这种情况下，应经常检查刀具是否锋利及切口尺寸是否正确。

单位为毫米

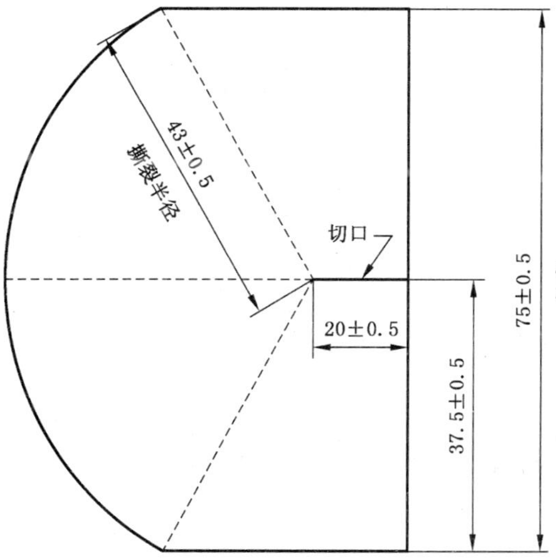

图 2　恒定半径试样

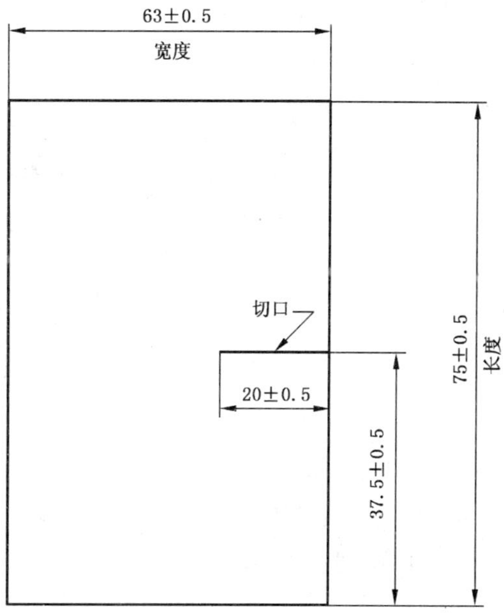

图 3　矩形试样

6.3　除非受试材料另有规定，应在薄膜样品的每个主方向上试验 5 个试样或 5 组试样（见注），5 个试样的裁切应均匀分布在样品的宽度方向上。

注：当薄膜撕裂强度低时，允许同时试验两个或两个以上为一组的试样，以满足 8.3 的要求。每组的各个试样的切取位置应彼此相邻，各组试样在样品的整个宽度上的间距应大致均匀。多层试样中的某些试样可能沿相反方向倾斜撕裂，会使结果偏高。当遇到这种试验行为时，即使刻度盘读数可能低于 20，也必须试验单个试样。对于薄的薄膜，建议使用单层试样和能量较低的试验机，而不使用多层试样和能量较高的试验机。

6.4　沿机加工方向（纵向）试验薄膜时，试样的宽度应沿纵向切取。同样，测定横向撕裂强度的试样，应沿横向切取其宽度。

7　状态调节

除非受试材料另有规定，试样应在 GB/T 2918—1998 所规定的 23 ℃/50%的环境条件中状态调节和试验。已知材料对湿度不敏感时，可以使用 23 ℃环境条件。

8　操作步骤

8.1　按 GB/T 6672—2001 规定的方法测量受试材料的厚度。

注：GB/T 6672—2001 不适用于具有压花的薄膜和薄片。

8.2　检查仪器是否水平，抬起并锁住摆锤，将指示机构调至起始位置，轻轻释放摆锤。检查指针是否指零，必要时按使用说明书进行调整。

8.3　按 8.4 规定的步骤做几次试验，检查是否需要增补重锤或是否需要采用多层试样（见 6.3 注），以使试验中摆锤在撕裂过程吸收的能量位于摆锤总能量的 20%～80% 之间。每次安装重锤或增补卸除重锤后，都应按使用说明书调整零点。

8.4　抬起并锁住摆锤，将指示机构调至起始点。小心地将试样或试样组装在夹具中，使切口在试验机固定夹具和可动夹具之间的中央，上紧夹具（见注）。小心释放摆锤，记录刻度盘上撕裂试样或试样组所消耗的力。

注：当试验机装有配套切口刀具时，按 8.4 夹紧试样后，使用此刀具切口（见 6.2 的注）。

8.5　当使用恒定半径的试样试验（见图 2）时，应废弃撕裂线偏离恒定半径区域的试样，并补充试样重新试验。

当使用矩形试样试验(见图3)时,应废弃撕裂线偏离切口线10 mm以上的试样,并补充试样重新试验。但当撕裂是沿着压花图案的纹路进行时除外。撕裂线始终都偏离10 mm时,改用恒定半径的试样试验。

9 结果的计算和表示

9.1 按试验仪生产厂使用说明书,由刻度盘读数确定撕裂每个试样所需的力,单位为牛顿。将这个力值作为每个试样或每组试样(采用多层试样时,应注明试样层数)的耐撕裂性,单位为牛顿。

9.2 计算薄膜或薄片每个主方向的撕裂力的算术平均值。

9.3 需要时计算每组结果的标准偏差。

10 试验报告

试验报告应包括下列内容:

a) 标明采用本部分;

b) 受试材料完整的鉴别说明,包括类型、来源、制造厂编码、形状、主要尺寸和先前的经历等;

c) 材料的厚度和测量方法;

d) 状态调节和试验所用的GB/T 2918—1998的标准环境;

e) 试样类型;

f) 试样数量,多层试样中每组试样的试样数(如果使用的话);

g) 每个主方向的平均耐撕裂性;

h) 单次试验结果和标准偏差(如果需要的话);

i) 本部分未规定的可能已经影响试验结果的操作细节。

附 录 A
(资料性附录)
仪器的调整和维护

对每种所用的摆/附加质量组合,应遵循下列所述方法。

A.1 检验

检查下列各项并进行必要的调整。

a) 检查摆锤轴是否弯曲。

b) 检查两夹具间距离是否为 2.8 mm±0.3 mm,及摆锤在起始位置时两夹具是否对齐。

c) 检查刀具安装是否牢固及裁切刀刃是否锋利、无损。刀片应位于两夹具顶端中央并与之垂直。

d) 保证指针无损伤并牢固地装在轴套上。

A.2 水平的调整

把仪器放在硬质试验台上,如可能把它固定在试验台上。

拧紧摆上的夹具,调整仪器的水平,调整时使摆锤垂直悬挂同时使摆和基座上的指示标记重合。压下制动,使摆锤轻微自由摆动并待它回到静止时检查两标记是否仍然重合。

A.3 零点的调整

调水平以后,夹具中无试样并拧紧它,操作几次仪器,以确定指针是否对准零点。如果不对准零点,移动可调整的指针止动器。

A.4 摆锤摩擦的调整

在制动机构上离摆锤的制动装置刃口右侧 25 mm 处标上参考标记。提升扇形摆到起始位置,并调整指针,当操作仪器时使其不与指针止动器相碰。

当释放扇形摆时,同时使摆锤的制动器压下,在扇形摆的边缘不再通过参考标记左侧并与制动机构相啮合之前,扇形摆至少应该完整地振动 35 次。否则就应清洗、加油或调整轴承。

A.5 撕裂长度的调整

调整切刀的位置,检查撕裂长度,应为 43.0 mm±0.5 mm。否则应调整所用剪切器或样刀的尺寸。

附　录　B
（资料性附录）
仪器的校准

仪器的校准可通过测量增加各种质量的摆升高时所做的功来校准。然后所指示的标尺读数与所做功进行比较。许多撕裂试验机都提供一个螺孔以帮助增加质量。

附加质量的重心位置应已知。

调好仪器并检查它是否符合附录 A 的规定。使用各种附加质量，在无试样下操作仪器并测定标尺读数和相应该标尺读数附加质量重心离水准面的高度。

由下式计算修正的标尺度数 γ：

$$\gamma = \frac{9.81 \times m \times (h - H)}{0.086 \times P}$$

式中：

γ——修正的标尺读数(标尺单位)；

m——附加重物的质量，单位为千克(kg)；

h——附加重量的重心离水准面的高度，单位为米(m)；

H——摆锤处于起始位置，附加重量的重心离水准面的高度，单位为米(m)；

P——摆锤因子，理论上是同时撕裂薄片的层数，对于这样的层数经校准的摆锤的标尺能直接给出耐撕裂性读数，单位毫牛顿(mN)，该数通常为 8、16 或 32。

为了进行常规校准复核，可选另一种方法，即绘制一张给出$(h-H)$对不同刻度数的图，然后仅需要测定给定附加重量标尺的读数，以读出相应的$(h-H)$值，同时计算利用该值的误差。

计算和指示的标尺读数一致性应在±1%之内。如果不是这样，认为失效，若可能，找出失效原因并予以纠正。另外，重新绘制一张正确的图同时对结果进行适当调整。

ICS 21.220
G 42

中华人民共和国国家标准

GB/T 16588—2009/ISO 9982:1998
代替 GB/T 16588—1996

带传动 工业用多楔带与带轮 PH、PJ、PK、PL 和 PM 型:尺寸

Belt drives—Pulleys and V-ribbed belts for industrial applications—PH,PJ,PK,PL and PM profiles:dimensions

(ISO 9982:1998,IDT)

2009-04-24 发布 2009-12-01 实施

中华人民共和国国家质量监督检验检疫总局
中国国家标准化管理委员会 发布

前　言

本标准等同采用ISO 9982:1998《带传动——工业用多楔带与带轮——PH、PJ、PK、PL和PM型：尺寸》(英文版)。

本标准代替GB/T 16588—1996《工业用多楔带及带轮尺寸(PH、PJ、PK、PL和PM型)》。

本标准等同翻译ISO 9982:1998。

为便于使用，本标准做了下列编辑性修改：

a) “本国际标准”一词改为“本标准”；

b) 用小数点“.”代替作为小数点的逗号“,”；

c) 删除国际标准的前言。

本标准与GB/T 16588—1996相比主要变化如下：

——PH、PJ、PK型的轮槽尺寸$2N$(最大值)分别由0.69 mm、0.81 mm、1.68 mm代替原标准的1.08 mm、1.22 mm、2.06 mm(1996版的4.1;本版的3.1)；

——增加了检验带轮截面尺寸用球(或柱)外缘处带轮直径K的极限偏差规定(见3.3.5)；

——在多楔带有效长度的偏差表中，将有效长度第一档中375 mm<L_e≤750 mm，改为两档200 mm<L_e≤500 mm和500 mm<L_e≤750 mm，另外增加了PH型多楔带有效长度极限偏差的规定(1996版的3.1.2;本版的4.2.4)。

本标准由中国石油和化学工业协会提出。

本标准由全国带轮与带标准化技术委员会摩擦型带传动分技术委员会(SAC/TC 428/SC 3)归口。

本标准起草单位：宁波伏龙同步带有限公司、马鞍山锐生工贸有限公司、无锡市中惠橡胶科技有限公司、杭州肯莱特传动工业有限公司、青岛市产品质量监督检验所。

本标准主要起草人：陆红芬、潘海瑞、朱六生、朱树生、汪金芳、吴桂卿。

本标准所代替标准的历次版本发布情况为：

——GB/T 16588—1996。

带传动 工业用多楔带与带轮 PH、PJ、PK、PL和PM型:尺寸

1 范围

本标准规定了PH、PJ、PK、PL、PM型工业用环形多楔带和多楔带轮轮槽的主要尺寸。

本标准适用于PH、PJ、PK、PL、PM型工业用环形多楔带和多楔带轮。

用于汽车辅机传动的PK型多楔带由GB 13552对其进行专门规定。

2 规范性引用文件

下列文件中的条款通过本标准的引用而成为本标准的条款。凡是注日期的引用文件,其随后所有的修改单(不包括勘误的内容)或修订版均不适用于本标准,然而,鼓励根据本标准达成协议的各方研究是否可使用这些文件的最新版本。凡是不注日期的引用文件,其最新版本适用于本标准。

GB/T 3505 产品几何技术规范 表面结构 轮廓法 表面结构的术语、定义及参数(GB/T 3505—2000,eqv ISO 4287:1997)

GB/T 11357 带轮的材质、表面粗糙度及平衡(GB/T 11357—2008,ISO 254:1998,MOD)

3 带轮

3.1 轮槽尺寸及极限偏差

PH、PJ、PK、PL和PM型多楔带所适用的轮槽尺寸如图1、图2及表1所示。

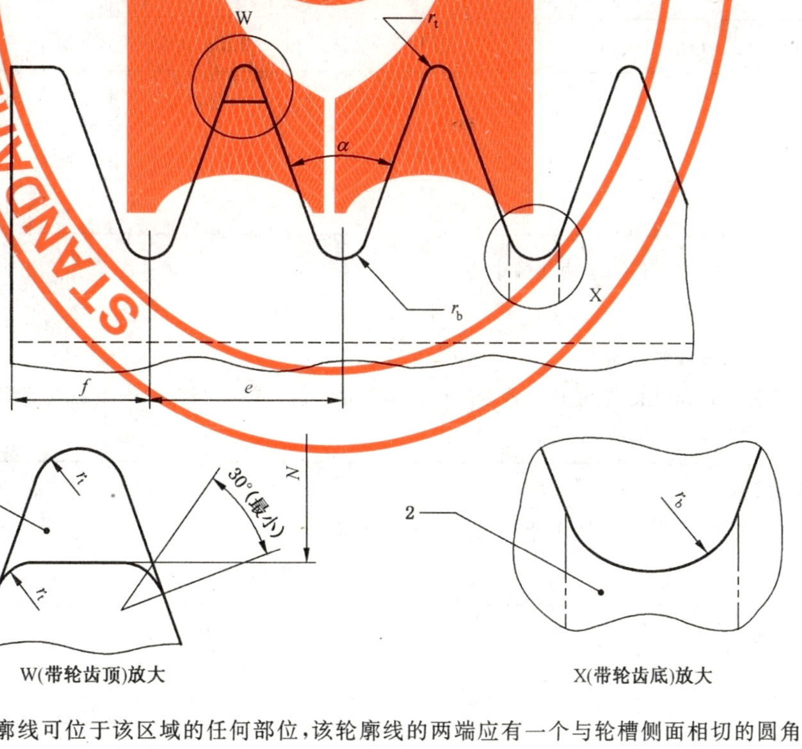

1——轮槽槽顶轮廓线可位于该区域的任何部位,该轮廓线的两端应有一个与轮槽侧面相切的圆角(最小30°);

2——轮槽槽底轮廓线可位于 r_b 弧线以下。

注:N 值见图2。

图1 轮槽横截面

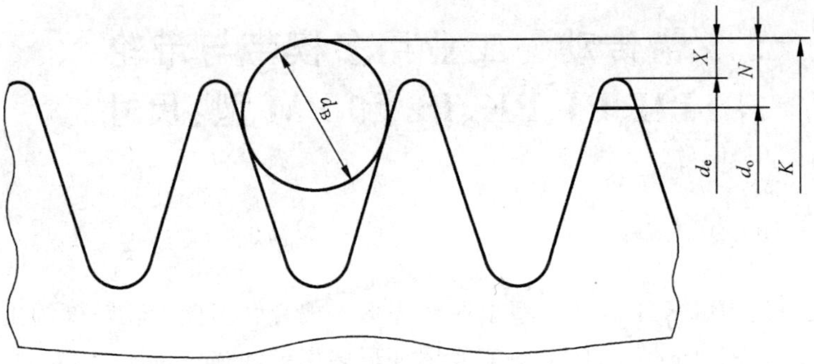

d_e——有效直径；

d_o——外径；

K——球（或柱）外缘处带轮直径；

d_B——检验用圆球或圆柱直径。

图 2 带轮直径

表 1 轮槽尺寸

单位为毫米

项　　目	PH	PJ	PK	PL	PM
槽距 e[a b]	1.6±0.03	2.34±0.03	3.56±0.05	4.7±0.05	9.4±0.08
槽角 α[c]	40°±0.5°	40°±0.5°	40°±0.5°	40°±0.5°	40°±0.5°
楔顶圆弧半径 r_t（最小值）	0.15	0.2	0.25	0.4	0.75
槽底圆弧半径 r_b（最大值）	0.3	0.4	0.5	0.4	0.75
检验用圆球或圆柱直径 d_B	1±0.01	1.5±0.01	2.5±0.01	3.5±0.01	7±0.01
$2X$（公称值）	0.11	0.23	0.99	2.36	4.53
$2N$[d]（最大值）	0.69	0.81	1.68	3.5	5.92
f（最小值）	1.3	1.8	2.5	3.3	6.4

a 表中所列 e 值极限偏差仅用于两邻槽中心线的间距；

b 槽距的累积偏差不得超过±0.3 mm；

c 槽的中心线应对带轮轴线呈 90°±0.5°；

d N 值与带轮公称直径无关，它是指从置于轮槽中的测量用球（或柱）与轮槽的接触点到测量用球（或柱）外缘之间的径向距离。

3.2 最小有效直径

多楔带带轮有效直径 d_e 的最小推荐值如表 2 所示。

表 2 带轮最小有效直径

单位为毫米

项　　目	PH	PJ	PK	PL	PM
最小有效直径 d_e	13	20	45	75	180

3.3 成品带轮尺寸公差

3.3.1 检验条件

带轮轮槽尺寸、直径的偏差及跳动应在没有表面涂层的带轮成品上检验。

3.3.2 各槽有效直径的最大差值

同一带轮不同轮槽的有效直径的最大差值如表 3 所示。该值通过比较各轮槽内检验用圆球或圆柱的外缘处带轮直径 K 的大小而得到。

表 3 槽间直径差值

单位为毫米

有效直径 d_e	槽数 n	直径最大差值
$d_e \leqslant 74$	$n \leqslant 6$	0.1
	$n > 6$	槽数每增加 1,增加 0.003
$74 < d_e \leqslant 500$	$n \leqslant 10$	0.15
	$n > 10$	槽数每增加 1,增加 0.005
$d_e > 500$	$n \leqslant 10$	0.25
	$n > 10$	槽数每增加 1,增加 0.01

3.3.3 轮槽径向圆跳动

径向圆跳动公差值如表 4 所示。在带轮转动过程中借助一小球进行径向圆跳动的测定,通过弹簧对小球施加压力来保持小球与轮槽接触。

表 4 径向圆跳动公差

单位为毫米

有效直径 d_e	公 差 值
$d_e \leqslant 74$	0.13
$74 < d_e \leqslant 250$	0.25
$d_e > 250$ 后每增加 1 mm	增加 0.000 4

3.3.4 轮槽轴向圆跳动

带轮每毫米有效直径的轴向圆跳动公差值为 0.002 mm。在带轮转动过程中借助一小球进行轴向圆跳动的测定。通过弹簧对小球施加压力来保持小球与轮槽的接触。

3.3.5 球(或柱)外缘处带轮直径

球(或柱)外缘处带轮直径 K 的偏差应不超过表 5 的规定值。

表 5 球(或柱)外缘处带轮直径的极限偏差

单位为毫米

球(或柱)外缘处带轮直径 K	极限偏差
$K \leqslant 75$	±0.3
$75 < K \leqslant 200$	±0.6
$K > 200$ 后每增加 25 mm	增加±0.1

3.3.6 轮槽表面结构的粗糙度

轮槽表面结构的粗糙度高度参数 Ra 的最大允许值为 3.2 μm。关于 Ra 参数的定义和测量方法参见 GB/T 3505 和 GB/T 11357。

3.4 节径 d_p

多楔带与对应带轮的配合见图 3。多楔带轮的实际节径稍大于有效直径。节径精确值需将所用的多楔带安装在带轮上才能测定。本标准以有效线差 b_e 表示对节径的要求,有效线差 b_e(见图 3)的公称值如下:

PH——0.8 mm　　PJ——1.2 mm　　PK——2 mm　　PL——3 mm　　PM——4 mm

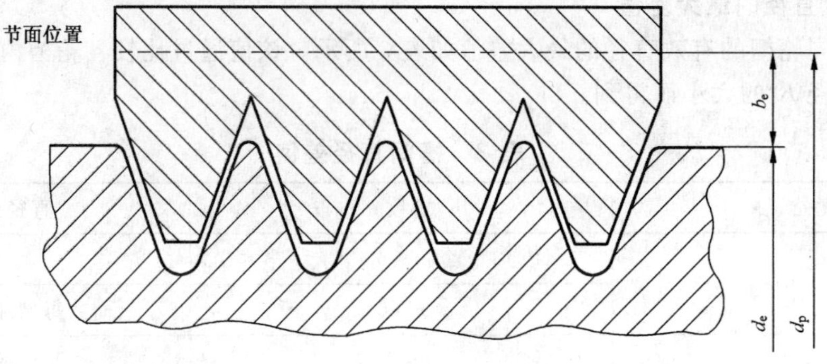

d_e——有效直径；

b_e——有效线差；

d_p——节径。

图 3　节面位置

上述有效线差的公称值可用来粗略计算传动比。有效线差的测量参照 GB/T 17516.2 中的规定。

3.5　带轮标记

多楔带轮以槽数、型号和有效直径来表示其尺寸特征。其标记按下述顺序的数字和字母表示：

a)　第一字母"P"表示带轮；

b)　第一组数字表示带轮槽数；

c)　第二组字母表示轮槽型号；

d)　第二组数字表示有效直径(mm)。

示例如下：

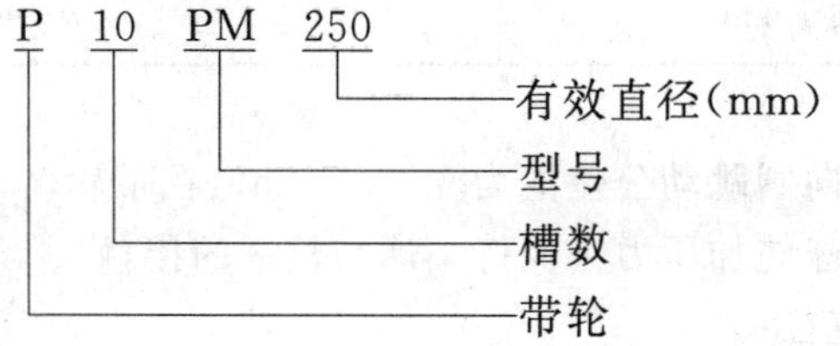

4　带

4.1　尺寸

多楔带的截面尺寸如表 6 及图 4 所示。

表 6　带的截面尺寸

单位为毫米

型　号	PH	PJ	PK	PL	PM
楔距 P_b	1.6	2.34	3.56	4.7	9.4
楔顶圆弧半径 r_b(最小值)	0.3	0.4	0.5	0.4	0.75
楔底圆弧半径 r_t(最大值)	0.15	0.2	0.25	0.4	0.75
带高 h(近似值)	3	4	6	10	17
注：楔距与带高的值仅为参考尺寸。全部楔距的累积偏差是一个重要参数，但它常受带的张力和抗拉体弹性模量的影响。					

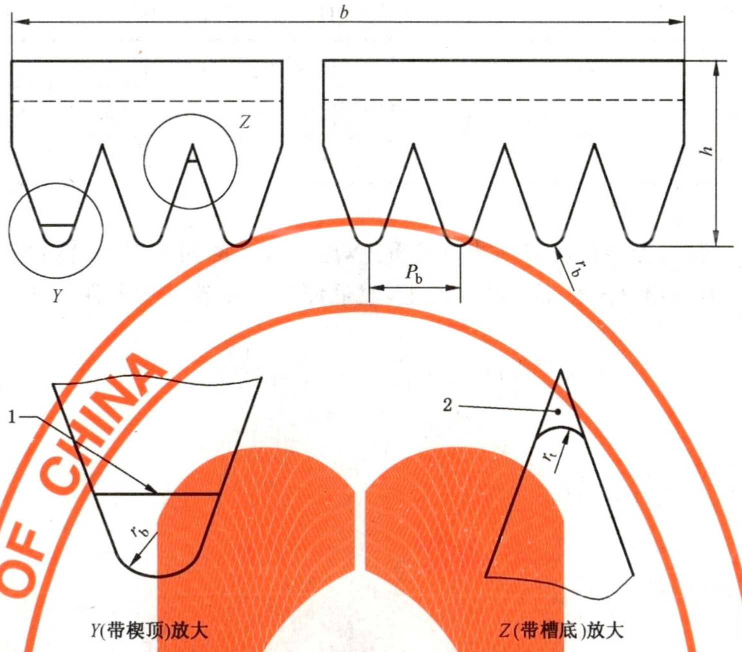

节面位置公称宽度 $b=n\times P_b$，n 为楔数。

注 1：1 系可选用平顶。

注 2：2 系实际楔底轮廓可位于该区域任何地方。

图 4　多楔带截面图

4.2　有效长度的测量

4.2.1　测量装置(见图 5)

带的有效长度是将带安装在由下述主要部分组成的测长机上测量的。

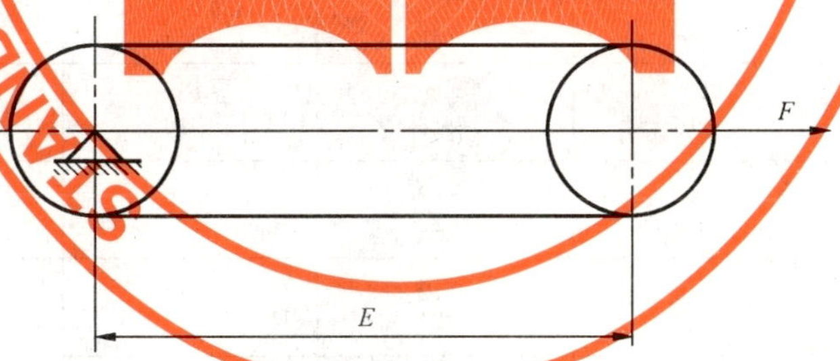

F——测量力；

E——两带轮中心距。

图 5　有效长度测量装置

4.2.1.1　两个具有相等直径的测量带轮，其中一个位置固定而另一个可沿轨道移动。其荐用有效直径按表 7 所示数值确定。带轮轮槽尺寸如图 1 和表 1 所示。

4.2.1.2　测量力施加装置：用于将测量力施加在可移动带轮上。

4.2.1.3　中心距测量装置：用于测量两带轮中心间的距离。

4.2.2　测量力

用于测量带的有效长度的测量力如表 7 所示。

表 7 测量带轮参数和测量力

项 目	PH		PJ		PK	PL	PM
带轮有效圆周长(位于有效直径处)U_e/mm	100	300	100	300	300	500	800
检验用球或柱外缘处带轮直径 K/mm,±0.13	31.94	95.60	32.06	95.72	96.48	161.51	259.17
每楔测量力 F/N	30		50		100	200	450

4.2.3 测量程序

测量带的有效长度时,先将带轮装到测量装置上,施加规定的测量力后,转到至少两圈,使其很好地楔入带轮并使总测量力平均分配在带的两直段上,然后测出两带轮的中心距。再按下式计算带的有效长度。

$$L_e = E_{max} + E_{min} + U_e$$

式中:

L_e——带的有效长度;

U_e——测量带轮的有效圆周长;

E_{max}——带轮中心距的最大测量值;

E_{min}——带轮中心距的最小测量值。

4.2.4 公差

带的有效长度可根据需要与制造厂协商,有效长度的极限偏差如表 8 所示。

表 8 多楔带有效长度的极限偏差

单位为毫米

有效长度 L_e	极 限 偏 差				
	PH	PJ	PK	PL	PM
$200<L_e\leqslant500$	+4 −8	+4 −8	+4 −8		
$500<L_e\leqslant750$	+5 −10	+5 −10	+5 −10		
$750<L_e\leqslant1\,000$	+6 −12	+6 −12	+6 −12	+6 −12	
$1\,000<L_e\leqslant1\,500$	+8 −16	+8 −16	+8 −16	+8 −16	
$1\,500<L_e\leqslant2\,000$	+10 −20	+10 −20	+10 −20	+10 −20	
$2\,000<L_e\leqslant3\,000$	+12 −24	+12 −24	+12 −24	+12 −24	+12 −24
$3\,000<L_e\leqslant4\,000$				+15 −30	+15 −30
$4\,000<L_e\leqslant6\,000$				+20 −40	+20 −40
$6\,000<L_e\leqslant8\,000$				+30 −60	+30 −60
$8\,000<L_e\leqslant12\,500$					+45 −90
$12\,500<L_e\leqslant17\,000$					+60 −120

注:有效长度的极限偏差可按以下方法粗略计算,上偏差为 $+0.3\sqrt[3]{L_e}+0.003L_e$,下偏差为 $-2\times(0.3\sqrt[3]{L_e}+0.003L_e)$,$L_e$ 为有效长度。

4.3 带的标记

多楔带以楔数、型号和有效长度表示其技术特征。其标记用按下述顺序的数字和字母表示：

a) 第一组数字表示楔数；

b) 字母表示型号；

c) 第二组数字表示有效长度(mm)。

示例如下：

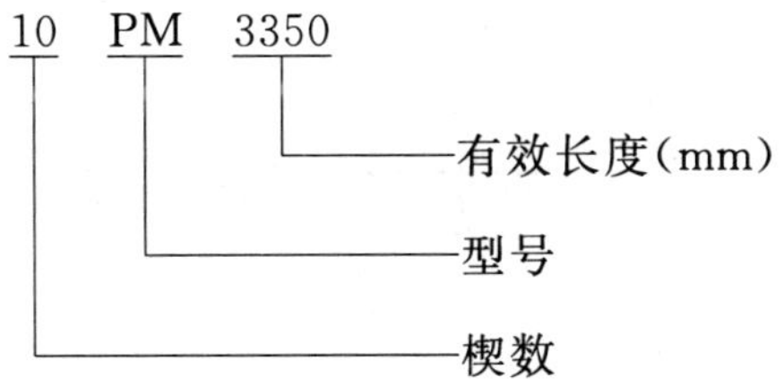

参 考 文 献

［1］ GB/T 17516.2 V带和多楔带传动 测定节面位置的动态试验方法 第2部分:多楔带(GB/T 17516.2—1998,idt ISO 8370-2:1993).

［2］ ISO 9981:1998, Belt drives—Pulleys and V-ribbed belts for the automotive industry—PK profile: Dimensions.

ICS 03.240
M 83

GB

中华人民共和国国家标准

GB/T 16606.1—2009
代替 GB/T 16606—2002

快递封装用品 第1部分：封套

Packings for express service—Part 1: Envelopes

2009-06-12 发布　　2009-12-01 实施

中华人民共和国国家质量监督检验检疫总局
中国国家标准化管理委员会　发布

前　言

GB/T 16606《快递封装用品》分为 3 个部分：

——第 1 部分：封套

——第 2 部分：包装箱

——第 3 部分：包装袋

……

本部分是 GB/T 16606 的第 1 部分。

本部分代替 GB/T 16606—2002《邮政特快专递封套》。

本部分与 GB/T 16606—2002 相比，主要的技术内容修改如下：

——标准名称改为《快递封装用品　第 1 部分：封套》；

——增加了快递封套的定义；

——取消了非织造布材料的快递封套；

——取消了原标准的附录 A；

——正文中取消了封套式样，将推荐式样放入新增加的附录 A 中。

本部分的附录 A 为规范性附录，附录 B 为资料性附录。

本部分由国家邮政局提出。

本部分由全国邮政业标准化技术委员会（SAC/TC 462）归口。

本部分主要起草单位：中国标准化研究院、北京市快递协会。

本部分主要起草人：丁文兴、张帆、王宝华、牛建明、杨建、陈志民。

本部分所代替标准的历次版本发布情况为：

——GB 16606—1996、GB/T 16606—2002。

快递封装用品
第1部分：封套

1 范围

GB/T 16606的本部分规定了快递封套(以下简称“封套”)的规格尺寸、技术要求、试验方法、检验规则以及包装、标志、运输和储存要求。

本部分适用于封套的制作、检验、包装、标志、运输和储存。

2 规范性引用文件

下列文件中的条款通过GB/T 16606的本部分的引用而成为本部分的条款。凡是注日期的引用文件,其随后所有的修改单(不包括勘误的内容)或修订版均不适用于本部分,然而,鼓励根据本部分达成协议的各方研究是否可使用这些文件的最新版本。凡是不注日期的引用文件,其最新版本适用于本部分。

GB/T 450　纸和纸板　试样的采取及试样纵横向、正反面的测定

GB/T 451.2　纸和纸板定量的测定

GB/T 451.3　纸和纸板厚度的测定

GB/T 457　纸和纸板耐折度的测定

GB/T 1539　纸板　耐破度的测定

GB/T 2792　压敏胶粘带180°剥离强度试验方法

GB/T 2828.1—2003　计数抽样检验程序　第1部分:按接收质量限(AQL)检索的逐批检验抽样计划(ISO 2859-1:1999,IDT)

GB/T 2829—2002　周期检验计数抽样程序及表(适用于对过程稳定性的检验)

GB/T 7705—2008　平板装潢印刷品

GB/T 7974　纸、纸板和纸浆亮度(白度)测定　漫射/垂直法

GB/T 10111　随机数的产生及其在产品质量抽样检验中的应用程序

GB/T 10335.4—2004　涂布纸和纸板　涂布白纸板

GB/T 10739　纸、纸板和纸浆试样处理和试验的标准大气条件

GB/T 12914　纸和纸板　抗张强度的测定

GB/T 22364　纸和纸板　弯曲挺度的测定

3 术语和定义

GB/T 2828.1—2003、GB/T 2829—2002及下列术语和定义适用于GB/T 16606的本部分。

3.1

快递封套　envelope for express service

以纸板为主要原料,经模切、印刷和粘合等加工后,制成提供给用户使用的可装载快件的信封式封装用品。

3.2

接收质量限(AQL)　acceptance quality limit (AQL)

当一个连续系列批被提交验收抽样时,可允许的最差过程平均质量水平。

[GB/T 2828.1—2003 中 3.1.26]

3.3

不合格质量水平(RQL)　rejection quality level (RQL)

在抽样检验中,认为不可接受的批质量下限。

[GB/T 2829—2002 中 3.1.18]

4 规格尺寸

封套推荐的规格尺寸见表1。

表1 封套规格尺寸

单位为毫米

代号	长 (*L*)	宽 (*W*)
L	320～360	225～255
S	210～300	155～200
注:代号中L表示大尺寸封套;S表示小尺寸封套;特殊规格尺寸的封套,由供需双方协商。		

5 技术要求

5.1 材料

封套材料推荐使用纸板类材料,技术指标见表2。

表2 材料技术指标

指标名称		单位	规定值		
			优等品	一等品	合格品
定量		g/m^2	250　300		
定量偏差		%	+5.0、−3.0		
紧度≤		g/cm^3	0.85	0.87	—
耐破指数≥		$kPa \cdot m^2/g$	2.3	2.0	1.8
耐折度(横向)≥		次	20	15	10
挺度(横向)≥	250 g/m^2	$mN \cdot m$	3.0	2.5	2.0
	300 g/m^2		5.2	4.5	3.4
抗张指数(纵、横平均)≥		$N \cdot m/g$	30	25	20
亮度(正面)≥		%	80	78	75
注:优等品主要用于储运流通环境比较复杂的情况,如国际快递。 一等品、合格品主要用于流通环境较简单的情况,如国内异地快递和同城快递。					

其他技术指标应符合GB/T 10335.4—2004中第4章的规定。

5.2 式样

5.2.1 封套的推荐式样参见附录B。

5.2.2 封套背面应注明粘贴快递运单的位置,也可在相同位置粘贴透明塑料袋,用于放置快递运单。

5.3 外观

5.3.1 封套表面应平整、清晰,不允许有斑点和条痕等缺陷。

5.3.2 封套周边粘合处无粘合剂外溢的痕迹。

5.4 印刷

5.4.1 印刷内容

5.4.1.1 封套正面应印有企业标识文字和图案。

5.4.1.2 快递企业经营邮政企业专营业务范围以外的信件快递业务,应在封套正面左下角留有2 cm×3 cm的空白区域。该区域内应采用粘贴或印刷等方式标注白底黑字的“信件”字样。字体应采用黑体,字号应不小于1号字。

5.4.1.3 封套背面应印有封套适用的文件厚度和重量、禁递物品等中英文使用说明,字号不应小于5号字。

5.4.1.4 封套背面左下角应印有快递企业的服务电话、经营地址和网站地址等服务信息。

5.4.1.5 封套背面右下角应注明印制单位、监制单位、监制证号、数量和出厂日期等内容。

5.4.1.6 封套任何部位不得印有经营性质的广告

5.4.2 印刷质量

5.4.2.1 印刷油墨应均匀,图案和文字应清晰、完整。

5.4.2.2 封套上实地印刷要求按GB/T 7705—2008表5中给出的一般产品的规定。

5.4.2.3 封套上网点印刷要求按GB/T 7705—2008表6中给出的一般产品的规定。

5.4.2.4 封套上图案套印误差按GB/T 7705—2008表4中给出的一般产品的规定。

5.5 粘合

5.5.1 封套周边粘合部位宽度不小于20 mm。

5.5.2 封套糊制处应粘合牢固,周边粘合面积大于95%,由糊制处开启后,不能复原。

5.5.3 封套袋口粘合应牢固,袋口粘合长度不小于封舌长度的98%,粘合面积大于80%。

5.6 封舌

5.6.1 大尺寸封套L封舌宽度应大于等于40 mm,小尺寸封套S封舌宽度应大于等于25 mm。

5.6.2 沿封舌外边缘应贴有宽度不小于15 mm的双面胶带,胶带的剥离强度不小于5 N/mm。

5.6.3 封舌里边缘宜粘贴一宽度不小于3 mm、长度大于封舌长度、断裂拉力大于等于50 N并应高于被撕材料的易撕带。

6 试验方法

6.1 材料

6.1.1 试样的采取和处理按GB/T 450和GB/T 10739的规定进行。

6.1.2 定量试验按GB/T 451.2的规定进行测定。

6.1.3 紧度试验按GB/T 451.3的规定进行测定。

6.1.4 耐破指数试验按GB/T 1539的规定进行测定。

6.1.5 横向耐折度试验按GB/T 457的规定进行测定。

6.1.6 挺度试验按GB/T 22364的规定进行测定。

6.1.7 抗张指数试验按GB/T 12914的规定进行测定。

6.1.8 亮度试验按GB/T 7974的规定进行测定。

6.2 规格尺寸

用满足0.5 mm精度的量具,按表1的要求进行测定。

6.3 外观

在自然光线下目测。

6.4 印刷

6.4.1 印刷内容

在自然光线下，目测 5.4.1 规定的印刷内容。

6.5 印刷质量

6.5.1 印刷试验要求应符合 GB/T 7705—2008 中 6.1 的规定。

6.5.2 实地印刷的试验按 GB/T 7705—2008 中 6.5 的规定进行测定。

6.5.3 网纹印刷的试验按 GB/T 7705—2008 中 6.9 的规定进行测定。

6.5.4 套印误差的试验按 GB/T 7705—2008 中 6.4 的规定进行测定。

6.5.5 实地印刷墨层耐磨性试验按 GB/T 7705—2008 中 6.8 的规定进行测定。

6.6 粘合

手工撕开周边粘合及袋口粘合处，其粘合宽度、长度和粘合痕迹的面积应符合 5.5 的要求。

6.7 封舌

6.7.1 用满足 0.5 mm 精度的量具对封舌处的双面胶带宽度和易撕带宽度直接测量。

6.7.2 封套胶带的剥离强度试验按 GB/T 2792 的规定进行测定。

6.7.3 易撕带断裂拉力的测定见附录 A。

7 检验规则

封套的检验分为出厂检验和型式检验两种。

7.1 出厂检验

7.1.1 抽样

以一次交货数量为一批。封套出厂检验抽样按表 3 的规定，根据 GB/T 10111 的规定随机抽取检验样本。样本单位为枚，样本量、检验水平及接收质量限(AQL)见表 3。

7.1.2 判定规则

7.1.2.1 不合格品

每枚样品按第 6 章试验方法检验表 3 规定的各项检验项目，如有一项或一项以上技术指标达不到要求，该产品为不合格品。

7.1.2.2 不合格批

样本中不合格品数等于或大于拒收数(Re)，则样本所代表的该批产品为不合格批。此时可对该批产品进行挑选，剔出不合格品后，再进行复检。进行复检时，应按 GB/T 2828.1—2003 中表 2-B 加严检查一次抽样方案的规定进行，复检仍不合格，则整批产品不得出厂，并不允许再次提交。

表 3 封套出厂检验样本量、检验项目及抽样方案表

<table>
<tr><th rowspan="3">批量</th><th colspan="7">正常检验一次抽样方案　　检验水平 S-4</th></tr>
<tr><th rowspan="2">样本量</th><th colspan="3">AQL=4.0</th><th colspan="3">AQL=6.5</th></tr>
<tr><th>Ac</th><th>Re</th><th>检验项目</th><th>Ac</th><th>Re</th><th>检验项目</th></tr>
<tr><td>1 201～3 200</td><td rowspan="2">32</td><td rowspan="2">3</td><td rowspan="2">4</td><td rowspan="5">5.4 印刷
5.5 粘合
5.6 封舌</td><td rowspan="2">5</td><td rowspan="2">6</td><td rowspan="5">4 规格尺寸
5.2 式样
5.3 外观</td></tr>
<tr><td>3 201～10 000</td></tr>
<tr><td>10 001～35 000</td><td>50</td><td>5</td><td>6</td><td>7</td><td>8</td></tr>
<tr><td>35 001～150 000</td><td rowspan="2">80</td><td rowspan="2">7</td><td rowspan="2">8</td><td rowspan="2">10</td><td rowspan="2">11</td></tr>
<tr><td>150 001～500 000</td></tr>
<tr><td colspan="8">注：AQL——接收质量限、Ac——接收数、Re——拒收数。</td></tr>
</table>

7.2 型式检验

7.2.1 型式检验的周期为半年，但有下列情况之一时应进行型式检验：

a) 试制定型鉴定时；

b) 正式生产后，材料、工艺有较大改变时；

c) 正常生产时，每100万枚应进行一次检验；

d) 停产半年以上又恢复生产时；

e) 出厂检验结果与上次型式检验有较大差异时；

f) 质量监督机构提出进行型式检验要求时。

表4 封套型式检验样本量、检验项目及抽样方案表

判别水平Ⅱ的二次抽样方案				
样本单位	RQL=12		RQL=15	
	检验项目	判定数	检验项目	判定数
第一样本量20	5.1 材料 5.4 印刷 5.5 粘合 5.6 封舌	A_1 R_1 0 3	4 规格尺寸 5.2 式样 5.3 外观	A_1 R_1 1 3
第二样本量20		A_2 R_2 3 4		A_2 R_2 4 5
注：RQL——不合格质量水平；A_1、A_2——合格判定数；R_1、R_2——不合格判定数。				

7.2.2 抽样

型式检验抽样应从当前生产的并经出厂检验合格的产品中按表4的规定，随机抽取检验样本。样本单位为枚，样本量、检验水平及不合格质量水平(RQL)见表4。

7.2.3 判定规则

在第一样本中，若不合格品数小于或等于合格判定数(A_1)，则型式检验合格。若不合格品数大于或等于不合格判定数(R_1)，则型式检验不合格。若不合格品数大于合格判定数(A_2)，小于不合格判定数(R_2)时，则需要抽第二样本。若第一样本和第二样本累计的不合格品数小于或等于合格判定数(A2)，则型式检验合格。若第一样本和第二样本累计的不合格品数大于或等于合格判定数(R_2)，则型式检验不合格。

8 包装、标志、运输和储存

8.1 包装

8.1.1 封套装箱前可用塑料薄膜包装，也可由供需双方商定。

8.1.2 封套宜采用纸板箱或瓦楞纸板箱包装，建议毛重不超过15 kg。

8.2 标志

8.2.1 在外包装的明显位置应标明以下内容：

a) 产品标准编号；

b) 产品名称、规格和数量；

c) 生产厂的名称；

d) 生产日期及重量。

8.2.2 每个包装内应装有合格证，其上注明：

a) 产品编号；

b) 产品名称及标准编号；

c) 生产日期；

d) 质量检查员姓名或代号。

8.2.3 在包装物上可标明“注意防潮”等必要的标记。

8.3 运输和储存

8.3.1 运输时应防止雨雪淋湿封套。

8.3.2 封套应放在 5 ℃～35 ℃干燥通风的环境中储存。

8.3.3 在不损坏包装的情况下，封套储存期为一年。超过储存期，使用前应重新进行检验。

附　录　A
（规范性附录）
易撕带断裂拉力的测定

A.1　试验设备

能满足本试验要求的拉伸试验机，示值误差应在±1%范围内。

A.2　试验条件

试样为带有易撕带宽度为10 mm、长度为300 mm的封舌，并将试样中部封舌撕开，使易撕带受力。试验速度为(300±50)mm/min。

A.3　试验步骤

将裁好试样的两端分别夹在试验机上、下夹具上，使试样的纵轴与上、下夹具中心连线重合。按A.2规定的速度对试样加载，断裂拉力值应选在每一满量程的10%～90%内，试样断裂时拉力的最大值为易撕带的断裂拉力。

附 录 B
（资料性附录）
封套式样

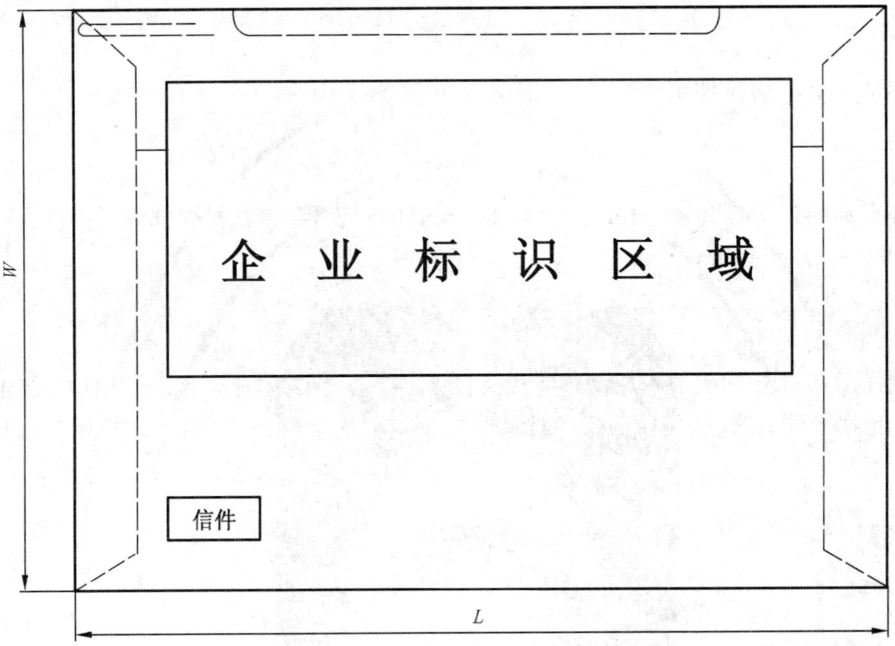

图 B.1 封套正面示意图

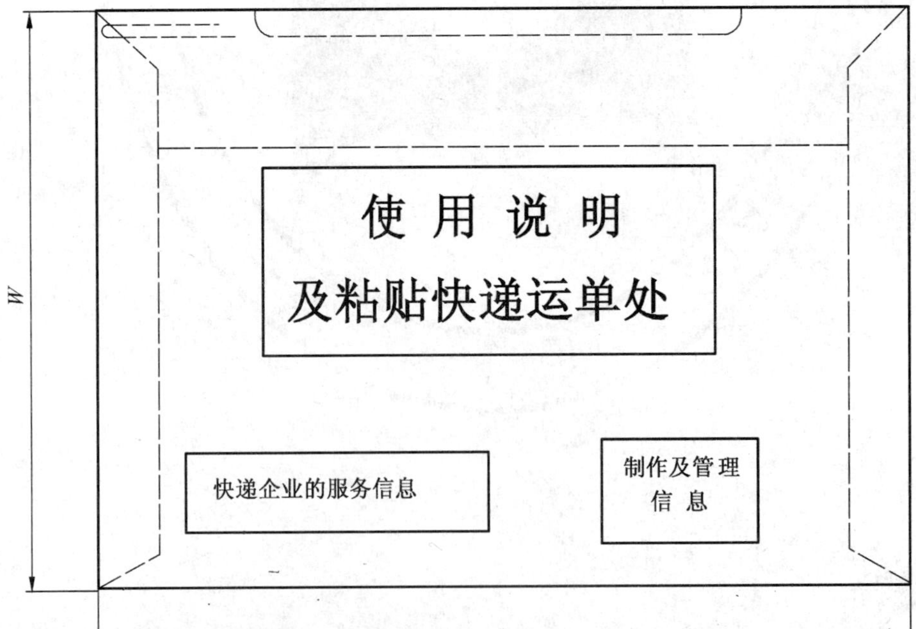

图 B.2 封套背面示意图

ICS 03.240
M 83

中华人民共和国国家标准

GB/T 16606.2—2009

快递封装用品 第2部分:包装箱

Packings for express service—Part 2:Packing boxes

2009-06-12 发布 2009-12-01 实施

中华人民共和国国家质量监督检验检疫总局
中国国家标准化管理委员会 发布

前　言

GB/T 16606《快递封装用品》分为3个部分：

——第1部分：封套

——第2部分：包装箱

——第3部分：包装袋

……

本部分是GB/T 16606的第2部分。

本部分的附录A、附录B和附录C为资料性附录。

本部分由国家邮政局提出。

本部分由全国邮政业标准化技术委员会(SAC/TC 462)归口。

本部分起草单位：中国标准化研究院和北京市快递协会。

本部分主要起草人：张帆、陈志民、王宝华、牛建明、杨建、丁文兴。

快递封装用品 第2部分:包装箱

1 范围

GB/T 16606 的本部分规定了快递包装箱(以下简称"包装箱")的分类、规格尺寸、技术要求、试验方法、检验规则以及包装、运输和储存。

本部分适用于包装箱的制作、检验、包装、运输和储存。

2 规范性引用文件

下列文件中的条款通过 GB/T 16606 的本部分的引用而成为本部分的条款。凡是注日期的引用文件,其随后所有的修改单(不包括勘误的内容)或修订版均不适用于本部分,然而,鼓励根据本部分达成协议的各方研究是否可使用这些文件的最新版本。凡是不注日期的引用文件,其最新版本适用于本部分。

GB/T 191 包装储运图示标志(GB/T 191—2008,ISO 780:1997,MOD)

GB/T 450 纸和纸板 试样的采取及试样纵横向、正反面的测定

GB/T 2679.7 纸板戳穿强度的测定法

GB/T 2828.1—2003 计数抽样检验程序 第1部分:按接收质量限(AQL)检索的逐批检验抽样计划(ISO 2859-1:1999,IDT)

GB/T 2829—2002 周期检验计数抽样程序及表(适用于对过程稳定性的检验)

GB/T 4857.4 包装 运输包装件基本试验 第4部分:采用压力试验机进行的抗压和堆码试验方法

GB/T 4857.5 包装 运输包装件 跌落试验方法

GB/T 4892 硬质直方体运输包装尺寸系列

GB/T 6544—2008 瓦楞纸板

GB/T 6545 瓦楞纸板 耐破强度的测定法(GB/T 6545—1998,eqv ISO 2759:1983)

GB/T 6546 瓦楞纸板 边压强度的测定法(GB/T 6546—1998,idt ISO 3070:1987)

GB/T 6548 瓦楞纸板 粘合强度的测定法

GB/T 10111 随机数的产生及其在产品质量抽样检验中的应用程序

GB/T 10739 纸、纸板和纸浆试样处理和试验的标准大气条件(GB/T 10739—2002,eqv ISO 187:1990)

3 术语、定义及代号

3.1 术语和定义

GB/T 2828.1—2003、GB/T 2829—2002、GB/T 6544—2008 及下列术语和定义适用于 GB/T 16606的本部分。

3.1.1

快递包装箱 packing boxes for express service

以瓦楞纸板为主要原料,经模切、压痕、印刷和钉合等加工后,制成提供给用户使用的可装载快件的箱式封装用品。

3.1.2

瓦楞纸(楞纸)　fluted paper

瓦楞芯(原)纸经过起楞加工后形成有规律且永久性波纹的纸。

[GB/T 6544—2008 中 3.1.1]

3.1.3

瓦楞纸板　corrugated fiberboard

由一层或多层瓦楞纸粘合在若干层纸或纸板之间,用于制造瓦楞纸箱的一种复合纸。

[GB/T 6544—2008 中 3.1.2]

3.1.4

单瓦楞纸板　single-wall corrugated fiberboard

三层瓦楞纸板

由两层纸或纸板和一层瓦楞纸粘合而成的瓦楞纸板。

[GB/T 6544—2008 中 3.1.3]

3.1.5

双瓦楞纸板　double-wall corrugated fiberboard

五层瓦楞纸板

由三层纸或纸板和两层瓦楞纸粘合而成的瓦楞纸板。

[GB/T 6544—2008 中 3.1.4]

3.1.6

瓦楞纸板最小综合定量　minimum combined weight of fachings, including center facing(s) of double wall and triple wall board

除瓦楞纸以外的组成瓦楞纸板的各层纸或纸板定量之和。

[GB/T 6544—2008 中 3.1.6]

3.1.7

半叠盖式包装箱　packing boxes for half folding

上、下外摇盖的长度与箱体的宽度的一半相同、封箱后摇盖对接的包装箱。

3.1.8

互插盖式包装箱　ex-insert packing boxes

下盖为互插式自封结构、上盖为插入式全盖封箱结构的包装箱。

3.1.9

插入式包装箱　plug-in packing boxes

侧面封箱,两侧均为插入式封箱结构的包装箱。

3.1.10

三楞式包装箱　tri-ledge packing boxes

侧面封箱且两侧面为正三角形的三楞柱形包装箱。

3.1.11

接收质量限(AQL)　acceptance quality limit (AQL)

当一个连续系列批被提交验收抽样时,可允许的最差过程平均质量水平。

[GB/T 2828.1—2003 中 3.1.26]

3.1.12

不合格质量水平(RQL)　rejection quality level(RQL)

在抽样检验中,认为不可接受的批质量下限。

[GB/T 2829—2002 中 3.1.18]

3.2 代号

本部分有关代号规定如下：

S——单瓦楞纸板(三层瓦楞纸板)；

S-1.1～S-1.5——分别为单瓦楞纸板优等品的第1类～第5类；

S-2.1～S-2.5——分别为单瓦楞纸板合格品的第1类～第5类；

D——双瓦楞纸板(五层瓦楞纸板)；

D-1.1～D-1.5——分别为双瓦楞纸板优等品的第1类～第5类；

D-2.1～D-2.5——分别为双瓦楞纸板合格品的第1类～第5类；

BS——单瓦楞包装箱；

BS-1.1～BS-1.5——分别为单瓦楞包装箱优等品的第1类～第5类；

BS-2.1～BS-2.5——分别为单瓦楞包装箱合格品的第1类～第5类；

BD——双瓦楞包装箱；

BD-1.1～BD-1.5——分别为双瓦楞包装箱优等品的第1类～第5类；

BD-2.1～BD-2.5——分别为双瓦楞包装箱合格品的第1类～第5类。

4 分类

4.1 包装箱按照所使用的瓦楞纸板的不同种类、内装物的最大质量及综合尺寸、预计的储运流通环境条件等分为20种，如表1所示。

表1 包装箱的种类

种类	内装物最大质量/kg	最大综合尺寸[a]/mm	优等品[b]		合格品[c]	
			包装箱代号	瓦楞纸板代号	包装箱代号	瓦楞纸板代号
单瓦楞包装箱	5	700	BS-1.1	S-1.1	BS-2.1	S-2.1
	10	1 000	BS-1.2	S-1.2	BS-2.2	S-2.2
	20	1 400	BS-1.3	S-1.3	BS-2.3	S-2.3
	30	1 750	BS-1.4	S-1.4	BS-2.4	S-2.4
	40	2 000	BS-1.5	S-1.5	BS-2.5	S-2.5
双瓦楞包装箱	15	1 000	BD-1.1	D-1.1	BD-2.1	D-2.1
	20	1 400	BD-1.2	D-1.2	BD-2.2	D-2.2
	30	1 750	BD-1.3	D-1.3	BD-2.3	D-2.3
	40	2 000	BD-1.4	D-1.4	BD-2.4	D-2.4
	55	2 500	BD-1.5	D-1.5	BD-2.5	D-2.5

a 综合尺寸是指包装箱内尺寸的长、宽、高之和。

b 优等品包装箱主要用于储运流通环境比较复杂的情况，如国际快递。

c 合格品包装箱主要用于流通环境较简单的情况，如同城快递和国内异地快递。

注：当内装物最大质量与最大综合尺寸不在同一档次时，应以其较大者为准。

4.2 包装箱箱型推荐使用半叠盖式、互插盖式、插入式和三楞式四种，其箱型结构见附录A。根据内装物的不同，也可以采用其他型式的包装箱。

5 技术要求

5.1 材料

5.1.1 制造包装箱所使用的瓦楞纸板的各项技术指标应符合表2的规定。成箱后取样进行检测的纸板强度指标允许低于标准规定值的10%。

表2 瓦楞纸板技术指标

代号	优等品					合格品			
	瓦楞纸板最小综合定量/(g/m^2)	类级代号	耐破强度(不低于)/kPa	边压强度(不低于)/(kN/m)	戳穿强度(不低于)/(J)	类级代号	耐破强度(不低于)/kPa	边压强度(不低于)/(kN/m)	戳穿强度(不低于)/(J)
S	250	S-1.1	650	3.00	4.5	S-2.1	450	2.00	4.0
	320	S-1.2	800	3.50	5.0	S-2.2	600	2.50	4.5
	360	S-1.3	1 000	4.50	6.0	S-2.3	750	3.00	4.8
	420	S-1.4	1 150	5.50	8.0	S-2.4	850	3.50	5.0
	500	S-1.5	1 500	6.50	10.0	S-2.5	1 000	4.50	6.0
D	375	D-1.1	800	4.50	5.0	D-2.1	600	2.80	4.5
	450	D-1.2	1 100	5.00	7.0	D-2.2	800	3.20	5.0
	560	D-1.3	1 380	7.00	8.0	D-2.3	1 100	4.50	7.0
	640	D-1.4	1 700	8.00	10.0	D-2.4	1 200	6.00	7.5
	700	D-1.5	1 900	9.00	12.0	D-2.5	1 300	6.50	8.0

5.1.2 瓦楞纸板任一粘合层的粘合强度应不低于400 N/m。

5.1.3 钉合包装箱应采用宽度1.5 mm以上的经防锈处理的金属钉线,钉线不应该有锈斑、剥层、龟裂或其他使用上缺陷。

5.1.4 粘合包装箱应使用有足够接合强度的符合有关标准规定的粘合剂。

5.2 尺寸与偏差

5.2.1 包装箱的外尺寸应符合GB/T 4892的规定,包装箱的长、宽之比一般不大于2.5∶1;高、宽之比一般不大于2∶1,一般不小于0.15∶1。

5.2.2 包装箱的规格通常用内尺寸,展开尺寸(或制造尺寸)或外尺寸表示(单位为毫米),其规定如下:

——内尺寸:包装箱内的净空尺寸,以长、宽、高的顺序表示。

——展开尺寸:制造时的压线尺寸。包装箱展开时压线之间的尺寸,以长、宽、高的顺序表示。

——外尺寸:包装箱的外形尺寸,以长、宽、高的顺序表示。

半叠盖式包装箱三种尺寸的关系参见附录B。

5.2.3 包装箱的尺寸公差为单瓦楞包装箱±3 mm,双瓦楞包装箱±5 mm。摇盖对接的包装箱对接间隙不大于5 mm。

5.3 质量与结构

5.3.1 包装箱的接合可用钉线或粘合剂等方式。包装箱质量应均一,不得有粘合及钉合不良、不规则、脏污、伤痕等使用上的缺陷。

5.3.2 包装箱钉合搭接舌边的宽度单瓦楞包装箱为30 mm以上,双瓦楞包装箱为35 mm以上。钉接时,钉线的间隔为单钉不大于80 mm,双钉不大于110 mm。沿搭接部分中线钉合,采用斜钉(与纸箱立边约成45°)或横钉,箱钉应排列整齐、均匀。头尾钉距底面压痕中线的距离为13 mm±7 mm。钉合接缝应钉牢、钉透,不得有叠钉、翘钉、不转角等缺陷。

5.3.3 包装箱接头粘合搭接舌边宽度不少于 30 mm,粘合接缝的粘合剂涂布应均匀充分,不得有多余的粘合剂溢出现象。粘合应牢固,剥离时至少有 70%的粘合面被破坏。

5.3.4 包装箱压痕线宽度不得大于 17 mm,折线居中,不得有破裂或断线,箱壁不得有多余的压痕线。

5.3.5 构成包装箱的各面的切断部及棱必须互成直角。在压痕、合盖时,瓦楞纸板的表面不得破裂,在切断部位不得有显著的缺陷,切断口表面裂损宽度不得超过 8 mm。

5.3.6 包装箱成型后各叠角漏孔不大于 5 mm。

5.3.7 应适合普通胶水或糨糊粘贴地址签、号码签和条码签,并适合粘贴带背胶的条码签和详情单,固化后不脱落。

5.4 印刷内容及要求

5.4.1 包装箱明显位置应印刷有"快递"字样的中文或英文标识。

5.4.2 包装箱正面应印企业标识文字和图案,以及服务电话、经营地址和网站地址等快递企业的服务信息。

5.4.3 包装箱侧面适当位置应印有包装箱的种类或代号、制作单位、监制单位、监制证号、数量、出厂日期及环保标志等内容。

5.4.4 箱面印刷图字清晰,位置准确。

5.4.5 箱体任何部位不得印有经营性质的广告。

5.5 物理机械性能

5.5.1 包装箱的摇盖应牢固,箱体摇盖开合 270°,反复开合 5 次,内外面层不得有裂痕。

5.5.2 包装箱的空箱抗压能力按 6.5.2 规定的方法进行平面压力试验,其强度值应大于规定值。具体参数的确定可参见附录 C 或由供需双方协商确定。

5.5.3 在 1.2 m 的高度上,对满负荷封装完毕的包装箱进行面、棱、角的跌落试验各一次,箱体不允许出现破损。

6 试验方法

6.1 材料

6.1.1 试样的采取和检验前的处理按 GB/T 450 和 GB/T 10739 的规定进行。

6.1.2 耐破强度试验按 GB/T 6545 的规定进行。

6.1.3 边压强度试验按 GB/T 6546 的规定进行。

6.1.4 戳穿强度试验按 GB/T 2679.7 的规定进行。

6.1.5 粘合强度试验按 GB/T 6548 的规定进行。

6.1.6 对 5.1.3 和 5.1.4 的要求用目测法和直尺测量方法进行检验。

6.2 尺寸与偏差

测定内尺寸时,应将包装箱支撑成型,相邻面夹角成 90°,在搭舌上距摇盖压痕线 50 mm 处分别量取长度和宽度,以箱底与箱顶两内摇盖间的距离量取箱高;也可将纸箱展开,使弯折的部分充分展平,展不平时可压上重物,用直尺测量展开尺寸。可参考附录 B 的方法,根据展开尺寸与内尺寸的关系换算成内尺寸。

6.3 质量与结构

6.3.1 对 5.3.1～5.3.6 的要求用目测法和直尺测量方法进行检验。

6.3.2 对 5.3.7 的要求用普通胶水(或糨糊)粘贴标签或粘贴带背胶的条码签和详情单,固化后揭撕标签,签纸或板底应遭破坏。

6.4 印刷内容及要求

对 5.4 的要求用目测法进行检验。

6.5 物理机械性能

6.5.1 对5.5.1的要求用目测法进行检验。

6.5.2 包装箱空箱抗压能力按GB/T 4857.4的规定进行,包装箱应按拟采取的实际运输状态进行封合。

6.5.3 对5.5.3的试验按GB/T 4857.5的规定进行。

7 检验规则

包装箱的检验分为出厂检验和型式检验两种。

7.1 出厂检验

7.1.1 抽样

以一次交货数量为一批。包装箱出厂检验抽样按表3的规定,根据GB/T 10111的规定随机抽取检验样本。样本单位为个,样本量、检验水平及接收质量限(AQL)见表3。

表3 包装箱出厂检验样本量、检验项目及抽样方案表

批量	正常检验一次抽样方案　检验水平S—4						
	样本量	AQL=4.0			AQL=6.5		
		Ac	Re	检验项目	Ac	Re	检验项目
1 201～3 200	32	3	4	5.4 印刷内容及要求 5.5 物理机械性能	5	6	5.2 尺寸与偏差 5.3 质量与结构
3 201～10 000							
10 001～35 000	50	5	6		7	8	
35 001～150 000	80	7	8		10	11	
150 001～500 000							
注:AQL——接收质量限、Ac——接收数、Re——拒收数。							

7.1.2 判定规则

7.1.2.1 不合格品

每只样品按第6章试验方法检验表3规定的各项检验项目,如有一项或一项以上技术指标达不到要求,该产品为不合格品。

7.1.2.2 不合格批

样本中不合格品数等于或大于不合格判定数(Re),则样本所代表的该批产品为不合格批。此时可对该批产品进行挑选,剔出不合格品后,再进行复检。进行复检时,应按GB/T 2828.1—2003中表2-B加严检查一次抽样方案的规定进行,复检仍不合格,则整批产品不得出厂,并不允许再次提交。

7.2 型式检验

7.2.1 型式检验的周期为半年,但有下列情况之一时应进行型式检验:

a) 试制定型鉴定时;

b) 正式生产后,材料、工艺有较大改变时;

c) 正常生产时,每100万个应进行一次检验;

d) 停产半年以上又恢复生产时;

e) 出厂检验结果与上次型式检验有较大差异时;

f) 质量监督机构提出进行型式检验要求时。

7.2.2 抽样

型式检验抽样应从当前生产的并经出厂检验合格的产品中按表4的规定,随机抽取检验样本。样本单位为个,样本量、检验水平及不合格质量水平(RQL)见表4。

表 4 包装箱型式检验样本量、检验项目及抽样方案表

判别水平Ⅱ的二次抽样方案						
样本量	RQL=12			RQL=15		
	检验项目	判定数		检验项目	判定数	
		A_1	R_1		A_1	R_1
第一样本量 20	5.1 材料 5.4 印刷内容及要求 5.5 物理机械性能	0	3	5.2 尺寸与偏差 5.3 质量与结构	1	3
		A_2	R_2		A_2	R_2
第二样本量 20		3	4		4	5
注：RQL——不合格质量水平；A_1、A_2——合格判定数；R_1、R_2——不合格判定数。						

7.2.3 判定规则

在第一样本中，若不合格品数小于或等于合格判定数（A_1），则型式检验合格。若不合格品数大于或等于不合格判定数（R_1），则型式检验不合格。若不合格品数大于合格判定数（A_2），小于不合格判定数（R_2）时，则需要抽第二样本。若第一样本和第二样本累计的不合格品数小于或等于合格判定数（A_2），则型式检验合格。若第一样本和第二样本累计的不合格品数大于或等于合格判定数（R_2），则型式检验不合格。

8 标志、包装、运输和储存

8.1 包装标志应符合 GB/T 191 的规定。

8.2 包装箱的包装方式和要求由供需双方商定。

8.3 包装箱在储运过程中应避免雨雪、暴晒、受潮和污染，不得采用有损包装箱质量的运输、装卸方式及工具。

8.4 包装箱应储存在通风干燥的库房内，底层距地面高度不小于 100 mm。短期露天存放时，应有必要的防雨防晒等措施。

附 录 A
（资料性附录）
包装箱箱型结构

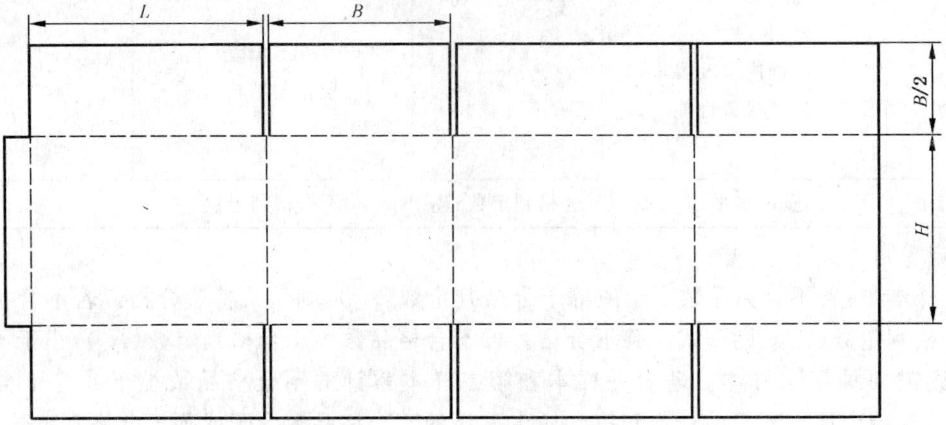

图 A.1 半叠盖式包装箱结构

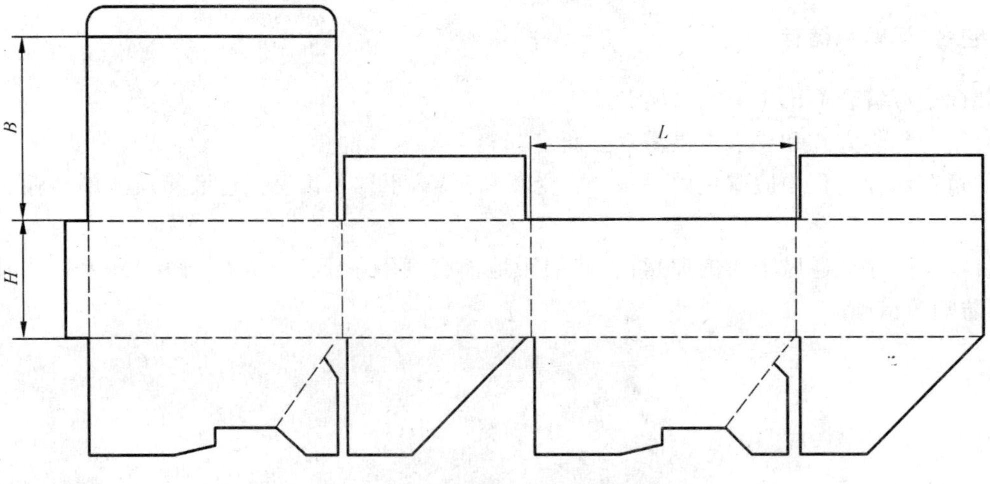

图 A.2 互插盖式包装箱结构

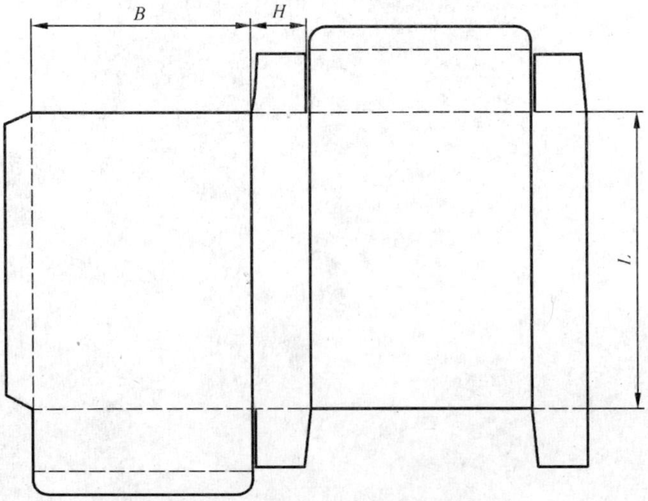

图 A.3 插入式包装箱结构

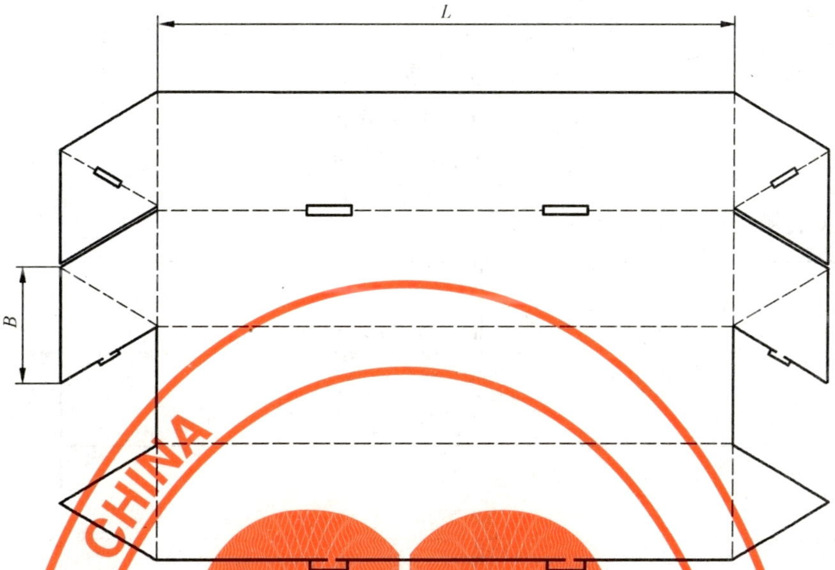

图 A.4 三楞式包装箱结构

附 录 B
（资料性附录）
三种尺寸的关系

B.1 半叠盖式包装箱的展开图如图B.1所示。

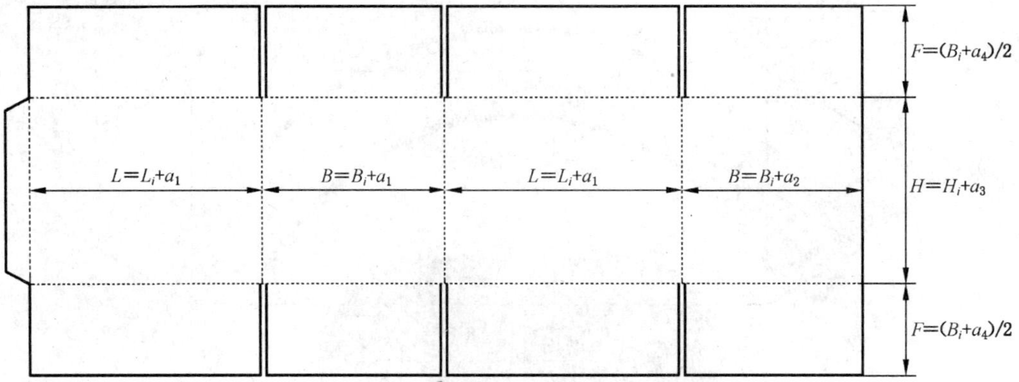

注：L、B 及 H、F 为展开尺寸，L_i、B_i 及 H_i 为内尺寸，a_1、a_2、a_3 及 a_4 为伸放量。

图 B.1 半叠盖式包装箱展开图

B.2 图B.1中的伸放量的参考值如表B.1所示。

表 B.1 半叠盖式包装箱的伸放量

纸板类别	楞型	伸放量/mm			
		a_1	a_2	a_3	a_4
单瓦楞纸板	A楞	6	4	9	4
	C楞	4	3	8	3
	B楞	3	2	6	1
双瓦楞纸板	AB楞	9	6	16	6
	BC楞	8	5	4	6

注1：摇盖 F 的计算式中 (B_i+a_4) 为奇数加1。

注2：表中的伸放量只是一例。因为伸放量会受设备、加工方法、所用原纸及封箱方法等诸多因素的影响，故在新包装设计时，应制作样箱试装，反复改进后，才能得出该包装箱较实用的伸放量的值。

B.3 半叠盖式包装箱外尺寸与内尺寸的关系：

半叠盖式包装箱外尺寸的长、宽、高分别为 L_0、B_0、H_0。

$L_0=L_i+$（纸板厚度$\times 2$）　　$B_0=B_i+$（纸板厚度$\times 2$）　　$H_0=H_i+$（纸板厚度$\times 4$）

附　录　C
（资料性附录）
包装箱抗压强度计算方法

C.1　计算公式

包装箱的抗压强度值不小于下式所得的计算值：

$$P = K \cdot G \frac{H-h}{h} \times 9.8$$

式中：

P——抗压强度值，单位为牛顿（N）；

K——强度安全系数；

G——包装箱包装件的质量，单位为千克（kg）；

H——堆码高度（一般不高于 3 000 mm），单位为毫米（mm）；

h——包装箱高度，单位为毫米（mm）。

C.2　强度安全系数 *K*

应根据实际储运流通环境条件确定，包括气候环境条件、机械物理环境条件及储运时间等，内装物能起到支撑作用的一般取 1.65 以上，不能起到支撑作用的一般取 2 以上。建议用于国际寄递业务的包装箱取 3；用于国内寄递业务的包装箱取 2.5；用于同城寄递业务的包装箱取 2。

ICS 03.240
M 83

中华人民共和国国家标准

GB/T 16606.3—2009

快递封装用品　第3部分：包装袋

Packings for express service—Part 3: Packing bags

2009-06-12 发布　　　　2009-12-01 实施

中华人民共和国国家质量监督检验检疫总局
中国国家标准化管理委员会　发布

前　言

GB/T 16606《快递封装用品》分为3个部分：

——第1部分：封套

——第2部分：包装箱

——第3部分：包装袋

……

本部分是GB/T 16606的第3部分。

本部分的附录A和附录B为资料性附录。

本部分由国家邮政局提出。

本部分由全国邮政业标准化技术委员会(SAC/TC 462)归口。

本部分起草单位：中国标准化研究院和北京市快递协会。

本部分主要起草人：陈志民、王宝华、牛建明、杨建、张帆、丁文兴。

快递封装用品　第3部分：包装袋

1　范围

GB/T 16606的本部分规定了快递包装袋(以下简称“包装袋”)的种类规格、技术要求、试验方法、检验规则以及包装、标志、运输和储存。

本部分适用于包装袋的制作、检验、包装、标志、运输和储存。

2　规范性引用文件

下列文件中的条款通过GB/T 16606的本部分的引用而成为本部分的条款。凡是注日期的引用文件，其随后所有的修改单(不包括勘误的内容)或修订版均不适用于本部分，然而，鼓励根据本部分达成协议的各方研究是否可使用这些文件的最新版本。凡是不注日期的引用文件，其最新版本适用于本部分。

GB/T 1040.1　塑料　拉伸性能的测定　第1部分：总则(GB/T 1040.1—2006,ISO 527-1:1993,IDT)

GB/T 1040.3　塑料　拉伸性能的测定　第3部分：薄膜和薄片的试验条件(GB/T 1040.3—2006,ISO 527-3:1995,IDT)

GB/T 2410—2008　透明塑料透光率和雾度的测定

GB/T 2792—1998　压敏胶粘带180°剥离强度试验方法

GB/T 2828.1—2003　计数抽样检验程序　第1部分：按接收质量限(AQL)检索的逐批检验抽样计划(ISO 2859-1:1999,IDT)

GB/T 2829—2002　周期检验计数抽样程序及表(适用于对过程稳定性的检验)

GB/T 4668　机织物密度的测定

GB/T 4669　纺织品　机织物　单位长度质量和单位面积质量的测定

GB/T 4744　纺织织物　抗渗水性测定　静水压试验

GB/T 6672　塑料薄膜和薄片厚度测定　机械测量法(GB/T 6672—2001,ISO 4593:1993,IDT)

GB/T 8808　软质复合塑料材料　剥离试验方法

GB/T 8809　塑料薄膜抗摆锤冲击试验方法

GB/T 8946　塑料编织袋

GB/T 10005—1998　双向拉伸聚丙烯(BOPP)/低密度聚乙烯(LDPE)复合膜、袋

GB/T 10111　随机数的产生及其在产品质量抽样检验中的应用程序

GB 21660—2008　塑料购物袋的环保、安全和标识通用技术要求

QB/T 1130—1991　塑料直角撕裂性能试验方法

QB/T 2358　塑料薄膜包装袋热合强度试验方法

3　术语与定义

GB/T 2828.1—2003、GB/T 2829—2002确立的以及下列术语和定义适用于GB/T 16606的本部分。

3.1

塑料薄膜包装袋　paking bags for plastic film

以树脂为主要原料，经模切、印刷和封合等加工后，制成的提供给用户的可装载快件的袋式封装

用品。

3.2

气垫膜包装袋　paking bags for air spring film

以树脂为主要原料，经挤出双层膜真空复合成型的气垫薄膜，并经复合、模切、印刷和粘合等加工后，制成的提供给用户的可装载快件的袋式封装用品。

3.3

塑料编织布包装袋　paking bags for plastc woven fabric

以树脂为主要原料，经挤出、拉伸成扁丝，并经织造、印刷和缝纫等加工后，制成的提供给用户的可装载快件的袋式封装用品。

3.4

接收质量限(AQL)　acceptance quality limit

当一个连续系列批被提交验收抽样时，可允许的最差过程平均质量水平。

[GB/T 2828.1—2003 中 3.1.26]

3.5

不合格质量水平(RQL)　rejection qulity level

在抽样检验中，认为不可接受的批质量下限。

[GB/T 2829—2002 中 3.1.18]

4　种类规格

包装袋分为塑料薄膜类、气垫膜类和塑料编织布类三种。推荐的规格尺寸见表1。

表1　包装袋种类规格

单位为毫米

名称	规格尺寸		备　注
	长 L	宽 W	
塑料薄膜类	300～550	250～400	可有起墙和无起墙两种形式，起墙厚度不大于 30 mm
气垫膜类	160～480	160～350	
塑料编织布类	460～955	415～525	可有起墙和无起墙两种形式，起墙厚度一般为 30 mm～200 mm
注：特殊规格尺寸的包装袋，由供需双方协商。			

5　技术要求

5.1　材料

5.1.1　塑料薄膜类材料技术指标见表2。

表2　塑料薄膜类材料技术指标

指标名称		单位	规定值	试验方法
厚度		mm	0.06～0.08	GB/T 6672
厚度极限偏差		%	±10	
拉伸强度	纵、横向	MPa	≥20.0	GB/T 1040.1、GB/T 1040.3
断裂伸长率	纵向	%	50～180	GB/T 1040.1、GB/T 1040.3
	横向		15～90	GB/T 1040.1、GB/T 1040.3

表 2（续）

指标名称		单位	规定值	试验方法
直角撕裂力	纵、横向	N	≥4.0	QB/T 1130—1991
粘合向拉断力		N	≥6.0	QB/T 2358 及本部分 6.1.1.2
抗摆锤冲击能		J	≥0.6	GB/T 8809
透光率		%	≤5.0	GB/T 2410
溶剂残留量	总量	mg/m^2	≤10.0	GB/T 10005—1998
	苯类溶剂		≤3.0	

5.1.2　气垫膜类材料技术指标见表 3。

表 3　气垫膜类材料技术指标

指标名称	单位	规定值	试验方法
拉断力	N/50 mm	≥70.0	GB/T 1040.1、GB/T 1040.3
粘合向拉断力	N/50 mm	≥30.0	
袋口胶带 180°剥离强度	N/cm	≥5.0	GB/T 2792—1998
剥离力	N	≥0.5	GB/T 8808
质量	g/m^2	≥80	GB/T 4669

5.1.3　塑料编织布类材料技术指标见表 4。

表 4　塑料编织布类材料技术指标

指标名称		单位	规定值	试验方法
密度	经向	根/10 cm	≥40	GB/T 4668
	纬向		≥40	
拉伸力	经向	N/50 mm	≥450	GB/T 1039、GB/T 1040.1、GB/T 1040.3
	纬向		≥450	
	缝底向		≥200	
	粘合向		≥150	
剥离力		N	≥2.5	GB/T 8808
质量		g/m^2	≥80	GB/T 4669
静水压		kPa	≥2.0	GB/T 4744

5.1.4　安全卫生指标应符合 GB 21660—2008 的要求。

5.2　式样

5.2.1　包装袋的推荐式样参见附录 A。

5.2.2　包装袋背面应注明粘贴快递运单的位置，也可在相同位置粘贴透明塑料袋，用于放置快递运单。

5.3　表面要求

5.3.1　包装袋应表面平整，无明显损坏，无污垢。

5.3.2　包装袋书写各种信息的位置上应进行表面处理，以适合用圆珠笔或普通自来水笔书写文字，字迹清晰耐擦涂。

5.3.3　适合粘贴带背胶的条码签和快递运单，固化后不脱落。

5.3.4　包装袋不应有明显异嗅。

5.3.5 薄膜类包装袋应均匀、平整，不应存在有碍使用的气泡、穿孔(不包括透气孔)、塑化不良、鱼眼、僵块、丝纹、挂料线、皱折(不包括折边等正常折叠引起的折痕)等瑕疵。

5.3.6 塑料编织布包装袋间隔100 mm内，经纬丝断缺不超过2根；宽度3 mm，长度100 mm褶皱不多于3处。

5.3.7 气垫膜包装袋坏泡率不大于0.2%。

5.4 制作要求

5.4.1 包装袋结构为三边封合，应封合牢固，满足承重负荷的要求。正面右端或上端留有封舌。

5.4.2 塑料编织布包装袋底边缝合后应用胶带将缝线处粘合并将缝线全部覆盖。

5.4.3 在塑料编织布包装袋不影响使用的任意位置冲出2～4个出气孔。

5.4.4 热封处应封合牢固，粘合向拉断力应符合表2、表3和表4的规定。

5.5 印刷

5.5.1 印刷内容

5.5.1.1 包装袋正面应印企业标识文字和图案，以及服务电话、经营地址和网站地址等快递企业的服务信息。

5.5.1.2 包装袋背面应印有包装袋适用的厚度和重量、禁递物品等中英文使用说明，字号不应小于5号字。

5.5.1.3 包装袋背面右下角应注明印制单位、监制单位、监制证号、数量、出厂日期等内容。

5.5.1.4 包装袋背面应按GB 21660—2008附录A的规定印制环保标志。

5.5.1.5 包装袋任何部位不得印有经营性质的广告。

5.5.2 印刷质量

印刷油墨应均匀，图案和文字应清晰、完整，印刷剥离率应小于10%。

5.6 封口要求

5.6.1 封舌宽度应大于25 mm。

5.6.2 沿封舌外边缘应贴有宽度不小于20 mm的胶带，粘合长度不小于封舌长度的98%，粘合面积大于80%。

5.6.3 胶带的剥离强度不小于5 N/mm，粘合后再撕开，封舌应有明显变形的痕迹。

5.6.4 塑料编织布包装袋封口可采用一次性封装用品，封装方便，开启后不可重复使用。若采用锁扣封口，其封口要求见附录B。

6 试验方法

6.1 材料

6.1.1 塑料薄膜类材料

6.1.1.1 塑料薄膜类材料试验方法见表2。

6.1.1.2 粘合向拉断力试验速度为300 mm/min±50 mm/min。

6.1.2 气垫膜类材料

气垫膜类材料试验方法见表3。

6.1.3 塑料编织布材料

塑料薄膜类材料试验方法见表4。

6.2 式样

在自然光线下目测。

6.3 表面要求

6.3.1 按5.3.1的要求用目测法进行检验。

6.3.2 按5.3.2的要求用普通书写工具及墨水笔写字，字迹干后，用普通棉布反复擦五次，字迹仍清晰可辨。

6.3.3 按5.3.3的要求粘贴带背胶的条码签和快递运单，固化后揭撕标签，标签及包装袋表面应遭破坏。

6.3.4 异嗅在室内正常条件下进行感观评测。

6.3.5 按5.3.5、5.3.6和5.3.7的要求用目测法和直尺测量方法进行检验。

6.4 制作要求

6.4.1 按5.4的要求用目测法及表2、表3和表4规定的方法进行检验。

6.5 印刷

6.5.1 印刷内容

在自然光线下，目测5.5.1规定的印刷内容。

6.5.2 印刷质量

在包装袋印刷油墨较多部位上切取试样。印刷面朝上，用透明胶带将试样四边固定在平滑的台面上露出试验部位：100 mm×100 mm。操作过程中不要用手接触测量部位，用180°剥离强度为6.5 N/15 mm±1.0 N/15 mm的胶粘带，取宽15 mm，长175 mm，贴于试样印刷面上，在75 mm处折成180°，并在粘贴部位用质量为1 kg压辊来回滚压一次。然后用手快速进行剥离，剥离后用分度值为0.5 mm的钢板尺测量印刷油墨剥离面积与残留面积，按下式计算印刷油墨剥离率。试验数量三个，取其平均值，结果修约至1%。

$$A = \frac{S_1}{S_2} \times 100\%$$

式中：

A——印刷油墨剥离率，(%)；

S_1——剥离面积，单位为平方毫米(mm^2)；

S_2——残留面积，单位为平方毫米(mm^2)。

6.6 封舌及封口要求

6.6.1 用满足0.5 mm精度的量具对5.6.1和5.6.2的要求进行测定。

6.6.2 胶带的剥离强度试验用目测法和GB/T 2792—1998的规定进行测定。

7 检验规则

包装袋的检验分为出厂检验和型式检验两种。

7.1 出厂检验

7.1.1 抽样

以一次交货数量为一批。包装袋出厂检验抽样按表5的规定，根据GB/T 10111的规定随机抽取检验样本。样本单位为条，样本量、检验水平及接收质量限(AQL)见表5。

7.1.2 判定规则

7.1.2.1 不合格品

每条样品按第6章试验方法检验表5规定的各项检验项目，如有一项或一项以上技术指标达不到要求，该产品为不合格品。

7.1.2.2 不合格批

样本中不合格品数等于或大于拒收数(Re)，则样本所代表的该批产品为不合格批。此时可对该批产品进行挑选，剔出不合格品后，再进行复检。进行复检时，应按GB/T 2828.1—2003中表2-B加严检验一次抽样方案的规定进行，复检仍不合格，则整批产品不得出厂，并不允许再次提交。

表 5 包装袋出厂检验样本量、检验项目及抽样方案表

批量	样本量	正常检验一次抽样方案 检验水平 S-4					
		AQL=4.0			AQL=6.5		
		Ac	Re	检验项目	Ac	Re	检验项目
1 201～3 200	32	3	4	5.3 表面要求 5.4 制作要求 5.5 印刷 5.6 封舌及封口要求	5	6	4 种类规格 5.2 式样
3 201～10 000							
10 001～35 000	50	5	6		7	8	
35 001～150 000	80	7	8		10	11	
150 001～500 000							
注：AQL——接收质量限、Ac——接收数、Re——拒收数。							

7.2 型式检验

7.2.1 型式检验的周期为半年，但有下列情况之一时应进行型式检验：

a) 试制定型鉴定时；

b) 正式生产后，材料、工艺有较大改变时；

c) 正常生产时，每 100 万条应进行一次检验；

d) 停产半年以上又恢复生产时；

e) 出厂检验结果与上次型式检验有较大差异时；

f) 质量监督机构提出进行型式检验要求时。

7.2.2 抽样

型式检验抽样应从当前生产的并经出厂检验合格的产品中按表 6 的规定，随机抽取检验样本。样本单位为条，样本量、检验水平及不合格质量水平(RQL)见表 6。

表 6 包装袋型式检验样本量、检验项目及抽样方案表

判别水平Ⅱ的二次抽样方案						
样本量	RQL=12			RQL=15		
	检验项目	判定数		检验项目	判定数	
第一样本量 20	5.1 材料 5.3 表面要求 5.4 制作要求 5.5 印刷 5.6 封口及封舌要求	A_1 0	R_1 3	4 种类规格 5.2 式样	A_1 1	R_1 3
第二样本量 20		A_2 3	R_2 4		A_2 4	R_2 5
注：RQL——不合格质量水平；A_1、A_2——合格判定数；R_1、R_2——不合格判定数。						

7.2.3 判定规则

在第一样本中，若不合格品数小于或等于合格判定数(A_1)，则型式检验合格。若不合格品数大于或等于不合格判定数(R_1)，则型式检验不合格。若不合格品数大于合格判定数(A_2)，小于不合格判定数(R_2)时，则需要抽第二样本。若第一样本和第二样本累计的不合格品数小于或等于合格判定数(A_2)，则型式检验合格。若第一样本和第二样本累计的不合格品数大于或等于合格判定数(R_2)，则型式检验不合格。

8 包装、标志、运输和储存

8.1 包装

8.1.1 产品包装应牢固、平整，适用于运输。

8.1.2　每件包装中应为相同品种、型号、规格的产品。

8.1.3　每件包装中一般分50条、100条，或由供需双方协商决定。

8.1.4　每件包装中有产品合格证。

8.2　标志

产品包装上应有生产单位、产品型号、数量、标准编号、生产日期等内容。

8.3　运输

包装袋在运输过程中不应靠近火源、热源，避免日光直接照射。

8.4　储存

包装袋应于阴凉洁净的室内储存，储存期从生产日期算起，不得超过一年。

附 录 A
（资料性附录）
包装袋式样

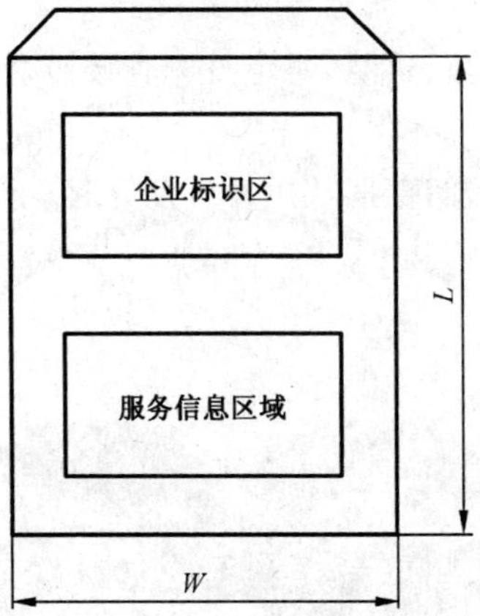

图 A.1 包装袋示意图正面

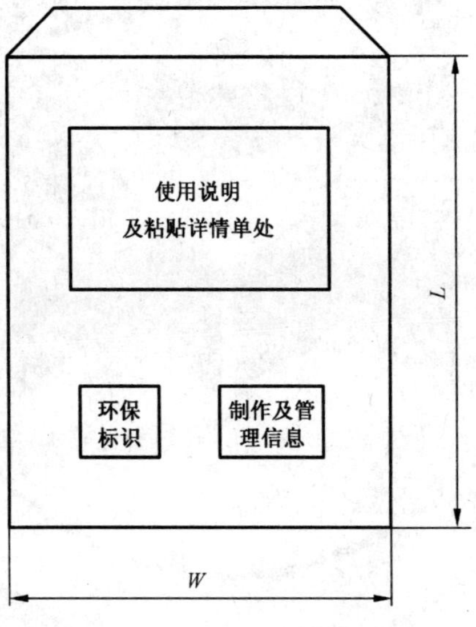

图 A.2 包装袋示意图背面

附 录 B
（资料性附录）
塑料编织布类包装袋锁扣封口要求及试验方法

B.1 锁扣封口拉力

B.1.1 圆孔

应在距袋口 15 mm 的圆周上间隔 40 mm～60 mm 均匀冲出两排圆孔，两排孔中心的距离为 20 mm～40 mm。圆孔边缘整齐无毛刺。

B.1.2 锁扣拉力

锁扣拉力应大于等于 150 N。

B.1.3 其他

采用其他封口方式，其封口处拉力也应符合 B.1.2 的要求。

B.2 试验方法

B.2.1 试验设备

a） 能满足本部分试验要求可做拉伸试验的试验机均可使用。

b） 试验的负荷值应选在每一级满量程的 10%～90%内，示值误差应在±1%范围内。

B.2.2 试验条件

a） 试验环境：试样应在温度为 23 ℃±2 ℃，常湿条件下预处理 4 h，并在此条件下进行试验。

b） 试样制备：用锁扣在塑料编织布包装袋封口处将袋口封合，裁取带有锁扣部分的塑料编织包装袋，上下两片同时裁取，试样尺寸长 300 mm，宽 50 mm。

c） 试验速度：(200±20)mm/min。

B.2.3 试验步骤

按 GB/T 1040 的规定进行。将试样两端分别夹在试验机夹具上，中间为锁扣锁住部分，夹具间距 200 mm，按 B.2.2c)规定的试验速度进行试验，记录试样在拉开锁扣过程中的最大负荷，试验结果以 5 个试样的算术平均值表示，精确到 1 N。

ICS 83.160.99
G 41

GB

中华人民共和国国家标准

GB/T 16622—2009
代替 GB/T 16622—1996

压配式实心轮胎规格、尺寸与负荷

Size designation, dimensions and load capacity for pressed-on solid tyres

2009-04-24 发布　　2009-12-01 实施

中华人民共和国国家质量监督检验检疫总局
中国国家标准化管理委员会　发布

前 言

本标准代替 GB/T 16622—1996《压配式实心轮胎系列》。

本标准与 GB/T 16622—1996 的主要差异如下：

——对标准名称进行了修改；

——扩大了适用范围(见第 1 章)；

——增加了规范性引用文件(本版的第 2 章)；

——增加部分规格及其相应速度下的负荷(见表 2)；

——增加公制轮胎规格及其相应速度下的负荷(本版的表 3)；

——表 2 增加了注解(见表 2)。

本标准由中国石油和化学工业协会提出。

本标准由全国轮胎轮辋标准化技术委员会(SAC/TC 19)归口。

本标准起草单位:杭州中策橡胶有限公司、贵州前进橡胶有限公司、上海华向实芯轮胎有限公司。

本标准起草人:郑斌、陈国华、陈亚洲、张水明 、谭德征。

本标准所代替标准的历次版本发布情况为：

——GB/T 16622—1996。

压配式实心轮胎规格、尺寸与负荷

1 范围

本标准规定了压配式实心轮胎用术语和定义、轮胎规格表示方法、轮胎规格、尺寸、速度与负荷。

本标准适用于平衡重式叉车、起升机、牵引车、平板车和固定平台搬运车等工业车辆上使用的新的压配式实心轮胎。

2 规范性引用文件

下列文件中的条款通过本标准的引用而成为本标准的条款。凡是注日期的引用文件，其随后所有的修改单(不包括勘误的内容)或修订版均不适用于本标准，然而，鼓励根据本标准达成协议的各方研究是否可使用这些文件的最新版本。凡是不注日期的引用文件，其最新版本适用于本标准。

GB/T 6326 轮胎术语及其定义(GB/T 6326—2005，ISO 4223-1:2002，Definitions of some terms used in tyre industry—Part 1:Pneumatic tyres，NEQ)

GB/T 16623 压配式实心轮胎技术规范

3 术语和定义

GB/T 6326 确立的术语和定义适用于本标准。

4 轮胎规格表示方法

轮胎规格标志示范见表 1。

表 1

轮胎规格		轮胎 外直径		轮胎 断面宽度		轮辋直径	
公制 mm	英制 in	mm	in	mm	in	mm	in
229×127×127	9×5×5	229	9	127	5	127	5

5 轮胎规格、尺寸、速度与负荷

5.1 轮胎规格、尺寸、行驶速度与负荷的对应关系应符合表 2 和表 3 的规定。

5.2 轮胎轮辋配合尺寸宜符合 GB/T 16623 的相关规定。

表 2

轮胎规格		最大负荷/ kg				
		平衡重式叉车				其他工业车辆
公制 mm	英制 in	10 km/h		16 km/h		16 km/h
		驱动轮	转向轮	驱动轮	转向轮	
229×127×127	9×5×5	890	790	785	715	685
254×127×157.2	10×5×6.187 5	955	850	845	770	735

表 2（续）

轮胎规格		最大负荷/kg				
		平衡重式叉车				其他工业车辆
公制 mm	英制 in	10 km/h		16 km/h		16 km/h
		驱动轮	转向轮	驱动轮	转向轮	
254×76×158.8	10×3×6¼	500	445	440	400	385
254×102×158.8	10×4×6¼	725	645	640	585	560
254×127×158.8	10×5×6¼	955	850	845	765	735
254×152×158.8	10×6×6¼	1 180	1 050	1 045	950	910
254×178×158.8	10×7×6¼	1 410	1 255	1 245	1 130	1 085
254×102×165.1	10×4×6½	720	640	635	580	555
254×121×165.1	10×4 ¾×6½	885	790	785	710	680
254×127×165.1	10×5×6½	940	835	830	755	725
254×152×165.1	10×6×6½	1 160	1 035	1 030	935	895
267×127×127	10½×5×5	1 020	910	905	820	785
267×152×127	10½×6×5	1 295	1 155	1 145	1 040	995
267×102×165.1	10½×4×6½	755	675	670	610	580
267×127×165.1	10½×5×6½	1 000	890	885	805	770
267×152×165.1	10½×6×6½	1 240	1 105	1 100	995	955
267×178×165.1	10½×7×6½	1 485	1 320	1 310	1 190	1 140
279×102×165.1	11×4×6½	785	700	695	630	605
305×89×203.2	12×3 ½×8	700	625	620	565	540
305×102×203.2	12×4×8	835	745	740	670	645
305×114×203.2	12×4½×8	970	865	860	780	745
305×127×203.2	12×5×8	1 105	980	975	885	850
305×140×203.2	12×5½×8	1 240	1 100	1 095	995	950
305×165×203.2	12×6½×8	1 505	1 340	1 330	1 210	1 160
318×127×228.6	12½×5×9	1 110	990	985	895	855
330×89×203.2	13×3½×8	730	650	645	585	560
330×114×203.2	13×4½×8	1 040	925	920	835	800
330×127×203.2	13×5×8	1 195	1 065	1 060	960	920
330×127×254	13×5×10	1 105	985	980	890	850
343×89×203.2	13½×3½×8	735	655	650	590	565
343×114×203.2	13½×4½×8	1 065	950	945	855	820
343×140×203.2	13½×5½×8	1 400	1 245	1 235	1 125	1 075
343×165×203.2	13½×6½×8	1 730	1 540	1 530	1 390	1 330

表 2（续）

轮胎规格		最大负荷/kg				
		平衡重式叉车				其他工业车辆
公制 mm	英制 in	10 km/h		16 km/h		16 km/h
		驱动轮	转向轮	驱动轮	转向轮	
356×114×203.2	14×4½×8	1 085	965	960	870	835
356×127×254	14×5×10	1 240	1 100	1 095	995	955
381×89×285.8	15×3½×11¼	830	740	735	665	640
381×102×285.8	15×4×11¼	985	875	870	790	755
381×127×285.8	15×5×11¼	1 290	1 150	1 145	1 040	995
381×152×285.8	15×6×11¼	1 600	1 425	1 415	1 285	1 230
381×178×285.8	15×7×11¼	1 910	1 700	1 690	1 535	1 470
381×203×285.8	15×8×11¼	2 215	1 975	1 960	1 780	1 705
394×127×254	15½×5×10	1 365	1 215	1 210	1 100	1 050
394×152×254	15½×6×10	1 735	1 545	1 535	1 395	1 335
406×127×266.7	16×5×10½	1 400	1 245	1 240	1 125	1 075
406×152×266.7	16×6×10½	1 775	1 580	1 570	1 430	1 365
406×178×266.7	16×7×10½	2 155	1 915	1 905	1 730	1 655
406×114×304.8	16×4½×12	1 205	1 070	1 065	965	925
406×76×308	16×3×12⅛	705	630	625	570	545
406×89×308	16×3½×12⅛	870	775	770	700	670
406×102×308	16×4×12⅛	1 035	920	915	830	795
406×127×308	16×5×12⅛	1 365	1 215	1 205	1 095	1050
413×127×285.8	16¼×5×11¼	1 415	1 260	1 250	1 135	1 090
413×152×285.8	16¼×6×11¼	1 780	1 585	1 575	1 430	1 370
413×178×285.8	16¼×7×11¼	2 150	1 915	1 900	1 730	1 655
432×127×308	17×5×12⅛	1 460	1 300	1 295	1 175	1 125
432×152×308	17×6×12⅛	1 840	1 635	1 625	1 475	1 415
457×127×308	18×5×12⅛	1 525	1 355	1 350	1 225	1 175
457×152×308	18×6×12⅛	1 945	1 735	1 720	1 565	1 500
457×178×308	18×7×12⅛	2 370	2 110	2 095	1 905	1 820
457×203×308	18×8×12⅛	2 790	2 485	2 470	2 245	2 145
457×229×308	18×9×12⅛	3 215	2 860	2 840	2 580	2 470
457×102×355.6	18×4×14	1 135	1 010	1 000	910	870
508×203×381	20×8×15	2 940	2 615	2 600	2 365	2 260
508×229×381	20×9×15	3 370	3 000	2 980	2 710	2 590

表 2（续）

轮胎规格		最大负荷/kg				
		平衡重式叉车				其他工业车辆
公制 mm	英制 in	10 km/h		16 km/h		16 km/h
		驱动轮	转向轮	驱动轮	转向轮	
508×89×406.4	20×3½×16	1 030	915	910	830	790
508×127×406.4	20×5×16	1 620	1 440	1 430	1 300	1 245
508×203×406.4	20×8×16	2 795	2 490	2 475	2 250	2 150
508×229×406.4	20×9×16	3 190	2 840	2 820	2 565	2 455
533×127×381	21×5×15	1 710	1 520	1 510	1 375	1 315
533×152×381	21×6×15	2 185	1 945	1 935	1 760	1 680
533×178×381	21×7×15	2 665	2 370	2 355	2 140	2 050
533×203×381	21×8×15	3 140	2 795	2 780	2 525	2 415
533×229×381	21×9×15	3 620	3 220	3 200	2 910	2 785
559×305×381	22×12×15	5 400	4 805	4 775	4 340	4 150
559×152×406.4	22×6×16	2 265	2 015	2 005	1 820	1 740
559×178×406.4	22×7×16	2 760	2 455	2 440	2 220	2 120
559×203×406.4	22×8×16	3 255	2 895	2 880	2 615	2 500
559×229×406.4	22×9×16	3 745	3 335	3 315	3 010	2 880
559×254×406.4	22×10×16	4 240	3 775	3 750	3 410	3 265
559×305×406.4	22×12×16	5 230	4 655	4 625	4 205	4 025
559×356×406.4	22×14×16	6 220	5 535	5 500	5 000	4 785
559×406×406.4	22×16×16	7 205	6 415	6 375	5 795	5 545
559×152×450.8	22×6×17¾	2 185	1 945	1 935	1 755	1 680
559×203×450.8	22×8×17¾	3 050	2 715	2 700	2 450	2 345
610×152×406.4	24×6×16	2 370	2 110	2 100	1 905	1 825
660×152×508	26×6×20	2 565	2 285	2 270	2 065	1 975
660×178×508	26×7×20	3 125	2 785	2 765	2 515	2 405
660×203×508	26×8×20	3 685	3 280	3 260	2 965	2 835
711×178×558.8	28×7×22	3 305	2 940	2 925	2 655	2 545
711×254×558.8	28×10×22	5 080	4 525	4 495	4 085	3 910
711×305×558.8	28×12×22	6 265	5 575	5 545	5 035	4 820
711×356×558.8	28×14×22	7 450	6 630	6 590	5 990	5 730
711×406×588.8	28×16×22	8 635	7 685	7 640	6 940	6 645
915×203×762	36×8×30	4 705	4 190	4 165	3 785	3 620
915×229×762	36×9×30	5 420	4 825	4 795	4 360	4 170

表 2（续）

轮胎规格		最大负荷/kg				
		平衡重式叉车				其他工业车辆
公制 mm	英制 in	10 km/h		16 km/h		16 km/h
		驱动轮	转向轮	驱动轮	转向轮	
915×254×762	36×10×30	6 135	5 460	5 430	4 935	4 720
915×305×762	36×12×30	7 565	6 735	6 695	6 080	5 820
915×406×762	36×16×30	10 425	9 280	9 225	8 380	8 020
1 016×406×762	40×16×30	12 595	11 210	11 140	10 125	9 690
1 016×508×762	40×20×30	16 325	14 530	14 445	13 125	12 560

注 1：供步行操纵型平衡配重式叉车用的轮胎，上表中的轮胎负荷可以增加 10%。

注 2：对于兼作转向和驱动用的轮胎，其负荷应根据转向轮轮胎的额定负荷。

注 3：当多个轮胎作为一个单元在单轮上使用时，最大/额定负荷应该等于单个轮胎额定负荷的总和。

注 4：用于间歇作业，单个作业行程最大距离为 2 000 m，若需要更长距离作业或用于翻转机械轮胎时，应与制造厂协商。

注 5：轮胎断面宽度偏差为 $^{0}_{-0.8}$ mm，轮胎外直径偏差为±1%。

表 3

轮胎规格	最大负荷/kg				
	平衡重式叉车				其他工业车辆
公制 mm	10 km/h		16 km/h		16 km/h
	驱动轮	转向轮	驱动轮	转向轮	
230×75×170	435	385	385	350	335
230×85×170	500	445	445	405	385
250×130×140	990	880	875	795	760
250×80×170	540	480	475	435	415
250×105×170	730	650	645	585	560
250×85×190	535	475	470	430	410
265×85×190	585	520	515	470	450
265×100×190	710	630	625	570	545
280×75×220	500	445	445	405	385
300×120×203	1 010	900	895	815	780
300×180×203	1 625	1 445	1 435	1 305	1 250
360×85×270	750	665	660	600	575
365×160×220	1 750	1 555	1 545	1 405	1 345
380×160×220	1 810	1 610	1 600	1 455	1 390

表 3（续）

轮胎规格	最大负荷/ kg				
	平衡重式叉车				其他工业车辆
公制 mm	10 km/h		16 km/h		16 km/h
	驱动轮	转向轮	驱动轮	转向轮	
405×130×305	1 400	1 250	1 240	1 125	1 080
405×220×305	2 570	2 285	2 270	2 065	1 975
405×260×305	3 060	2 720	2 705	2 460	2 355
410×115×308	1 225	1 090	1 085	985	940
425×150×305	1 775	1 580	1 570	1 425	1 365
425×200×305	2 495	2 220	2 210	2 005	1 920
425×260×305	3 365	2 995	2 975	2 705	2 590
425×300×305	3 945	3 510	3 490	3 170	3 035
450×300×305	4 315	3 840	3 820	3 470	3 320
500×120×400	1 490	1 325	1 320	1 200	1 145
525×120×370	1 555	1 385	1 375	1 250	1 195
540×200×410	3 035	2 700	2 685	2 440	2 335
550×160×410	2 370	2 110	2 095	1 905	1 825
630×203×508	3 425	3 050	3 030	2 755	2 635
645×250×410	4 870	4 335	4 310	3 915	3 745
645×300×410	6 140	5 465	5 430	4 935	4 725
660×203×480	3 740	3 330	3 310	3 010	2 880
660×250×480	4 845	4 310	4 285	3 895	3 725
660×280×480	5 550	4 940	4 910	4 460	4 270

注 1：供步行操纵型平衡配重式叉车用的轮胎，上表中的轮胎负荷可以增加 10%。

注 2：对于兼作转向和驱动用的轮胎，其负荷应根据转向轮轮胎的额定负荷。

注 3：当多个轮胎作为一个单元在单轮上使用时，最大/额定负荷应该等于单个轮胎额定负荷的总和。

注 4：用于间歇作业，单个作业行程最大距离为 2 000 m，若需要更长距离作业或用于翻转机械轮胎时，应与制造厂协商。

注 5：轮胎断面宽度偏差为 $_{-0.8}^{0}$ mm，轮胎外直径偏差为 ±1%。

ICS 95.020
A 94

中华人民共和国国家标准

GB/T 16624—2009
代替 GB/T 16624—1996

防 暴 枪

Anti-riot gun

2009-04-02 发布　　　　2010-01-01 实施

中华人民共和国国家质量监督检验检疫总局
中国国家标准化管理委员会　发布

前　言

本标准代替 GB/T 16624—1996《防暴枪通用技术条件》。

本标准与 GB/T 16624—1996 相比主要有下列变化：

——标准名称《防暴枪通用技术条件》修改为《防暴枪》；

——调整了口径范围；

——调整了击针突出量范围；

——调整了射程范围；

——取消了材料要求和结构要求；

——增加了淋雨试验要求和淋雨试验方法；

——调整了低温试验的温度；

——增加了安全性要求和安全性试验方法；

——调整了跌落高度和跌落地面要求。

本标准由中国兵器工业集团公司提出并归口。

本标准起草单位：浙江新华机械制造有限公司。

本标准主要起草人：周洪发、黄丽萍、李春、张惠忠、梁旭。

本标准所代替的标准历次版本发布情况为：

——GB/T 16624—1996。

防　　暴　　枪

1　范围

本标准规定了防暴枪的设计规范、要求、试验方法、检验规则、标志、包装、贮存和运输等内容。

本标准适用于防暴枪的设计、制造与验收。

2　规范性引用文件

下列文件中的条款通过本标准的引用而成为本标准的条款。凡是注日期的引用文件,其随后所有的修改单(不包括勘误的内容)或修订版均不适用于本标准,然而,鼓励根据本标准达成协议的各方研究是否可使用这些文件的最新版本。凡是不注日期的引用文件,其最新版本适用于本标准。

GB/T 191　包装储运图示标志(GB/T 191—2008,ISO 780:1997,MOD)

WJ/Z 204—1986　兵器气相防锈包装指南

WJ 298　包装标志用字型及符号

WJ 1270　枪炮产品打印记和字型

3　术语和定义

下列术语和定义适用于本标准。

3.1

底火弹　primer ammunition

只有底火而无发射药的弹药。

3.2

闭锁样柱　closedown gauge

用来检查枪支闭锁状态的一种弹形量规。

3.3

沙弹　sand ammunition

有弹壳、底火与发射药但弹头作用部分无火工品的一种试验、训练用的弹药。

3.4

模拟弹　simulated ammunition

依据相似理论,使几何特性与防暴弹药相同或相似的弹药。

4　设计规范

防暴枪设计一般应满足下述特征:

a)　口径 10 mm～64 mm;

b)　全枪长 200 mm～1 100 mm;

c)　全枪质量小于或等于 4.0 kg;

d)　射程 5 m～300 m;

e)　扳机引力应平稳,引力为 15 N～94 N;

f)　击针突出量为 1 mm～3 mm。

5 要求

5.1 尺寸

成枪零部件尺寸及装配尺寸应符合产品图样的规定。

5.2 重量

成枪的重量应符合详细规范要求。

5.3 扳机引力

成枪的扳机引力应符合详细规范的要求。

5.4 外观质量

5.4.1 全枪外观

全枪外表面应无反光，不允许有锈迹和斑点并无擦伤、划痕及明显的棱角等疵病。

5.4.2 零部件表面质量

5.4.2.1 零部件的表面粗糙度应符合产品图样或标准样件的规定。

5.4.2.2 零部件表面不允许有锈蚀、裂纹、缺损、未倒棱的锐角、毛刺、热处理后残留的氧化皮及污垢等。表面处理后同质材料零、部件的表面色泽应一致，涂膜或镀层应牢固、完整、均匀，不应有皱纹、脱落或明显的流痕。

5.4.3 零件重要部位

在下列零件部位上不应有碰痕：

a) 击针尖；

b) 表尺的瞄准部位；

c) 准星头部；

d) 闭锁工作面。

5.5 性能

5.5.1 可靠性

5.5.1.1 机构动作

机构动作应灵活、可靠。不应有卡滞现象。

5.5.1.2 装、退弹

装、退弹应顺利，不应有干涉现象。

5.5.1.3 射击

射击应可靠，不应有不击发现象。

5.5.1.4 全枪寿命

寿命为 3 000 发，主要零部件(枪管、闭锁闩、枪机、击针等)应无可见裂纹、破断或失去功能，故障率小于或等于 0.3%。

5.5.2 环境适应性

在高温、低温、淋雨、常温条件下能正常射击。

5.5.3 安全性

5.5.3.1 手动保险关闭时，不应击发；手动保险打开时，应能击发。

5.5.3.2 闭锁不到位时，不应击发。

5.5.3.3 在射击过程中，不允许因产品的原因出现早发火、膛炸、膛外炸、火药气体异常泄漏等影响人身安全和产品毁损的严重故障。

5.5.4 跌落

在离地 1.2 m 的高度上从六个方向跌落，不应引起保险失效和射击功能故障。

5.5.5 互换性

规定互换的零部件应满足互换要求,互换后射击时不应有不击发现象。

6 试验方法

6.1 尺寸

用量具检验产品零部件及成枪的尺寸、形状和位置精度。

6.2 重量

用规定的计量器具称量全枪重量。

6.3 扳机引力

用专用测量器具测量扳机引力。

6.4 外观质量

用目视方法检验外观质量。

6.5 可靠性

6.5.1 机构动作

进行开闭锁、击发、打开和关闭保险等规定的机构动作各三次。

6.5.2 装、退弹

单发防暴枪:用模拟弹做装弹、退弹三次。

多发防暴枪:装满模拟弹做装、退弹三次。

6.5.3 射击

6.5.3.1 射击10发底火弹。

6.5.3.2 按详细规范的要求从每批中抽取试验枪,单发防暴枪作三发沙弹射击,多发防暴枪应装满沙弹(多个弹匣的,则每个弹匣均应装满沙弹)射击。

6.5.4 全枪寿命

6.5.4.1 寿命试验在自然温度条件下进行,试验用弹为沙弹,射弹数为3 000发。

6.5.4.2 试验前应检查击针突出量、扳机力、主要弹簧的簧力及其他重要的装配尺寸。

6.5.4.3 按携弹基数为一组,每组射完后进行分解、擦拭,用目测方法检查零件有无可见裂纹及破损。

6.5.4.4 寿命试验后应检查击针突出量、主要弹簧簧力及闭锁尺寸,并对主要零部件进行探伤检查。

6.6 环境试验

6.6.1 高温

单发防暴枪:将防暴枪与三发沙弹同时放入45 ℃±2 ℃的环境内,保温2 h后射击。

多发防暴枪:将防暴枪与装满沙弹的容弹具(若枪支有多个容弹具,则每个容弹具均应装满沙弹),同时放入45 ℃±2 ℃的环境内,保温2 h后射击。

6.6.2 低温

单发防暴枪:将防暴枪与三发沙弹,同时放入−30 ℃±2 ℃的环境内,保温2 h后射击。

多发防暴枪:将防暴枪与装满沙弹的容弹具(若枪支有多个容弹具,则每个容弹具均应装满沙弹),同时放入−30 ℃±2 ℃的环境内,保温2 h后射击。

6.6.3 淋雨

采用人工降雨方法,雨水温度为20 ℃±5 ℃,降雨强度为3 mm/min±0.5 mm/min,枪处于待装填状态,淋雨15 min后,在淋雨条件下射击。

6.7 安全性

6.7.1 使防暴枪处于击发状态,在关上和打开保险时各扣动扳机三次。

6.7.2 将防暴枪装上不闭锁样柱,打开保险,使枪处于击发状态,扣动扳机。

6.8 跌落

将一发底火弹装入防暴枪，闭锁后，从1.2 m(枪的中心与地面的距离)高度跌落到水泥地上，按上、下、左、右、前、后六个方向各跌落一次，按关上保险和打开保险时分别进行。跌落过程中装入的底火弹不应被击发。跌落后射击五发底火弹。

6.9 互换性

互换性试验的枪支数应与规定的互换件数相同，将每支枪的互换件拆下并将其编组(将螺钉、销子等零件与其配合件编在同组，拆卸时如有损坏，允许更换)，各枪相同的互换件组号相同，互相配合件不允许编入同一组，分别按表1虚线给出的组别零、部件重新装配。互换后的枪应按6.5.1、6.5.2、6.5.3.1的要求进行机构动作可靠性试验。

表1

组号 枪号	一	二	三	四	五	六	七	八	九	…
1										
2										
3										
4										
5										
6										
7										
8										
9										
…										

7 检验规则

7.1 检验的分类

产品检验分为鉴定检验和出厂检验两类。

7.2 鉴定检验

7.2.1 检验时机

当出现下列情况之一时，应进行鉴定检验：

a) 新产品或老产品转厂生产的试制定型时；

b) 正式生产后，如结构、材料、工艺有较大改变，可能影响产品性能时；

c) 正常生产中，定期或积累一定产量后，需周期性进行检验时；

d) 产品连续停产24个月以上，恢复生产时；

e) 国家质量监督机构提出进行鉴定检验的要求时。

7.2.2 检验项目

鉴定检验的检验项目和检验顺序按表2规定。

7.2.3 样本量及合格判据

检验样品量及合格判据按鉴定试验大纲进行。

7.3 出厂检验

7.3.1 检验项目

出厂检验项目和检验顺序按表2规定。

7.3.2 **检验数量**

产品的检验按详细规范要求进行。

表 2 检验项目

序 号	检验项目	鉴定检验	出厂检验	要求章条号	检验方法章条号
1	尺寸	●	●	5.1	6.1
2	重量	●	●	5.2	6.2
3	扳机引力	●	●	5.3	6.3
4	外观	●	●	5.4	6.4
5	机构动作	●	●	5.5.1.1	6.5.1
6	装、退弹	●	●	5.5.1.2	6.5.2
7	射击	●	●	5.5.1.3	6.5.3
8	全枪寿命	●	—	5.5.1.4	6.5.4
9	环境试验	●	—	5.5.2	6.6
10	安全性	●	●	5.5.3	6.7
11	跌落	●	—	5.5.4	6.8
12	互换性	●	●	5.5.5	6.9

7.3.3 **合格判据**

所有检验结果应符合第 5 章要求，则判定产品合格。

8 标志、包装、运输和贮存

8.1 标志

8.1.1 产品标志

8.1.1.1 除合同另有规定外，产品上应有标志，标志一般包括如下内容：

a) 国家代码；

b) 工厂代号或工厂标志；

c) 型号；

d) 枪号；

e) 生产年号。

8.1.1.2 产品标志部位应符合产品图样要求。

8.1.1.3 标志用字型应符合 WJ 1270 的规定。

8.1.2 包装、贮运标志

8.1.2.1 包装、贮运标志一般包括如下内容：

a) 产品名称；

b) 数量；

c) 型号；

d) 生产厂家；

e) 厂址；

f) 生产日期。

8.1.2.2 包装箱上的字型应符合 WJ 298 的规定。

8.1.2.3 包装、贮运图示标志应符合 GB/T 191 的规定。

8.1.3 **标志要求**

标志应正确、清晰、完整、附着牢固。

8.1.4 **标志检验**

用目视方法检查标志。

8.2 **包装**

8.2.1 **包装箱**

产品包装箱应符合产品图样及详细规范的要求。

8.2.2 **包装方法**

8.2.2.1 成枪包装采用气相包装,可按 WJ/Z 204—1986 的要求执行或按订货方要求包装。

8.2.2.2 成枪及附件在包装箱中应固定。箱内应有说明书、装箱单、合格证书。检查核对后,应将包装箱加以封箱标志。

8.2.2.3 包装用目视方法行进检查。

8.3 **贮存和运输**

8.3.1 产品贮存的仓库应通风、干燥,不允许与腐蚀性物品混合存放,温度和湿度应符合详细规范的要求。

8.3.2 长期贮存的产品应有避光措施,并应对产品的包装和装箱情况进行定期检查。

8.3.3 产品运输过程中应有防雨、防潮、防曝晒等措施,在装运中严禁碰撞、摔跌等现象的发生。

ICS 01.100.20;17.040.10
J 04

中华人民共和国国家标准

GB/T 16671—2009
代替 GB/T 16671—1996

产品几何技术规范(GPS) 几何公差 最大实体要求、最小实体要求和可逆要求

Geometrical Product Specifications (GPS)—Geometrical tolerancing—Maximum material requirement (MMR),least material requirement (LMR) and reciprocity requirement (RPR)

(ISO 2692:2006, MOD)

2009-03-16 发布　　2009-11-01 实施

中华人民共和国国家质量监督检验检疫总局
中国国家标准化管理委员会　发布

前　言

本标准修改采用 ISO 2692:2006《产品几何技术规范(GPS)　几何公差　最大实体要求(MMR)、最小实体要求(LMR)和可逆要求(RPR)》,在文本结构上与 ISO 2692:2006 完全对应,基本概念和规则、符号、标注方法和应用示例等方面均与 ISO 2692:2006 一致。在不影响国际贸易和国际技术交流的前提下,考虑到我国国情,从实施本标准的经验与习惯、以及更好地理解和应用本标准的角度出发,本标准进行了一些修改,主要修改如下:

——“本国际标准”一词改为“本标准”;

——删除了 ISO 2692:2006 的前言和引言;

——将最大/最小实体实效边界(MMVB/LMVB)的概念,列为最大/最小实体实效状态(MMVC/LMVC)的注 1,其作用与最大/最小实体实效状态(MMVC/LMVC)等同;

——在附录 A 应用Ⓜ、Ⓛ、Ⓡ标注公差的各个示例中,补充了尺寸要素的尺寸和其导出要素几何公差关系的分析,并增加了相应的动态公差图;

——删除了 ISO 2692:2006 中一些术语和定义的注释;

——将附录 A 的图 A.1a)、图 A.2a)中形位公差图框中垂直度的符号改为位置度符号。

本标准代替 GB/T 16671—1996《形状和位置公差　最大实体要求、最小实体要求和可逆要求》,与 1996 版相比,主要变化为:

——为与产品几何技术规范(GPS)系列标准统一,修订了标准名称;

——将“形状和位置公差”改为“几何公差”;

——根据 ISO 2692:2006 的术语和定义体系,补充和更新了 GB/T 16671—1996 第 3 章的术语定义;

——将第 4 章最大实体要求和第 5 章最小实体要求合并为一章(本版的第 4 章),并按照 ISO 2692:2006 的第 4 章最大实体要求和最小实体要求进行了改写;

——将附录 E 可逆要求列为第 5 章,并按照 ISO 2692:2006 的第 5 章进行了改写;

——删除了第 6 章代号和附录 A;

——将附录 B、附录 C、附录 D 合并为一个附录(本版的附录 A),并按照 ISO 2692:2006 附录 A 带Ⓜ、Ⓛ、Ⓡ的公差标注示例进行了改写。

本标准的附录 A、附录 B 和附录 C 均为资料性附录。本标准在 GPS 体系中的位置在附录 C 中说明。

本标准由全国产品尺寸和几何技术规范标准化技术委员提出并归口。

本标准起草单位:中机生产力促进中心、西安交通大学、郑州大学、中原工学院。

本标准主要起草人:李晓沛、赵卓贤、张琳娜、赵则祥、景蔚萱、赵凤霞、陈景玉。

本标准所代替标准的历次版本发布情况为:

——GB/T 16671—1996。

产品几何技术规范(GPS) 几何公差 最大实体要求、最小实体要求和可逆要求

1 范围

本标准规定了最大实体要求、最小实体要求和可逆要求的术语和定义、基本规定、图样表示方法及应用示例。

本标准适用于工件尺寸与几何公差需彼此相关以满足其特殊功能要求的情况，例如满足零件可装配性(最大实体要求)、保证最小壁厚(最小实体要求)，但最大实体要求和最小实体要求也适用于其他功能要求。

2 规范性引用文件

下列文件中的条款通过本标准的引用而成为本标准的条款。凡是注日期的引用文件，其随后所有的修改单(不包括勘误的内容)或修订版均不适用于本标准，然而，鼓励根据本标准达成协议的各方研究是否可使用这些文件的最新版本。凡是不注日期的引用文件，其最新版本适用于本标准。

GB/T 1800.1—2009 产品几何技术规范(GPS) 极限与配合 第1部分：公差、偏差和配合的基础(ISO 286-1:1988,MOD)

GB/T 1182—2008 产品几何技术规范(GPS) 几何公差 形状、方向、位置和跳动公差标注(ISO 1101:2004,IDT)

GB/T 18780.1—2002 产品几何量技术规范(GPS) 几何要素 第1部分：基本术语和定义(ISO 14660-1:1999,IDT)

GB/T 18780.2—2003 产品几何量技术规范(GPS) 几何要素 第2部分：圆柱面和圆锥面的提取中心线、平行平面的提取中心面、提取要素的局部尺寸(ISO 14660-2:1999,IDT)

GB/Z 20308—2006 产品几何技术规范(GPS) 总体规划(ISO/TR 14638:1995,MOD)

3 术语和定义

GB/T 1800.1—2009、GB/T 18780.1—2002 和 GB/T 18780.2—2003 确立的以及下列术语和定义适用于本标准。

3.1

尺寸要素 feature of size

由一定大小的线性尺寸或角度尺寸确定的几何形状。

[GB/T 18780.1—2002 中 2.2]

3.2

组成要素 integral feature

面和面上的线。

(GB/T 18780.1—2002 中 2.1.1)

3.3

导出要素 derived feature

由一个或几个组成要素得到的中心点、中心线或中心面。

(GB/T 18780.1—2002 中 2.1.2)

3.4

实际(组成)要素　real (integral) feature

由接近实际(组成)要素所限定的工件实际表面的组成要素部分。

[GB/T 18780.1—2002 中 2.4.1]

3.5

提取组成要素　extracted intergral feature

按规定方法,由实际(组成)要素提取有限数目的点所形成的实际(组成)要素的近似替代。

[GB/T 18780.1—2002 中 2.5]

3.6

提取导出要素　extracted derived feature

由一个或几个提取组成要素得到的中心点、中心线或中心面。

[GB/T 18780.1—2002 中 2.5.1]

3.7

拟合组成要素　associated intergral feature

按规定的方法由提取组成要素形成的并具有理想形状的组成要素。

[GB/T 18780.1—2002 中 2.6]

3.8

提取组成要素的局部尺寸　local size of an extracted integral feature

一切提取组成要素上两对应点之间距离的统称。

注:为方便起见,可将提取组成要素的局部尺寸简称为提取要素的局部尺寸。

[GB/T 1800.1—2009 中 3.7.2]

3.8.1

提取圆柱面的局部尺寸　local size of an extracted cylinder

提取圆柱面的局部直径　local diameter of an extracted cylinder

要素上两对应点之间的距离,其中:两对应点之间的连线通过拟合圆圆心;横截面垂直于由提取表面得到的拟合圆柱面的轴线。

[GB/T 18780.2—2003 中 3.5]

3.8.2

两平行提取表面的局部尺寸　local size of two parallel extracted surfaces

两平行对应提取表面上两对应点之间的距离,其中:所有对应点的连线均垂直于拟合中心平面;拟合中心平面是由两平行提取表面得到的两拟合平行平面的中心平面(两拟合平行平面之间的距离可能与公称距离不同)。

[GB/T 18780.2—2003 中 3.6]

3.9

最大实体状态　maximum material condition (MMC)

假定提取组成要素的局部尺寸处处位于极限尺寸且使其具有实体最大时的状态。

3.10

最大实体尺寸　maximum material size (MMS)

确定要素最大实体状态的尺寸。即外尺寸要素的上极限尺寸,内尺寸要素的下极限尺寸。

3.11

最小实体状态　least material condition (LMC)

假定提取组成要素的局部尺寸处处位于极限尺寸且使其具有实体最小时的状态。

3.12

最小实体尺寸　least material size (LMS)

确定要素最小实体状态的尺寸。即外尺寸要素的下极限尺寸，内尺寸要素的上极限尺寸。

3.13

最大实体实效尺寸　maximum material virtual size (MMVS)

尺寸要素的最大实体尺寸与其导出要素的几何公差(形状、方向或位置)共同作用产生的尺寸。

注：对于外尺寸要素，MMVS＝MMS＋几何公差；对于内尺寸要素，MMVS＝MMS－几何公差。

3.14

最大实体实效状态　maximum material virtual condition (MMVC)

拟合要素的尺寸为其最大实体实效尺寸(MMVS)时的状态。

注1：最大实体实效状态对应的极限包容面称之为最大实体实效边界(maximum material virtual boundary，MMVB)。

注2：当几何公差是方向公差时，最大实体实效状态(MMVC)和最大实体实效边界(MMVB)受其方向所约束；当几何公差是位置公差时，最大实体实效状态(MMVC)和最大实体实效边界(MMVB)受其位置所约束。

3.15

最小实体实效尺寸　least material virtual size (LMVS)

尺寸要素的最小实体尺寸与其导出要素的几何公差(形状、方向或位置)共同作用产生的尺寸。

注：对于外尺寸要素，LMVS＝LMS－几何公差；对于内尺寸要素，LMVS＝LMS＋几何公差。

3.16

最小实体实效状态　least material virtual condition (LMVC)

拟合要素的尺寸为其最小实体实效尺寸(LMVS)时的状态。

注1：最小实体实效状态对应的极限包容面称之为最小实体实效边界(least material virtual boundary，LMVB)。

注2：当几何公差是方向公差时，最小实体实效状态(LMVC)和最小实体实效边界(LMVB)受其方向所约束；当几何公差是位置公差时，最小实体实效状态(LMVC)和最小实体实效边界(LMVB)受其位置所约束。

3.17

最大实体要求　maximum material requirement (MMR)

尺寸要素的非理想要素不得违反其最大实体实效状态(MMVC)的一种尺寸要素要求，也即尺寸要素的非理想要素不得超越其最大实体实效边界(MMVB)的一种尺寸要素要求。

3.18

最小实体要求　least material requirement (LMR)

尺寸要素的非理想要素不得违反其最小实体实效状态(LMVC)的一种尺寸要素要求，也即尺寸要素的非理想要素不得超越其最小实体实效边界(LMVB)的一种尺寸要素要求。

3.19

可逆要求　reciprocity requirement (RPR)

最大实体要求(MMR)或最小实体要求(LMR)的附加要求，表示尺寸公差可以在实际几何误差小于几何公差之间的差值范围内增大。

4　最大实体要求(MMR)和最小实体要求(LMR)

4.1　概要

最大实体要求(MMR)和最小实体要求(LMR)涉及组成要素的尺寸和几何公差的相互关系，这些要求只用于尺寸要素的尺寸及其导出要素几何公差的综合要求。

4.2　最大实体要求(MMR)

4.2.1　最大实体要求应用于注有公差的要素

最大实体要求(MMR)在图样上用符号Ⓜ(见 GB/T 1182—2008)标注在导出要素的几何公差值之后。

最大实体要求(MMR)用于注有公差的要素时,对尺寸要素的表面规定了以下规则:

——规则 A 注有公差的要素的提取局部尺寸要:

1) 对于外尺寸要素,等于或小于最大实体尺寸(MMS);

2) 对于内尺寸要素,等于或大于最大实体尺寸(MMS)。

注 1:当标有可逆要求(RPR),即在Ⓜ之后加注Ⓡ时,此规则可以改变。

——规则 B 注有公差的要素的提取局部尺寸要:

1) 对于外尺寸要素,等于或大于最小实体尺寸(LMS);

2) 对于内尺寸要素,等于或小于最小实体尺寸(LMS)。

——规则 C 注有公差的要素的提取组成要素不得违反其最大实体实效状态(MMVC)或其最大实体实效边界(MMVB)。

注 2:当几何公差为形状公差时,标注 0Ⓜ与Ⓔ意义相同。

——规则 D 当一个以上注有公差的要素用同一公差标注,或者是注有公差的要素的导出要素标注方向或位置公差时,其最大实体实效状态或最大实体实效边界要与各自基准的理论正确方向或位置相一致。

4.2.2 最大实体要求应用于基准要素

最大实体要求应用于基准要素时,在图样上用符号Ⓜ标注在基准字母之后。

最大实体要求应用于基准要素时,对基准要素的表面规定了以下规则:

——规则 E 基准要素的提取组成要素不得违反基准要素的最大实体实效状态(MMVC)或最大实体实效边界(MMVB)。

——规则 F 当基准要素的导出要素没有标注几何公差要求,或者注有几何公差但其后没有符号Ⓜ时,基准要素的最大实体实效尺寸(MMVS)为最大实体尺寸(MMS)。

——规则 G 当基准要素的导出要素注有形状公差,且其后有符号Ⓜ时,基准要素的最大实体实效尺寸由 MMS 加上(对外部要素)或减去(对内部要素)该形状公差值。

4.3 最小实体要求(LMR)

4.3.1 最小实体要求应用于注有公差的要素

最小实体要求(LMR)在图样上用符号Ⓛ(见 GB/T 1182—2008)标注在导出要素的几何公差值之后。

最小实体要求(LMR)用于注有公差的要素时,对尺寸要素的表面规定了以下规则:

——规则 H 注有公差的要素的提取局部尺寸要:

1) 对于外尺寸要素,等于或大于最小实体尺寸(LMS);

2) 对于内尺寸要素,等于或小于最小实体尺寸(LMS)。

——规则 I 注有公差的要素的提取局部尺寸要:

1) 对于外尺寸要素,等于或小于最大实体尺寸(MMS);

2) 对于内尺寸要素,等于或大于最大实体尺寸(MMS)。

——规则 J 注有公差的要素的提取组成要素不得违反其最小实体实效状态(LMVC)或其最小实体实效边界(LMVB)。

——规则 K 当一个以上注有公差的要素用同一公差标注,或者是注有公差的要素的的导出要素标注方向或位置公差时,其最小实体实效状态或最小实体实效边界要与各自基准的理论正确方向或位置相一致。

4.3.2 最小实体要求应用于基准要素

最小实体要求应用于基准要素时,在图样上用符号Ⓛ标注在基准字母之后。

最小实体要求应用于基准要素时，对基准要素的表面规定了以下规则：

——规则 L　基准要素的提取组成要素不得违反基准要素的最小实体实效状态(LMVC)或最小实体实效边界(LMVB)。

——规则 M　当基准要素的导出要素没有标注几何公差要求，或者注有几何公差但其后没有符号Ⓛ时，基准要素的最小实体实效尺寸(LMVS)为最小实体尺寸(LMS)。

——规则 N　当基准要素的导出要素注有形状公差，且其后有符号Ⓛ时，基准要素的最小实体实效尺寸由 LMS 减去(对外部要素)或加上(对内部要素)该形状公差值。

5　可逆要求(RPR)

5.1　概述

可逆要求(RPR)是最大实体要求(MMR)或最小实体要求(LMR)的附加要求，在图样上用符号Ⓡ(见 GB/T 1182—2008)标注在Ⓜ或Ⓛ之后。可逆要求仅用于注有公差的要素。在最大实体要求(MMR)或最小实体要求(LMR)附加可逆要求(RPR)后，改变了尺寸要素的尺寸公差，用可逆要求(RPR)可以充分利用最大实体实效状态(MMVC)和最小实体实效状态(LMVC)的尺寸，在制造可能性的基础上，可逆要求(RPR)允许尺寸和几何公差之间相互补偿。

5.2　可逆要求(RPR)用于最大实体要求(MMR)

可逆要求(RPR)在图样上用符号Ⓡ标注在导出要素的几何公差值和符号Ⓜ之后，通过以下规则，改变注有公差要素表面的最大实体要求：

——规则 A 无效；

——规则 B～规则 D 仍然有效。

5.3　可逆要求(RPR)用于最小实体要求(LMR)

可逆要求(RPR)在图样上用符号Ⓡ标注在导出要素的几何公差值和符号Ⓛ之后，通过以下规则，改变注有公差要素表面的最小实体要求：

——规则 H 无效；

——规则 I～规则 K 仍然有效。

附 录 A
（资料性附录）
带Ⓜ、Ⓛ和Ⓡ的公差标注举例

本附录中的图例仅为帮助使用者理解最大实体要求、最小实体要求和可逆要求。有些图例增加了一些详细内容，有些图例则有意不予完整。给出的尺寸和公差值仅仅为了对有关图例进行说明。

例 1 图 A.1 所示零件的预期功能是两销柱要与一个具有两个公称尺寸为 ϕ10 mm 的孔相距 25 mm 的板类零件装配，且要与平面 A 相垂直。

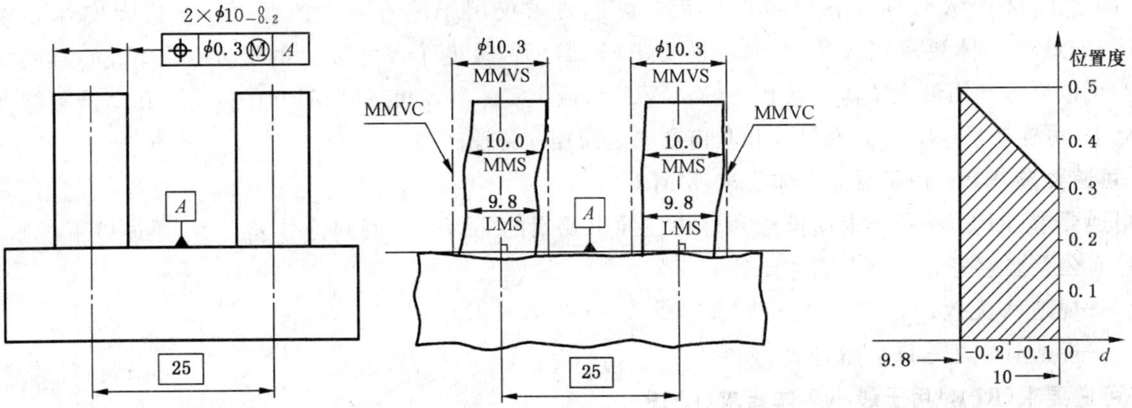

a) 图样标注　　b) 解释　　c) 动态公差图

图 A.1 两外圆柱要素具有尺寸要求和对其轴线具有位置度要求的 MMR 示例

基于本标准给出的规则和定义，对本图例解释如下：

a) 两销柱的提取要素不得违反其最大实体实效状态（MMVC），其直径为 MMVS＝10.3 mm（见规则 C，3.14，3.15 和 3.15 注 1）；

b) 两销柱的提取要素各处的局部直径均应大于 LMS＝9.8 mm[见规则 B 1）和 3.13]且均应小于 MMS＝10.0 mm[见规则 A 1）和 3.11]；

c) 两个 MMVC 的位置处于其轴线彼此相距为理论正确尺寸 25 mm，且与基准 A 保持理论正确垂直（见规则 D）。

补充解释：图 A.1a）中两销柱的轴线位置度公差（ϕ0.3 mm）是这两销柱均为其最大实体状态（MMC）时给定的；若这两销柱均为其最小实体状态（LMC）时，其轴线位置度误差允许达到的最大值可为图 A.1a）中给定的轴线位置度公差（ϕ0.3 mm）与销柱的尺寸公差（0.2 mm）之和 ϕ0.5 mm；当两销柱各自处于最大实体状态（MMC）与最小实体状态（LMC）之间，其轴线位置度公差在 ϕ0.3 mm～ϕ0.5 mm 之间变化。图 A.1c）给出了表述上述关系的动态公差图。

例 2 图 A.2 所示零件的预期功能也是两销柱要与一个具有两个公称尺寸为 ϕ10 mm 的孔相距 25 mm 的板类零件装配，且要与平面 A 相垂直。

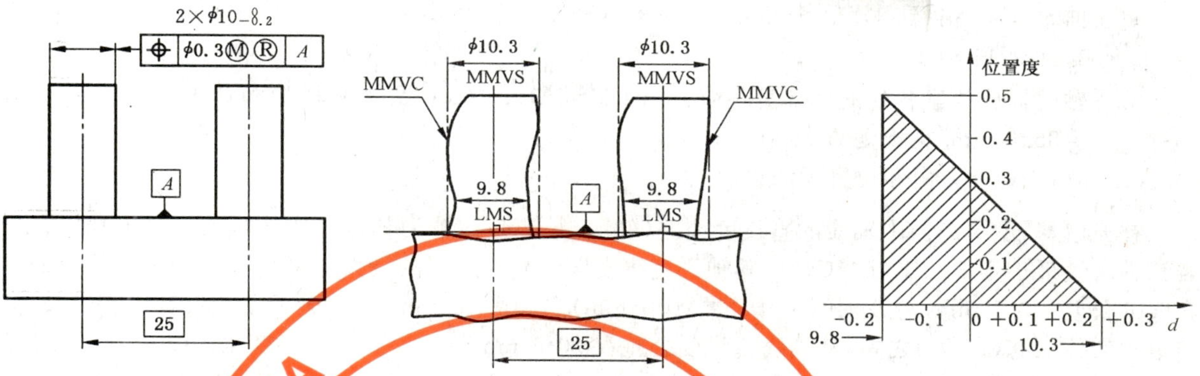

a) 图样标注　　b) 解释　　c) 动态公差图

图 A.2　两外圆柱要素具有尺寸要求和对其轴线具有位置度要求的 MMR 和附加 RPR 示例

基于本标准给出的规则和定义，对本图例解释如下：

a) 两销柱的提取要素不得违反其最大实体实效状态(MMVC)，其直径为 MMVS＝10.3 mm(见规则 C,3.14,3.15 和 3.15 注 1)；

b) 两销柱的提取要素各处的局部直径均应大于 LMS＝9.8 mm[见规则 B 1)和 3.13]；RPR 允许其局部直径从 MMS(＝10.0 mm)增加至 MMVS(＝10.3 mm)；

c) 两个 MMVC 的位置处于其轴线彼此相距为理论正确尺寸 25 mm，且与基准 A 保持理论正确垂直(见规则 D)。

补充解释：图 A.2a)中两销柱的轴线位置度公差(ϕ0.3 mm)是这两销柱均为其最大实体状态(MMC)时给定的；若这两销柱均为其最小实体状态(LMC)时，其轴线位置度误差允许达到的最大值可为图 A.2a)中给定的轴线位置度公差(ϕ0.3 mm)与销柱的尺寸公差(0.2 mm)之和 ϕ0.5 mm；当两销柱各自处于最大实体状态(MMC)与最小实体状态(LMC)之间，其轴线位置度公差在 ϕ0.3 mm～ϕ0.5 mm 之间变化。由于本例还附加了可逆要求(RPR)，因此如果两销柱的轴线位置度误差小于给定的公差(ϕ0.3 mm)时，两销柱的尺寸公差允许大于 0.2 mm，即其提取要素各处的局部直径均可大于它们的最大实体尺寸(MMS＝10 mm)；如果两销柱的轴线位置度误差为零，则两销柱的尺寸公差允许增大至 10.3 mm。图 A.2c)给出了表述上述关系的动态公差图。

例 3　图 A.3a)为一标注公差的轴，其预期的功能是可与一个等长的标注公差的孔形成间隙配合。

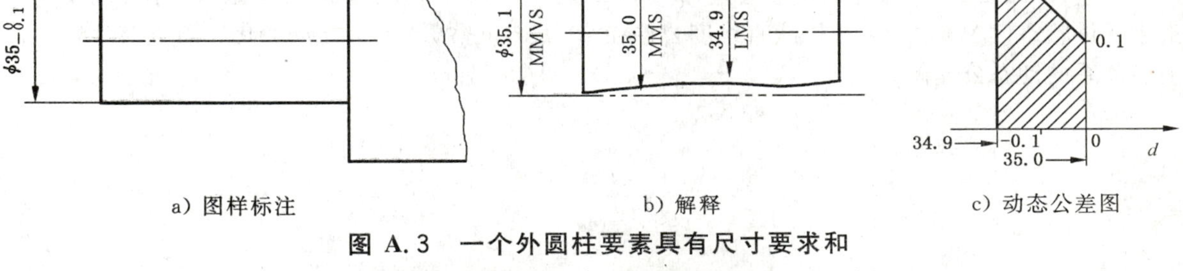

a) 图样标注　　b) 解释　　c) 动态公差图

图 A.3　一个外圆柱要素具有尺寸要求和对其轴线具有形状(直线度)要求的 MMR 示例

基于本标准给出的规则和定义，对本图例解释如下：

a) 轴的提取要素不得违反其最大实体实效状态(MMVC)，其直径为 MMVS=35.1 mm(见规则 C，3.14，3.15 和 3.15 注 1)；

b) 轴的提取要素各处的局部直径应大于 LMS=34.9 mm[见规则 B 1)和 3.13]且应小于 MMS=35.0 mm[见规则 A 1)和 3.11]；

c) MMVC 的方向和位置无约束。

补充解释：图 A.3a)中轴线的直线度公差(ϕ0.1 mm)是该轴为其最大实体状态(MMC)时给定的；若该轴为其最小实体状态(LMC)时，其轴线直线度误差允许达到的最大值可为图 A.3a)中给定的轴线直线度公差(ϕ0.1 mm)与该轴的尺寸公差(0.1 mm)之和 ϕ0.2 mm；若该轴处于最大实体状态(MMC)与最小实体状态(LMC)之间，其轴线直线度公差在 ϕ0.1 mm～ϕ0.2 mm 之间变化。图 A.3c)给出了表述上述关系的动态公差图。

例 4 图 A.4a)为一标注公差的孔，其预期的功能是可与一个等长的标注公差的轴形成间隙配合。

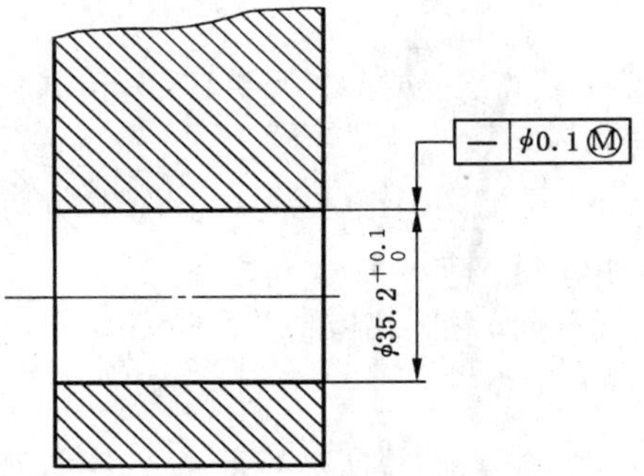

a) 图样标注

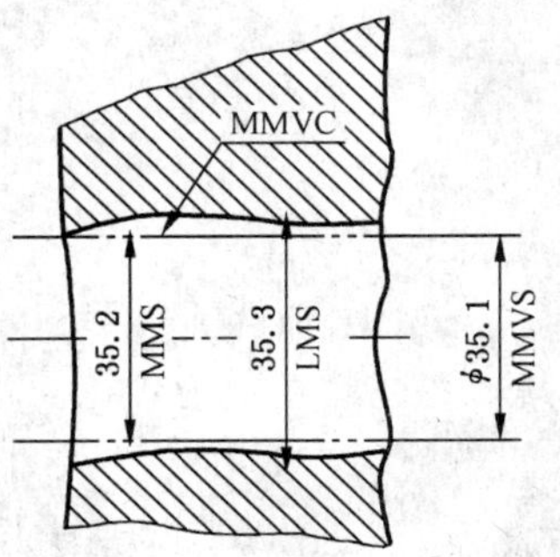

b) 解释

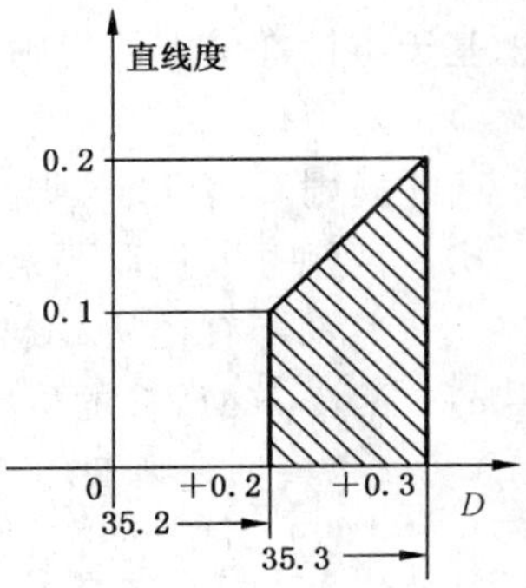

c) 动态公差图

图 A.4 一个内圆柱要素具有尺寸要求和对其轴线具有形状(直线度)要求的 MMR 示例

基于本标准给出的规则和定义，对本图例解释如下：

a) 孔的提取要素不得违反其最大实体实效状态(MMVC)，其直径为 MMVS=35.1 mm(见规则 C，3.14，3.15 和 3.15 注 1)；

b) 孔的提取要素各处的局部直径应小于 LMS=35.3 mm[见规则 B 2)和 3.13]且应大于 MMS=35.2 mm[见规则 A 2)和 3.11]；

c) MMVC 的方向和位置无约束。

补充解释：图 A.4a)中轴线的直线度公差(ϕ0.1 mm)是该孔为其最大实体状态(MMC)时给定的；若该轴为其最小实体状态(LMC)时，其轴线直线度误差允许达到的最大值可为图 A.4a)中给定的轴线直线度公差(ϕ0.1 mm)与该孔的尺寸公差(0.1 mm)之和 ϕ0.2 mm；若该孔处于最大实体状态(MMC)与最小实体状态(LMC)之间，其轴线直线度公差在 ϕ0.1 mm～ϕ0.2 mm 之间变化。图 A.4c)给出了表述上述关系的动态公差图。

例5 图 A.5a)为一标注公差的轴，其预期的功能是可与一个等长的标注公差的孔形成间隙配合。

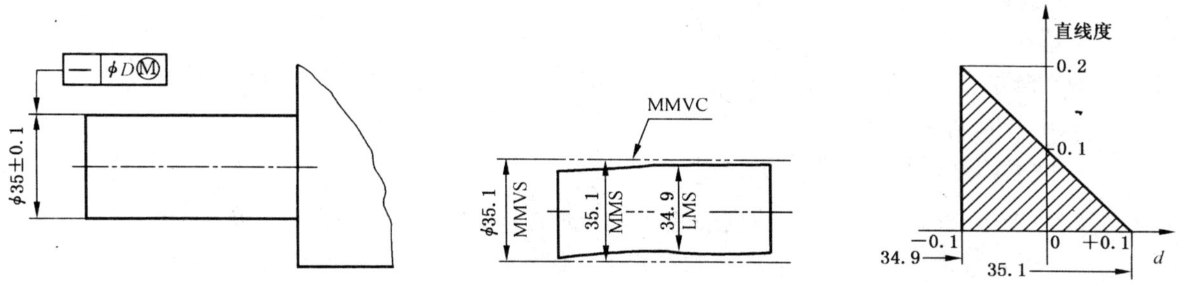

a) 图样标注　　b) 解释　　c) 动态公差图

图 A.5 一个外圆柱要素具有尺寸要求和对其轴线具有形状(直线度)要求的 MMR(具有 0Ⓜ 示例)

基于本标准给出的规则和定义，对本图例解释如下：

a) 轴的提取要素不得违反其最大实体实效状态(MMVC)，其直径为 MMVS＝35.1 mm(见规则 C,3.14,3.15 和 3.15 注 1)；

b) 轴的提取要素各处的局部直径应大于 LMS＝34.9 mm[见规则 B 1)和 3.13]且应小于 MMS＝35.1 mm[见规则 A 1)和 3.11]；

c) MMVC 的方向和位置无约束。

补充解释：图 A.5a)中轴线的直线度公差(ϕ0 mm)是该轴为其最大实体状态(MMC)时给定的，轴线直线度公差为零，即该轴为其最大实体状态(MMC)时不允许有轴线直线度误差；若该轴为其最小实体状态(LMC)时，其轴线直线度误差允许达到的最大值可为图 A.5a)中给定的轴线直线度公差(ϕ0 mm)与该轴的尺寸公差(0.2 mm)之和 ϕ0.2 mm，也即其轴线直线度误差允许达到的最大值只等于该轴的尺寸公差(0.2 mm)；若该轴处于最大实体状态(MMC)与最小实体状态(LMC)之间，其轴线直线度公差在 ϕ0 mm～ϕ0.2 mm 之间变化。图 A.5c)给出了表述上述关系的动态公差图。

例6 图 A.6a)为一标注公差的孔，其预期的功能是可与一个等长的标注公差的轴形成间隙配合。

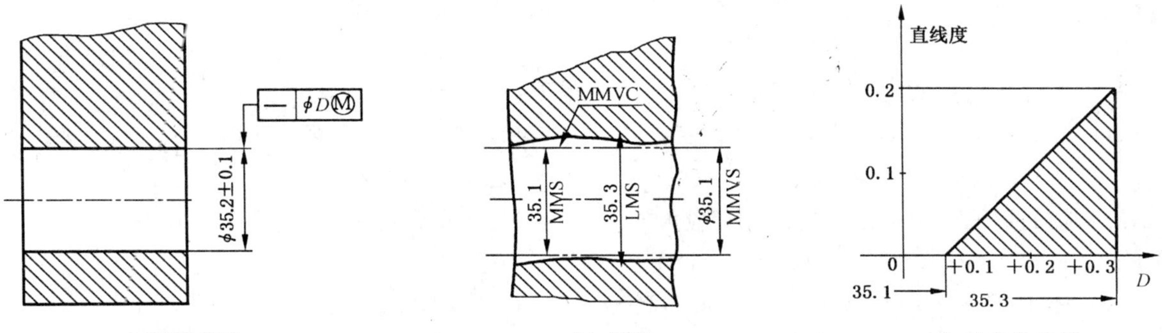

a) 图样标注　　b) 解释　　c) 动态公差图

图 A.6 一个内圆柱要素具有尺寸要求和对其轴线具有形状(直线度)要求的 MMR(具有 0Ⓜ 示例)

基于本标准给出的规则和定义，对本图例解释如下：

a） 孔的提取要素不得违反其最大实体实效状态（MMVC），其直径为 MMVS＝35.1 mm（见规则 C，3.14，3.15 和 3.15 注 1）；

b） 孔的提取要素各处的局部直径应小于 LMS＝35.3 mm［见规则 B 2）和 3.13］且应大于 MMS＝35.1 mm［见规则 A 2）和 3.11］；

c） MMVC 的方向和位置无约束。

补充解释：图 A.6a）中轴线的直线度公差（ϕ0 mm）是该孔为其最大实体状态（MMC）时给定的，轴线直线度公差为其最大实体状态（MMC）时给定的，轴线直线度公差为零，即该孔为其最大实体状态（MMC）时不允许有轴线直线度误差；若该孔为其最小实体状态（LMC）时，其轴线直线度误差允许达到的最大值可为图 A.6a）中给定的轴线直线度公差（ϕ0 mm）与该孔的尺寸公差（0.2 mm）之和 ϕ0.2 mm，也即其轴线直线度误差允许达到的最大值只等于该孔的尺寸公差（0.2 mm）；若该孔处于最大实体状态（MMC）与最小实体状态（LMC）之间，其轴线直线度公差在 ϕ0 mm～ϕ0.2 mm 之间变化。图 A.6 c）给出了表述上述关系的动态公差图。

例 7 图 7a）所示零件的预期功能是与图 8a）所示零件相装配，而且要求轴装入孔内时两基准平面应同时相接触。

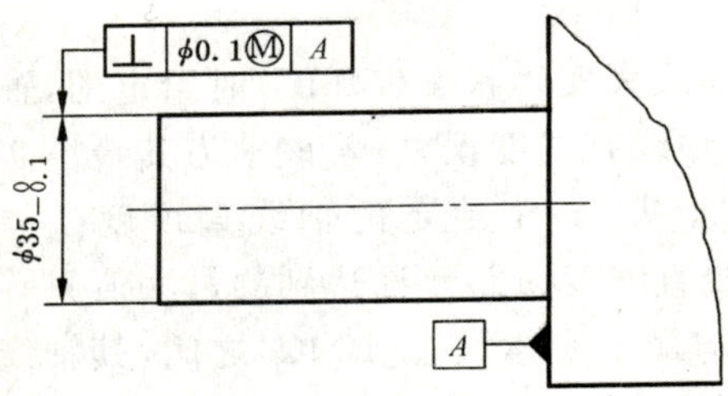

a）图样标注

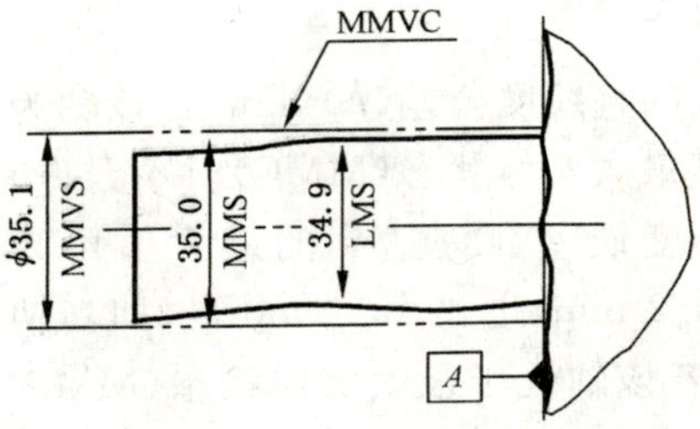

b）解释

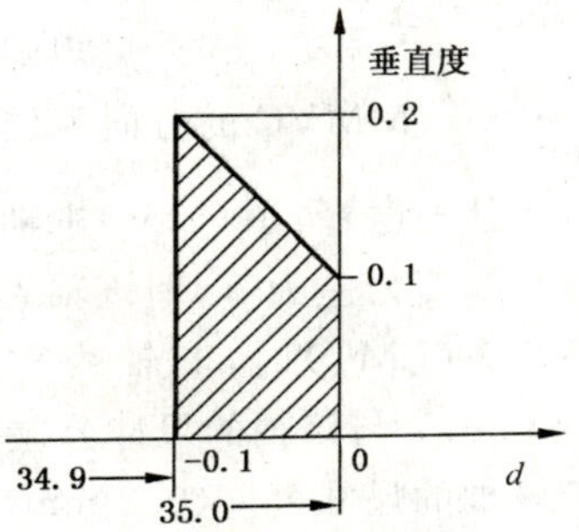

c）动态公差图

图 A.7 一个外圆柱要素具有尺寸要求和对其轴线具有方向（垂直度）要求的 MMR 示例

基于本标准给出的规则和定义，对本图例解释如下：

a） 轴的提取要素不得违反其最大实体实效状态（MMVC），其直径为 MMVS＝35.1 mm（见规则 C，3.14，3.15 和 3.15 注 1）；

b） 轴的提取要素各处的局部直径应大于 LMS＝34.9 mm［见规则 B 1）和 3.13］且应小于 MMS＝35.0 mm［见规则 A 1）和 3.11］；

c） MMVC 的方向与基准垂直，但其位置无约束（见规则 D）。

补充解释：图 A.7a）中轴线的垂直度公差（ϕ0.1 mm）是该轴为其最大实体状态（MMC）时给定的；若该轴为其最小实体状态（LMC）时，其轴线垂直度误差允许达到的最大值可为图 A.7a）中给定的轴线直线度公差（ϕ0.1 mm）与该轴的尺寸公差（0.1 mm）之和 ϕ0.2 mm；若该轴处于最大实体状态（MMC）与最小实体状态（LMC）之间，其轴线垂直度公差在 ϕ0.1 mm～ϕ0.2 mm 之间变化。图 A.7c）给出了表述上述关系的动态公差图。

例 8 图 8a)所示零件的预期功能是与图 7a)所示零件相装配，而且要求轴装入孔内时两基准平面应同时相接触。

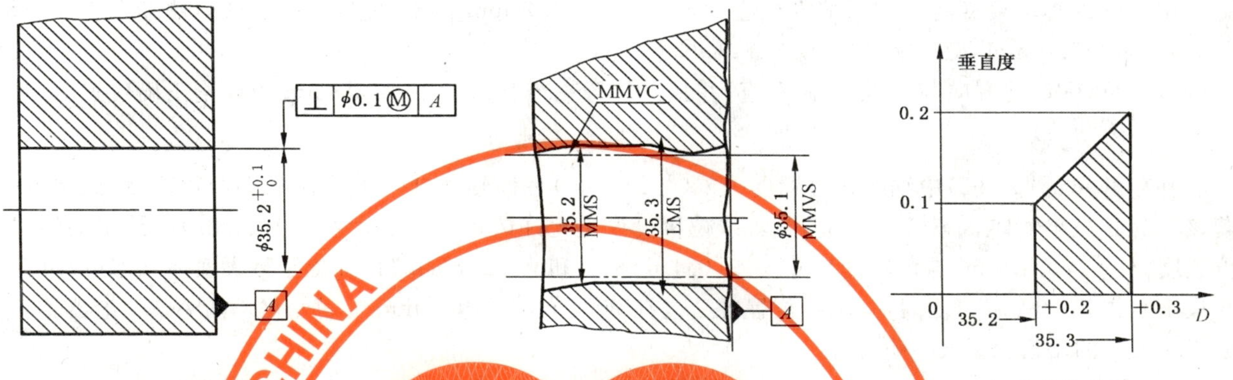

a) 图样标注　　b) 解释　　c) 动态公差图

图 A.8　一个内圆柱要素具有尺寸要求和对其轴线具有方向(垂直度)要求的 MMR 示例

基于本标准给出的规则和定义，对本图例解释如下：

a) 孔的提取要素不得违反其最大实体实效状态(MMVC)，其直径为 MMVS＝35.1 mm(见规则 C，3.14，3.15 和 3.15 注 1)；

b) 孔的提取要素各处的局部直径应小于 LMS＝35.3 mm[见规则 B 2)和 3.13]且应大于 MMS＝35.2 mm[见规则 A 2)和 3.11]；

c) MMVC 的方向与基准相垂直，但其位置无约束(见规则 D)。

补充解释：图 A.8a)中轴线的垂直度公差(ϕ0.1 mm)是该孔为其最大实体状态(MMC)时给定的；若该孔为其最小实体状态(LMC)时，其轴线垂直度误差允许达到的最大值可为图 A.8a)中给定的轴线直线度公差(ϕ0.1 mm)与该孔的尺寸公差(0.1 mm)之和 ϕ0.2 mm；若该孔处于最大实体状态(MMC)与最小实体状态(LMC)之间，其轴线垂直度公差在 ϕ0.1 mm～ϕ0.2 mm 之间变化。图 A.8c)给出了表述上述关系的动态公差图。

例 9 图 A.9a)所示零件的预期功能是与图 A.10a)所示零件相装配，而且要求两基准平面 *A* 相接触，两基准平面 *B* 双方同时与另一零件(图中未画出)的平面相接触。

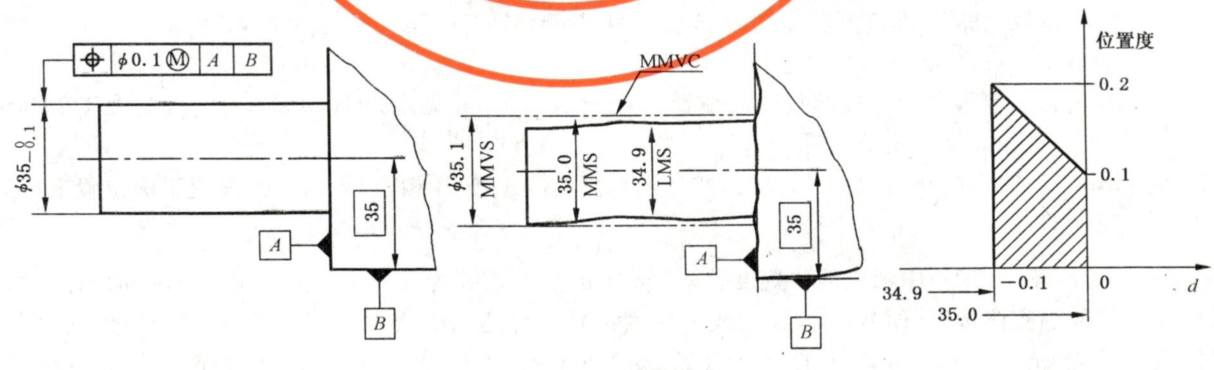

a) 图样标注　　b) 解释　　c) 动态公差图

图 A.9　一个外圆柱要素具有尺寸要求和对其轴线具有位置(位置度)要求的 MMR 示例

基于本标准给出的规则和定义，对本图例解释如下：

a) 轴的提取要素不得违反其最大实体实效状态(MMVC)，其直径为 MMVS=35.1 mm(见规则 C，3.14，3.15 和 3.15 注 1)；

b) 轴的提取要素各处的局部直径应大于 LMS=34.9 mm[见规则 B 1)和 3.13]且应小于 MMS=35.0 mm[见规则 A 1)和 3.11]；

c) MMVC 的方向与基准 *A* 相垂直，并且其位置在与基准 *B* 相距 35 mm 的理论正确位置上(见规则 D)。

补充解释：图 A.9a)中轴线的位置度公差(ϕ0.1 mm)是该轴为其最大实体状态(MMC)时给定的；若该轴为其最小实体状态(LMC)时，其轴线位置度误差允许达到的最大值可为图 A.9a)中给定的轴线位置度公差 (ϕ0.1 mm)与该轴的尺寸公差(0.1 mm)之和 ϕ0.2 mm；若该轴处于最大实体状态(MMC)与最小实体状态(LMC)之间，其轴线位置度公差在 ϕ0.1 mm～ϕ0.2 mm 之间变化。图 A.9c)给出了表述上述关系的动态公差图。

例 10 图 A.10a)所示零件的预期功能是与图 A.9a)所示零件相装配，而且要求两基准平面 *A* 相接触，两基准平面 *B* 双方同时与另一零件(图中未画出)的平面相接触。

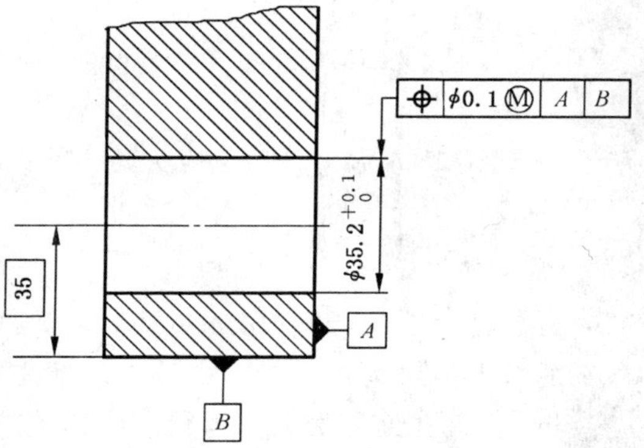

a) 图样标注

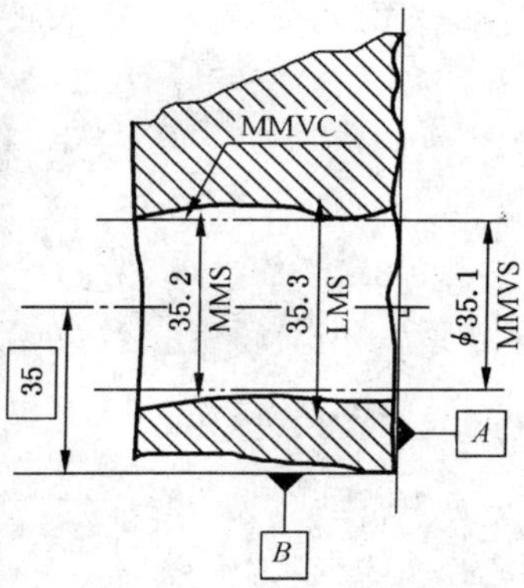

b) 解释

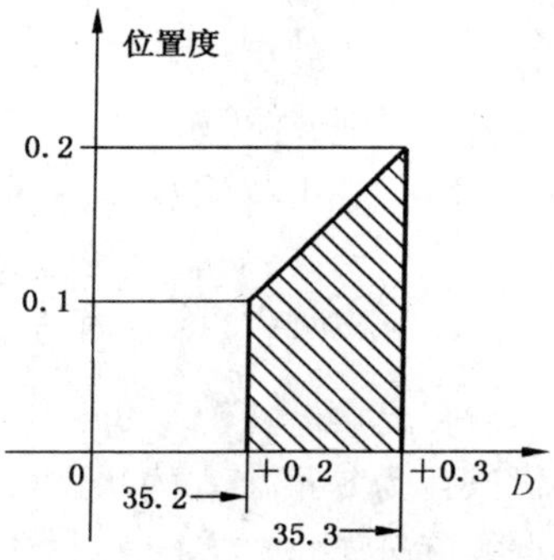

c) 动态公差图

图 A.10 一个内圆柱要素具有尺寸要求和对其轴线具有位置(位置度)要求的 MMR 示例

基于本标准给出的规则和定义，对本图例解释如下：

a) 孔的提取要素不得违反其最大实体实效状态(MMVC)，其直径为 MMVS=35.1 mm(见规则 C，3.14，3.15 和 3.15 注 1)；

b) 孔的提取要素各处的局部直径应小于 LMS=35.3 mm[见规则 B 2)和 3.13]且应大于 MMS=35.2 mm[见规则 A 2)和 3.11]；

c) MMVC 的方向与基准 *A* 相垂直，并且其位置在与基准 *B* 相距 35 mm 的理论正确位置上(见规则 D)。

补充解释：图 A.10a)中轴线的位置度公差(ϕ0.1 mm)是该孔为其最大实体状态(MMC)时给定的；若该孔为其最小实体状态(LMC)时，其轴线位置度误差允许达到的最大值可为图 A.10a)中给定的轴线位置度公差(ϕ0.1 mm)与该孔的尺寸公差(0.1 mm)之和 ϕ0.2 mm；若该孔处于最大实体状态(MMC)与最小实体状态(LMC)之间，其轴线位置度公差在 ϕ0.1 mm～ϕ0.2 mm 之间变化。图 A.10c)给出了表述上述关系的动态公差图。

例 11 图 A.11a)仅说明最小实体要求的一些原则。本图样标注不全,不能控制最小壁厚。在其他要素上缺少最小实体要求,因此不能表示这一功能。本图例可以用位置度、同轴度或同心度标注,其意义均相同。

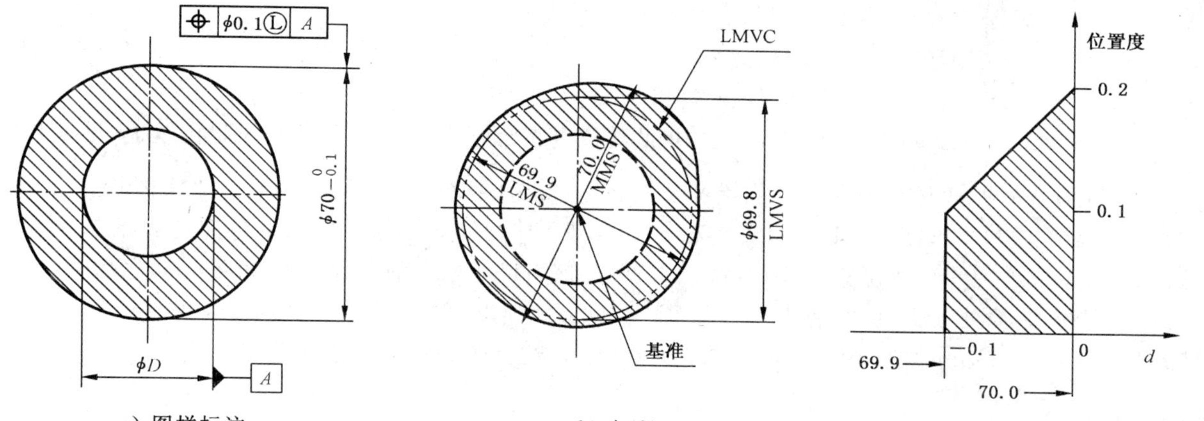

a) 图样标注　　b) 解释　　c) 动态公差图

图 A.11 一个外尺寸要素与一个作为基准的同心内尺寸要素具有位置度要求的 LMR 示例

基于本标准给出的规则和定义,对本图例解释如下:

a) 外尺寸要素的提取要素不得违反其最小实体实效状态(LMVC),其直径为 LMVS=69.8 mm(见规则 J,3.16,3.17 和 3.17 注 1);

b) 外尺寸要素的提取要素各处的局部直径应小于 MMS=70.0 mm[见规则 I 1)和 3.11]且应大于 LMS=69.9 mm[见规则 H 1)和 3.13];

c) LMVC 的方向与基准 *A* 相平行,并且其位置在与基准 *A* 同轴的理论正确位置上(见规则 K)。

补充解释:图 A.11a)中轴线的位置度公差(φ0.1 mm)是该外尺寸要素为其最小实体状态(LMC)时给定的;若该外尺寸要素为其最大实体状态(MMC)时,其轴线位置度误差允许达到的最大值可为图 A.11a) 中给定的轴线位置度公差(φ0.1 mm)与该轴的尺寸公差(0.1 mm)之和 φ0.2 mm;若该轴处于最小实体状态(LMC)与最大实体状态(MMC)之间,其轴线位置度公差在 φ0.1 mm～φ0.2 mm 之间变化。图 A.11c)给出了表述上述关系的动态公差图。

例 12 图 A.12a)仅说明最小实体要求的一些原则。本图样标注不全,不能控制最小壁厚。在其他要素上缺少最小实体要求,因此不能表示这一功能。本图例可以用位置度、同轴度或同心度标注,其意义均相同。

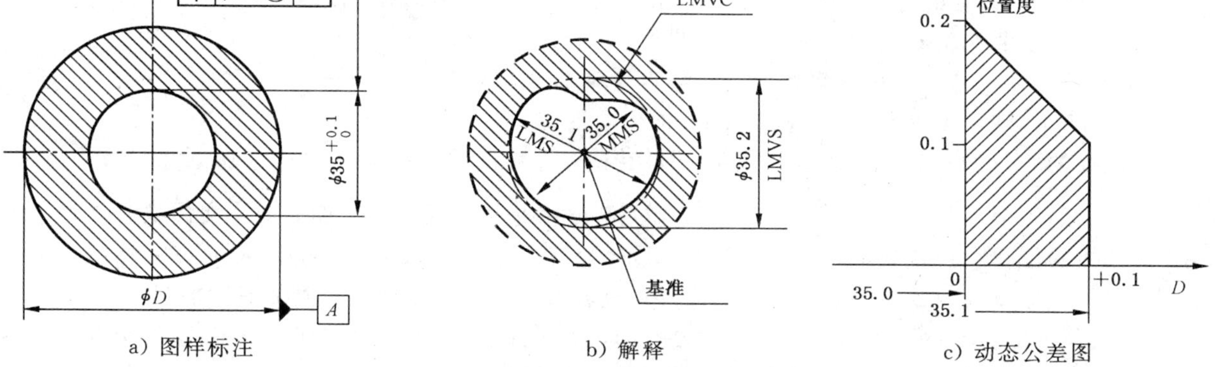

a) 图样标注　　b) 解释　　c) 动态公差图

图 A.12 一个内尺寸要素与一个作为基准的同心外尺寸要素具有位置度要求的 LMR 示例

基于本标准给出的规则和定义，对本图例解释如下：

a) 内尺寸要素的提取要素不得违反其最小实体实效状态（LMVC），其直径为 LMVS=35.2 mm（见规则 J，3.16，3.17 和 3.17 注 1）；

b) 内尺寸要素的提取要素各处的局部直径应大于 MMS=35.0 mm[见规则 I 2）和 3.11]且应小于 LMS=35.1 mm[见规则 H 2）和 3.13]；

c) LMVC 的方向与基准 *A* 相平行，并且其位置在与基准 *A* 同轴的理论正确位置上（见规则 K）。

补充解释：图 A.12a）中轴线的位置度公差（ϕ0.1 mm）是该内尺寸要素为其最小实体状态（LMC）时给定的；若该内尺寸要素为其最大实体状态（MMC）时，其轴线位置度误差允许达到的最大值可为图 A.12a）中给定的轴线位置度公差（ϕ0.1 mm）与该内尺寸要素的尺寸公差（0.1 mm）之和 ϕ0.2 mm；若该内尺寸要素处于最小实体状态（LMC）与最大实体状态（MMC）之间，其轴线位置度公差在 ϕ0.1 mm ～ϕ0.2 mm 之间变化。图 A.12c）给出了表述上述关系的动态公差图。

例 13 图 A.13a）仅说明最小实体要求的一些原则。本图样标注不全，不能控制最小壁厚。在其他要素上缺少最小实体要求，因此不能表示这一功能。本图例可以用位置度、同轴度或同心度标注，其意义均相同。

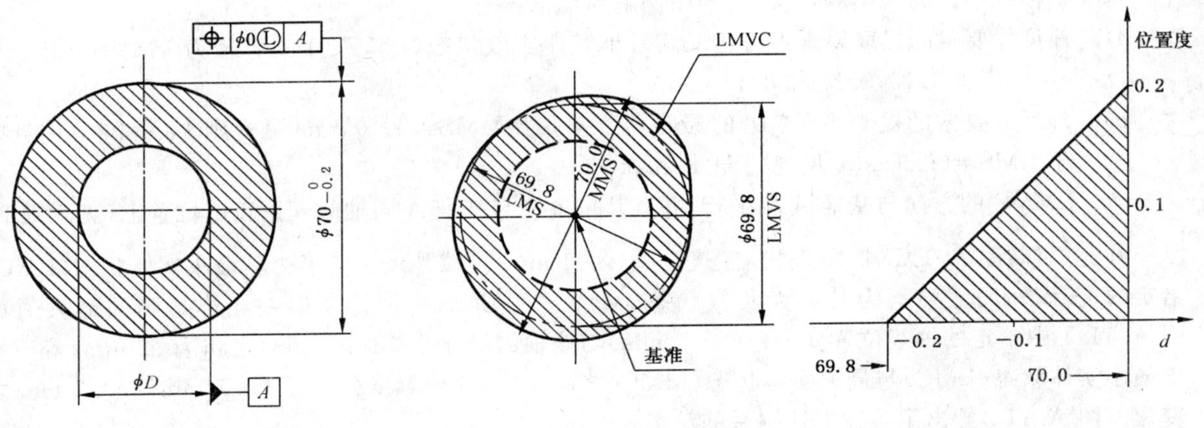

a) 图样标注　　b) 解释　　c) 动态公差图

图 A.13 一个外尺寸要素与一个作为基准的同心内尺寸要素具有位置度要求的 LMR 示例

基于本标准给出的规则和定义，对本图例解释如下：

a) 外尺寸要素的提取要素不得违反其最小实体实效状态（LMVC），其直径为 LMVS=69.8 mm（见规则 J，3.16，3.17 和 3.17 注 1）；

b) 外尺寸要素的提取要素各处的局部直径应小于 MMS=70.0 mm[见规则 I 1）和 3.11]且应大于 LMS=69.8 mm[见规则 H 1）和 3.13]；

c) LMVC 的方向与基准 *A* 相平行，并且其位置在与基准 *A* 同轴的理论正确位置上（见规则 K）。

补充解释：图 A.13a）中轴线的位置度公差（ϕ0 mm）是该外尺寸要素为其最小实体状态（LMC）时给定的，轴线的位置度公差规定为零，即该尺寸要素为其最小实体状态 LMC）时不允许有轴线位置度误差；若该外尺寸要素为最大实体状态（MMC）时，其轴线位置度误差允许达到的最大值可为图 A.13a）给定的轴线位置度公差（ϕ0 mm）与该外尺寸要素的尺寸公差（0.2 mm）之和 ϕ0.2 mm；若该外尺寸要素处于最小实体状态（LMC）与最大实体状态（MMC）之间，其轴线位置度公差在 ϕ0 mm～ϕ0.2 mm 之间变化。图 A.13 c）给出了表述上述关系的动态公差图。

例 14 图 A.14a)仅说明最小实体要求的一些原则。本图样标注不全，不能控制最小壁厚。在其他要素上缺少最小实体要求，因此不能表示这一功能。本图例可以用位置度、同轴度或同心度标注，其意义均相同。

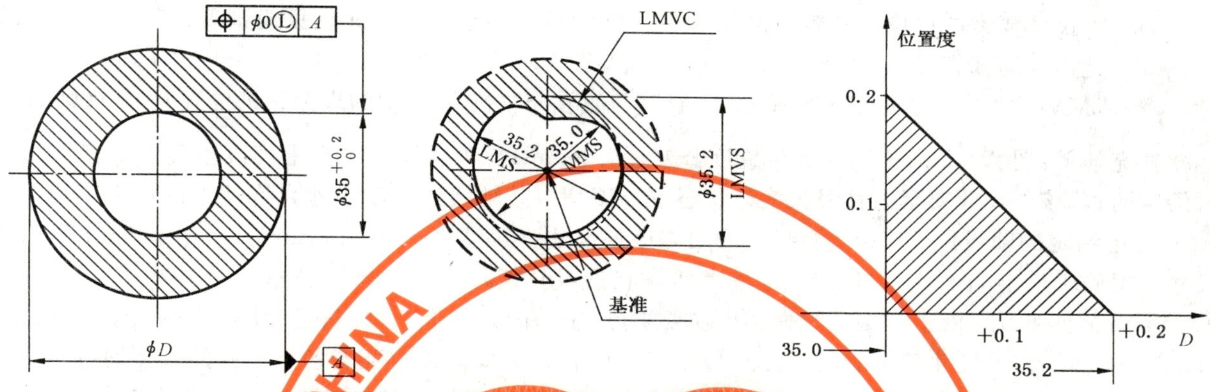

a) 图样标注　　b) 解释　　c) 动态公差图

图 A.14 一个内尺寸要素与一个作为基准的同心外尺寸要素具有位置度要求的 LMR 示例

基于本标准给出的规则和定义，对本图例解释如下：

a) 内尺寸要素的提取要素不得违反其最小实体实效状态(LMVC)，其直径为 LMVS=35.2 mm(见规则 J，3.16，3.17 和 3.17 注 1)；

b) 内尺寸要素的提取要素各处的局部直径应大于 MMS=35.0 mm[见规则 I 2)和 3.11]且应小于 LMS=35.2 mm[见规则 H 2)和 3.13]；

c) LMVC 的方向与基准 A 相平行，并且其位置在与基准 A 同轴的理论正确位置上(见规则 K)。

补充解释：图 A.14a)中轴线的位置度公差(ϕ0 mm)是该内尺寸要素为其最小实体状态(LMC)时给定的，轴线的位置度公差规定为零，即该尺寸要素为其最小实体状态(LMC)时不允许有轴线位置度误差；若该内尺寸要素为最大实体状态(MMC)时，其轴线位置度误差允许达到的最大值可为图 A.14a)给定的轴线位置度公差(ϕ0 mm)与该内尺寸要素的尺寸公差(0.2 mm)之和 ϕ0.2 mm；若该内尺寸要素处于最小实体状态(LMC)与最大实体状态(MMC)之间，其轴线位置度公差在 ϕ0 mm～ϕ0.2 mm 之间变化。图 A.14 c)给出了表述上述关系的动态公差图。

例 15 图 A.15a)仅说明最小实体要求的一些原则。本图样标注不全，不能控制最小壁厚。在其他要素上缺少最小实体要求，因此不能表示这一功能。本图例可以用位置度、同轴度或同心度标注，其意义均相同。

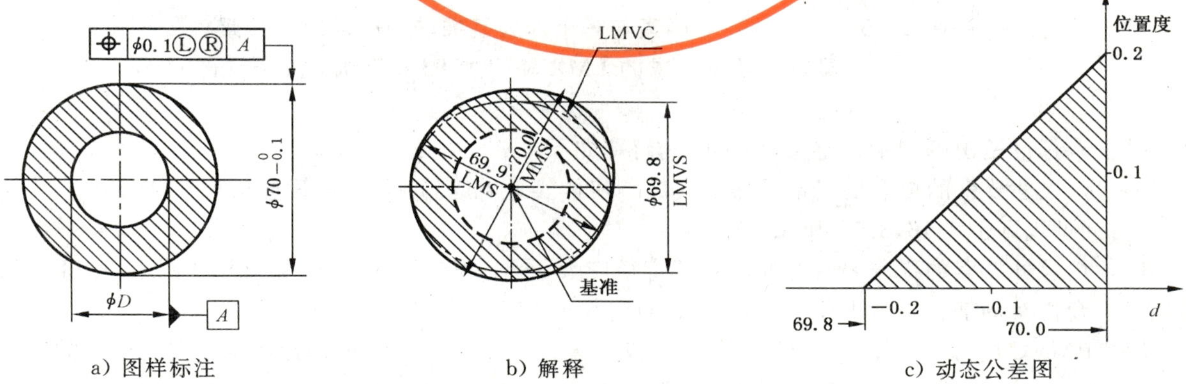

a) 图样标注　　b) 解释　　c) 动态公差图

图 A.15 一个外尺寸要素与一个作为基准的同心内尺寸要素具有位置度要求的 LMR 和附加 RPR 示例

基于本标准给出的规则和定义，对本图例解释如下：

a) 外尺寸要素的提取要素不得违反其最小实体实效状态(LMVC)，其直径为 LMVS=69.8 mm(见规则 J,3.16,3.17 和 3.17 注 1)；

b) 外尺寸要素的提取要素各处的局部直径应小于 MMS=70.0 mm[见规则 I 1)和 3.11]，RPR 允许其局部直径从 LMS(=69.9 mm)减小至 LMVS(=69.8 mm)；

c) LMVC 的方向与基准 *A* 相平行，并且其位置在与基准 *A* 同轴的理论正确位置上(见规则 K)。

补充解释：图 A.15 a)中轴线的位置度公差(ϕ0.1 mm)是该外尺寸要素为其最小实体状态(LMC)时给定的；若该外尺寸要素为其最大实体状态(MMC)时，其轴线位置度误差允许达到的最大值可为图 A.15a)中给定的轴线位置度公差(ϕ0.1 mm)与该外尺寸要素尺寸公差(0.1 mm)之和 ϕ0.2 mm；若该外尺寸要素处于最小实体状态(LMC)与最大实体状态(MMC)之间，其轴线位置度公差在 ϕ0.1 mm～ϕ0.2 mm 之间变化。由于本例还附加了可逆要求(RPR)，因此如果其轴线位置度误差小于给定的公差(ϕ0.1 mm)时，该外尺寸要素的尺寸公差允许大于 0.1 mm，即其提取要素各处的局部直径均可小于它的最小实体尺寸(LMS=69.9 mm)；如果其轴线位置度误差为零，则其局部直径允许减小至 69.8 mm。图 A.15 c)给出了表述上述关系的动态公差图。

例 16 图 A.16a)仅说明最小实体要求的一些原则。本图样标注不全，不能控制最小壁厚。在其他要素上缺少最小实体要求，因此不能表示这一功能。本图例可以用位置度、同轴度或同心度标注，其意义均相同。

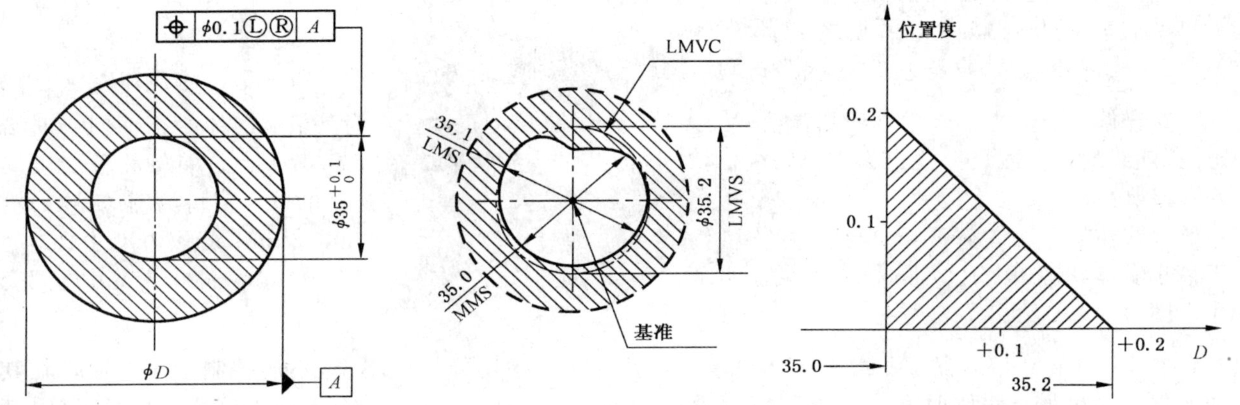

a) 图样标注　　b) 解释　　c) 动态公差图

图 A.16 一个内尺寸要素与一个作为基准的同心外尺寸要素具有位置度要求的 LMR 和附加 RPR 示例

基于本标准给出的规则和定义，对本图例解释如下：

a) 内尺寸要素的提取要素不得违反其最小实体实效状态(LMVC)，其直径为 LMVS=35.2 mm(见规则 J,3.16,3.17 和 3.17 注 1)；

b) 内尺寸要素的提取要素各处的局部直径应大于 MMS=35.0 mm[见规则 I 2)和 3.11]，RPR 允许其局部直径从 LMS(=35.1 mm)增大至 LMVS(=35.2 mm)；

c) LMVC 的方向与基准 *A* 相平行，并且其位置在与基准 *A* 同轴的理论正确位置上(见规则 K)。

补充解释：图 A.16a)中轴线的位置度公差(ϕ0.1 mm)是该内尺寸要素为其最小实体状态(LMC)时给定的；若该内尺寸要素为其最大实体状态(MMC)时，其轴线位置度误差允许达到的最大值可为图 A.16a）中给定的轴线位置度公差（ϕ0.1 mm）与该内尺寸要素尺寸公差（0.1 mm）之和 ϕ0.2 mm；若该外尺寸要素处于最小实体状态（LMC）与最大实体状态（MMC）之间，其轴线位置度公差在 ϕ0.1 mm～ϕ0.2 mm 之间变化。由于本例还附加了可逆要求（RPR），因此如果其轴线位置度误差小于给定的公差（ϕ0.1 mm）时，该内尺寸要素的尺寸公差允许大于 0.1 mm，即其提取要素各处的局部直径均可大于它的最小实体尺寸（LMS＝35.1 mm）；如果其轴线位置度误差为零，则其局部直径允许增大至 35.2 mm。图 A.16c）给出了表述上述关系的动态公差图。

例 17 图 A.17a）所示零件的预期功能是与图 A.18a）所示零件相装配。

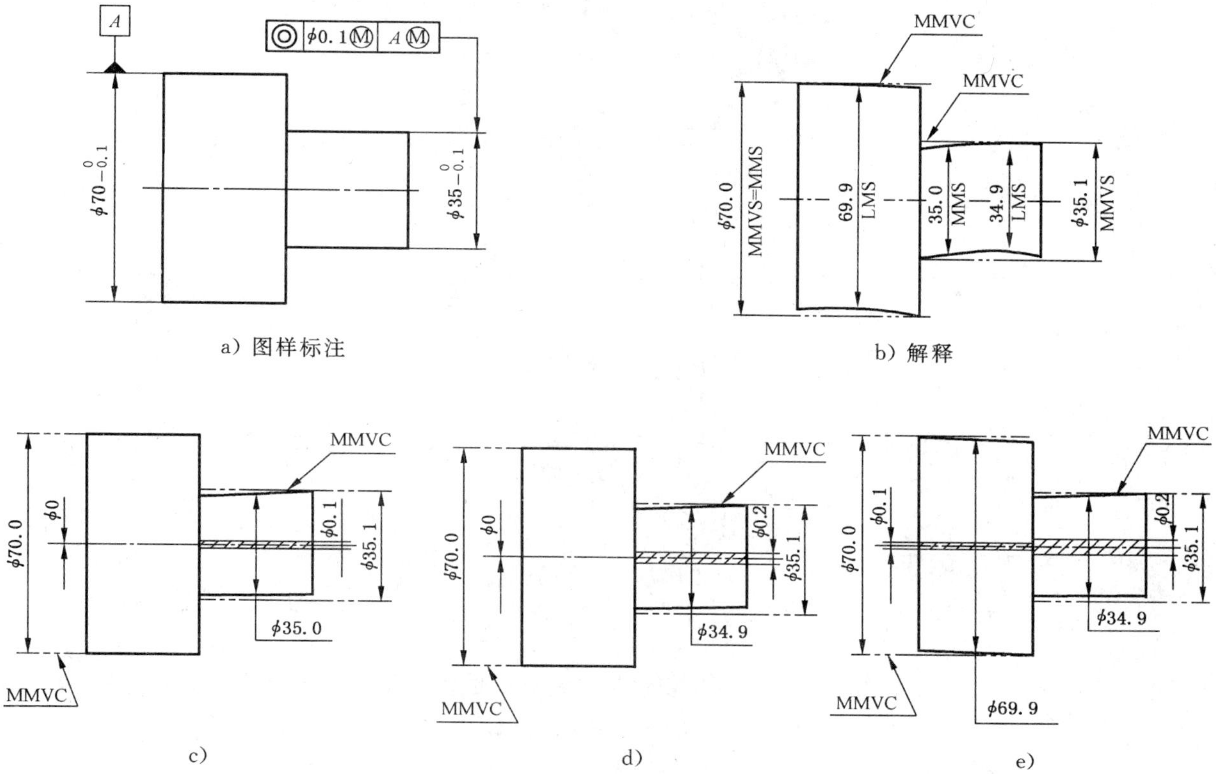

a）图样标注 b）解释

c） d） e）

图 A.17 一个外尺寸要素具有尺寸要求和对其轴线具有位置（同轴度）要求的 MMR 和作为基准的外尺寸要素具有尺寸要求同时也用 MMR 的示例

基于本标准给出的规则和定义，对本图例解释如下：

a） 外尺寸要素的提取要素不得违反其最大实体实效状态（MMVC），其直径为 MMVS＝35.1 mm（见规则 C，3.14，3.15 和 3.15 注 1）；

b） 外尺寸要素的提取要素各处的局部直径应大于 LMS＝34.9 mm［见规则 B 1）和 3.13］且应小于 MMS＝35.0 mm［见规则 A 1）和 3.11］；

c） MMVC 的位置与基准要素的 MMVC 同轴（见规则 D）；

d） 基准要素的提取要素不得违反其最大实体实效状态 MMVC，其直径为 MMVS＝MMS＝70.0 mm（见规则 E，规则 F，3.14，3.15 和 3.15 注 1）；

e） 基准要素的提取要素各处的局部直径应大于 LMS＝69.9 mm［见规则 B 1）和 3.13］。

补充解释：图 A.17a）中外尺寸要素轴线相对于基准要素轴线的同轴度公差（ϕ0.1 mm）是该外尺寸要素及其基准要素均为其最大实体状态（MMC）时给定的（见图 A.17c）；若外尺寸要素为其最小实体状

态(LMC),基准要素仍为其最大实体状态(MMC)时,外尺寸要素的轴线同轴度误差允许达到的最大值可为图 A.17a)中给定的同轴度公差(ϕ0.1 mm)与其尺寸公差(0.1 mm)之和 ϕ0.2 mm[见图 A.17d)];若外尺寸要素处于最大实体状态(MMC)与最小实体状态(LMC)之间,基准要素仍为其最大实体状态(MMC),其轴线同轴度公差在 ϕ0.1 mm～ϕ0.2 mm 之间变化。

若基准要素偏离其最大实体状态(MMC),由此可使其轴线相对于其理论正确位置有一些浮动(偏移、倾斜或弯曲);若基准要素为其最小实体状态(LMC)时,其轴线相对于其理论正确位置的最大浮动量可以达到的最大值为 ϕ0.1(70.0～69.9) mm[见图 A.17e)],在此情况下,若外尺寸要素也为其最小实体状态(LMC),其轴线与基准要素轴线的同轴度误差可能会超过 ϕ0.3 mm[图 A.17a)中给定的同轴度公差(ϕ0.1 mm)、外尺寸要素的尺寸公差(0.1 mm)与基准要素的尺寸公差(0.1 mm)三者之和],同轴度误差的最大值可以根据零件具体的结构尺寸近似估算。

例 18 图 A.18a)所示零件的预期功能是与图 17a)所示零件相装配。

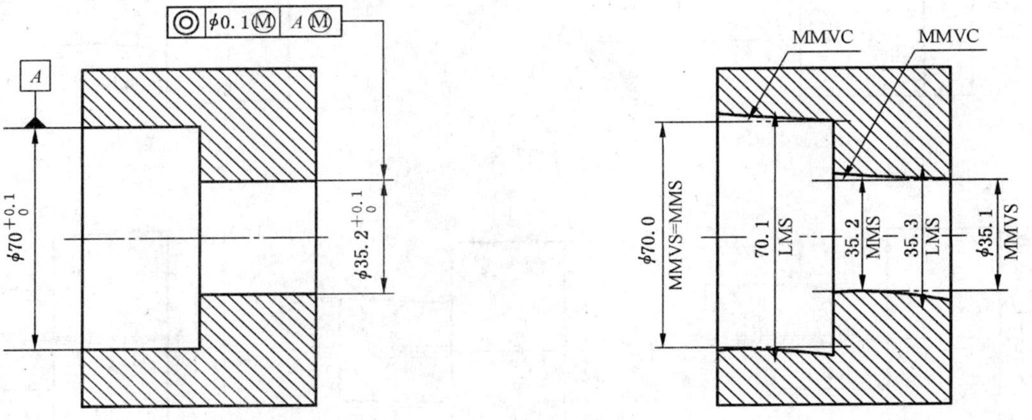

a) 图样标注　　b) 解释

图 A.18 一个内尺寸要素具有尺寸要求和对其轴线具有位置(同轴度)要求的 MMR 和作为基准的尺寸要素具有尺寸要求同时也用 MMR 的示例

基于本标准给出的规则和定义,对本图例解释如下:

a) 内尺寸要素的提取要素不得违反其最大实体实效状态(MMVC),其直径为 MMVS=35.1 mm(见规则 C,3.14,3.15 和 3.15 注 1);
b) 内尺寸要素的提取要素各处的局部直径应大于 MMS=35.2 mm[见规则 A 2)和 3.11],且应小于 LMS=35.3 mm[见规则 B 2)和 3.13];
c) MMVC 的位置与基准要素的 MMVC 同轴(见规则 D);
d) 基准要素的提取要素不得违反其最大实体实效状态 MMVC,其直径为 MMVS=MMS=70.0 mm(见规则 E,规则 F,3.14,3.15 和 3.15 注 1);
e) 基准要素的提取要素各处的局部直径应小于 LMS=70.1 mm[见规则 B 2)和 3.13]。

补充解释:图 A.18a)中内尺寸要素轴线相对于基准要素轴线的同轴度公差(ϕ0.1 mm)是该内尺寸要素及其基准要素均为其最大实体状态(MMC)时给定的[类同图 A.18c)];若内尺寸要素为其最小实体状态(LMC),基准要素仍为其最大实体状态(MMC)时,内尺寸要素的轴线同轴度误差允许达到的最大值可为图 A.18a)中给定的同轴度公差(ϕ0.1 mm)与其尺寸公差(0.1 mm)之和 ϕ0.2 mm[类同图 A.17d)];若内尺寸要素处于最大实体状态(MMC)与最小实体状态(LMC)之间,基准要素仍为其最大实体状态(MMC),其轴线同轴度公差在 ϕ0.1 mm～ϕ0.2 mm 之间变化。

若基准要素偏离其最大实体状态(MMC),由此可使其轴线相对于其理论正确位置有一些浮动(偏移、倾斜或弯曲);若基准要素为其最小实体状态(LMC)时,其轴线相对于其理论正确位置的最大浮动量可以达到的最大值为 ϕ0.1(70.0~69.9) mm[类同图 A.17e)],在此情况下,若内尺寸要素也为其最小实体状态(LMC),其轴线与基准要素轴线的同轴度误差可能会超过 ϕ0.3 mm[图 A.18a)中给定的同轴度公差(ϕ0.1 mm)、内尺寸要素的尺寸公差(0.1 mm)与基准要素的尺寸公差(0.1 mm)三者之和],同轴度误差的最大值可以根据零件具体的结构尺寸近似估算。

例 19 图 A.19a)所示零件的预期功能是与图 20a)所示零件相装配。

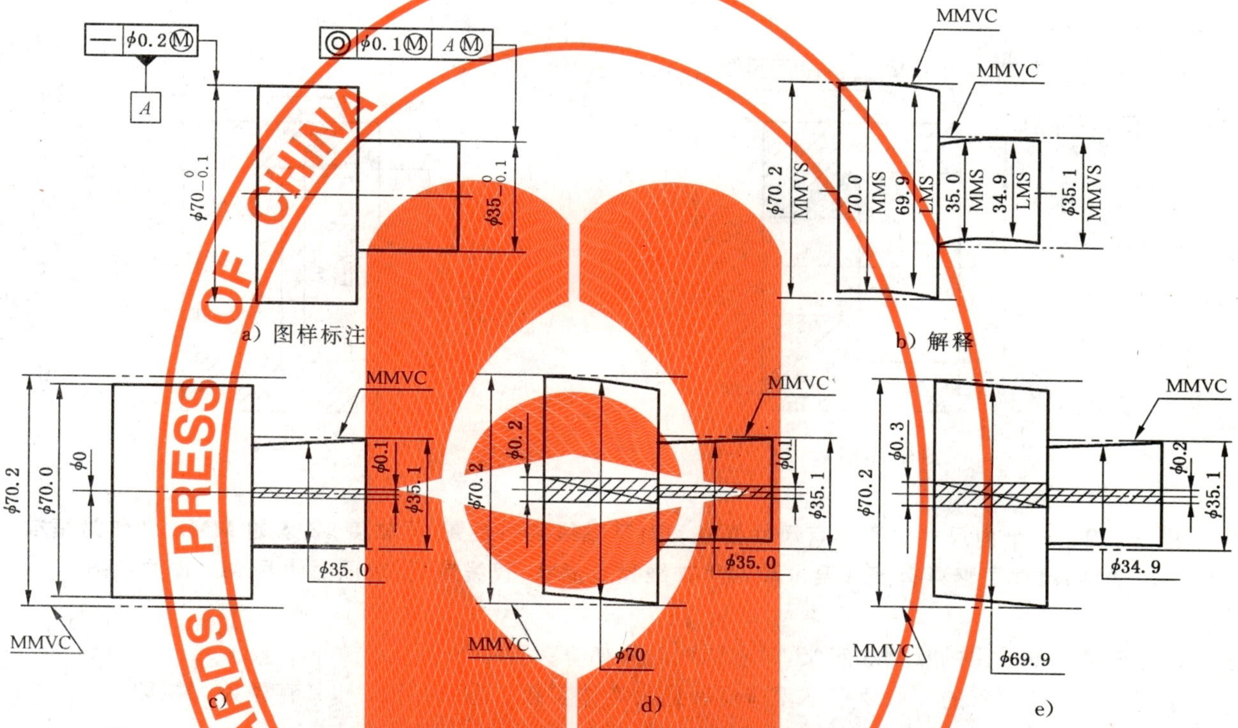

图 A.19 一个外尺寸要素具有尺寸要求和对其轴线具有位置(同轴度)要求的 MMR 和作为基准的外尺寸要素具有尺寸要求和对其轴线具有形状(直线度)要求同时也用 MMR 的示例

基于本标准给出的规则和定义,对本图例解释如下:

a) 外尺寸要素的提取要素不得违反其最大实体实效状态(MMVC),其直径为 MMVS=35.1 mm(见规则 C,3.14,3.15 和 3.15 注 1);

b) 外尺寸要素的提取要素各处的局部直径应大于 LMS=34.9 mm[见规则 B 1)和 3.13],且应小于 MMS=35.0 mm[见规则 A 1)和 3.11];

c) MMVC 的位置与基准要素的 MMVC 同轴(见规则 D);

d) 基准要素的提取要素不得违反其最大实体实效状态(MMVC),其直径为 MMVS=70 mm+0.2 mm= 70.2 mm(见规则 E,规则 G,3.15 和 3.15 注 1);

e) 基准要素的提取要素各处的局部直径应大于 LMS=69.9 mm[见规则 B1)和 3.13],且均应小于 MMS=70.0 mm[见规则 A1)和 3.11];

补充解释:图 A.19a)中外尺寸要素轴线相对于基准要素轴线的同轴度公差(ϕ0.1 mm)是它们均为其最大实体状态(MMC)时给定的,当基准要素的轴线为其理论正确位置时的情况见图 A.19.c)。

若外尺寸要素处于最大实体状态(MMC),基准要素也处于最大实体状态(MMC),但由于它的最大实体实效状态(MMVC)大于最大实体状态(MMC),因此,其轴线相对于理论正确位置可以有一些浮动,在此条件下基准轴线相对于理论正确位置具有最大浮动量(ϕ0.2 mm)[见图 A.19d)]。

若外尺寸要素处于最小实体状态(LMC),基准要素也处于最小实体状态(LMC),此时,基准轴线相对于理论正确位置的浮动量可为 ϕ0.3 mm[基准要素的尺寸公差(0.1 mm)与基准轴线的直线度公差 ϕ0.2 mm 之和][见图 A.19e)],在此情况下同轴度误差为最大,具体数值可以根据零件的具体结构尺寸近似算出。

例 20 图 A.20a)所示零件的预期功能是与图 A.19a)所示零件相装配。

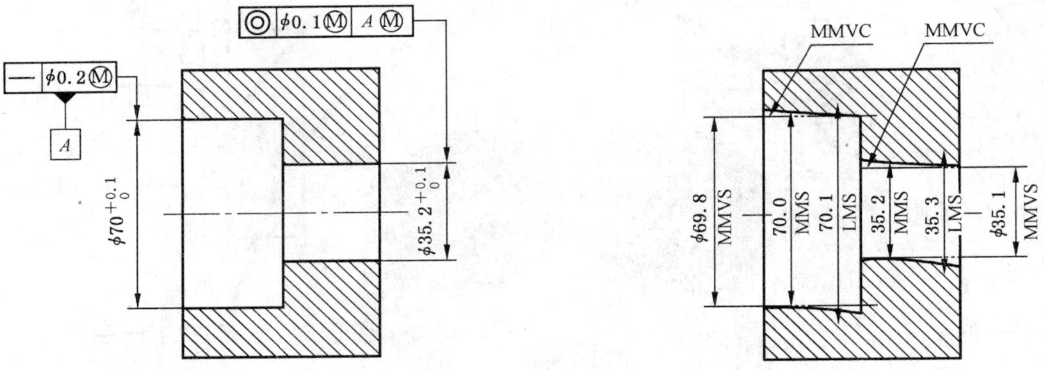

a) 图样标注　　　　b) 解释

图 A.20 一个内尺寸要素具有尺寸要求和对其轴线具有位置(同轴度)要求的 MMR 和作为基准的内尺寸要素具有尺寸要求和对其轴线具有形状(直线度)要求同时也用 MMR 的示例

基于本标准给出的规则和定义,对本图例解释如下:

a) 内尺寸要素的提取要素不得违反其最大实体实效状态(MMVC),其直径为 MMVS=35.1 mm(见规则 C,3.14,3.15 和 3.15 注 1);

b) 内尺寸要素的提取要素各处的局部直径应大于 MMS=35.2 mm[见规则 B 2)和 3.11],且应小于 LMS=35.3 mm[见规则 A 2)和 3.13];

c) MMVC 的位置与基准要素的 MMVC 同轴(见规则 D);

d) 基准要素的提取要素不得违反其最大实体实效状态(MMVC),其直径为 MMVS=70 mm−0.2 mm=69.8 mm(见规则 E,规则 G,3.15 和 3.15 注 1);

e) 基准要素的提取要素各处的局部直径应小于 LMS=70.1 mm[见规则 B 2)和 3.13],且均应大于 MMS=70.0 mm[见规则 A 2)和 3.11]。

补充解释:图 A.20a)中内尺寸要素轴线相对于基准要素轴线的同轴度公差(ϕ0.1 mm)是它们均为其最大实体状态(MMC)时给定的,当基准要素的轴线为其理论正确位置时的情况类同图 A.19c)。

若内尺寸要素处于最大实体状态(MMC),基准要素也处于最大实体状态(MMC),但由于它的最大实体实效状态(MMVC)小于最大实体状态(MMC),因此,其轴线相对于理论正确位置可以有一些浮动,在此条件下基准轴线相对于理论正确位置具有最大浮动量(ϕ0.2 mm)的情况类同图 A.19d)。

若内尺寸要素处于最小实体状态(LMC),基准要素也处于最小实体状态(LMC),此时,基准轴线相对于理论正确位置的浮动量可为 ϕ0.3 mm[基准要素的尺寸公差(0.1 mm)与基准轴线的直线度公差(ϕ0.2 mm)之和][类同图 A.19e)],在此情况下同轴度误差为最大,具体数值可以根据零件的具体结构尺寸近似算出。

例 21 图 A.21 所示零件的预期功能是承受内压并防止崩裂。

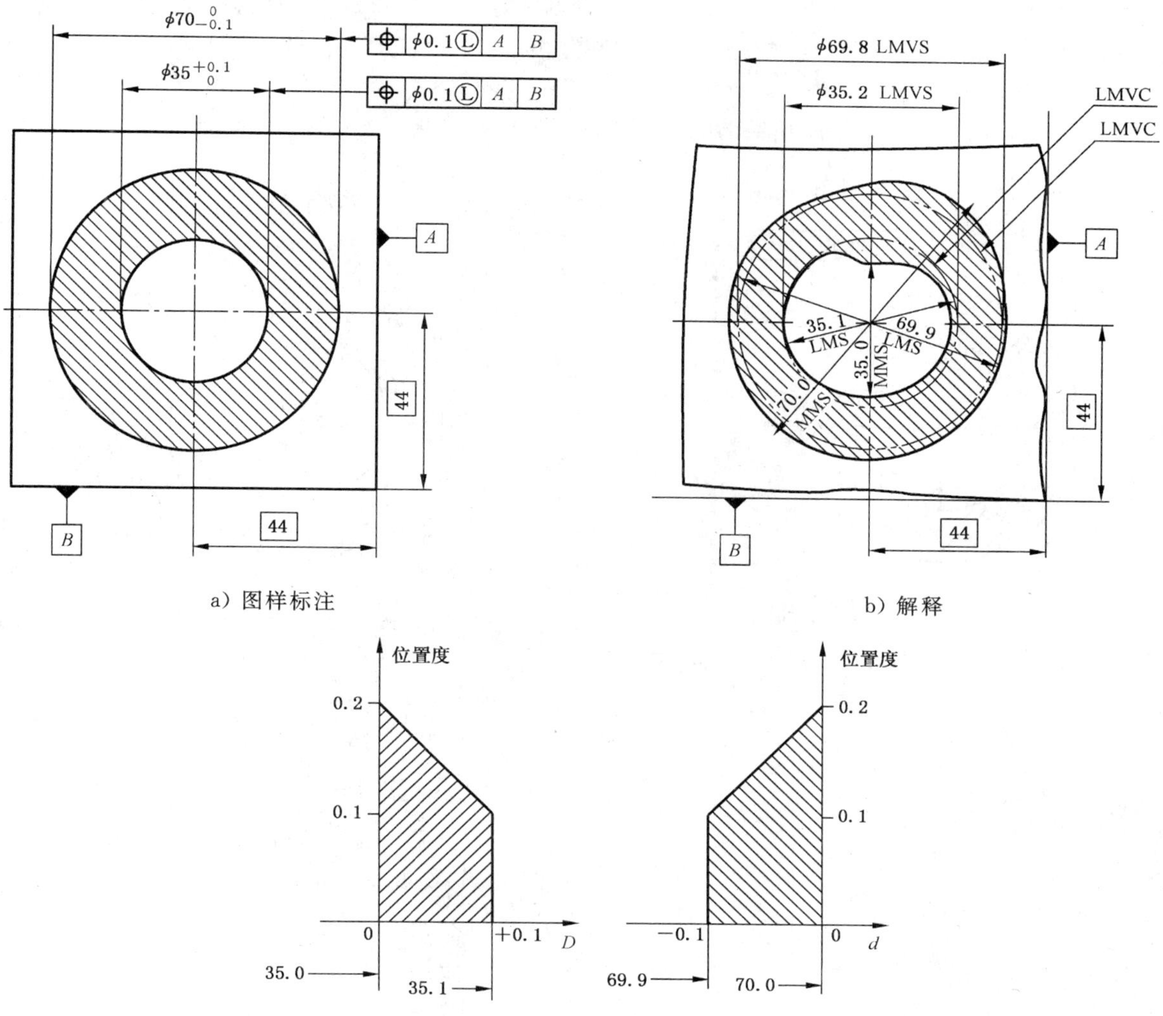

a) 图样标注

b) 解释

c) 动态公差图

图 A.21 两同心圆柱要素(内与外)由同一基准体系 A 和 B 控制其尺寸和位置的 LMR 示例

基于本标准给出的规则和定义,对本图例解释如下:

a) 外圆柱要素的提取要素不得违反其最小实体实效状态(LMVC),其直径为 LMVS=69.8 mm(见规则 J,3.16,3.17 和 3.17 注 1);

b) 外圆柱要素的提取要素各处的局部直径应小于 MMS=70.0 mm[见规则 I 1)和 3.11]且应大于 LMS=69.9 mm[见规则 H 1)和 3.13];

c) 内圆柱要素的提取要素不得违反其最小实体实效状态,其直径为 LMVS=35.2 mm(见规则 J,3.16,3.17 和 3.17 注 1);

d) 内圆柱要素的提取要素各处的局部直径应大于 MMS=35.0 mm [见规则 I 2) 和 3.11]且应小于 LMS=35.1 mm[见规则 H2)和 3.13];

e) 内、外圆柱要素的最小实体实效状态的理论正确方向和位置应处于距基准体系 *A* 和 *B* 各为 44 mm(见规则 K)。

补充解释:图 A.21a)中内、外圆柱要素轴线的位置度公差(ϕ0.1 mm)均为其最小实体状态(LMC)时给定的;若此内、外圆柱要素均为其最大实体状态(MMC)时,其轴线位置度误差均允许达到的最大值可为图 A. 21 中给定的位置度公差(φ0. 1 mm)与其尺寸公差(0. 1 mm)之和 φ0. 2 mm;若此内、外圆柱要素处于各自的最小实体状态(LMC)与最大实体状态(MMC)之间,各自轴线的位置度公差都在 φ0. 1 mm～φ0. 2 mm 之间变化。图 A. 21 c)给出了表述上述关系的动态公差图。

例 22 图 A. 22a)所示零件的预期功能是承受内压并防止崩裂。

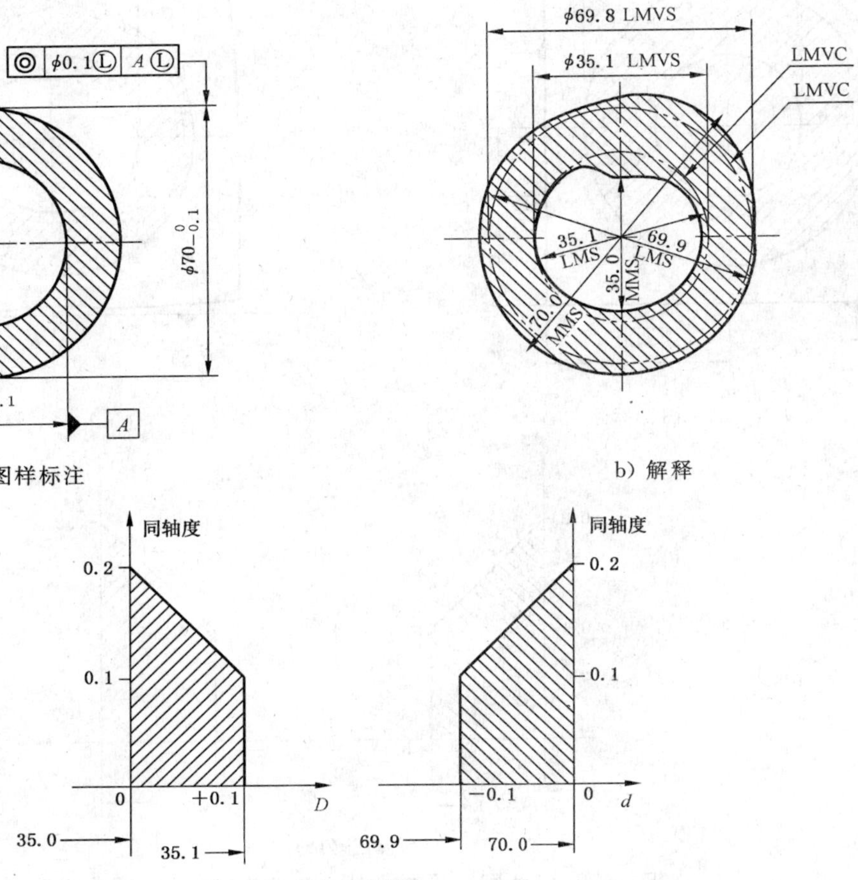

a) 图样标注

b) 解释

c) 动态公差图

图 A. 22 一个外圆柱要素由尺寸和相对于由尺寸和 LMR 控制的内圆柱要素作为基准的位置(同轴度)控制的 LMR 示例

基于本标准给出的规则和定义,对本图例解释如下:

a) 外圆柱要素的提取要素不得违反其最小实体实效状态(LMVC),其直径为 LMVS=69. 8 mm(见规则 J,3. 10,3. 11 和 3. 11 注 1);

b) 外圆柱要素的提取要素各处的局部直径应小于 MMS=70. 0 mm[见规则 I 1)和 3. 5]且应大于 LMS=69. 9 mm[见规则 H 1)和 3. 7];

c) 内圆柱要素(基准要素)的提取要素不得违反其最小实体实效状态(LMVC),其直径为 LMVS=LMS=35. 1 mm(见规则 L,规则 M,3. 10,3. 11 和 3. 11 注 1)

d) 内圆柱要素(基准要素)的提取要素各处的局部直径应大于 MMS=35. 0 mm[见规则 I 2)和 3. 5] 且应小于 LMS=35. 1 mm[见规则 H 2)和 3. 7];

e) 外圆柱要素的最小实体实效状态(LMVC)位于内圆柱要素(基准要素)轴线的理论正确位置(见规则 K)。

补充解释:图 A. 22a)外圆柱要素轴线相对于内圆柱要素(基准要素)的同轴度公差(φ0. 1 mm)是它

们均为其最小实体状态(LMC)时给定的;若外圆柱要素为最大实体状态(MMC),内圆柱要素(基准要素)仍为其最小实体状态(LMC),外圆柱要素的轴线同轴度误差允许达到的最大值可为图 A.22a)中给定的同轴度公差(ϕ0.1 mm)与其尺寸公差(0.1 mm)之和 ϕ0.2 mm;若外圆柱要素处于最小实体状态(LMC)与最大实体状态(MMC)之间,内圆柱要素(基准要素)仍为其最小实体状态(LMC),其轴线的同轴度公差在 ϕ0.1 mm～ϕ0.2 mm 之间变化。若内圆柱要素(基准要素)偏离其最小实体状态(LMC),由此可使其轴线相对于理论正确位置有一些浮动;若内圆柱要素(基准要素)为其最大实体状态(MMC)时,其轴线相对于理论正确位置的最大浮动量可以达到的最大值为 ϕ0.1 mm(35.1～35.0)mm [见图 A.22c)],在此情况下,若外圆柱要素也为其最大实体状态(MMC),其轴线与内圆柱要素(基准要素)轴线的同轴度误差可能会超过 ϕ0.3 mm[图 A.22a)中的同轴度公差(ϕ0.1 mm)与外圆柱要素的尺寸公差(0.1 mm)、内圆柱要素(基准要素)的尺寸公差(0.1 mm)三者之和],同轴度误差的最大值可以根据零件的具体结构尺寸近似算出。

例 23 图 A.23a)所示零件的预期功能是可与类似零件形成间隙配合,但两个零件的平面相接触并非功能要求。

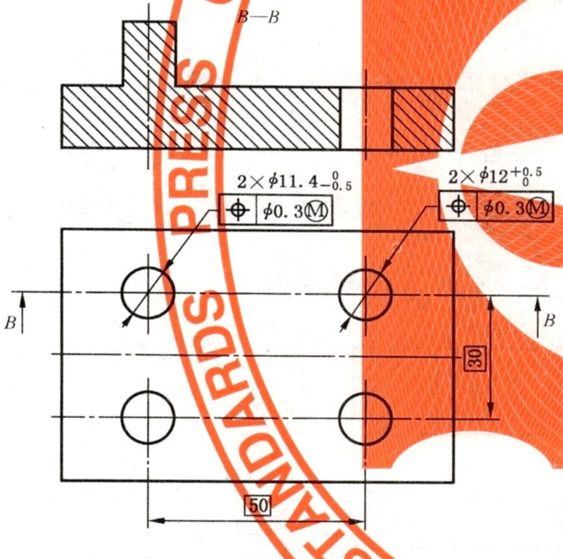

a) 图样标注

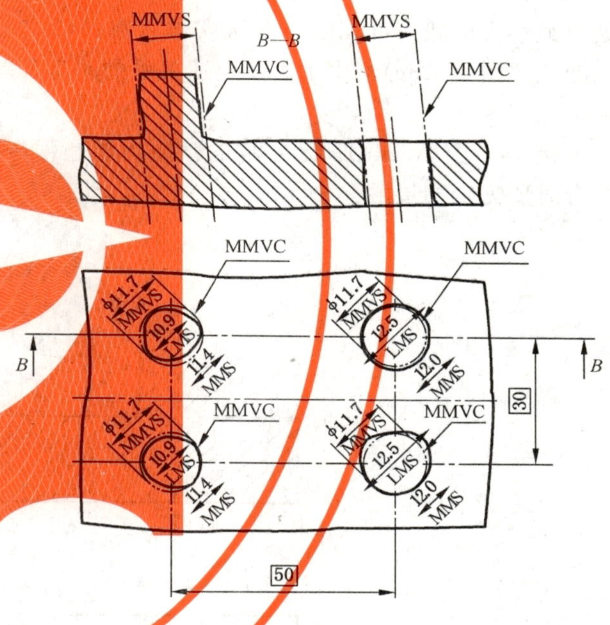

b) 解释

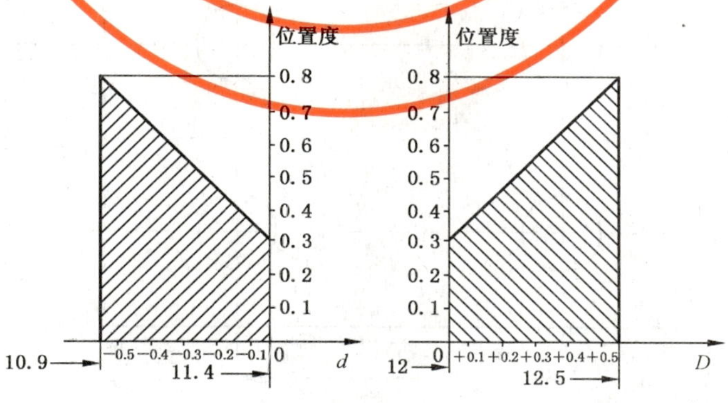

c) 动态公差图

图 A.23 两个销柱和两个孔彼此之间的位置由理论正确尺寸和位置度公差确定,没有应用基准的 MMR 示例

基于本标准给出的规则和定义，对本图例解释如下：

a) 两销柱的提取要素不得违反其最大实体实效状态(MMVC)，其直径为 MMVS=11.7 mm(见规则 C，3.14，3.15 和 3.15 注 1)；

b) 两销柱的提取要素各处的局部直径均应大于 LMS=10.9 mm[见规则 B 1)和 3.13]且均应小于 MMS=11.4 mm[见规则 A 1)和 3.11]；

c) 两孔的提取要素不得违反其最大实体实效状态(MMVC)，其直径为 MMVS=11.7 mm(见规则 C，3.14，3.15 和 3.15 注 1)；

d) 两孔的提取要素各处的局部直径均应小于 LMS=12.5 mm[见规则 B 2)和 3.13]且均应大于 MMS=12.0 mm[见规则 A 2)和 3.11]；

e) 四个 MMVC 处于彼此相距理论正确尺寸为(30×50)mm 的位置，且彼此理论正确相互平行，对零件的其他部分没有方向或位置要求(见规则 D)。

补充解释：图 A.23a)两销柱和两个孔的轴线位置度公差(ϕ0.3 mm)是它们均为其最大实体状态(MMC)时给定的；若它们均为其最小实体状态(LMC)，其轴线位置度误差允许达到的 最大值可为图 A.23)中给定的轴线位置度公差(ϕ0.3 mm)与它们的尺寸公差(0.5 mm)之和。ϕ0.8 mm；若它们各自处于最小实体状态(LMC)与最大实体状态(MMC)之间，其轴线位置度公差在 ϕ0.5 mm～ϕ0.8 mm 之间变化。图 A.23c)给出了表述上述关系的动态公差图。

例 24 图 A.24a)所示零件的预期功能是可与类似零件形成间隙配合，并要求两个零件的平面在配合时要完全相接触。

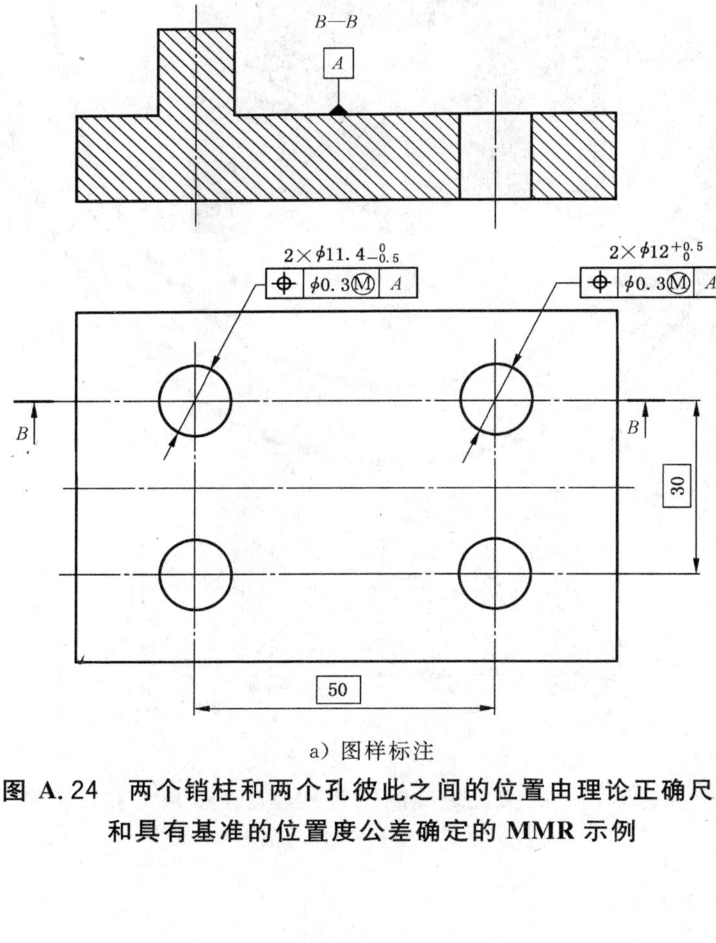

a) 图样标注

图 A.24 两个销柱和两个孔彼此之间的位置由理论正确尺寸和具有基准的位置度公差确定的 MMR 示例

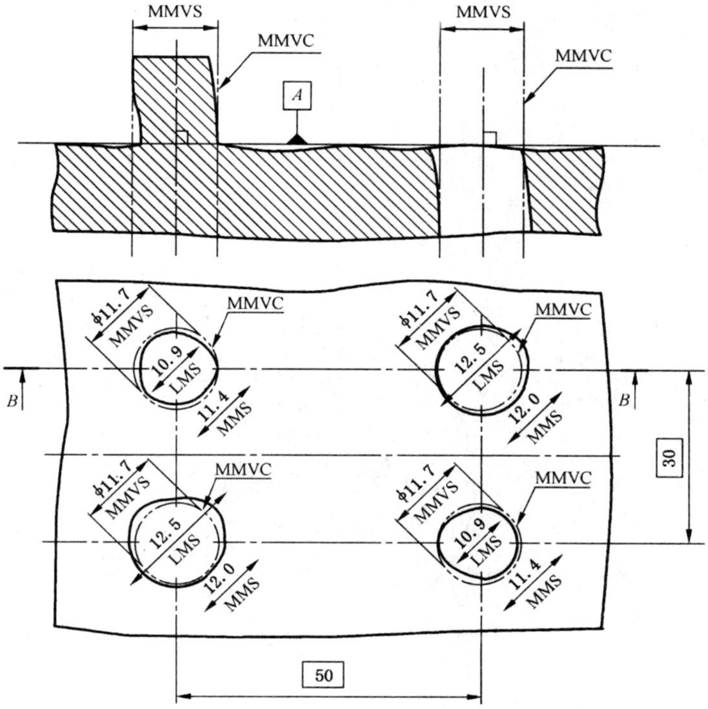

b) 解释

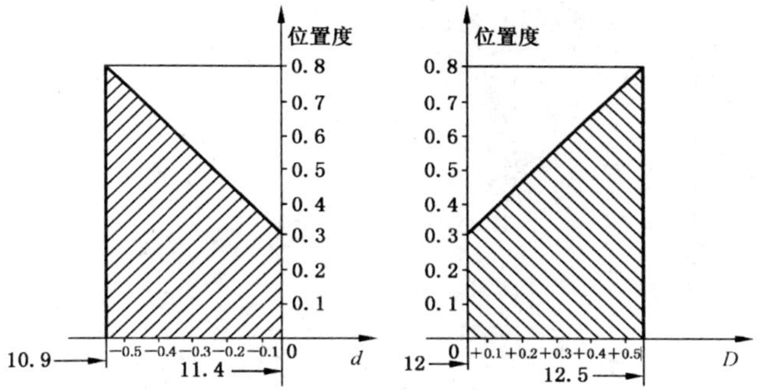

c) 动态公差图

图 A.24（续）

基于本标准给出的规则和定义，对本图例解释如下：

a) 两销柱的提取要素不得违反其最大实体实效状态(MMVC)，其直径为 MMVS=11.7 mm(见规则 C，3.14，3.15 和 3.15 注 1)；

b) 两销柱的提取要素各处的局部直径均应大于 LMS=10.9 mm[见规则 B 1)和 3.13]且均应小于 MMS=11.4 mm[见规则 A 1)和 3.11]；

c) 两孔的提取要素不得违反其最大实体实效状态(MMVC)，其直径为 MMVS=11.7 mm(见规则 C，3.14，3.15 和 3.15 注 1)；

d) 两孔的提取要素各处的局部直径均应小于 LMS=12.5 mm[见规则 B 2)和 3.13]且均应大于 MMS=12.0 mm[见规则 A 2)和 3.11]；

e) 四个 MMVC 处于彼此相距理论正确尺寸为 30 mm×50 mm 的位置，彼此理论正确相互平行，且要与基准 A 相垂直(见规则 D)。

补充解释：图 A.24a)两销柱和两个孔的轴线位置度公差(ϕ0.3 mm)是它们均为其最大实体状态(MMC)时给定的；若它们均为其最小实体状态(LMC)，其轴线位置度误差允许达到的 最大值可为图 A.23)中给定的轴线位置度公差(ϕ0.3 mm)与它们的尺寸公差(0.5 mm)之和。ϕ0.8 mm；若它们各自处于最小实体状态(LMC)与最大实体状态(MMC)之间，其轴线位置度公差在 $\phi0.5$ mm～$\phi0.8$ mm 之间变化。图 A.24c)给出了表述上述关系的动态公差图。

例 25 图 A.25 所示零件的功能要求是可与类似零件形成间隙配合，且要使该零件的左端面 B 与类似零件的相应端面完全相接触。

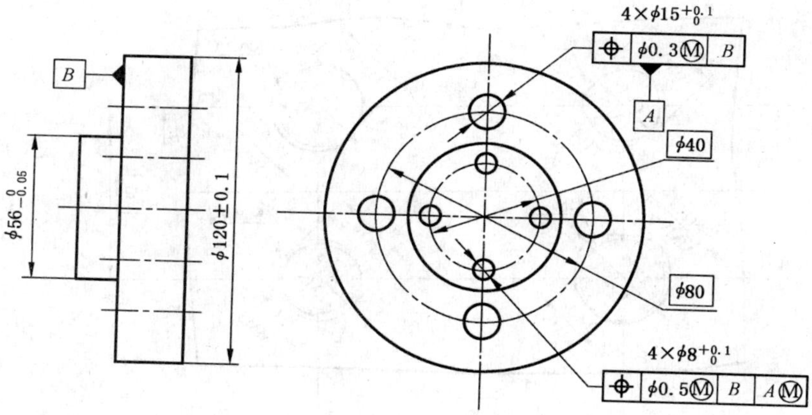

a) 图样标注

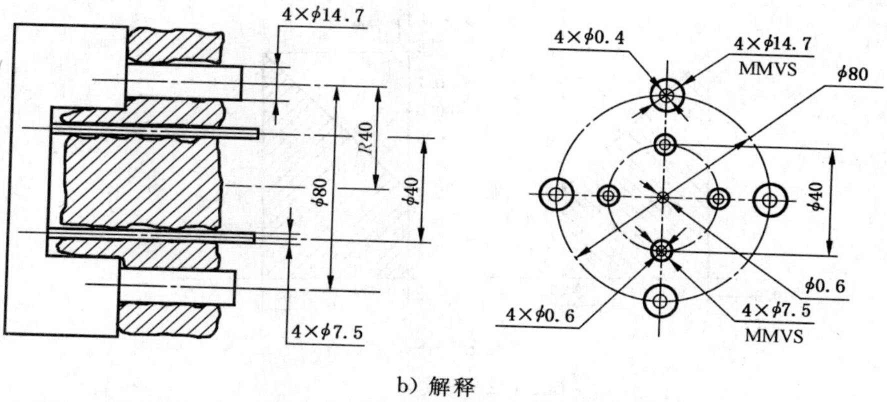

b) 解释

图 A.25 以一组要素为基准的成组要素中各个要素均有尺寸要求和对其轴线又均有位置度求的 MMR 示例

基于本标准给出的规则和定义，对本图例解释如下：

a) $4\times\phi8^{+0.1}_{0}$孔各自的提取要素均不得违反其最大实体实效状态(MMVC)，其直径为 MMVS=7.5 mm(见规则 C，3.14，3.15 和 3.15 注 1)；

b) $4\times\phi8^{+0.1}_{0}$孔各自提取要素各处的局部直径均应小于 LMS=8.1 mm[见规则 B 2)和 3.13]且均应大于 MMS=8.0 mm[见规则 A 2)和 3.11]；

c) $4\times\phi8^{+0.1}_{0}$孔各自的最大实体实效状态(MMVC)均应与基准 B 的理论正确方向和基准 A 的理论正确位置相一致(见规则 D)；

d) $4\times\phi15^{+0.1}_{0}$孔组要素(基准要素)各孔的提取要素均不得违反其最大实体实效状态(MMVC)，其直径为 MMVS=14.7 mm(见规则 E，规则 G，3.14，3.15 和 3.15 注 1)；

e) $4\times\phi15^{+0.1}_{0}$孔组要素(基准要素)各孔提取要素各处的局部直径均应小于 LMS=15.1 mm[见规则 B 2)和 3.13]且均应大于 MMS=15.0 mm[见规则 A 2)和 3.11]。

补充解释：图 A.25 a)中 $4\times\phi8^{+0.1}_{0}$各孔轴线的位置度公差($\phi0.5$ mm)是它们各自均为其最大实体状态(MMC)，$4\times\phi15^{+0.1}_{0}$孔组要素(基准要素)各孔也均为其最大实体状态(MMC)时给定的；若 $4\times\phi8^{+0.1}_{0}$ 各孔均为其最小实体状态(LMC)，$4\times\phi15^{+0.1}_{0}$孔组要素(基准要素)各孔仍均为其最大实体状态(MMC)时，$4\times\phi8^{+0.1}_{0}$各孔轴线的位置度误差允许达到的最大值可为图 A.25 a)中给定的位置度公差($\phi0.5$ mm) 与其尺寸公差(0.1 mm)之和 $\phi0.6$m；若 $4\times\phi8^{+0.1}_{0}$各孔处于最大实体状态(MMC)与最小实体状态(LMC)之间，$4\times\phi15^{+0.1}_{0}$孔组要素(基准要素)各孔仍均为其最大实体状态(MMC)基准要素仍为其最大实体状态(MMC)，$4\times\phi8^{+0.1}_{0}$各孔轴线的位置度公差在 $\phi0.5$ mm～$\phi0.6$ mm 之间变化。

若 $4\times\phi15^{+0.1}_{0}$孔组要素(基准要素)各孔偏离其最大实体状态(MMC)，由此可使其轴线相对于其理论正确位置有所浮动，当 $4\times\phi15^{+0.1}_{0}$孔组要素(基准要素)各孔均为其最小实体状态(LMC)时，其轴线相对于其理论正确位置的浮动量为最大，若 $4\times\phi8^{+0.1}_{0}$各孔也均为其最小实体状态(LMC)，此时 $4\times\phi8^{+0.1}_{0}$各孔轴线的位置度误差为最大，但由于 $4\times\phi15^{+0.1}_{0}$孔组要素(基准要素)各孔轴线相对于其理论正确位置的浮动方向不一，会使 $4\times\phi8^{+0.1}_{0}$各孔轴线的位置度误差一般也不会一致。

图 25b)为表述下述情况的示意图：$4\times\phi15^{+0.1}_{0}$孔组要素(基准要素)各孔处于各自最大实体状态(MMC)、$4\times\phi0.6$ 为各自轴线的最大浮动量；$4\times\phi15^{+0.1}_{0}$孔组要素(基准要素)各孔处于各自最大实体状态(MMC)、$4\times\phi0.4$ 为各孔轴线的最大浮动量；$\phi6$ 为 $4\times\phi15^{+0.1}_{0}$孔组要素(基准要素)拟合要素的轴线(确定 $4\times\phi8^{+0.1}_{0}$孔组要素位置的)的最大浮动量。

附　录　B
（资料性附录）
概念图表

本附录给出了有关最大实体要求和最小实体要求术语和概念图，见图 B.1。

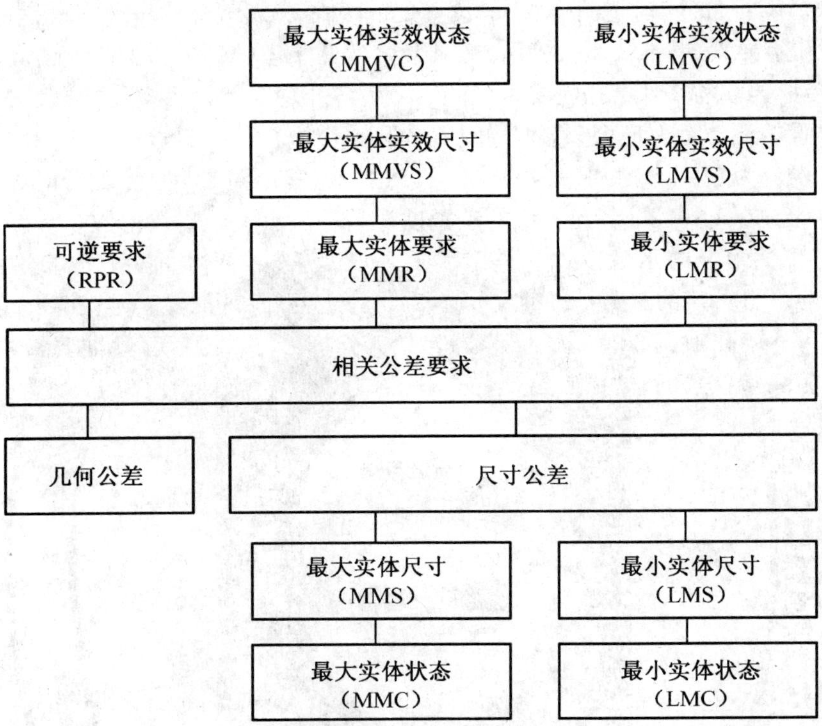

图 B.1　有关最大实体要求和最小实体要求术语和概念图

附 录 C
（资料性附录）
在 GPS 矩阵模型中的位置

关于 GPS 矩阵模型详见 GB/Z 20308—2006。

C.1 标准的信息及其应用

本标准定义了允许对配合表达功能要求的最大实体实效要求和用于控制最小壁厚、防止断裂的最小实体要求。它还定义了可逆要求，它要与最大或最小实体要求一同使用。

C.2 在 GPS 矩阵模型中的位置

本标准是 GPS 通用标准，其影响 GPS 通用标准矩阵中尺寸、与基准无关的线的形状、与基准无关的面的形状、方向、位置和基准标准链的第 1、2 和第 3 链环，如图 C.1 所示。

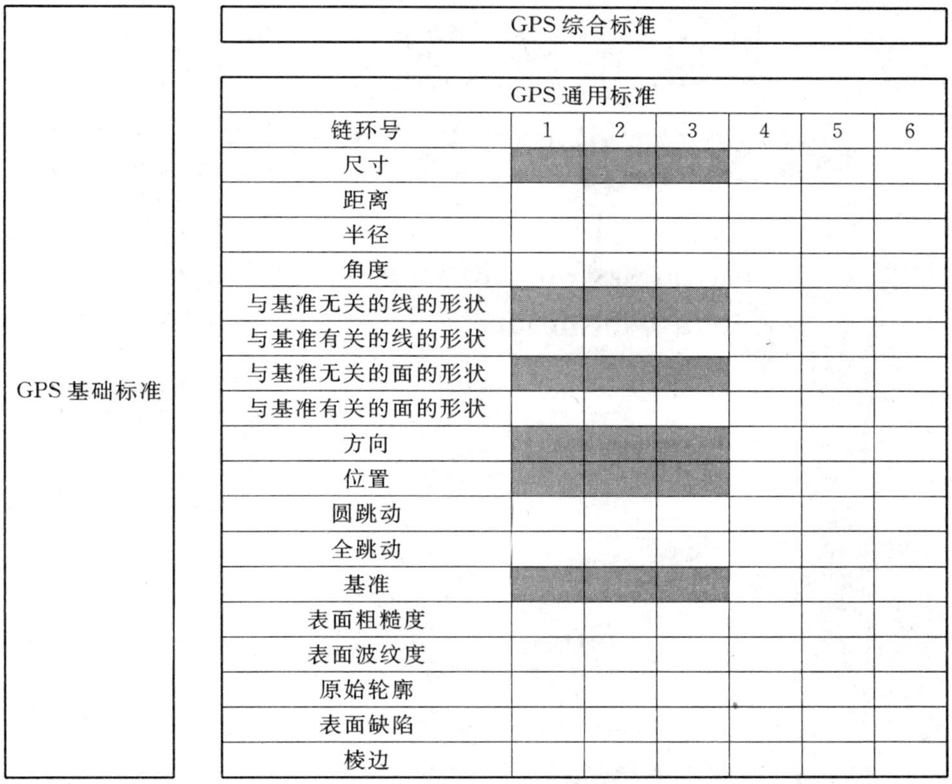

图 C.1 在 GPS 矩阵模型中的位置

C.3 相关的标准

相关的标准为图 C.1 所示标准链涉及的标准。

ICS 01.080.20
L 01

中华人民共和国国家标准

GB/T 16679—2009/IEC 61175:2005
代替 GB/T 16679—1996

工业系统、装置与设备以及工业产品 信号代号

Industrial systems, installations and equipment and industrial products—Designation of signals

(IEC 61175:2005,IDT)

2009-03-13 发布　　2009-11-01 实施

中华人民共和国国家质量监督检验检疫总局
中国国家标准化管理委员会 发布

前　言

本标准等同采用 IEC 61175:2005《工业系统、装置与设备以及工业产品　信号代号》(英文版)。为便于使用,本标准仅对 IEC 61175 做了下列少量编辑性修改:

——删除了 IEC 61175 的前言,增加了我国标准前言;

——将已转化为相应国标的国际标准号改为国家标准号;

——修改了少部分明显的标注错误。

——按照汉语习惯,对一些编排格式作了修改。如"注"后的连字符"—"改为冒号":"等。

本标准代替 GB/T 16679—1996《信号与连接线的代号》。与 GB/T 16679—1996 相比,本标准对信号代号的构成进行了引申,描述更加详细,具体差异为:

——1996 版标准名称为《信号与连接线的代号》,本版标准等同采用 IEC 61175:2005 ,名称为《工业系统、装置与设备以及工业产品　信号代号》;

——增加了 16 条术语和定义;

——"项目代号"由"参照代号"代替,本标准中的参照代号含义与上版标准中项目代号含义类似;

——对"基本信号名"进行了引申,由"信号名"代替,由"分类"、"短名"和"基本信号名"组成,这里的"基本信号名"的含义与以前相同;

——为了便于理解"信号名",引进了分类码,例如信号类型,因此"信号流向"可以由代码识别;

——引进了"信号名称域"的概念;

——"形态标识符"改为"变量",含义相同;

——"信号电平"扩展为"附加信息",用来补充有关"形态"、"时间标志"、"电平"和其他系统相关参数的信息。附加信息属于信号变量(并不属于普遍意义上的信号代号)。

本标准的附录 A、附录 B 为资料性附录。

本标准由全国电气信息结构、文件编制和图形符号标准化技术委员会(SAC/TC 27)提出并归口。

本标准起草单位:航天科工集团二院 23 所、机械科学研究总院中机生产力促进中心、中国航空工业综合技术研究所、航天科工集团二院 706 所、航天科工集团二院、国电华北电力工程有限公司、中国电子工业标准化研究所。

本标准主要起草人:李萍、郑海静、郭汀、高永梅、沈兵、白璐玲、周鹏、高惠民、徐云驰。

本标准所代替标准的历次版本发布情况为:

——GB/T 16679—1996。

引　言

本标准的目的是为信号代号制定规则和要求。

通常，信号代号在信号的整个生命周期内都与其密切相关，生命周期从设计阶段开始，到信号不再使用为止。

依据本标准，信号代号标识的是信号的源和目的地，以及信号从一个系统/一种介质传输到另一个系统/另一种介质的传输过程，但标识本身与信号传输的介质并无关系。

为了遵守在不同系统和介质中传输信号的规则和程序，本标准中描述了在必要的时候把系统内和/或系统之间的特殊信息作为“附加信息”来处理的方法。

如果信号的含义不变，由于装置的物理改造导致的信号传输介质改变不会引起信号标识的变化。信号的物理传输种类对它的标识没有影响，除非这种物理传输是信号用途的一部分。

装置的改造可能导致同一物理介质中传输多个信号。所有这些额外的信号可以根据它们的用途和本标准的规定进行标识。

因为信号的标识与它的物理传输无关，本标准图例中的连线为“信号”而不是“连接线”。

工业系统、装置与设备以及工业产品 信号代号

1 范围

本标准规定了用于标识信号和信号连接线的代号和名称的构成规则，其中包括了供电电路的代号。

本标准适用于工业系统、装置和设备中的各种类型的信号。

本标准不适用于配线、终端和其他连接硬件的标识。

本标准并没有制订信号在设备上的绘制/物理表示法和信号在文件中的绘制表示法的规则。

2 规范性引用文件

下列文件中的条款通过本标准的引用而成为本标准的条款。凡是注日期的引用文件，其随后所有的修改单(不包括勘误的内容)或修订版均不适用于本标准，然而，鼓励根据本标准达成协议的各方研究是否可使用这些文件的最新版本。凡是不注日期的引用文件，其最新版本适用于本标准。

GB/T 1988—1998 信息技术 信息交换用七位编码字符集(eqv ISO/IEC 646:1991)

GB/T 4026 人机界面标志标识的基本方法和安全规则 设备端子和特定导体终端标识及字母数字系统的应用通则(GB/T 4026—2007,IEC 60445:1999,IDT)

GB/T 4205 人机界面(MMI)操作规则(GB/T 4205—2003,IEC 60447:1993,IDT)

GB/T 5094(所有部分) 工业系统、装置与设备以及工业产品 结构原则与参照代号(IEC 61346(所有部分),IDT)

GB/T 5465 电气设备用图形符号(GB/T 5465.2—2008,IEC 60417DB:2007,IDT)

GB/T 6988.1 电气技术用文件的编制 第1部分:规则(GB/T 6988.1—2008,IEC 61082-1:2006,IDT)

IEC 60747 半导体器件 分立器件

ISO/IEC 8859-1:1998 信息技术 8位单字节编码图形字符集 第1部分:拉丁字母表 No.1

3 术语和定义

下列术语和定义适用于本标准。

3.1

信号 signal

由一个项目传输到另一个项目的信息单元。

注：信息(信号的集合)可以电文的形式在通信网络中发送，这些信息可表示一个或几个信号。

3.2

信号代号 signal designation

系统内信号的唯一标识符。

3.3

信号连接线 signal connection

信号在界面的点之间传输时的路径。

注：连接线可以是逻辑的或物理的，可以在不同连接介质中实现。一条完整的信号连接链可以包含不同的介质。

3.4

信号连接链　signal connection chain

同一信号的连贯的信号连接线集合。

注：信号连接链描述了信号传输过程中完整的连接线。

3.5

信号连接介质　signal connection medium

信号由一点传输到另一点的介质。

注：介质可以是逻辑的或物理的，一条完整的信号连接链可以包含不同的介质。

例如：

——物理介质：电线，光纤。

——逻辑介质：信号数据传输，通信总线或网络。

3.6

信号名称域　signal name domain

在其中无需使用参照代号便可唯一确定信号名称的选定项目。

3.7

信号表示　signal presentation

通告(告示)性信号的表达方式。

注1：示例：数字显示，模拟表示，灯信号，旗语。

注2：在信号表示中不必使用完整的信号代号(完整的信号代号是可以使用的)。

3.8

信号种类　signal kind

定义信号连接线中信息方向与信号分类的上一层分类。

注：信号种类有两种：

——通告(告示)性信号；

——控制性信号。

3.9

信号分类　signal class

依据信号用途分类表定义的信号集。

注：信号分类在信号代号中用一个代码表示。

3.10

信号变量　signal variant

信号连接链的标识段。

注：在一条信号连接链中至少有一个变量。

3.11

项目　object

在设计、工艺、建造、运营、维修和报废过程中所面对的实体。

3.12

项目代号　object designation

特定项目的标识符。

3.13

参照代号　reference designation

作为系统组成部分的特定项目按该系统的一方面或多方面相对于系统的标识符。

3.14

数据点　data point

信号连接链上可以检测信息和获取信号当前值的物理点。

3.15

数据项目　data object

由一个或多个数据项(信号)组成的信号组。

注：数据项目用来表示装置的功能性元素。

3.16

形态　version

信息的特定版本或状态的标识。

注：示例

——形态 1 是 0 时的信息；

——形态 2 是 0+1 s 时的信息。

4　基本规则

4.1　信号代号的构成

信号代号在系统(见 GB/T 5094.1)中应唯一地标识其一组点(例如端子、节点，数据点)的信号，并可以表明信号类别。

信号代号的各组成部分可以根据不同的用途在人机界面以文本的形式表示，或者根据一定的规则用代码表示。

信号代号的构成见图 1。

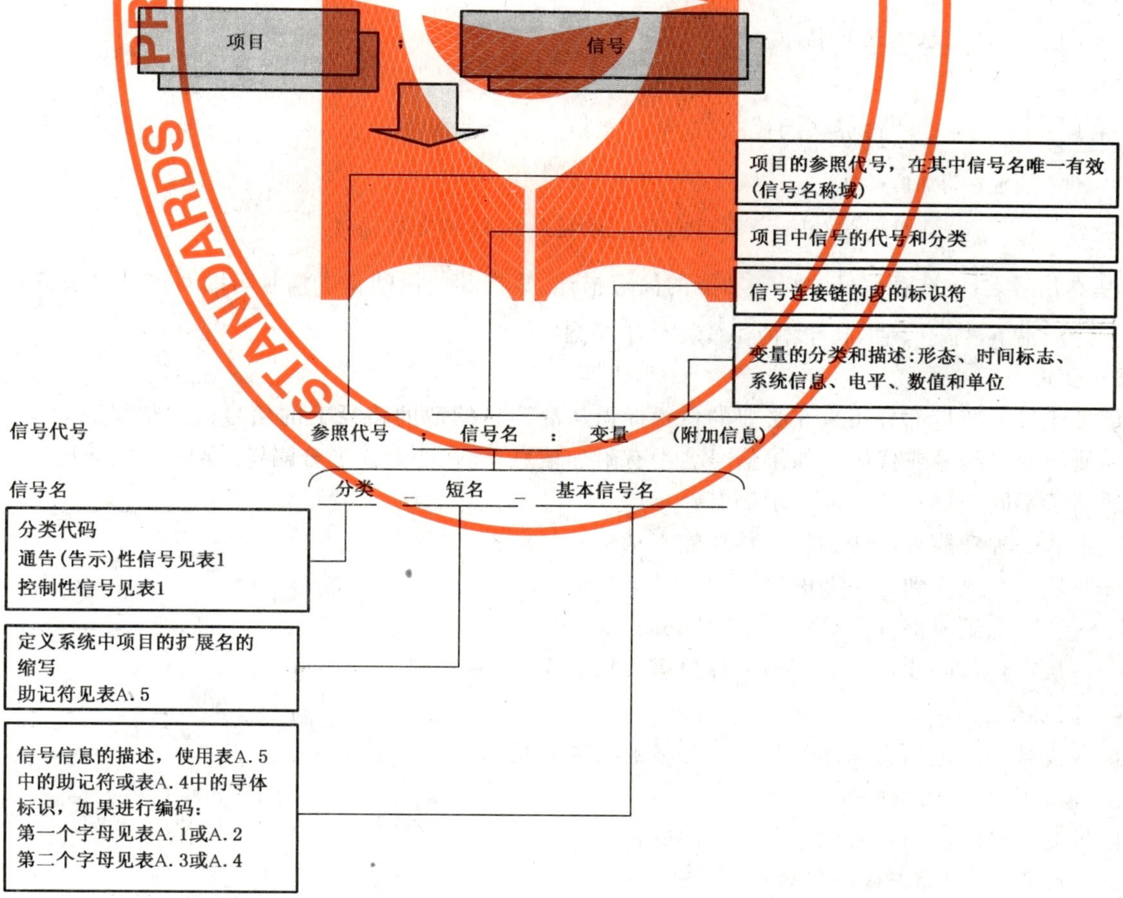

图 1　信号代号的构成

信号代号的构成为：

[参照代号]；[信号名]：[变量][(附加信息)]

如图1所示，其中：

[参照代号]	是项目(信号名称域)的代号，在这其中信号名是唯一有效的(见4.1.1)；
；	是信号名的前缀；
[信号名]	是信号的唯一代号，在指定项目(信号名称域)中有效(见4.1.2)；
：	是信号名和变量或附加信息(如果没有变量)之间的分隔符；
[变量]	是信号变量的代号(见4.1.3)；
()	表示附加信息；
[附加信息]	是信号变量的描述及其可能的子集(见4.1.4)。

4.1.1 参照代号

信号名称域应用一个参照代号来表示。应与GB/T 5094.1一致(也可见附录B)。参照代号不是信号名称域中使用的信号名的组成部分。

4.1.2 信号名

一般来说，信号名应标明信号并可以对信号进行分类和描述。信号名应包含一个基本信号名，也可以包含短名和分类。信号名前应加上前缀(；)。前缀应在文档中给出来，如果文档中信号名是明确标识的(比如在信号列表中)，前缀可以省略。

信号名的构成为：

[分类]_[短名]_[基本信号名]

其中：

[分类]　　是信号分类的代码(见第5章)；

注：细分类放在附加信息中。

[短名]　　是对通告(告示)项目或受控项目的简短的文本描述。

[基本信号名]　　是对信号的特定功能的简短描述。(推荐使用的基本信号名缩写词见附录A)

注：为了提高易读性，建议信号名的各部分之间用下划线分开。

4.1.3 变量

信号代号的变量部分用来在必要的位置标识从源到目的地的路径上的信号段。如果只有一个段，不需要使用变量编号或代码。如果信号名中有附加信息，应在变量前加分隔符，详见6.2和B.3。

适用于不同变量中的分隔符示例有：

——从一种功能表示法到另一种功能表示法；

——从一个电网到另一个电网；

——从一个组成部分到另一个组成部分；

——从一种信号连接介质到另一种信号连接介质。

4.1.4 附加信息

信号代号的附加信息描述的是信号变量的特征。见图7和B.2.1.3。

注：附加信息只在必要时使用。

信号变量的附加信息可以包含如下内容：

——形态、时间标志或电平等；

——系统信息，例如参数协议；

——其他的系统信息。

附加信息中的形态序号或时间标志可以用来创建指定形态下的唯一标识符。

4.2 推荐字符

信号代号应由标准字符集组成。

为了提高易读性，信号名中不同的助记符、缩写、标识符和后缀等可以用空格或下划线“_”隔开。为了和计算机处理兼容，字符集应仅限于GB/T 1988—1998中规定的基本代码表，不包括控制字符。

如果所用的计算机和通信系统只能处理八位字符集，推荐使用ISO 8859-1:1998规定的字符。

推荐字符包括如下几种：

——大写字母A～Z；

——小写字母a～z；

——数字0～9；

——否定字符：见6.3.2；

——分隔符：下划线“_”或空格；

——名称前缀：分号“;”；

——变量分隔符：冒号“:”；

——附加信息表示符：括号“()”；

——布尔运算符：上圆点“°”；

——特种字符：! “ % & ‘ * , . / < = > - + ?。

5 信号分类

5.1 总则

推荐使用基于信号种类和用途的信号分类。

5.2 信号分类规则

在信号名(见4.1.2)中使用信号分类时，应用字母代码表示。代码应根据本章中的规定来选用。

注：分类代码的使用在本标准第一版中并未出现。

信号可以分为两种：通告(告示)性信号和控制性信号。这两种信号是根据控制项目和被控制项目之间信号的信息方向来区分的。

信号分类的字母代码见表1。

表1 信号分类的字母代码

代码	分类	种类	备注
A	报警信号	通告(告示)性信号	见5.3.2
C	命令信号	控制性信号	见5.4.1
E	事件信号	通告(告示)性信号	见5.3.2
I	指示信号	通告(告示)性信号	见5.3.1
L	恒定电平信号	通告(告示)性信号	见5.3.4
M	测量信号	通告(告示)性信号	见5.3.3
S	赋值	控制性信号	见5.4.2
X(n)	附加分类	通告(告示)性信号	
Y(n)	附加分类	控制性信号	
注：“附加分类”是为了特殊用处而设的，如果需要多个附加分类，可以用数字编号。			

信号分类,包括附加分类,与信号特定的变量没有关系,而是与信号本身有关,如果要对信号变量的表示法进行分类,可以在“附加信息”中用一个代码(子类)来标识(见 4.1)。

5.3 通告(告示)性信号

通告(告示)性信号是从通告(告示)项目(源)向一个或多个目的地(信息接收器)传送信息。通告(告示)性信号是由通告(告示)项目所在的信号名称域中的参照代号来标记。

通告(告示)性信号通常是发送给人,但也可以是机械系统或计算机系统等。

图 2 中:a)从一个源到多个目的地的不同通告(告示)性信号;b)到两个目的地的同一通告(告示)性信号的几个变量。

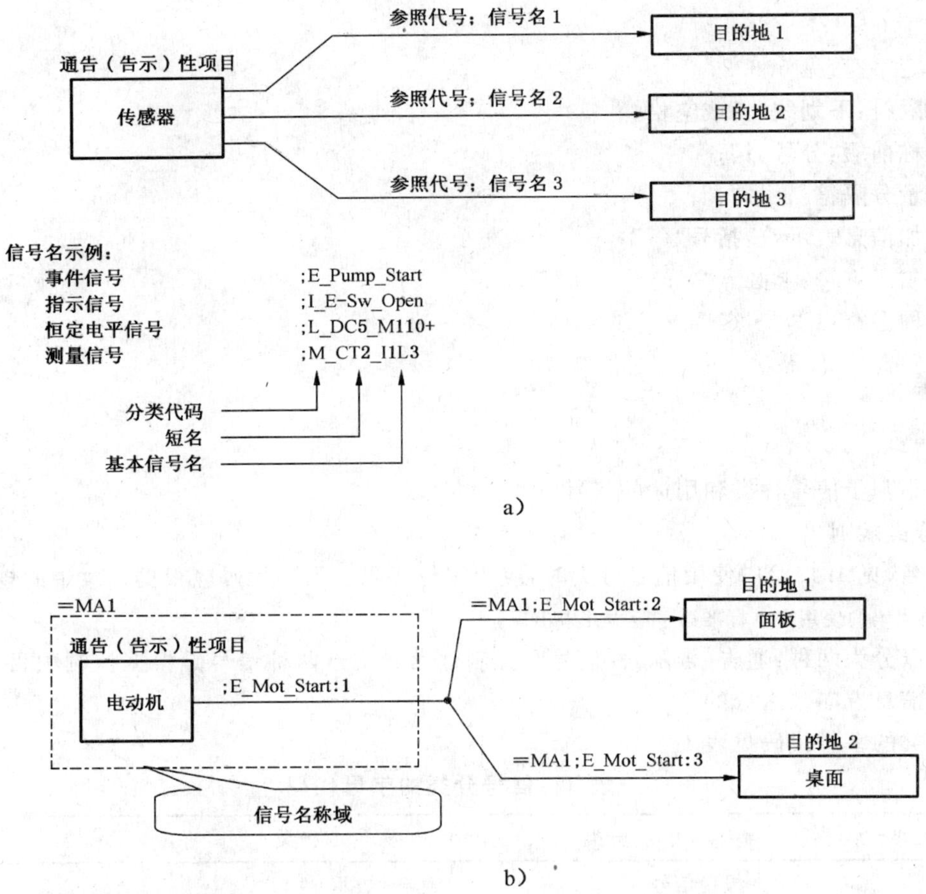

图 2 典型的通告(告示)性信号示例

5.3.1 指示信号(I)

指示信号是有“动作”和“不动作”两种状态的通告(告示)性信号。基本信号名与动作状态有关。如果需要两个位置的信息,就要定义两个信号。

注:两种状态可以由一个器件指示,并由一根电线传输,其中,导线通电表示一个极性,不通电表示另一个相反的极性。但是,并不推荐使用这种传输指示信号的方法,因为导线不通电既可以指示某一极性,也可以表示连接线断路。指示信号示例见图 3。

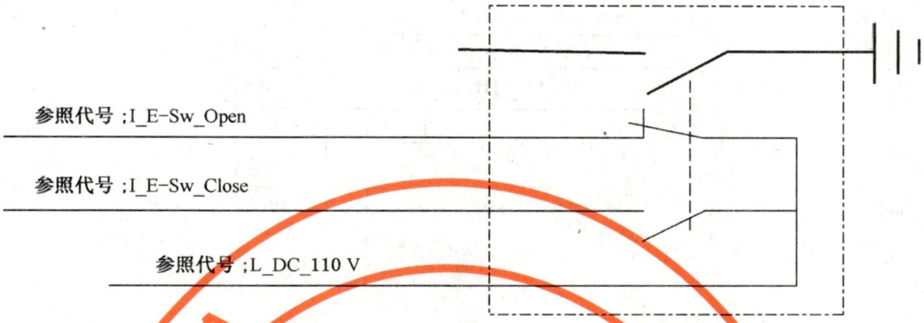

图 3 指示信号示例

5.3.2 **报警信号和事件信号(A 和 E)**

报警和事件信号属于通告(告示)性信号,和指示信号一样有两个状态,用于通知接收器发生了某种特定事件(在事件发生的时候),或发生了什么事和/或发生的时间(通过信号附属的数据表示)。

注:这两类信号通常是在状态改变时由信号源发出。

报警信号可以用来指示在被监督系统中异常情况的事件,也可以在接收系统中指定(由接收器)用于处理特定事件。

其他情况的事件由事件信号来表示。事件信号示例见图 4。

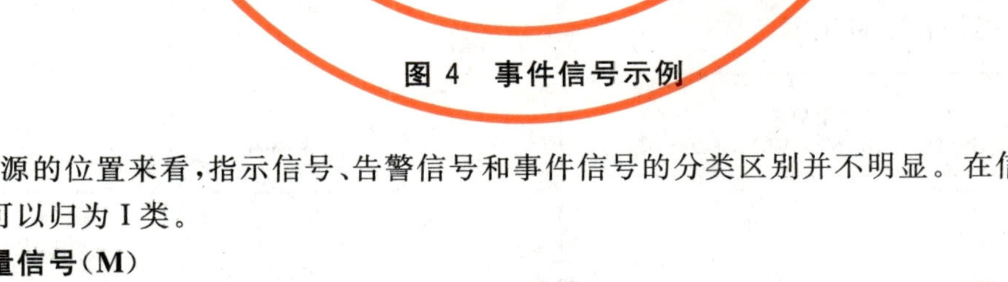

图 4 事件信号示例

从信号源的位置来看,指示信号、告警信号和事件信号的分类区别并不明显。在信号用途不明确的情况下,也可以归为 I 类。

5.3.3 **测量信号(M)**

测量信号是用来表示连续变化的数值的通告(告示)性信号。物理信号本身可以是模拟量,或是由一些电平和/或取决于时间的离散指示组成。

如果基本信号名需要编码,应使用表 A.1 或表 A.2 中的字母代码作第一个字符,用表 A.3 中的字母代码作第二个字符(示例见图 5)。

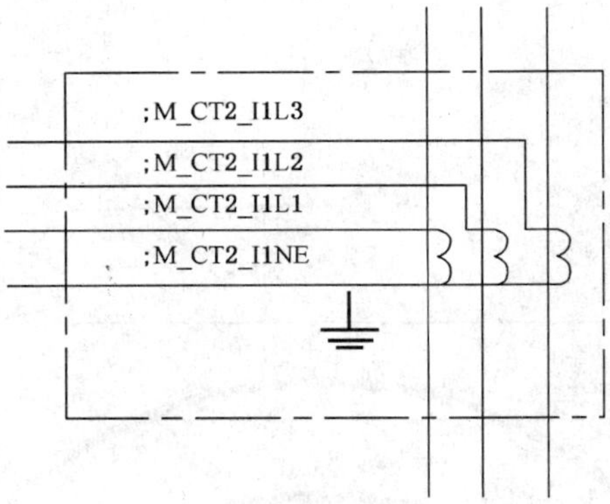

;M_CT2_I1L3

其中：

M——测量信号；

CT2——电流互感器 2 的名称缩写；

I——电流；

1——铁心 1；

L3——L3 相。

图 5　测量信号示例

模拟信号在其可能的物理数值范围内是连续的。模拟信号的名称应描述信号所代表的变量或功能。

模拟信号的基本信号名可以用通用语言或者代码(见附录 A)。模拟信号示例见图 6。

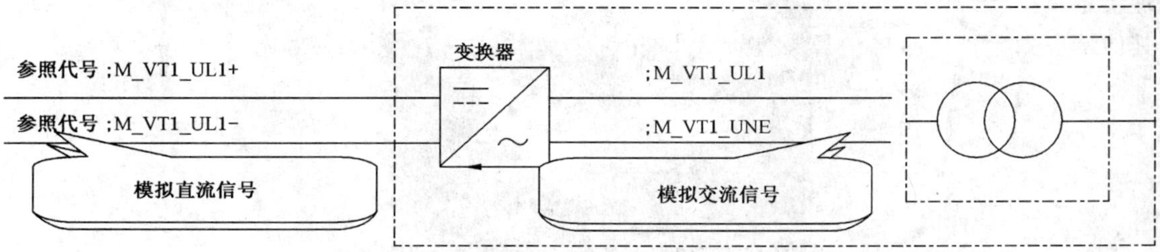

图 6　模拟信号示例

产生测量信号的测量器件、传输介质和显示可以用不同形式表示信号(见图 7 所示的示例)。但是，若所有情况下的信息是相同的，则可以使用相同的信号名，不同的形式可以定义为信号的变量。

信号变量的标识可以包括关于表示形式的附加信息，与表示形式相关的属性，如模拟数值的数字信息的时间标志，可以加在变量中。

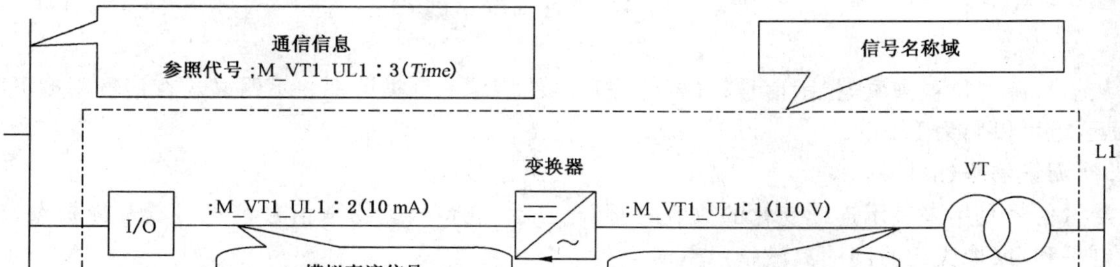

图 7　附加信息示例

信号的所有表示法，包括在显示屏上的表示法，都是与信号的变量有关。如果测量信号的接收器只需要曲线（模拟值）的一部分或某个特定点（数值），这将被作为一个单独的信号来处理，用原信号的名称加上变量代号，必要时也可加上附加信息。见图8。

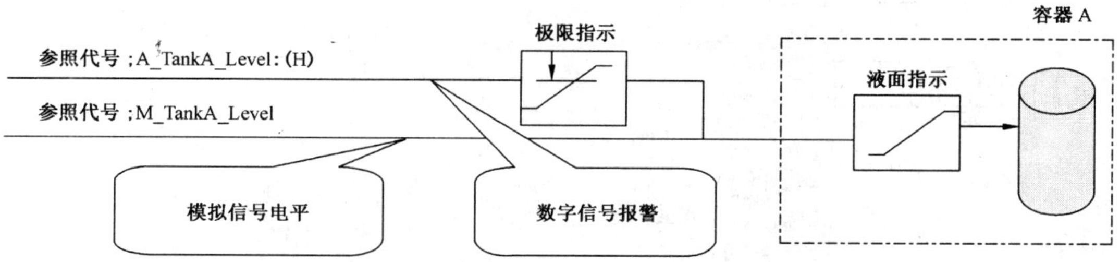

图8 模拟信号的各组成部分示例

注：附加信息属于信号变量。因此，即使没有变量，也必须在附加信息前使用变量分隔符。

5.3.4 恒定电平信号(L)

恒定电平连接是一种适用于供电回路的特殊类型的通告（告示）性信号，尽管它并不向目的项目提供任何信息，但其命名原则和其他通告（告示）性信号是相同的。

恒定电平连接线可以由它们携带的恒定电平物理量值来命名，可以是数值和计量单位，或者是表示数值、公差或其他附加特性的通用缩写词，例如：

功能地连接线可以命名为“0V”或“FE”；

保护地连接线可以命名为“PE”；

TTL电源电压连接线可以命名为“+5 V”或“V+”或“VC”；

电源主连接线可以命名为50 Hz 230 V L1。

如需使用，助记符和缩写词应从IEC 60747或GB/T 4026给出的字母符号中选取。为了方便起见，GB/T 4026中的导体标记都列在表A.4中了。

恒定电平信号示例见图9。

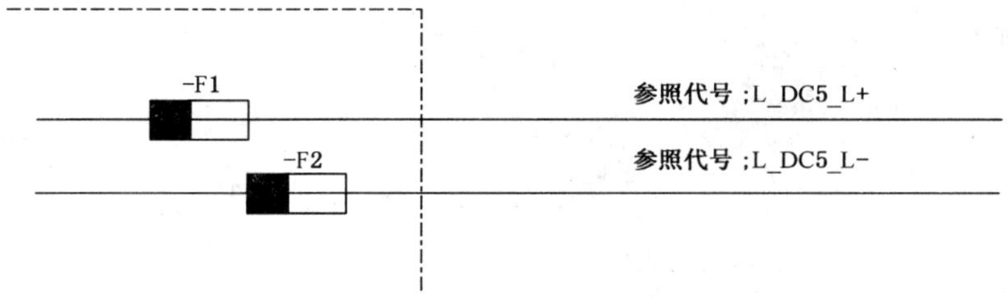

图9 恒定电平信号示例

注：信号名分别表示的是由供电单元DC5的正极和负极产生的恒定电平信号。

5.4 控制性信号

控制性信号是将信息从一个或多个源传送到一个被控制项目（目的地）来进行操作或其他动作。控制性信号应用被控制项目的参照代号来标识。

图10中，a)示意的是从几个源到同一目的地的不同控制性信号；b)是来自两个源的相同控制性信号的不同变量。

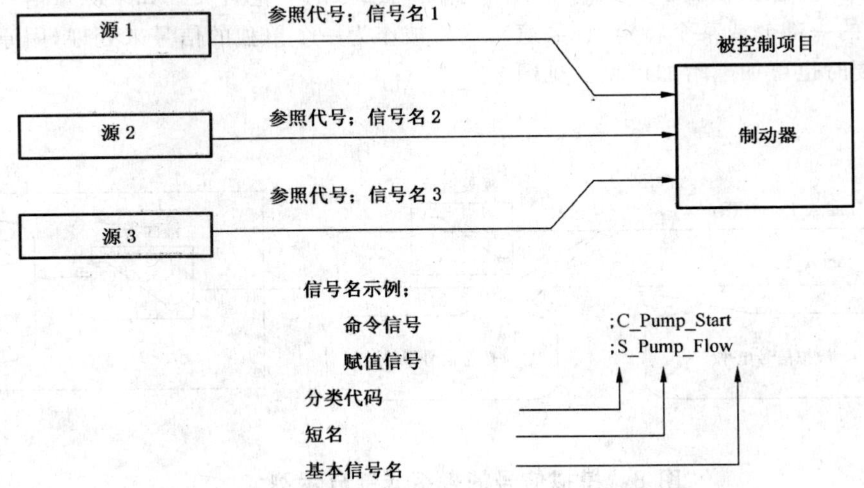

a）

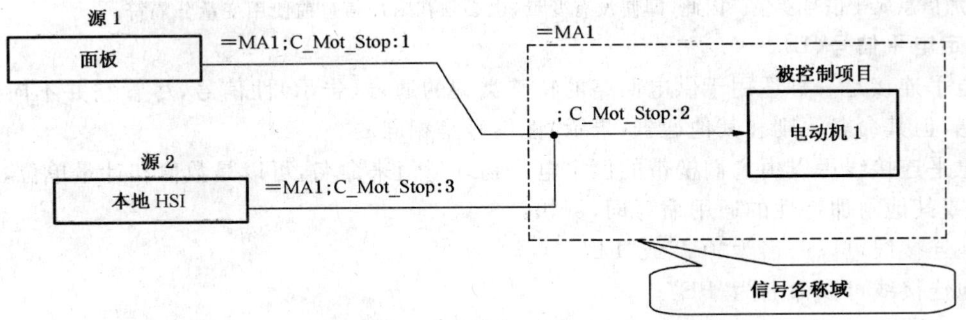

b）

图 10　典型的控制性信号示例

5.4.1　命令信号(C)

命令信号是用于控制“开始”或“停止”或类似动作的控制性信号。

命令信号只表示两种状态：动作的或不动作的。命令的任务由动作的信号来激励。如果信号是不动作的，则意味着“不动作”。

命令信号示例见图 11。

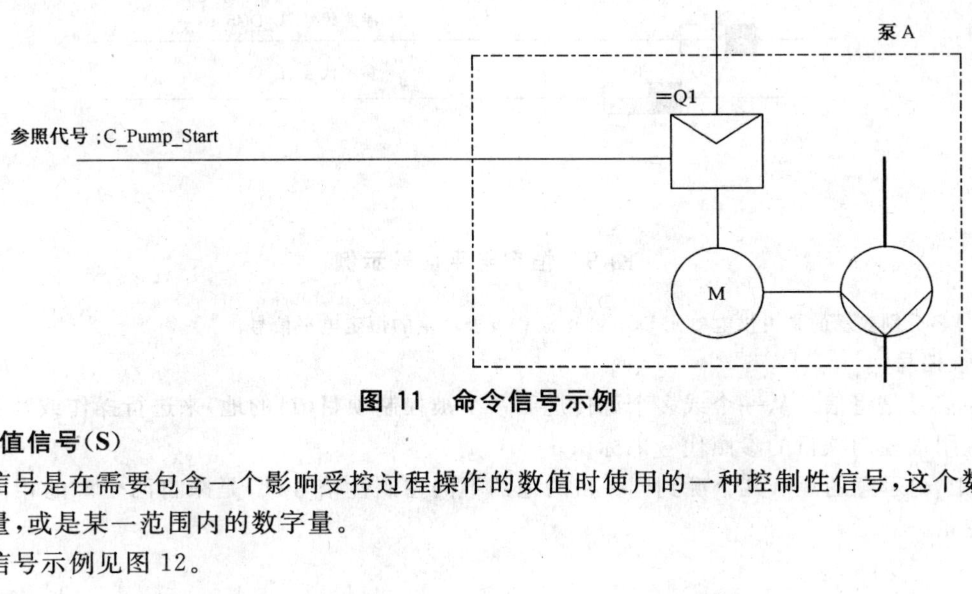

图 11　命令信号示例

5.4.2　赋值信号(S)

赋值信号是在需要包含一个影响受控过程操作的数值时使用的一种控制性信号，这个数值可以是一个模拟量，或是某一范围内的数字量。

赋值信号示例见图 12。

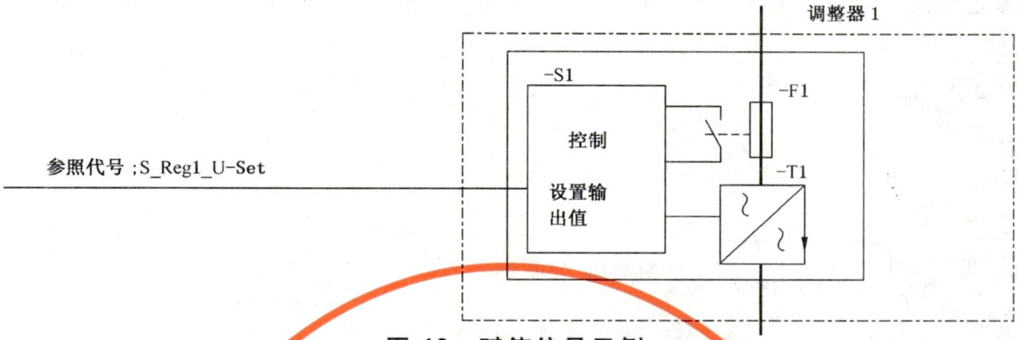

图 12 赋值信号示例

6 信号传输标识的规则

6.1 总则

信号通过信号连接链从信号源传送到信号目的地(见图 B.1 和图 B.2)。在信号链中可能会涉及到信号的某些特定信息，如有需要，这些信息应放在信号代号中信号名的变量部分。

6.2 变量

从信号源到信号目的地的完整的信号连接链可以被分为不同的信号变量，即由数据点分段。如有需要，变量应进行标识。

使用信号变量标识的原因在于：

——信号连接链中用到不同的介质或显示形式；

——信号链的各个部分必须明确标识并说明。

信号变量标识符，如一系列数字，应放在信号名的后面，并用冒号使之与信号名分开。图 13 和图 14示意的是信号变量的使用。

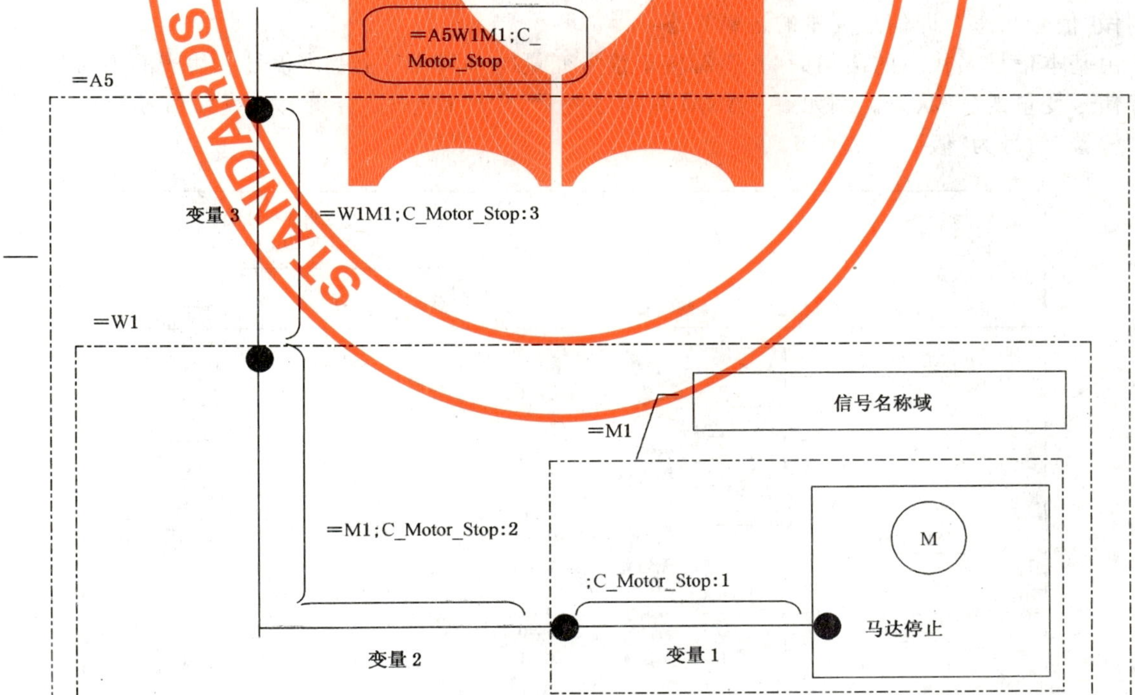

图 13 信号连接链中的信号变量

在信号连接链通过由制造商定义了内部信号名的单元的地方，那些名称可以用作信号变量名(见图 14)。

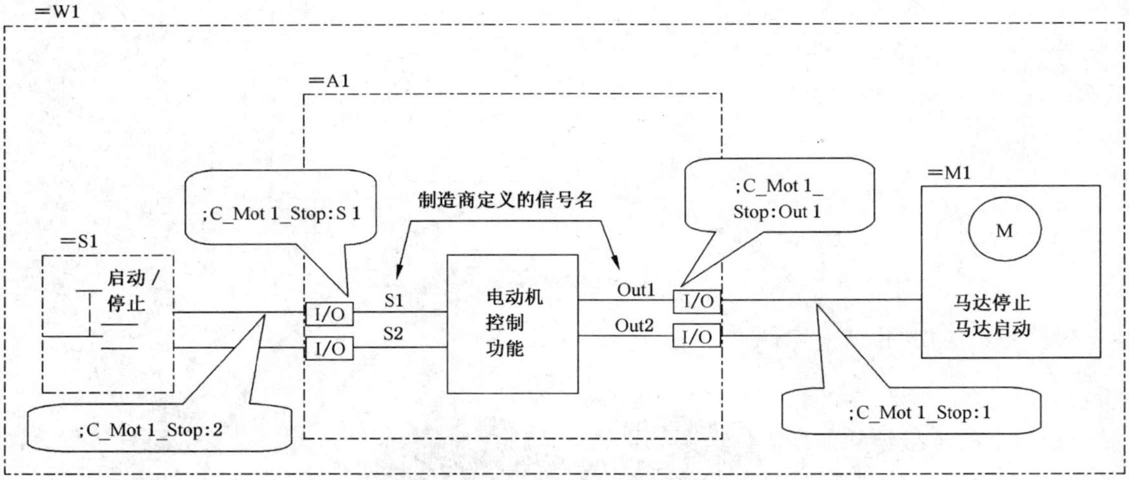

注：通用参照代号“=W1”在项目“=W1”(信号名称域)里面并不适用。

图 14　使用制造商定义信号名的信号变量

6.3　二进制逻辑表示法

6.3.1　总则

信号变量可以用二进制逻辑形式表示信号信息。在二进制表示法中，信号只有两种“状态”，这两种状态由两个不重叠的物理量表示，即电平。

在信号的二进制表示法中，基本信号名可以是能判别“真”或“假”(“1”或“0”)的某个语句或表达式的缩写。例如，ALARM 是“alarm is active”(告警)的缩写。由基本信号名所表示的语句或表达式的真值叫做“信号状态”，即信号变量的逻辑状态。

由基本信号名代表的语句为“真”，对应于信号变量的“1”状态；由基本信号名代表的语句为“假”，对应于信号变量的“0”状态。例如，ALARM 在信号变量为“1”状态时“告警”为“真”，信号变量为“0”状态时，“告警”信号为“假”。见图 15。

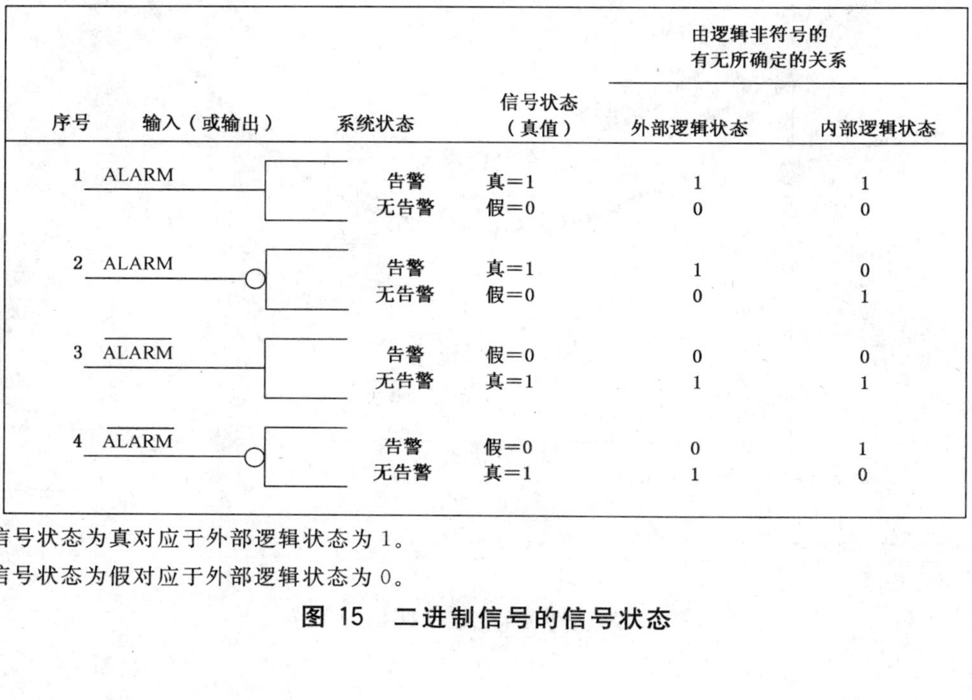

注 1：信号状态为真对应于外部逻辑状态为 1。

注 2：信号状态为假对应于外部逻辑状态为 0。

图 15　二进制信号的信号状态

6.3.2 否定信号

信号变量可以表示前面信号的否定形式。否定只对信号的二进制表示法有效。但是,有时某个动作会在条件不为“真”的时候发生。

推荐在名称中表示否定的方法如下:

——在名称的适当部分前加上表示逻辑否定的算术符号,如¬ RUN;

注 1:这种方法是首选的;

注 2:如果计算机系统的字符集中没有“¬ ”,可以用代字符“~”代替。

——在名称的适当部分后面加“_N”,如“RUN_N”;

——在名称中表示否定的表达式上加一条上横线,如$\overline{RUN}$;

注 1:这种方法并不推荐在由程序产生的文本文档或绘图文档中使用,因为文本发生移动时,否定线不能随之一起移动。

注 2:这种方法通常是在布尔运算表达式中使用。

——使用其他的在文件或引用文件中说明的符号。

否定信号示例见图 16。

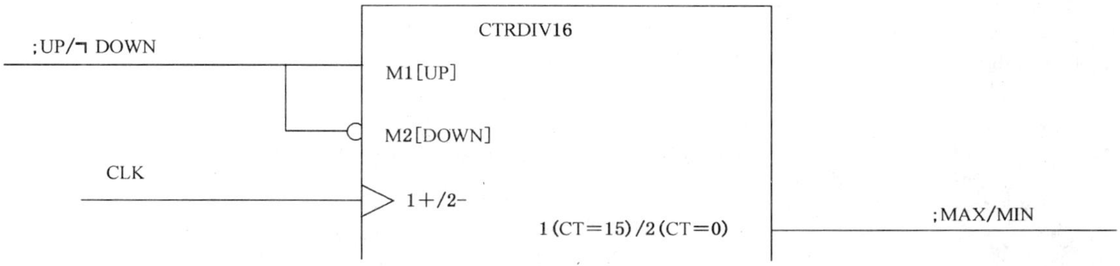

图 16 否定信号示例

6.4 数字数据通信与软件运行

通信总线中传输的信号通常是打包成按通信协议定义的信息或电文,协议中包含了详细的信号标识符列表和规则。

软件运行中也包含了许多关于文件中变量的表示形式的约束规则。即使这些规则超出了本标准规定的范围,信号命名的基本规则仍然适用。

有时候,本标准中使用的前缀符号在通信协议或软件文件中表示其他的意思。在这种情况下,本标准中规定的信号代号前缀可以根据上下文的关系由下划线“_”或其他符号代替。

在通信协议或其他软件处理中,信号代号可以用不同方式来定义和说明。信号的名称和其他相关数据可以定义为数据点或端子的变量。在管理过程中,信号数据也可以打包成数据项目,表示供特定项目通告(告示)或控制使用的一组信息。这类信号数据应作为项目通信实体的参量。本标准中给出的基本定义在这些情况下也适用,但是,信号代号的各部分都写在信号数据实体的不同属性中。

7 信号表示

7.1 人机界面(HSI)

信号可以以多种不同的形式在人机界面中表示,如图形符号、事件列表、条形图等。当信号以文本形式表示时,信号的标识对阅读者来说应该是明确的。信号代号在图表中并不适用,可以由缩写词代替。只有在文件中说明并能够被用户理解,才可以使用缩写词,缩写词与信号代号的关系应该很明显。

信号在人机界面中的表示通常是把信号划分成单独的几块,例如:

——项目参照代号用红字标题表示;

——项目名称和基本信号名以文本形式表示;

——附加信息用于显示参量；

——不显示分类或变量。

本标准对人机界面中的信号表示法没有做进一步的要求或推荐，可参见 GB/T 4205—2003 和 GB/T 5465。

7.2 文件编制

编制本标准的主要目的是将绘图和其他技术文件中的信号代号标准化。

适用于文件编制的信号表示规则见 GB/T 6988.1。

8 应用

信号特性表中的信号表示要求一般为：

完整的信号代号包含了不同的表示信号特性的数据。这些数据和其他的特性可以在一张信号特性表中表达出来。

为了便于信号数据交换，特性表可以以标准格式传送，如 XML。见图 17。

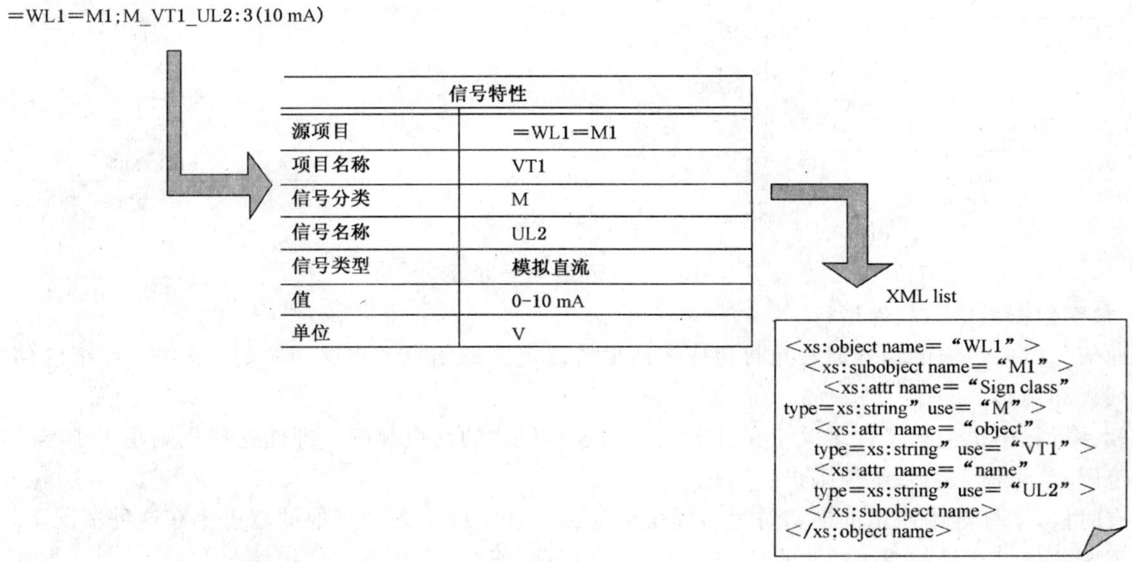

图 17　信号特性显示表和相应的 XML 文件

以下章条给出了在信号特性列表中说明的信号的示例，但并不局限于本标准。这些示例表示的是特定用途的变量的相关必要信息。

8.1 电压测量，通告(告示)性信号(M)

示例：=PP1. E1. Q1;M_VT1_U1L1:3(10 mA)

这个示例表示的是一个电压测量信号中变量 3 的信号。图 18 表示了完整的信号连接链，包括 5 个变量。

公共部分表示所有变量的信号代号中都相同的部分。变量 1 是处理过程中的测量值，变量 2～4 表示的是信号连接链中的路径。变量 5 是在信号目的地中的表示。

名称/定义		代码	说明
公共			
参照代号		=PP1. E1. Q1	信号名称域定义为： 电厂 1；110 kV 系统；间隔 1
分类		M	测量信号
缩写名		VT1	电压互感器 1
基本信号名		U1L1	电压；组 1，L1 相
变量 1：			1 号间隔的一次系统
附加信息		(110 kV)	额定一次电压
范围	标称值	110/√3	用在文档中的信息
	测量值	110/√3×1，2	
	耐受值	110/√3×1，9，1 min	
单位		kV	kV
变量 2：			电压互感器输出
附加信息		(100 V)	额定二次电压
范围	标称值	100/√3	用在文档中的信息
	测量值	100/√3×1，2	
单位		V	V
变量 3：			变送器输出电压
附加信息		(10 mA)	模拟电量
范围	标称值	0…4…10 mA	用在文档中的信息
	最大值	10 mA	
	测量值	0…64…100%	
单位		mA	mA
变量 4：			遥控系统中的通信
附加信息		(digital)	数字化的数值
范围	标称值	0…20=0…32768	用在文档中的信息
	最大值	32768	
	测量值	25%	
单位			无
变量 5			遥控系统中的表示
附加信息		(HSl)	计算机系统中的计算电压
范围	标称值	32768=528	用在文档中的信息
	最大值	528×25%=132	
	测量值	(0…64…100%)×25%	
单位		kV	kV

图 18　电压测量，通告(告示)性信号(M)

8.2　高压开关控制，控制性信号(C)

示例：=PP1. E1. Q1. QB1；C_Disc_Open：3(48V)

该示例表示的是一个命令信号中变量 3 的信号代号。如图 19 所示，对信号代号的所有组成部分做了解释，其中包含了三个变量。

公共部分表示所有变量的信号代号中都相同的部分。变量 1 是在制动装置中命令的实现。变量 2 表示本地操作，变量 3 表示设备级操作控制开关。

名称/定义	代码	说明
公共：		
参照代号	=E1. Q1. QB1	信号名称域，定义为： 10 kV 系统，间隔 1，隔离开关 1
分类	C	命令信号
缩写名	Disc	隔离器
基本信号名	Open	打开
变量 1：		隔离开关操作机构
附加信息	(110 V)	电信号值 110 V
电平　标称值	110	用在文档中的信息
类型	d. c.	直流
单位	V	V
变量 2：		间隔层操作开关
附加信息	(L-110 V)	本地命令，值 110 V
电平　标称值	110	用在文档中的信息
类型	d. c.	直流
单位	V	V
变量 3：		站级操作开关
附加信息	(R-48 V)	远端命令，值 48 V
电平　标称值	48	用在文档中的信息
类型	d. c.	直流
单位	V	V

图 19　隔离器的命令信号，控制性信号(C)

9　一致性分类

本标准的一致性分类有两种。

9.1　1 类一致性

1 类一致性(不完全一致)定义为"使用信号代号的构成"。

文档中信号的代号应由以下部分组成：

——项目代号，宜使用与 GB/T 5094 一致的参照代号；

——名称，如果需要，也可包括本标准 4.1 中定义的变量和附加信息；

——宜使用前缀、分隔符和标识，但对于 1 类一致性并不强制使用。

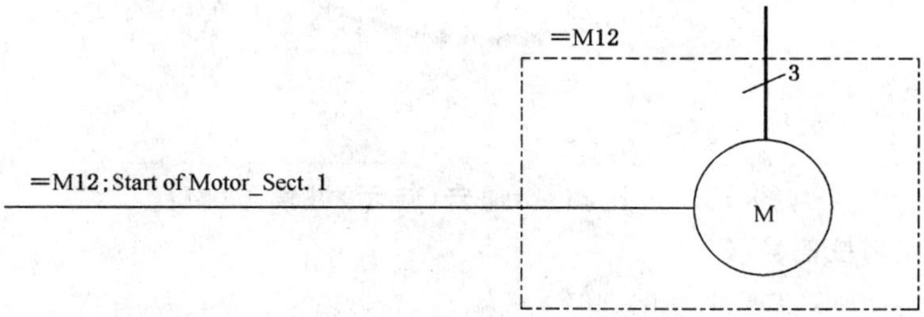

图 20　1 类一致性的信号代号示例

注：图 20 表示的是一个根据本标准命名的不完全一致信号代号示例，只适用于 1 类一致性。

9.2　2 类一致性

2 类一致性定义为"完全依据本标准及附录"：

——使用本标准 4.1 中定义的信号代号的各个部分；
——使用前缀分隔符，指示符和推荐字符；
——参照代号应与 GB/T 5094.1 一致；
——GB/T 5094.2 的项目分类代码是推荐性的，而不是强制性的；
——信号的分类与本标准第 5 章一致(附加分类也可使用)；
——宜使用缩写词和附录中列出的其他推荐词。

与推荐词不同之处应加以说明，并向用户很好地描述，图 21 表示的是 2 类一致性的信号代号示例。

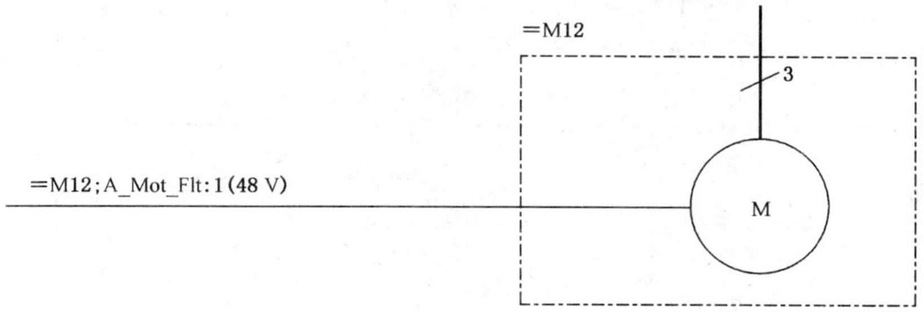

图 21　2 类一致性的信号代号示例

附 录 A
（资料性附录）
供信号名用的字母代码与助记符

A.1 变量的字母代码

表 A.1 中列出的是 ISO 3511-1 和/或 GB/T 20063.6 中规定用于过程检测的字母代码，也可以用作测量信号的代码名称的第一个字母。

表 A.1 变量的字母代码

第一个字母	变量	第一个字母	变量
D	密度	P	压力或真空
E(注 1)	电变量	Q(注 2)	质量，浓度或导电性
F	流速	R	核辐射
G	流量，位置或长度	S	速度或频率
K	时间或时序	T	温度
L	位	V	黏度
M	湿度	W	重量或力
N(注 2)	用户选用	X(注 2)	未分类的变量
O(注 2)	用户选用	Y(注 2)	用户选用

注 1：在信号名中，应以表 A.2 中的字母代替。
注 2：需加注释说明。

A.2 电变量的专用字母代码

表 A.2 中列出的是 GB 3102.5 和 IEC 60027 中规定的电学和磁学的量和单位的字母代码。也可用作电变量的测量传感器输出信号代码名称的第一个字母。

表 A.2 电变量专用的字母代码

第一个字母	变量	第一个字母	变量
F	频率	R	电阻
I	电流	U(或 V)	电压
P	功率	Z	阻抗
Q	无功功率		

A.3 用作修饰词的字母代码

表 A.3 中列出的是 GB/T 20063.6 中规定用于过程检测的字母代码，也可用作测量传感器输出信号代码名称的第二个字母。

注：这种情况指的是，信号变量表示某些数量，而不是由编码名称的第一个字母标识的变量的绝对值。

表 A.3 用作修饰词的字母代码

第二个字母	修饰词	第二个字母	修饰词
D	差	Q	综合或合计
F	比率	R	剩余

A.4 特定导体端子的标识

表 A.4 中列出的是 GB/T 4026 中用于部分特定导体端子的标识。也可以用作与该导线相关信号的信号代号的一部分。

表 A.4 部分特定导体的标识

标识	导体	标识	导体
L1	交流电源第 1 相	E	接地导体
L2	交流电源第 2 相	PE	保护导体
L3	交流电源第 3 相	PEN	保护接地中性导体(见 GB/T 2900.73)
N	中性线	PEM	保护接地中间导体(见 GB/T 2900.73)
L+	直流电源正极	PEL	保护接地线导体(见 GB/T 2900.73)
L−	直流电源负极	FE	功能接地线
M	直流电源中线	FB	功能等电位连接线

A.5 基本信号名中使用的助记符

表 A.5 是为了促进信号名的统一而给出的用于编写信号名的一些通用术语的助记符。这些助记符可以组合起来表示复合名词或短语。如有需要,在不引起混淆的情况下,表中的助记符可以赋予其他的含义,也可以定义其他的助记符来表示某种含义。此外,在一套文件中,应以同一含义赋予特定的助记符,相同的助记符只能用于一种特定的含义。

表 A.5 中给出的示例为英语中的典型用法。

表 A.5 用于描述信号信息的助记符

助记符	含义	英文名
A	报警信号(信号分类代码)	Alarm signal(Signal class code)
A(uto)	自动的	Automatic
Abn	异常	Abnormal
Acc	接受;累加器	Accept;Accumulator
Ack	肯定;确认	Acknowledge
Acs	存取	Access
Act	激活;使有效	Activate
Acu	声学的	Acoustic
Add	加法器	Adder
Adr	地址	Address
Alm	告警	Alarm
Ali	告警禁止	Alarm inhibit

表 A.5（续）

助记符	含义	英文名
Alu	算术逻辑单元	Arithmetic logic unit
An	模拟	Analogue
AR	地址寄存器	Address register
Async	异步	Asynchronous
Attn	注意	Attention
Auth	授权;认可	Authorization
Aux	辅助的	Auxiliary
Bat	电池	Battery
BCD	二-十进制编码	Binary coded decimal
BCtr	位计数器	Bit counter
Beh	行为	Behaviour
BG	借位产生	Borrow generate
BI	借位输入	Borrow input
BIM	二进制输入模块	Binary input module
Bin	二进制	Binary
Bit	位	Bit
Blk	块;封锁	Block
Blnk	空白	Blank
BOM	二进制输出模块	Binary output module
BP	借位传送	Borrow propagate
B-P	旁路;支路	By-pass
Buf	缓冲级;缓冲	Buffer
Bus	总线	Bus
Busy	忙;占线	Busy
Byt	字节	Byte
C	命令(信号分类代码)	Command(Signal class code)
Can	取消	Cancel
Cap	容量	Capability
Car	载波	carrier
CB	断路器	Circuit breaker
Cd	代码	Code
CD	光盘	Compact disc
Cdsel	代码选择	Code select
CE	片使能	Chip enable
Cfg	配置;结构	Configure;configuration

表 A.5（续）

助记符	含义	英文名
CG	进位产生	Carry generate
Ch	频道	Channel
Cha	充电器	Charger
Chg	变化	Change
Chk	校验	Check
CI	进位输入	Carry input
Cl(ose)	关闭	Close
CLA	超前进位	Carry look-ahead
Clk	时钟	Clock
Clr	清除	Clear
Cmd	命令	Command
Cnt	计数	Count,counter
Cntl	控制	Control
CO	进位输出	Carry output
Col	列	Column
Comp	比较	compare
Cor(r)	已修正;校正	Corrected,Correction
CP	进位传送	Carry propagate
CPU	中央处理单元	Central processing unit
CRC	循环冗余检查	Cyclic redundancy check
Cry	进位	Carry
CS	片选	Chip select
CT	电流互感器	Current transformer
Ctr	中心	Center
CTS	清除发送	Clear to send
C(urr)	电流	Current
Cyc	循环	Cycle
D	数据	Data
Dcd	译码	decode
Dec	十进制	Decimal
Decr	减;减量	Decrease;Decrement
Dest	目的	Destination
Det	检测	Detect
Dev	设备;器件	Device
Diff	差	Difference

表 A.5（续）

助记符	含义	英文名
Dir	指示	Direction
Dis	禁止	disable
Disc	隔离器;绝缘子	Disconnector;Isolator
Disk	盘	Disk;Disc
Dist	远距离(保护)	Distance(protection)
Dlt	删除	Delete
Dly	延迟;迟延	Delay
DMA	直接存储器存取	Direct memory access
Dmd	命令	Demand
DO	数据项目	Data object
DRAM	动态随机存储器	Dynamic RAM
Drv	驱动,驱动器	Drive,Driver
Dsch	放电	Discharge
Dscr	差异	Discrepancy
DSRDY	数据装置准备好	Data set ready
DTRDY	数据终端准备好	Data terminal ready
Dur	持续时间	Duration
Dwn	下	Down
E	事件信号(信号分类代码)	Event signal(Signal class code)
El	电的	Electrical
Emg	紧急情况	Emergency
En(a)	使能	Enable
Encd	编码	Encode
End	结束;终止	End
EOF	文件结束	End of file
EOL	行结束	End of line
EOT	带结束	End of tape
EOT	发送结束	End of transmission
Eq	同等的;同等	Equal;Equalization
Eqpt	设备;装置	Equipment
Err	出错(误差)	Error
Ers	擦除	Erase
Ety	空;无效的	Empty
Evt	事件	Event
EXOR	异或	Exclusive OR

表 A.5（续）

助记符	含义	英文名
Exc	过度的	Exceeded
Excl	排除;排除器	Exclusion;excluded
Ext	外部	External
F(ail)	故障;失败	Failure;Fail
Fact	因素	Factor
FF	触发器	Flip-flop
FIFO	先进,先出	First in,first out
Fl	闪光	Flashing
Fld	场	Field
Flg	标记;特征位	Flag
Flt	错误;故障	Fault
Flw	流程	Flow
Fnc	功能	Function
Fwd	向前的	Forward
G	门	Gate
Gen	产生	Generat
Gen	概括的;总体的	General
Gnd	地,接地	Ground;earth
Gr	组	Group
Grd	防护装置	Guard
H(and)	手册;指南	Hand;Manual
H(igh)	高	High
Halt	暂停	Halt
Heal	健壮的	Healthy
Hex	十六进制	Hexadecimal
Hld	保持	Hold(ing)
Horz	水平	Horizontal
I	指示信号(信号分类代码)	Indication Signal(signal class code)
I/O	输入/输出	Input/output
Id	标识	Identification
IF,(Indf)	指示故障	Indication fault/fail
I-F,(Intfc)	接口	Interface
Imp	阻抗	Impedance
In	入;输入	In;Input
Incr	增加	Increase,Increment

表 A.5（续）

助记符	含义	英文名
Ind	指示	Indication
Inh	禁止	Inhibit
Init	初始化	Initialisation
Ins	绝缘	Insulation
Int	整数	Integer
Intl	内部的	Internal
Intrp	中断	Interrupt
Irq	中断请求	Interrupt request
Kybd	键盘	Keyboard
L	恒定电平信号(信号分类代码)	Constant level signal(Signal class code)
L(ow)	低	Low,Lower
L(oc)	本地	Local
LAN	局域网	Local area network
Lch	门闩;锁存	Latch;Latched
Ld	负载	Load
LED	发光二极管	Light emitting diode
Lft	左	Left
LO	锁定	Lock-out
Loc	位置	Location
LRC	纵向冗余检测	Longitudinal Redundancy check
LSB	最低有效位	Least significant bit
LSByt	最低有效字节	Least significant byte
Lst	列表	List
Lt	光	Light
LT(est)	指示灯测试	Lamp test
M	测量信号(信号分类代码)	Measuring signal(Signal class code)
Max	最大	Maximum
Mem	存储器	Memory
Min	最小	Minimum
Mod	模式	Mode
Mot	电动机	Motor
MRD	存储器读	Memory read
MSB	最高有效位	Most significant bit
MSByt	最高有效字节	Most significant byte
Msk	屏蔽;掩码	Mask

表 A.5（续）

助记符	含义	英文名
Mstr	主	Master
Mtr	电动机	Motor
Mux	多路复用;多路复用器	Multiplex;Multiplexer
N	中性的	Neutral
N(orm)	正常	Normal
N-O	正常打开	Normal open
N-C	正常关闭	Normal closed
NAck	否定确认	Negative acknowledge
Nam	名称	Name
Neg	负的;否定的	Negative
No	不;非;无	No
Nom	名词性的	Nominal
Num	数字	Number
O(pen)	开	Open
O(ver)	超过	Over
Oct	八进制	Octal
Off	关断	Off
On	接通	On
Out	出;输出	Out;Output
Op	操作	Operate;Operation
ovfl	溢出	overflow
P(wr)	功率	Power
Par	奇偶位	Parity;Parallel
PC	程序计数器	Programme counter
PC	个人电脑	Personal computer
PCI	程序控制终端	Programme-controlled interrupt
Pct	百分比	Percent
PE	奇偶出错	Parity error
Per	定期的	Periodic
PF	功率因数	Power Factor
Pls	脉冲	Pulse
Pos	正的;位置	Positive;Position
Prcs	过程;处理器	Process;Processor
Pres	电压	Pressure
Prg	过程	Progress

表 A.5（续）

助记符	含义	英文名
Prgm	程序	Program
Pri	初级的	Primary
Proc	过程;处理器	Process;Processor
Pro	保护	Protection
PU	上拉存储器	Pull-up-access memory
Qty	量;数量	Quantity
R	提高	Raise
R(em)	远端	Remote
Rcd	记录	Record;Recording
Rch	达到	Reach
Rcirc	再循环	Recirculate
Rcl	改正	Reclaim
Rcvr	接收机(接收器)	Receiver
Rd	读	Read
Rdy,Ready	准备好	Ready
Re	重试;恢复	Retry;Reactivate
React	电抗;电抗性的	Reactance;Reactive
Rec	重新接通	Reclose
Red	编写	Redaction
Ref	参考;基准	Reference
Reg	寄存器	Register
Reg	调节的;调整器	Regulated;Regulator
Rej	拒绝	Reject
Rel	释放	Release
Req	请求	Request
Res	复位	Reset;Residual
Rest	有限的	Restricted
Rev	相反的	Reverse
RFD	准备好等待数据	Ready for data
Rfsh	刷新	Refresh
Rl	关联	Relation
Rms	均方根	Root mean square
Rng	范围	Range
ROM	只读存储器	Read-only memory
Rot	旋转;转子	Rotation;Rotor

表 A.5（续）

助记符	含义	英文名
Row	行	Row
RQTS	请求发送(数据)	Request to send(data)
Rs	重置	Reset
Rst	重启	Restart;Restraint
Rsv	备用的	Reserve
Rt	右	Right
Rte	比率	Rate
RTL	返回本地	Return to local
Rtn	返回	Return
RTZ	返回零	Return to zero
Run	运行	Run
Rx	接收	Receive
S	赋值信号(信号分类代码)	Setting value signal(Signal class code)
Sec	二级的;安全	Secondary;Security
Sel	选择	Select
Seq	序列;连续的	Sequence;Sequential
Set	设置;置位	Set;Setting
SEV	偶数和	Sum even
Sft	平移	Shift
Slv	从动	Slave
SODD	奇数和	Sum odd
Spd	速度	Speed
Sply	供给;电源	Supply
SRQ	服务请求	Service request
Str;(Start)	起动;起始	Start
St	状态	Status
Stat	状态	Status,Statistic
STDBY	等待;备用的	Stand-by
Stk	堆栈	Stack
Stop	停	Stop
Stor	存储	Store
Strb	选通	Strobe
Sup	监管	Supervisory
Supl	供给;电源	Supply
Svc	服务	Service

表 A.5(续)

助记符	含义	英文名
Sw	开关	Switch
Sync	同步	Synchronisation
Sys	系统	System
T(est)	测试	Test
Term	终止;终端	Terminate;Terminal
Tg	反复开关	Toggle
To	顶端	To;Top
Tot	总数;合计	Total;Totally
Trg	触发;触发器	Trig,Trigger
Trig	触发器	Trigger
Tr(ip)	启动装置	Trip
Trf	变压器	Transformer
Tst	测试	test
Tx	传输	Transmit;Transmitted
Typ	类型	Type
U(nder)	低于	Under
Un(it)	单位	Unit
Up	上	Up
Util	实用	Utility
Vac	真空	Vacuum
Val	数值	Value
Vert	垂直	Vertical
Vid(eo)	视频	Video
Virt	虚拟	Virtual
Vld	有效	Valid
Vlv	有阀门的	Valv
VT	变压器	Voltage transformer
WAN	广域网	Wide area network
Wpl	车间	Workplace
Wr	写	Write
Wrd	字	Word
Wrm	导热的	Warm
Xcvr	发送接收器	Transceiver
Xmit	传输;发送	Transmission;Transmit
Xmt	传送;发送	Transmission;Transmit

表 A.5（续）

助记符	含义	英文名
Xmtr	发送机(发送器)	Transmitter
XOR	异或	Exclusive OR
Y(ES)	是	Yes
Zer	零	Zero
Zn	区间	Zone

附　录　B
（资料性附录）
信　　号

B.1　信号的说明

本标准中，“信号”代表的是包括信息的标识和信息从一个项目到另一个项目的传输在内的完整概念。信号是由表达信号含义的信号名来表示。

需要牢记的重要规则（见标准正文）：

——信号表示的是传给信号接收器的信息；

——信息可以用信号名来描述；

——每个信号都应由信号代号明确标识。

因此，关键是要理解发射器（信号源）和接收器之间的信号。

信号代号表征的是信息的含义而不是信息的传输。因此，信号名涉及的是“思想”，而不是物理结构。但是，用于传输信息的逻辑（或物理）连接线需要用名称来标识，所以，也可以使用信号的名称（标识信号变量）。

信号是包含各类信息及其表示在内的广义概念。

在通信总线中，“多信号”传输只是特例，但在一条物理连接线中，可以传输许多不同的信号，例如：

——“加电”表示一个信号，“断电”表示另一个信号；

——针对模拟信号（也就是模拟数值的连续表达），可取一门限值，作为离散的数字信号来表示。模拟信号和数字信号——其信息描述的都是通告（告示）性信号——具有相同的信号源，可用同一线路发送至设备，设备可对门限值进行标识并将信号分离。

这些示例都与信号信息的传输介质有关，对信号名并没有影响。

B.2　信号信息模型

信号的信息由信号源传送到信息接收器。典型的信号及其名称与项目或使用信号的仪器、设备的功能有关。用户通过信号分类了解信号标识与作用项目的关系。信号可以包含来自作用项目的信息（通告（告示）性信号）或对作用项目产生某种动作（控制性信号）。这两类信号的示例见图 B.1 和图 B.2。

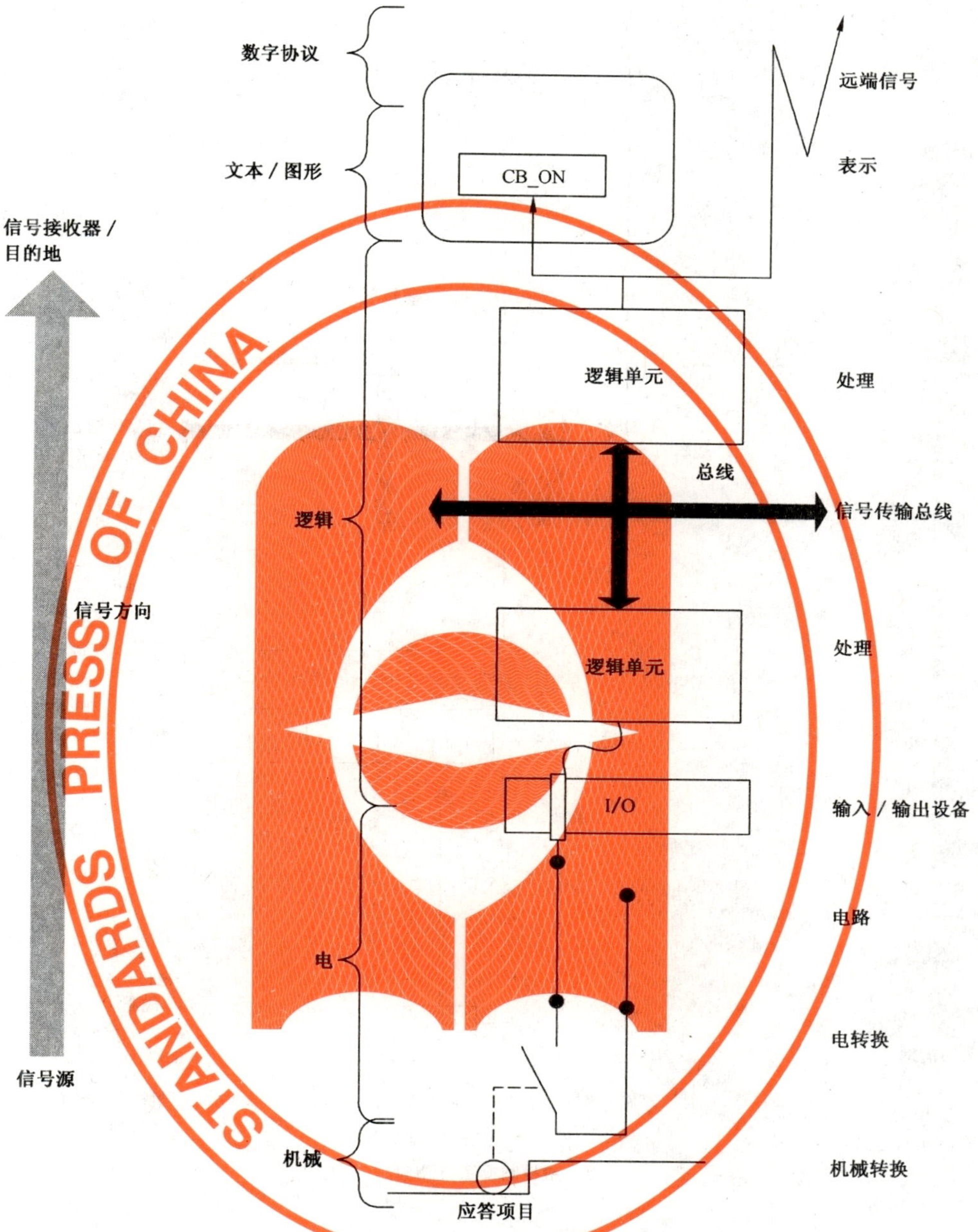

数字协议
远端信号
表示
文本／图形
CB_ON
信号接收器／
目的地
逻辑单元
处理
总线
逻辑
信号传输总线
信号方向
逻辑单元
处理
I/O
输入／输出设备
电路
电
电转换
信号源
机械
机械转换
应答项目

图 B.1　通告(告示)性信号

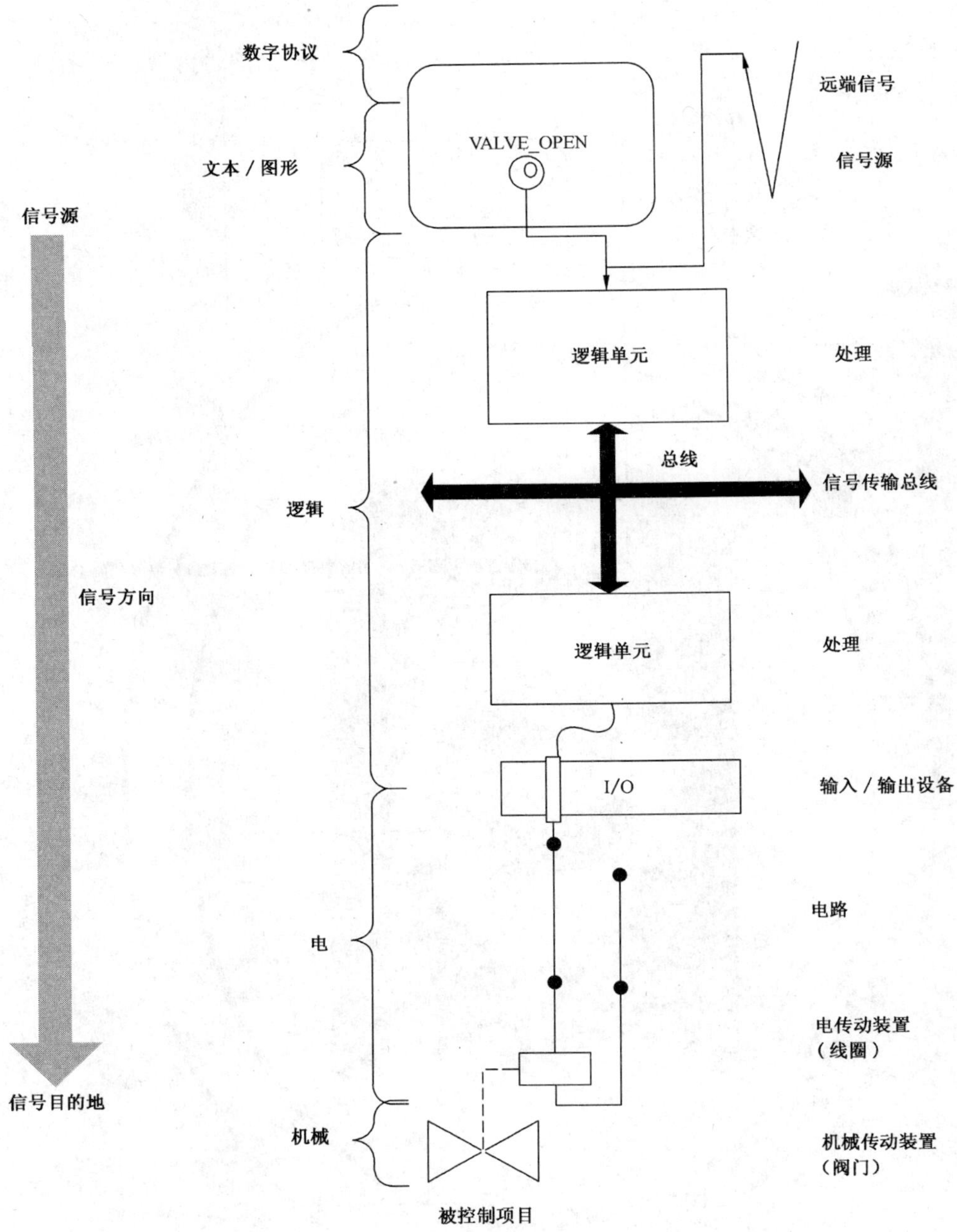

图 B.2　控制性信号

B.2.1　标识属性

信号代号是信号信息的标识。信号代号包括:项目标识符、信号名、变量和附加信息(见第4章)。信号名的用处是简要地让用户明白信号的实际信息。

在诸如工厂设备这样的大系统中,很少单独使用信号名作为信号的唯一标识符,因此,信号名应与工厂设备中的某个项目(信号名称域)链接,通过把信号名称域的项目代号(参照代号更合适)应用到“信号名”中来创建唯一标识符。(见4.1)

信号名称域并不需要覆盖完整的信号链(也就是信号所有的数据点),但对通告(告示)性信号而言应包含信号源项目,或目的项目(对控制性信号而言)。

只要信号名称在其中是唯一确定的,选作信号名称域的项目在分级结构中的层次并不相关。

在项目内部信号代号的应用见图B.3。

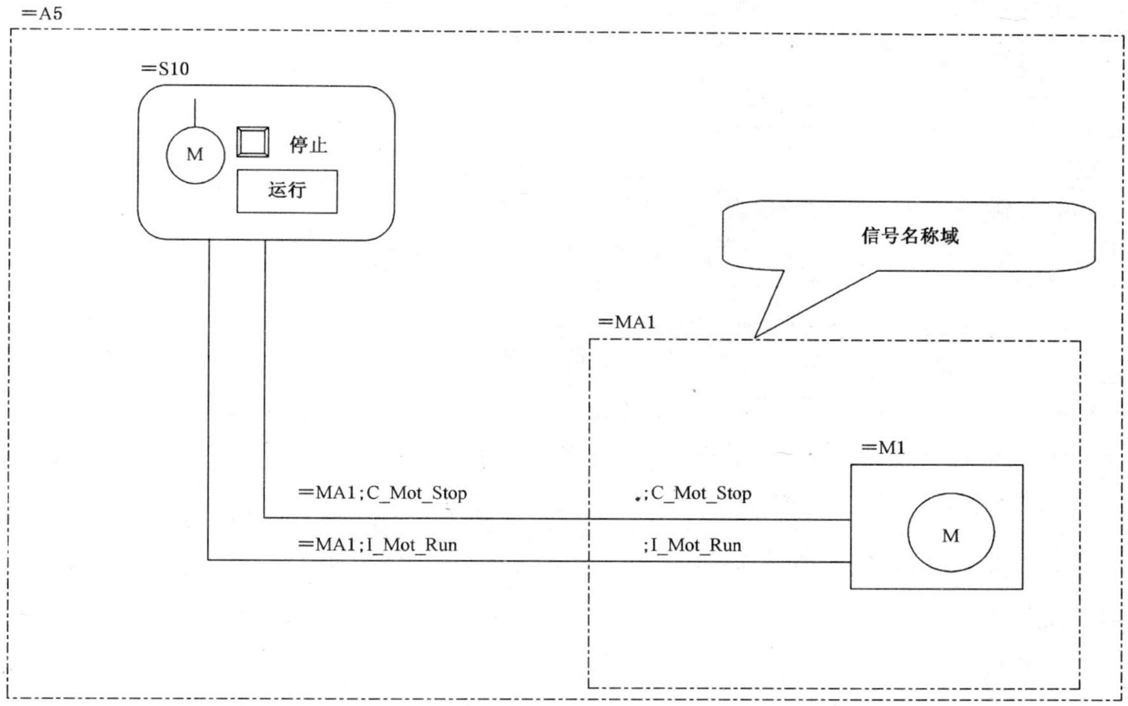

图 B.3 在项目内部信号代号的应用

注：在项目内部可以只写信号名称，不必加上项目代号。当需要完整的信号标识时，信号名称域的项目代号可以看作是“内部”信号名称。

B.2.1.1 项目标识符

为了唯一地标识信号，应将项目标识符加在信号的名称上，项目标识符可以是项目代号，最好是与GB/T 5094一致的参照代号，参照代号是一组标识项目关系的代码。

B.2.1.2 信号分类代码

为了进一步解释信号或将附加信息带给用户，可以在名称中加上编码信息，推荐使用信号分类的代码，例如测量(M)，指示(I)和命令(C)(见5.2)。

也可以使用其他的代码来对信号进一步分类；在这种情况下，需要对这些代码详细说明。

B.2.1.3 时间或形态

因为一个信号会由同一信号源激发数次，需要对每一个信号进行单独标识。为了使信号的标识唯一，可以在信号名中加上信号产生的时间，也可以为同一信号名称的每个新信号加一个新的形态序号。

信号的时间标志或形态序号应写在相关变量的“附加信息”中。因此，测量信号是与传输方式无关的一个信号。但实际的信号变量是依赖于信号传输的，如果用户只需要模拟曲线中某特定的部分/点，它便是拥有自己名称(在第一个信号名中加上形态/时间所形成的信号名)的新信号。

带时间标记的信号代号示例见图B.4。

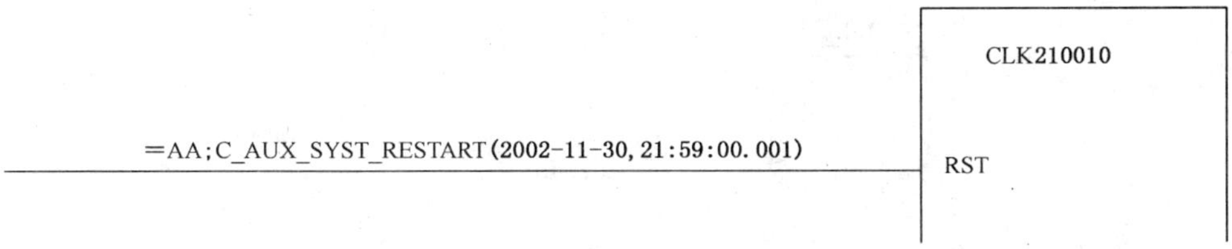

图 B.4 带时间标记的信号代号示例

注：时间或形态序号对模拟信号或连续的电平信号不适用。

信号是否动作是由信号的动态特性来描述的。信号可以有目的地或频繁地自然激发，这些信号可以通过预置的信号连接链或是几条连接线之一发送至信号接收器(见B.3)。

B.2.2 特定信号类型的属性

B.2.2.1 单位

测量信号的信息一般是用一个数值来表示。在这种情况下，信号表示的测量值的单位。单位可以是信号名的一部分，或在信号的特性表中列出。首选SI制的单位。

注：表示数值的各类信号都需要单位，如连续的电平信号，数字的测量信号或模拟的测量信号。

B.2.2.2 数值

模拟信号以数值的形式连续地表示实时信息。信号的名称应包含关于数值的含义和源的信息，但不应包含数值本身。数值的类型、单位和电平可以在名称中给出，或列在信号的属性表中。

模拟数值可以采样并以数字形式表示，比如将每个样本作为一个形态，在这种情况下，信号按照与"真正的"模拟信号相同的方式进行标识。

B.3 信号传输(连接线)

信号连接链描述的是设备中信号信息的传播，信号信息在信号连接链中以不同形式和表示法的信号变量出现。(见图B.5)。

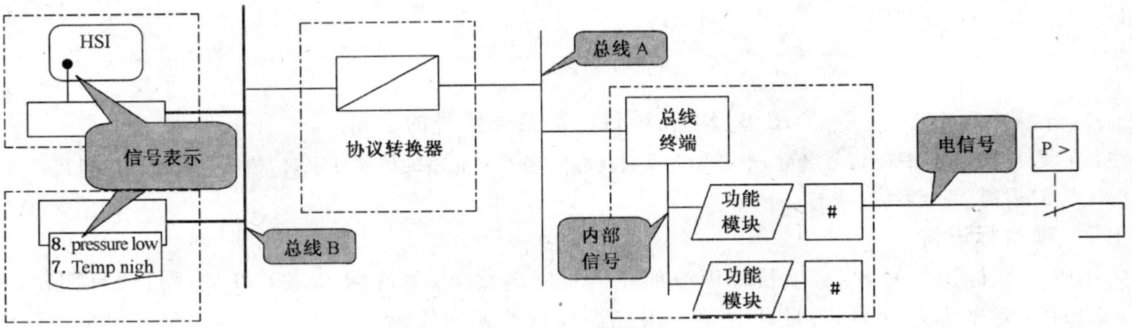

图 B.5 典型的信号连接链

信号连接链是信号从源传输到目的地的物理的、静态的表示法，见图B.6和图B.7。它描述的是预先确定用于传输信号的路径。信号传输也可是动态的，即通过信号连接链发送信号形态(通信的信息段)，见图B.8。

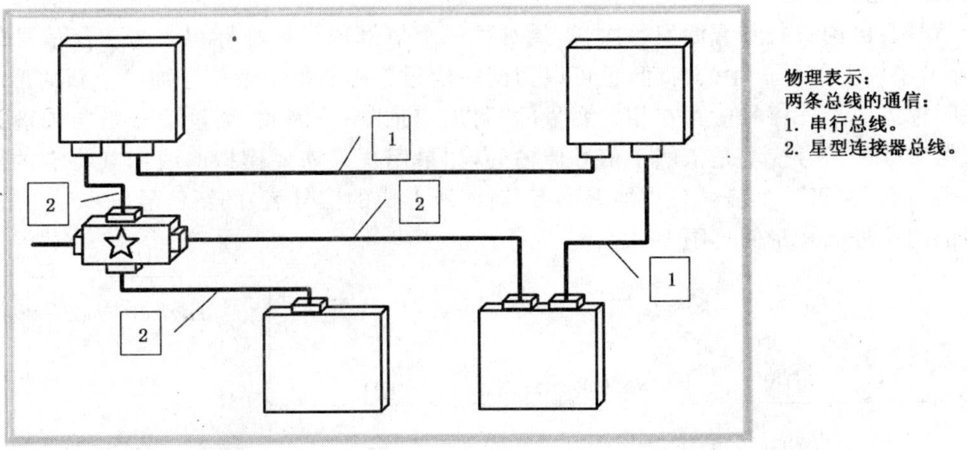

图 B.6 信号传输的物理表示

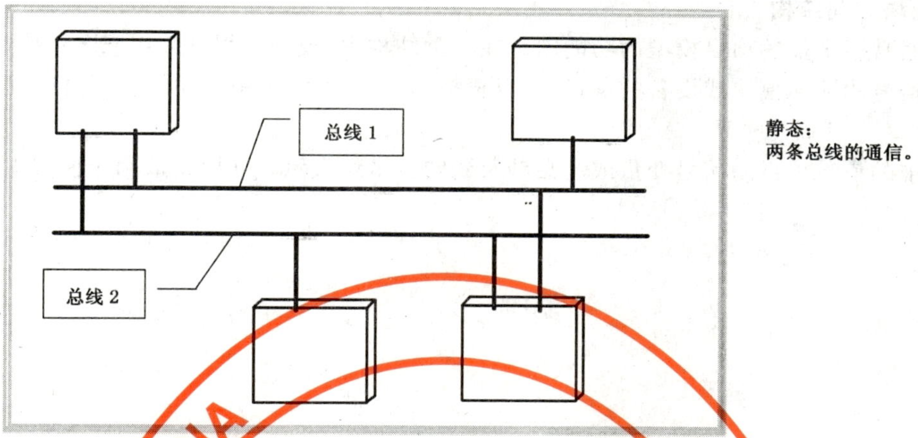

图 B.7　信号传输的静态表示法

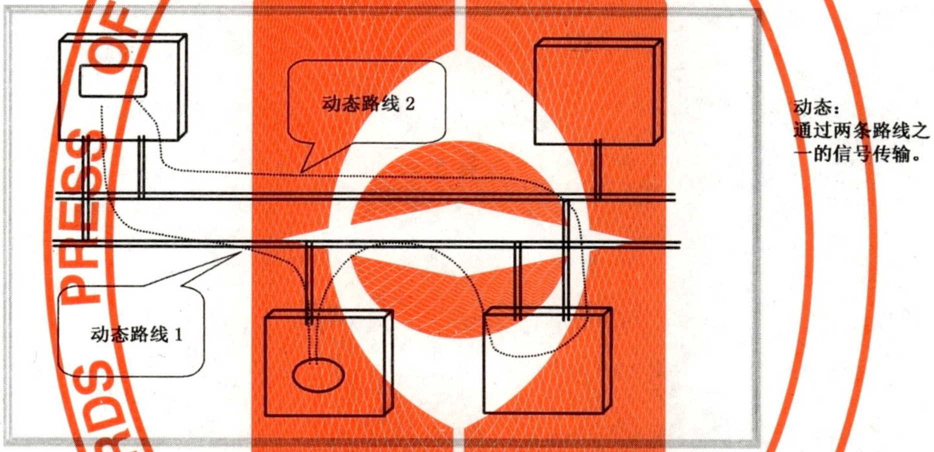

图 B.8　信号传输的动态表示法

物理连接线是定义信号静态传输的先决条件。物理连接线用于连接两个或多个物理设备，且包含了信号连接链中的数据点。

有时候，信号可以通过几条不同的连接线传输，在这种情况下，静态传输路径可以定义为动态传输路径的诸多选项。

对于大网络中的信号传输而言，静态传输路径的描述是没有意义的。在这种情况下，定义连接线到网络的数据点即可。这种方法对没有定义传输路径的无线电或微波信号也有效。

B.3.1　信号项目

信号，表示传输信号，通常在功能结构中示意信号项目，根据 GB/T 5094.1 的规则建立的项目模型中的项目来表示。

根据设备的用途和项目定义，来划分功能图结构的方式，分为“信号定向结构”和“功能块定向结构”。

B.3.1.1　信号定向结构

这种结构用来描述项目模型的功能视图，在项目模型中，结构的最低层次中包含了“信号项目”。这些信号项目通常是为信号建立起来的完整的信号连接链。由于信号的信号信息（信号点）可以在设备内或设备外的任意地方，并不容易定义产品示意图或项目的布局视图。

可以定义为有不同视图的项目（转换项目）的是信号项目，而不是信号变量。

B.3.1.2　功能块定向结构

这种结构通常用来描述项目模型的功能图。在这种结构中，模型被划分为用来表示接收、发射和处理一个或多个信号的功能模块或设备的项目，可以根据 GB/T 5094.1 中描述的项目模型建立功能块定向结构。

这种结构中的信号项目用信号变量或产品涉及到的变量组表示。此原则适用于模型中各个级别的转换项目。

参 考 文 献

[1] GB/T 2900.73 电工术语 接地与电击防护(GB/T 2900.73—2008,IEC 60050-195:1998,MOD)

[2] GB 3102.5 电学和磁学的量和单位(GB 3102.5—1993,eqv ISO 31-5:1992)

[3] GB/T 4728 电气简图用图形符号(IEC 60617DB,IDT)

[4] GB/T 20063.6 简图用图形符号 第6部分:测量与控制功能(GB/T 20063.6—2006,ISO 14617-6,IDT)

[5] IEC 60027 电气技术用文字符号

[6] IEC 61355 工厂、系统和设备文件的分类和代号

[7] IEC 61850-4 变电站中的通信网和系统 第4部分:系统和工程管理

[8] ISO 3511-1:1997 过程检测和控制流程图用图形符号和文字代号 第1部分:基本要求

ICS 17.040.20
J 04

中华人民共和国国家标准

GB/T 16747—2009
代替 GB/T 16747—1997

产品几何技术规范(GPS) 表面结构 轮廓法 表面波纹度词汇

Geometrical Product Specification (GPS)— Surface texture: Profile method— Surface waviness terms

2009-03-16 发布　　　　2009-11-01 实施

中华人民共和国国家质量监督检验检疫总局
中国国家标准化管理委员会　发布

前　言

本标准代替 GB/T 16747—1997《表面波纹度　词汇》,与 GB/T 16747—1997 相比,主要变化如下:

——标准名称增加了引导要素“产品几何技术规范(GPS)”,与新的标准体系取得一致;

——更新了第 2 章“规范性引用文件”中的标准名称和版本号;

——根据 GB/T 3505 的规定,对参数代号的书写形式进行了修改。

本标准的附录 A 和附录 B 为资料性附录。本标准在 GPS 体系中的位置在附录 B 中说明。

本标准由全国产品尺寸和几何技术规范标准化技术委员会提出并归口。

本标准起草单位:中机生产力促进中心、哈尔滨量具刃具集团有限责任公司、北京市计量检测科学研究院。

本标准主要起草人:王欣玲、郎岩梅、陈景玉、吴迅。

本标准所代替标准的历次版本发布情况为:

——GB/T 16747—1997。

产品几何技术规范(GPS)
表面结构　轮廓法
表面波纹度词汇

1　范围

本标准确定了表面波纹度有关表面及其参数的术语和定义。这些波纹度参数术语是以中线制为基础确定的。

本标准适用于技术文件及科技出版物等。

2　规范性引用文件

下列文件中的条款通过本标准的引用而成为本标准的条款。凡是注日期的引用文件，其随后所有的修改单(不包括勘误的内容)或修订版均不适用于本标准，然而，鼓励根据本标准达成协议的各方研究是否可使用这些文件的最新版本。凡是不注日期的引用文件，其最新版本适用于本标准。

GB/T 3505—2009　产品几何技术规范(GPS)　表面结构　轮廓法　术语、定义及表面结构参数(ISO 4287:1997,IDT)

GB/T 7220—2004　产品几何量技术规范(GPS)　表面结构　轮廓法　表面粗糙度　术语　参数测量

GB/Z 20308—2006　产品几何技术规范(GPS)　总体规划(ISO/TR 14638:1995,MOD)

3　表面、轮廓和基准术语

3.1

实际表面　real surface

物体与周围介质分离的表面(见 GB/T 3505—2009 的 3.1.3)。实际表面是由粗糙度、波纹度和形状叠加而成的(见图 1)。

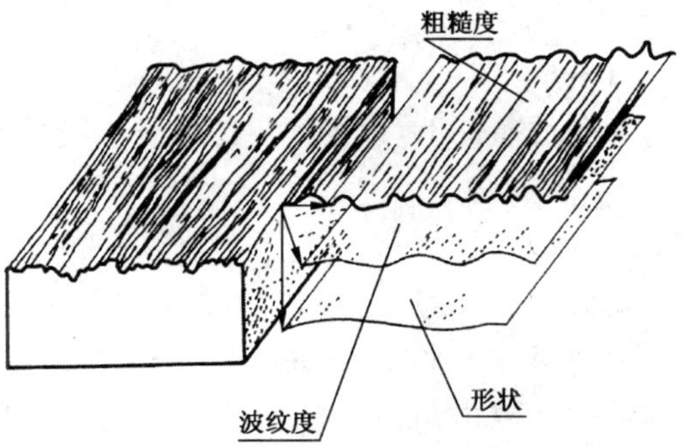

图 1　实际表面

3.2

表面轮廓(实际轮廓)　surface profile (real profile)

由一个指定平面与实际表面相交所得的轮廓。它由粗糙度轮廓、波纹度轮廓和形状轮廓构成(见图 2)。

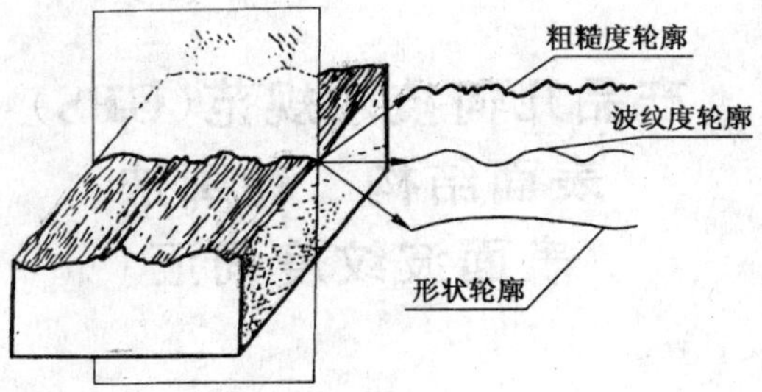

图 2　表面轮廓

3.3

分离实际表面轮廓成分的求值系统（滤波器）　operator (filter) for separating the profile component of the real surface

通过预定的信息转换，对实际表面的轮廓成分进行分离的一种处理过程（见图 3）。实际上，该过程可用各种不同的方式实现。对各种不同方式分离出的轮廓成分，应说明其方法离差。倘若总体轮廓含有所认为的公称形状，就须用一个附加的预处理过程来消除该轮廓的形状部分。

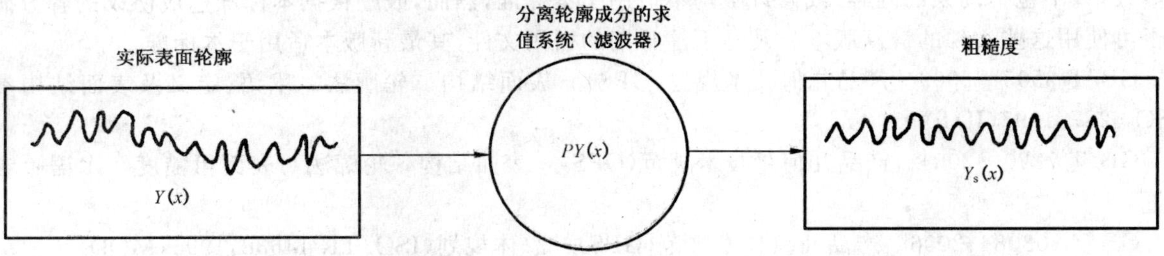

图 3　分离实际表面轮廓成分的求值系统

3.4

标准的波纹度求值系统　standard waviness operator

具有符合标准规定特性的求值系统（滤波器）。该求值系统一般被认为是理想的，见 GB/T 7220—2004 的 2.11。

3.5

波纹度截止波长　waviness cut-offs

在高斯滤波器的传输系数为 0.5 的条件下，短波区界的波长 λc 和长波区界的波长 λf。

3.6

表面波纹度　surface waviness

由间距比粗糙度大得多的、随机的或接近周期形式的成分构成的表面不平度（见图 1）。通常包含当工件表面加工时由意外因素引起的那种不平度，例如，由一个工件或某一刀具的失控运动所引起的工件表面的纹理变化。波纹度通频带的极限由高斯滤波器的长波截止波长和短波截止波长之比 $\lambda f : \lambda c$ 确定，若无特殊规定，此比值通常为 10∶1。

在用高斯滤波器分离波纹度以前，应用最小二乘拟合的方法在总体轮廓上去除图样所表示的公称形状。

对圆周轮廓来说，在用最小二乘拟合的方法去除形状成分时，推荐采用拟合圆的半径，而不要采用固定的公称值。

这种波纹度分离程序确定了理想的波纹度求值系统。

注：这种理想的波纹度求值系统，只能用在被评定轮廓长度不小于截止波长 λc 的 20 倍的场合。

3.7

表面波纹度轮廓(波纹度轮廓)　profile of surface waviness (waviness profile)

对原始轮廓连续应用 λf 和 λc 两个轮廓滤波器以后形成的轮廓。采用 λf 轮廓滤波器抑制长波成分,而采用 λc 轮廓滤波器抑制短波成分。这是经过人为修正的轮廓(见图 4)。

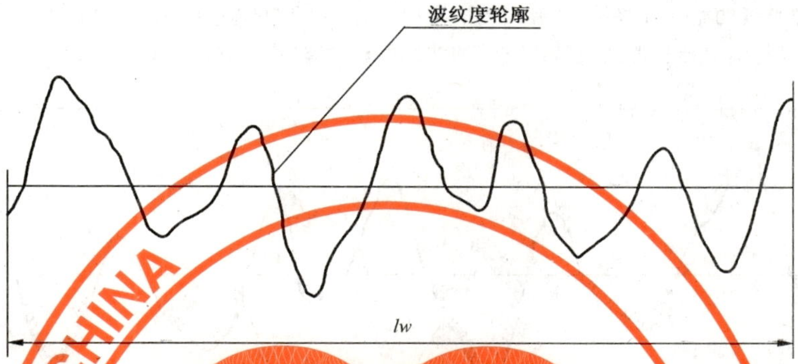

图 4　波纹度轮廓

3.8

波纹度取样长度(lw)　waviness sampling length (lw)

用于判别波纹度轮廓的不规则特征的 X 轴方向上的长度。它等于长波截止波长 λf。在这段长度上确定波纹度参数。

3.9

波纹度评定长度(ln)　waviness evaluation length (ln)

用于评定波纹度轮廓的 X 轴方向上的长度,它包含一个或几个取样长度。

3.10

波纹度轮廓中线　mean line for the waviness profile

用 λf 轮廓滤波器所抑制的长波轮廓成分对应的中线。

3.11

波纹度轮廓峰　waviness profile peak

被评定波纹度轮廓上连接轮廓与 X 轴两相邻交点的向外(从材料到周围介质)的轮廓部分(见图 5)。

注:在波纹度取样长度内,即使是始端或终端,倘有向外的轮廓部分,也应视作波纹度轮廓峰。当计算波纹度的连续几个取样长度上的峰数时,对每个取样长度的始端或终端的波纹度轮廓峰,应只在始端计入一次。

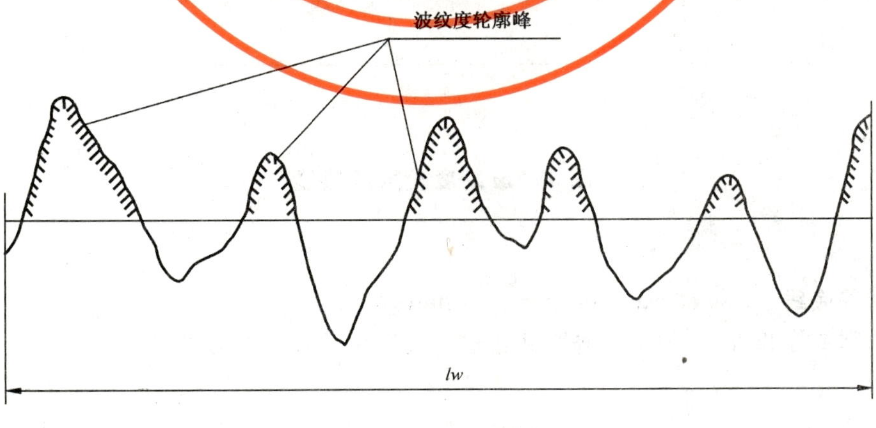

图 5　波纹度轮廓峰

3.12

波纹度轮廓谷　waviness profile valley

被评定波纹度轮廓上连接轮廓与 X 轴两相邻交点的向内(从周围介质到材料)的轮廓部分(见图 6)。

注：在波纹度取样长度的始端或终端,倘有向内的轮廓部分,也应视作轮廓谷。当计算波纹度的连续几个取样长度上的谷数时,对每个取样长度的始端或终端的波纹度轮廓谷,应只在始端计入一次。

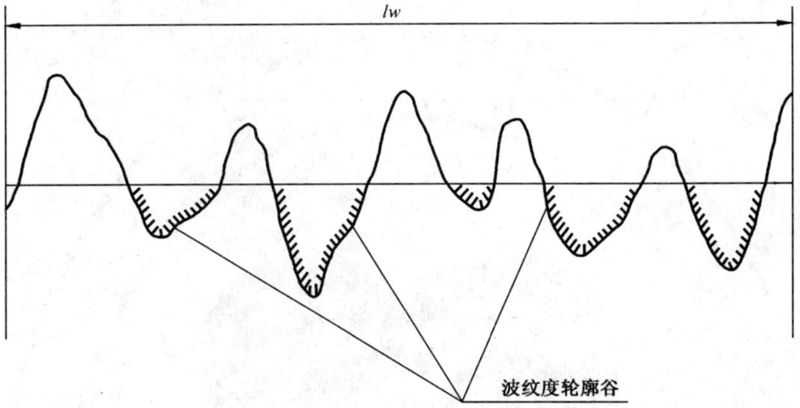

图 6　波纹度轮廓谷

3.13

波纹度轮廓峰顶线　line of waviness profile peaks

在波纹度轮廓取样长度内,与中线等距并通过波纹度轮廓最高点的线(见图 7)。

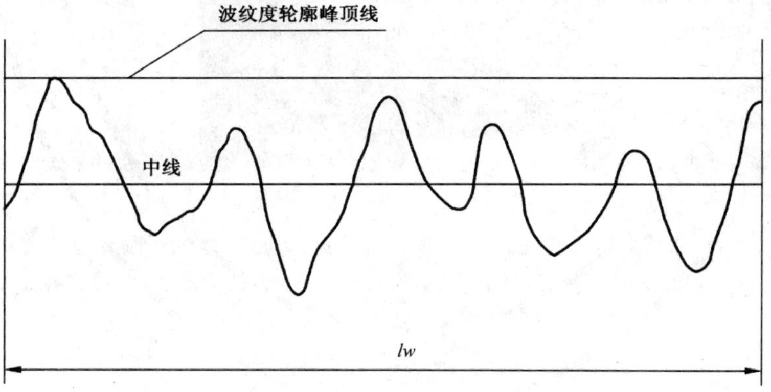

图 7　波纹度轮廓峰顶线

3.14

波纹度轮廓谷底线　line of waviness profile valleys

在波纹度轮廓取样长度内,与中线等距并通过波纹度轮廓最低点的线(见图 8)。

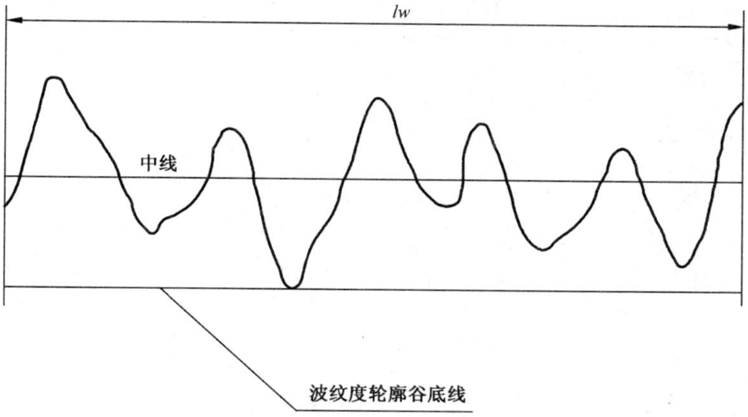

图 8 波纹度轮廓谷底线

3.15

波纹度轮廓偏距[$Z(x)$] waviness profile departure [$Z(x)$]

波纹度轮廓上的点与波纹度中线之间的距离(见图 9)。

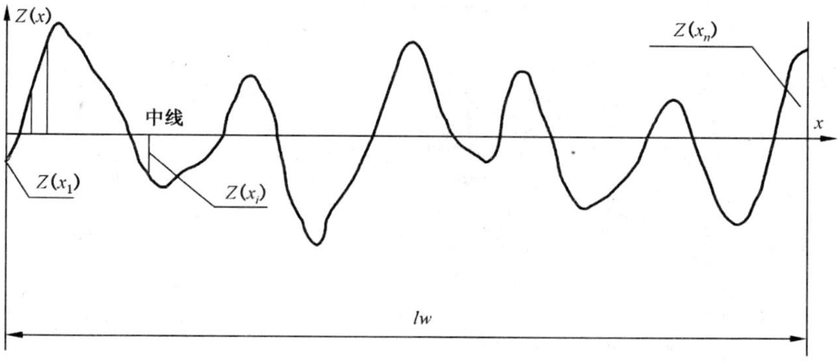

图 9 波纹度轮廓偏距

4 表面波纹度参数术语

4.1

波纹度轮廓峰高(Zp) waviness profile peak height (Zp)

波纹度轮廓峰的最高点距中线的距离(见图 10)。

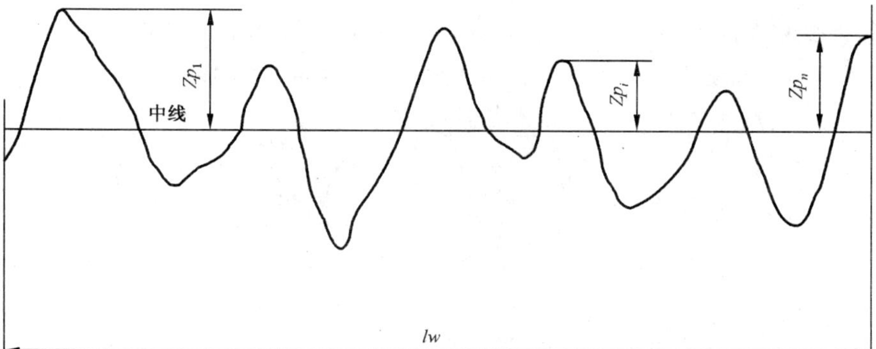

图 10 波纹度轮廓峰高

4.2

波纹度轮廓谷深(Zv) waviness profile valley depth (Zv)

波纹度中线与波纹度轮廓谷最低点之间的距离(见图 11)。

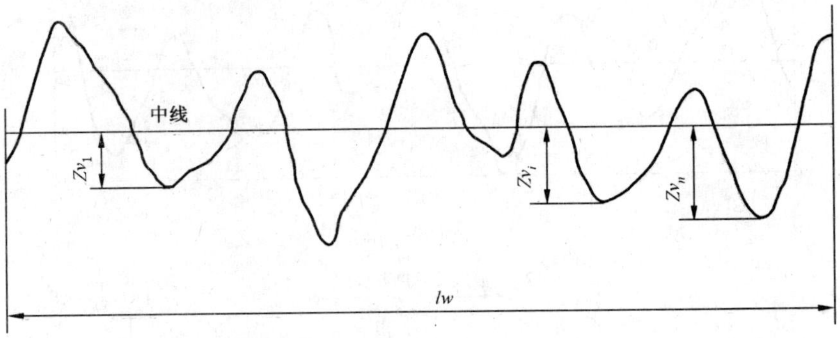

图 11 波纹度轮廓谷深

4.3

波纹度轮廓不平度高度(Zt) waviness profile irregularity height (Zt)

波纹度轮廓峰高和相邻轮廓谷深之和(见图 12)。

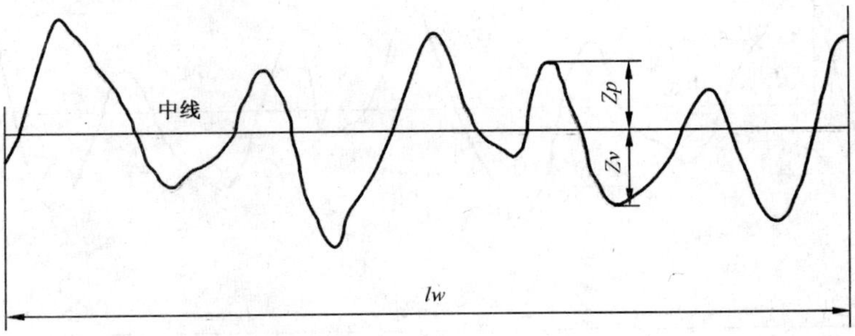

图 12 波纹度轮廓不平度高度

4.4

波纹度轮廓不平度的平均高度(Wc) mean height of waviness profile irregularities (Wc)

在波纹度取样长度内,波纹度轮廓不平度高度的平均值。计算公式如下:

$$Wc = \frac{1}{n}\sum_{i=1}^{n} Zt_i$$

4.5

波纹度轮廓的最大峰高(Wp) maximum peak height of waviness profile (Wp)

在波纹度取样长度内,波纹度轮廓最高点和波纹度中线之间的距离(见图 13)。

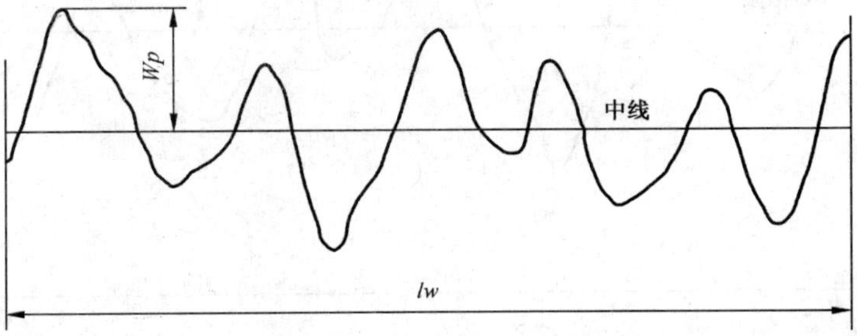

图 13 波纹度轮廓的最大峰高

4.6

波纹度轮廓的最大谷深(Wv)　maximum valley depth of waviness profile (Wv)

在波纹度取样长度内,波纹度轮廓最低点和波纹度中线之间的距离(见图 14)。

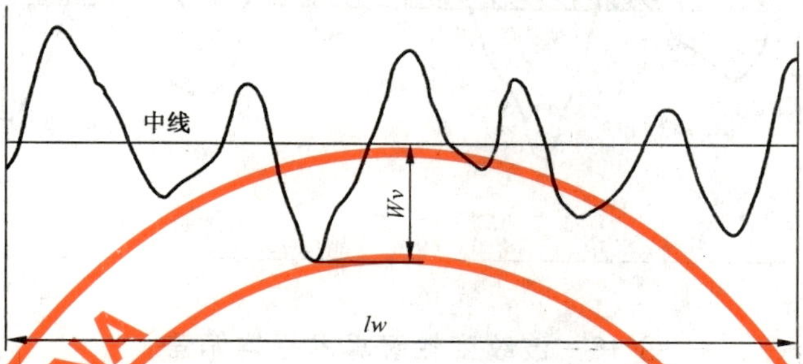

图 14　波纹度轮廓的最大谷深

4.7

波纹度轮廓的最大高度(Wz)　maximum height of waviness profile (Wz)

在波纹度取样长度内,波纹度轮廓峰顶线和波纹度轮廓谷底线之间的距离(见图 15)。

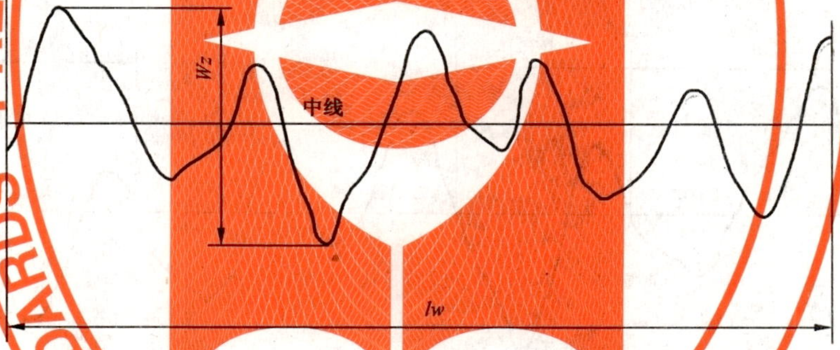

图 15　波纹度轮廓的最大高度

4.8

波纹度轮廓算术平均偏差(Wa)　arithmetical mean deviation of waviness profile (Wa)

在波纹度取样长度内,波纹度轮廓偏距绝对值的算术平均值(见图 16)。

$$Wa = \frac{1}{lw}\int_0^{lw} \mid Z(x) \mid \mathrm{d}x$$

或近似为:

$$Wa = \frac{1}{n}\sum_{i=1}^{n} \mid Z_i \mid$$

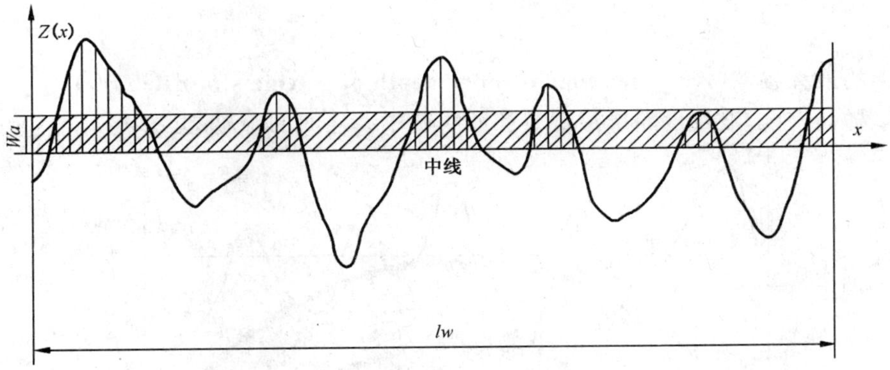

图 16　波纹度轮廓算术平均偏差

4.9

波纹度轮廓均方根偏差(*Wq*)　root-mean-square deviation of waviness profile (*Wq*)

在波纹度取样长度内,波纹度轮廓偏距的均方根值。

$$Wq=\sqrt{\frac{1}{lw}\int_0^{lw}Z^2(x)\mathrm{d}x}$$

4.10

波纹度轮廓不平度的间距(*Ws*)　spacing of waviness profile irregularities (*Ws*)

含有一个波纹度轮廓峰和相邻轮廓谷的一段波纹度中线长度(见图 17)。

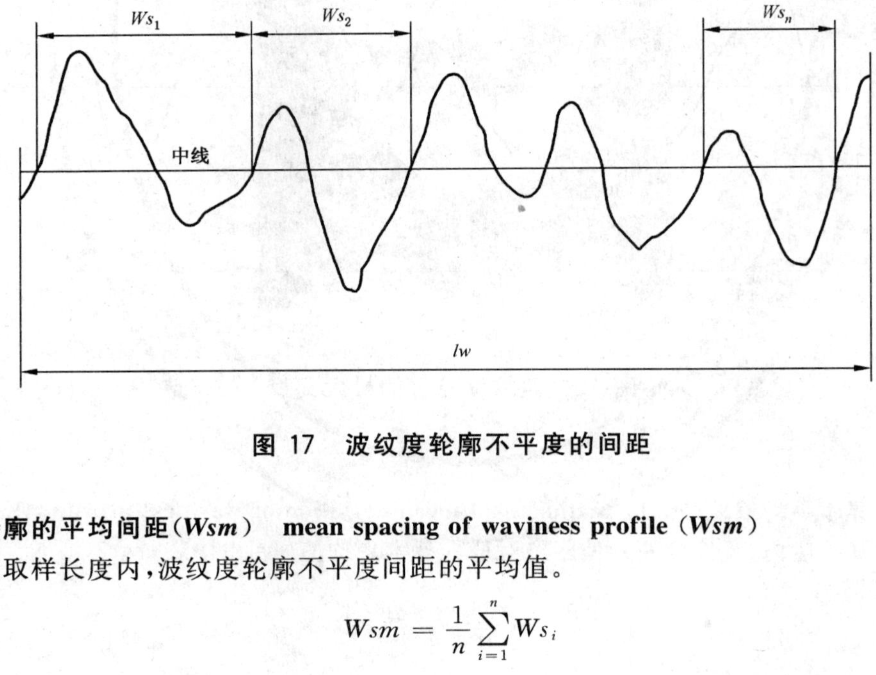

图 17　波纹度轮廓不平度的间距

4.11

波纹度轮廓的平均间距(*Wsm*)　mean spacing of waviness profile (*Wsm*)

在波纹度取样长度内,波纹度轮廓不平度间距的平均值。

$$Wsm=\frac{1}{n}\sum_{i=1}^{n}Ws_i$$

式中:

Ws_i——波纹度轮廓不平度间距;

n——在波纹度取样长度内,波纹度轮廓间距的个数。

附 录 A
（资料性附录）
本标准与 GB/T 16747—1997 之间基本术语与参数代号的比较

新旧标准基本术语与参数代号比较分别见表 A.1 与表 A.2。

表 A.1 基本术语

本标准条款	本标准基本术语	1997 版本	本标准
3.8	波纹度取样长度	l_w	lw
3.9	波纹度评定长度	l_{mw}	ln
3.15	波纹度轮廓偏距	$h_w(x)$	$Z(x)$

表 A.2 表面结构的参数

本标准	参数、本标准	1997 版本	本标准	在测量范围内	
				评定长度 ln	取样长度[a]
4.1	波纹度轮廓峰高	h_{wp}	Zp		√
4.2	波纹度轮廓谷深	h_{ww}	Zv		√
4.3	波纹度轮廓不平度高度	—	Zt		√
4.4	波纹度轮廓不平度的平均高度	W_c	Wc		√
4.5	波纹度轮廓的最大峰高	W_p	Wp		√
4.6	波纹度轮廓的最大谷深	W_m	Wv		√
4.7	波纹度轮廓的最大高度	W_t	Wz		√
4.8	波纹度轮廓的算术平均偏差	W_a	Wa		√
4.9	波纹度轮廓的均方根偏差	W_q	Wq		√
4.10	波纹度轮廓不平度的间距	S_{wi}	—		√
4.11	波纹度轮廓的平均间距	S_{wm}	Wsm		√

[a] √符号表示在测量范围内，现采用的评定长度和取样长度。

附 录 B
（资料性附录）
在 GPS 矩阵模型中的位置

GPS 矩阵的全部详情参见 GB/Z 20308—2006。

B.1 本标准的信息及其应用

本标准确定了表面波纹度有关表面及其参数的术语和定义。这些波纹度参数术语是以中线制为基础确定的。

B.2 在 GPS 矩阵模型中的位置

本标准是 GPS 通用标准，它影响 GPS 通用标准矩阵中波纹度轮廓标准链的链环 1，如图 B.1 所述。

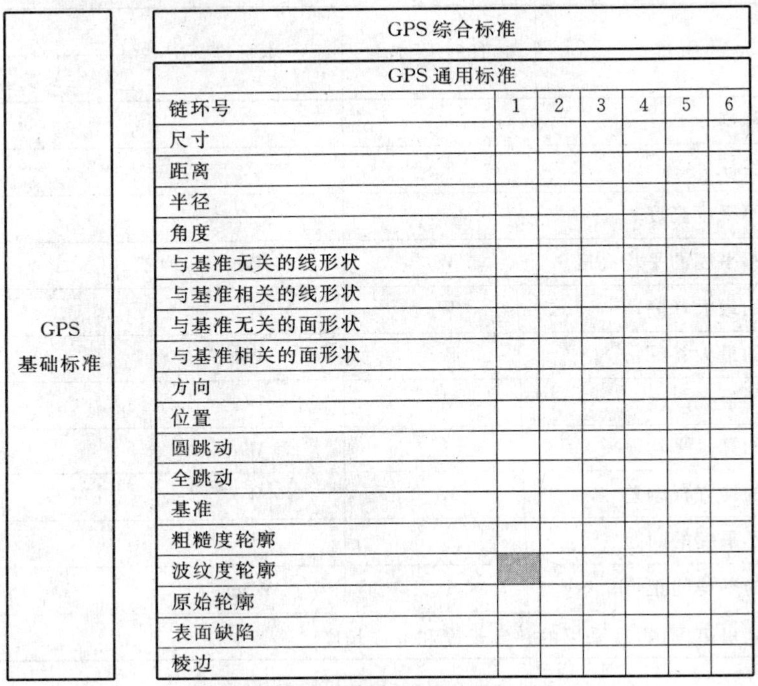

图 B.1 在 GPS 矩阵模型中的位置

B.3 相关的标准

相关的标准为图 B.1 所示标准链涉及的标准。

ICS 77.140.65
H 49

中华人民共和国国家标准

GB/T 16762—2009
代替 GB/T 16762—1997

一般用途钢丝绳吊索特性和技术条件

Wire rope slings for general purposes—Characteristics and technical requirements

2009-10-30 发布　　2010-05-01 实施

中华人民共和国国家质量监督检验检疫总局
中国国家标准化管理委员会　发布

前　言

本标准修改采用 EN 13414-1:2003《钢丝绳吊索　安全　第一部分:一般提升用途吊索》(英文版)。

本标准根据 EN 13414-1:2003 重新起草。与 EN 13414-1:2003 相比,主要技术差异如下:

——删除了关于钢丝绳吊索存在的危害的信息;

——删除了钢丝绳吊索的无极环式吊索;

——将规范性引用文件修改为采用我国国家标准和行业标准;

——删除了钢丝绳吊索中的一些术语解释;

——将术语及定义中的名称进行了修改;

——增加了钢丝绳吊索中的一些术语解释;

——将钢丝绳吊索直径增大到 ϕ120 mm;

——钢丝绳吊索公称抗拉强度修改为:钢丝绳吊索所用的钢丝绳公称抗拉强度不大于 1 960 MPa;

——调整了长度的允许偏差;

——修改了公式中 K_e 接头形式效能近似系数;

——增加了包装、出厂文件、运输及贮存;

——修改了附录的内容。

本标准代替 GB/T 16762—1997《一般用途钢绳吊索特性和技术条件》。与 GB/T 16762—1997 相比,主要技术变化如下:

——明确了钢丝绳的直径范围及类型;

——修改了术语中工作极限载荷的名称及定义;

——将第 4 章、第 5 章合并为一个章节,并加以分类;

——钢丝绳吊索公称抗拉强度修改为:钢丝绳吊索所用的钢丝绳公称抗拉强度不大于 1 960 MPa;

——将压制单肢吊索两端压制接头内端之间的距离修改为应不小于钢丝绳公称直径的 20 倍;

——将插编单肢吊索的两端插编末端之间的距离修改为应不小于钢丝绳公称直径的 15 倍;

——增加了单肢吊索及末端端配件类型图例;

——增加了同组吊装的各单肢吊索长度间的公差;

——将计算公式中 K_e 取值修改为 0.75,将 K_m 取值更改为 9.806 65;

——修改了组装吊索长度允许偏差值;

——删除了原标准中 7.1;

——修改了取样数量的规定;

——修改了复验与判定的规定;

——增加了检测验证;

——将原标准中包装标记、质量证明书修改为包装、出厂文件、运输及贮存;

——增加了附录。

本标准的附录 A 为资料性附录。

本标准由中国钢铁工业协会提出。

本标准由全国钢标准化技术委员会归口。

本标准主要起草单位:巨力索具股份有限公司、青岛众成金属制品有限公司、冶金工业信息标准研究院。

本标准主要起草人：杨建国、田阜泽、王玲君、韩学锐、秦卢峰、李静、戴石锋、刘赞广。

本标准所代替标准的历次版本发布情况为：

——GB/T 16762—1997。

一般用途钢丝绳吊索特性和技术条件

1 范围

本标准规定了一般用途钢丝绳吊索的术语及定义、要求、订货须知、检验和验收、包装、出厂文件、运输及贮存。

本标准适用于单肢吊索和多肢组装吊索。

2 规范性引用文件

下列文件中的条款通过本标准的引用而成为本标准的条款。凡是注日期的引用文件，其随后所有的修改单(不包括勘误的内容)或修订版均不适用于本标准，然而，鼓励根据本标准达成协议的各方研究是否可使用这些文件的最新版本。凡是不注日期的引用文件，其最新版本适用于本标准。

GB/T 5974.1 钢丝绳用普通套环

GB/T 5974.2 钢丝绳用重型套环

GB/T 6946 钢丝绳铝合金压制接头

GB 8918 重要用途钢丝绳(GB 8918—2006,ISO 3154:1988,MOD)

GB/T 9944 不锈钢丝绳

GB/T 14736 港口装卸用吊环使用技术条件

GB/T 16271 钢丝绳吊索 插编索扣(GB/T 16271—2009,ISO 8794:1986,MOD)

GB/T 20067 粗直径钢丝绳

GB/T 20118 一般用途钢丝绳

JB/T 8112 一般起重用锻造卸扣——D形卸扣和弓形卸扣

JT/T 5025 环眼吊钩

3 术语和定义

下列术语和定义适用于本标准。

3.1

一般用途钢丝绳吊索 wire rope slings for general purpose

由单肢或多肢钢丝绳吊索和配件组配而成，适用于多种用途的以钢丝绳为主体的提升吊索。

3.2

额定工作载荷 working load limit(WLL)

在竖向起吊过程中，吊索提升、降落物品所允许的最大载荷。

3.3

主吊环 master link

吊索的上端部件，连接索具与起重机或其他吊装工具的环状部件。主吊环可以是长形环、圆形环或梨形环等。

3.4

中间环 intermediate link

用于三肢或三肢以上的组装吊索，将单肢或多肢吊索与主吊环连接的环状部件。中间环可以是长形环,也可以是梨形环。

3.5

软索扣　soft eye-termination

将钢丝绳末端弯成索扣状,其索扣内为自然状态,不带套环的形式,见图1。

3.6

硬索扣　hard eye-termination

将钢丝绳末端弯成索扣状,其索扣内带套环的形式,见图1。

3.7

公称长度　nominal length

吊索的规定长度(含端配件),在承载点之间测量,见图1。

4　要求

4.1　总则

4.1.1　钢丝绳

选用的钢丝绳技术条件应符合GB 8918、GB/T 9944、GB/T 20118或GB/T 20067中规定的直径不大于120 mm的交互捻纤维芯或金属芯钢丝绳;但不包括单股钢丝绳、多层股钢丝绳和异形股钢丝绳。

钢丝绳吊索所用的钢丝绳公称抗拉强度不大于1 960 MPa。

4.1.2　固接形式

4.1.2.1　铝合金压制接头

铝合金压制接头应符合GB/T 6946的规定。

单肢吊索两端压制接头内端之间的距离应不小于钢丝绳公称直径的20倍。

4.1.2.2　插编索扣

插编索扣应符合GB/T 16271的规定。

单肢吊索的两端插编末端之间的距离应不小于钢丝绳公称直径的15倍。

4.1.3　末端端配件

末端端配件的额定工作载荷应不小于相配吊索的额定工作载荷。

主吊环几何参数应与吊装设备相配合。

末端端配件应符合GB/T 14736、JB/T 8112或JT/T 5025的规定。

4.1.4　软索扣

软索扣绳套内边到压制(插编)索扣的长度b约为内宽a的2倍,见图1。

4.1.5　硬索扣

硬索扣中套环的参数应符合GB/T 5974.1或GB/T 5974.2的规定。

4.2　单肢吊索

4.2.1　单肢吊索类型

单肢吊索应是图1中所列类型之一,或是设附加端件如吊环或吊钩类型之一;如末端需配部件,则应选用硬索扣形式。

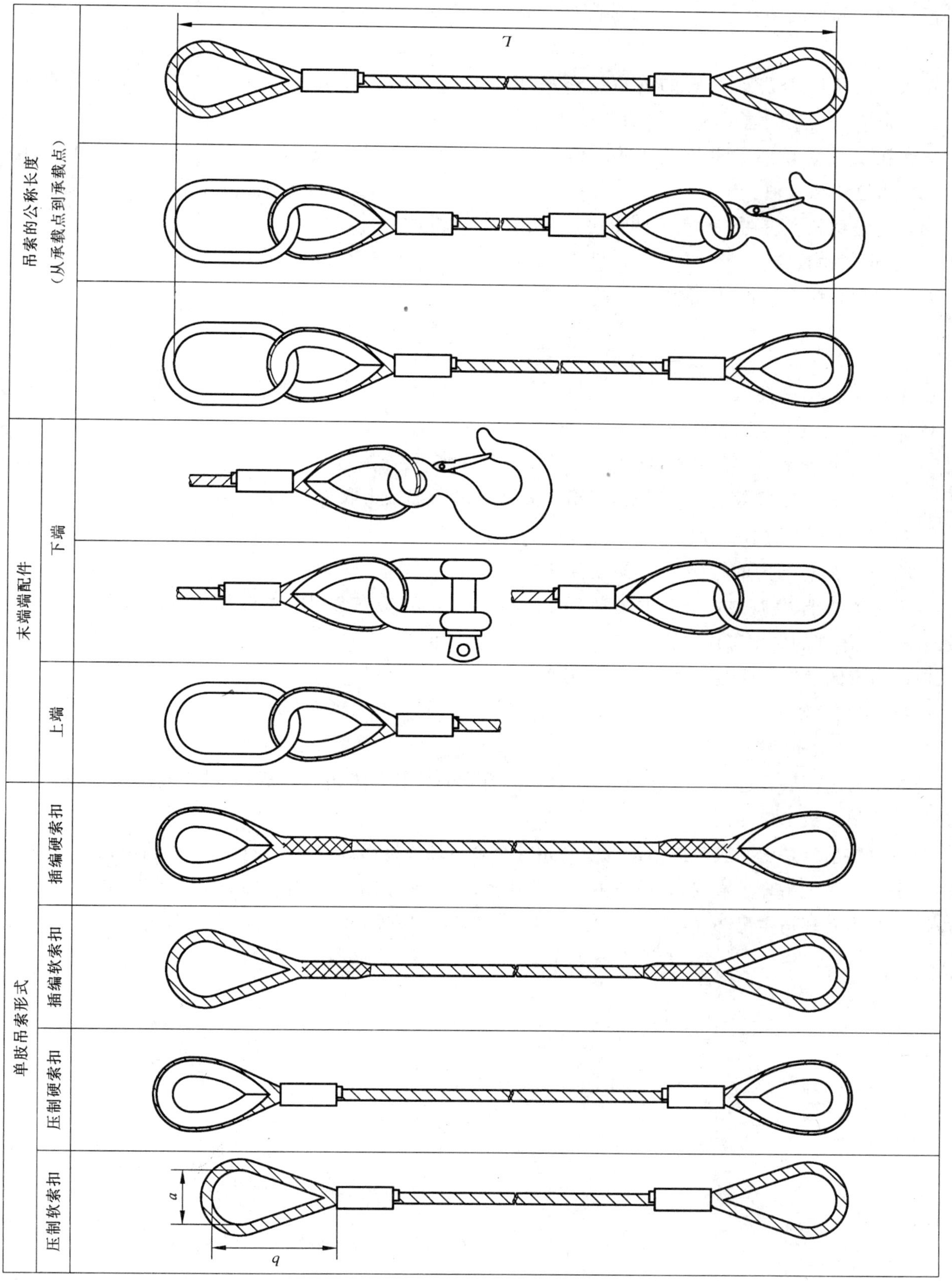

图1 单肢吊索及末端端配件类型

4.2.2 单肢吊索长度允许偏差

吊索的公称长度 L 系指两个末端端配件(如吊环、套环和吊钩等)的实际工作承载点之间的距离,见图 1。

吊索实测长度和公称长度的差值应不大于钢丝绳公称直径的 ±2 倍,或不大于规定长度的 ±0.5%,需方未指定公差要求时,二者之中取大值。

同组吊装的各单肢吊索长度间的差值不大于钢丝绳公称直径的 1.5 倍,或不大于规定长度的 0.5%,二者之中取大值。

吊索的公称长度应在无载荷下测量。

4.2.3 额定工作载荷

额定工作载荷应按式(1)计算:

$$WLL = \frac{F_0 \times K_e}{K_m \times K_u} \qquad \cdots\cdots\cdots\cdots(1)$$

式中:

WLL——吊索额定工作载荷,单位为吨(t);

F_0——钢丝绳最小破断拉力,单位为千牛(kN);

K_e——接头形式效能近似系数,压制接头取 0.9,插编接头取 0.75;

K_u——安全系数,一般取 5;

K_m——质量与力的转换系数,取值为 9.806 65。

如果有关标准、法规或需方要求选取不同的 K_e 或 K_u 值,应在合同中注明 K_e 或 K_u 的确切数值。

4.2.4 单肢吊索的额定工作载荷

单肢吊索的额定工作载荷采用表 1 的数值。

4.3 多肢组装吊索

4.3.1 组装吊索的结构

组装吊索由两肢、三肢或四肢(以上)符合 4.2 要求的单肢吊索组合而成,各肢钢丝绳的规格、结构及公称抗拉强度级都应相同。

两肢组装吊索是由两肢单肢吊索的上端用一个主吊环连接而成,见图 2a);三肢组装吊索中的两肢由一个中间环与主吊环连接,另一肢应由第二个中间环连接,见图 2b);对于四肢组装吊索,它们中间两肢应由一个中间环与主吊环连接,见图 2c)。装有末端端配件时,吊索应采用硬索扣形式。

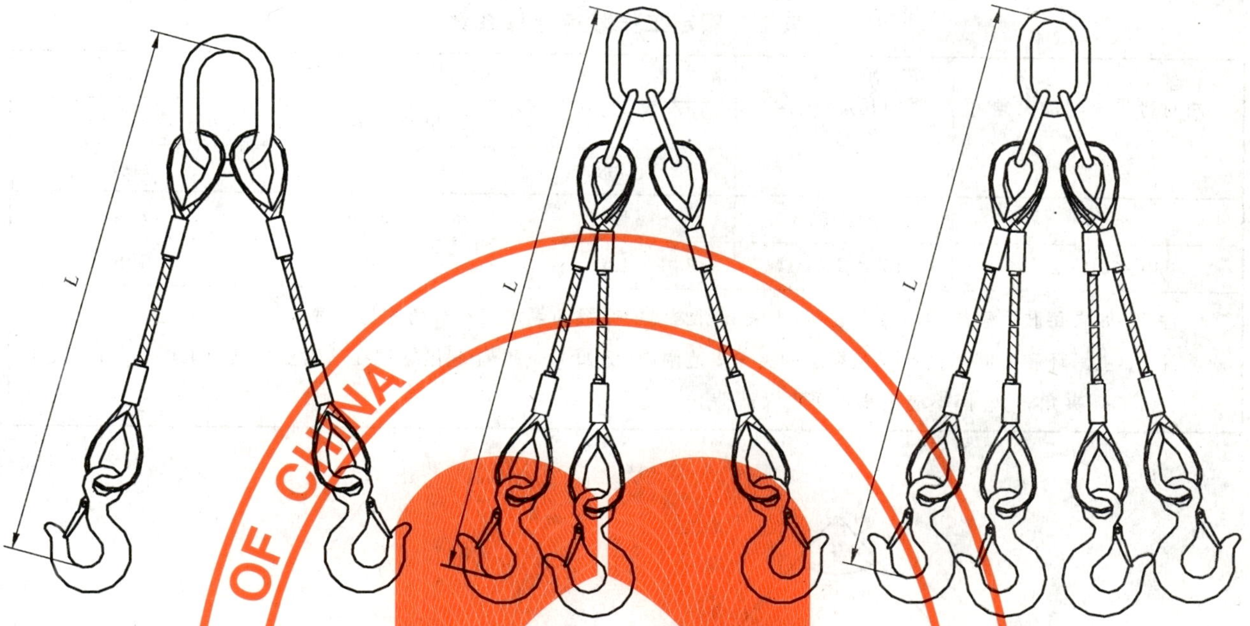

a) 两肢组装吊索　　b) 三肢组装吊索　　c) 四肢组装吊索

图 2　组装吊索结构

4.3.2　组装吊索长度允许偏差

吊索的公称长度 L 系指两个末端端配件(如吊环、套环和吊钩等)的实际工作承载点之间的距离，见图 2。

吊索实测长度和公称长度的差值应不大于钢丝绳公称直径的 ±2 倍，或不大于规定长度的 ±0.5%，用户未指定误差要求时，二者之中取大值。

多肢吊索中各单肢吊索长度间的差值不大于钢丝绳公称直径的 1.5 倍，或不大于规定长度的 0.5%，二者之中取大值。

吊索的公称长度应在无载荷下测量。

4.3.3　组装吊索的额定工作载荷

以 t 为计量单位，由对称分布的与垂直方向具有相同角度的单肢吊索组成的多肢吊索的工作载荷按式(2)计算：

$$WLL = \frac{F_0 \times K_e \times K}{K_m \times K_u} \qquad (2)$$

式中：

WLL——吊索额定工作载荷，单位为吨(t)；

F_0——钢丝绳最小破断拉力，单位为千牛(kN)；

K_e——接头形式效能近似系数，压制接头取 0.9，插编接头取 0.75；

K——肢的数量与垂直方向角度的相关系数(即额定工作载荷计算系数)，见表 2；

K_u——安全系数，一般取 5；

K_m——质量与力的转换系数，取值为 9.806 65。

如果有关标准、法规或需方要求选取不同的 K_e 或 K_u 值，应在合同中注明 K_e 或 K_u 的确切数值。

用单肢吊索的额定工作载荷乘以表 2 所示的系数以计算组装吊索的额定工作载荷。

竖向角度β不应大于60°，两肢相对应的吊索夹角α不应大于120°，多肢组装吊索的夹角见图3。

表2 额定工作载荷计算系数

两对应吊索间的夹角 α	竖向角度(夹角) β	额定工作载荷计算系数		
		单肢吊索数量		
		两肢	三肢	四肢
$\alpha \leqslant 90°$	$\beta \leqslant 45°$	1.4	2.1	2.1
$90° < \alpha \leqslant 120°$	$45° < \beta \leqslant 60°$	1.0	1.5	1.5

注1：如果每肢吊索均匀地分布载荷，则表2所给出的系数和额定工作载荷才是正确的。

注2：主吊环和中间环设计仅在规定的夹角α范围内，例如0°～90°能起吊标记在吊索上的额定工作载荷；在大于90°夹角时，它们不应用来承受更大载荷。

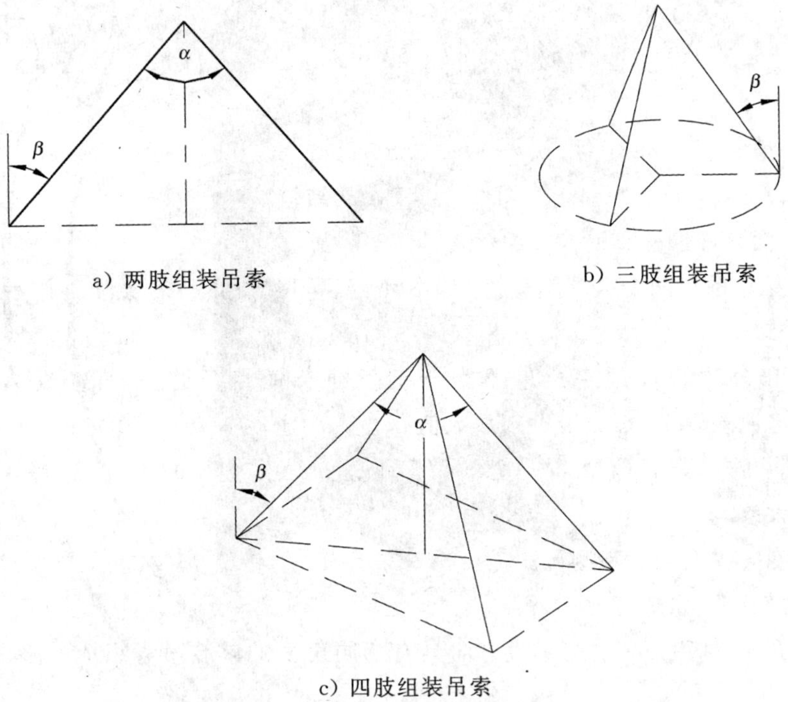

a) 两肢组装吊索　　b) 三肢组装吊索

c) 四肢组装吊索

图3 多肢组装吊索的夹角

4.3.4 铝合金压制组装吊索的额定工作载荷采用表3数值。

4.3.5 插编组装吊索额定工作载荷采用表4数值。

5 订货须知

5.1 钢丝绳吊索使用工作温度的影响参见附录A。

5.2 订购吊索时应按下列内容提出要求：

a) 本标准编号；

b) 单肢吊索类型(见图1)，如果是组装吊索，需提供单肢吊索的肢数；

c) 公称长度，以米为单位(见图1和图2)；

d) 是否有末端端配件(见4.1.3)；

e) 单肢吊索提升的额定工作载荷；如果是组装吊索，需提供使用最大角度 α 或 β 起吊时的额定工作载荷；

f) 钢丝绳类型；

g) 起吊方式(对单肢吊索而言)；

h) 其他要求。

6 检验和验收

6.1 吊索的检验

6.1.1 钢丝绳应按 GB 8918、GB/T 9944、GB/T 20118 或 GB/T 20067 的规定进行检验。

6.1.2 铝合金压制接头按 GB/T 6946 的规定进行检验。

6.1.3 插编吊索按 GB/T 16271 的规定进行检验。

6.1.4 末端端配件如吊钩、吊环等的额定工作载荷应不小于相配吊索的额定工作载荷。

6.1.5 吊索用套环按 GB/T 5974.1 或 GB/T 5974.2 的规定进行检验。

6.2 检验规则

6.2.1 组批规则

每批应由同一类型、同一结构规格、同一公称抗拉强度的吊索组成。

6.2.2 取样数量

按表 5 规定的取样数量进行取样，特殊情况由供需双方另行协商。

表 5 取样数量

单位为个

批　量	取样数量
≤100	2
>100～200	4
>200	6

6.2.3 复验与判定

一次检测符合规定要求，该批吊索判定合格。

一次检测不符合规定要求，被检测吊索判定不合格，该批吊索逐根进行检测，检测合格者判定为合格，检测不合格者判定为不合格。

6.3 检测验证

6.3.1 吊索配件的验证

应保证组成钢丝绳吊索的吊环、卸扣、吊钩等末端端配件满足 GB/T 14736、JB/T 8112、JT/T 5025 的规定。

6.3.2 钢丝绳的验证

应确认钢丝绳吊索所使用的钢丝绳的结构、规格及公称抗拉强度。

6.3.3 吊索长度的验证

吊索长度应在无载荷条件下进行测量。

吊索长度允许偏差应符合 4.2.2 或 4.3.2 的规定。

6.3.4 吊索额定工作载荷的验证

额定工作载荷应按 4.2.3 或 4.3.3 的规定进行验证。

应具备检测试验能力，采用拉伸试验的方式进行工作载荷的验证。

6.3.5 多肢吊索构成的验证

应按4.3.1的规定进行目测检查确认。

7 包装、出厂文件、运输及贮存

7.1 包装

7.1.1 包装应符合科学、经济、牢固、美观的要求。

7.1.2 包装产品应用塑料编制布或麻布，并采用必要的防潮措施。

7.1.3 包装前每件吊索都应挂有标签，标签上应注有吊索的执行标准、直径、长度、额定工作载荷和产品编号。

7.1.4 需方提出特殊要求，应在合同中说明。

7.2 出厂文件

每一批吊索都应附有出厂文件，出厂文件的内容包括：

a) 产品名称；

b) 产品规格；

c) 产品编号；

d) 执行标准；

e) 技术监督部门印章；

f) 开具质量证明书日期。

7.3 运输

7.3.1 在装运卷绕包装和分组捆扎的吊索时，应使用有效的起重工具，严禁从高处摔丢及在地面上拖动，以免损伤吊索。

7.3.2 搬运时，应使用运输工具，避免在地上拖拽。

7.4 贮存

7.4.1 吊索贮存前，应清除表面细屑杂物，并涂上油脂。

7.4.2 对于沾有严重腐蚀性物品的吊索，每次使用后必须冲洗干净，涂上适量油脂后存放。

7.4.3 吊索应贮存在通风、干燥场所，防止阳光直射、热气烘烤和接触酸、碱等具有腐蚀性的物质。

7.4.4 吊索应分类卷绕放置在垫板或悬挂在货架上，严禁混杂存放。

表 1　单肢吊索的额定工作载荷

钢丝绳公称直径/mm	铝合金压制单肢吊索的额定工作载荷				插编单肢吊索的额定工作载荷			
	1 670 MPa 公称抗拉强度级				1 670 MPa 公称抗拉强度级			
	纤维芯		金属芯		纤维芯		金属芯	
	kN	t	kN	t	kN	t	kN	t
5	2.21	0.23	2.39	0.24	1.85	0.19	2.00	0.20
6	3.19	0.32	3.46	0.35	2.66	0.27	2.88	0.29
7	4.34	0.44	4.70	0.48	3.62	0.37	3.92	0.40
8	5.67	0.58	6.14	0.63	4.73	0.48	5.12	0.52
9	7.18	0.73	7.78	0.79	5.99	0.61	6.48	0.66
10	8.87	0.90	9.59	0.98	7.40	0.75	8.00	0.82
11	10.73	1.09	11.61	1.18	8.94	0.91	9.68	0.99
12	12.76	1.30	13.81	1.41	10.64	1.08	11.51	1.17
13	14.99	1.53	16.20	1.65	12.50	1.27	13.50	1.38
14	17.39	1.77	18.72	1.91	14.49	1.48	15.60	1.59
16	22.68	2.31	24.48	2.50	18.90	1.93	20.40	2.08
18	28.80	2.94	31.14	3.18	24.00	2.45	25.95	2.65
20	35.46	3.62	38.34	3.91	29.55	3.01	31.95	3.26
22	42.84	4.37	46.44	4.74	35.70	3.64	38.70	3.95
24	51.12	5.21	55.26	5.63	42.60	4.34	46.05	4.70
26	59.94	6.11	64.80	6.61	49.95	5.09	54.00	5.51
28	69.48	7.08	75.24	7.67	57.90	5.90	62.70	6.39
30	79.74	8.13	86.22	8.79	66.45	6.78	71.85	7.33
32	90.72	9.25	98.28	10.02	75.60	7.71	81.90	8.35
34	102.60	10.46	110.88	11.31	85.50	8.72	92.40	9.42

表 1（续）

钢丝绳公称直径/mm	铝合金压制单肢吊索的额定工作载荷				插编单肢吊索的额定工作载荷			
	1 670 MPa 公称抗拉强度级				1 670 MPa 公称抗拉强度级			
	纤维芯		金属芯		纤维芯		金属芯	
	kN	t	kN	t	kN	t	kN	t
36	114.84	11.71	124.20	12.66	95.70	9.76	103.50	10.55
38	127.98	13.05	138.42	14.11	106.65	10.88	115.35	11.76
40	141.84	14.46	153.36	15.64	118.20	12.05	127.80	13.03
42	156.42	15.95	169.20	17.25	130.35	13.29	141.00	14.38
44	171.72	17.51	185.40	18.91	143.10	14.59	154.50	15.75
46	187.20	19.09	203.40	20.74	156.00	15.91	169.50	17.28
48	205.20	20.92	221.40	22.58	171.00	17.44	184.50	18.81
50	221.40	22.58	239.40	24.41	184.50	18.81	199.50	20.34
52	239.40	24.41	259.20	26.43	199.50	20.34	216.00	22.03
54	259.20	26.43	279.00	28.45	216.00	22.03	232.50	23.71
56	277.20	28.27	300.60	30.65	231.00	23.56	250.50	25.54
58	298.80	30.47	322.20	32.86	249.00	25.39	268.50	27.38
60	318.60	32.49	345.60	35.24	265.50	27.07	288.00	29.37
62	289.80	29.55	343.80	35.06	241.50	24.63	286.50	29.21
64	309.60	31.57	365.40	37.26	258.00	26.31	304.50	31.05
66	329.40	33.59	388.80	39.65	274.50	27.99	324.00	33.04
68	349.20	35.61	412.20	42.03	291.00	29.67	343.50	35.03
70	369.00	37.63	437.40	44.60	307.50	31.36	364.50	37.17
72	390.60	39.83	462.60	47.17	325.50	33.19	385.50	39.31
74	414.00	42.22	489.60	49.93	345.00	35.18	408.00	41.60

表 1（续）

钢丝绳公称直径/mm	铝合金压制单肢吊索的额定工作荷载				插编单肢吊索的额定工作荷载			
	1 670 MPa 公称抗拉强度级				1 670 MPa 公称抗拉强度级			
	纤维芯		金属芯		纤维芯		金属芯	
	kN	t	kN	t	kN	t	kN	t
76	435.60	44.42	514.80	52.49	363.00	37.02	429.00	43.75
78	459.00	46.80	543.60	55.43	382.50	39.00	453.00	46.19
80	482.40	49.19	570.60	58.19	402.00	40.99	475.50	48.49
82	507.60	51.76	601.20	61.31	423.00	43.13	501.00	51.09
84	532.80	54.33	630.00	64.24	444.00	45.28	525.00	53.54
86	558.00	56.90	660.60	67.36	465.00	47.42	550.50	56.14
88	585.00	59.65	691.20	70.48	487.50	49.71	576.00	58.74
90	612.00	62.41	723.60	73.79	510.00	52.01	603.00	61.49
92	639.00	65.16	756.00	77.09	532.50	54.30	630.00	64.24
94	666.00	67.91	788.40	80.39	555.00	56.59	657.00	67.00
96	694.80	70.85	822.60	83.88	579.00	59.04	685.50	69.90
98	725.40	73.97	856.80	87.37	604.50	61.64	714.00	72.81
100	754.20	76.91	892.80	91.04	628.50	64.09	744.00	75.87
102	784.80	80.03	928.80	94.71	654.00	66.69	774.00	78.93
104	815.40	83.15	964.80	98.38	679.50	69.29	804.00	81.99
106	847.80	86.45	1 002.60	102.24	706.50	72.04	835.50	85.20
108	880.20	89.76	1 042.20	106.27	733.50	74.80	868.50	88.56
110	912.60	93.06	1 080.00	110.13	760.50	77.55	900.00	91.77
112	946.80	96.55	1 119.60	114.17	789.00	80.46	933.00	95.14
114	981.00	100.03	1 161.00	118.39	817.50	83.36	967.50	98.66

表 1（续）

钢丝绳公称直径/mm	铝合金压制单肢吊索的额定工作载荷				插编单肢吊索的额定工作载荷			
	1 670 MPa 公称抗拉强度级				1 670 MPa 公称抗拉强度级			
	纤维芯		金属芯		纤维芯		金属芯	
	kN	t	kN	t	kN	t	kN	t
116	1 015.20	103.52	1 200.60	122.43	846.00	86.27	1 000.50	102.02
118	1 051.20	107.19	1 243.80	126.83	876.00	89.33	1 036.50	105.69
120	1 087.20	110.86	1 285.20	131.05	906.00	92.39	1 071.00	109.21

注 1：铝合金压制的 K_e值按 0.9 计算，插编的 K_e值按 0.75 计算。

注 2：额定工作载荷数值按公式(1)计算。

注 3：钢丝绳公称直径不大于 60 mm 的选用 GB/T 20118 中结构为 6×37(b)类钢丝绳；钢丝绳公称直径大于 60 mm 的选用 GB/T 20067 中结构为 8×61(b)类钢丝绳。

注 4：额定工作载荷数值取小数点后两位。

注 5：铝合金压制和插编吊索也可采用其他类型普通捻纤维芯或金属芯圆股钢丝绳，其额定工作载荷根据钢丝绳最小破断拉力另行计算。

注 6：表中的额定工作载荷是设定单肢吊索软索扣在不小于二倍钢丝绳公称直径的承载点使用的基础上确定的。

表 3　铝合金压制组装吊索额定工作载荷

钢丝绳公称直径/mm	1 670 MPa 公称抗拉强度级															
	两肢吊索								三肢或四肢吊索							
	α≤90°		β≤45°		90°<α≤120°		45°<β≤60°		α≤90°		β≤45°		90°<α≤120°		45°<β≤60°	
	纤维芯		金属芯		纤维芯		金属芯		纤维芯		金属芯		纤维芯		金属芯	
	kN	t	kN	t	kN	t	kN	t	kN	t	kN	t	kN	t	kN	t
5	3.10	0.32	3.35	0.34	2.21	0.23	2.39	0.24	4.65	0.47	5.03	0.51	3.32	0.34	3.59	0.37
6	4.46	0.45	4.84	0.49	3.19	0.32	3.46	0.35	6.69	0.68	7.26	0.74	4.78	0.49	5.18	0.53
7	6.07	0.62	6.58	0.67	4.34	0.44	4.70	0.48	9.11	0.93	9.87	1.01	6.51	0.66	7.05	0.72
8	7.94	0.81	8.59	0.88	5.67	0.58	6.14	0.63	11.91	1.21	12.89	1.31	8.51	0.87	9.21	0.94
9	10.05	1.03	10.89	1.11	7.18	0.73	7.78	0.79	15.08	1.54	16.33	1.67	10.77	1.10	11.66	1.19

表 3（续）

钢丝绳公称直径/mm	1 670 MPa 公称抗拉强度级															
	两肢吊索								三肢或四肢吊索							
	$\alpha \leqslant 90°$		$\beta \leqslant 45°$		$90° < \alpha \leqslant 120°$		$45° < \beta \leqslant 60°$		$\alpha \leqslant 90°$		$\beta \leqslant 45°$		$90° < \alpha \leqslant 120°$		$45° < \beta \leqslant 60°$	
	纤维芯		金属芯		纤维芯		金属芯		纤维芯		金属芯		纤维芯		金属芯	
	kN	t	kN	t	kN	t	kN	t	kN	t	kN	t	kN	t	kN	t
10	12.42	1.27	13.43	1.37	8.87	0.90	9.59	0.98	18.64	1.90	20.15	2.05	13.31	1.36	14.39	1.47
11	15.02	1.53	16.25	1.66	10.73	1.09	11.61	1.18	22.53	2.30	24.38	2.49	16.09	1.64	17.42	1.78
12	17.87	1.82	19.33	1.97	12.76	1.30	13.81	1.41	26.80	2.73	28.99	2.96	19.14	1.95	20.71	2.11
13	20.99	2.14	22.68	2.31	14.99	1.53	16.20	1.65	31.49	3.21	34.02	3.47	22.49	2.29	24.30	2.48
14	24.34	2.48	26.21	2.67	17.39	1.77	18.72	1.91	36.51	3.72	39.31	4.01	26.08	2.66	28.08	2.86
16	31.75	3.24	34.27	3.49	22.68	2.31	24.48	2.50	47.63	4.86	51.41	5.24	34.02	3.47	36.72	3.74
18	40.32	4.11	43.60	4.45	28.80	2.94	31.14	3.18	60.48	6.17	65.39	6.67	43.20	4.41	46.71	4.76
20	49.64	5.06	53.68	5.47	35.46	3.62	38.34	3.91	74.47	7.59	80.51	8.21	53.19	5.42	57.51	5.86
22	59.98	6.12	65.02	6.63	42.84	4.37	46.44	4.74	89.96	9.17	97.52	9.94	64.26	6.55	69.66	7.10
24	71.57	7.30	77.36	7.89	51.12	5.21	55.26	5.63	107.35	10.95	116.05	11.83	76.68	7.82	82.89	8.45
26	83.92	8.56	90.72	9.25	59.94	6.11	64.80	6.61	125.87	12.84	136.08	13.88	89.91	9.17	97.20	9.91
28	97.27	9.92	105.34	10.74	69.48	7.08	75.24	7.67	145.91	14.88	158.00	16.11	104.22	10.63	112.86	11.51
30	111.64	11.38	120.71	12.31	79.74	8.13	86.22	8.79	167.45	17.08	181.06	18.46	119.61	12.20	129.33	13.19
32	127.01	12.95	137.59	14.03	90.72	9.25	98.28	10.02	190.51	19.43	206.39	21.05	136.08	13.88	147.42	15.03
34	143.64	14.65	155.23	15.83	102.60	10.46	110.88	11.31	215.46	21.97	232.85	23.74	153.90	15.69	166.32	16.96
36	160.78	16.39	173.88	17.73	114.84	11.71	124.20	12.66	241.16	24.59	260.82	26.60	172.26	17.57	186.30	19.00
38	179.17	18.27	193.79	19.76	127.98	13.05	138.42	14.11	268.76	27.41	290.68	29.64	191.97	19.58	207.63	21.17
40	198.58	20.25	214.70	21.89	141.84	14.46	153.36	15.64	297.86	30.37	322.06	32.84	212.76	21.70	230.04	23.46
42	218.99	22.33	236.88	24.16	156.42	15.95	169.20	17.25	328.48	33.50	355.32	36.23	234.63	23.93	253.80	25.88

表 3（续）

钢丝绳公称直径/mm	1 670 MPa 公称抗拉强度级															
	两肢吊索								三肢或四肢吊索							
	$\alpha \leqslant 90°$		$\beta \leqslant 45°$		$90° < \alpha \leqslant 120°$		$45° < \beta \leqslant 60°$		$\alpha \leqslant 90°$		$\beta \leqslant 45°$		$90° < \alpha \leqslant 120°$		$45° < \beta \leqslant 60°$	
	纤维芯		金属芯		纤维芯		金属芯		纤维芯		金属芯		纤维芯		金属芯	
	kN	t	kN	t	kN	t	kN	t	kN	t	kN	t	kN	t	kN	t
44	240.41	24.51	259.56	26.47	171.72	17.51	185.40	18.91	360.61	36.77	389.34	39.70	257.58	26.27	278.10	28.36
46	262.08	26.72	284.76	29.04	187.20	19.09	203.40	20.74	393.12	40.09	427.14	43.56	280.80	28.63	305.10	31.11
48	287.28	29.29	309.96	31.61	205.20	20.92	221.40	22.58	430.92	43.94	464.94	47.41	307.80	31.39	332.10	33.86
50	309.96	31.61	335.16	34.18	221.40	22.58	239.40	24.41	464.94	47.41	502.74	51.27	332.10	33.86	359.10	36.62
52	335.16	34.18	362.88	37.00	239.40	24.41	259.20	26.43	502.74	51.27	544.32	55.51	359.10	36.62	388.80	39.65
54	362.88	37.00	390.60	39.83	259.20	26.43	279.00	28.45	544.32	55.51	585.90	59.75	388.80	39.65	418.50	42.68
56	388.08	39.57	420.84	42.91	277.20	28.27	300.60	30.65	582.12	59.36	631.26	64.37	415.80	42.40	450.90	45.98
58	418.32	42.66	451.08	46.00	298.80	30.47	322.20	32.86	627.48	63.99	676.62	69.00	448.20	45.70	483.30	49.28
60	446.04	45.48	483.84	49.34	318.60	32.49	345.60	35.24	669.06	68.23	725.76	74.01	477.90	48.73	518.40	52.86
62	405.72	41.37	481.32	49.08	289.80	29.55	343.80	35.06	608.58	62.06	721.98	73.62	434.70	44.33	515.70	52.59
64	433.44	44.20	511.56	52.16	309.60	31.57	365.40	37.26	650.16	66.30	767.34	78.25	464.40	47.36	548.10	55.89
66	461.16	47.03	544.32	55.51	329.40	33.59	388.80	39.65	691.74	70.54	816.48	83.26	494.10	50.38	583.20	59.47
68	488.88	49.85	577.08	58.85	349.20	35.61	412.20	42.03	733.32	74.78	865.62	88.27	523.80	53.41	618.30	63.05
70	516.60	52.68	612.36	62.44	369.00	37.63	437.40	44.60	774.90	79.02	918.54	93.67	553.50	56.44	656.10	66.90
72	546.84	55.76	647.64	66.04	390.60	39.83	462.60	47.17	820.26	83.64	971.46	99.06	585.90	59.75	693.90	70.76
74	579.60	59.10	685.44	69.90	414.00	42.22	489.60	49.93	869.40	88.65	1 028.16	104.84	621.00	63.32	734.40	74.89
76	609.84	62.19	720.72	73.49	435.60	44.42	514.80	52.49	914.76	93.28	1 081.08	110.24	653.40	66.63	772.20	78.74
78	642.60	65.53	761.04	77.60	459.00	46.80	543.60	55.43	963.90	98.29	1 141.56	116.41	688.50	70.21	815.40	83.15
80	675.36	68.87	798.84	81.46	482.40	49.19	570.60	58.19	1013.04	103.30	1 198.26	122.19	723.60	73.79	855.90	87.28

表 3（续）

钢丝绳公称直径/mm	1 670 MPa 公称抗拉强度级															
	两肢吊索								三肢或四肢吊索							
	$\alpha\leqslant 90°$		$\beta\leqslant 45°$		$90°<\alpha\leqslant 120°$		$45°<\beta\leqslant 60°$		$\alpha\leqslant 90°$		$\beta\leqslant 45°$		$90°<\alpha\leqslant 120°$		$45°<\beta\leqslant 60°$	
	纤维芯		金属芯		纤维芯		金属芯		纤维芯		金属芯		纤维芯		金属芯	
	kN	t	kN	t	kN	t	kN	t	kN	t	kN	t	kN	t	kN	t
82	710.64	72.47	841.68	85.83	507.60	51.76	601.20	61.31	1 065.96	108.70	1 262.52	128.74	761.40	77.64	901.80	91.96
84	745.92	76.06	882.00	89.94	532.80	54.33	630.00	64.24	1 118.88	114.09	1 323.00	134.91	799.20	81.50	945.00	96.36
86	781.20	79.66	924.84	94.31	558.00	56.90	660.60	67.36	1 171.80	119.49	1 387.26	141.46	837.00	85.35	990.90	101.04
88	819.00	83.51	967.68	98.68	585.00	59.65	691.20	70.48	1 228.50	125.27	1 451.52	148.01	877.50	89.48	1 036.80	105.72
90	856.80	87.37	1 013.04	103.30	612.00	62.41	723.60	73.79	1 285.20	131.05	1 519.56	154.95	918.00	93.61	1 085.40	110.68
92	894.60	91.22	1 058.40	107.93	639.00	65.16	756.00	77.09	1 341.90	136.84	1 587.60	161.89	958.50	97.74	1 134.00	115.64
94	932.40	95.08	1 103.76	112.55	666.00	67.91	788.40	80.39	1 398.60	142.62	1 655.64	168.83	999.00	101.87	1 182.60	120.59
96	972.72	99.19	1 151.64	117.43	694.80	70.85	822.60	83.88	1 459.08	148.78	1 727.46	176.15	1 042.20	106.27	1 233.90	125.82
98	1 015.56	103.56	1 199.52	122.32	725.40	73.97	856.80	87.37	1 523.34	155.34	1 799.28	183.48	1 088.10	110.96	1 285.20	131.05
100	1 055.88	107.67	1 249.92	127.46	754.20	76.91	892.80	91.04	1 583.82	161.50	1 874.88	191.18	1 131.30	115.36	1 339.20	136.56
102	1 098.72	112.04	1 300.32	132.60	784.80	80.03	928.80	94.71	1 648.08	168.06	1 950.48	198.89	1 177.20	120.04	1 393.20	142.07
104	1 141.56	116.41	1 350.72	137.74	815.40	83.15	964.80	98.38	1 712.34	174.61	2 026.08	206.60	1 223.10	124.72	1 447.20	147.57
106	1 186.92	121.03	1 403.64	143.13	847.80	86.45	1 002.60	102.24	1 780.38	181.55	2 105.46	214.70	1 271.70	129.68	1 503.90	153.36
108	1 232.28	125.66	1 459.08	148.78	880.20	89.76	1 042.20	106.27	1 848.42	188.49	2 188.62	223.18	1320.30	134.63	1 563.30	159.41
110	1 277.64	130.28	1 512.00	154.18	912.60	93.06	1 080.00	110.13	1 916.46	195.42	2 268.00	231.27	1 368.90	139.59	1 620.00	165.19
112	1 325.52	135.17	1 567.44	159.83	946.80	96.55	1 119.60	114.17	1 988.28	202.75	2 351.16	239.75	1420.20	144.82	1 679.40	171.25
114	1 373.40	140.05	1 625.40	165.74	981.00	100.03	1 161.00	118.39	2 060.10	210.07	2 438.10	248.62	1 471.50	150.05	1 741.50	177.58
116	1 421.28	144.93	1 680.84	171.40	1 015.20	103.52	1 200.60	122.43	2 131.92	217.40	2 521.26	257.10	1 522.80	155.28	1 800.90	183.64
118	1 471.68	150.07	1 741.32	177.57	1 051.20	107.19	1 243.80	126.83	2 207.52	225.10	2 611.98	266.35	1 576.80	160.79	1 865.70	190.25

表 3（续）

钢丝绳公称直径/mm	1 670 MPa 公称抗拉强度级															
	两肢吊索								三肢或四肢吊索							
	$\alpha\leqslant 90°$		$\beta\leqslant 45°$		$90°<\alpha\leqslant 120°$		$45°<\beta\leqslant 60°$		$\alpha\leqslant 90°$		$\beta\leqslant 45°$		$90°<\alpha\leqslant 120°$		$45°<\beta\leqslant 60°$	
	纤维芯		金属芯		纤维芯		金属芯		纤维芯		金属芯		纤维芯		金属芯	
	kN	t	kN	t	kN	t	kN	t	kN	t	kN	t	kN	t	kN	t
120	1 522.08	155.21	1 799.28	183.48	1 087.20	110.86	1 285.20	131.05	2 283.12	232.81	2 698.92	275.21	1 630.80	166.30	1 927.80	196.58

注 1：铝合金压制的 K_e 值按 0.9 计算。

注 2：额定工作载荷数值按公式(2)计算。

注 3：钢丝绳公称直径不大于 60 mm 的选用 GB/T 20118 中结构为 6×37(b)类钢丝绳；钢丝绳公称直径大于 60 mm 的选用 GB/T 20067 中结构为 8×61(b)类钢丝绳。

注 4：额定工作载荷数值取小数点后两位。

注 5：铝合金压制组装吊索也可采用其他类型普通捻纤维芯或金属芯圆股钢丝绳，其额定工作载荷根据钢丝绳最小破断拉力另行计算。

表 4　插编组装吊索额定工作载荷

钢丝绳公称直径/mm	1 670 MPa 公称抗拉强度级															
	两肢吊索								三肢或四肢吊索							
	$\alpha\leqslant 90°$		$\beta\leqslant 45°$		$90°<\alpha\leqslant 120°$		$45°<\beta\leqslant 60°$		$\alpha\leqslant 90°$		$\beta\leqslant 45°$		$90°<\alpha\leqslant 120°$		$45°<\beta\leqslant 60°$	
	纤维芯		金属芯		纤维芯		金属芯		纤维芯		金属芯		纤维芯		金属芯	
	kN	t	kN	t	kN	t	kN	t	kN	t	kN	t	kN	t	kN	t
5	2.58	0.26	2.79	0.28	1.85	0.19	2.00	0.20	3.87	0.40	4.19	0.43	2.77	0.28	2.99	0.31
6	3.72	0.38	4.03	0.41	2.66	0.27	2.88	0.29	5.58	0.57	6.05	0.62	3.98	0.41	4.32	0.44
7	5.06	0.52	5.48	0.56	3.62	0.37	3.92	0.40	7.59	0.77	8.22	0.84	5.42	0.55	5.87	0.60
8	6.62	0.67	7.16	0.73	4.73	0.48	5.12	0.52	9.92	1.01	10.74	1.10	7.09	0.72	7.67	0.78
9	8.38	0.85	9.07	0.93	5.99	0.61	6.48	0.66	12.57	1.28	13.61	1.39	8.98	0.92	9.72	0.99
10	10.35	1.06	11.19	1.14	7.40	0.75	8.00	0.82	15.53	1.58	16.79	1.71	11.09	1.13	11.99	1.22
11	12.52	1.28	13.55	1.38	8.94	0.91	9.68	0.99	18.77	1.91	20.32	2.07	13.41	1.37	14.51	1.48

表 4（续）

钢丝绳公称直径/mm	1 670 MPa 公称抗拉强度级															
	两肢吊索								三肢或四肢吊索							
	α≤90°		β≤45°		90°<α≤120°		45°<β≤60°		α≤90°		β≤45°		90°<α≤120°		45°<β≤60°	
	纤维芯		金属芯		纤维芯		金属芯		纤维芯		金属芯		纤维芯		金属芯	
	kN	t	kN	t	kN	t	kN	t	kN	t	kN	t	kN	t	kN	t
12	14.89	1.52	16.11	1.64	10.64	1.08	11.51	1.17	22.33	2.28	24.16	2.46	15.95	1.63	17.26	1.76
13	17.49	1.78	18.90	1.93	12.50	1.27	13.50	1.38	26.24	2.68	28.35	2.89	18.74	1.91	20.25	2.06
14	20.29	2.07	21.84	2.23	14.49	1.48	15.60	1.59	30.43	3.10	32.76	3.34	21.74	2.22	23.40	2.39
16	26.46	2.70	28.56	2.91	18.90	1.93	20.40	2.08	39.69	4.05	42.84	4.37	28.35	2.89	30.60	3.12
18	33.60	3.43	36.33	3.70	24.00	2.45	25.95	2.65	50.40	5.14	54.50	5.56	36.00	3.67	38.93	3.97
20	41.37	4.22	44.73	4.56	29.55	3.01	31.95	3.26	62.06	6.33	67.10	6.84	44.33	4.52	47.93	4.89
22	49.98	5.10	54.18	5.52	35.70	3.64	38.70	3.95	74.97	7.64	81.27	8.29	53.55	5.46	58.05	5.92
24	59.64	6.08	64.47	6.57	42.60	4.34	46.05	4.70	89.46	9.12	96.71	9.86	63.90	6.52	69.08	7.04
26	69.93	7.13	75.60	7.71	49.95	5.09	54.00	5.51	104.90	10.70	113.40	11.56	74.93	7.64	81.00	8.26
28	81.06	8.27	87.78	8.95	57.90	5.90	62.70	6.39	121.59	12.40	131.67	13.43	86.85	8.86	94.05	9.59
30	93.03	9.49	100.59	10.26	66.45	6.78	71.85	7.33	139.55	14.23	150.89	15.39	99.68	10.16	107.78	10.99
32	105.84	10.79	114.66	11.69	75.60	7.71	81.90	8.35	158.76	16.19	171.99	17.54	113.40	11.56	122.85	12.53
34	119.70	12.21	129.36	13.19	85.50	8.72	92.40	9.42	179.55	18.31	194.04	19.79	128.25	13.08	138.60	14.13
36	133.98	13.66	144.90	14.78	95.70	9.76	103.50	10.55	200.97	20.49	217.35	22.16	143.55	14.64	155.25	15.83
38	149.31	15.23	161.49	16.47	106.65	10.88	115.35	11.76	223.97	22.84	242.24	24.70	159.98	16.31	173.03	17.64
40	165.48	16.87	178.92	18.24	118.20	12.05	127.80	13.03	248.22	25.31	268.38	27.37	177.30	18.08	191.70	19.55
42	182.49	18.61	197.40	20.13	130.35	13.29	141.00	14.38	273.74	27.91	296.10	30.19	195.53	19.94	211.50	21.57
44	200.34	20.43	216.30	22.06	143.10	14.59	154.50	15.75	300.51	30.64	324.45	33.08	214.65	21.89	231.75	23.63
46	218.40	22.27	237.30	24.20	156.00	15.91	169.50	17.28	327.60	33.41	355.95	36.30	234.00	23.86	254.25	25.93

表 4（续）

钢丝绳公称直径/mm	1 670 MPa 公称抗拉强度级															
	两肢吊索								三肢或四肢吊索							
	$\alpha \leqslant 90°$		$\beta \leqslant 45°$		$90° < \alpha \leqslant 120°$		$45° < \beta \leqslant 60°$		$\alpha \leqslant 90°$		$\beta \leqslant 45°$		$90° < \alpha \leqslant 120°$		$45° < \beta \leqslant 60°$	
	纤维芯		金属芯		纤维芯		金属芯		纤维芯		金属芯		纤维芯		金属芯	
	kN	t	kN	t	kN	t	kN	t	kN	t	kN	t	kN	t	kN	t
48	239.40	24.41	258.30	26.34	171.00	17.44	184.50	18.81	359.10	36.62	387.45	39.51	256.50	26.16	276.75	28.22
50	258.30	26.34	279.30	28.48	184.50	18.81	199.50	20.34	387.45	39.51	418.95	42.72	276.75	28.22	299.25	30.52
52	279.30	28.48	302.40	30.84	199.50	20.34	216.00	22.03	418.95	42.72	453.60	46.25	299.25	30.52	324.00	33.04
54	302.40	30.84	325.50	33.19	216.00	22.03	232.50	23.71	453.60	46.25	488.25	49.79	324.00	33.04	348.75	35.56
56	323.40	32.98	350.70	35.76	231.00	23.56	250.50	25.54	485.10	49.47	526.05	53.64	346.50	35.33	375.75	38.32
58	348.60	35.55	375.90	38.33	249.00	25.39	268.50	27.38	522.90	53.32	563.85	57.50	373.50	38.09	402.75	41.07
60	371.70	37.90	403.20	41.11	265.50	27.07	288.00	29.37	557.55	56.85	604.80	61.67	398.25	40.61	432.00	44.05
62	338.10	34.48	401.10	40.90	241.50	24.63	286.50	29.21	507.15	51.71	601.65	61.35	362.25	36.94	429.75	43.82
64	361.20	36.83	426.30	43.47	258.00	26.31	304.50	31.05	541.80	55.25	639.45	65.21	387.00	39.46	456.75	46.58
66	384.30	39.19	453.60	46.25	274.50	27.99	324.00	33.04	576.45	58.78	680.40	69.38	411.75	41.99	486.00	49.56
68	407.40	41.54	480.90	49.04	291.00	29.67	343.50	35.03	611.10	62.31	721.35	73.56	436.50	44.51	515.25	52.54
70	430.50	43.90	510.30	52.04	307.50	31.36	364.50	37.17	645.75	65.85	765.45	78.05	461.25	47.03	546.75	55.75
72	455.70	46.47	539.70	55.03	325.50	33.19	385.50	39.31	683.55	69.70	809.55	82.55	488.25	49.79	578.25	58.97
74	483.00	49.25	571.20	58.25	345.00	35.18	408.00	41.60	724.50	73.88	856.80	87.37	517.50	52.77	612.00	62.41
76	508.20	51.82	600.60	61.24	363.00	37.02	429.00	43.75	762.30	77.73	900.90	91.87	544.50	55.52	643.50	65.62
78	535.50	54.61	634.20	64.67	382.50	39.00	453.00	46.19	803.25	81.91	951.30	97.01	573.75	58.51	679.50	69.29
80	562.80	57.39	665.70	67.88	402.00	40.99	475.50	48.49	844.20	86.08	998.55	101.82	603.00	61.49	713.25	72.73
82	592.20	60.39	701.40	71.52	423.00	43.13	501.00	51.09	888.30	90.58	1 052.10	107.28	634.50	64.70	751.50	76.63
84	621.60	63.39	735.00	74.95	444.00	45.28	525.00	53.54	932.40	95.08	1 102.50	112.42	666.00	67.91	787.50	80.30

表 4（续）

钢丝绳公称直径/mm	1 670 MPa 公称抗拉强度级															
	两肢吊索								三肢或四肢吊索							
	$\alpha \leqslant 90°$		$\beta \leqslant 45°$		$90° < \alpha \leqslant 120°$		$45° < \beta \leqslant 60°$		$\alpha \leqslant 90°$		$\beta \leqslant 45°$		$90° < \alpha \leqslant 120°$		$45° < \beta \leqslant 60°$	
	纤维芯		金属芯		纤维芯		金属芯		纤维芯		金属芯		纤维芯		金属芯	
	kN	t	kN	t	kN	t	kN	t	kN	t	kN	t	kN	t	kN	t
86	651.00	66.38	770.70	78.59	465.00	47.42	550.50	56.14	976.50	99.58	1 156.05	117.88	697.50	71.13	825.75	84.20
88	682.50	69.60	806.40	82.23	487.50	49.71	576.00	58.74	1 023.75	104.39	1 209.60	123.34	731.25	74.57	864.00	88.10
90	714.00	72.81	844.20	86.08	510.00	52.01	603.00	61.49	1 071.00	109.21	1 266.30	129.13	765.00	78.01	904.50	92.23
92	745.50	76.02	882.00	89.94	532.50	54.30	630.00	64.24	1 118.25	114.03	1 323.00	134.91	798.75	81.45	945.00	96.36
94	777.00	79.23	919.80	93.79	555.00	56.59	657.00	67.00	1 165.50	118.85	1 379.70	140.69	832.50	84.89	985.50	100.49
96	810.60	82.66	959.70	97.86	579.00	59.04	685.50	69.90	1 215.90	123.99	1 439.55	146.79	868.50	88.56	1 028.25	104.85
98	846.30	86.30	999.60	101.93	604.50	61.64	714.00	72.81	1 269.45	129.45	1 499.40	152.90	906.75	92.46	1 071.00	109.21
100	879.90	89.72	1 041.60	106.21	628.50	64.09	744.00	75.87	1 319.85	134.59	1 562.40	159.32	942.75	96.13	1 116.00	113.80
102	915.60	93.37	1 083.60	110.50	654.00	66.69	774.00	78.93	1 373.40	140.05	1 625.40	165.74	981.00	100.03	1 161.00	118.39
104	951.30	97.01	1 125.60	114.78	679.50	69.29	804.00	81.99	1 426.95	145.51	1 688.40	172.17	1 019.25	103.93	1 206.00	122.98
106	989.10	100.86	1 169.70	119.28	706.50	72.04	835.50	85.20	1 483.65	151.29	1 754.55	178.91	1 059.75	108.06	1 253.25	127.80
108	1 026.90	104.71	1 215.90	123.99	733.50	74.80	868.50	88.56	1 540.35	157.07	1 823.85	185.98	1 100.25	112.19	1 302.75	132.84
110	1 064.70	108.57	1 260.00	128.48	760.50	77.55	900.00	91.77	1 597.05	162.85	1 890.00	192.73	1 140.75	116.32	1 350.00	137.66
112	1 104.60	112.64	1 306.20	133.20	789.00	80.46	933.00	95.14	1 656.90	168.96	1 959.30	199.79	1 183.50	120.68	1 399.50	142.71
114	1 144.50	116.71	1 354.50	138.12	817.50	83.36	967.50	98.66	1 716.75	175.06	2 031.75	207.18	1 226.25	125.04	1 451.25	147.99
116	1 184.40	120.78	1 400.70	142.83	846.00	86.27	1 000.50	102.02	1 776.60	181.16	2 101.05	214.25	1 269.00	129.40	1 500.75	153.03
118	1 226.40	125.06	1 451.10	147.97	876.00	89.33	1 036.50	105.69	1 839.60	187.59	2 176.65	221.96	1 314.00	133.99	1 554.75	158.54
120	1 268.40	129.34	1 499.40	152.90	906.00	92.39	1 071.00	109.21	1 902.60	194.01	2 249.10	229.34	1 359.00	138.58	1 606.50	163.82

表 4（续）

钢丝绳公称直径/mm	1 670 MPa 公称抗拉强度级															
	两肢吊索								三肢或四肢吊索							
	$\alpha \leqslant 90°$				$90° < \alpha \leqslant 120°$				$\alpha \leqslant 90°$				$90° < \alpha \leqslant 120°$			
	$\beta \leqslant 45°$				$45° < \beta \leqslant 60°$				$\beta \leqslant 45°$				$45° < \beta \leqslant 60°$			
	纤维芯		金属芯		纤维芯		金属芯		纤维芯		金属芯		纤维芯		金属芯	
	kN	t	kN	t	kN	t	kN	t	kN	t	kN	t	kN	t	kN	t

注 1：插编的 K_e 值按 0.75 计算。

注 2：额定工作载荷数值按公式(2)计算。

注 3：钢丝绳公称直径不大于 60 mm 的选用 GB/T 20118 中结构为 6×37(b)类钢丝绳；钢丝绳公称直径大于 60 mm 的选用 GB/T 20067 中结构为 8×61(b)类钢丝绳。

注 4：额定工作载荷数值取小数点后两位。

注 5：插编组装吊索也可采用其他类型普通捻纤维芯或金属芯圆股钢丝绳，其额定工作载荷根据钢丝绳最小破断拉力另行计算。

附　录　A

（资料性附录）

钢丝绳吊索使用工作温度的影响

A.1　钢丝绳吊索的使用工作温度及其影响见表A.1。

表A.1　使用工作温度及其影响

接头	钢丝绳类型	钢丝绳表面温度/℃	起重能力/%
铝制压制接头	纤维芯	－40～＋100	100
	钢芯	－40～＋150	100
插编	纤维芯	－40～＋100	100
	钢芯	－40～＋150	100
		＋150～＋200	90
		＋200～＋300	75
		＋300～＋400	65

ICS 83.120
Q 23

中华人民共和国国家标准

GB/T 16778—2009
代替 GB/T 16778—1997

纤维增强塑料结构件失效分析一般程序

General procedure of failure analysis for fiber reinforced plastic structural products

2009-03-25 发布　　　　2010-01-01 实施

中华人民共和国国家质量监督检验检疫总局
中国国家标准化管理委员会　发布

前　言

本标准代替 GB/T 16778—1997《纤维增强塑料结构件失效分析一般程序》。

本标准与 GB/T 16778—1997 相比主要变化如下：

——增加失效件的制造工艺分析步骤(见 3.1.2)；

——增加首先失效部件的确定分析步骤(见 3.3.2)；

——增加对断口的保存要求(见 3.4.1)；

——修改了失效模式的确定分析步骤(1997 年版的 3.6，本版的 3.6)；

——增加对失效件受力情况的分析要求(见 4.5)。

本标准由中国建筑材料联合会提出。

本标准由全国纤维增强塑料标准化技术委员会归口。

本标准负责起草单位：北京航空航天大学、北京玻璃钢研究设计院。

本标准主要起草人：张佐光、李敏、顾轶卓、张大兴、张峥。

本标准所代替标准的历次版本发布情况为：

——GB/T 16778—1997。

纤维增强塑料结构件失效分析一般程序

1 范围

本标准规定了纤维增强塑料结构件失效分析的一般程序。

本标准适用于纤维增强塑料结构件的失效分析。

2 规范性引用文件

下列文件中的条款通过本标准的引用而成为本标准的条款。凡是注日期的引用文件，其随后所有的修改单(不包括勘误的内容)或修订版均不适用于本标准，然而，鼓励根据本标准达成协议的各方研究是否可使用这些文件的最新版本。凡是不注日期的引用文件，其最新版本适用于本标准。

GB/T 2576 纤维增强塑料树脂不可溶分含量试验方法

GB/T 2577 玻璃纤维增强塑料树脂含量试验方法

GB/T 3365 碳纤维增强塑料孔隙含量和纤维体积含量试验方法

GB/T 3854 增强塑料巴柯尔硬度试验方法

GB/T 3855 碳纤维增强塑料树脂含量试验方法

GB/T 6041 质谱分析方法通则

GJB 1038.1 纤维增强塑料无损检验方法 超声波检验

GJB 1038.2 纤维增强塑料无损检验方法 X射线检验方法

HB 5416 航空非金属材料红外光谱检验方法

JC/T 287 玻璃钢空隙含量试验方法

3 失效分析一般程序

3.1 明确任务要求

3.1.1 任务来源

失效分析任务可以由上级主管部门下达，也可由设计、研究、生产或使用部门委托。

3.1.2 接受任务

接受任务时应对失效件的情况做如下了解：

a) 失效件的名称；

b) 失效件所属的组件；

c) 失效件的制造工艺；

d) 使用环境和所受应力状态；

e) 失效现象、历史背景以及对整体失效分析的情况等。

3.2 进行调查研究

3.2.1 失效现场的观察与记录

应对失效现场作详细的观察、记录、照相及录像等。不得遗漏造成失效的任何重要情况。

3.2.2 调研内容

调查研究内容包括：

a) 失效发生的时间、地点及现场的环境；

b） 寻找失效件，了解并记录失效件的分布与状态；

c） 失效件在失效前的运转（工作）情况（参数、服役时间）及出现的异常现象；

d） 有关的设计、计算书、贮运包装、调试测试等资料；

e） 有关生产制造情况，包括原材料、工艺图纸及工艺规范、技术及质量问题处理单、过程检测及出厂检测等制造资料；

f） 失效件的质量情况；

g） 相关结构件及同一型号其他零件的损伤情况；

h） 调查询问有关人员对结构件失效的见解与建议；

i） 需要调查的其他有关情况。

3.2.3 编写调研报告

调研结束后应写出调研报告。

3.3 失效件分析

3.3.1 失效件拼凑图的绘制

把现场调研中找到的失效件进行拼凑，并画出失效件拼凑图及破坏扩展方向图，同时应注明找到失效件碎片的位置。

3.3.2 确定首先失效的部件

根据调查收集的资料及失效件初步分析的结果，确定首先失效的部件。

3.3.3 裂纹源部位的确定

根据失效件拼凑图及破坏扩展方向图找出裂纹源及缺陷存在部位。

3.3.4 编写初步分析报告

根据3.3.1、3.3.2及3.3.3内容编写出现场失效件调研、观察的初步分析报告。

3.4 断口分析

3.4.1 断口的保存

保存失效件断口的相关资料，如断口实物、影像资料等。

3.4.2 断口形貌观察

a） 断口形貌特征的宏观观察；

b） 断口形貌特征的微观观察。

3.4.3 断口微区成分分析

根据需要，可对断口的微区作成分分析。

3.4.4 编写断口形貌分析小结

根据3.4.1、3.4.2和3.4.3内容，提出断口分析报告。

3.5 失效件材料检测

3.5.1 失效件材料组分分析

根据需要，分析失效件材料的组分。

3.5.2 失效件材料性能检测

根据需要，检测材料的物理性能和机械性能，其检测项目可视不同材料及不同结构件而定。

3.5.3 失效件材料内部状况检测

根据需要，对材料的内部状况进行无损检测。

3.6 确定失效模式、机理和原因

3.6.1 失效模式的确定

在调研、观察、检测及受力分析的基础上，对所获得的各种信息进行集中、处理、分析和归纳，确定其失效模式。

3.6.2 失效机理和原因的确定

根据检测和分析结果，确定其失效机理，分析失效原因并确定引起失效的条件及影响因素。

3.7 失效复现

根据需要和可行性，进行失效复现工作。即通过试验或其他验证方法，确认失效发生的现象，验证定位的准确性和原因分析的正确性。

3.8 编写失效分析报告

失效分析报告应包括下列内容：

a) 任务来源；

b) 对失效件的简要描述；

c) 失效前的工作条件及失效现象；

d) 失效分析的内容和方法；

e) 分析意见、结论和建议。

4 失效分析方法

4.1 失效件外观缺陷

通过目视或低倍放大镜可对失效件的气泡、树脂淤积、皱纹、表面凹陷等外观缺陷进行观察分析。

4.2 断口分析

4.2.1 断口宏观形貌

通过目视或放大镜，可观察失效件断口的宏观形貌特征。

4.2.2 断口微观形貌

通过扫描电镜，可观察分析失效件断口的微观形貌特征。

4.2.3 微区成分分析

通过扫描电镜的能谱仪，可分析失效件断口的微区成分。

4.3 材料分析

4.3.1 材料的组成

根据 GB/T 6041 质谱法分析材料的化学组成；根据 HB 5416 红外光谱法可检测材料的化学键或基团，并推断出树脂、助剂的种类。

4.3.2 含胶量

根据 GB/T 3855 测定碳纤维复合材料结构件的含胶量；根据 GB/T 2577 测定玻璃纤维增强塑料结构件的含胶量。

4.3.3 固化度

根据 GB/T 3854 定性推断纤维增强塑料结构件中树脂的固化度；根据 GB/T 2576 定量推断纤维增强塑料结构件中树脂的固化度。

4.3.4 材料性能

根据需要及相应标准，检测材料的有关性能，具体检测项目视结构件使用、损伤情况等确定。

4.4 内部缺陷的无损检测

在使用各种仪器对失效件内部缺陷进行无损检测前，通常先采用敲击法进行定性粗检。该法是用尼龙或有机玻璃制成的小锤，轻轻敲击被测制件，根据声音的清脆或沉闷，可以初步判断结构件中缺陷是否存在并可确定缺陷的大致位置：

a) 分层：根据 GJB 1038.1A 超声波检验、激光全息照相等方法检测失效件内分层缺陷的面积及深度；

b) 孔隙：根据 GJB 1038.2A X 射线照相方法检测失效件内的孔隙；根据 GB/T 3365 检测碳纤维增强塑料失效件内的孔隙含量；根据 JC/T 287 检测玻璃纤维增强塑料失效件内的孔隙含量；

c) 裂纹：采用激光全息照相、X 射线照相、声发射等方法检测失效件内的树脂裂纹；

d) 夹杂物：通过 X 射线照相等方法，对失效件内的夹杂物进行分析检测；

e) 脱粘：通过声振法、超声波法、X 射线照相等方法检测夹层结构件内的脱粘缺陷；

f) 夹芯缺陷：根据 GJB 1038.1A 超声波检验，GJB 1038.2A X 射线检验等方法检测纤维增强塑料夹层结构件内夹芯变形、压塌、密集、对接缝开裂等缺陷。

4.5 根据失效件的结构与尺寸估计失效件的受力情况

一般应采用材料力学或有限元等方法对失效件的应力、应变进行分析，给出其应力场、应变场的分布与大小。

ICS 13.310
A 91

中华人民共和国国家标准

GB 16796—2009
代替 GB 16796—1997

安全防范报警设备 安全要求和试验方法

Safety requirements and test methods for security alarm equipment

2009-09-30 发布　　　　2010-06-01 实施

中华人民共和国国家质量监督检验检疫总局
中国国家标准化管理委员会　发布

前　言

本标准的全部技术内容为强制性。

本标准代替 GB 16796—1997《安全防范报警设备　安全要求和试验方法》。

本标准与 GB 16796—1997 的主要差异为：

——增加了一般试验条件；

——增加了设备在故障条件下的温升和着火技术要求；

——增加了防声压力的技术要求；

——增加了元器件、电池、监视器、显示器的技术要求；

——修改了可触及部分的描述；

——修改了爬电距离和电气间隙的技术要求和测量方法；

——修改了防雷击的技术要求和试验方法；

——修改了电源线的技术要求；

——修改了接触电阻的技术要求；

——修改了防激光辐射的技术要求；

——修改了防电离辐射的技术要求；

——修改了防微波辐射的技术要求；

——修改了防超声压力的技术要求。

本标准的附录 A、附录 B 和附录 C 为规范性附录。

本标准由中华人民共和国公安部提出。

本标准由全国安全防范报警系统标准化技术委员会(SAC/TC 100)归口。

本标准起草单位：国家安全防范报警系统产品质量监督检验中心(北京)、国家安全防范报警系统产品质量监督检验中心(上海)。

本标准主要起草人：滕旭、刘琳、卢玉华、李笃、胡志昂、任常青、牟晓生、戎玲。

本标准所代替标准的历次版本发布情况为：

——GB 16796—1997。

安全防范报警设备
安全要求和试验方法

1 范围

本标准规定了安全防范报警设备在标志、防电击、防雷击、防过热、防内爆和炸裂、防激光辐射、防电离辐射、防微波辐射、防超声压力、机械安全等方面应遵循的基本安全技术要求、试验方法和检验规则，是设计、制造、安装、使用、检验及制定各类安全防范报警设备时安全要求的基本依据。

本标准适应于各种安全防范报警设备。

2 规范性引用文件

下列文件中的条款通过本标准的引用而成为本标准的条款。凡是注日期的引用文件，其随后所有的修改单(不包括勘误的内容)或修订版均不适用于本标准，然而，鼓励根据本标准达成协议的各方研究是否可使用这些文件的最新版本。凡是不注日期的引用文件，其最新版本适用于本标准。

GB 4208—2008　外壳防护等级(IP 代码)(IEC 60529:2001,IDT)

GB 4793.1—2007　测量、控制和实验室用电气设备的安全要求　第1部分:通用要求(IEC 61010-1:2001,IDT)

GB 4943—2001　信息技术设备的安全(idt IEC 60950-1:1999)

GB 7247.1—2001　激光产品的安全　第1部分:设备分类、要求和用户指南(idt IEC 60825-1:1993)

GB 8898—2001　音频、视频及类似电子设备安全要求(eqv IEC 60065:1998)

GB/T 17626.5—2008　电磁兼容　试验和测量技术　浪涌(冲击)抗扰度试验(IEC 61000-4-5:2005,IDT)

3 术语和定义

下列术语和定义适用于本标准。

3.1

可触及部分　accessible part

当产品正常安装后，用铰接试验指(见附录A)可以接触到的地方。

3.2

基本绝缘　basic insulation

对危险带电零部件所加的提供防触电基本保护的绝缘。

[见 GB 8898—2001 的 2.6.3]

3.3

附加绝缘　supplementary insulation

基本绝缘以外所使用的独立绝缘，以便在基本绝缘一旦失效时提供防触电保护。

[见 GB 8898—2001 的 2.6.5]

3.4

加强绝缘　reinforced insulation

对危险带电零部件所加的单一绝缘，其防触电等级相当于双重绝缘。

[见 GB 8898—2001 的 2.6.6]

3.5

双重绝缘　double insulation

同时具有基本绝缘和附加绝缘的绝缘。

[见 GB 8898—2001 的 2.6.4]

3.6

爬电距离　creepage distance

在两个导电零部件间沿绝缘材料表面的最短距离。

[见 GB 8898—2001 的 2.6.12]

3.7

电气间隙　clearance

在两个导电零部件间，在空气中的最短距离。

[见 GB 8898—2001 的 2.6.11]

3.8

保护接地端子　protective earth terminal

为了安全而与设备的导电件相连接的端子，它用来连接一个外保护系统。

3.9

防电击　prevent electric beat

防止产品的可触及部分携带危险电压。

3.10

危险电压　hazardous voltage

产品中任意两个导体之间或一个导体对地之间的交流有效值电压超过 36 V 或直流电压值超过 60 V 的电压。

3.11

自动保护　automatic protect

工作时电压超过规定值时能够非人工方式将其降低到安全值。

3.12

激光辐射　laser radiation

由激光产品的受控受激发射而产生的波长为 180 nm～1 mm 的所有电磁辐射。

[见 GB 7247.1—2001 的 3.4.2]

3.13

可达发射极限(AEL)　accessible emission limit

所定类别内允许的最大发射极限。

[见 GB 7247.1—2001 的 3.16]

3.14

辐照度　irradiance

投射到表面一点处的面元上的辐射通量 $d\Phi$ 与该面元的面积 dA 之商。

符号：$E=d\Phi/dA$　计量单位：瓦特每平方米($W\cdot m^{-2}$)

[见 GB 7247.1—2001 的 3.35]

3.15

电离辐射　ionization radiation

一种有足够能量使电子离开原子所产生的辐射。

3.16

微波辐射　microwave radiation

通常指 1 mm～30 cm 波长范围的辐射。

3.17

超声压力　exceed sound press

频率在 20 kHz～100 kHz 范围内的声强。

4　试验条件

4.1　试验导则

4.1.1　如果本标准规定的某项试验可能是破坏性的，则允许使用一个能代表被评定状态的模型样机。

4.1.2　试验应按下列顺序进行：

a)　电器部件的试验。

b)　设备不通电情况下试验。

c)　带电情况下的试验，其试验顺序是：

——正常工作条件下的试验；

——故障条件下的试验；

——可能会引起破坏性的试验。

4.1.3　试验时所使用的供电电源特性不应对试验结果有明显的影响。这种特性的例子有电源阻抗和波形。对于交直流两用的产品，两种电源要分别单独供给。

4.1.4　本标准给出的交流值为有效值。本标准给出的直流值为无纹波值。

4.2　正常工作条件

4.2.1　除非另有规定，试验应在如下工作环境下进行：

a)　环境温度：15 ℃～35 ℃；

b)　相对湿度：≤75％；

c)　大气压力：860 hPa～1 006 hPa。

注：在不影响正常通风条件下，设备试验可以在满足说明书要求的任何位置。

4.2.2　电源电压和频率应在设备的设计范围之内。

4.2.3　如果设备有保护接地端子，应与地可靠连接。其他接地端子也均应可靠接地。

4.2.4　如果设备有门、盖板或防护罩，应关闭或固定在其位置上。

4.2.5　设备在技术条件规定的任何输入和输出信号条件下工作。

4.3　故障条件

根据设备的结构和原理图，判断易于导致损坏的故障条件。按最方便的原则，依次施加如下故障条件时不应损坏设备、引起燃烧或发生电击：

a)　电源极性反接；

b)　输出端短路；

c)　手触摸输入端；

d)　引线间相互接错(受结构限制，不致接错的引线除外)；

e)　停止电扇的强制冷却；

f)　变压器的次级绕组短路，初级绕组与次级绕组短路，如有铁芯和屏蔽，每一绕组与铁芯及屏蔽短路；

g)　电容器的两极短路，如有外壳，每个极与金属外壳短路；

h)　在上述试验中如有故障显示则试验 2 min，如无故障显示则试验 4 h，试验期间不应损坏设备、引起燃烧或发生电击。

注：熔断器断开或不能正常工作，被认为是故障显示。

5 技术要求和试验方法

5.1 设备安全分类

按设备提供的防电击保护措施的不同，可将设备分为三类：

Ⅰ类设备：防电击不仅依靠基本绝缘而且采取附加安全措施的设计，在基本绝缘失效时，有措施使可触及的导电零部件与设施中的固定线路中的保护（接地）导体相连接，从而使可触及的导电零部件不会产生危险带电的设备。

Ⅱ类设备：防电击不仅依靠基本绝缘而且采用诸如双重绝缘或加强绝缘之类的附加安全措施的设计。它不具有保护接地措施，也不依靠设施条件的设备。

Ⅲ类设备：防电击保护是依靠安全特低电压电路供电来实现的，且不会产生危险电压的设备。

具有激光光源的设备还应按 GB 7247.1—2001 分类。

5.2 一般要求

5.2.1 元器件

与安全性相关的元器件应选用经安全认证合格的产品或符合相关国家标准、行业标准的要求并经检验合格的产品。如果元器件上的标记标出了其工作特性，则这些元器件在设备中的使用条件应符合这些标记的规定。

5.2.2 安全设计准则

安全设计原则至少应符合以下条件：

a） 设备的设计应保证设备在按规定使用时不会发生任何危险。设备应能够承受在正常使用中可能出现的物理和化学作用的影响。同时应采用适当的安全技术措施，以防止由于过负载、材料缺陷或磨损而引起的危险。

b） 应选用能够承受在按规定使用时可能出现的物理和化学作用的材料。

c） 设计时应考虑各种可能会产生的对人员、环境的危害及危险因素。

5.2.3 结构要求

安全防范报警设备的外壳防护等级，室内用应不低于 GB 4208—2008 中 IP20 的要求，室外用应不低于 GB 4208—2008 中 IP33 的要求。设备的机械结构应具有足够的强度，能满足使用环境的要求，并能防止由于振动、冲击、碰撞等原因所引起的机械部件的不稳定，以及钝边、倒角、凸出物等对人员的伤害。同时还要符合运输对结构要求。

5.3 标志

5.3.1 标志的内容

设备至少应标明：

a） 制造厂的名称或注册商标；

b） 设备的型号及名称；

c） 电源的性质（交流、直流或交直流两用）及极性；

d） 供电电压的额定值或额定电压范围；

e） 保险丝管的额定电流值和型号；

f） 端子的性质及功能；

g） 安全类级别；

h） 安全警示符号。

如果无法在设备上标志上述内容，则应在说明书中给出。

试验方法：目视检查。

5.3.2 标志的耐擦性

标志应不易被擦除。

试验方法：用棉花球沾水擦拭 15 s，再用浸过汽油的布擦拭 15 s。擦拭后标志应清晰可辨认。

5.4 防电击

5.4.1 可触及部分

设备结构应确保可触及部分不带电，带电部分应用被覆材料或绝缘材料保护。

Ⅰ类设备应装有保护接地端子或连接件，将可触及导电零部件与输出插座的接地端子或连接件可靠相连。

试验方法：通过检查可触及部分与输出接地端子应相连接。

Ⅱ类设备应采用双重绝缘或加强绝缘的办法将可触及部分与危险带电零部件隔离。

试验方法：用内阻不小于 50 kΩ 的电压表（或示波器）检测，电表的一端接大地，一端接可触及部分，若测得的结果符合如下条件，均认为不带电：

a) 电压不超过 50 V，天线端子的放电量不超过 4.5 μC。

b) 电压超过 50 V 时，测得流过 2 kΩ 非感性电阻的电流，其交流值不超过 0.7 mA，热带地区使用的设备不超过 0.3 mA，而且：

——对于低于 450 V（峰值）的电压，对地电容不超过 0.1 μF（额定值）；

——对于 450 V～15 kV（峰值）的电压，放电量不超过 45 μC；

——对于超过 15 kV（峰值）的电压，放电量不超过 350 mJ。

对地的放电应在关机后立即测量。

频率超过 1 kHz 时，最大安全电流应为 0.7 mA（峰值）与千赫兹倍率的乘积，但最大值为 70 mA（峰值）。

在两个可触及件间的电流值或电压值，也应符合上述规定。

5.4.2 爬电距离和电气间隙

最小爬电距离和电气间隙应符合 GB 8898—2001 中第 13 章的技术要求。试验方法按 GB 8898—2001 中附录 E 的规定。

5.4.3 抗电强度

安全防范报警设备的电源插头或电源引入端与外壳裸露金属部件之间应能承受表 1 规定的 45 Hz～65 Hz 交流电压的抗电强度试验，历时 1 min 应无击穿和飞弧现象。

表 1 抗电强度

额定电压 U_i/V		试验电压/kV
直流或正弦有效值	交流峰值或合成电压	
0～60	0～85	0.5
61～125	86～175	1
126～250	177～354	1.5
251～500	355～707	2
≥501	≥708	$2U_i$＋整千伏数

试验方法：受试设备在相对湿度为 91%～95%、温度为 40 ℃、48 h 的受潮预处理后，立即从潮湿箱中取出，在电源插头不插入电源、电源开关接通的情况下，在电源插头或电源引入端与外壳或外壳裸露金属部件之间以 200 V/min 的速率逐渐施加试验电压，测试设备的最大输出电流不小于 5 mA，在规定值上保持 1 min，不应出现飞弧和击穿现象，然后平稳地下降到零。如外壳无导电性，则在设备的外壳包一层金属导体，在金属导体与电源引入端间施加试验电压应符合上述要求。

采用开关电源工作的设备，抗电强度用如下方法进行试验：

a) 对于不接地的可触及部件应假定与接地端子或保护接地端子相连接；

b) 对于变压器绕组或其他零部件是浮地的情况，则应假定该变压器或其他零部件与保护接地端

子相连,来获得最高工作电压;

c) 对于变压器的一个绕组与其他零部件间的绝缘,应采用该绕组任一点与其他零部件之间的最高电压。

5.4.4 绝缘电阻

5.4.4.1 安全防范报警设备的电源插头或电源引入端与外壳裸露金属部件之间的绝缘电阻,经相对湿度为91%～95%、温度为40 ℃、48 h的受潮预处理后,加强绝缘的设备不小于5 MΩ,基本绝缘的设备不小于2 MΩ,Ⅲ类设备不小于1 MΩ。

工作电压超过500 V的设备,上述绝缘电阻的阻值数应乘以一个系数,该系数等于工作电压除以500 V。

试验方法:在电源插头不插入电源、电源开关接通的情况下,在电源插头或电源引入端与外壳裸露金属部件之间,施加500 V(Ⅲ类设备为100 V)直流电压稳定5 s后,立即测量绝缘电阻。如外壳无导电件,则设备的外壳包一层金属导体,测量金属导体与电源引入端间的绝缘电阻。

5.4.4.2 按GB 8898—2001中10.1的规定进行电涌试验后的绝缘电阻不应小于2 MΩ。

试验方法:按GB 8898—2001中10.1的规定进行。

5.4.5 保护接地端子

Ⅰ类设备的保护接地端与可触及导电件间应有导电良好的直接连接,其阻值不大于0.1 Ω。Ⅰ类设备还应具有电源保护接地端子,对于带有可拆卸电源软线的设备,设备插座上的接地端子可以认为是电源保护接地端子。

保护接地电路中不应安装开关或熔断器;保护接地可以是裸露的也可以是绝缘的,如果是绝缘的,则绝缘应是绿色或黄色。与保护接地连接件接触的导电零部件不应由于电化学作用而遭到严重腐蚀。

试验方法:用目测法检查并测量可触及导电件与保护接地端子间的电阻值,测量时电流应为10 A,通电持续时间为1 min,用电压表测量两端的压降不应超过1.0 V。

接地电阻测量时不应包括电源线的保护接地导线的电阻值。

5.4.6 泄漏电流

Ⅰ、Ⅱ类设备工作时的泄漏电流应符合表2的规定,Ⅲ类设备不做泄漏电流检验。

表2 漏电流

类别		泄漏电流 I_1	泄漏电流 I_2	测量电路
Ⅰ类设备	直接连接保护接地端	AC≤5 mA(P-P) DC≤5 mA		按附录B中B.1连接
	间接连接保护接地端	AC≤5 mA(P-P) DC≤5 mA	AC≤0.7 mA(P-P) DC≤0.7 mA	按附录B中B.2连接
Ⅱ类设备			AC≤0.7 mA(P-P) DC≤2 mA	按附录B中B.3连接
注:测量电路图见附录B。				

试验方法:受试设备置于绝缘台面上,用1.1倍的最高额定电源电压供电,直到温度趋于平衡。测量转换开关与电源开关可任意组合,读取电流表的示数。

5.4.7 自动保护

设备工作时可触及部分电压超过5.4.1所规定的高压电路,应有自动放电回路,当切断高压时,应在2 s内放电至24 V以下。

对采用电源插头与电网连接时,应保证在插头从电源插座拔出后,当接触插头的插脚时,不应因电容器贮存的电荷而产生触电危险。

试验方法：设备工作 30 min 后切断高压或拔出电源插头，用数字式秒表测量时间，2 s 立即使用电压表测量该点电压或插头座两脚之间的电压。

5.4.8 **电源线**

Ⅰ类安全防范报警设备的电源线应使用三芯电源线，其中地线应与设备的保护接地端连接牢固。

对电源线不可拆卸的设备，应采用能提供可靠的电气和机械连接，保证引线固定点不会松动，而且供电导线和保护接地线不应直接焊接在印制板的导体上，应采用钎焊、压接或类似的方法。交流电源引线应能承受 20 N 的拉力作用 60 s 而不损伤和松脱。

电源引线最小和最大横截面积要求见表 3，对额定电流超过 16 A 时电源引线最小和最大横截面积按照 GB 4943—2001 中表 3D 规定选用。

表 3 电源引线最小和最大横截面积

设备的额定消耗电流小于或等于/A	标称横截面积/mm^2
3	0.5～0.75
6	0.75～1
10	1～1.5
16	1.5～2.5
注：额定消耗电流包括能对其他设备提供电源的输出插座所输出的电流。	

试验方法：目视检查；横截面积测算；拉力计测量。

5.4.9 **熔断器**

安全防范报警设备应有熔断器或限制输入电流的措施。熔断器熔断时，不应使保护接地断开；熔断器的额定电流应确保到达预定温度时，能安全地切断电路。

试验方法：按 4.3 故障条件进行试验。

5.4.10 **高压标志**

安全防范报警设备内如有接通瞬间的电压大于 1.5 kV、电流大于 2.0 mA 以上的高压，则应在适当位置标明高压符号(见附录 C)并注明数值。

检验方法：目视检查。

5.5 **防雷击**

5.5.1 设备应安装在有防雷保护的范围内，以防止直接雷击。

5.5.2 凡配有天线的设备，室内天线插座与地之间应有 5.1 MΩ 电阻或避雷装置。

5.5.3 在市电电源线，天线馈线，遥控线及连接探头、控制器等长线的引入端，应采取保护措施并有保护接地端。

试验方法：目视检查。并按 GB/T 17626.5—2008 的试验方法进行试验，严酷等级应符合 GB/T 17626.5—2008 规定的 3 级要求。

5.6 **防过热**

5.6.1 **安全**

设备在正常工作条件下应能安全工作，受热后不应起火，点燃时不应蔓延，操作人员接触到可触及件时不应有烫伤的危险。

5.6.2 **温升**

5.6.2.1 可触及零部件的温度不应超过 GB 8898—2001 表 2 中正常工作条件下的规定值。

试验方法：测量时在正常工作条件下，工作 4 h 后用点温度计或任何合适的方法测量表面温度。

5.6.2.2 设备在故障条件下工作时，任何零部件的温度不应产生下列情况：

a) 使设备周围存在着火现象；

b) 设备内产生异常热损害。

试验期间，设备内的任何火焰应在 10 s 内熄灭，焊锡可以软化。

可触及部件的温度不应超过 GB 8898—2001 表 2 中故障条件下的规定值。

试验方法：每项故障试验持续 1 h，如设备有电击、着火或人身危害的迹象，则应继续试验 4 h；用任何合适的方法测量可触及零部件的温度。

5.6.3 阻燃

非金属外壳的设备，其外壳应能阻燃。经火焰烧 5 次，每次 5 s，不应烧着起火。

试验方法：采用本生灯或其他燃烧器，燃烧气体为甲烷或天然气，火焰直径 9.5 mm，其中蓝色火焰高度 20 mm，用此火焰对样品烧 5 次（火焰与样品表面的夹角为 45°时烧 3 次，为 90°时烧 2 次）。每次烧 5 s，均不应烧着起火。

5.7 防内爆和炸裂

5.7.1 元器件

如果因过热或过载易于引起爆炸的元器件，未装有压力释放装置，则在设备中应当装有保护操作人员的防护装置。

压力释放装置的位置应当确保在卸荷时不会给操作者带来危险，其结构应保证任何压力释放装置不会被阻塞。

试验方法：目视检查。

5.7.2 电池和电池的充电

电池不得由于过度充电、放电或由于电池安装时极性不正确而引起爆炸或出现着火危险。如果有必要，设备中应当提供防护，除非制造厂的说明书规定，该设备只使用具有内部保护的电池。

如果由于装上错误型号的电池（例如：如果规定要装具有内部保护的电池）可能会引起爆炸或着火的危险，则应当在电池舱、安装支架上或旁边标上警告标记，而且还应在制造厂说明书中给出警告语句。

如果设备具有能对可充电电池充电的装置，且如果不可充电电池有可能被安装和连接在电池舱内，则应当在电池舱内或其近旁标上标志。该标志应当给出警告，防止对不可充电电池充电，同时还应当标出能与充电电路一起使用的可充电电池的型号。

电池舱的设计应做到不可能因可燃性气体的积聚而引起爆炸和着火。

试验方法：用目测法检查，包括检查电池数据已确定是否合格，如有必要，在其失效有可能导致这种危险的任何一个元器件上（电池本身除外）进行短路或开路试验。

对预定要由操作人员来更换的电池，试着反极性安装一块电池，应当无危险发生。

5.8 防激光辐射

含有激光系统的设备的结构在正常工作条件下和故障条件下应能提供对激光辐射的人身防护。

设备在工作、维护、维修和故障的所有条件下可达发射极限不会超过 GB 7247.1—2001 中 1 类激光产品的可达发射极限；本标准时间基准采用 100 s。

试验方法：根据光源辐射波段，选用相应的辐射照度计、激光功率计，对非通光工作区在人员可能接触的空间各点，测泄露光辐照度值不得超过允许值；对通光工作区，距离设备不小于 100 mm 处测量，如超过时，应采取如下保护措施：

a） 应有良好的光防护罩，以避免散射光辐射泄露超过允许值；
b） 应配有发射指示器，以便在工作时发出指示；
c） 0.5 W 以上激光光源通光口应装有光阀；
d） 在说明书上提供必要的资料：波长或波长范围，光束直径和发散角，最大平均输出功率，最大光束发射强度，安全使用指导。

试验方法：目视检查。

5.9 防电离辐射

设备的结构应能防止电离辐射对人体的伤害。

除另有规定外，距设备外表面 5 cm 的任何位置的照射量率不超过 0.5 mR/h。

试验方法：用辐射计量仪测量。在正常工作状态下，距设备外表面 5 cm 处，用有效面积为 10 cm^2 的辐射计量仪测量任何一点的照射量率。

5.10 防微波辐射

设备的微波辐射应符合 GB 4793.1—2007 中 12.4 的技术要求。

试验方法：参照 GB 4793.1—2007 中的 12.4。

5.11 防声压力和超声压力

设备的声压力和超声压力应符合 GB 4793.1—2007 中 12.5 的技术要求。

试验方法：参照 GB 4793.1—2007 中的 12.5。

5.12 机械安全

5.12.1 机械冲击强度试验

对于内部有高压电路的设备，将设备平放，用一直径为 50.8 mm(质量 540 g)的钢球，从 1.3 m 的高度垂直自由落下，冲击在外壳表面上；对于内部仅有低压电路的设备，将设备平放，用一直径为 50.8 mm (质量 540 g)的钢球，从 0.5 m 的高度垂直自由落下，冲击在外壳表面上，试验后不应产生永久的变形和损坏。

5.12.2 振动试验

将设备按正常使用位置固定在振动台上，设备应能承受如下振动条件规定范围内的振动。

振动条件：垂直方向；

幅度：0.35 mm；

扫描频率范围：10 Hz～55 Hz～10 Hz；

轴向数：3；

每个轴向循环扫频次数：3 次；

试验时间：每次循环 5 min。

5.12.3 跌落试验

手持设备应不带外包装从 1 m 高处落向 50 mm 厚的硬木板上，不应产生损坏或零件松动。非手持设备按正常使用位置至于光滑坚硬的混凝土或钢表面，然后以一个底边为轴翘起另一个底边的边缘，使翘起的底边的边缘与试验表面的距离为 25 mm±2.5 mm 或抬到其能够自由落回试验表面的最高点进行跌落，不应产生损坏或零件松动。

附 录 A
（规范性附录）
铰接式试验指

铰接式试验指见图 A.1 和图 A.2。

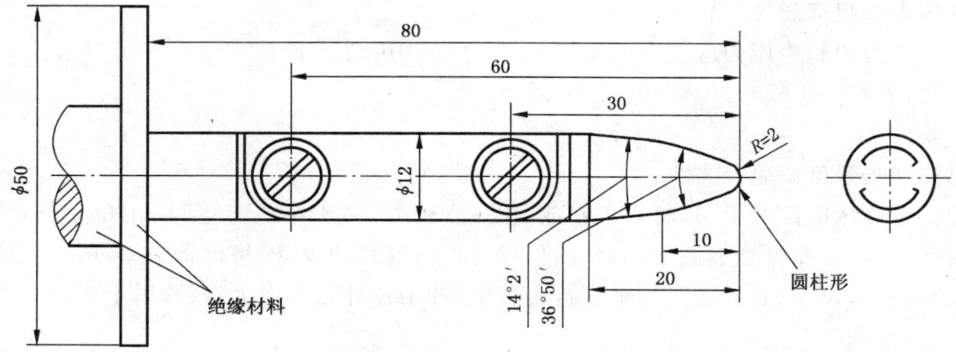

图 A.1

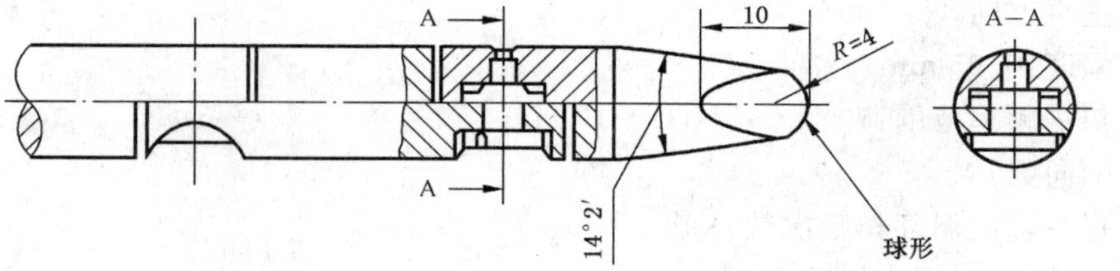

图 A.2

以上图中：

尺寸单位：mm

公差：

角度±5′

直线尺寸

小于 25 mm　－0.05

大于 25 mm　±0.2

附 录 B
（规范性附录）
泄漏电流测量装置

B.1 Ⅰ类设备直接连接保护接地端测量电路见图B.1。

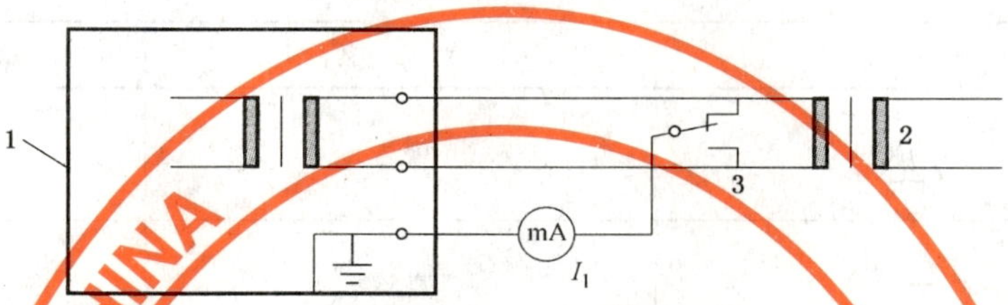

图 B.1

B.2 Ⅰ类设备间接连接保护接地端测量电路见图B.2。

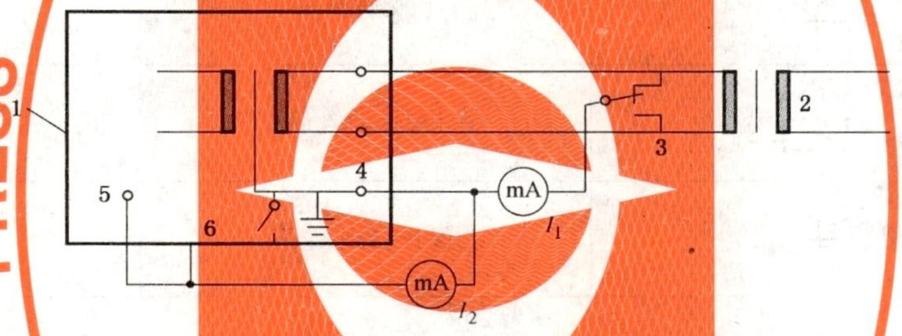

图 B.2

B.3 Ⅱ类设备测量电路见图B.3。

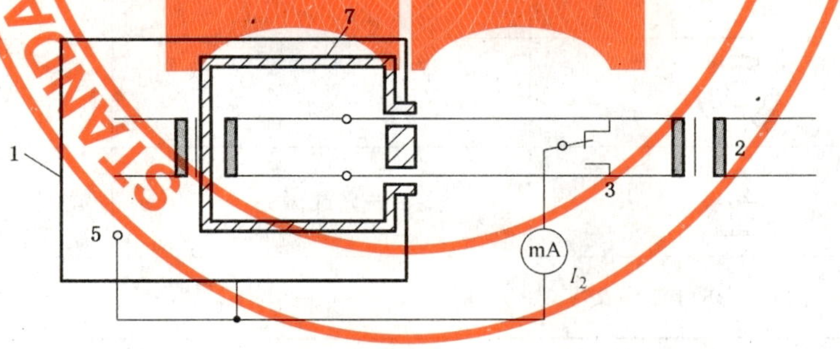

图 B.3

以上图中：

1——可触及导电件或缠绕在设备上的金属箔；

2——电网电源；

3——转换开关；

4——保护接地端子；

5——测量接地端子；

6——开关；

7——保护性绝缘。

附 录 C
（规范性附录）
安全标志符号

安全标志符号见表 C.1。

表 C.1 安全标志符号

序号	标　　志	含　　义	备　　注
1		警告	红色
2		直流	黑色
3		交流	黑色
4	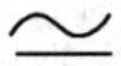	交直流	黑色
5		1A 保险丝管	黑色
6		保护接地端子	黑色
7		测量接地端子	黑色
8		高压	红色
9		电离辐射	黄色
10		强光或激光	边框符号黑色 背底　黄色
注：上述标志可组合使用，亦可加注文字，如1 kV。			